基于随机几何的5G/B5G异构网络设计与分析

贾向东　颉满刚　王倩倩　著

科学出版社
北京

内 容 简 介

本书介绍和研究了第五代移动通信技术(5G)异构网络关键技术的基本概念、基本模型、基本理论、基本分析方法和典型场景网络配置等，较充分地反映 5G 和超 5G(B5G)的关键技术和异构网络模型。全书共 11 章，内容包括 5G/B5G 关键技术和异构网络概述、随机几何与点过程、异构网络频谱资源管理、异构网络用户级联、异构网络无线回程、联合回程与缓存的异构网络、大规模热点区域多层异构网络、端到端协助的超密集异构网络、中继协助的异构网络、无人机协助的低空异构网络和三维无人机群协助的异构网络。

本书可作为通信工程、信息工程、物联网工程、电子工程和其他相近专业科研人员和工程技术人员的参考书，也可作为硕士研究生和博士研究生的参考书。

图书在版编目（CIP）数据

基于随机几何的 5G/B5G 异构网络设计与分析 / 贾向东，颉满刚，王倩倩著. -- 北京 ：科学出版社，2025. 6. -- ISBN 978-7-03-080042-8

Ⅰ. TN929.538；TP393.02

中国国家版本馆 CIP 数据核字第 2024NP6458 号

责任编辑：祝　洁　汤宇晨 / 责任校对：高辰雷
责任印制：徐晓晨 / 封面设计：陈　敬

科学出版社 出版
北京东黄城根北街 16 号
邮政编码：100717
http://www.sciencep.com

北京华宇信诺印刷有限公司印刷
科学出版社发行　各地新华书店经销
*
2025 年 6 月第　一　版　开本：720×1000　1/16
2025 年 6 月第一次印刷　印张：18 3/4
字数：376 000

定价：188.00 元

（如有印装质量问题，我社负责调换）

前　言

随着第五代移动通信技术(5G)标准的正式发布，5G 已步入大规模商业应用阶段，成为当前科技界与产业界关注的技术前沿与应用热点。本着“开发和商用一代，预研下一代”的移动通信技术发展原则，研究人员和企业已经对超 5G(B5G)展开研究，2019 年我国已宣布成立中国第六代移动通信技术(6G)研发推进工作组和总体专家组，标志着我国 6G 研发工作正式启动，预计在 2030 年左右开始商用。6G 技术是 5G/B5G 技术的持续演进，涵盖了 5G/B5G 的基本概念和关键技术，又融入了新型应用驱动，旨在实现更高的服务质量要求。与此同时，5G 技术的普及和应用，促进了物联网的诞生及应用的快速发展，物联网技术的发展和新型应用的接入，又促进了移动通信技术的发展和演进。支撑物联网仍然是 6G 的重要应用场景之一。

作者一直从事移动通信技术的研究、实践应用和教学工作，沿着移动通信技术的发展和演进开展了系列创新性的理论和实践应用研究。在 5G 预研阶段，和泛在无线通信与物联网团队师生一起对 5G 关键技术及其应用展开了研究，取得了系列有价值的研究成果，获得了同行的认可。在当前 6G 研发阶段，系统地规范和概括团队的研究成果，既是对 5G 关键技术的理论提升，又对 6G 技术的研发具有重要的参考价值和指导意义，可为 6G 研发提供技术支撑。

5G/B5G 完美融合了多种革新的移动通信技术，包括异构网络、大规模多输入多输出、毫米波、非正交多接入、端到端、无人机通信等关键技术。其中，超密集异构网络是在传统的高功率节点覆盖的区域内大规模部署小功率节点，以使低功率节点更接近目标用户设备。通过全面的网络空间资源复用，异构网络可以有效地提高系统的覆盖、容量和频谱效率，同时保持用户连续无线接入和无缝移动，并且具有组网灵活、成本低的优点。

本书以 5G/B5G 异构网络为主线，以随机几何点过程为主要的建模和分析工具，从四个方面对 5G/B5G 异构网络进行较为详细的研究。第 1 章和第 2 章阐述通信技术的演进、5G/B5G 关键技术、无线信道模型、随机几何的基本概念和原理，第 3～6 章介绍异构网络的频谱资源管理、用户级联和回程等关键技术，第 7～9 章阐述实际热点场景下超密集异构网络组网与配置关键技术和方法，第 10 章和第 11 章介绍无人机和三维无人机群协助的异构网络技术。

感谢西北师范大学泛在无线通信与物联网团队的大力支持，团队成员邓鹏飞、纪珊珊、焦金良、周猛、杨小蓉、纪澎善、路艺、胡海霞、吕亚平、徐文娟、范巧玲、牛春雨、万妮妮、曹胜男和郭艺轩等硕士研究生在本书撰写过程中进行了资料整理等工作，在此一并深表谢意。

感谢国家自然科学基金项目(62261048)和甘肃省高等学校产业支撑计划项目(2025CYZC-014)对本书出版的支持。

由于作者学识和研究水平有限，书中的疏漏和不妥之处在所难免，欢迎读者批评指正。

目　　录

第 1 章　5G/B5G 关键技术和异构网络概述

20 世纪 70 年代末到 80 年代，随着无线技术的发展，移动通信技术应运而生。迄今为止，移动通信技术给人们在生产、生活各行各业等多方面带来的极速发展变化是不可小觑的，正在并将继续深刻地影响和改变人们的生活方式，其发展和普及使社会发生了改变。在半个多世纪的发展进程中，移动通信技术经历了从仅支持语音业务的第一代移动通信技术(1G)到支持语音和短消息等低速率数据业务的第二代移动通信技术(2G)，再从可支持图像传输、视频传输和网页浏览等互联网业务的第三代移动通信技术(3G)到高用户体验速率、低数据传输延迟、趋向高级智能的第四代移动通信技术(4G)。随着第五代移动通信技术(5G)R15 标准的发布，5G 已在我国和其他一些国家商业化，标志着一个真正数字社会的开始[1]；与前几代移动通信技术相比，5G 在延迟、数据传输速率、移动性和连接设备数量等方面取得了重大突破[2]。本着“开发和商用一代，预研下一代”的移动通信技术发展原则，通信领域的研究人员和企业已经领先迈出了一步，开始了超 5G 移动通信技术(B5G)和第六代移动通信技术(6G)的研究[3-5]。

1.1　移动通信的演进

1.1.1　无线通信与移动通信

通信就是互通信息。从这个意义上说，通信在古代就已存在。人与人之间的对话是通信，用手势表达情绪也可算通信。我国古代为了抵御外敌入侵而建设的烽火狼烟报警系统是通信，用来指挥战斗的击鼓旌旗也是通信，快马与驿站传递文件当然也是通信[6]。现代通信一般是指电通信，国际上称为远程通信(telecommunication)。1938 年，美国著名的科学家、画家莫尔斯(Morse)发明了有线电报，开启了利用电传递信息(电信)的时代。他的通信电码由点、划符号组合而成，每一个电码代表一个字母和一个数字。在此后相当长的一段时间里，有线电报得到了广泛的应用。当时人们认为，电只能沿导线传播，线路架设到哪里，信息就只能传输到哪里，这大大限制了信息的传输范围。直到 1864 年，麦克斯韦发表了著名论文《电磁场的动力学理论》。在这篇论文中，麦克斯韦严格推导出电磁波方程(麦克斯韦方程)，并得出电磁波的传播速度等于光速(3×10^8m/s)的重要结论，成为历史上预言电磁波存在的第一人。1887年，德国物理学家赫兹用实验证实了电磁波的存在，证明了麦克斯韦预言的准确性。1895年，意大利的马可尼和俄国的波波夫分别独立研制出了无线电接收机，标志着无线通信成为可能。马可尼于1895年建立了一个微波抛物柱面反射器，工作频率为1.2GHz，但是该工作频率较高，为了扩大应用范围，马可尼随后的工作都在更低的频段开展。1896年，马可尼通过利用电磁波以三点莫尔斯电码的形式沿着3km的距离传达字母“S”。1901年，马可尼首次实现了从英国到纽约的跨大西洋无线电信号接收，这是一次超过2700km的通信，进一步显示了电信的巨大潜力。1895年5月7日，波波夫在圣彼得堡俄国物理化学会的物理分会上，发表了《金属屑同电振荡的关系》这篇论文，并当众展示了他发明的无线电接收机。当他的助手在大厅的另一端接通火花电波发生器时，波波夫的无线电接收机便响起了铃声；断开电波发生器，铃声立即终止。几十年后，为了纪念波波夫的这一划时代创举，当时的苏联政府把5月7日定为“无线电发明日”。1897年，波波夫在船与岸相隔3海里(1海里≈1852m)的情况下发送了信号。有人认为波波夫是第一个在无线电系统中使用天线的人，但开发了商用无线通信并开创越洋通信的还是马可尼，享有“无线电之父”的称号。“无线电”(radio)一词一直沿用，“无线”(wireless)后来也流行起来。1906年，费辛敦成功进行了人类历史上第一次不用导线而用电磁波传送语言和音乐的试验。1948年对电信来说是重要的一年，那年香农发表了著名的论文《通信的数学理论》，提出了通信系统的一般模型，它适用于任何形式的电报电话通信和其他通信等。威廉·肖克利、约翰·巴丁和沃尔特·布拉顿发明了晶体管，之后又发展成集成电路或超大规模集成电路，使当时刚出现的数字计算机得到迅速发展，并很快与通信技术结合，促进了通信的发展，使各种通信被广泛地使用[6-9]。

无线通信就是利用无线电波在开放的空间传播来传递信息的通信方式，移动通信属于无线通信。移动通信最本质的特色是“移动”二字，就是说这类通信不是传统静态的固定式通信，而是动态的移动式通信。在无线通信的基础上，移动通信进一步引入了用户的移动性，从而使终端从可移动的准动态进一步发展到真正的全动态。也就是说，移动通信在无线通信的一重信道动态的基础上又加入了第二重用户的动态性，它是移动的动态信道，取决于用户所在环境的客观条件，信道参数是时变的[10]。

在移动通信的发展中，随着用户数量的增加，由于单一的由一个基站覆盖一个较大区域的大区制没有采用频率复用，其能提供的容量很快饱和。贝尔实验室在20世纪70年代提出了蜂窝网络通信的概念。蜂窝网络通信即小区制通信，基站的覆盖区域称为小区(cell)，通常用基站位于中心的正六边形区域表示小区，这样一座城市或一个地区就可以划分为正六边形小区的格状结构。由于不同的小区间实现了频率复用，系统容量得到明显提高。可以说，移动蜂窝通信技术有效解决了移动通信系统要求容量大与频率资源有限的矛盾。实际上，小区中基站的位置设置在某种程度上并不规则，不一定位于小区的中心，设置的位置一般具有良好的通信覆盖并且位于可以租用或购买的建筑物顶部或山顶等。类似地，移动用户选择基站也是根据是否具有良好的通信路径，而不是地理距离。

1.1.2 第一代移动通信技术

1895 年，马可尼和波波夫分别独立研制出了无线电接收机，开启了无线通信的道路，但是真正意义上的现代通信则诞生于 20 世纪 70 年代末至 80 年代[6-11]。1980 年，1G 诞生于美国芝加哥，其基于蜂窝结构组网并主要采用模拟调制技术与频分多址(frequency division multiple access，FDMA)技术，因此又称为蜂窝移动通信。FDMA 利用不同的频带来区分用户，数据在不同的频带内传输给用户，从而避免用户间信号的相互干扰。1G 的成熟和应用使得移动手提式电话——“大哥大”一度风靡全球。1G 直接使用模拟语音调制技术，传输速率约 2.4kbit/(s · Hz)，但世界各国标准不统一，使得第一代移动通信并不能“全球漫游”。虽然 1G 数据具有带宽小、容量很小、通话质量差、安全性低等不足，但它仍是蜂窝网络在世界上的首次使用，对于后几代移动通信技术的发展起着不可替代的奠基作用。

图 1-1 为 1G 蜂窝网络架构框图，其中单元格表示为六边形。为了能够增加容量，可以将小区划分为较小的小区，也称为扇区。移动电话交换局(mobile telephone switching office，MTSO)连接到基站收发器(base transceiver station，BTS)和公共交换电话网(public switched telephone network，PSTN)，同时控制切换、呼叫路由、注册和身份验证等。这一代网络基于电路交换，使用运营商从相关机构购买的许可频谱来提供语音服务。

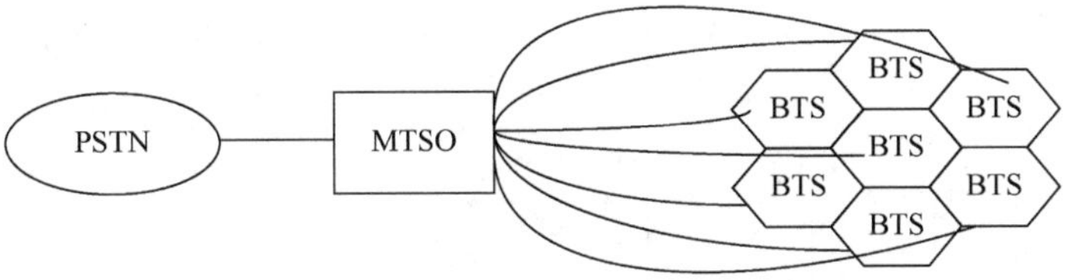

图 1-1 1G 蜂窝网络架构框图

1.1.3 第二代移动通信技术

由于 1G 模拟通信的通话质量和保密性差、信号不稳定，人们开始研发新的移动通信技术[12]。20 世纪 80 年代后期，随着大规模集成电路、微处理器和数字信号的应用日趋成熟，移动运营商逐渐转向数字通信技术[13]。2G 数字无线标准主要包括欧洲的全球移动通信系统(global system for mobile communications，

GSM)和高通公司推出的IS-95CDMA(code division multiple access，码分多址)[14]。GSM的技术核心是时分多址(time division multiple access，TDMA)技术，利用不同的时隙来区分用户，即在不同的时隙中传输用户的数据，以避免用户之间信号的相互干扰。此技术的实际应用是在具有频分多址(FDMA)的可用900MHz频带中叠加使用25MHz频谱，允许多个用户访问可用的无线电频带，并通过分割方法阻止消息业务干扰的发生。在可用25MHz的带宽，总共有124个载波频率，每个200kHz。这些频率中的每一个载波又进一步划分为8个时隙，这允许在相同频带内访问八个同时语音呼叫。TDMA技术允许大量用户连接到单个频段，并同时为多个用户分配时隙。除了美国使用1900MHz频段，GSM网络在全球的运行频段为900MHz和1800MHz频段。GSM的缺陷是容量有限，当用户过载时，就必须建立更多的基站，不过其优点也很突出：易于部署，且采用了全新的数字信号编码取代原来的模拟信号；支持国际漫游并提供用户识别模块(subscriber identity module，又称SIM卡)，方便用户在更换手机时保存个人数据；可发送160字的短信息。

TDMA的特点是将一个信道平均分给八个通话者，一次只能一个人讲话，每个人轮流用1/8的信道时间，容量有限；CDMA采用加密技术，所有人同时讲话也不会被其他人听到，容量大幅提升。CDMA利用不同的码字来区分用户，即用户的数据用不同的码字进行加扰，从而避免用户间信号的相互干扰。从技术上来看，CDMA系统的容量是GSM的10倍以上。从图1-2可以看出，FDMA是通过频率的不同来区别用户，TDMA是通过极其微小的时隙来区别用户，CDMA是通过编码来区别用户。

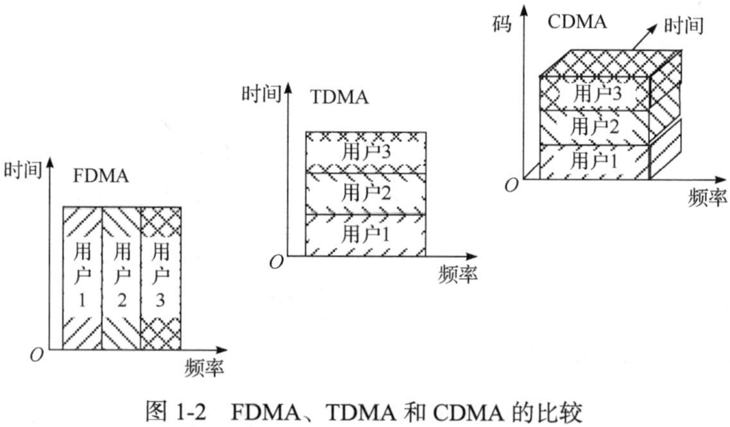

图1-2 FDMA、TDMA和CDMA的比较

2G蜂窝技术是基于电路交换系统设计的，是数字化的，其应用覆盖范围可以扩展到普通语音服务之外。该技术可用于包括短消息应用和传真系统的服务，可

支持约 9.6kbit/s 的数据传输速率，因此多媒体和网页浏览等在此技术中的应用是不可靠的。为减轻无线 GSM 的部分限制，业界引入 2.5G 网络，在已有 GSM 网络中添加分组数据能力以改善数据容量，技术包括通用分组无线服务和无线应用协议[15]。

第三代合作伙伴计划(3rd Generation Partnership Project，3GPP)标准化中的全互联网协议(IP)网络使用了通用分组无线服务技术，该技术的使用实现了向 GSM 网络提供分组服务[16]。利用这种技术，可以通过聚合无线电信道和附加服务器来实现更大的数据带宽，这些服务器在已有 GSM 电路上卸载分组流量，并支持高达 171.2kbit/s 的数据传输速率。另外，无线应用协议决定了通过有限带宽无线信道在移动电话的小屏幕上传送网页和相关数据的过程[14]。GSM 蜂窝网络是一种支持技术，它的全球部署有助于在蜂窝网络中部署物联网设备。表 1-1 给出了 2G 关键技术的应用场景和技术特点[15]。

表 1-1　2G 关键技术

接入技术	应用场景/传输速率	技术特点
TDMA	支持音频和数据传输 9.6kbit/s	电池功耗低，单向通信且速率低
GSM	主要支持语音和数据，工作在 900MHz 和 1.8GHz，美国 1.9GHz、9.6kbit/s	是在全球范围内通过漫游建立的，单向传输且最大传输速率为 160 字符/秒
CDMA	音频和数据传输速率达到 14.4kbit/s	—

1.1.4　第三代移动通信技术

在互联网的蓬勃发展下，第三代蜂窝演进被提上日程。互联网背景下的各种应用产生大量连接，而不仅仅是最初关注的智能连接设备的视频会议等多媒体应用。个人无线智能设备大量增加，这些设备均需要接入互联网，3G 可实现移动用户端在任何时候、任何地点轻松实现智能设备的宽带连接。

3G 最基本的特征是智能信号处理技术[17-20]，智能信号处理单元成为基本功能模块来支持话音和多媒体数据通信，可以提供前两代技术不能提供的各种宽带信息业务，如高速数据、慢速图像与电视图像等。

国际移动通信-2000(IMT-2000)是 3G 的国际电信联盟(ITU)名称，旨在为全球连接的电信基础设施提供无线接入，利用地面和卫星系统，通过私人或公共网络运营商为连接用户提供服务[14]。其目标是确保为移动通信创建一个全球统一的系统，该系统可以在更低成本下促进不同网络提供商之间的全球互操作性。在此基础上，国际电信联盟提出了以下对数据传输速率的要求：

(1) 大范围区域中移动用户传输速率达到 144kbit/s；

(2) 行人用户或城市地区速率达到 384kbit/s；

(3) 固定用户传输速率达到 2Mbit/s。

国际电信联盟共确定了全球四大 3G 标准，分别是 WCDMA、CDMA2000、时分同步 CDMA 和全球微波接入互操作性(world interoperability for microwave access, WiMAX)。GSM 支持者引入了通用移动电信业务(UMTS)用于 IMT-2000 3G 系统的 GSM 演进[21]。UMTS 网络利用宽带码分多址(W-CDMA)作为其无线电技术，与 CDMA 相比，它使用了更宽的频带[22]。该无线电技术采用统计复用提高了其传输速率并增加了系统容量和服务质量(QoS)。为了确保提供 2Mbit/s 的最大数据传输速率，W-CDMA 技术利用整个分配的无线电频谱进行有效通信。随着物联网大规模连接需求的提出，整个基于电路的回程网络必须进行重大改变。3G 以 IP 为中心，证实了全 IP 基础设施的合理性。我国正是采用了时分多址，而不是当时国际普遍采用的频分多址，后来才在 4G、5G 标准中具有不对称传输的优点而脱颖而出。时分多址技术信号上行和下行可以不对称，而频分多址则上下行对称。时分多址的不对称信号传输在 4G 阶段传输视频等时显示出优势(下行数据量大，上行数据量小)，适合用于互联网。表 1-2 给出了 3G 关键技术的应用场景和技术特点[15]。

表 1-2　3G 关键技术

接入技术	应用场景/传输速率	技术特点
EDGE	数据传输速率达到 384kbit/s	支持更高速率的移动数据接入
W-CDMA	音频传输速率达到 144kbit/s，数据传输速率达到 2Mbit/s	支持全球漫游
CDMA2000 1×RTT	语音和数据传输速率达到 144kbit/s	频谱效率增加
CDMA2000 1×EV-DO	音频和数据传输速率达到 2.4Mbit/s	频谱效率增加

1.1.5　第四代移动通信技术

对于用户而言，2G、3G 和 4G 网络最大的区别在于传输速率不同，4G 网络在传输速率上有着非常大的提升。4G 规定在静止状态下，数据传输速率达到 1Gbit/s，在高速移动状态下，数据传输速率达到 100Mbit/s，又称为 IMT-advanced。随着数据带宽需求的不断增加，4G 在提高下载和上传速率的同时，采用了更高阶的调制技术。3GPP 于 2004 年 11 月推动了长期演进技术(LTE)项目，以确保 UMTS 继续有效。3GPP 从支持和承诺使用蜂窝连接的角度出发，向市场提供物联网服务。4G 包括 TD-LTE 和 FDD-LTE 两类制式，同时还实现了 WiMAX 系统。LTE 意为对 3G 的长期演进，改进增强 3G 的空口接入技术，主要采用正交频分复用技术和多输入多输出(multiple-input multiple-output，MIMO)的技术标准。4G 网络的数据传输速率达到 3G 的 50 倍，支持多媒体数据传输。4G 通过提供基于网际互联协议的完整可靠的解决方案，改善了通信网络[10]，将语音、数据和多媒体等便利设施按时间和地点以较高的数据率分配给用户。4G 的主要问题有：各移动通信系统彼此不兼容，没有统一的国际标准；信号穿越性低；数据传输速率对信号接收设备要求较高等。表 1-3 给出了 4G 关键技术的应用场景和技术特点。

表 1-3　4G 关键技术[23]

接入技术	应用场景/传输速率	技术特点
LTE	支持多媒体传输，传输速率达到 100Mbit/s	—
LTE-advanced	传输速率大于 1Gbit/s	支持 6 个频段
Wireless-MAN advanced	传输速率达到 1Gbit/s	高速移动状态下传输速率可保持在 100Mbit/s
HSPA+	2×2 MIMO 时，传输速率可以达到 42～84Mbit/s	优化了网络性能
WiMAX	传输速率达到 300Mbit/s	传输距离最远可以达到 50km

1.1.6　第五代移动通信技术

通常说 3G 有三个标准，4G 变成了两个标准，而 5G 全球就一个标准。5G 可以说是站在巨人的肩膀上[24]，依托 4G 良好的技术架构，5G 可以比较方便地在其基础之上构建新的技术。5G 网络标志着实现真正数字社会的开始，实现了万物互联(internet of everything，IoE)的愿景，“信息随心至，万物触手及”。5G 引入了超密集异构网络技术，采用更多的接入点，如家庭基站、中继、微型基站和分布式天线系统。网络结构不再规则化，且各基站信号覆盖相互重叠，因此 5G 网络的结构是异构化和分层化的。传统的常规正六边形蜂窝网络将不复存在，引入了去蜂窝概念，一定程度上可以克服蜂窝网络架构系统干扰限制问题，开启了新的网络结构时代[25]。除了异构网络(heterogeneous netword，HetNet)技术外，5G 还采用了端到端(device-to-device，D2D)通信、全双工通信、大规模多输入多输出及毫米波通信技术、能源感知通信和能源收集、基于云的无线电接入网络及无线资源的虚拟化。5G 网络的实现技术和预期目标如图 1-3 所示。

通信领域的研究人员已经达成共识，即渐进式改进无法满足未来不断增长的数据需求，5G 考虑了一个范式转变[26]。与前四代不同，5G 高度集成：将任何新的 5G 空中接口和频谱与 LTE 和无线保真(Wi-Fi)捆绑在一起，以提供通用的高速率覆盖和无缝的用户体验。为了支持这一点，核心网络还必须达到前所未有的灵

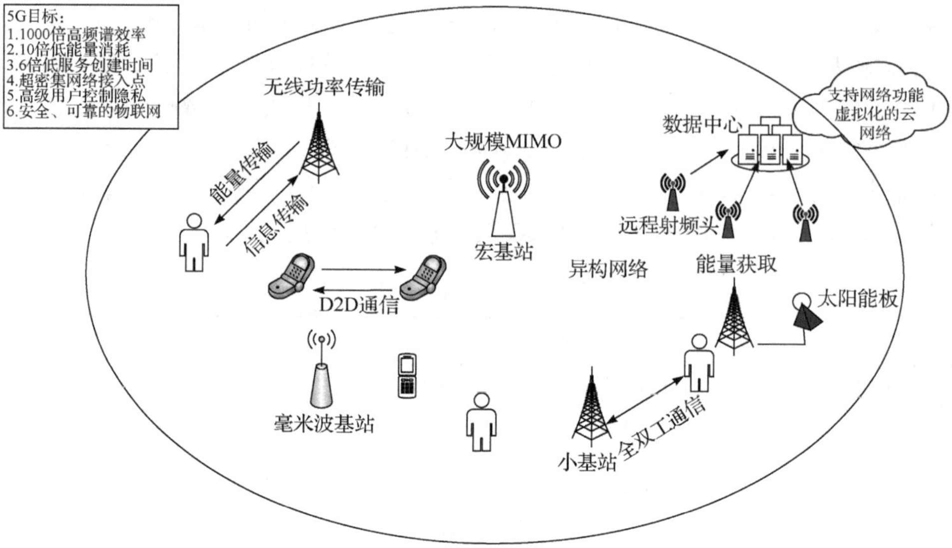

图 1-3　5G 网络的实现技术和预期目标

活性和智能水平，需要重新思考和改进频谱规则，能源和成本效益将成为更关键的考虑因素。

5G 的工业要求有以下几点。

1) 覆盖及数据传输速率

5G 网络随时随地保持连接，最小用户体验数据传输速率为 1Gbit/s。通常，由于低移动性用户设备信道的变化比高移动性用户设备的变化慢得多，需要更多的资源用于信道状态信息获取，因此 5G 网络中高移动性和低移动性用户所需的峰值数据传输速率不同。网络为超高速用户(如 500km/h 行驶的高速列车)确保一定的 QoS，而现有网络不能满足用户需求(4G 网络可以支持高达 250km/h 的移动性)。

2) 多种无线电接入技术

5G 网络不是为了取代现有无线网络而开发的，而是为了推进和整合现有的网络基础设施。在 5G 网络中，现有的无线技术，包括全球移动通信系统、3G、高速分组接入、LTE 和 LTE 高级、Wi-Fi 技术，将继续发展并融入一个统一的系统。

3) 能源和成本效率

必须设计 5G 无线技术以实现更高的成本效率，以解决移动运营商对收入扁平化的担忧。特别是与当前无线技术相比，5G 网络的能效可能需要提高 1000 倍。在 5G 网络中，为了维持电池的高寿命，降低设备的功耗是至关重要的。

4) 时延

与数据传输速率相比，时延要求通常更难实现，其要求在给定的时间段内将数据传送到目的地。与 IMT-advanced 系统的 10ms 时延要求相比，5G 网络对于系统空口时延有着更高的要求，其端到端时延要求为 1～5ms。时延要求的提高，对 5G 系统的设计提出了巨大的挑战。不同的应用场景对时延有着不同要求，5G 几种关键业务的时延见表 1-4。

表 1-4　5G 关键业务的时延和数据传输速率要求

关键业务	时延/ms	数据传输速率
工厂自动化	0.25～10	1Mbit/s
智能运输系统	10～100	10～700Mbit/s
机器人技术和远程监控	1	100Mbit/s
虚拟现实	1	1Gbit/s
卫生保健	1～10	100Mbit/s
智能电网	1～20	10～1500kbit/s
教育和文化	5～10	1Gbit/s

5G 包括三个特征：增强型移动宽带、大规模机器型通信和超可靠低时延通信[27]。5G 的真正价值不仅仅在于连接性，还在于高级应用程序和大规模物联网支持。结合增强的网络边缘功能、数据分析、机器学习和人工智能，5G 可以真正为客户释放业务价值，并为提供商创造新的收入机会，有望解决频率许可和频谱管理问题。当前，有各种各样的标准机构、监管机构和行业协会致力于解决网络标准化、频谱可用性及投资回报率策略等问题，以证明与新基础架构过渡相关投资部署的合理性。5G 促进了物联网(internet of things，IoT)的发展，IoT 的快速发展和新型应用的出现，又反过来促进了移动通信的发展和演进。5G 实现了从 IoT 到万物互联的深刻变化。随着 5G R15 标准的发布，从 2020 年开始，5G 在全球大规模部署，实现了商用，标志着一个真正数字社会的开始[27]。考虑到每 10 年左右就会出现一个新的移动通信系统，研究人员和企业已经开始了超 5G(beyond 5G，B5G)网络的研究。

1.2　5G 关键技术

1.2.1　5G/B5G 异构网络

在 5G 和 B5G 网络中[28]，随着典型城市地区移动设备密度的提高及各种无线技术的共存，5G 网络引入了去蜂窝的概念，催生了一种新的网络架构：异构网络(HetNet)。异构网络背后的基本理念是不同无线接入技术的无缝集成和互操作，以提高运营商和用户双方的系统性能，超密集部署是网络的特征之一，以满足大量涌现的局部热点和应急场景通信质量要求。为此，宏基站(LTE、WiMAX)覆盖区域内的低功率微基站(毫微微基站、微微基站、Wi-Fi 接入点)的发展主要在以下两个方向：①不同基站(base station，BS)的业务负载均衡意味着更好的资源分配和利用；②使用低功率的短无线电链路可以提高网络的能效。多层异构网络包括多个收发节点，如宏基站、微基站和中继节点。使用这些节点可以实现区域频率复用，有效增加区域频谱效率。各级网络节点的特性不同，以实现不同的用户需求，主要包括以下几个方面。

1) 宏基站

宏基站(macro BS，MBS)通常由运营商统一规划部署，为开放式接入，发射功率通常为 46dBm，覆盖半径一般为 1～10km，因具有较广的覆盖面积，常用于小区级的通信网络覆盖和室外高速移动通信。同时，MBS 负责小小区基站(small BS，SBS)回程，与核心网络有可靠连接。由于 MBS 的体积较大且不方便移动，其部署的灵活性较差，从而形成许多部署盲点。特别地，在大热点区域，较高的人流移动量使网络流量峰值超出 MBS 的服务能限。因此，增加一些低功率网络节点作为辅助，可以有效地解决覆盖盲点的问题，提高网络容量，特别是在热点区域。

2) 微微基站

微微基站(pico BS，PBS)同样由运营商统一规划部署和开放式接入。它的辅助部署相当于一个热点访问网络接入点，大多服务于小范围热点场景(如写字楼、商场、火车站等)，可以有效地解决这些区域覆盖盲点、用户通信质量较差等问题，通过把宏基站的用户流量卸载到 PBS，达到均衡链路负载的效果。微微基站自身有许多优质特性，如体积较小、便于部署。PBS 远小于宏基站，而且是可以灵活移动的，因此它可以部署在任何能容纳它的地方，以实现与宏基站的无缝连接。PBS 的发射功率比较小，成本也低。PBS 部署方式一般具有两种类型，即室内部署和室外部署。通常情况下，室外部署的发射功率为 24～33dBm，室内部署的发射功率为 20dBm，或者更小。在一定程度上，PBS 既可以达到服务热点用户的目标，又可以避免功率较大产生的干扰问题[29]。

3) 毫微微基站

毫微微基站(femto BS，FBS)又称为家庭基站，覆盖半径大约为 25m，功率通常不超过 23dBm，小于 PBS 的发射功率。由于其成本较低，大多是用户自行购买安装在室内，因此成功地解决了通信信号穿墙损耗使用户设备(user equipment，UE)室内信号质量不佳的问题。FBS 可以实现室内高速通信。PBS 和 FBS 都以实现应急场景下的及时部署和通信为目标。

4) 中继

中继是 LTE-advanced 系统提出的关键技术之一，可以有效地提高通信链路的传输质量、降低发射功率并扩大小区覆盖范围。其主要的技术理念就是将基站传输信号利用中继节点经过一次或者多次转发达到传输目的，形成多跳系统。在无线通信系统中引入中继传输模型，用户设备既可以直接从基站获取传输信号，也可以通过中继一次或多次转发获取。在蜂窝网络中引入中继技术，可以有效地改善系统的体系结构、传输体制和服务质量。

1.2.2 大规模 MIMO 技术

MIMO 技术就是在接收端和发射端部署许多天线。早在 1908 年，马可尼就提出了一项无线通信技术，称为 MIMO 技术，使信号通过发射端与接收端的多个天线传送和接收，从而改善通信质量[30-31]。它能充分利用空间资源，通过多个天线实现多发多收，在不增加频谱资源和天线发射功率的情况下，可以成倍提高系统信道容量，显示出明显的优势[32]，在 4G 系统中得到广泛应用，是 4G 的关键技术之一。

随着 MIMO 技术在 4G 的巨大成功，大规模 MIMO 或超大规模 MIMO 技术作为一种极具潜力的提高频谱和能量效率的技术在 5G 中受到广泛关注。大规模 MIMO 的想法是在一项开创性的工作[33]中首次提出的，将基站上的天线数量增加到几百个，在同一个时频资源块上服务几十个用户终端[34]。大规模 MIMO 系统能显著提高频谱效率和能量效率[35-37]。大规模 MIMO 信道模型如图 1-4 所示。

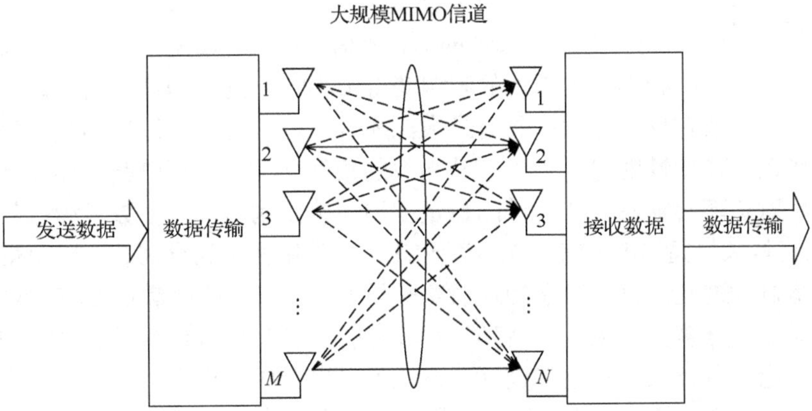

图 1-4 大规模 MIMO 信道模型

现阶段大规模 MIMO 技术已经取得了突破性进展，在低频领域已有面向 4.5G 的商用产品发布。可以从两方面理解什么是大规模 MIMO。

(1) 天线数。传统的时分多址网络天线是 2 根、4 根、8 根，大规模 MIMO

的天线可以达到 64 根、128 根、256 根。信号通过基站收发信机上大量的天线实现了更大的无线数据流量和连接可靠性，相对于原有标准只使用最多 8 根天线组成的扇形拓扑，这一方式从根本上改变了已有标准的基站收发信机架构。这项技术有利于降低辐射功率，通过数以百计的天线单元将无线能量指向到给定用户，即采用预编码技术将能量集中到目标移动终端上，降低对其他用户的干扰。大规模 MIMO 技术在一定程度上解决了人们担心的 5G 超大功率辐射问题[31]。

(2) 信号覆盖的维度。传统的 MIMO 称为 2D-MIMO，以 8 根天线为例，实际信号在覆盖时，只能在水平方向移动，垂直方向是不动的，信号类似一个平面发射出去。大规模 MIMO 是在信号水平维度空间基础上引入垂直维度的空域进行利用，信号的辐射状是电磁波束[38]。

从数学原理上来讲，使用大规模 MIMO 技术主要有以下优点[39]。①当空间传输信道映射的空间维度趋向于极限大时，信号干扰比(signal to interference ratio，SIR)收敛到一定范围(基站和移动用户之间的随机信道矢量变为无噪声确定性信道)，多径衰落的影响消失；超大阵列天线提供的巨大分集增益可以消除加性噪声。②两两空间信道趋向于正交[40]，根据大数定律，可以对空间信道进行区分，消除小尺度衰落和用户间干扰，从而大幅降低干扰。③大规模 MIMO 系统允许减少发射功率/能量，因为其使用发射波束成形将功率集中在一个非常尖锐的方向[34]；采用多用户大规模 MIMO 可以提高频谱效率。④大规模 MIMO 可以采用简单的线性预编码/检测器如最大比率合并/最大比率传输(maximum ratio combining/maximum ratio transmission，MRC/MRT)或迫零(zero-forcing，ZF)，来逼近最优预编码和检测器的性能[36, 41]，具有低实现复杂度的潜力。

据此，在独立同分布瑞利(Rayleigh)衰落信道中，有用的信号信道和噪声信道渐近正交，热噪声和小区内干扰的影响变得很小[42]。这样即使在前向链路中具有最大比率传输或在反向链路中具有最大比率合并的情况下，简单的线性信号处理也可以接近最佳的性能[43]。此外，从功效的角度来看，上行链路(UL)和下行链路(DL)的发射功率会随着天线元件的数量增加而按比例缩小一个数量级，甚至更大(更少的能量来维持 SIR 或 QoS)。对于 UL，当采用相干组合时，可以获得高的天线阵列增益，这允许每个终端的发射功率显著降低，并能够满足 QoS。对于 DL，发射端通过高分辨率波束成形，将能量从基站定向聚焦到接收端用户所在的方向。虽然从理论上看，天线数越多越好，系统容量也会成倍提升，但是要考虑系统实现的代价等多方面因素，现阶段天线最多 256 根。综上所述，大规模 MIMO 技术具有以下优点[39-41]：

(1) 可以提供丰富的空间自由度，支持空分多址；

(2) 基站能利用相同的时频资源为数十个移动终端提供服务；

(3) 提供更多可能的到达路径，提升信号的可靠性；

(4) 提升小区的峰值吞吐率和平均吞吐率；

(5) 降低对周边基站的干扰；

(6) 提升小区边缘用户平均吞吐率。

此外，研究人员发现，多数无线用户大约 80%的时间待在室内，20%的时间待在室外[44]。在无线蜂窝架构中，移动用户无论在室内还是室外进行通信，一个位于小区中间的外部基站都有助于通信。室内用户要与外部基站通信，信号必须穿过墙壁，这将产生非常高的穿透损耗，频谱效率、数据传输速率和能量效率也随之减少。将 5G 蜂窝架构区分为外部和内部设置[28]，可以有效减少建筑物墙壁的穿透损耗。这一设计将在大规模 MIMO 技术的帮助下得以实现，早期的 MIMO 系统使用 2 根或 4 根天线，大规模 MIMO 系统能够利用大型阵列天线元件容量增益巨大的优势。为了建立一个大规模 MIMO 网络，主要将外部基站用大型天线阵列覆盖，其中一些分散在六边形单元周围，通过光纤电缆与基站相连。室外的移动用户通常使用一定数量的天线单元，通过协作可以构建一个大型的虚拟天线阵列，与基站的天线阵列一起构成虚拟的海量 MIMO 链路。此外，每栋建筑都在外部安装大型天线阵列，借助视线链路与室外基站进行通信。大楼内的无线接入点通过电缆与大型天线阵列连接，以便与室内用户进行通信。这将显著提高蜂窝系统的能量效率、小区平均吞吐量、数据传输速率和频谱效率，但代价是增加基础设施成本。随着这种架构的引入，内部用户只需要与内部无线接入点进行连接或通信，更大的天线阵列仍然安装在建筑外部。

随着 5G/B5G 网络逐渐异构化，一般在 MBS 上配备了大量的天线，以支持宏小区内具有高移动性的移动用户并管理资源分配，SBS 部署少量天线以服务低移动性的小小区用户。通过在基站上部署大量天线，可以使用简单的线性收发器实现非常高的频谱和能量效率，如最大比率传输和最大比率合并。这些显著的优势使大规模 MIMO 技术成为下一代移动通信系统中的关键技术。

大规模 MIMO 技术一直以来被业界认为是无线通信发展过程中一个重要里程碑式抓手，是无线通信研究中的一件大事，是 5G/B5G 网络中的标杆性技术。

1.2.3　中继协作通信

中继协作通信的基本思想是通过中继节点的协作转发实现信源节点与信宿节点之间的通信[45-49]。当考虑信源节点与信宿节点间的直接传输时，在接收端形成了虚拟的 MIMO 系统，系统获得了分集增益，进一步提升了系统的通信范围和信号传输可靠性，这时接收端一般采用最大比率合并技术来组合直接信号和中继信号。考虑到实际应用系统中各个端点一般工作在半双工模式下，即任何一个端点不能同时处于收信和发信状态，因此信源和中继通过相互正交的信道(频率或时隙)来传输、发送信号[50]。

图 1-5 为规范的单向协作通信系统模型，系统由信源节点 1、信宿节点 2 和中继节点 3 构成。假设系统采用时分复用方式，一个信号传输周期包含两个时隙 T_1 和 T_2。在时隙 T_1，信源节点 1 同时向中继节点 3 和信宿节点 2 广播发送信号，中继节点 3 和信宿节点 2 同时处于接收信号状态；在时隙 T_2，中继节点 3 按照一定的转发协议，将接收到的信号转发到信宿节点 2，然后信宿节点 2 利用一定的信号合并技术(如最大比率合并)对直接信号和来自中继节点 3 的信号进行合并、组合等。显然，中继节点 3 的转发作用扩大了信源信号的传输范围，增强了系统的抗衰落能力，并且提供了分集。由于信号的传输需要占用两个相互正交的信道，频谱利用率只有 1/2，即这种系统性能的提升是以降低频谱效率为代价的。

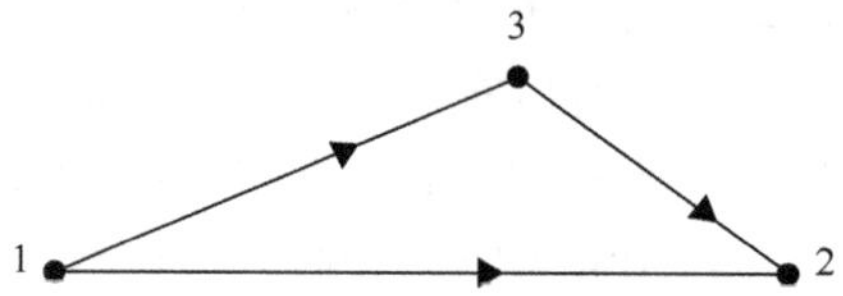

图 1-5　规范的单向协作通信模型

在协作通信中，最常用的两个中继转发协议是放大转发(amplify-and-forward，AF)协议和解码转发(decode-and-forward，DF)协议[34]。DF 协议要求中继首先对接收到的信号进行解码、判断等操作，如果中继能够正确解码接收到的信号，则在随后的时隙中将其重新编码且转发，否则丢弃该信息。显然该协议在低信噪比(signal to noise ratio，SNR)时性能较好，但是在高信噪比时由于将差错信息直接丢弃，具有比较大的性能损失，因为即使是判断为错误的信息，也仍然包含一定的信息量，这在高信噪比时更加明显。AF 协议的操作比较简单，中继节点将接收到的信号直接放大和转发。该协议的主要问题是在低 SNR 时存在噪声放大问题，噪声放大、转发和传递，但高 SNR 时性能较好。基于这两种协议，可以考虑一个自适应协作通信系统，其思想是找到 AF 协议中继系统和 DF 协议中继系统性能的转换点(一般为某一信噪比阈值)，当系统信噪比大于此阈值时，中继以 AF 协议转发接收到的信号，否则使用 DF 协议转发信号，这样可以极大地提升系统性能。除了这两个基本的转发协议外，还有其他的一些协议，如压缩转发(compress-and-forward，CF)协议[51]、估计转发(estimate-and-forward，EF)协议[52]等。

在单中继节点的基础上，多中继系统使各个中继节点工作在相互正交的信道上，接收端利用最大比率合并来组合信号[53-55]。尽管多中继系统可以获得比较高的分集增益，但是实际的半双工约束使得各个中继节点必须在不同的时隙或频段转发信号，这要求系统必须具有较好的同步机制，增加了系统的复杂度，且系统的复杂度随着中继节点数的增加而成倍增加。为了降低其操作复杂度且使系统拥有高分集增益，可以采用机会中继(opportunistic relaying，OR)的概念[56]。其基本思想是基于一预先给定的最佳中继选择准则，从可得到的所有中继中选择一个最佳中继来转发信号。最常用的最佳中继选择准则有最大最小(max-min，MM)准则[57]和最大和谐均值(maximal harmonic mean，MHM)准则[58]。MM 准则的特点是操作简单，只考虑最坏的链路；MHM 准则的特点是综合考虑中继两侧链路的影响。

在单向中继协作通信系统系统中，由于半双工约束，这种系统的频谱效率只有无中继协作系统的 1/2，系统频谱资源的利用率非常低。为了提高频谱的利用率，可以双向中继协作通信，如图 1-6 所示。系统中的两个信源节点 1 和 2 在中继节点 3 的协助下完成信息的交换，即信源节点 1 的信号 X_1 被传送到信源节点 2，信源节点 2 的信号 X_2 被传送到信源节点 1。显然，如果采用传统的纯时分复用多接入方式，也可以实现双向的信息交换，这时一个信息交换周期应包含四个时隙 T_1、T_2、T_3、和 T_4。在时隙 T_1、T_2，信源节点 1 通过中继节点 3 向信源节点 2 发送信号 X_1；在时隙 T_3 和 T_4，则是信源节点 2 向信源节点 1 发送信号 X_2。可以看出，该时分双向系统的传输方式与单向传输时完全一样，尽管实现了信号的双向传输与交换，但频谱效率并没有提高。

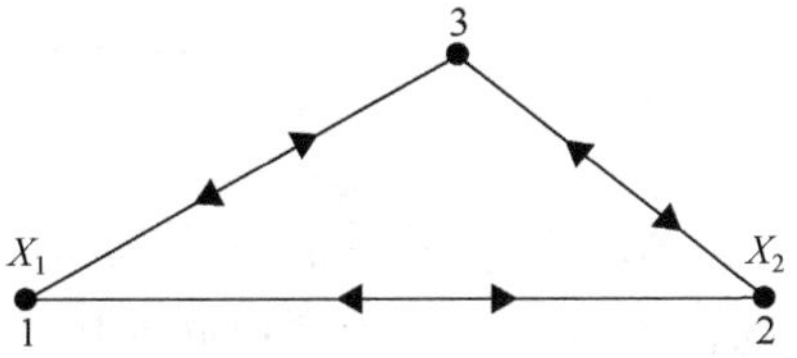

图 1-6　双向中继协作通信模型

网络编码(nerwork coding，NC)是解决上述问题的一个非常有效的方法，运用网络编码可以减少双向信息交换所需的时隙。其基本思想是在中继节点 3 处对接收到的来自信源节点 1 和 2 的信号进行编码、映射等组合处理，得到一新的网络编码信号，然后利用无线介质的广播属性将该网络编码信号同时广播到信源节点 1 和 2；在信源节点 1 和 2 收到来自中继节点 3 的信号后，将各自发信号作为先验信息，就可以恢复来自对方节点的期望信号，实现了信号的双向传输与交换。网络编码对系统频谱效率的提升正是合理地利用了系统中无线介质的广播属性，将网络编码信号同时广播到信源，至少可以节约一个时隙，提高了系统的频谱效率，具有极其广阔的应用前景。

NC 技术最早主要用于有线网络[59]，文献[60]将网络编码的概念运用到无线网络。在此之后，无线网络编码引起了研究人员的重视。随着研究的深入，NC 技术已经发展成为一个集调制、信道编码、信号检测和网络编码等在内的信号处理技术集合[61]，已经提出了许多可行的 NC 方案，如图 1-7 所示。比较广泛使用的网络编码方案有异或网络编码(XOR-NC)[62]、放大转发网络编码(amplify-and-forward NC，AF-NC)[63]和解噪转发网络编码(denoise-and-forward NC，DNF-NC)[64]。XOR-NC 方案基于 DF 协议，如图 1-7(a)所示，信息的交换由三个时隙构成：在时隙 T_1 和 T_2，节点 1 和 2 分别独立地向中继节点 3 发送信号 X_1 和 X_2，中继节点 3 处于接收状态；当中继节点 3 收到信号 X_1 和 X_2 后，先对信号 X_1 和 X_2 进行解码，然后将解码结果按位做 XOR 运算得到网络编码信号，再经调制等操作在时隙 T_3 广播发送到节点 1 和 2，在网络编码系统中，该时隙一般又称为广播(broadcast，BC)时隙；在接收端，节点 1 和 2 对接收信号和已发信号再次做 XOR 运算，可得期望信号。显然，与纯时分双向传输方式相比，运用 XOR 网络编码后，系统的频谱效率提高了 25%。

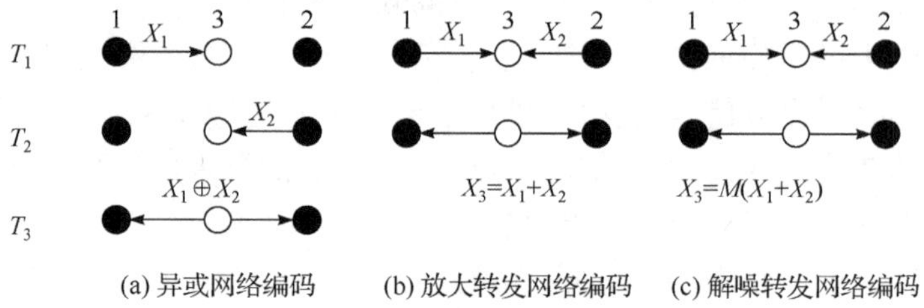

图 1-7　网络编码方案

AF-NC 方案是操作最简单、研究最多的一种网络编码方案。如图 1-7(b)所示，该方案的一个信息交换周期仅由两个时隙 T_1 和 T_2 构成，频谱效率更高。在 T_1 时隙，节点 1 和 2 同时向中继节点 3 发送信号，中继节点 3 处于接收状态，由于这时信道模型等效于一个多接入信道，因此又将时隙 T_1 称为多接入(multi-access，MA)时隙；在时隙 T_2，运用 AF 协议，中继节点 3 对接收信号直接放大广播发送。当节点 1 和 2 收到来自中继节点 3 的网络编码信号后，直接减去各自的先验信号，可以获得期望信号。与纯时分传输方式相比，这种两时隙网络编码传输方式的频谱效率提高了 50%。

还有一种高频谱效率的网络编码方案是 DNF-NC[65]。如图 1-7(c)所示，该方案也由两个时隙构成，与 AF-NC 方案不同的是该方案在中继节点 3 处特殊的信号处理方式。在该方案中，中继节点 3 根据当前的信道状态及信源节点 1 和 2 采用的调制方案，在中继节点处重新设计一个特殊的、适用于网络编码的星座图，用于对接收信号进行网络编码和星座图映射；当中继节点 3 在 MA 时隙收到来自信源 1 和 2 的叠加信号后，直接在该星座图上映射、再编码和广播发送。

解噪转发网络编码原理如图 1-8 所示，简要地说明了当信源节点 1 和 2 都采用二进制相移键控(binary phase-shift keying，BPSK)调制，中继节点到信源节点 1 和 2 的链路增益之比近似等于 1 时 DNF-NC 的基本原理。在信源 1 和 2，BPSK 信号在星座图上只有两个点，即 0 和 1[图 1-8(a)]，当信源节点 1 和 2 的信号通过多接入信道到达中继节点 3 时，接收信号星座图可能如图 1-8(b)所示。根据双向中继传输系统中网络编码的互斥原理，可得如图 1-8(b)所示的网络编码方案，将点(0, 0)和点(1, 1)编码为 0，将点(1, 0)和(0, 1)编码为 1，显然这时仍然可以采用 BPSK 调制方式。因此，当采用该网络编码方案后，中继节点 3 可以对接收信号做如下判决：如果接收到的叠加信号落在区域Ⅰ，则将其网络编码为 0；如果落在区域Ⅱ，则编码为 1。在 BC 时隙，可以采用 BPSK 等二进制调制方式对网络编码信号广播发送。同理，1 和 2 可以利用已发信号的先验信息恢复出期望信号。

这里需要说明的是，DNF 网络编码在低阶调制情况下，网络编码方案比较简单，但是在高阶调制情况下，其网络编码方案和星座图映射方案比较复杂，因此该方案主要用于低阶调制系统。

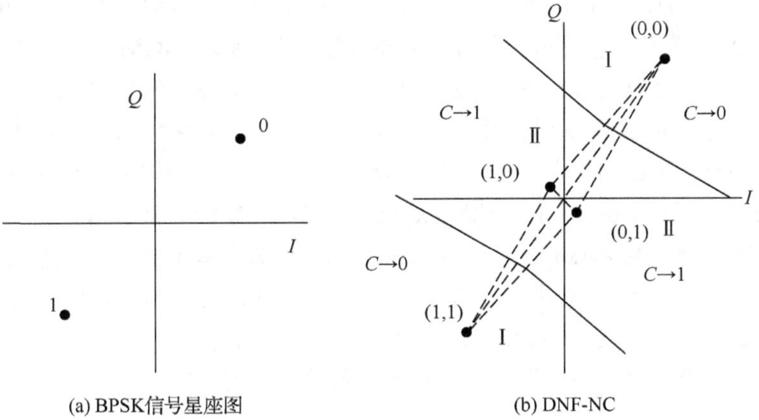

图 1-8 解噪转发网络编码原理

I 表示实部；*Q* 表示虚部；“*C*→”表示投影

1.2.4 NOMA 技术

在传统的正交多接入(orthogonal multiple access，OMA)技术中，各个用户正交地使用信道资源块，一个信道资源块不能分配给多个用户。面对 5G/B5G 大量用户设备的接入，OMA 技术由于具有局限性，已经难以满足当前需求。非正交多接入技术(non-orthogonal multiple access，NOMA)技术在 OMA 的基础上实现了功率域复用，其资源分配如图 1-9 所示，这种分配方式在系统容量和频谱效率提升方面都有着良好的表现[66]。

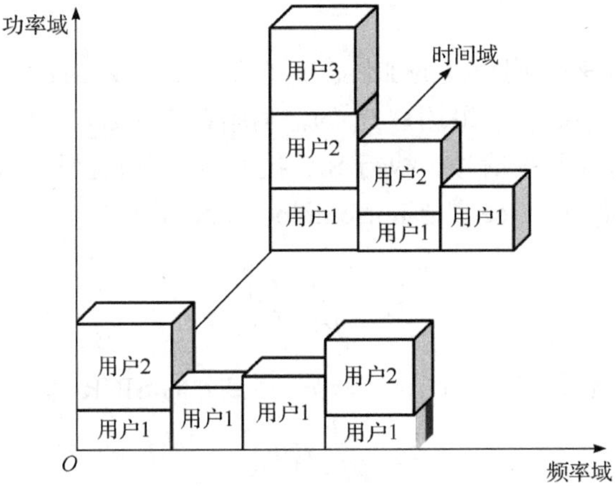

图 1-9 NOMA 资源分配

由于 NOMA 技术能同时提高频谱效率和系统容量，受到研究人员和企业的青睐，如华为[67]、中兴和大唐分别提出的稀疏码多址接入(sparse code multiple access，SCMA)[68]、多用户共享接入(multiple user share access，MUSA)和图样分割多址接入(pattern division multiple access，PDMA)技术，都是使用较多的技术[69]。

NOMA 主要分为两种类型：码域 NOMA 和功率域 NOMA。码域 NOMA 共享整个资源块(时间/频率)，并且使用用户特定的稀疏序列和低相关系数的非正交相关序列，也就是扩频序列，又划分为低密度扩频码分多址(low density spreading CDMA，LDS-CMDA)、基于低密度扩频的正交频分复用(low density spreading orthogonal frequency division multiplexing，LDS-OFDM)和 SCMA。功率域 NOMA 在发送端采用叠加编码(superposition code，SC)技术将多个拥有不同信号功率等级的用户叠加在一起，在同一信道资源块上发射；接收端采用串行干扰消除(successive interference cancellation，SIC)解码传输的多个信号。叠加编码和 SIC 技术避免了时频资源的浪费，提高了频谱效率。功率域 NOMA 具体的执行过程如下。

首先考虑一个简单的下行链路 NOMA 通信场景，包括一个基站和两个用户 U_i，$i \in \{1,2\}$，基站向用户 U_1 和 U_2 发送的功率分别用 P_1 和 P_2 表示，且 P_1 和 P_2 之和为基站向两个用户发送的总功率 P，用 t_1 和 t_2 分别表示基站向用户发送的信号，基站以 NOMA 方式发送信号，则功率域 NOMA 中两个用户的叠加信号可以表示为

$$t = \sqrt{P_1}t_1 + \sqrt{P_2}t_2 \tag{1-1}$$

因此，两个用户端接收到的信号可以分别表示为

$$r_1 = h_1 t + x_1 \tag{1-2}$$

$$r_2 = h_2 t + x_2 \tag{1-3}$$

式中，x_1 和 x_2 分别表示用户处的加性高斯白噪声，方差为 σ^2；h_1 和 h_2 分别表示两个用户处的信道系数。如果用户 U_1 的信道增益大于 U_2，在用户 U_1 接收到信号时，则将信号 t_2 作为干扰信号，执行 SIC 技术进行解码操作，得到 t_2 的信号干扰噪声比(signal-to-interference-plus-noise ratio，SINR)为

$$\gamma_2 = \frac{P_2 |h_1|^2}{P_1 |h_1|^2 + \sigma^2} \tag{1-4}$$

信号 t_2 被消除后，U_1 进行自身解码，得到 t_1 的 SINR 为

$$\gamma_1 = \frac{P_1 |h_1|^2}{\sigma^2} \tag{1-5}$$

由于U_2处接收 SINR 较小，不进行干扰消除操作，将t_1视作干扰进行自身信号解码，则U_2接收到的 SINR 为

$$\gamma_2 = \frac{P_2 |h_2|^2}{P_1 |h_2|^2 + \sigma^2} \tag{1-6}$$

OMA 技术中一个用户只能分配一个时频资源，信道资源无法得到有效利用；NOMA 引入了时域和频域以外的功率域，实现了功率复用，能使多个用户同时接入一个时频资源，提高了信道资源的利用率，同时提高了系统容量和频谱效率。基于此优点，NOMA 将完美适用于有大规模设备接入的应用场景。联合 SIC，NOMA 已成为 5G/B5G 中不可或缺的技术，在大规模随机接入等场景下有着巨大的潜在优势。

1.2.5　FD 模式

常规的无线网络以半双工(half duplex，HD)模式运行，这意味着在任何给定的时间和频率资源上都只允许一个方向的传输，UL 和 DL 传输不能同时进行，在正交的信道上尽管不存在 UL 和 DL 间的同信道干扰，但频谱效率较低。在 HD 网络中已经考虑了不同的双工技术来实现双工 UL 和 DL 传输。

为了实现同时双向传输，即全双工(full duplex，FD)通信，通过放宽对 UL 和 DL 正交性的限制，FD 可以使频谱效率加倍。长期以来，这种想法一直被认为是一个理想的假设。由于增加了从同一设备发射机到接收机泄露的自干扰的复杂性，这种自干扰阻碍了将 FD 付诸实践。接收的信号由于路径和传播损耗而大大减弱，发射的信号比接收的信号要强得多，即自干扰信号要比接收的有用信号强得多，因此发射的信号会使接收器的无线电链路饱和，并阻止信号接收。自干扰已被视为对 FD 操作的主要损害。理想情况下，应将自干扰消除到与接收机本地热噪声相同的水平，以便在与高 SNR 水平相同的条件下对接收到的信号进行解码。否则，会将残余干扰增加到接收到的信号中，从而降低接收信噪比和吞吐量。

在实际应用中，FD 传输可以通过两个不同的天线配置(共享和分离的天线配置)在基站上实现。一方面，共享天线配置使用单个天线通过三端口环行器同时进行带内发送和接收；另一方面，分离天线配置需要分开的天线用于发送和接收，独立的收发天线之间有自干扰抑制隔离器件。

随着技术的进步和发展，特别是电路、电子技术和信号处理技术的发展，借助最新开发的天线和数字基带技术，已可以将自干扰降低到低功率设备的本地噪声水平[70]，其等效的干扰链路可以建模为瑞利衰落[71]。这样，FD 可以以高频谱效率应用到通信系统[70]。

除此以外，随着大规模 MIMO 技术的成熟和广泛应用，大规模 MIMO 中继

节点可以采用 MRC/MRT 和 ZF 分别对接收信号进行处理[34]。为了减小环路干扰效应，文献[37]提出了两种技术：①采用大规模接收天线阵列；②采用大规模发射天线阵列，中继发射功率极低。文献[37]指出，在 FD 中继系统中采用大规模 MIMO 技术可以有效地抑制环路干扰。在译码转发中继系统中将两跳分离，每一跳可视为一个独立的大规模 MIMO 单跳信道，当接收或发射天线数无限增长时，单跳大规模 MIMO 信道是正交的，具有较大的分集增益，从而为 FD 技术的应用提供了一个新的思路。

1.2.6 端到端通信

蜂窝网络中的端到端(device-to-device，D2D)通信定义为两个移动用户之间的直接通信，没有经过 BS 或核心网络。在 3G 网络中，D2D 通信是利用蓝牙和无线局域网(wireless local area network，WLAN)在无许可频段进行的。蜂窝网络分为以网络为中心和以设备为中心的两种 D2D 通信类型。以网络为中心 D2D 通信是指移动用户之间的通信依赖网络基础设施，主要用于 1G 到 4G 网络。以设备为中心 D2D 通信的网络设置是由邻近设备本身管理的，被认为是 5G 网络中满足用户需求、改善用户体验的关键核心技术之一。

在 D2D 卸载通信中，移动用户通过 D2D 通信从附近的移动设备上下载相同的蜂窝内容[72-73]。D2D 卸载通信允许邻近节点绕过基站建立直接通信链路，从而将传统的两跳蜂窝链路替换为直接的 D2D 链路。这种短距离通信具有许多优势，如数据传输速率快、能量和频谱效率高、网络容量增加、延迟低、提高小区边缘的性能[74-75]。D2D 网络基于通信频谱又可分为两类，即带内 D2D 通信和带外 D2D 通信[76-77]。带内 D2D 通信又分为底层 D2D 通信和覆盖 D2D 通信。底层 D2D 通信允许使用网络基础设施，在设备和蜂窝链路之间建立直接链路以使用蜂窝频谱。在覆盖 D2D 通信中，专用频带用于设备与蜂窝通信的其余频谱之间的直接链路。带外 D2D 通信使用未经许可授权的频谱在设备之间建立链路，可以受控或自治。在受控 D2D 网络中，D2D 链路之间的通信无线电接口由基站控制。在自治 D2D 通信设备中，将管理用于网络设置的无线电接口。D2D 网络有如下几种形式。

(1) 终端通过基站控制进行中继：在覆盖较差区域或小区边缘，设备可以通过该方法与基站通信。基站完全控制目标设备和中继设备之间的通信并分配资源，使得靠近基站的设备充当预期移动设备与基站通信的中继。

(2) 通过基站在终端之间直接通信：两个设备通过基站的控制有效地进行通信，在这种情况下集中控制，有效地执行干扰管理和资源分配。

(3) 终端中继，完全控制设备：在这种情况下，基站不控制 D2D 通信。以分布式执行控制，源节点和目的地节点之间的通信通过中继进行。该场景中的控制如资源分配、呼叫建立和干扰管理由设备执行。

(4) 没有基站控制的终端间直接通信：设备直接通信，无需基站的控制，因此呼叫建立和干扰管理由设备本身处理。

从用户的角度来看，用户总是希望自己的服务质量(QoS)需求得到满足，这也是运营商关心的问题，因为这直接为运营商带来利润。在 D2D 蜂窝网络中，由此产生的各种同频干扰对用户的服务质量构成了严重的挑战。特别地，位于小区边缘区域的用户通常收到较弱的服务基站信号和较强的同频多基站干扰。此外，小小区(如微微小区和毫微微小区)的部署会给小区边缘用户(CEU)带来巨大的层间干扰。因此，在这种 HetNet 中，层间和层内的干扰导致 CEU 的覆盖概率降低，传输速率下降。为了满足 QoS，应该将更多的带宽分配给 D2D 用户或蜂窝用户，这导致频谱效率低下。事实上，如果没有适当的干扰管理和有效的资源分配，直接部署小蜂窝和 D2D 网络可能会降低网络性能。采用有效的资源分配策略来抑制 D2D 底层模式通信中的干扰已成为研究热点[78-79]。

1.2.7　毫米波网络

频率资源是十分宝贵的资源，因为卫星通信、广播电视、电报电话、军用通信等都需要有一定的频率资源。频率资源是有限的，分配给移动通信用的频率资源决定了移动通信应用的空间和服务质量。随着移动通信的飞速发展，30GHz 之内的频率资源几乎用尽[80]。5G 在传统移动通信频谱的基础上又开发和利用了 30～300GHz 的毫米波(millimeter wave，mmWave)频段，毫米波通信技术的关键优势之一是足够富余的频谱带宽，就像一块新大陆一样，给移动用户和移动运营商提供了“无穷无尽”的频率资源。

由于 3GPP 决定了 5G 新空口继续使用正交频分复用技术，因此相对 4G 而言，毫米波成为 5G 颠覆性的技术革新。5G 其他新技术的引入，如大规模 MIMO、新的子载波间隔、低密度奇偶校验(low-density parity-check，LDPC)/极化(Polar)码(LDPC/Polar 码)等都与毫米波密切相关，都是为了让 OFDM 技术能更好地扩展到毫米频段。为了适应毫米波的大带宽特征，5G 定义了多个子载波间隔，其中较大的子载波间隔(60kHz 和 120kHz)就是专门为毫米波设计的。前文提及的大规模 MIMO 技术也是为毫米波量身定制，因此 5G 也可以被称为“扩展到毫米波的增强型 4G”。

早期的 1G～4G 并没有考虑富有频谱资源的毫米波。毫米波频率不能在自由空间中很好传播的误解源于著名的弗里斯(Friis)方程 $\lambda_c^2=(c/f_c)^2$，λ_c 为载波波长，f_c 为载波频率，c 为光速。原型 Friis 方程适用于特定的全方位传输和接收、有效天线面积为 $\lambda_c^2/4\pi$ 的天线类型，这意味着大量能量的损失仅仅是因为天线有效面积小，不能辐射或者吸收很多能量。由于每个天线元件的长度和/或宽度与 λ_c

成正比，对于固定的二维(2-D)天线区域，天线元件的数量随着 λ_c^2 的增加而增加。因此，只需要一个中等大小的小型 2-D 天线阵列就可以解决每个天线有效面积偏小问题。使用配备 2-D 天线阵收发器，每个端点处 λ_c^2 的总损失变成了 λ_c^2 的理论总增益[81]。该结论和启发在当时关于毫米波蜂窝的研究之前早已得到了研究人员的认可。1956 年发表的题为"毫米波及其应用"的论文[82]提出了与此相同的观点，30～300GHz 的毫米波频率范围被证明可以提供许多种通信服务，特别是高增益、高要求定向天线和大带宽的需求服务[83]。这一几十年前的论文即使在今天思想也是新颖的：尽管定向通信环境通常与自由空间显著不同，但在足够的方向性下，毫米波也可以很好地用于蜂窝通信[83]，这是大型天线阵列毫米波天线系统的主要区别特征，它对如何建模、分析、设计并实现这些性能指标有着深远的影响。

目前，毫米波已经得到了各种商业无线系统的青睐，具体包括用于局域网的 IEEE 802.11ad、个人区域网络的 IEEE 802.15.3c 和定点接入链路的 IEEE 802.16.1，这些显示了毫米波在蜂窝系统接入链路的应用前景，特别是毫米波的可用大带宽使其在第五代蜂窝网络具有很好的应用。以往，基于 Sub-6GHz 频段的 4G LTE 蜂窝系统可以使用的最大带宽是 100MHz，数据传输速率不超过 1Gbit/s。在毫米波频段，移动应用可以使用的最大带宽是 400MHz，数据传输速率高达 10Gbit/s 甚至更高[80]。毫米波波束窄，与 MIMO 技术联合使用方向性好，有极高的空间分辨力。毫米波链路投射非常窄的波束，具有空分多址属性，提高了网络容量，这一特性使得运营商可以部署紧邻的多个独立连接而不会互相干扰。这一优势也体现在毫米波链路的可扩展性上，毫米波非常适用于网络拓扑，如点对点网格、密集的轮辐和环形。

在实际应用中，不同于传统的 900MHz Sub-6GHz 频段通信，毫米波通信的一个特点是受传播环境的制约，容易被阻塞。虽然 Sub-6GHz 蜂窝系统也会受到阻塞的影响，但相对于毫米波受到的影响要小得多。毫米波对阻塞特别敏感，有四个主要原因。第一，毫米波的波长非常小，毫米波通过许多普通材料(包括混凝土、有色玻璃和水)时，产生较大的损耗。第二，毫米波波长比普通通信场景中期望的物体要小得多，毫米波频率在地面环境下不能很好地衍射，通信地面最好是弯曲的，这使得阻塞对象实际上变得更大。第三，由于方向性的要求，毫米波发射器和接收器的波束都聚焦在一个更窄的波束宽度，毫米波信号避免强阻塞的机会比在几乎全向的发送/接收场景中更小。在全向的发送/接收场景中，能量被辐射并可以在多个角度被收集，而在毫米波中这种概率大大降低。第四，毫米波系统通常具有大带宽和相对较低的发射功率，以及其他各种降低信噪比的硬件限制，如高电缆损耗。因此，无论任何天线增益，毫米波通信接收信噪比(signal-to-noise ratio，SNR)已经没有多少余地容忍阻塞。

考虑到强的方向性要求，毫米波通信对阻塞的敏感性要求在实际中改变蜂窝网络的架构和部署，这需要对其建模和分析进行重大改进。毫米波比低频段的信号对阻塞效应更敏感，因为建筑物外部的一些混凝土墙等材料会造成严重的穿透损失，室内的用户不太可能被户外毫米波基站覆盖，但是在 Sub-6GHz 频段通信系统中并不存在该问题。定向天线的信道测量发现，阻塞使视距(line of sight，LoS)路径和非视距(non line of sight，NLoS)路径损耗特性有显著的差异，特别是 300MHz～3GHz 的超高频带传播。非线性光学系统的路径损耗规律往往更依赖散射环境，说明任何毫米波网络的综合系统分析都与传播环境特性密切相关。

1. 毫米波衰落模型

毫米波无线信号同时经历了大尺度衰落和小尺度衰落，以下依次对这两种衰落模型展开分析[84]。

1) 大尺度衰落模型

在毫米波系统中，各种障碍(如建筑物和树叶)导致的无线信号阻塞非常严重，这需要对 LoS 和 NLoS 链路进行单独的建模。为了易于处理，通常假定到给定基站的无线链路具有一定的概率，即 LoS 或 NLoS，而与到其他基站的链路状态无关。基站为 NLoS 的概率(也称为阻塞概率)取决于基站与感兴趣的接收机之间的距离，在密集部署的毫米波网络中，一个障碍物可能会阻塞它后面的所有基站。基于这一观察事实，通常引入 LoS 球模型来模拟障碍物的遮挡效应，有研究表明相较其他模型，这种阻塞模型更适合真实世界的情况。

在该阻塞模型中，定义 LoS 球半径为 R_{L}，表示给定用户设备(user equipment，UE)与附近阻塞之间的平均距离。用 $\|X_{u,v}\|$ 表示网络终端 u 和 v 之间的欧几里得距离(Euclidean diatance)；当满足 $\|X_{u,v}\| \leqslant R_{\mathrm{L}}$ 时，链路为 LoS，且路径损耗为 $L_{\mathrm{L}}\left(\|X_{u,v}\|\right) = C_{\mathrm{L}}\|X_{u,v}\|^{-\alpha_{\mathrm{L}}}$，其概率为 $\Pr\left(\|X_{u,v}\|\right)$；当 $\|X_{u,v}\| > R_{\mathrm{L}}$ 时，链路为 NLoS 链路，路径损耗为 $L_{\mathrm{N}}\left(\|X_{u,v}\|\right) = C_{\mathrm{N}}\|X_{u,v}\|^{-\alpha_{\mathrm{N}}}$，其概率为 $1-\Pr\left(\|X_{u,v}\|\right)$。其中，$C_{\mathrm{L}}$ 和 C_{N} 分别为 LoS 和 NLoS 路径损耗公式中的拦截常数，α_{L} 和 α_{N} 分别为相应的路径损耗指数。毫米波路径损耗指数的取值范围近似为 $\alpha_{\mathrm{L}} \in [1.9,2.5]$ 和 $\alpha_{\mathrm{N}} \in [2.5,4.7]$。因此，毫米波无线信号 LoS/NLoS 传播的概率函数表示为[85]

$$\Pr\left(\|X_{u,v}\|\right) = \begin{cases} P_{\mathrm{L}} = \Pr\left(\|X_{u,v}\|\right) I\left(\|X_{u,v}\| \leqslant R_{\mathrm{L}}\right) \\ P_{\mathrm{N}} = \left(1-\Pr\left(\|X_{u,v}\|\right)\right) I\left(\|X_{u,v}\| \leqslant R_{\mathrm{L}}\right) + I\left(\|X_{u,v}\| > R_{\mathrm{L}}\right) \end{cases} \tag{1-7}$$

式中，$I(\cdot)$ 为指标函数。根据该球形遮挡效应模型，路径损耗 $L\left(\|X_{u,v}\|\right)$ 可以表

示为

$$L\left(\left\|X_{u,v}\right\|\right)=U\left(R_{\mathrm{L}}-\left\|X_{u,v}\right\|\right)C_{\mathrm{L}}\left\|X_{u,v}\right\|^{-\alpha_L}+U\left(\left\|X_{u,v}\right\|-R_{\mathrm{L}}\right)C_{\mathrm{N}}\left\|X_{u,v}\right\|^{-\alpha_{\mathrm{N}}} \tag{1-8}$$

式中，$U(\cdot)$为单位阶跃函数。同时，当给定网络终端u和v之间为陆地通信场景时，LoS 传播的概率为

$$P\left(\left\|X_{u,v}\right\|\right)=\exp\left(-\varepsilon\left\|X_{u,v}\right\|\right) \tag{1-9}$$

式中，ε为一个取决于建筑物阻塞过程几何分布和密度的常数，$1/\varepsilon$表示信号的平均 LoS 范围。当给定网络终端u和v之间为空-地链路时，LoS 传播的概率为

$$\Pr\left(\left\|X_{u,v}\right\|\right)=\frac{1}{1+b\exp\left\{-c\left[\dfrac{180}{\pi}\tan^{-1}\left(\dfrac{H}{\left\|X_{u,v}\right\|}\right)-b\right]\right\}} \tag{1-10}$$

式中，b和c均为环境决定的常数；H为空间终端高度。

2) 小规模衰落模型

Nakagami-m 模型在毫米波通信中广泛使用。假设毫米波信号传输经历独立的 Nakagami-m 小规模衰落，若$|g_{u,v}|^2$为终端u和v之间的等效小规模衰落信道增益，一般建模为归一化的伽马(Gamma)函数，即$|g_{u,v}|^2\sim\Gamma\left(N_t,1/N_t\right),t\in\{\mathrm{L},\mathrm{N}\}$。对于信号的 LoS 传播，$|g_{u,v}|^2\sim\Gamma\left(N_{\mathrm{L}},1/N_{\mathrm{L}}\right)$；对于信号的 NLoS 传播，$|g_{u,v}|^2\sim\Gamma\left(N_{\mathrm{N}},1/N_{\mathrm{N}}\right)$。其中，$N_{\mathrm{L}}$和$N_{\mathrm{N}}$分别表示信号 LoS 和 NLoS 传播的 Nakagami-m 衰落参数并假设其为正整数。概率密度函数可以写为

$$f_{|g_{u,v}|^2}(x)=\frac{x^{N_t-1}}{\left(1/N_t\right)^{N_t}\Gamma\left(N_t\right)}\exp\left(-N_t x\right),\quad t\in\{\mathrm{L},\mathrm{N}\},\quad x\geqslant 0 \tag{1-11}$$

对于 LoS 和 NLoS，路径损耗指数分别为$\alpha_{\mathrm{L}}\in[1.9,2.5]$和$\alpha_{\mathrm{N}}\in[2.5,4.7]$[86]。关于更详细的毫米波参数，可参考文献[87]和[88]。

2. 毫米波 MIMO 定向波束赋形

毫米波通信具有在发射端和接收端使用天线阵列提供阵列增益的要求，即与 MIMO 技术联合使用，是毫米波通信的本质要求。随着波长的减小，天线孔径和尺寸也会减小。由于毫米波波长小，可以在相同的收发器几何空间中布放更多的天线阵元，从而通过波束成形获得高阵列增益，这补偿了与频率相关的路径损耗，扩大了毫米波信号传输范围；同时，高天线阵列增益还能克服额外和小区干扰的影响，毫米波通信系统的性能得到改善。为了后文叙述方便，本书用小写黑体字母表示矢量(向量)，大写黑体字母表示矩阵，非黑体字母表示变量或其他运算

符号。

1) 毫米波天线阵列及定向波束赋形

对于一个典型的毫米波信道，由于电磁波在毫米波频段传播具有高度方向性和准光学性质，因此存在的多径非常少。通常，毫米波信道由 LoS 传播分量和一组单跳多径分量组成，均匀线性阵列(uniform linear array，ULA)系统的毫米波信道建模通常采用简化天线方向图，这种简单的近似很容易处理，但会使得评估网络性能产生较大的差异。因此，为了更精准地评估网络性能，使用一种更实际的均匀线性阵列模式。由于高自由空间的路径损耗，毫米波的传播环境具有很好的群聚信道模型特征。不失一般性，考虑一个位于空间位置 z 的 MBS，那么对于一个位于 j 的随机网络元件，从 MBS 到目标 j 的毫米波信号信道向量可以表示为[89]

$$\boldsymbol{h}_{zj}=\sqrt{N_{\mathrm{M}}}\sum_{l=1}^{L}\boldsymbol{g}_{zj,l}\boldsymbol{a}^{\mathrm{H}}\left(\theta_{zj,l}\right) \tag{1-12}$$

式中，$\boldsymbol{h}_{zj}$ 为 $N_{\mathrm{M}}\times 1$ 的向量；N_{M} 为 MBS 天线数；L 为多径数。对于第 l 个多径信号，信道系数矢量 $\boldsymbol{g}_{zj,l}$ 遵循独立 Nakagami-m 衰落。由于毫米波信号具有高度定向波束成形和准最优特性，为了简单起见，假设 $L=1$，则 l 可以抹去，因此信道增益 $\left|\boldsymbol{g}_{zj}\right|^2$ 遵循独立 Nakagami-m 衰落。$\boldsymbol{a}^{\mathrm{H}}\left(\theta_{zj}\right)$ 为空间偏离角 θ_{zj} 对应的发射阵列响应向量，其在 $[0,2\pi]$ 是独立的均匀同分布。MBS 天线数为 N_{M}，发射阵列响应向量可表示为[90]

$$\boldsymbol{a}\left(\theta_{zj}\right)=\frac{1}{\sqrt{N_{\mathrm{M}}}}\left[1,\cdots,\mathrm{e}^{j\beta id\cos\theta_{zj}},\cdots,\mathrm{e}^{j\beta(N_{\mathrm{M}}-1)d\cos\theta_{zj}}\right] \tag{1-13}$$

式中，β 为波数，$\beta=2\pi/\lambda$，λ 为波长；d 为天线阵元间的距离。在信道模型[式(1-12)]中采用简单的模拟波束成形[89]，能够通过移相器控制波束的方向，消除相位延迟。模拟波束形成由于具有成本低和功耗低的特点，已经应用在一些毫米波系统中。假设位于 z 的 MBS 与其级联的网络目标 j 之间的信道离开角(angle of departure，AoD)为 ϕ_{zj}，则有最佳模拟波束成形矢量为

$$\boldsymbol{w}_{zj}=\boldsymbol{a}\left(\phi_{zj}\right) \tag{1-14}$$

这意味着 MBS 应该将波束方向与信道的 AoD 精确对准，以获得最大的功率增益。因此，对于其服务 SBS，有 $\phi_{zj}=\theta_{zj}$，有效干扰信道增益为

$$|\boldsymbol{h}_{zk}^{\mathrm{H}}\boldsymbol{W}_{zk}|^2=N_{\mathrm{M}}\left|g_{zj}\right|^2\left|\boldsymbol{a}^{\mathrm{H}}\left(\theta_{zj}\right)\boldsymbol{a}\left(\theta_{zj}\right)\right|^2=N_{\mathrm{M}}\left|g_{zj}\right|^2 \tag{1-15}$$

对于其他终端 $\hat{k}$ (SBS 或 UE)，有效干扰信道增益表示为

$$|\boldsymbol{h}_{z\hat{k}}\boldsymbol{W}_{zk}|^2 = N_{\mathrm{M}}\left|g_{z\hat{k}}\right|^2 \frac{\sin\left[0.5N_{\mathrm{M}}d\cdot\beta\left(\cos\theta_{z\hat{k}}-\cos\phi_{zk}\right)\right]}{N_{\mathrm{M}}^2\sin^2\left[0.5d\cdot\beta\left(\cos\theta_{z\hat{k}}-\cos\phi_{zk}\right)\right]} \tag{1-16}$$

将 $\beta = 2\pi/\lambda$ 代入式(1-16)，得到有效干扰信道增益如下：

$$\left|\boldsymbol{h}_{z\hat{k}}\boldsymbol{W}_{zk}\right|^2 = N_{\mathrm{M}}\left|g_{z\hat{k}}\right|^2 \frac{\sin^2\left[\pi N_{\mathrm{M}}\left(v_{z\hat{k}}-v_{zk}\right)\right]}{N_{\mathrm{M}}^2\sin^2\left[\pi\left(v_{z\hat{k}}-v_{zk}\right)\right]} \tag{1-17}$$

式中，$v_{z\hat{k}} - v_{zk} = x_{zk}$。此外，定义阵列增益函数为

$$G\left(x_k\right) = \frac{\sin^2\left(\pi N_{\mathrm{M}} x_k\right)}{N_{\mathrm{M}}^2\sin^2\left(\pi x_k\right)} \tag{1-18}$$

这使得有效干扰信道增益 $\left|\boldsymbol{h}_{z\hat{k}}\boldsymbol{W}_{zk}\right|^2$ 进一步表示为

$$\left|\boldsymbol{h}_{z\hat{k}}\boldsymbol{W}_{zk}\right|^2 = N_{\mathrm{M}}\left|g_{z\hat{k}}\right|^2 G\left(v_{z\hat{k}}-v_{zk}\right) \tag{1-19}$$

式中，$v_{z\hat{k}}$ 和 v_{zk} 均为 $[-d/\lambda, d/\lambda]$ 范围内独立均匀分布的随机变量。由于 $v_{z\hat{k}} - v_{zk}$ 的结果分布不能表达为闭合式，在实际应用中采用近似方法将其结果看作均匀分布。在分布层面上来看，阵列增益 $G(v_{z\hat{k}} - v_{zk})$ 与 $G(\theta_k)$ 是相同的。此外，天线阵列增益 $G\left(x_k\right)$ 是系数为 $1/N_{\mathrm{M}}$ 的归一化费耶尔核，称为实际天线模式，有时也称为天线方向图[91]。

2) 简化模型

前述模型虽然给出了精准的 MIMO 天线阵列波束成形模型，可以估计波束增益，进行信道建模和系统各态历经速率、中断概率和误码率等性能指标的分析，从而评估系统，但 MIMO 信道模型复杂度较高。为了便于研究分析，部分文献和应用采用扇形模型来近似描述实际波形。在该近似模型中，天线阵增益分别由主瓣波束宽度 $\theta_{\mathrm{s}} \in [0, 2\pi]$、主瓣增益 $M_{\mathrm{s}}(\mathrm{dBm})$ 和副瓣增益 $m_{\mathrm{s}}(\mathrm{dBm})$ 三个参数决定，且 $M_{\mathrm{s}} > m_{\mathrm{s}}$，$s \in \{\mathrm{t}, \mathrm{r}\}$，$s = \mathrm{t}$ 表示发射天线，$s = \mathrm{r}$ 为接收天线。为了便于分析，假设整个过程中使用信道和波束方向估计，获得到达角估计，可以实现接收器与发射器间完美的波束对准。在这种情况下，总的接收天线阵增益 $G_{\mathrm{H}}^{\mathrm{t}} \times G_{\mathrm{U}}^{\mathrm{r}}$ 是一个离散的随机变量，由发射天线增益 $G_{\mathrm{H}}^{\mathrm{t}}$ 和接收天线增益 $G_{\mathrm{U}}^{\mathrm{r}}$ 共同决定。由于波束宽度和波束增益都为离散变量，总天线增益 $G_{\mathrm{H}}^{\mathrm{t}} G_{\mathrm{U}}^{\mathrm{r}}$ 也是离散值，且依赖波束宽度的随机变量取值。根据波束宽度和天线增益，总天线增益 $G_{\mathrm{H}}^{\mathrm{t}} \times G_{\mathrm{U}}^{\mathrm{r}}$ 的概率 $b_{\mathrm{H}i}$ 和 $a_{\mathrm{H}i}$ 见表 1-5。

表 1-5　天线增益 $G_H^t G_U^r$ 的值及概率

i	1	2	3	4
a_{Hi}	$M_t M_r$	$M_t m_r$	$m_t M_r$	$m_t m_r$
b_{Hi}	$\frac{\theta_t}{2\pi}\frac{\theta_r}{2\pi}$	$\frac{\theta_t}{2\pi}\left(1-\frac{\theta_r}{2\pi}\right)$	$\left(1-\frac{\theta_t}{2\pi}\right)\frac{\theta_r}{2\pi}$	$\left(1-\frac{\theta_t}{2\pi}\right)\left(1-\frac{\theta_r}{2\pi}\right)$

1.3　无人机协助通信

无人机(unmanned aerial vehicle，UAV)是指一类无人驾驶的飞机，可以由操作员远程控制或由机载传感器和计算机自主控制。无人机的萌芽阶段可以追溯到 100 多年前。在 20 世纪初，第一个自动陀螺仪稳定器被发明，它使飞机向前飞行时能够自动保持平衡。此后，无人机技术迅速发展，最初用于军事目的，如靶机、侦察机、战斗机等[92]。在过去的几十年里，芯片、电池、传感器、控制器、通信等产业链越来越成熟[93-94]，无人机平台逐渐向小型化、低功耗发展，大大降低了制造成本。随着高空空域的开通，中小规模无人机越来越多地应用在民用领域，包括地质勘探[92]、灾害救援、森林防火、电网巡检、遥感、航空摄影、快递、农业灌溉等。全球无人机产业的投资规模在 2022 年以前的 20 年里增长了 30 倍[92-95]。在可预见的未来，无人机的应用将更加广泛，推动各类联动产业的发展。

1.3.1　无人机协助通信及其应用

UAV 协助的无线通信是无人机最重要的应用之一，灵活性和较高的 LoS 特性使其成为提升 5G/B5G 网络服务能力有效方法之一，并有望成为未来无线通信技术(如 6G 网络)的核心模块[96]。同时，5G/B5G 网络将全面支持自动驾驶和 UAV 协助通信系统的连接[97]。UAV 协助通信的主要特征如下。①高 LoS 链路概率：UAV 在空中飞行时，通过 LoS 链路连接到地面通信设备的概率更大，这有助于提高远距离传输的可靠性；同时，UAV 可以根据周围环境调整其飞行姿态、路径和位置，实现 LoS 通信，从而保证链路的通信质量。②动态部署能力：与传统的静态地面基础设施相比，UAV 具有移动灵活性，可以实时地进行动态部署，对环境变化更具鲁棒性，满足热点和应急等通信场景[94]。③UAV 网络代价低：相对于地面固定网络，UAV 网络由于无须铺设骨干网络，其代价效益显著。④无人机群：多架 UAV 能够形成可扩展的多 UAV 网络[94]，并为地面用户提供无处不在的连接，多 UAV 网络也可以快速有效地恢复和扩展通信[98]，是当前热点，也是军事和民用的发展方向，是现代无人机作战的主要模式。接下来给出 UAV 典型通信配置应用[99]。

1) 无人机协作中继

移动 UAV 可以充当空中中继，以支持信道条件较差的两个节点之间的传输，是 UAV 应用的主要场景[100-101]，相对于无人机基站，中继复杂度低。该应用场景包括地面基站和地面用户之间的中继传输、D2D 通信、协助远程回程及紧急情况下两个地面移动基站之间的通信。与地面中继相比，UAV 具有更好的机动灵活性，可以快速部署到热点地区或灾区，建立临时中继链路，是骨干基础设施的重要替补。此外，UAV 在高空能够与源节点和终端节点建立 LoS 链路。通常采用的中继方案主要有 AF 中继和 DF 中继。AF 中继直接转发来自源节点的信号，但不会解码任何信号，中继的信号处理相对简单，甚至不引入额外的延迟。AF 中继的不足之处是会放大接收到的噪声和残余的自干扰，目的节点同时受到自身噪声、放大噪声及来自中继的残余自干扰的影响。DF 中继先对来自源节点的信号解码，再进行编码，然后转发到目的节点，因此 DF 中继比 AF 中继更可靠，在解码时不会转发噪声。由于信号处理复杂，DF 中继的解码和再次编码通常会引入额外的延迟并增加功耗。

2) 无人机协作干扰

基于协作的物理层安全(physical layer security，PLS)技术已经成为一种很有前途的技术。为了提高系统的安全，UAV 可以用作空中扰乱器，向通信局域发射人工噪声，降低窃听者的接收 SINR，从信息论的角度确保了通信的安全性[102-103]。UAV 形成空中自组织网络以将信息传输到合法的地面终端，干扰器将干扰信号传输到 UAV 中继以降低其信道质量，窃听者试图拦截机密信息，不受信任的用户可能试图解码它们正在传输的机密信息。UAV 可以在不同的路径点调整发射功率以提高保密率，并改变其位置和速度以绕过或快速通过窃听者，但这种轨迹设计产生了更多的能量消耗。除了传统的抗窃听技术，如通过人工噪声来提高安全通信，UAV 协助的协作干扰是一种很有效的方法，网络中的许多 UAV 可以用来向窃听者发送人工干扰信号，以弱化窃听者的窃听信道质量。干扰信号不仅干扰窃听链路，还会影响合法传输。因此，需要仔细设计协作干扰信号的发射功率和 UAV 的飞行轨迹，以实现较高的保密性能。

3) 无人机移动数据采集

无人机还可以充当移动数据采集器[104]，在无线传感器网络(wireless sensor network，WSN)场景中，分布着大量的传感器结点(sensor node，SN)，但通常由于 SN 的发射功率很小而无法进行远程通信。无人机具有高移动性、灵活性和可操作性，可以轻松控制无人机与 SN 之间的通信距离，特别适合应用于数据采集。无人机可以飞行到无线传感器网络的上方进行通信和数据采集，这样能够极大降低 SN 的功耗，延长了网络的使用时间，还可以利用无人机良好的视距链路提供更好的通信性能。这就解决了 WSN 中的数据采集问题，并且部署无人机进行数据采集的成本更低，因此无人机在数据采集方面的应用受到广泛关注[99]。

1.3.2 毫米波无人机协助通信

无人机可通过安装通信收发器作为低成本和方便快捷布放的空中通信平台，在高通信量需求和过载情况下为地面目标提供/增强通信服务[94]，通常称为无人机协助通信[105-109]。在 5G/B5G 网络平台，无人机与大规模 MIMO 和毫米波技术的结合为无人机协助通信提供了更多的机会，其中毫米波 MIMO 波束成形使无人机通信系统和网络具有很高的技术潜力和广泛的应用潜力。毫米波通信是解决无人机通信组网中频谱紧缺问题的一种有效技术。排除氧气吸收带、水汽吸收带等不利频段，毫米波频段的可用带宽均在 150GHz 以上[110]。可用于无人机通信的连续频段主要有 24GHz(24.25～27.5GHz)、28GHz(27.5～29.5GHz)、38GHz(37～40GHz)、45GHz(42.3～47.3GHz 或 47.2～48.4GHz)、E 频段(71～76GHz、81～86GHz、92～95GHz)等[111]。Facebook(脸书)公司于 2019 年展示了一种空对地(A2G)E 频段通信链路，该链路可以实现 40Gbit/s 的峰值数据传输速率[112]。毫米波频段的高宽频带有利于支持超高的数据流量和多样化的无人机应用。

毫米波信号的波长通常在 1～10mm，这使得在小的天线几何空间内装备大量天线成为可能。例如，对于一个 38GHz 的半波长间隔天线阵列，在 1dm^2 的范围内可以容纳 600 多根天线。毫米波频段的小尺寸部件是为无人机平台量身定制的，受体积和重量的限制。

在无人机通信系统中，大规模阵列可以提供可观的波束增益，提高信道质量。毫米波信道在空间域表现出稀疏性。对于地面毫米波收发器，有 3～4 簇多径分量是相关的[113]。由于无人机一侧链路的潜在反射器较少[114-115]，毫米波信道的稀疏性在无人机通信中占主导地位。此外，铅笔状的毫米波波束可实现定向通信，增强了毫米波-无人机通信的空间稀疏性。这些特性促进了空域频谱资源的复用[116]。

毫米波通信与大规模 MIMO 的结合增加了无人机通信系统的自由度，实现了空间复用和分集增益。由于无人机飞行高度高，地面基站、地面用户设备及其他空中平台对无人机的干扰严重[117]。灵活毫米波波束形为处理空间域的主干扰提供了选择，如迫零(ZF)方法可用于数字波束形成以消除多用户干扰。模拟波束形成也可以通过压制干扰获得可观的性能增益，即使只有相位权值可以调整[118]。此外，毫米波波束可以快速调整以适应无人机的移动性，实现对目标区域的灵活覆盖[119]。

毫米波信道极易受到障碍物的影响，因为毫米波信号的穿透和反射损耗非常大，在毫米波频段中，LoS 路径通常比非 LoS(NLoS)路径高 20dB 以上[120]。由于无人机的飞行高度较高，在 A2G 和空对空(A2A)通信场景下都可能建立 LoS 链路。即使在链路被障碍物阻断的情况下，无人机也可以快速调整其位置和姿态来提高信道质量。

由于毫米波信号的传播损耗高，其传输距离有限。虽然 MBS 和 PBS 密集部署可以解决这个问题，但这需要较高的硬件和人力成本，这对于在偏远地区提供无线覆盖是不理想的。无人机具有可控的机动性，可快速部署为空中接入点，并可根据地面终端的需求灵活部署[117]。无人机接入点的部署可以有效扩大毫米波蜂窝网络的覆盖范围，特别是在应急通信场景中。

利用丰富的带宽和定向波束赋形，毫米波-无人机通信可应用于多种不同场景。对于作为空中基站的无人机，回程链路是其性能瓶颈。对于地面基站，一般采用光纤上的回程链路，这对于无人机基站来说是不可能的。利用毫米波通信可以实现无人机基站高容量无线回传链路[121]。此外，无人机可以作为空中中继，以提高毫米波频段两个或多个地面节点之间的数据传输速率。由于毫米波信号绕射能力差，穿透损耗非常高，可以部署灵活调整位置的无人机中继，建立高质量的通信链路[118]。当无人机用于航拍、监视、遥感时，由于需要向控制中心传输视觉和传感器信息[120]，上行数据流量通常较大。在这种情况下，可以建立毫米波接入链路，使无人机通过地面基站或卫星与核心网络连接。此外，多机协同执行复杂任务时，高容量通信与组网对于支持不同节点间的信息交换至关重要。对于无人机集群而言，毫米波频段的定向传输可以有效提高干扰、窃听[16]等敌对攻击下的通信安全性。

第 2 章　随机几何与点过程

伴随移动通信技术的升级，蜂窝网络的架构不断演进更迭，传统的同构网络技术通过小区分裂已经无法满足暴增的数据流量。在 5G/B5G 超密集网络部署下，提出了去蜂窝的概念，网络高度异构化和密集化，以用户为中心的网络逐渐进入人们的视线。针对该网络，在 UE 的移动过程中，服务单元随之更新且保证不间断的逻辑连接。这种配置消除了传统以 BS 为中心的网络弊端，使 UE 可以随时随地享受网络服务。然而，在高复杂的密集异构网络中，多个无规则部署的小小区与宏小区的覆盖范围很容易交叠在一起，不仅用户位置表现出随机性，而且基站的布放呈现不规则性和随机性。因此，在对该网络进行有效的性能评估时，有必要构建科学且准确的模型，尤其是针对存在层内与层间节点干扰的多层异构网络。传统的六边形网络建模太过于理想化，不符合实际的小区部署，不能有效地估计大规模多层异构网络的性能。

随机几何是应用概率论的一个重要分支，特别适用于研究平面或高维空间中的随机现象。最初，随机几何的发展受到生物学、天文学和材料科学应用的刺激，安德鲁斯(Andrews J. G.)首先提出将随机几何应用于无线蜂窝网络性能分析的观点，为众多学者在蜂窝网络的研究提供了新的切入点[122]。随机几何方法已被广泛地用于图像分析和通信网络的研究中[123-126]。在通信环境中，随机几何方法的作用与经典排队论中点过程理论的作用类似，将大量的网络节点空间抽象为点过程，从而可以利用拉普拉斯变换来评估网络的系统级性能，获得系统级的各态历经速率、覆盖概率和中断概率等[127-129]。长期以来，随机几何一直被用来对大型自组织无线网络进行建模[130-131]，并且成功构建了易于处理的模型，以便更好地表征和理解这些网络的性能[132]。随机几何模型已被证明能够为多层认知蜂窝无线网络提供可处理的、精确的性能界限[123-126]。多层蜂窝网络中需要对干扰进行表征，随机几何模型可以有效地对干扰进行简化建模。除了陆地通信，随机几何方法也广泛地应用于空间异构网络和 UAV 协助的通信[133-141]。

随机几何与点过程理论有着内在的联系，在该理论拓展和应用发展的过程中，各种类型的点过程模型陆续出现在人们的视野中。空间点过程由空间中的点随机分布而成，不同类型的点过程取决于其节点分布的独立性。无线网络的性能主要取决于用户和节点的位置分布[142]，且用户的出现具有随机性，因此恰当的拓扑网络模型对用户和节点的建模至关重要。

Elsawy 等将 BS 位置视为齐次点过程，研究了理想六边形网格模式和基于齐次泊松点过程(Poisson point process，PPP)模式的下行链路性能[143]，文献[144]全面介绍了基于蜂窝网络的随机几何分析。在上述研究工作的基础上，文献[145]和[146]采用随机几何和点过程模型对基于部分频率复用(fractional frequency reuse，FFR)和软频率复用(soft frequency reuse，SFR)的蜂窝网络性能进行了评估，这些工作将 BS 和 UE 在网络各层中的位置建模为一般的独立 PPP，这在某些基于 UE 的 5G HetNet 中并不十分准确[147]。在实际密集部署的 5G HetNet 中，UE 和 BS 的位置存在一定的相关性，尤其是热点地区和应急救援区域的 BS[148]。在这种 UE 和BS空间位置具有相关性的架构中，可以设想小基站(SBS)根据独立过程(如 PPP)在空间上分布，与 BS 相关的 UE 分散在小 BS 周围。这些 BS 被用来为相互关联的已簇 UE 提供服务，独立的 SBS 组成父过程和簇类中心，相互关联的 UE 称为聚类成员，分散在簇中心 SBS 的周围。这种簇模型可以卸载宏基站负载、保证用户接入和提供网络吞吐量，被 3GPP 和其他一些标准化机构使用[148]。文献[149]给出了基于泊松簇过程(Poisson cluster process，PCP)的异构网络建模和分析，该模型考虑了 UE 分散在 PPP 建模的 SBS 周围，发现这种基于 PCP 的模型与 HetNet 中每个用户热点只有一个 SBS 的 3GPP 配置非常相似，这个单一的 SBS 是簇中心。因此，在 5G 时代，热点频繁出现在许多高密度移动用户的场景中，如体育赛事、音乐会、节日活动等，以用户为中心围绕小小区进行部署是满足用户 QoS 的有效方法，这种部署已成为容量驱动的无线网络架构的重要组成部分[150]。由于应用需求和环境的复杂性，基于 PCP 的建模方法有时不能很好地匹配实际通信场景。考虑网络中活动节点的位置形成不同的簇(或组)，这些簇在空间上是分开的。为了对干扰进行管理，将同一小区内的用户分为小区中心用户和小区边缘用户两类，该分类充分利用了小区中心用户和小区边缘用户位置部分分离的特点。在这种情况下，可以采用更合适的模型，如泊松洞过程(Poisson hole process，PHP)[150]。在从随机几何出发的方法中，从一个基准 PPP 执行孔洞操作，基准 PPP 中的剩余点将组成一个 PHP。这种基于 PCP 的小区分割方法非常适用于具有小区中心和小区边缘的小区分割。小区划分的思想可以有效地抑制干扰，基于 PHP 的方法为这种网络提供了一个系统级的性能评估工具。

第 1 章对 5G/B5G 网络的关键技术进行了介绍，本章将介绍 5G/B5G 异构网络建模和分析中使用的重要数学模型。最常用的点过程模型主要有泊松点过程(PPP)、泊松簇过程(PCP)[151]、硬核点过程和泊松洞过程(PHP)等[142]，且不同点过程可以用于构建不同的网络拓扑模型，如均匀分布、聚类分布和去点分布[152]。接下来先介绍常用信道随机建模，然后简要介绍随机几何中的基本概念及点过程的一些关键结果。文献[132]～文献[153]阐述得更加全面，其中文献[153]详细介绍了利用随机几何分析无线网络的具体方法，感兴趣的读者可以查阅[154-156]。

2.1 常用信道模型及分布

2.1.1 伽马分布与 Nakagami-m 衰落

一个随机变量 X，如果服从参数为 α 和 β 的伽马分布，即 $X\sim\text{Gamma}(\alpha,\beta)$，其概率密度函数(probability density function，PDF)为

$$f(x)=\frac{x^{\alpha-1}}{\beta^{\alpha}\Gamma(\alpha)}\exp\left(-\frac{x}{\beta}\right) \tag{2-1}$$

均值为 $E\{X\}=a\beta$；方差为 $\text{var}\{X^2\}=a\beta^2$。

同时，假设有 K 个服从伽马分布的独立随机变量 $X_1, X_2,\cdots,X_K$，满足 $X_k\sim\text{Gamma}(\alpha_k,\beta)$，$k\in\{1,2,\cdots,K\}$，则 $X_1+X_2+\cdots+X_K$ 是一个 $\text{Gamma}(\alpha_1+\alpha_2+\cdots+\alpha_K,\beta)$ 随机变量。

在无线通信中，Nakagami-m 衰落作为一种拟合更多实测数据的通用信道衰落分布模型，在 MIMO 通信和毫米波通信中被广泛使用。若 $g_{u,v}$ 和 $|g_{u,v}|^2$ 分别表示端点 u 和 v 之间的等效小规模衰落信道系数和信道增益，对于 Nakagami-m 衰落信道，信道系数 $g_{u,v}$ 服从 Nakagami-m 分布，信道增益 $|g_{u,v}|^2$ 是一个参数为 $(m,\lambda/m)$ 伽马随机变量，服从伽马分布，即 $|g_{u,v}|^2\sim\text{Gamma}(m,\lambda/m)$。信道系数 $g_{u,v}$ 的概率密度函数可以表示为

$$f_{g_{u,v}}(x)=2\left(\frac{m}{\lambda}\right)^m\frac{x^{2m-1}}{\Gamma(m)}\exp\left(-\frac{m}{\lambda}x^2\right),\quad x\geqslant 0 \tag{2-2}$$

式中，参数 $m=\dfrac{\mathbb{E}\{X^2\}}{\text{var}\{X^2\}}$，为不小于 1/2 的实数，$\mathbb{E}$ 表示期望；$\lambda=\mathbb{E}\{|g_{u,v}|^2\}$；$\Gamma(\cdot)$ 为伽马函数，定义为 $\Gamma(n)=\int_0^{\infty}t^{n-1}/\text{e}^x\text{d}x$ [157]。

对于信道增益 $|g_{u,v}|^2$，其 PDF 和累积分布函数(cumulative distribution function，CDF)分别为[131]

$$f_{|g_{u,v}|^2}(x)=\left(\frac{m}{\lambda}\right)^m\frac{x^{m-1}}{\Gamma(m)}\exp\left(-\frac{m}{\lambda}x\right),\quad x\geqslant 0 \tag{2-3}$$

$$F_{|g_{u,v}|^2}(x)=1-\frac{\Gamma(m,xm/\lambda)}{\Gamma(m)},\quad x\geqslant 0 \tag{2-4}$$

式中，$\Gamma(\cdot,\cdot)$ 为非完全伽马函数。当 m 变化时，Nakagami-m 衰落将转变为各种衰

落模型。当 $m=1$ 时，Nakagami-m 衰落退化为瑞利衰落，其 PDF 和 CDF 分别为

$$f_{|g_{u,v}|^2}(x)=\frac{1}{\lambda}\exp\left(-\frac{1}{\lambda}x\right),\quad x\geqslant 0 \tag{2-5}$$

$$F_{|g_{u,v}|^2}(x)=1-\exp\left(-\frac{x}{\lambda}\right),\quad x\geqslant 0 \tag{2-6}$$

2.1.2　莱斯分布和衰落

当考虑近距离通信时，在多径小规模衰落分量中，有一个占主要支配地位的主 LoS 分量。在考虑这种情形时，信道系数 $g_{u,v}$ 是一个服从莱斯(Rice)分布的随机变量，其 PDF 为

$$f_{g_{u,v}}(z)=\frac{z}{\sigma^2}\exp\left(-\frac{z^2+A^2}{2\sigma^2}\right)\cdot I_0\left(\frac{zA}{\sigma^2}\right),\quad z\geqslant 0,\quad A\geqslant 0 \tag{2-7}$$

式中，σ 为信道功率，$\sigma^2=\mathbb{E}\left\{g_{u,v}|^2\right\}$；$A$ 为 LoS 信号幅度；$I_0(\cdot)$ 为零阶修改贝塞尔(Bessel)函数。为了方便在后续各章中反复使用，这里进一步定义：

$$f_{g_{u,v}}(z)=\text{PDF-Rice}(z,A,\sigma^2),\quad z\geqslant 0,\quad A\geqslant 0 \tag{2-8}$$

当 $Az\geqslant\sqrt{2}\sigma$ 时，莱斯分布 PDF 可以进一步写为

$$f_{g_{u,v}}(z)=\frac{1}{\sigma}\left(\frac{z}{2\pi A}\right)^{1/2}\exp\left(-\frac{(z-A)^2}{2\sigma^2}\right),\quad z\geqslant 0,\quad A\geqslant 0$$

进一步，在相关研究中，根据不同的情形，莱斯分布可以采用不同的数学模型。如果定义 $K=\dfrac{A^2}{2\sigma^2}$，$(1+K)x=\dfrac{z^2}{2}$，其中 K 为莱斯衰落因子，定义为 LoS 分量与 NLoS 分量功率的比值。由此，信道增益 $|g_{u,v}|^2$ 服从非中心卡方分布，信道增益 $|g_{u,v}|^2$ 的 PDF 为

$$f_{|g_{u,v}|^2}(x)=\frac{(1+K)\mathrm{e}^{-K}}{\sigma^2}\exp\left(-\frac{1+K}{\sigma^2}x\right)\cdot I_0\left(2\sqrt{\frac{K(K+1)x}{\sigma^2}}\right),\quad x\geqslant 0 \tag{2-9}$$

信道衰落系数 $g_{u,v}$ 的 PDF 又可以表示为

$$f_{g_{u,v}}(y)=\frac{2y(1+K)\mathrm{e}^{-K}}{\sigma^2}\exp\left(-\frac{1+K}{\sigma^2}y^2\right)\cdot I_0\left(2y\sqrt{\frac{K(K+1)}{\sigma^2}}\right),\quad z\geqslant 0 \tag{2-10}$$

当 $A=0$ 时，莱斯分布表示瑞利分布。

同时，根据信道系数 $g_{u,v}$ 的 PDF[式(2-7)]，取 $z^2=u$，则信道增益 $|g_{u,v}|^2$ 的

PDF 为

$$f_{|g_{u,v}|^2}(u)=\frac{1}{2\sigma^2}\exp\left(-\frac{u+A^2}{2\sigma^2}\right)\cdot I_0\left(\frac{\sqrt{u}A}{\sigma^2}\right),\quad u\geqslant 0,\quad A\geqslant 0 \tag{2-11}$$

对应的 CDF 为

$$F_{|g_{u,v}|^2}(u)=1-Q_1\left(\frac{A}{\sigma},\frac{\sqrt{u}}{\sigma}\right),\quad u\geqslant 0,\quad A\geqslant 0 \tag{2-12}$$

式中，$Q_1(\cdot,\cdot)$为一阶马库姆 Q 函数(Marcum Q-函数)[157]，定义为

$$Q_1(a,b)=\int_b^{\infty}x\exp\left(-\frac{a^2+x^2}{2}\right)I_0(ax)\mathrm{d}x \tag{2-13}$$

类似地，根据式(2-9)和$K=\frac{A^2}{2\sigma^2}$，$(1+K)x=\frac{z^2}{2}$，信道增益$|g_{u,v}|^2$的 CDF 为

$$F_{|g_{u,v}|^2}(x)=1-Q_1\left[\sqrt{2K},\sqrt{\frac{2(K+1)x}{\sigma^2}}\right] \tag{2-14}$$

2.1.3　指数分布和瑞利衰落

在式(2-7)和式(2-9)中，当$A=K=0$时，莱斯分布退化为瑞利分布。瑞利分布实际上是莱斯衰落的特殊分布，表示没有 LoS 主导分量到达接收端的分布。在瑞利衰落场景下，信道系数$g_{u,v}$的 PDF 为

$$f_{g_{u,v}}(y)=\frac{2y}{\sigma^2}\exp\left(-\frac{y^2}{\sigma^2}\right),\quad y\geqslant 0 \tag{2-15}$$

信道增益$|g_{u,v}|^2$的 PDF 为

$$f_{|g_{u,v}|^2}(x)=\frac{1}{\sigma^2}\exp\left(-\frac{x}{\sigma^2}\right),\quad x\geqslant 0 \tag{2-16}$$

类似地，在后面的分析中，$\text{PDF-Ray}(x,\sigma^2)$表示该指数分布，即

$$f_{|g_{u,v}|^2}(x)=\text{PDF-Ray}(x,\sigma^2),\quad x\geqslant 0 \tag{2-17}$$

2.2　点　过　程

简而言之，一个点过程(point process，PP)$\Phi=\{x_i,i\in\mathbb{N}\}$是一个属于度量空间中的一个随机、有限或可数无限个点的集合[158]，对于蜂窝网络，该点属于d维欧

几里得空间 $\mathbb{R}^d$。一种解释 Φ 的方法是随机集形式，其中点过程 $\Phi=\{x_i\}\subset\mathbb{R}^d$ 是 d 维欧几里得空间 $\mathbb{R}^d$ 可数随机点集，每个位置点元素 x_i 是一个随机变量。用随机计数方法可以得到等效且通常更方便的解释，其思想是简单地计算落入任意区域 $A\subset\mathbb{R}^d$ 中的点数[159]。数学表达如下：

$$N(A)=\sum_{x_i\in\Phi}\varepsilon(x_i\in A) \tag{2-18}$$

式中，狄拉克测度 $\varepsilon(x_i\in A)$ 表示为

$$\varepsilon(x_i\in A)=\begin{cases}1, & x_i\in A\\ 0, & x_i\notin A\end{cases} \tag{2-19}$$

$N(A)$ 是局域 A 中的点数，是一个随机变量，其分布取决于 Φ。显然，如果将所有可能的集合 A 都详尽地考虑进 $N(A)$[160-162]，则可以完整地描述点过程 Φ[83]。

标记点过程是指将随机变量 Q_i 与每个点 x_i 相关联的一组点过程。该标记可以是具有一定分布的独立随机变量，也可以是从点 x_i 观察到的点过程的一个函数(如在 x_i 处测得的点过程一个特征)。例如，点过程 $\Phi=\{x_i,i\in\mathbb{N}\}$ 表示基站的位置，可以为每个点分配独立的随机发射功率 $P_i\in\exp(1)$。合并的点过程 $\Phi_{\mathrm{M}}=\{X_i,P_i\}$ 则是一个标记点过程。

2.2.1　泊松点过程

PPP 是最常用、最基本的点过程模型，也是泊松簇过程的基础，在异构网络建模中，MBS 和 PBS 都可以基于 PPP 建模，有时热点区域中心也可以用 PPP 建模。其定义如下：

定义 2-1　在密度为 Λ 的空间($\mathbb{R}^i,B^i$)上，其中 B^i 为 $\mathbb{R}^i$ 的一个可测空间，设 A_n 为 B^i 上不相交的区域，$N(A_n)$ 表示区域 A_n 中的点数，则泊松点过程可以通过有限维分布定义为

$$\Pr\{N(A_1)=m_1,\cdots,N(A_K)=m_K\}=\prod_{n=1}^{K}\left\{\exp\left[-\Lambda(A_n)\right]\frac{\Lambda(A_n)^{m_n}}{m_n!}\right\} \tag{2-20}$$

根据定义，PPP 满足以下两个特性。

(1) 对任意 x 个互不相交的区域 $A_1,A_2,\cdots,A_x$，随机变量 $N(A_1),N(A_2),\cdots,N(A_x)$ 之间相互独立，且 $N(A_n)$ 服从均值 $\Lambda(A_n)$ 分布。

(2) 如果对于任意 A_n，都满足 $\Lambda(A_n)=\lambda A_n$ (λ 为常数)，则该点过程为齐次 PPP(homogeneous Poisson point process，HPPP)，λ 为该点过程的分布密度[142]。

基于这些特性，PPP 还有一些重要的定理，这些定理为以后的理论推导奠定

了基础和分析依据，下面在引理 2-1 中给出了 Slivnyak 引理的描述。

引理 2-1　设有一个密度为 λ 的 PPP 过程 Φ ，m 为空间中任意一点，则

$$P_m^!(\cdot)=P_\Phi(\cdot) \tag{2-21}$$

式中，$P_m^!(\cdot)$ 表示在点 m 处 Φ 的分布条件；$P_\Phi(\cdot)$ 表示 Φ 的一般分布。

式(2-21)表明，对于 $\forall m\in\mathbb{R}^i$ ，观察其空间分布均与点过程 Φ 的一般分布相同。此外，因为点与点之间相互独立，所以在点 m 处添加或者删除该点不会影响点过程中其他点的分布。

定义 2-2　如果一个点过程 Φ 中任意两个点间的不能小于一个给定距离，则该点过程为硬核点过程(point hard-core process，PHCP)[158]。

定义 2-3　若 Φ_p 表示一个密度为 λ_p 的 PPP，则马特恩(Matern)硬核点过程可定义为

(1) 生成一个密度为 λ_p PPP Φ_p ；

(2) 对于 Φ_p 中的每个点 $x\in\Phi_p$ ，关联一个服从均匀分布的标识 m_x ，$m_x\in[0,1]$ ，m_x 度量于 Φ_p 中其他的点；

(3) 给定区域半径 d ，如果在局域 $B(x,d)$ 中，点 $x\in\Phi_p$ 有最小的 m_x ，则该点 $x\in\Phi_p$ 保留在点过程 Φ_m ，其中 $B(x,d)$ 表示以点 $x\in\Phi_p$ 为圆心、以 d 为半径的圆。

2.2.2　泊松簇过程

簇过程一般由两种点过程组成，即父点过程和孩子点过程，它们可以用来模拟热点的空间分布。父点过程是服从密度为 λ_O 的 PPP，模拟了热点区域中心。孩子点过程是基于父点过程产生的分布，模拟了热点基站和用户耦合特性。泊松簇过程相比泊松点过程能更精确地模拟密集区域基站的分布，适合 5G 超密集异构网络建模和分析[151]，一般定义如下。

定义 2-4　一个 PCP 由两种点过程定义，父点过程为密度为 λ_O 的同类稳定 PPP Φ_O ，任一给定的父点过程点 $x\in\Phi_O$ PPP 为簇心，独立同分布的孩子点过程分散在父点过程周围。由此，对于任一给定的父点过程 $x\in\Phi_O$ ，用集合 $\mathbb{N}_R^x$ 表示分散在簇中心 $x\in\Phi_O$ 孩子点的集合，每个簇中孩子点的数服从泊松分布，叠加所有的孩子点集则构成完整的 PCP，具体表示为[151]

$$\Theta\equiv\bigcup_{x\in\Phi_O}\mathbb{N}_R^x \tag{2-22}$$

集合 $\mathbb{N}_R^x$ 的父点过程点和孩子点过程分别称为簇中心和簇成员。注意，PCP 是基于父点过程 Φ_O 定义的，PCP 只是所有孩子点集的聚合，父点过程不包含在

PCP 中。

定义 2-5　在 PCP，如果每个簇中簇成员的平均数为 $\overline{c}$ ，则该 PCP 为奈曼-斯科特(Neyman-Scott)PCP。

定义 2-6　对于奈曼-斯科特 PCP，在欧几里得平面内，簇中心为密度为 λ_O 的同类稳定 PPP Φ_O ，每个父点过程点 $x \in \Phi_O$ 为簇中心。如果孩子点均匀分布在以父点过程点 $x \in \Phi_O$ 为簇中心、以 R 为半径的圆内，则该过程为马特恩簇过程(Matern cluster process，MCP)。

由于 MCP 为奈曼-斯科特 PCP 的一个特例，对于每个簇 $x \in \Phi_O$ ，均匀分布在圆内的簇成员数为 $\overline{c}$ 。同时，根据定义 2-4，对于 PCP，在每个簇 $x \in \Phi_O$ 中，簇成员的数量服从泊松分布，即簇成员的数量为无限多，区域也没有限制。MCP 则限制每个簇 $x \in \Phi_O$ 的区域为半径为 R 的圆，且平均簇成员数为 $\overline{c}$ 。也就是说，当限定区域和平均簇成员数后，PCP 将为 MCP。

在 MCP，假设簇中心为 $x_i \in \Phi_O$ ，该簇中相对于簇中心 $x_i \in \Phi_O$ 孩子点位于 y ，则孩子点位置 y 密度函数为

$$f(y) = \frac{1}{\pi R^2}, \quad \|y\| \leqslant R \tag{2-23}$$

考虑 $\|y\| = r$ 表示孩子点到响应簇中心的距离，$\|\cdot\|$ 表示欧几里得范数，孩子点相对于簇中心距离的密度函数为

$$f(r) = \frac{2r}{R^2}, \quad r \leqslant R \tag{2-24}$$

由此可知，MCP 是一个密度为 $\overline{c}\lambda$ 的稳定各向同性的点过程，可以进一步定义 MCP 为

$$\Theta_{\mathrm{MCP}} \equiv \bigcup_{x_i \in \Phi_O} \mathbb{N}^{x_i} \tag{2-25}$$

定义 2-7　对于奈曼-斯科特簇过程，如果孩子点以方差为 σ_{t}^2 的对称正态分布(高斯分布)独立地分散在每个父点过程中心 $x_i \in \Phi_O$ 的周围，则该过程为托马斯簇过程(Thomas cluster process，TCP)[163]，记为

$$\Theta_{\mathrm{TCP}} \equiv \bigcup_{x_i \in \Phi_O} \mathbb{N}^{x_i} \tag{2-26}$$

对于 TCP，在每个簇中 $x_i \in \Phi_O$ ，簇成员的数量服从泊松分布。类似地，TCP 也是 PPP 的一个特例，该过程假设簇成员根据方差为 σ_{t}^2 的对称正态分布独立地分散在父点过程 $x_i \in \Phi_O$ 的周围。假设簇成员位于相对于簇中心 $x_i \in \Phi_O$ 为 y 的位置，簇成员位置的密度函数为

$$f(y)=\frac{1}{2\pi\sigma_{\mathrm{t}}^2}\exp\left(-\frac{\|y\|^2}{2\sigma_{\mathrm{t}}^2}\right),\quad y\in\mathbb{R}^2 \tag{2-27}$$

本质上讲，对于 TCP，每个簇中 $x_i\in\Phi_O$，簇成员的数量是没有约束的，其服从泊松分布。但是，在实际应用中，为了便于距离等分布的统计分析，对簇成员数量做了约束，TCP 称为修改的 TCP。一般假设每个簇中簇成员的数量是固定的，是一个常数[164]。

2.2.3 泊松洞过程

泊松洞过程实际上是一种“去点”操作，可以用来建模 MBS 与 SBS 间的相关性，即任何 MBS 都有一个排斥区域，落入排斥区域的小基站都会被去除[165]。另外，在 D2D 网络中也用 PHP 建模，一般用于建模处于小区边缘的小基站空间分布。

定义 2-8　在二维平面 $\mathbb{R}^2$，考虑 Φ_1 和 Φ_2 是密度为 λ_1 和 λ_2 的两个同类泊松点过程，$\lambda_2>\lambda_1$。记 PPP Φ_2 为基本 PPP，Φ_1 为洞中心 PPP，有任意洞中心的位置 $x\in\Phi_1$。假设洞的半径为 R，洞覆盖区域可记为 $\varXi_R=\bigcup\limits_{x\in\Phi_2}b(x,D)$，其中 $b(x,D)=\{x:\|x-y\|<D\}$，表示以 x 为圆心、以 R 为半径的圆面积。移除 $\Phi_2\cap b(x,R)$ 部分所有的点，剩余的 Φ_2 构成的点过程记为泊松洞过程 Ψ，记为[165]

$$\Psi=\{x\in\Phi_2:x\notin\varXi_R\}=\Phi_2\setminus\varXi_R \tag{2-28}$$

在异构网络建模和分析中，PHP 可用于有保护局域的网络建模。对于一个 MBS 和 SBS 构成的双层异构网络，如果完全随机放置 MBS 和 SBS，可能不利于网络资源的有效利用。这时根据排斥区域的大小来判断小基站是否被留在 Φ_2 中，以实现宏小区与微小区间业务负载均衡的目的等。当 R 较大时，表明大多数小基站被移除，大量 UE 将从宏基站处获取数据服务；相反，当 R 较小时，大量 UE 将从小小区层获得服务数据。

2.2.4 成对交互点过程

设 $W\subset\mathbb{R}^2$ 为观测窗口，$\varXi$ 为 W 上的一个点过程，即 W 上的一个随机有限点集[158]。由于操作的许多变量仅取决于 $\varXi$ 中点的半径，因此坐标的极坐标变化与圆形观察窗口相结合，能够呈现更紧凑的封闭形式。假设 $W=\mathcal{B}_0(R)$ 是 $\mathbb{R}^2$ 中以原点(0, 0)为圆心、半径为 R 的圆形观测窗口。构型空间(W 的所有点的有限集)用 χ 表示。假设 $\varXi$ 具有关节密度 $f_{\varXi}:\chi\to[0,\infty)$ [166]，有

$$\mathbb{E}[F(\varXi)]=\sum_{n\geqslant 0}\frac{\mathrm{e}^{-\pi R^2}}{n!}\int_{W^n}F(\{x_1,\cdots,x_n\})\times f_{\varXi}(\{x_1,\cdots,x_n\})\mathrm{d}x_1\cdots\mathrm{d}x_n \tag{2-29}$$

式中，$\mathrm{d}x_i$ 为 W 上的勒贝格测度。对于所有非负可测函数，$F:\chi\to[0,\infty)$。关节密度 f_{Ξ} 表征了点过程的分布。接下来介绍成对交互点过程和 PHCP 的定义。

定义 2-9(成对交互点过程)　如果式(2-29)中定义的 f_{Ξ} 由式(2-30)给出，则称点过程 Ξ 为成对交互点过程。

$$f_{\Xi}(\omega)=c\prod_{x\in\omega}\varphi_1(x)\prod_{\{x,y\}\subset\omega}\varphi_2(\|x-y\|),\quad \omega\in\chi \tag{2-30}$$

这里，c 是归一化常数，定义为

$$c^{-1}\triangleq\sum_{n\geqslant 0}\frac{\mathrm{e}^{-\pi R^2}}{n!}\int_{W^n}\prod_{i=1}^{n}\varphi_1(\mathrm{x}_i)\times\prod_{\substack{j,k=1,\cdots,n;\\ j\neq k}}\varphi_2\left(\left\|x_j-x_k\right\|\right)\mathrm{d}x_1\cdots\mathrm{d}x_n \tag{2-31}$$

式中，φ_1 和 φ_2 是两个非负函数，使得式(2-31)的右侧是有限的，φ_1 扮演(非均匀)强度的角色，φ_2 则是点与点之间物理相互作用的势能过程。

定义 2-10　对于一个密度 $\lambda>0$、半径 $d>0$ 的 PHCP 过程，当 $\varphi_1(x)=\lambda$ 且 $\varphi_2(r)=1_{\{r\geqslant d\}}$ 时，称为 PHCP。这里 1_A 是事件 A 的指示函数，即如果事件 A 成立，函数等于 1，如果事件 A 不成立，函数等于 0。参数 λ 是密度参数，势函数 φ_2 禁止 PHCP 有任何两个彼此距离小于 d 的点。可以证明，在 ω 条件下，当 $\mathrm{d}x$ 的体积趋于零时，在位置 x 的无穷小体积 $\mathrm{d}x$ 中有一个点的概率为 $\lambda 1_{\left\{x\notin\bigcap_{y\in\omega}\mathcal{B}y\,(d)\right\}}\mathrm{d}x$。

将点过程的密度定义为满足 $\mathbb{E}[\Xi(W)]=\int_W\lambda(x)\mathrm{d}x$ 的可测函数 $\lambda:W\to[0,\infty)$，即 Ξ 的密度是(随机)点数的密度。注意，根据 Georgii-Nguyen-Zessin 公式[167]，有

$$\lambda(x)=\varphi_1(x)\mathbb{E}\left[\prod_{y\in\Xi}\varphi_2\left(\|x-y\|\right)\right],\quad x\in W \tag{2-32}$$

进一步定义 Ξ 在 $x\in W$ 处的约简帕尔姆(Palm)测度[166]：

$$\mu_x(d\omega)\triangleq\varphi_1(\mathrm{x})\prod_{y\in\omega}\varphi_2\left(\|x-y\|\right)\lambda^{-1}(x)\mathrm{Pr}_{\Xi}(d\omega),\quad x\in W \tag{2-33}$$

式中，Pr_{Ξ} 为 Ξ 的分布。为了得到关于约简帕尔姆测度 μ_x 的一些启发式，设 $\mathrm{d}x$ 是 $x\in W$ 周围的一个小体积，A 属于 χ 集合的 σ-代数。然后，通过 Georgii-Nguyen-Zessin 公式，得到

$$\mu_x(A)=\lim_{|\mathrm{d}x|\to 0}\mathrm{Pr}((\Xi\setminus\mathrm{d}x)\in A\,|\,|\Xi\cap\mathrm{d}x|=1)$$

或者，μ_x 是通过对 $x\in\Xi$ 进行条件反射 Ξ 并将 x 从得到的构型中移除得到的点过程分布。当 Ξ 为 PPP 时，$\mu_x=\mathrm{Pr}_{\Xi}$，描述了成对交互点过程的约简巴尔姆度量。

引理 2-2　设 ψ 为具有交互函数的成对 φ_1 和 φ_2 交互点过程，则 μ_x 为具有交互

函数的成对交互点过程规律：

$$\varphi_1^x(y)=\varphi_1(y)\varphi_2(\|x-y\|)\text{and}\varphi_2^x(r)=\varphi_2(r) \tag{2-34}$$

证明　对于任意可测函数 $F:\chi\to[0,\infty)$，根据式(2-33)，有

$$\int_\chi F(\omega)\mu_x(d\omega)=\varphi_1(x)\lambda^{-1}(x)\mathbb{E}\left[F(\Xi)\prod_{y\in\Xi}\varphi_2(\|x-y\|)\right]$$

得到

$$\begin{aligned}\int_\chi F(\omega)\mu_x(d\omega)=&c\varphi_1(x)\lambda^{-1}(x)\sum_{n\geqslant 0}\frac{\mathrm{e}^{-\pi R^2}}{n!}\\&\times\int_{W^n}F(\{x_1,\cdots,x_n\})\prod_{i=1}^n\varphi_1(x_i)\varphi_2(\|x-x_i\|)\\&\times\prod_{\substack{j,k=1,\cdots,n;\\ j\neq k}}\varphi_2(\|x_j-x_k\|)\mathrm{d}x_1\cdots\mathrm{d}x_n\end{aligned} \tag{2-35}$$

另外，根据式(2-29)和式(2-32)，有

$$\begin{aligned}\lambda(x)&=\varphi_1(x)\mathbb{E}\left[\prod_{y\in\Xi}\varphi_2(\|x-y\|)\right]\\&=c\varphi_1(x)\sum_{n\geqslant 0}\frac{\mathrm{e}^{-\pi R^2}}{n!}\int_{W^n}\prod_{i=1}^n\varphi_1(x_i)\varphi_2(\|x-x_i\|)\times\prod_{\substack{j,k=1,\cdots,n;\\ j\neq k}}\varphi_2(\|x_j-x_k\|)\mathrm{d}x_1\cdots\mathrm{d}x_n\end{aligned}$$

通过比较式(2-35)与式(2-29)和式(2-30)得出结论。

根据引理 2-2 和定义 2-10，PHCP 的约简帕尔姆测度为具有交互函数的两两交互点过程规律：

$$\varphi_1^x(y)=\lambda 1_{\{\|x-y\|\geqslant d\}}\text{and}\varphi_2^x(r)=1_{\{r\geqslant d\}} \tag{2-36}$$

需要注意的是，简化帕尔姆测度对应密度为 λ 的 PPP 在 $W\setminus\mathcal{B}_x(d)$ 上的分布，条件是它的所有点彼此之间的距离大于等于 d 。

2.3　点过程的重要定理及操作

2.3.1　点过程的重要定理

1. 坎贝尔定理

定理 2-1　设 $f(x):\mathbb{R}^d\to[0,\infty]$ 为一可测可积函数，则该函数在点过程 Φ 中

点上计算的平均和为

$$\mathbb{E}\left(\sum_{x\in\Phi} f(x)\right)=\int_{\mathbb{R}^d} f(x)\Lambda(\mathrm{d}x) \tag{2-37}$$

该定理提供了将总和期望求解转换为积分的关键工具。

进一步，对于一个稳定点过程 Φ，如果有一个点位于坐标原点 O，不包含该坐标原点 O 的区域记为 $B\subset\mathbb{R}^2$。定义 $B\subset\mathbb{R}^2$ 中的平均点数为 $\mathbb{E}^{!O}\left[\sum_{x\in\Phi} I_B(x)\right]$，其中 $I_B(\cdot)$ 为指标函数。基于该定义，如果 $f(x):\mathbb{R}^d\to[0,\infty]$ 为一可测可积函数，则

$$\mathbb{E}^{!O}\left(\sum_{x\in\Phi} f(x)\right)=\lambda^{-1}\int_{\mathbb{R}^d}\rho^{(2)}(x)f(x)\mathrm{d}x$$

式中，λ 表示点过程的密度；$\rho^{(2)}(x)$ 为点过程 Φ 的二阶生成密度。

2. Slivnyak 定理

对于泊松点过程 Φ，所有点都是相互独立的，因此对一个点 x 进行条件处理不会改变其他点过程的分布[83]。从数学上讲，这可以认为是消除了 $\varepsilon\to 0$ 时球 $B(x,\varepsilon)$ 对应的无穷小面积，因为对于泊松点过程来说所有非重叠面积中点的分布是独立的。这意味着无论是否以 Φ 中 x 处的点为条件，从点 x 看到的任何属性都是相同的。Slivnyak 定理非常简单，但是很重要，因为它允许在任何位置(如原点或与原点保持固定距离的点)将节点添加到泊松点过程中，无须更改其统计属性。在蜂窝下行链路网络的环境中，尽管从泊松点过程中移除了服务基站，但仍可以将干扰视为来自一个泊松点过程。

3. 概率生成泛函

定理 2-2 设 $f(x):\mathbb{R}^d\to[0,\infty]$ 可测，那么随机点过程 Φ 的概率生成泛函(probability generating functional，PGFL)可以表示为

$$G[f(x)]=\mathbb{E}^{!O}\prod_{x\in\Phi} f(x) \tag{2-38}$$

如果该随机点过程为一个 PPP，则其概率生成泛函为

$$G[f(x)]=\mathbb{E}^{!O}\prod_{x\in\Phi} f(x)=\exp\left[-\int_{\mathbb{R}^d}(1-f(x))\Lambda\mathrm{d}x\right] \tag{2-39}$$

4. 拉普拉斯泛函

定义 2-11 一个点过程 Φ 的拉普拉斯泛函可以定义为

$$\mathcal{L}_{\Phi}(f)=\mathbb{E}^{!O}\left[\exp\left(-\int_{\mathbb{R}^d} f(x)\Phi(\mathrm{d}x)\right)\right] \tag{2-40}$$

式中，f 遍历空间 $\mathbb{R}^d$ 内所有非负函数的集合。

拉普拉斯泛函完全地刻画了点过程分布。实际上，对于 $f(x)=\sum_{i=1}^{k} t_i \boldsymbol{1}(x\in A_i)$ 有

$$\mathcal{L}_{\Phi}(f)=\mathbb{E}\left[\exp\left(-\sum_i t_i \Phi(A_i)\right)\right] \tag{2-41}$$

式(2-41)可以看作是矢量 $(t_1,t_2,\cdots,t_n)$ 的函数，是随机矢量 $(\Phi(A_1),\Phi(A_2),\cdots,\Phi(A_k))$ 的联合拉普拉斯变换。当 $A_1,A_2,\cdots,A_k$ 在空间的所有有界子集上取值时，得到点过程所有有限维分布的一个特征。

这里通过拉普拉斯泛函给出了 PPP 的一个非常重要的特征。

引理 2-3　对于密度度量为 Λ 的泊松点过程，其拉普拉斯泛函可以表示为

$$\mathcal{L}_{\Phi}(f)=\exp\left[-\int_{\mathbb{R}^d}\left(1-\mathrm{e}^{-f(x)}\right)\Lambda(\mathrm{d}x)\right] \tag{2-42}$$

以上给出了期望度量、PGFL 和帕尔姆分布是点过程重要的统计度量，其中 PGFL 在许多无线应用中尤其重要。在这些应用中，干扰的拉普拉斯变换通常是 SINR 表征的中间步骤。下面给出如何使用 PGFL 来导出干扰的拉普拉斯变换。基站随机部署在无限的二维空间 $\mathbb{R}^2$ 中，点过程 $\Phi_{\mathrm{BS}}=\{x_i,i\in\mathbb{N}\}$ 表示其位置。任意点 y 上的干扰总和是一个随机变量，根据标准指数路径损耗模型，干扰可以写为每个基站衰减的信号总和，这意味着接收功率随着距离 $r=|x_i-y|$ 衰减为 $r^{-\alpha}$，因此有

$$I=\sum_{x_i\in\Phi_{\mathrm{BS}}}\frac{P_i}{\|x_i-y\|^{\alpha}} \tag{2-43}$$

式中，α 为路径损耗指数。假设 $P_i=p$，则干扰的拉普拉斯变换由点过程 Φ_{BS} 的 PGFL 给出，相应的函数 $f(x)=p|x-y|^{-\alpha}$ [168]。进而，式(2-43)的拉普拉斯变换(Laplace transform，LT)习惯上写为 $\mathcal{L}_{I_\Phi}(s)=\mathbb{E}\left[\exp(-sI_\Phi)\right]$。在实际分析中，$I_\Phi$ 表示除服务基站外所有累计干扰的总和。

LT 是工程中常用的数学工具，也是一种经典的数学理论，已被广泛应用于多个科学和工程领域。LT 是一种线性变换，是异构网络中干扰统计特性评估的一种重要根据，进而可以估计异构网络的各态历经速率和网络的平均覆盖性能等。

5. 覆盖概率

覆盖概率在随机几何中是最常用的一个性能指标，通常用目标用户接收的

SINR 与给定的 SINR 阈值的比较来定义。与中断概率相反，覆盖概率中用户 SINR 的值大于阈值，具体定义过程如下：

$$P_{\mathrm{Cov}}\left(\left\|\boldsymbol{x}_n\right\|\right)=\Pr\left\{\mathrm{SINR}\left(\left\|\boldsymbol{x}_n\right\|\right)>\tau\right\} \tag{2-44}$$

式中，$\left\|\boldsymbol{x}_n\right\|$ 为目标 UE_n 与接入服务站点的距离矢量；τ 为成功传输连接或者用户连接到提供最大 SINR 的阈值；$P_{\mathrm{Cov}}\left(\left\|\boldsymbol{x}_n\right\|\right)$ 为接收 SINR 的互补累积分布函数 (complementary cumulative distribution function，CCDF)[130]。覆盖概率可以理解为[162]：分析区域内任一用户获得目标 SINR 的概率，阈值越大，覆盖概率越小；SINR 阈值依赖目标速率，可由香农公式确定。用户接收到的 SINR 一般可以表示为

$$\mathrm{SINR}\left(\boldsymbol{x}_n\right)=\frac{P_0 h_0\left\|\boldsymbol{x}_n\right\|^{-\alpha_0}}{I+\sigma^2} \tag{2-45}$$

式中，α_0 表示路径损耗系数；σ^2 表示加性噪声功率；I 表示给定用户处总的干扰；类似式(2-43)；P_0 表示级联基站的发射功率；h_0 表示给定用户到级联基站的小尺度衰落。由此，可根据信道增益 h_0 的统计特性，得到如下引理。

引理 2-4　当小尺度衰落 h_0 为瑞利衰落时，其服从参数为 θ 的指数分布，那么该用户的 SINR 概率分布为

$$\begin{aligned}
\Pr\left(\mathrm{SINR}\left(\left\|\boldsymbol{x}_n\right\|\right)\geqslant\tau\right)&=\Pr\left(\frac{P_0 h_0\left\|\boldsymbol{x}_n\right\|^{-\alpha_0}}{I+\sigma^2}\geqslant\tau\right)\\
&=\mathbb{E}_{\left\|\boldsymbol{x}_n\right\|,I}\left\{\Pr\left(h_0\geqslant\frac{\tau\left\|\boldsymbol{x}_n\right\|^{\alpha_0}}{P_0}\left(I+\sigma^2\right)\middle| I\right)\right\}\\
&=\mathbb{E}_{\left\|\boldsymbol{x}_n\right\|,I}\left\{\exp\left(-\frac{\theta\tau\left\|\boldsymbol{x}_n\right\|^{\alpha_0}}{P_0}\left(I+\sigma^2\right)\right)\right\}\\
&=\mathbb{E}_{\left\|\boldsymbol{x}_n\right\|}\left\{\mathrm{e}^{-\frac{\theta\tau\left\|\boldsymbol{x}_n\right\|^{\alpha_0}\sigma^2}{P}}\mathcal{L}_I\left(\frac{\theta\tau\left\|\boldsymbol{x}_n\right\|^{\alpha_0}}{P_0}\right)\right\}
\end{aligned} \tag{2-46}$$

当小尺度衰落 h_0 为一般的 Nakagami-m 衰落时，h_0 服从参数的伽马分布，$g_{h_0}\sim\Gamma(\lambda,1)$。随机变量 $g_{O_{S_k},y}$ 的 PDF 为 $f_{h_0}(x)=\frac{x^{\lambda-1}}{\Gamma(\lambda)}\mathrm{e}^{-x}$。根据文献[157]，有

$$\Pr\left(\mathrm{SINR}\left(\left\|\boldsymbol{x}_n\right\|\right)\geqslant\tau\right)=\mathbb{E}_{\left\|\boldsymbol{x}_n\right\|,I}\left[\int_{\Delta}^{\infty}\frac{x^{\lambda-1}}{\Gamma(\lambda)}\mathrm{e}^{-x}\mathrm{d}x\right]$$

$$\overset{(a)}{=}\mathbb{E}_{\|x_n\|,I}\left\{\frac{1}{\Gamma(\lambda)}\times\exp\left[-\Delta\sum_{n=0}^{\lambda-1}\frac{(\lambda-1)!}{n!}\Delta^n\right]\right\}$$
$$=\mathbb{E}_{\|x_n\|,I}\left[\exp(-\Delta)\left(\sum_{n=0}^{\lambda-1}\frac{\Delta^n}{n!}\right)\right] \tag{2-47}$$

式中，$\Delta=\frac{\tau\|x_n\|^{\alpha_0}}{P_0}\left(I+\sigma^2\right)$，将其代入式(2-47)，有

$$\Pr\left(\mathrm{SINR}\left(\|\boldsymbol{x}_n\|\right)\geqslant\tau\right)$$
$$=\mathbb{E}_{\|x_n\|,I}\left(\exp\left\{-\left[\frac{\tau\|\boldsymbol{x}_n\|^{\alpha_0}}{P_0}\left(I+\sigma^2\right)\right]\right\}\left\{\sum_{n=0}^{\lambda-1}\frac{1}{n!}\left[\frac{\tau\|\boldsymbol{x}_n\|^{\alpha_0}}{P_0}\left(I+\sigma^2\right)\right]^n\right\}\right)$$
$$=\mathbb{E}_{\|x_n\|,I}\left(\exp\left[-\left(\frac{\tau\|\boldsymbol{x}_n\|^{\alpha_0}\sigma^2}{P_0}\right)\right]\left\{\exp\left[-\left(\frac{\tau\|\boldsymbol{x}_n\|^{\alpha_0}}{P_0}I\right)\right]\sum_{n=0}^{\lambda-1}\frac{1}{n!}\left(\frac{\tau\|\boldsymbol{x}_n\|^{\alpha_0}}{P_0}\right)^n\left(I+\sigma^2\right)^n\right\}\right)$$
$$=\mathbb{E}_{\|x_n\|,I}\left(\exp\left[-\left(\frac{\tau\|\boldsymbol{x}_n\|^{\alpha_0}\sigma^2}{P_0}\right)\right]\left\{\sum_{n=0}^{\lambda-1}\frac{1}{n!}\left(\frac{\tau\|\boldsymbol{x}_n\|^{\alpha_0}}{P_0}\right)^n\sum_{k=0}^{n}\binom{n}{k}I^k\exp\left[-\left(\frac{\tau\|\boldsymbol{x}_n\|^{\alpha_0}}{P_0}I\right)\right]\left(\sigma^2\right)^{n-k}\right\}\right) \tag{2-48}$$

为了进一步进行覆盖概率的分析，利用 S 域中拉普拉斯变换的推导特性，即 $\frac{\mathrm{d}^{(n)}F(S)}{\mathrm{d}S^n}\sim\mathbb{E}_{st}\left\{(-t)^n f(t)\mathrm{e}^{-st}\right\}$，可得 $\frac{\mathrm{d}L_I(s)^{(n)}}{\mathrm{d}s^n}=\mathbb{E}\left\{(I)^n\mathrm{e}^{-st}\right\}$，于是有引理 2-5 和引理 2-6。

引理 2-5 当小尺度衰落 h_0 为一般的 Nakagami-m 衰落时，给定用户的 SINR 概率分布为

$$\Pr\left(\mathrm{SINR}\left(\|\boldsymbol{x}_n\|\right)\geqslant\tau\right)$$
$$=\mathbb{E}_{\|x_n\|}\left\{\exp\left[-\left(\frac{\tau\|\boldsymbol{x}_n\|^{\alpha_0}\sigma^2}{P_0}\right)\right]\left[\sum_{n=0}^{\lambda-1}\frac{1}{n!}\left(\frac{\tau\|\boldsymbol{x}_n\|^{\alpha_0}}{P_0}\right)^n\sum_{k=0}^{n}\binom{n}{k}\left(\sigma^2\right)^{n-k}\frac{\mathrm{d}L_I(s)^{(k)}}{\mathrm{d}s^k}\bigg|s=\frac{\tau\|\boldsymbol{x}_n\|^{\alpha_0}}{P_0}\right]\right\} \tag{2-49}$$

引理 2-6 当小尺度衰落 h_0 是参数为 N_L 的归一化伽马变量时，有紧的上界 $\left(\Pr\{h_0<r\}=\left[1-\exp(-\eta_L r)\right]^{N_L},r>0\right)$[169]，给定用户的 SINR 概率分布为

$$\Pr\left(\mathrm{SINR}\left(\|\boldsymbol{x}_n\|\right)\geqslant T\right)=\Pr\left(\frac{P_0h_0\|\boldsymbol{x}_n\|^{-\alpha_0}}{I+\sigma^2}\geqslant\tau\right)$$

$$
\begin{aligned}
&= 1-\mathbb{E}\left(\left\{1-\exp\left[-\eta_L\left(\left\|\boldsymbol{x}_n\right\|^{\alpha_L}\tau/P_0\right)\left(I+\sigma^2\right)\right]\right\}^{N_L}\right) \\
&= \mathbb{E}_{\|\boldsymbol{x}_n\|}\left[\sum\nolimits_{n_L}^{N_L}\binom{N_L}{n_L}(-1)^{n_L+1}\exp\left(-n_L\eta_L\frac{\left\|\boldsymbol{x}_n\right\|^{\alpha_L}\tau\sigma^2}{P_0}\right)\mathcal{L}_I(s)\Big|_{s=\frac{n_L\eta_L\|\boldsymbol{x}_n\|^{\alpha_L}\tau}{P_0}}\right]
\end{aligned}
\tag{2-50}
$$

式中，$\eta_L=(N_L)(N_L!)^{-1/N_L}$ 。以上近似也可以在 LT 变化分析中用到。

2.3.2 点过程的操作

1. 叠加

定义 2-12 点过程 $\varPhi_k$ 的叠加可以定义为和的形式：$\varPhi=\sum_k\varPhi_k$。

定义 2-12 中的求和可以理解为点测度的和，总是定义一个点测度，但通常情况下，它可能不是局部有限的。

引理 2-7 当 $\sum_k\mathbb{E}\left[\varPhi_k(\cdot)\right]$ 是一个局部有界测度时，叠加 $\varPhi=\sum_k\varPhi_k$ 是一个点过程。

根据博雷尔-坎泰利(Borel-Cantelli)引理可以得到如下定理。

定理 2-3 密度为 $\varLambda_k$ 的独立泊松点过程叠加之后形成一个密度测度为 $\sum_k\varLambda_k$ 的新泊松点过程，当且仅当后者是局部有限测度时成立[170]。

2. 稀疏

考虑一个函数 $p:\mathbb{R}^d\to[0,1]$ 和一个点过程 $\varPhi$ 。

定义 2-13 关于保留函数 p 的点过程 $\varPhi$ 经过稀疏操作可以形成一个新的点过程：

$$
\varPhi^p=\sum\nolimits_k\delta_k\varepsilon_{x_k}
\tag{2-51}
$$

式中，随机变量 $\{\delta_k\}_k$ 是独立的，且 $P\{\delta_k=1\,|\,\varPhi\}=1-P\{\delta_k=0\,|\,\varPhi\}=p(x_k)$。

引理 2-8 依据保留函数 p ，密度为 $\varLambda$ 的泊松点过程经过稀疏操作可以产生一个密度为 $p\varLambda$ 且满足 $(p\varLambda)(A)=\int_A p(x)\varLambda(\mathrm{d}x)$ 的泊松点过程。

3. 替换

对于密度为 λ 的 PPP $\varPhi$ ，如果对其中的任一点以相同的规则进行替换操作，得到的点过程仍然是泊松点过程。

2.4　超密集 PCP 异构网络中随机距离分布

前文给出了点过程和无线信道衰落统计模型，这里将两者结合起来，给出点过程模型中无线传输距离的统计分布，将在后续章节中反复使用，是基于点过程超密集异构网络分析的关键[171]。这里考虑一个相对简单的模型，由 PBS 和 FBS 构成的双层全随机异构网络，没有考虑位置相对固定的 MBS。不失一般性，在该网络模型中，假设每层基站 PBS 和 FBS 以同一个父点过程 Φ_O 为中心形成独立的 PCP 分布，父点过程 Φ_O 服从密度为 λ_O 的 PPP 分布。其中，PBS 和 FBS 的分布位置分别由 $\Theta_{\text{TCP}}^{P}\left(\lambda_O,M_{\text{P}},c_{\text{P}}\right)$、$\Theta_{\text{TCP}}^{F}\left(\lambda_O,M_{\text{F}},c_{\text{F}}\right)$来建模，即都为 PCP。因为 PBS 和 FBS 之间的异构性，所以点过程中总的 BS 数 M_H、平均活动数 c_H 也不相同，$H\in\{\text{P},\text{F}\}$，PBS 和 FBS 的密度分别记为 $\lambda_O c_{\text{P}}$ 和 $\lambda_O c_{\text{F}}$。一般情况下，相比于 PBS，FBS 的布放密度更大。此外，以 $x\in\Phi_O$ 为中心活跃 PBS 和 FBS 集合分别用 $\mathbb{C}_{\text{P}}^{x}$ 和 $\mathbb{C}_{\text{F}}^{x}$ 来表示。区域 UE 也建模为密度 $\lambda_{\text{U}}\left(\lambda_{\text{U}}>\lambda_O\right)$ 的独立 PCP 过程。随机给定一个 UE 作为研究对象，与其级联的 BS 为目标基站，并假设该 UE 位于原点 O 处，所处簇中心为 $x_0\in\Phi_O$，为目标簇，如图 2-1 所示。

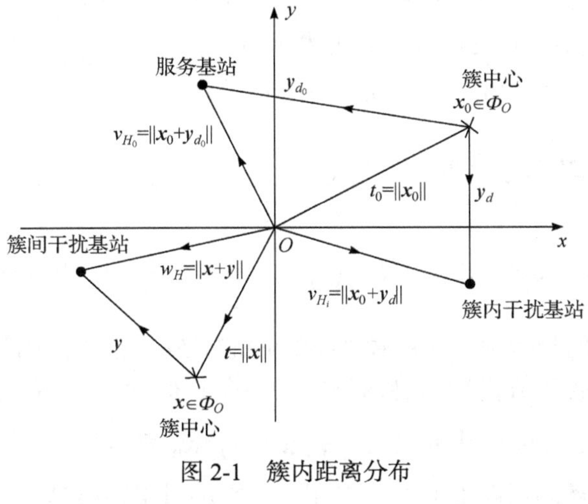

图 2-1　簇内距离分布

在目标簇 $x_0\in\Phi_O$ 内，其给定 UE 的距离分布有两种情况，分别是给定 UE 到活跃 BS 的服务距离，和活跃 BS 到给定 UE 的干扰距离。在图 2-1 中，给定 UE 与集合 $\mathbb{C}_H^{x_0}$ 中位置为 $\boldsymbol{y}_{d_0}$ 的活跃 HBS 级联时，$H\in\{\text{P},\text{F}\}$，该给定 UE 的服务距离可表示为 $v_{H_0}=\left\|\boldsymbol{x}_0+\boldsymbol{y}_{d_0}\right\|$；定义 $v_{H_i}=\left\|\boldsymbol{x}_0+\boldsymbol{y}_d\right\|$ 为来自簇 $\mathbb{C}_H^{x_0}/\boldsymbol{y}_{d_0}$ 内的干扰距离，

簇内干扰 HBS 位于 $\boldsymbol{y}_d$，且 $i=1,\cdots,c_H-1$。通过上述分析可以发现，服务距离 $v_{H_0}=\|\boldsymbol{x}_0+\boldsymbol{y}_{d_0}\|$ 和簇内干扰距离 $v_{H_i}=\|\boldsymbol{x}_0+\boldsymbol{y}_d\|$ 含有公因子 $\boldsymbol{x}_0$，距离 v_{H_0} 和 v_{H_i} 之间具有一定相关性。一般情况下，在基于公因子为 $t_0=\|\boldsymbol{x}_0\|$ 的情况下，随机距离变量 v_{H_0} 和 v_{H_i} 可以用莱斯分布信道传输场景模拟，其条件 PDF 分布为

$$f_{v_{H_0}}(v\mid\|\boldsymbol{x}_0\|)=\text{PDF-Rice}(v,t_0,\sigma^2) \tag{2-52}$$

$$f_{v_{H_i}}(v\mid\|\boldsymbol{x}_0\|)=\text{PDF-Rice}(v,t_0,\sigma^2) \tag{2-53}$$

式中，σ 为尺度变换因子。一般情况下，由于公因子 $t_0=\|\boldsymbol{x}_0\|$ 的存在，式(2-52)和式(2-53)的分析较为复杂。实际上，簇内服务距离 v_{H_0} 和干扰距离 v_{H_i} 的相关性很弱，在实际中可以忽略此相关性。因此，在接下来的研究分析中忽略公共距离为 $t_0=\|\boldsymbol{x}_0\|$ 这一条件，在一定程度上为后续的研究降低了复杂度，且能得到相对明确、简洁的结论，下面进行去相关性的近似分析。

对于簇内干扰距离 $v_{H_i}=\|\boldsymbol{x}_0+\boldsymbol{y}_d\|$，考虑到异构网络中 UE、FBS 和 SBS 的随机性，$\boldsymbol{x}_0$ 和 $\boldsymbol{y}_d$ 服从方差为 σ^2 的独立同分布的高斯莱斯分布，则 $\boldsymbol{x}_0+\boldsymbol{y}_d$ 和 $\boldsymbol{x}_0+\boldsymbol{y}_{d_0}$ 都服从方差为 $2\sigma^2$ 的高斯分布。

引理 2-9 在图 2-1 中，给定 UE 与集合 $\mathbb{C}_H^{x_0}$ 中位置为 $\boldsymbol{y}_{d_0}$ 的活跃 HBS 级联时，$H\in\{\text{P},\text{F}\}$，该给定 UE 的服务距离可表示为 $v_{H_0}=\|\boldsymbol{x}_0+\boldsymbol{y}_{d_0}\|$，服从莱斯分布，可以用瑞利分布来近似，PDF 和 CDF 分别为

$$f_{v_{H_0}}(v)=\text{PDF-Ray}\left(v,2\sigma^2\right),F_{v_{H_0}}(v)=1-\exp\left(-\frac{v^2}{4\sigma^2}\right),\ H\in\{\text{P},\text{F}\} \tag{2-54}$$

$$f_{v_{H_i}}(v)=\text{PDF-Ray}\left(v,2\sigma^2\right),F_{v_{H_i}}(v)=1-\exp\left(-\frac{v^2}{4\sigma^2}\right),\ H\in\{\text{P},\text{F}\} \tag{2-55}$$

在后面章节的分析中，采用式(2-54)和式(2-55)来近似表示模型。

接下来分析簇间活跃 BS 到目标 UE 的距离分布。簇间干扰距离的集合 $\{U_{H_i}\}$，$i=0,1,2,\cdots,\bar{C}_H-1$，可以表示为 $\mathbb{U}_H^x$；$\boldsymbol{x}\in\Phi_O\setminus\boldsymbol{x}_0$ 表示簇中心，有 $U_{H_i}\in\mathbb{U}_H^x$，$H\in\{\text{P},\text{F}\}$。由于簇间活跃 BS 位于 $\mathbb{C}_H^x$ 内，且在相对于距离簇中心 $\boldsymbol{x}\in\Phi_O\setminus\boldsymbol{x}_0$ 为 $\boldsymbol{y}$ 处的位置，$\boldsymbol{y}\in\mathbb{C}_H^x$。根据图 2-1，簇间干扰距离表示为 $w_H=\|\boldsymbol{x}+\boldsymbol{y}\|$，且 $\boldsymbol{y}\in\mathbb{C}_H^x$，表示簇间活跃 BS 距离簇中心 $\boldsymbol{x}\in\Phi_O\setminus\boldsymbol{x}_0$ 的干扰位置，所以可以删除 w_{H_i} 的参数 i，簇间干扰距离可以使用 $w_H=\|\boldsymbol{x}+\boldsymbol{y}\|$ 统一表示。通过上述分析，实际上相对于簇中心 $\boldsymbol{x}\in\Phi_O\setminus\boldsymbol{x}_0$ 的簇间干扰距离 $\boldsymbol{y}$ 与目标簇中相对于目标簇中 $\boldsymbol{x}\in\Phi_O$ 的任一距离具

有相同的条件分布特性，唯一的不同在于干扰簇中心 $\boldsymbol{x}\in\Phi_O$ 和目标 UE 之间具有公共距离 $t=\|\boldsymbol{x}\|$。考虑簇间干扰 BS 的选择是随机的，而随机变量 w_H 是在公共距离为 $t=\|\boldsymbol{x}\|$ 条件下的莱斯分布，w_H 的 PDF 表示为

$$f_{w_H}\left(w\|\boldsymbol{x}\|\right)=\text{PDF-Rice}\left(w,t,\sigma^2\right) \tag{2-56}$$

上述分析表明，簇内服务距离和干扰距离都可以用瑞利分布来建模，簇间干扰则用莱斯分布统一建模。这一模型方便对超密集异构网络进行分析和评估。

第 3 章　异构网络频谱资源管理

为了缓解异构网络中小区重叠产生的干扰并改善宏小区边缘用户的性能，采用传统的基于频率复用的方案，尽管可以提高网络覆盖性能，但该方法会造成频谱资源的损失。在基于随机几何理论和点过程的随机异构网络中，传统的频率复用并不是干扰管理的最合适方案。为了保证宏小区边缘用户的通信质量[172-173]，3GPP-LTE 版本 8 中增加了部分频率复用(fractional frequency reuse，FFR)和软频率复用(soft frequency reuse，SFR)，作为小区间干扰管理技术[174]。在 FFR 中，总可用带宽被划分为两个正交的子带，即小区中心子带和小区边缘子带。小区中心子带由小区中心用户共享，小区边缘子带则根据复用因子在小区间进行划分。小区中心的 UE 与小区边缘的 UE 不共享任何频谱。显然，这种严格的 FFR 可以降低对小区中心和小区边缘 UE 的干扰，已被广泛研究应用于单层蜂窝网络[175]和多层网络[176-177]。与严格的 FFR 不同，SFR 允许每个小区重复使用全频带，这是 FFR 的一种变体。一般来说，SFR 采用与严格的 FFR 相同的小区边缘带宽划分策略，但允许小区中心单元与位于其他小区的小区边缘单元共享子频带。由于小区中心的 UE 与邻近小区共享带宽，因此需要功率控制。也就是说，小区中心 UE 比小区边缘 UE 以更低的功率水平传输。虽然 SFR 比严格的 FFR 具有更高的带宽利用率，但它对小区中心和小区边缘 UE 都造成了更多的干扰。

另一种缓解层间干扰的频谱管理关键技术是共享频谱分配(shared spectrum allocation，SSA)[178]，适用于多层异构蜂窝网络。该方法摒弃了小区中心和小区边缘划分的思想，由正交共享方法和共信道共享方法组成。在正交共享方法中，将可用的授权频谱分成两个不相交的分量，分别分配给宏小区层用户和小小区层用户。显然，正交分配完全消除了层间的干扰(跨层干扰)，但正交法频谱效率较低。此外，对于一个成熟的宏小区网络，所有可用频谱都已被占用，无法为小小区分配子频带。在这种情况下，利用正交共享方法进行小小区频谱分配是不可能的。相反，可以采用共信道共享方法，即宏用户和小蜂窝用户共享所有可用频谱。由于该方法具有相同的频谱共享和较高的频谱效率，因此具有更高的频谱效率，也是运营商的首选方案。由于跨层干扰的限制，层间的共信道共享是一个技术挑战。为了折中考虑跨层干扰和有效的频谱复用，考虑层间部分共信道共享。部分共信道共享允许宏蜂窝层占用整个频谱，小蜂窝层只共享部分频谱。在部分共信道共享时，如果小蜂窝接入大部分宏基站频谱，可能会对宏基站造成不必要的同频干扰。

本章先给出随机网络中的用户分类方法，继而给出频谱管理方案，详细可参考文献[154]。

3.1　基于 PBS 父过程的网络模型和 PBS 固定覆盖半径用户分类

3.1.1　基于簇的用户分类方案

考虑一个由 MBS、PBS 和 FBS 构成三层异构网络，如图 3-1 所示。MBS 和 PBS 配有 MIMO 天线阵，可以同时为多个 UE 提供接入服务；FBS 和 UE 是单天线系统，FBS 为单 UE 服务模式。MBS 和 PBS 的空间位置分别建模为密度为 λ_M 和 λ_P 的独立 PPP Φ_M 和 Φ_P 。在 5G 异构网络中，会在应急或热点区域部署大量 PBS 以解决覆盖盲点，同时会在 PBS 周围密集地部署 FBS 以提高系统容量[154]。

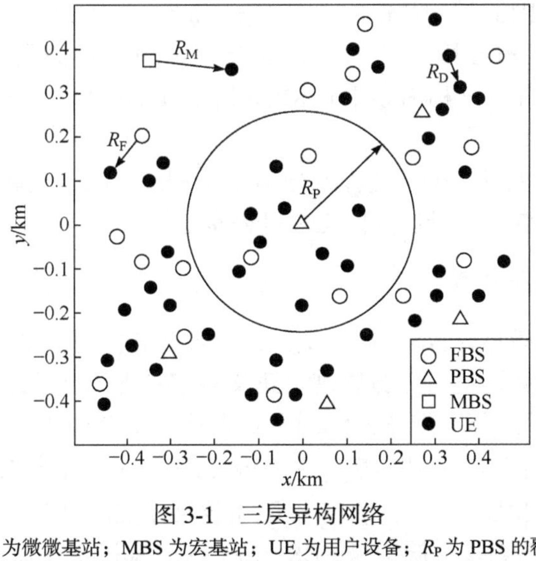

图 3-1　三层异构网络

FBS 为毫微微基站；PBS 为微微基站；MBS 为宏基站；UE 为用户设备；R_P 为 PBS 的覆盖半径；R_M、R_F、R_D 分别为 UE 到 MBS、FBS、UE 的随机距离

基于上述考虑，把毫微微基站(FBS)的位置建模密度为 λ_F 的 TCP Θ_F ，其父点过程为 PPP Φ_P 分布[151]。也就是说，点过程 Θ_F 散布在父点过程 Φ_P 周围，服从方差为 σ_F^2 的对称正态分布，簇中平均活动点记 $\bar{c}_F$ 。特别地，在给定父点过程 Φ_P 中，PBS 的覆盖半径记为 R_P 时，在 PBS 覆盖范围内的 Θ_F 称为簇中心 FBS，建模为 $\Xi_F^{R_P} \triangleq \bigcup_{y\in\Theta_F} b(y,R_P)$ 。在 PBS 覆盖范围以外的 Θ_F 称为簇边缘 FBS，建模为 $\Psi_F^{R_P} = \left\{ \boldsymbol{x} \in \Theta_F : \boldsymbol{x} \neq \Xi_F^{R_P} \right\} = \Theta_F \setminus \Xi_F^{R_P}$ 。UE 的位置建模为空间密度为 λ_U 的任意独立

点过程 Θ_{U} 。为了捕获通信场景下与基站间耦合特性，UE 根据平均活动数为 $\overline{c}_{\mathrm{D}}$ 的 TCP 独立地散布在 Φ_{P} 周围。在给定父点过程 Φ_{P} 覆盖内的 Θ_{U} 称为簇中心 UE，建模为 $\Xi_{\mathrm{U}}^{R_{\mathrm{P}}} \triangleq \bigcup_{y\in\Theta_{\mathrm{U}}} b(\boldsymbol{y},R_{\mathrm{P}})$；在其覆盖区域外的 Θ_{U} 称为簇边缘 UE，建模为 $\Psi_{\mathrm{U}}^{R_{\mathrm{P}}} = \left\{\boldsymbol{x}\in\Theta_{\mathrm{U}}:\boldsymbol{x}\neq\Xi_{\mathrm{U}}^{R_{\mathrm{P}}}\right\} = \Theta_{\mathrm{U}}\setminus\Xi_{\mathrm{U}}^{R_{\mathrm{P}}}$ 。

基于级联思想，进一步对 UE 和 FBS 进行分类，从而可以获得有效的频谱共享方案。将随机选择的 UE 研究对象定义为目标 UE，根据所在的位置随机选择工作模式。为了降低网络的复杂度且使系统性能达到最佳，根据其位置和级联情况分别对簇用户进行细化分类[155-156]，具体如下。

(1) 簇中心 UE 和簇边缘 UE 过程：PBS 覆盖范围内的 UE 点称为簇中心 UE 过程 Φ_{CU}，剩余的 UE 点称为簇边缘 UE 过程 Φ_{EU}；

(2) 簇中心 FBS 和簇边缘 FBS 过程：PBS 覆盖范围内的 FBS 称为簇中心 FBS 过程 Φ_{CF}，剩余 FBS 点称为簇边缘 FBS 过程 Φ_{EF}；

(3) 簇中心 MBS 用户(MBS user equipment，MUE)、PBS 用户(PBS user equipment，PUE)和 FBS 用户(FBS user equipment，FUE)过程：分别与 MBS、PBS 和 FBS 级联的簇中心 UE 称为簇中心 MUE 过程、PUE 过程和 FUE 过程，即 Φ_{CMU}、Φ_{PU} 和 Φ_{CFU}；

(4) 簇边缘 MUE 和 FUE 过程：分别与 MBS 和 FBS 级联的簇边缘 UE 称为簇边缘 MUE 过程 Φ_{EMU} 和簇边缘 FUE 过程 Φ_{EFU}。

3.1.2 频谱共享分配方案

基于上述网络模型，提出采用正交频谱管理和共信道共享频谱分配(SSA)的思想对本章模型中的频谱进行划分管理。正交频谱管理和共信道共享频谱联合分配方案如图 3-2 所示。根据带宽分配因子 ξ 将总可用带宽 W 分成两个正交的子带 $W_1=\xi W$ 和 $W_2=(1-\xi)W$，$W=W_1+W_2$。为簇中心 UE 服务的 PBS 占用 W_1，为簇边缘 UE 服务的 MBS 占用子带 W_2。除了这种正交频谱共享外，位于簇中心的 FBS 与 PBS 共享子带 W_2，簇边缘 FBS 与 MBS 共享子带 W_1。考虑的共信道共享方案中 PBS(MBS)和 FBS 的反向频谱分配，能够抑制层间干扰。簇中心和簇边缘 FBS 采用的正交频谱抑制了层内干扰。

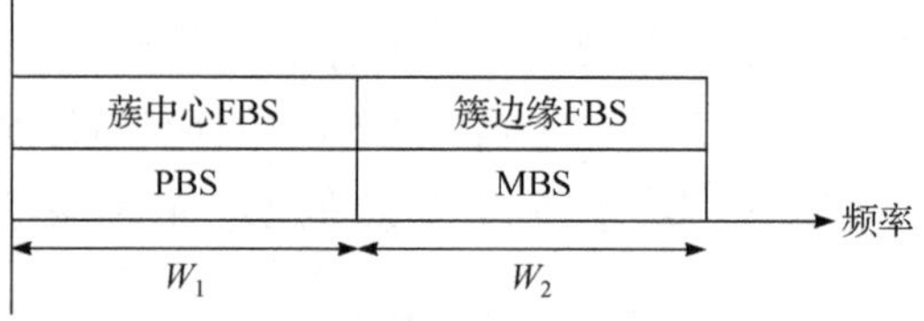

图 3-2 正交频谱管理和共信道共享频谱联合分配方案

3.2　基于最近路径比的簇分割和改进的 FFR 方案

3.1 节给出的用户分类基于固定的 PBS 覆盖半径，且 PBS 位置建模为 PPP Φ_{P}，为父过程。只有 FBS 和 UE 建模为服从 TCP 的孩子过程，分散在 PBS 周围，PBS 布放在覆盖盲点区域，FBS 卸载 PBS 任务，解决 PBS 用户接入拥塞问题。本节考虑更为一般的情况，PBS 和 FBS 都散布在某一几何中心位置周围，如热点区域或应急区域等，PBS 和 FBS 的随机位置都可以建模为 TCP。在这种全随机异构网络中，PBS 覆盖性能一般比较低。特别地，当考虑上行链路时，由于所有网络端点位置相互独立，因此对于任何一个 UE 而言，其干扰 UE 和级联 PBS 间的距离是完全随机的。这种情况极大地限制了小区中心区域(cell centre region，CCR)和小区边缘区域(cell edge region，CER)的划分。为实现宏小区边缘用户的正常通信，本节提出最近路径比小区(簇)分割技术。

3.2.1　最近路径比用户分类

考虑双层异构蜂窝网络由较高功率 PBS 和小功率 FBS 组成，每层基站以同一个父点过程 Φ_O 为中心形成独立的 PCP，父点过程 Φ_O 服从密度为 λ_O 的 PPP 分布。其中，PBS 和 FBS 的分布位置分别由 $\Theta_{\mathrm{TCP}}^{\mathrm{P}}\left(\lambda_O, M_{\mathrm{P}}, c_{\mathrm{P}}\right)$、$\Theta_{\mathrm{TCP}}^{\mathrm{F}}\left(\lambda_O, M_{\mathrm{F}}, c_{\mathrm{F}}\right)$ 建模，PBS 和 FBS 的密度分别记为 $\lambda_O c_{\mathrm{P}}$ 和 $\lambda_O c_{\mathrm{F}}$。此外，以 $x \in \Phi_O$ 为簇中心的活跃 PBS 和 FBS 集合分别用 $\mathbb{C}_{\mathrm{P}}^x$ 和 $\mathbb{C}_{\mathrm{F}}^x$ 来表示。区域 UE 建模为密度为 $\lambda_{\mathrm{U}}\left(\lambda_{\mathrm{U}} > \lambda_O\right)$ 的独立 PCP 过程。随机选取一个 UE 作为研究对象，并假设该 UE 位于原点 O 处。

对于该网络配置，这里提出新的基于第一、第二最近路径比的簇 UE 分类准则。一个移动 UE 属于簇中心还是簇边缘用户，并不完全依赖于 UE 是位于簇中心区域还是簇边缘区域，即 PBS 的覆盖半径，而是由 UE 到第一和第二最近 PBS 距离决定。当第一和第二最近 PBS 比较靠近时，为了降低干扰，该 UE 可为簇边缘用户，即使该 UE 非常靠近簇中心；反之，当第一和第二最近 PBS 相距较远时，干扰较小，该 UE 可为簇中心用户，即使该移动 UE 离簇中心较远位于簇边缘区域。由此，在该方案中，定义 UE 与其服务 PBS 的距离小于干扰距离之比的区域为簇中心区域，反之则定义为簇边缘区域。基于此，在代表簇 $\Theta_{\mathrm{TCP}}^{\mathrm{P}}$ 中，根据分类因子 $\xi \in [0,1]$，如果 $r_p^{\mathrm{s}} / r_p^{\mathrm{d}} > \xi$，定义该 UE 表示簇边缘 UE(cluster-edge user equipment，CEUE)，否则表示簇中心 UE(cluster-center user equipment，CCUE)，r_p^{s} 和 r_p^{d} 分别表示 UE 与 PBS 之间的第一、第二距离。

下面将计算给定 UE 被划分为 CCUE 或者 CEUE 的概率。先分析 CEUE，定义 r_p^{e} 和 r_p^{d} 分别为目标 UE 与其服务和主干扰 PBS 之间的距离，根据给出的簇 UE 分类方案，$\Theta_{\mathrm{TCP}}^{\mathrm{P}}$ 中目标 UE 属于 CEUE 的概率为

$$C_{\mathrm{E}}=\Pr\left\{\frac{r_p^{\mathrm{e}}}{r_p^{\mathrm{d}}}\geqslant\xi\right\}=\Pr\left\{r_p^{\mathrm{e}}\geqslant\xi r_p^{\mathrm{d}}\right\}\overset{(a)}{=}\int_{r_{\mathrm{e}}=0}^{\infty}\int_{r_{\mathrm{d}}=r_{\mathrm{e}}}^{r_{\mathrm{e}}/\xi}f_{r_p^{\mathrm{e}},r_p^{\mathrm{d}}}\left(r_{\mathrm{d}},r_{\mathrm{e}}\left\|\boldsymbol{x}_0\right\|\right)\mathrm{d}r_{\mathrm{e}}\mathrm{d}r_{\mathrm{d}} \tag{3-1}$$

式中，(a) 遵循以下情况，即主要干扰 PBS 存在于以 CEUE 为中心、$r_{\mathrm{e}}\leqslant r_{\mathrm{d}}\leqslant r_{\mathrm{e}}/\xi$ 为半径的圆环内，因此 $f_{r_p^{\mathrm{e}},r_p^{\mathrm{d}}}\left(r_{\mathrm{e}},r_{\mathrm{d}}\mid\left\|\boldsymbol{x}_0\right\|\right)$ 表示公共距离 $\left\|\boldsymbol{x}_0\right\|$ 下不同 r_p^{e} 和 r_p^{d} 的联合 PDF。考虑到代表簇 $x_0\in\Phi_O$ 中目标 UE 到 PBS 的第一、第二距离 r_p^{e} 和 r_p^{d}，基于顺序统计[179]，条件联合 PDF $f_{r_p^{\mathrm{e}},r_p^{\mathrm{d}}}\left(r_{\mathrm{e}},r_{\mathrm{d}}\left\|\boldsymbol{x}_0\right\|\right)$ 为

$$f_{r_p^{\mathrm{e}},r_p^{\mathrm{d}}}\left(r_{\mathrm{e}},r_{\mathrm{d}}\mid\left\|\boldsymbol{x}_0\right\|\right)\overset{(b)}{=}\frac{M_{\mathrm{P}}!}{\left(M_{\mathrm{P}}-2\right)!}f_{v_{P_0}}\left(r_{\mathrm{e}}\right)f_{v_{P_i}}\left(r_{\mathrm{d}}\right)\left(1-F_{v_{P_i}}\left(r_{\mathrm{d}}\right)\right)^{M_{\mathrm{P}}-2} \tag{3-2}$$

式中，(b) 遵循簇中距离不相关假设；$f_{v_{P_0}}\left(r_{\mathrm{e}}\right)$ 表示服务距离为 r_{e} 的 PDF；$f_{v_{P_i}}\left(r_{\mathrm{d}}\right)$ 表示干扰距离为 r_{d} 的 PDF。由于 r_p^{e} 和 r_p^{d} 都表示簇内距离，其分布可以用指数分布来近似。将式(2-54)和式(2-46)代入式(3-2)，则联合 PDF $f_{r_p^{\mathrm{e}},r_p^{\mathrm{d}}}\left(r_{\mathrm{e}},r_{\mathrm{d}}\left\|\boldsymbol{x}_0\right\|\right)$ 可以计算为

$$f_{r_p^{\mathrm{e}},r_p^{\mathrm{d}}}\left(r_{\mathrm{e}},r_{\mathrm{d}}\mid\left\|\boldsymbol{x}_0\right\|\right)=\frac{M_{\mathrm{P}}!}{\left(M_{\mathrm{P}}-2\right)!}\frac{r_{\mathrm{e}}}{2\sigma^2}\frac{r_{\mathrm{d}}}{2\sigma^2}\exp\left(-\frac{{r_{\mathrm{e}}}^2}{4\sigma^2}-\frac{{r_{\mathrm{d}}}^2}{4\sigma^2}\right)\exp\left[\frac{\left(M_{\mathrm{P}}-2\right)}{4\sigma^2}{r_{\mathrm{d}}}^2\right] \tag{3-3}$$

然后，将式(3-3)代入式(3-1)，可以获得位于簇边缘目标 UE 的概率。类似地，分别用 r_p^{e} 和 r_p^{d} 来表示 CCUE 到其服务和主要干扰 PBS 的距离，则目标 UE 属于 CCUE 的概率为

$$C_{\mathrm{C}}=\Pr\left\{\frac{r_p^{\mathrm{e}}}{r_p^{\mathrm{d}}}<\xi\right\}=1-\Pr\left\{\frac{r_p^{\mathrm{c}}}{r_p^{\mathrm{d}}}\geqslant\xi\right\} \tag{3-4}$$

由此，有引理 3-1。

引理 3-1 对于由高功率 PBS 和小功率、短距离 FBS 组成双层异构网络，每层基站以同一个父点过程 Φ_O 为中心形成独立的 PCP，父点过程 Φ_O 服从密度为 λ_O 的 PPP 分布。其中，PBS 和 FBS 的分布位置分别由 $\Theta_{\mathrm{TCP}}^{\mathrm{P}}\left(\lambda_O,M_{\mathrm{P}},c_{\mathrm{P}}\right)$、$\Theta_{\mathrm{TCP}}^{\mathrm{F}}\left(\lambda_O,M_{\mathrm{F}},c_{\mathrm{F}}\right)$ 来建模。当采用基于最近路径比的小区分割和 UE 分类方案时，根据分类因子 $\xi\in[0,1]$，给定 UE 属于 CEUE 的概率为

$$C_{\mathrm{E}}=\frac{\left(M_{\mathrm{P}}-1\right)\left(1-\xi^{2}\right)}{M_{\mathrm{P}}-1+\xi^{2}} \tag{3-5}$$

属于 CCUE 的概率为

$$C_{\mathrm{C}}=\frac{M_{\mathrm{P}}\xi^{2}}{M_{\mathrm{P}}-1+\xi^{2}} \tag{3-6}$$

3.2.2　最近路径比簇分割频谱分配

基于最近路径比簇(小区)分割和用户分类，为了更进一步提高 $\Theta_{\mathrm{TCP}}^{\mathrm{P}}$ 中网络吞吐量(频谱效率)，提出了部分频率复用(FFR)技术和基于最近路径比的簇 UE 分类的联合方案。增强的 FFR 频谱分配如图 3-3 所示，类似图 3-2，该联合频谱资源管理方案首先根据带宽分类因子 ξ ，将总可用带宽 W 分成两个正交的子带 $W_1=\xi W$ 和 $W_2=(1-\xi)W$ ， $W=W_1+W_2$ 。在 $\Theta_{\mathrm{TCP}}^{\mathrm{P}}$ 中，与 CCUE 级联的 PBS 使用子带 W_1 ，与 CEUE 级联的 PBS 使用子带 W_2 。此外，对于 $\Phi_{\mathrm{TCP}}^{\mathrm{F}}$ 中的 FBS，提出了一种增强的 FFR 方案，该方案基于给定配置因子 η ，部分 FBS 随机以一定概率占用子带 W_2 ，余下 $(1-\eta)$ FBS 共享 W_1 。当配置因子 $\eta=0$ 或 $\eta=1$ 时，FBS 类似于传统方案， $\eta=0$ 表示所用的 FBS 使用子带 W_1 ， $\eta=1$ 则表示所有的 FBS 使用子带 W_2 。

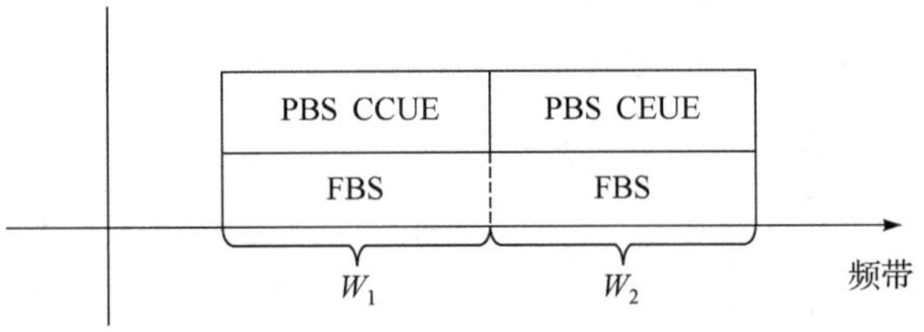

图 3-3　增强的 FFR 频谱分配

该方案可以扩展到联合 D2D 通信的三层异构网络模型，由 PBS、FBS 和 D2D 构成。在这种情况下，如果考虑 D2D 通信，需要管理对 D2D 的干扰及 D2D 对 FBS 和 PBS 用户的干扰。不失一般性，D2D 采用共享频谱方案，即 D2D 用户可以共享使用 W_1 或 W_2 。只有小区通信无法获得时，采用 D2D 模式，为了降低干扰，D2D 通信应分配 W_2 频段，与 CEUE 共享该频段，这样可以保护 D2D 通信，也保护了 CCUE 通信。显然，如果 $\eta=1$ ，D2D 和 FBS 共享子带 W_2 ，带内干扰非常严重。当 $\eta=0$ 时，D2D 和 FBS 正交使用 W_2 和 W_1 ，干扰得到抑制，系统性能得到改善。同时，调整 η 可以获得不同的性能与资源利用的折中方案。

3.3 联合最近路径比与随机接入的多用户宏小区分割和信道分配

3.3.1 最近路径比宏小区分割

在图 3-2 和 3-3 中，考虑了 PBS 和 FBS 全随机的异构网络，没有考虑宏基站(MBS)，完全基于异构网络中去蜂窝的概念，特别是基于最近路径比的方案。5G 网络基于 3G 和 4G 网络演进，该异构网络可能在传统的蜂窝网络服务区域内部署大量不同功率的小小区基站，如图 3-4 所示。宏基站是多用户系统，一般配备有大规模 MIMO 天线阵列，利用波束空分复用获得多用户接入；在宏小区中，部署了大量毫微微小区用户接入点(FAP)和 D2D 网络，构成一个三层异构网络系统模型。此网络系统中不同层网络的信号覆盖范围、物理空间密度和路径损耗指数等参数均不相同，即异构网络。FAP 的空间位置建模为密度 λ_F 的独立泊松点过程 Φ_F，这里不考虑 PCP。相应地，MBS 和 D2D 发射机分别建模为密度 λ_{MB} 和 λ_D 的独立 PPP Φ_M 和 Φ_{DT}。显然，这是一个全 PPP 网络。同时，将宏小区移动用户(MUE)和毫微微小区用户(FUE)位置建模成密度为 λ_{MU} 和 λ_{FU} 的独立 PPP，记作 Φ_{MU} 和 Φ_{FU}，并假设 P_{FB}、P_{MB}、P_{CMU}、P_{EMU} 和 P_{FU} 分别表示 FAP、MBS、宏小区中心用户、宏小区边缘用户和 FUE 的发射功率[180]。

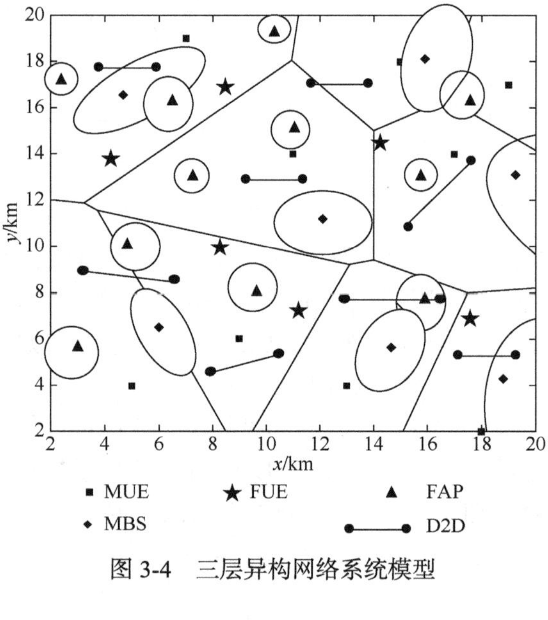

图 3-4 三层异构网络系统模型

在正常网络中，由于路径损耗大，宏小区边缘用户的覆盖性能一般是比较低的，对干扰非常重要，降低干扰可改善 SINR 性能。针对此现象，为实现和保证宏小区边缘用户的正常通信，本节在此异构网络系统中继续采用最近路径比 MUE 分类方案。特别地，当考虑上行链路时，因为所有网络元素位置相互独立，所以对于任何一个 MUE 而言，其干扰 MUE 和级联 MBS 间的距离是完全随机的。这种情况极大地限制了宏小区中心区域和宏小区边缘区域的划分。为此，可通过设置一个宏小区分割因子 R 解决此问题，定义 R_{m} 为一个 MUE 距离其最近 MBS 的距离，R_{d} 为此 MUE 距离 MBS 第二最近距离。具体分割方案：如果 $R_{\mathrm{m}} / R_{\mathrm{d}} > R$，那么此 MUE 分类为宏小区边缘用户；如果 $R_{\mathrm{m}} / R_{\mathrm{d}} \leqslant R$，则此 MUE 划分为宏小区中心用户。根据文献[181]，可以得到 R_{m} 和 R_{d} 的联合分布：

$$f_{R_{\mathrm{m}},R_{\mathrm{d}}}\left(r_{\mathrm{m}},r_{\mathrm{d}}\right)=\left(2\pi\lambda_{\mathrm{MU}}\right)^{2} r_{\mathrm{m}} r_{\mathrm{d}} \exp\left(-\pi\lambda_{\mathrm{MU}} {r_{\mathrm{d}}}^{2}\right) \tag{3-7}$$

由此，有引理 3-2。

引理 3-2　对于考虑的包含 MBS 的三层异构网络，假设宏小区分割因子为 R，当采用最近路径比 MUE 分类方案时，一个 MUE 划分为宏小区中心用户和宏小区边缘用户的概率分别为

$$\Pr\left\{R_{\mathrm{m}} / R_{\mathrm{d}} \leqslant R\right\}=R^{2} \tag{3-8}$$

$$\Pr\left\{R_{\mathrm{m}} / R_{\mathrm{d}} > R\right\}=1-R^{2} \tag{3-9}$$

经计算发现，当宏小区分割因子 R=0.707 时，一个 MUE 成为宏小区中心用户和宏小区边缘用户的概率是相等的。

观察式(3-7)～式(3-9)，虽然都是基于最近第一和第二最近路径比的小区(簇局域)划分准则，但是基于 PCP 模型和 PPP 模型的结论完全不同。一个 MUE 被划分为小区中心用户的概率为 R^2，划分为小区边缘用户的概率为 $1-R^2$，为常数。这里重点是对宏小区进行划分。

3.3.2　信道分配与随机频谱接入策略

根据宏小区的划分，进行相应的信道划分。不同的信道划分方案中，网络效率是不同的，信道资源管理需要结合实际应用。假设系统中共有 N 个可接入信道，引入一个信道分配因子 p_{m} 完成可用信道的分配。图 3-5 为此三层异构网络的频谱分配结构，总可用信道分为不相交的子信道集 C_1 和 C_2，C_1 和 C_2 分别用于宏小区中心用户和宏小区边缘用户通信。这里信道分配因子 p_{m} 对于宏小区中心用户而言是至关重要的，决定宏小区中心用户的可使用信道数，有 $\left|C_1\right|=p_{\mathrm{m}}N$，其中 $|\cdot|$ 表

示集合的基数。剩余$1-p_{\mathrm{m}}$部分则用于宏小区边缘用户通信，有$|C_2|=(1-p_{\mathrm{m}})N$。对于 FUE 和 D2D 用户，令 FUE 与宏小区中心用户(CCU)共享信道C_1，D2D 用户与宏小区边缘用户(CEU)共享信道C_2。信道分配策略见图 3-6[180]。

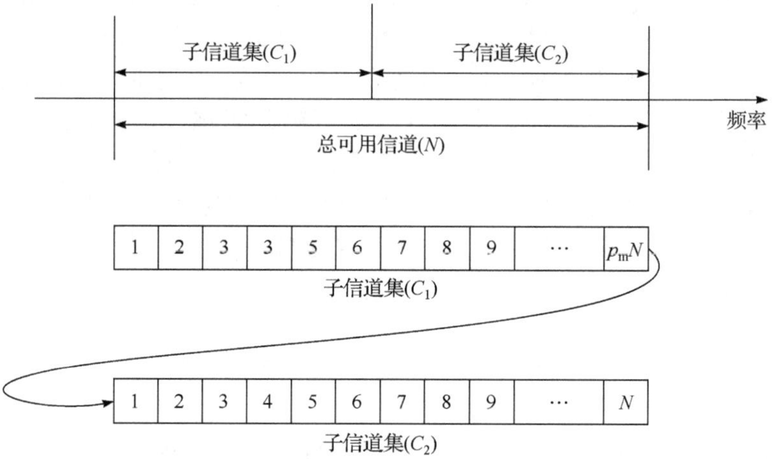

图 3-5　总信道的划分

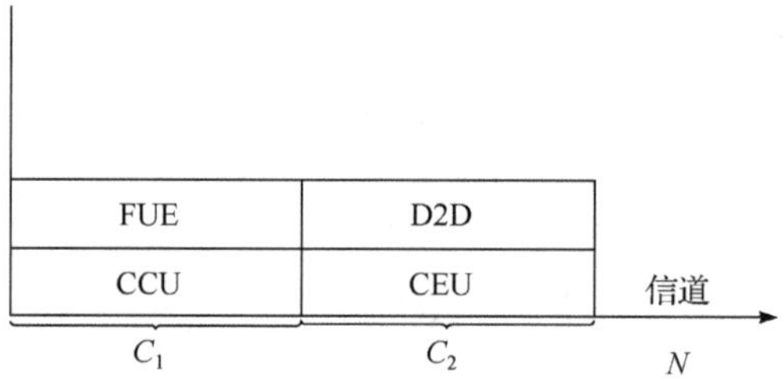

图 3-6　信道分配策略

在随机频谱接入(random spectrum access，RSA)策略中，每一个信道均以相同的概率分配给所有接入网络的用户，分配是随机的。不失一般性，考虑宏小区中心用户通信的任意信道$C_i\in C_1$。在最近距离级联策略下，定义N_{MU}表示与 MBS 级联的宏小区中心用户数量，由此可以计算出相应的概率质量函数$\Pr\{N_{\mathrm{MU}}=n\}$，其表达式表示为[182]

$$\Pr\{N_{\mathrm{MU}}=n\}=\frac{b^b\Gamma(n+b)}{\Gamma(b)\Gamma(n+1)}\times\frac{\left(\mathbb{E}\{N_{\mathrm{MU}}\}\right)^n}{\left(b+\mathbb{E}\{N_{\mathrm{MU}}\}\right)^{n+b}} \tag{3-10}$$

式中，$\mathbb{E}\{N_{\mathrm{MU}}\}=\lambda_{\mathrm{MU}}/\lambda_{\mathrm{MB}}$，表示与每个 MBS 级联的平均 MU 数。所有 MBS 共享子信道集C_1，所以每一个 MBS 分配的信道数量仅受与其级联的用户数量

N_{CU} 影响。一个 MBS 可以接入的信道数表示为 $\min\{N_{\mathrm{MU}},|C_1|\}$。据此，根据全概率公式，一个 MBS 提供服务的概率 q_{cf} 表示为

$$q_{\mathrm{cf}}=\sum_{n=0}^{\infty}q_{\mathrm{cf}|n}\Pr\{N_{\mathrm{CU}}=n\}=\sum_{n=0}^{|C_1|}q_{\mathrm{cf}|n}\Pr\{N_{\mathrm{CU}}=n\}+\sum_{n=\left||C_1|+1\right|}^{\infty}q_{\mathrm{cf}|n}\Pr\{N_{\mathrm{CU}}=n\} \tag{3-11}$$

式中，$q_{\mathrm{cf}|n}$ 表示当与 MBS 级联的用户数为 n 时，一个 MBS 使用一个空闲信道向一个小区中心用户提供服务的概率，结合 RSA 技术(随机选择一个空闲信道)，不难求得条件概率 $q_{\mathrm{cf}|n}$ 如下：

$$q_{\mathrm{cf}|n}=\begin{cases}\dfrac{n}{|C_1|}, & 0\leqslant n\leqslant|C_1|\\ 1, & n>|C_1|\end{cases} \tag{3-12}$$

依据 $\sum_{n=0}^{\infty}\Pr\{N_{\mathrm{CU}}=n\}=1$，可求得 q_{cf}。

不同于宏小区的多用户系统，毫微微小区是单用户网络系统，所有毫微微接入点均可以相同概率接入子信道集 C_1 中的信道。据此，可求得 FAP 接入任一信道 $C_i\in C_1$ 的概率为 $q_{\mathrm{ff}}=1/p_{\mathrm{m}}N$。类似地，可以获得 MBS 使用子信道集 C_2 为宏小区边缘用户提供服务的概率 q_{ef}、D2D 用户使用信道 $C_i\in C_2$ 为 D2D 终端提供服务的概率 q_{df}。由此，有引理 3-3。

引理 3-3　一个 MBS 可使用一个信道 $C_i\in C_1$ 向一个宏小区中心用户提供服务的概率 q_{cf} 为

$$q_{\mathrm{cf}}=1-\sum_{n=0}^{|C_1|-1}\frac{|C_1|-n}{|C_1|}\Pr\{N_{\mathrm{CU}}=n\} \tag{3-13}$$

MBS 使用子信道集 C_2 为宏小区边缘用户提供服务的概率为

$$q_{\mathrm{ef}}=1-\sum_{n=0}^{|C_2|-1}\frac{|C_2|-n}{|C_2|}\Pr\{N_{\mathrm{CU}}=n\} \tag{3-14}$$

FAP 接入任一信道 $C_i\in C_1$ 的概率为 $q_{\mathrm{ff}}=1/p_{\mathrm{m}}N$，D2D 用户使用信道 $C_i\in C_2$ 为 D2D 终端提供服务的概率为 $q_{\mathrm{df}}=\dfrac{1}{(1-p_{\mathrm{m}})N}$。

3.4　联合软频率复用的频谱管理技术

在图 3-4 所示的异构网络中，为了最大化频谱利用率，没有考虑网络的密集

性动态变化。在移动终端广泛应用的今天，当发生突然密集的场景时，如大型演唱会、体育活动、交通堵塞和应急援救等情况，可能会出现 3.3 节讨论的子信道集 C_1 满载，大量用户无法获得系统频谱资源的情形；同时，如果子信道集 C_2 没有被完全使用，尚有部分剩余频谱资源。在这种情况下，宏小区中心用户因没有足够的信道资源而得不到网络服务，子信道集 C_2 因小区边缘用户少，部分信道没有被使用。为了解决此问题，可以考虑部分宏小区中心用户将和宏小区边缘用户共享子信道集 C_2。由于子信道集 C_2 的发射功率较子信道集 C_1 的大，且宏小区中心用户相较宏小区边缘用户距离宏小区基站更近，路径损耗非常小，所以为了保证宏小区边缘用户与宏小区中心用户共享频带时依然能够达到稳定的级联状态，让宏小区边缘用户接入 CER 频段的优先级总是最高的，宏小区中心用户使用 C_2 的优先级相对较低。宏小区边缘用户接入信道的变动性较大，所以即使部分宏小区中心用户和宏小区边缘用户共享子信道集 C_2 时优先将信道分配给宏小区边缘用户，实际情况中宏小区中心用户无法接入 C_2 频段的情况也几乎不存在。

相较于使用 FFR 技术的方案，由于考虑了网络的动态变化和信道资源的协调管理，应用软频率复用(SFR)技术的异构网络系统频谱效率显然有较大的提高，且能很好地满足热点服务和应急通信场景。将宏小区中心用户需要使用的信道总数表示为 N_{C}，宏小区边缘用户需要使用的信道总数表示为 N_{E}，软频率复用需要使用的信道总数为 N_{S}。同时，引入宏小区中心用户 C_1 频段占比因子 ϕ，用来表示使用 C_1 频段的宏小区中心用户和总宏小区边缘用户的比值。一般情况下，如图 3-4 和图 3-6 所示，接入小基站的用户数量不会超过子信道集 C_1 的信道数，在子信道集 C_1 内，小小区的用户接入信道的优先级最高，即空闲信道优先分配给小小区的用户，当小小区用户接入完毕，SFR 技术允许多余的空闲信道分配给宏小区中心用户。因此，使用 SFR 技术下的小区资源配置和使用 FFR 技术下的小区资源配置一致，即子信道集 C_1 的使用率相同。

由于宏小区中的所有中心用户共享子信道集 C_1，每个 MBS 分配到的信道数量仅仅由级联至宏小区的宏小区中心用户数量 N_{C} 决定。同时，子信道集 C_1 也被小小区用户使用。在网络中，子信道集 C_1 在一个 MBS 中的可用信道数为 $\min\left\{N_{\mathrm{C}},|C_1|-N_{\mathrm{SU}}\right\}$。那么，类似式(3-11)，一个 MBS 使用一个信道 $C_i\in C_1$ 为一个宏小区中心用户服务的概率 q_{cf} 为

$$q_{\mathrm{cf}}=\sum_{n_{\mathrm{c}}=0}^{\infty}q_{\mathrm{cf}|n_{\mathrm{c}}}\Pr\left\{N_{\mathrm{C}}=n_{\mathrm{c}}\right\}=\sum_{n_{\mathrm{c}}=0}^{|C_1|-N_{\mathrm{SU}}}q_{\mathrm{cf}|n_{\mathrm{c}}}\Pr\left\{N_{\mathrm{C}}=n_{\mathrm{c}}\right\}+\sum_{n_{\mathrm{c}}=|C_1|-N_{\mathrm{SU}}+1}^{\infty}q_{\mathrm{cf}|n_{\mathrm{c}}}\Pr\left\{N_{\mathrm{C}}=n_{\mathrm{c}}\right\}\tag{3-15}$$

式中，$q_{\mathrm{cf}|n_{\mathrm{c}}}$ 表示当与 MBS 级联的小区中心用户数为 n_{c} 时，一个 MBS 使用一个

空闲信道的概率。当系统使用 RSA 策略时，有条件概率 $q_{\mathrm{cf}|n_{\mathrm{c}}}$ ：

$$q_{\mathrm{cf}|n_{\mathrm{c}}}=\begin{cases}\dfrac{n_{\mathrm{c}}}{|C_1|}, & n_{\mathrm{c}}\leqslant |C_1|-N_{\mathrm{SU}}\\ \dfrac{|C_1|-N_{\mathrm{SU}}}{|C_1|}, & n_{\mathrm{c}}>|C_1|-N_{\mathrm{SU}}\end{cases}\tag{3-16}$$

根据 $\sum_{n_{\mathrm{c}}=0}^{\infty}\Pr\{N_{\mathrm{C}}=n_{\mathrm{c}}\}=1$ ，可得

$$1=\sum_{n_{\mathrm{c}}=0}^{\infty}\Pr\{N_{\mathrm{C}}=n_{\mathrm{c}}\}=\sum_{n_{\mathrm{c}}=0}^{|C_1|-N_{\mathrm{SU}}}\Pr\{N_{\mathrm{C}}=n_{\mathrm{c}}\}+\sum_{n_{\mathrm{c}}=|C_1|-N_{\mathrm{SU}}+1}^{\infty}\Pr\{N_{\mathrm{C}}=n_{\mathrm{c}}\}\tag{3-17}$$

将式(3-17)代入式(3-15)中，可得

$$\begin{aligned}q_{\mathrm{cf}}&=\sum_{n_{\mathrm{c}}=0}^{|C_1|-N_{\mathrm{SU}}}q_{\mathrm{cf}|n_{\mathrm{c}}}\Pr\{N_{\mathrm{C}}=n_{\mathrm{c}}\}+\frac{|C_1|-N_{\mathrm{SU}}}{|C_1|}\sum_{n_{\mathrm{c}}=|C_1|-N_{\mathrm{SU}}+1}^{\infty}\Pr\{N_{\mathrm{C}}=n_{\mathrm{c}}\}\\&=\sum_{n_{\mathrm{c}}=0}^{|C_1|-N_{\mathrm{SU}}}q_{\mathrm{cf}|n_{\mathrm{c}}}\Pr\{N_{\mathrm{C}}=n_{\mathrm{c}}\}+\frac{|C_1|-N_{\mathrm{SU}}}{|C_1|}\left(1-\sum_{n_{\mathrm{c}}=0}^{|C_1|-N_{\mathrm{SU}}}\Pr\{N_{\mathrm{C}}=n_{\mathrm{c}}\}\right)\\&=\frac{|C_1|-N_{\mathrm{SU}}}{|C_1|}-\sum_{n_{\mathrm{c}}=0}^{|C_1|-N_{\mathrm{SU}}}\Pr\{N_{\mathrm{C}}=n_{\mathrm{c}}\}\left(1-\frac{n_{\mathrm{c}}}{|C_1|}\right)\end{aligned}\tag{3-18}$$

不同于宏小区的多用户网络，小小区是单用户系统网络，每个小小区用户都可接入子信道集 C_1 中的一个信道。因此，小小区接入点使用一个信道 $C_i\in C_1$ 的概率为 $q_{\mathrm{sf}}=1/p_{\mathrm{m}}N$ 。用 q_{ef} 表示 MBS 利用子信道集 C_2 为宏小区边缘用户服务的概率，表达式为

$$q_{\mathrm{ef}}=\begin{cases}\dfrac{n_{\mathrm{e}}}{|C_2|}, & 0\leqslant n_{\mathrm{e}}\leqslant |C_2|\\ 0, & n_{\mathrm{e}}>|C_2|\end{cases}\tag{3-19}$$

用 q_{ecf} 表示 MBS 利用子信道集 C_2 为宏小区中心用户服务的概率：

$$q_{\mathrm{ecf}}=\begin{cases}\dfrac{n_{\mathrm{c}}}{|C_2|}(1-\varphi), & n_{\mathrm{e}}+(1-\varphi)n_{\mathrm{c}}\leqslant |C_2|\\ \dfrac{n_{\mathrm{e}}}{|C_2|}, & n_{\mathrm{e}}+(1-\varphi)n_{\mathrm{c}}>|C_2|\end{cases}\tag{3-20}$$

式中，n_{e} 表示宏小区边缘用户数量。

根据式(3-16)、式(3-18)～式(3-20)，有如下引理。

引理 3-4 在 SFR 技术下，对于考虑的多层异构网络，子信道集 C_1 的利用率为

$$q_{C_1} = \frac{n_s + \varphi n_c}{|C_1|} \tag{3-21}$$

式中，n_s 表示软频率复用信道数量。子信道集 C_2 的利用率为

$$q_{C_2} = \begin{cases} \dfrac{n_e + (1-\varphi)n_c}{|C_2|}, & n_e + (1-\varphi)n_c \leqslant |C_2| \\ 1, & n_e + (1-\varphi)n_c > |C_2| \end{cases} \tag{3-22}$$

子信道集 C_2 根据宏小区中心用户的不同情况，有以下两种信道分配情景：

(1) 宏小区中心用户和小小区用户需要使用的总信道数在子信道集 C_1 的范围内，即 $N_C + N_S \leqslant |C_1|$，宏小区边缘用户单独使用子信道集 C_2。

(2) 宏小区中心用户和小小区用户需要使用的总信道数超出了子信道集 C_1 的范围，即 $N_C + N_S > |C_1|$，在子信道集 C_2 没有被完全使用且子信道集 C_1 满载的情况下，宏小区边缘用户将和部分宏小区中心用户共享子信道集 C_2。在考虑的 SFR 方案下，考虑到宏小区边缘区域用户的接入，且一般情况下宏小区边缘用户接入基站的变动性较大，所以部分宏小区中心用户和宏小区边缘用户在共享子信道集 C_2 时，依然优先将信道分配给宏小区边缘用户[180]。

第 4 章　异构网络用户级联

用户级联(user association，UA)就是在用户通信之前，通过某种特定的策略将其连接到服务基站(接入点)。不同的 UA 策略对于网络覆盖性能、吞吐量和能量效率等有极大的影响。不合理的 UA 不仅浪费宝贵的系统频谱和能量等资源，而且可能导致系统拥塞,用户服务质量(QoS)得不到保证,其在实现网络的负载均衡、能量效率和频谱效率等方面有着至关重要的作用。因此，如何设计一个用户级联方法使系统级容量得到最大，同时用户体验又能得到极大保证，提高系统频谱、能量等资源利用率，是一个至关重要的问题[183]。应用最多的一种 UA 策略是基于最大接收信号功率(received signal power，RSP)方案，即用户一般选择能够提供最大接收信号强度的基站进行连接。显然，该方案偏向下行链路，上行链路使用与下行链路同样的级联，即耦合级联方案。在向 5G 演进的过程中，异构网络成为主要的网络结构。传统的最大 RSP 用户级联策略并不适合 5G 异构网络，因为宏蜂窝和小蜂窝的发射功率差异(宏蜂窝发射功率大于小蜂窝发射功率)会使大多数用户与 MBS 级联，有可能导致小蜂窝网络的效率低下。另外，上行链路、下行链路相同的级联方案并不一定是最优的，需要考虑解耦级联，上行链路、下行链路接入不同的基站，充分考虑上行链路要求，同时可以满足无线传感器网络等数据收集的场景要求[184]。

4.1　耦合与解耦上下行链路用户级联

1. 耦合上下行链路用户级联

耦合用户级联表示 UE 在上下行链路接入到同一基站，这种方案一般称为耦合的 UL/DL 级联(coupled UL and DL association，CUDA)方案。比较常用的 CUDA 策略有以下四种[185]：最大平均偏置接收功率(average biased received power，ABRP)准则、最小偏置传输距离(biased transmission distance，BTD)准则、最大加权偏置路径损耗(biased path loss，BPL)准则、最大瞬时 SINR(i-SINR)准则[186]。

最大 ABRP 准则是比较广泛采用并且研究较多的一种，许多文献基于该准则展开网络覆盖性能等评估。在 3GPP 版本 10 中[187]，该准则又称为小区范围扩展(cell range expansion，CRE)级联准则[188-192]。

引理 4-1　在最大 ABRP 准则中，一个用户级联到能够提供最大偏置功率的基站，也就是最近的第 k 层基站[193]。对一个 K 层异构网络，位于 x 处的 UE，最大 ABRP 准则可以表示为

$$\mathcal{K}_x = \arg\max_{k\in\{1,\cdots,K\}}\left\{P_k B_k G_{\mathrm{M}_k} L_k^{-1}(x)\right\} \tag{4-1}$$

式中，P_k 表示第 k 层 BS 发射功率；B_k 表示该层的偏置因子；G_{M_k} 表示基站波束增益；L_k 表示路径损耗。

由式(4-1)可知，在该准则下，一个 UE 可能级联到拥有最大 BS 密度、发射功率和偏置因子某层网络[194-195]。偏置因子的引入确保了负载卸载，平衡网络复杂。

引理 4-2　在最大 i-SINR 准则下，一个 UE 级联到提供最大瞬时 SINR 的基站，可以表示为[188]

$$\mathcal{K}_x = \arg\max_{k\in\{1,\cdots,K\}}\left\{\frac{P_k B_k G_{\mathrm{M}_k} L_k^{-1}(x)}{I_x+\sigma^2}\right\} \tag{4-2}$$

式中，给定 UE x 处的干扰 I_x 表示除接入基站的所有基站干扰，有

$$I_x = \sum_{j=1}^{K}\sum\nolimits_{x_j\in\Phi_j\backslash x} P_j G_{\mathrm{M}_j} L_j^{-1}(x) \tag{4-3}$$

最大瞬时 SINR 尽管复杂度比较高，但是由于充分考虑了层间和层内干扰，能保证所选用户的传输速率，可获得比最大 ABRP 准则更大的吞吐量。借助偏置因子，可以平衡网络总体负载接入。

最小 BTD 准则作为最大 ABRP 准则策略的一种简化模型，目标 UE 需要知道每层与其相邻的每个基站的距离，如果假设最近的第 k 层基站位于距目标 UE d_k 的位置，则乘以偏置因子 B_k，如果满足 $B_k d_k < B_j d_j$，则目标 UE 级联到第 k 层最近的基站。

引理 4-3　在最小 BTD 准则中，目标 UE 级联到第 k 层最近的基站，可以表示为

$$\mathcal{K}_x = \arg\min_{k\in\{1,\cdots,K\}}\left\{B_k G_{\mathrm{M}_k} d_k(x)\right\} \tag{4-4}$$

可以看出，该准则适合于路径损耗不显著或各层路径损耗相对偏差不大的场景，特别是不同层的路径损耗指数不同时，影响显著。最小 BTD 准则也没有考虑各层基站发射功率。由于上行链路级联中 UE 具有同样的发射功率，其影响可以不予考虑，因此这种级联方式特别适合于上行链路级联方式。

引理 4-4　最大加权 BPL 准则中，目标 UE 级联到有最大加权偏置路径损耗的第 k 层基站，表示为

$$\mathcal{K}_x = \arg\max_{k\in\{1,\cdots,K\}} B_k T_k L_{\min,k}(x)^{-\alpha_k} \tag{4-5}$$

式中，$L_{\min,k}(x)=\min_{y\in\Phi_k} L(x,y)$，$L(x,y)$表示路径损耗；$\alpha_k$表示路径损耗指数。

与其他三种级联准则相比，最大加权 BPL 准则考虑路径损耗，适合网络覆盖范围较大且各基站较为分散的情形。

以上基于偏置的 UE 级联方案，通过在网络中增加偏置因子控制小蜂窝用户接收功率，不仅实现了小蜂窝的 UA，同时小蜂窝的大量部署减轻了宏蜂窝负载，提高了网络容量。这种基于偏置的 UA 方案也有一定的缺点，在网络中加入偏置，用户被强制性地连接到小蜂窝，这就导致用户受到附近宏蜂窝的干扰增大[196]；同时，由于严重的无线信道衰落，小区边缘用户的服务质量得不到满足。在这种情况下，通过增加小蜂窝来减轻宏蜂窝负载获得的网络性能改善被宏蜂窝的干扰抵消，i-SINR 虽然考虑了干扰的影响，但无法改变其影响。因此，网络负载平衡和吞吐量二者的折中严格取决于偏置因子的取值。网络负载均衡和网络吞吐量之间的权衡严格依赖于选择的偏置因子，必须仔细优化，以最大化网络利用率[197]。显然，基于偏置的用户关联问题是一个优化问题[198]。例如，使用 Q 学习(Q-learning)来优化最小化用户数量的偏差，针对基于偏置的用户关联问题，提出了多种基于资源划分的干扰抑制方案[198]。3GPP 版本 10 中采用了增强的小区间干扰协调(enhanced inter-cell interference coordination，eICIC)方法，一种典型的 eICIC 解决方案是，“几乎消隐子帧”期间宏基站周期性地静音，以减少对小蜂窝用户的干扰[198]。

UA 算法网络拓扑如图 4-1 所示。UA 算法网络拓扑主要包括网格模型和随机空间模型。在网格模型中，所有的基站都位于规则的网格(传统六边形)中心。在随机空间模型中，所有的网络元素都是随机分布的，可以利用随机几何工具将其建模为点过程，然后研究网络的各种性能参数。

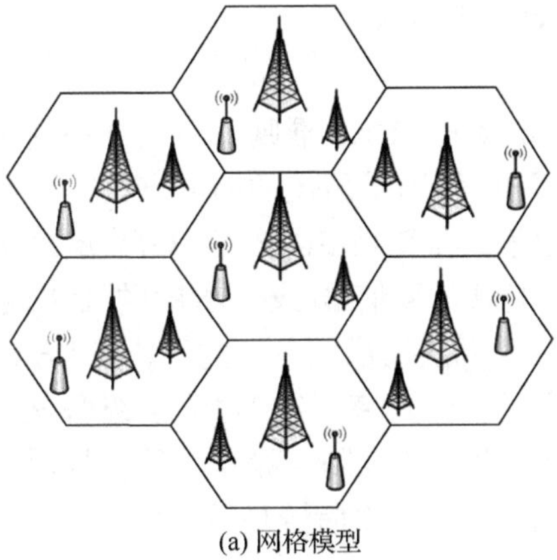

(a) 网格模型

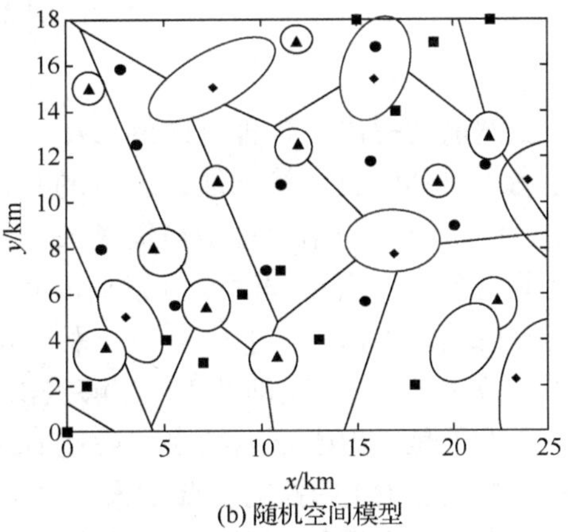

(b) 随机空间模型

图 4-1　UA 算法网络拓扑

除了以上级联方案外，文献[184]提出了联合能量效率的级联方案，文献[199]和[200]研究了大规模 MIMO 系统的用户级联方案。

2. 解耦合上下行链路级联

前文考虑了耦合上下链路的用户级联问题，一个给定 UE 在上下行链路接入同一个基站。同时，最大 ABRP 准则和最大 i-SINR 准则在考虑小区级联时，只考虑了下行链路接入信号功率和 SINR，这种耦合级联策略只能得到近似最优结果。CUDA 的用户级联准则在异构网络中有时并不一定有效。一方面，不同 BS 的发射功率、距离、业务负载和干扰级别可能不同，MBS 的 DL 覆盖范围通常大于 SBS 的 DL 覆盖范围。相比之下，所有移动 UE 均由电池供电，发射功率大致相等，因此 UL 覆盖范围受到限制，这导致 CUDA 传输不再保证最佳性能。另一方面，随着在线社交网络和视频的实时应用增加及 D2D 技术的应用，5G/B5G 中 UL 的业务量大大增加，特别是由于网络的异构性配置和 UE 资源的约束，CUDA 很难保证 UL 的性能，从而网络整体性能损失。为此，需要考虑解耦上下行链路级联(decoupled uplink and downlink association，DUDA)的用户级联方法[201]。DUDA 方法允许用户可以根据上行和下行业务需求、基站距离、基站种类等因素，分别选择合适的上行服务基站和下行服务基站，做到上下行服务接入解耦，可允许 UE 独立地选择最佳的 UL 接入基站，使网络资源得到充分利用[202-205]。即使使用同一接入级联准则，由于基站和移动用户的发射功率不同，甚至相差很大，也可能接入到不同的基站[206-210]。5G/B5G 网络不再单一强调下行链路 QoS，在物联网应用和视频电话等场景下需要强调上行链路性能[211-215]，解耦级联在以用户为中心的异构网络中是一种先进且可行的方案[216]。

4.2 非最佳用户级联

虽然前文提出了各种有效的 UA 方案，如最大 ABRP 准则，但至今一些关键问题尚未得到解决。特别地，现有的文献广泛地使用了最佳的 UA 方案，在该方案中，一个给定的用户总是与提供最大接收信号功率(或 SINR)的 BS(或层)级联。在某些情况下，由于调度或负载平衡问题，提供最强信号(或 SINR)的 BS(或层)可能不可用。例如，由于功率的约束，最佳 BS 无法提供服务。此外，当 BS 级联的用户数达到上限时，即使 BS 能够提供最大的信号功率，用户也无法级联该 BS。另一个例子是，由于延迟约束，最佳 BS(或层)也受到限制。除此之外，频谱资源也是影响最佳 BS 选择的主要因素。即使来自 BS 的接收信号是最强的，一个给定的用户也可以不受任何限制与另一个 BS 级联。为了解决此问题，将一个给定用户与非最佳 BS 级联是一个很好的选择。由于反馈延迟，系统仅仅获得了过时的信道状态信息，系统将做出错误选择。这种情况下，迫切需要提供一种有效的方案来评估服务 BS 的错误选择引起的性能损失[217-218]。

4.2.1　多层异构网络非最佳用户级联

考虑一个 k 层异构网络，各层之间以空间密度、发射功率、路径损耗指数和偏置因子等参数来区分，产生异构特性。为了平衡网络负载，同时提高网络吞吐量，异构网络中每层的覆盖区域可能重叠。第 k 层 BS 的空间位置建模为密度为 λ_k 的 HPPP Φ_k，其中 $k=1,2,\cdots,K$。此外，小区用户位置建模为密度为 λ^{U} 的独立 HPPP Φ^{U}。为了便于研究，假设第 k 层网络中每个 BS 都有相同的发射功率 P_k 和相同的偏置因子 β_k。根据实际情况改变偏置因子 β_k，使其利于连接到给定第 k 层 BS。因此，每个网络层可由一个三元组(λ_k, P_k, β_k)唯一描述。在不考虑阴影的情况下，此 K 层异构网络部署类似加权的 Poisson-Voronoi 多边形。当 K=3 时，宏蜂窝、小蜂窝和微蜂窝组成的异构网络如图 4-2 所示。

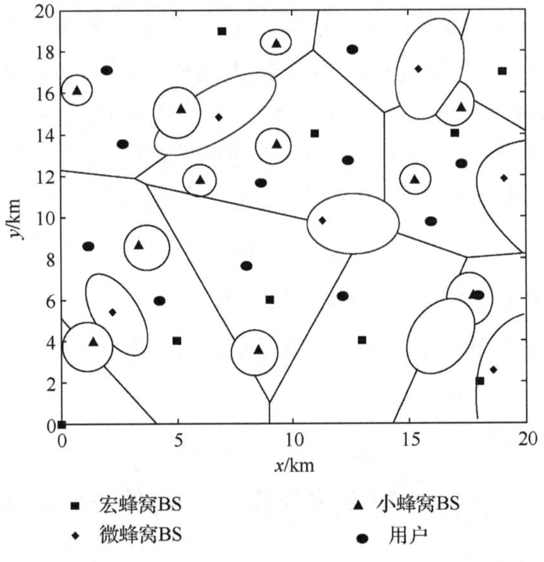

图 4-2　宏蜂窝、小蜂窝和微蜂窝组成的三层异构网络

假设一个给定用户位于坐标原点，这里只研究 DL 级联和传输。基于 Slivnyak-Mecke 理论，给定的用户是在满足 HPPP 的异构网络中随机选择的用户，表明原始的 HPPP 分布等价于降低的帕尔姆分布。也就是说，泊松点过程的特性对于传输是不变的，潜在干扰 BS 的分布仍然是一个具有相同密度的 HPPP。$|Y_{ki}|$ 表示 BS $i\in\Phi_k$ 到原点(给定用户)的距离，$\{R_j\}$ $(j=1,2,\cdots,K)$ 表示给定用户到第 j

层网络中最近 BS 的距离。无线信号传输同时经历大规模衰落和小规模衰落，假设第 k 层的路径损耗指数相同，记为 $\alpha_k > 2$ ， $k=1,2,\cdots,K$ 。小规模衰落信道建模为单位功率的瑞利衰落，在每个接收机处加性高斯噪声的功率为定值 W，且第 k 层网络中的每个 BS 的发射功率相同，记为 P_k ， $k=1,2,\cdots,K$ 。

根据上述网络模型，考虑一种基于最大 ABRP 方案的用户级联方案，对于一个位于原点 O 的给定移动用户 UE，从第 k 层网络最近 BS 的接收功率表示为

$$P_{\mathrm{r}k} = P_k L_0 \left(R_k / r_0\right)^{-\alpha_k} \beta_k \tag{4-6}$$

式中，L_0 为参考距离 r_0 处的路径损耗($r_0=1$ 时， $L_0=\left(4\lambda/v\right)^{-2}$ ，v 表示波速)。由于长期平均，小规模衰落被平均化。

在实际情况下，由于系统调度、公平性约束、负载平衡和资源约束等条件限制，用户很难连接到提供最大 ABRP 的第 k 层网络最近 BS，这在实际系统中经常发生。上述约束条件导致的无法及时接入，使得 UE 进入排队等待队列，产生较大的服务时延。为了降低时延和满足信息传输的及时性要求等，提出一种更加一般的 UA 方案，一个给定用户与非最佳 BS 级联。这种级联方案虽然不能保证性能最优，但可以保证及时服务。非最佳 UA 的核心思想是，当最佳 BS 不可用时，用户选择第 k 层网络中具有第 m 个最大 ABRP 且位置最近的 BS 进行级联，即非最佳 BS 级联选择。特别地，对于位于原点处的给定用户，来自第 k 层网络的最近 BS 的平均偏置接收功率 $P_{\mathrm{r}k}$ 是 K 个独立随机变量，$k=1,2,\cdots,K$ 。如式(4-6)所示，对于 K 个随机变量 $P_{\mathrm{r}k}$ ， $k=1,2,\cdots,K$ ，相应排序统计量可以通过非递增次序 $P_{\mathrm{r}m_1}^1, P_{\mathrm{r}m_2}^2, \cdots, P_{\mathrm{r}m_K}^K$ 获得。其中，随机变量 $P_{\mathrm{r}m_1}^1$ 表示第 m_1 层网络最近 BS 的最大 ABRP，是最大统计量；$P_{\mathrm{r}m_K}^K$ 表示最小 ABRP，是最小统计量；$P_{\mathrm{r}m_k}^l$ 代表一般情形，表示第 m_k 层网络最近 BS 的 ABRP 为第 l 阶排序统计量。根据上述排序统计量的定义，有

$$P_{\mathrm{r}m_1}^1 \geqslant P_{\mathrm{r}m_2}^2 \geqslant \cdots \geqslant P_{\mathrm{r}m_K}^K \tag{4-7}$$

式中， $m_1, m_2, \cdots, m_K \in \{1,2,\cdots,K\}$ 是集合 $\{1,2,\cdots,K\}$ 的一组置换序列，依赖于排序统计量的大小。

根据式(4-7)，可以进一步研究级联概率。这里定义 A_k^m 为给定用户与最近的第 k 层网络 BS 级联的概率，其中来自该最近 BS 的 ABRP 是第 m 个排序统计量。因此，有约束关系 $P_{\mathrm{r}m_{m-1}}^{m-1} \geqslant P_{\mathrm{r}k}^{m} \geqslant P_{\mathrm{r}m_{m+1}}^{m+1}$ ，且 $m_{m-1} \in \{1,2,\cdots,k-1,k+1,\cdots,K\}$ ， $m_{m+1} \in \{1,2,\cdots,k-1,k+1,\cdots,K\}$ ， $m_{m-1} \neq m_{m+1}$ 。根据排序统计量，给定典型 UA 概率 A_k^m 可表示为如下形式：

$$A_k^m\left(R_k^m\right)=\sum_{\substack{m_1,m_2,\cdots,m_K\\ \text{condition}A_m}}\left(\prod_{j=1}^{m-1}\Pr\left\{P_{\text{r}m_j}^j\geqslant P_{\text{r}k}^m\left(R_k^m\right)\right\}\right)\left(\prod_{j=m+1}^{K}\Pr\left\{P_{\text{r}k}^m\left(R_k^m\right)\geqslant P_{\text{r}m_j}^j\right\}\right)\tag{4-8}$$

式中，求和项中条件 A_m 定义为 $m_1,m_2,\cdots,m_{m-1}\in\{1,2,\cdots,K\}-k$，$m_1\neq m_2\neq\cdots\neq m_{m-1}$，$m_{m+1},m_{m+2},\cdots,m_K\in\{1,2,\cdots K,\}-k$，$m_{m+1}\neq m_{m+2}\neq\cdots\neq m_K$；$\Pr\{\cdot\}$ 表示概率，这里的求和是对集合 $\{1,2,\cdots,k-1,k+1,\cdots K\}$ 的所有元素置换序列进行求和；R_k^m 是给定用户与其连接的最近第 k 层网络 BS 之间的距离。那么，该给定用户平均 UA 概率为

$$A_k^m=\mathbb{E}_{R_k^m}\left\{A_k^m\left(R_k^m\right)\right\}\tag{4-9}$$

式中，$\mathbb{E}_{R_k^m}\{\cdot\}$ 表示关于 R_k^m 的期望。将式(4-6)代入式(4-8)，并考虑式(4-9)，可以得到定理 4-1，即平均 UA 概率 A_k^m。

定理 4-1　对于 K 层异构网络的 DL 传输，一个给定用户与第 k 层网络的最近 BS 连接的概率为 A_k^m，给定用户从该 BS 接收到的 ABRP 是第 m 个最大排序统计量，那么当各层的路径损耗指数 α_k 不同时，给定用户的 UA 概率表示为

$$A_k^m=2\pi\lambda_k\sum_{\substack{m_1,m_2,\cdots,m_K\\ \text{condition }A_m}}\sum_{l=1}^{m-1}\frac{(-1)^l}{l!}\underbrace{\sum_{n_1}^{m-1}\cdots\sum_{n_l=1}^{m-1}}_{n_1\neq n_2\neq\cdots\neq n_l}\int_{-\infty}^{\infty}a_k^m(r)\times r\times\exp\left(-\pi\lambda_k r^2\right)\mathrm{d}r\tag{4-10}$$

式中，$a_k^m(r)$ 定义为

$$\begin{aligned}&a_k^m(r)\\&=\exp\left\{-\pi\left[\sum_{t=0}^{l}\lambda_{m_{nt}}\left(\widehat{P}_{m_{nt}}\widehat{\beta}_{m_{nt}}\right)^{\frac{2}{\alpha_{m_{nt}}}}r_0^{2-\frac{2}{\widehat{\alpha}_{m_{nt}}}}r^{\frac{2}{\widehat{\alpha}_{m_{nt}}}}+\sum_{j=m+1}^{K}\lambda_{mj}\left(\widehat{P}_{m_j}\widehat{\beta}_{m_j}\right)^{\frac{2}{\alpha_{m_j}}}r_0^{2-\frac{2}{\widehat{\alpha}_{m_j}}}r^{\frac{2}{\widehat{\alpha}_{m_j}}}\right]\right\}\end{aligned}\tag{4-11}$$

$$\widehat{P}_{m_j}=\frac{P_{m_j}}{P_k},\quad\widehat{\beta}_{m_j}=\frac{\beta_{m_j}}{\beta_k},\quad\widehat{\alpha}_{m_j}=\frac{\alpha_{m_j}}{\alpha_k}\tag{4-12}$$

证明　首先考虑 $A_k^m\left(R_k\right)$。将式(4-6)中定义的 $P_{\text{r}k}$ 代入式(4-8)，并考虑 R_k 和 R_{m_j}，分别表示给定用户到第 k 层和第 m_j 层网络中最近 BS 的距离，可得

$$\begin{aligned}A_k^m=&\sum_{\substack{m_1,m_2,\cdots,m_K\\ \text{condition }A_m}}\prod_{j=1}^{m-1}\Pr\left[P_{m_j}L_0\left(\frac{R_{m_j}}{r_0}\right)^{-\alpha_{m_j}}\beta_{m_j}>P_kL_0\left(\frac{R_k}{r_0}\right)^{-\alpha_k}\beta_k\right]\\&\times\prod_{i=m+1}^{K}\Pr\left[P_kL_0\left(\frac{R_k}{r_0}\right)^{-\alpha_k}\beta_k>P_{m_j}L_0\left(\frac{R_{m_j}}{r_0}\right)^{-\alpha_{m_j}}\beta_{m_j}\right]\end{aligned}$$

$$= \sum_{\substack{m_1,m_2,\cdots,m_K \\ \text{condition } A_m}} \prod_{j=1}^{m-1} \left\{ 1 - \exp\left[-\pi\lambda_{m_j} \left(\widehat{P}_{m_j} \widehat{\beta}_{m_j} \right)^{\frac{2}{\alpha_{m_j}}} R_k^{\frac{2}{\widehat{\alpha}_{m_j}}} r_0^{2-\frac{2}{\widehat{\alpha}_{m_j}}} \right] \right\}$$

$$\times \exp\left(-\pi \sum_{i=m+1}^{K} \lambda_{m_j} \left(\widehat{P}_{m_j} \widehat{\beta}_{m_j} \right)^{\frac{2}{\alpha_{m_j}}} R_k^{\frac{2}{\widehat{\alpha}_{m_j}}} r_0^{2-\frac{2}{\widehat{\alpha}_{m_j}}} \right) \tag{4-13}$$

CDF $F_{R_k}(x) = 1 - \mathrm{e}^{-\pi\lambda_k x^2}$ 。为了便于处理式(4-13)，定义：

$$\prod_{j=1}^{m-1} \left(1 - y_j \right) = \sum_{l=0}^{m-1} \frac{(-1)^l}{l!} \underbrace{\sum_{n_1=1}^{m-1} \cdots \sum_{n_l}^{m-1}}_{n_1 \neq n_2 \neq \cdots \neq n_l} \prod_{t=1}^{l} y_{n_k} \tag{4-14}$$

由此，式(4-13)可以进一步写为

$$A_k^m \left(R_k \right) = \sum_{\substack{m_1,m_2,\cdots,m_K \\ \text{condition } A_m}} \sum_{l=0}^{m-1} \frac{(-1)^l}{l!} \underbrace{\sum_{n_1=1}^{m-1} \cdots \sum_{n_l=1}^{m-1}}_{n_1 \neq n_2 \neq \cdots \neq n_l} \exp\left\{ -\pi \left[\sum_{t=1}^{l} \lambda_{m_{nt}} \left(\widehat{P}_{m_{nt}} \widehat{\beta}_{m_{nt}} \right)^{\frac{2}{\alpha_{m_{nt}}}} R_k^{\frac{2}{\widehat{\alpha}_{m_{nt}}}} r_0^{2-\frac{2}{\widehat{\alpha}_{m_{nt}}}} \right. \right.$$

$$\left. \left. + \sum_{i=m+1}^{K} \lambda_{mj} \left(\widehat{P}_{mj} \widehat{\beta}_{mj} \right)^{\frac{2}{\alpha_{m_j}}} R_k^{\frac{2}{\widehat{\alpha}_{m_j}}} r_0^{2-\frac{2}{\widehat{\alpha}_{m_j}}} \right] \right\} \tag{4-15}$$

然后，用式(4-9)和 $f_{R_k}(r) = 2\pi\lambda_k r \exp\left(-\pi\lambda_k r^2 \right)$，得到式(4-10)，可得定理 4-1。

根据定理 4-1，当系统采用第 m 阶 ABRP 非最佳 UA 方案时，相应的 UA 概率 A_k^m 在很大程度上取决于 m。随着 m 的增大，统计量变小，相应的 UA 概率 A_k^m 减小。可以看出，由于不能选择最佳的级联网络，无法从最佳的网络 BS 获得服务，非最佳 UA 方案对 UA 概率 A_k^m 产生了很大的影响。考虑到式(4-10)给出的 UA 概率较为复杂，为了方便研究，观察非最佳选择对网络性能的影响，这里进一步令 $\alpha_1 = \alpha_2 = \cdots = \alpha_K = \alpha$，研究形式上相对简化的非最佳级联概率。经过数学运算，用推论 4-1 给出 A_k^m 的闭合形式表达式。

推论 4-1 在考虑的 K 层异构网络中，当网络中各层的路径损耗指数满足条件 $\alpha_1 = \alpha_2 = \cdots = \alpha_K = \alpha$ 时，基于提出的第 m 阶 ABRP UA 方案，UA 概率 A_k^m 为

$$A_k^m = \sum_{\substack{m_1,m_2,\cdots,m_K \\ \text{comdition } A_m}} \sum_{l=0}^{m-1} \frac{(-1)^l}{l!} \underbrace{\sum_{n_1=1}^{m-1} \cdots \sum_{n_l=1}^{m-1}}_{n_1 \neq n_2 \neq \cdots \neq n_l} \frac{\lambda_k}{\sum_{t=1}^{l} \lambda_{m_{nt}} \left(\widehat{P}_{m_{nt}} \widehat{\beta}_{m_{nt}} \right)^{\frac{2}{\alpha}} + \sum_{j=m+1}^{K} \lambda_{m_j} \left(\widehat{P}_{m_j} \widehat{\beta}_{m_j} \right)^{\frac{2}{\alpha}} + \lambda_k} \tag{4-16}$$

尽管在条件 $\alpha_1=\alpha_2=\cdots=\alpha_K=\alpha$ 下，式(4-16)给出了级联概率 A_k^m 的闭合式表达式，但是由于求和操作复杂，很难得到 P_j 和 λ_j 等网络参数对 UA 概率的影响。因此，这里进一步取 K=3、$m=2$ 和 $k=1$ 作为例子，给出结论，便于随后分析。在这种情况下，利用式(4-16)给出 UA 概率，可以获得级联概率 A_1^2 为

$$A_1^2=\frac{\lambda_1}{\lambda_3\left(\frac{P_3}{P_1}\frac{\beta_3}{\beta_1}\right)^{\frac{2}{a}}+\lambda_1}-\frac{\lambda_1}{\lambda_2\left(\frac{P_2}{P_1}\frac{\beta_2}{\beta_1}\right)^{\frac{2}{a}}+\lambda_3\left(\frac{P_3}{P_1}\frac{\beta_3}{\beta_1}\right)^{\frac{2}{a}}+\lambda_1}$$
$$+\frac{\lambda_1}{\lambda_2\left(\frac{P_2}{P_1}\frac{\beta_2}{\beta_1}\right)^{\frac{2}{a}}+\lambda_1}+\frac{\lambda_1}{\lambda_3\left(\frac{P_3}{P_1}\frac{\beta_3}{\beta_1}\right)^{\frac{2}{a}}+\lambda_2\left(\frac{P_2}{P_1}\frac{\beta_2}{\beta_1}\right)^{\frac{2}{a}}+\lambda_1} \tag{4-17}$$

令 $E_1=\lambda_1(P_1\beta_1)^{\frac{2}{a}}$、$E_2=\lambda_2(P_2\beta_2)^{\frac{2}{a}}$ 和 $E_3=\lambda_3(P_3\beta_3)^{\frac{2}{a}}$，有推论 4-2。

推论 4-2　考虑 $K=3$，当网络中各层的路径损耗指数满足条件 $\alpha_1=\alpha_2=\alpha$ 时，且第 $k=1$ 层网络中的最近 BS 的 ABRP 为第 2($m=2$)阶统计量，UA 概率 A_1^2 为

$$A_1^2=\frac{E_1}{E_1+E_3}+\frac{E_1}{E_1+E_2}-\frac{2E_1}{E_1+E_2+E_3} \tag{4-18}$$

式中，E_1、E_2 和 E_3 为网络部署因子。虽然在最佳 ABRP 的 UA 方案中，UA 概率 A_k 随着网络部署因子 E_k 增大，并且随着 E_j($j\neq k$)的增大而减小。最佳级联时，网络部署因子的意义在于功率和密度可以互相代替，能获得相同的性能。当采用提出的第 m 阶 ABRP 的 UA 方案时，式(4-18)清楚地表明上述结果不成立。因此，为了研究式(4-18)中网络部署因子 E_1、E_2 和 E_3 对 A_1^2 单调性影响，借助数学工具，得到推论 4-3。

推论 4-3　对于第 m 阶 ABRP 的 UA 方案，考虑到特殊情况 $K=3$、$m=2$ 和 $k=1$ 时，有以下两种情况。

(1) 若 E_1 和 E_3 (或 E_2)固定，当 $0<E_2(E_3)\leqslant(E_3(E_2)-E_1)+\sqrt{2E_3(E_2)}$ 时，UA 概率 A_1^2 随着网络部署因子 E_2 (或 E_3)减小；当 $E_2(E_3)>(E_3(E_2)-E_1)+\sqrt{2E_3^2(E_2^2)}$ 时，UA 概率 A_1^2 随 $E_2(E_3)$ 增大。

(2) 若 E_2 和 E_3 固定，当 $0<E_1\leqslant E_1^*$ 时，UA 概率 A_1^2 随 E_1 增大；当 $E_1>E_1^*$ 时，UA 概率 A_1^2 随 E_1 减小。其中，E_1^* 由式(4-19)确定：

$$\begin{cases} 0 < E_1^* \leqslant E_1^{\max} \\ \left(E_2+E_3\right)E_1^4+\left(2E_2^2+2E_3^2\right)E_1^3+\left(E_2^3+E_3^3-2E_2E_3^2-2E_2^2E_3\right)E_1^2 \\ -\left(2E_2^3E_3+2E_2E_3^3+4E_2^2E_3^2\right)E_1-\left(E_2^3E_3^2+E_3^2E_3^3+E_2E_3^4+E_2^4E_7\right)=0 \end{cases} \tag{4-19}$$

式中，$E_1^{\max}$ 是 E_1 的最大值。由于 $E_1 = P_1\lambda_1$，显然 $E_1^{\max}$ 由 λ_1 和 P_1 的最大值确定。

证明 首先取固定的 E_1 和 E_2 来研究 A_1^2 和 E_2 之间的关系。为此，求 A_1^2 关于 E_2 的导数，有

$$\frac{\mathrm{d}A_1^2}{\mathrm{d}E_2} = -E_1\left(E_1+E_2\right)^{-2}+2E_1\left(E_1+E_2+E_3\right)^{-2} \tag{4-20}$$

考虑到 $E_1 \neq 0$，并取式(4-20)为零，得到

$$E_2^2+\left(2E_1-2E_3\right)E_2+E_1^2-2E_1E_3-E_3^2=0 \tag{4-21}$$

由于 $E_2 > 0$，得到

$$E_2=\left(E_3-E_1\right)+\sqrt{2E_3^2}=(1+\sqrt{2})E_3-E_1 \tag{4-22}$$

对于 A_1^2 和 E_3 之间的关系，可以实现类似的结果。类似地，通过计算 A_1 关于 E_1 的导数，即可求得 A_1^2 和 E_1 之间的关系，经过数学运算，得到

$$\begin{aligned} &\left(E_2+E_3\right)E_1^4+\left(2E_2^2+2E_3^2\right)E_1^3+\left(E_2^3+E_3^3-2E_2E_3^2-2E_2^2E_3\right)E_1^2 \\ &+\left(2E_2^3E_3+2E_2E_3^3+4E_2^2E_3^2\right)E_1-\left(E_2^3E_3^2+E_2^2E_3^3+E_2E_3^4+E_2^4E_3\right)=0 \end{aligned} \tag{4-23}$$

显然，式(4-23)是随机变量 E_1 的四阶方程。解方程式，得到式(4-19)。

除了上述定理 4-1 的结论，式(4-16)还表明，当 $m=1$ 时，UA 概率 A_k^1 随着 λ_k、P_k 和 β_k 的增大而增大。然而，当 $m>1$ 时，结果并不总是成立的。当 P_k 相对较小时，P_k 增大将使 A_k^m 增大；当 P_k 较大时，UA 概率 A_k^m 随着 P_k 增大而减小。对于 λ_k 和 β_k 的影响，可以得到类似的结果。

根据 UA 概率，很容易得出第 k 层网络中每个 BS 级联的平均用户数。一个给定用户的 ABRP 是第 m 个排序统计量，当采用提出的非最佳 UA 方案时，用 N_k^m 表示与第 k 层网络中 BS 级联的平均用户数，得到

$$N_k^m=\frac{N_k^{(\mathrm{u})}}{N_k^{(\mathrm{b})}}=\frac{A_k^m\lambda^{\mathrm{U}}}{\lambda_k} \tag{4-24}$$

式中，$N_k^{(\mathrm{u})}$ 和 $N_k^{(\mathrm{b})}$ 是第 k 层网络中用户和 BS 的平均数。可以看出，由于网络中用户和基站密度 λ 和 λ_k 是统计确定量，基于级联概率 A_k^m，可以获得级联的平均

用户数。式(4-24)也表明，由于采用非最佳级联时，级联概率 A_k^m 变小，则级联的用户数也变少，非最佳级联使级联数减少。根据定理 4-1，可得定理 4-2。

定理 4-2　当采用非最佳 UA 方案，与第 k 层网络中一个 BS 级联用户的平均数量表示为

$$N_k^m = 2\pi\lambda^{\mathrm{U}} \sum_{\substack{m_1, m_2, \cdots, m_K \\ \text{condition } A_m}} \sum_{l=1}^{m-1} \frac{(-1)^l}{l!} \underbrace{\sum_{n_1=1}^{m-1} \cdots \sum_{n_l=1}^{m-1}}_{n_1 \neq n_2 \neq \cdots \neq n_l} \int_{-\infty}^{\infty} a_k^m(r) \cdot r \cdot \mathrm{e}^{-\pi\lambda_k r^2} \mathrm{d}r \tag{4-25}$$

式中，$a_k^m(r)$ 由式(4-11)给出。

同理，当 $\alpha_1 = \alpha_2 = \cdots = \alpha_K = \alpha$ 时，可得推论 4-4。

推论 4-4　当采用非最佳 UA 方案和路径损耗指数满足 $\alpha_1 = \alpha_2 = \cdots = \alpha_K = \alpha$ 时，与第 k 层网络中一个 BS 级联的用户平均数 N_k^m 为

$$N_k^m = \sum_{\substack{m_1, m_2, \cdots, m_K \\ \text{condition } A_m}} \sum_{l=0}^{m-1} \frac{(-1)^l}{l!} \sum_{n_1=1}^{m-1} \sum_{n_l=1}^{m-1} \frac{\lambda^{\mathrm{U}}}{\sum\limits_{t=1}^{l} \lambda_{m_{nt}} \left(\widehat{P}_{m_{nt}} \widehat{\beta}_{m_{nt}}\right)^{\frac{2}{\alpha}} + \sum\limits_{j=m+1}^{k} \lambda_j \left(\widehat{P}_{mj} \widehat{\beta}_{mj}\right)^{\frac{2}{\alpha}} + \lambda_k} \tag{4-26}$$

从定理 4-2 和推论 4-4 不难发现，与第 k 层网络中 BS 级联的用户，其级联的平均数量与用户的密度 λ^{U} 成正比关系，该结论与实际网络模型一致。因为网络中的基站数越多，到给定用户最近距离变小的概率越大，给定用户与该层网络级联的概率越大。利用网络部署因子，用户的密度 λ^{U} 最大意味着网络部署因子最大。同时，级联用户平均数 N_k^m 随级联概率 A_k^m 增大，级联概率 A_k^m 越大，级联的用户数越多。根据定理 4-1 的结果，发现当发射功率相对较小时，增大发射功率可以增加相应层的级联用户数，同时减少其他层的级联用户数，当发射功率相对较大时结果相反。在非最佳 UA 方案下，所得结果不同于最佳 UA 方案。

在获得级联概率后，可以进一步研究级联距离及其统计特性，包括 PDF 和 CDF，不仅依赖于级联概率，还依赖于网络配置中其他联合概率。这里需要进一步强调的是，级联距离是网络各态历经速率和覆盖性能评估的一个重要统计量数学模型。假设当采用提出的第 m 阶 ABRP 非最佳 UA 方案时，给定用户与第 k 层网络中服务 BS 之间的距离为 X_k^m，因为网络中的 BS 空间位置满足 HPPP，假设随机变量 X_k^m 的 PDF 为 $f_{X_k^m}(x)$。要得到级联距离 X_k^m 的 $f_{X_k^m}(x)$，首先要计算级联距离 X_k^m 的 CDF，即 $F_{X_k^m}(x)$，定义为

$$F_{X_k^m}(x) = \Pr\left\{X_k^m \leqslant x\right\} = 1 - \Pr\left\{X_k^m > x\right\} \tag{4-27}$$

由于事件 $X_k^m > x$ 等同于事件 $R_k^m > x$，当给定用户与第 m 个最大 ABRP 的第

k 层网络 BS 连接时，可以用式(4-27)来计算事件 $X_k^m > x$ 的概率。$\Pr\left\{X_k^m > x\right\}$ 为

$$\Pr\left\{X_k^m > x\right\} = \Pr\left\{R_k^m > x \mid n = k, m\right\} \overset{(a)}{=} \frac{\Pr\left\{R_k^m > x, x = k, m\right\}}{\Pr\{n = k, m\}} \tag{4-28}$$

式中，n 表示采用第 m 阶 ABRP 方案时，给定用户级联网络层的序数；$\Pr\left\{R_k^m > x \mid n = k, m\right\}$ 表示在给定用户与最近第 k 个 BS 级联的情况下事件 $R_k^m > x$ 发生的概率，且 ABRP 是第 m 个排序统计量；(a)满足条件概率。UA 概率 $A_k^m = P\{n = k, m\}$ 已在定理 4-1 中给出，式(4-28)的分子 $\Pr\left\{R_k^m > x, x = k, m\right\}$ 为

$$\begin{aligned}
&\Pr\left\{R_k^m > x, x = k, m\right\} \\
&= \sum_{\substack{m_1, m_2, \cdots, m_K \\ \text{condition } A_m}} \Pr\left\{R_k > x, P_k L_0\left(\frac{R_k}{r_0}\right)^{-\alpha_k} \beta_k > \max_{j \in \{m+1, m+2, \cdots, K\}}\left[P_{m_j} L_0\left(\frac{R_{m_j}}{r_0}\right)^{-\alpha_{m_j}} \beta_{m_j}\right],\right. \\
&\qquad \left. P_k L_0\left(\frac{R_k}{r_0}\right)^{-\alpha_k} \beta_k < \min_{j \in \{1, \cdots, m-1\}}\left[P_{m_j} L_0\left(\frac{R_{m_j}}{r_0}\right)^{-\alpha_{m_j}} \beta_{m_j}\right]\right\} \\
&\overset{(b)}{=} \sum_{\substack{m_1, m_2, \cdots, m_K \\ \text{condition } A_m}} \underbrace{\Pr\left\{R_k > x, P_k L_0\left(\frac{R_k}{r_0}\right)^{-\alpha_k} \beta_k > \max_{j \in \{m+1, m+2, \cdots, K\}}\left[P_{m_j} L_0\left(\frac{R_{m_j}}{r_0}\right)^{-\alpha_{m_j}} \beta_{m_j}\right]\right\}}_{A_1} \\
&\quad \times \underbrace{\Pr\left\{R_k > x, P_k L_0\left(\frac{R_k}{r_0}\right)^{-\alpha_k} \beta_k < \min_{j \in \{1, \cdots, m-1\}}\left[P_{m_j} L_0\left(\frac{R_{m_j}}{r_0}\right)^{-\alpha_{m_j}} \beta_{m_j}\right]\right\}}_{A2}
\end{aligned} \tag{4-29}$$

式中，(b)根据独立性假设。下面分别单独计算式(4-29)中定义的 A_1 和 A_2。

根据 A_1 的定义，A_1 为

$$\begin{aligned}
A_1 &= \int_x^{\infty} \prod_{j=m+1}^{K} \Pr\left\{P_k L_0\left(\frac{r}{r_0}\right)^{-\alpha_k} \beta_k > P_{m_j} L_0\left(\frac{R_{m_j}}{r_0}\right)^{-\alpha_{m_j}} \beta_{m_j}\right\} f_{R_k}(r) \mathrm{d}r \\
&= \int_x^{\infty} \prod_{j=m+1}^{K} \Pr\left\{R_{m_j} > \left(\widehat{P}_{m_j} \widehat{\beta}_{m_j}\right)^{\frac{1}{\alpha_{m_j}}} r^{\frac{1}{\widehat{\alpha}_{m_j}}} r_0^{1-\frac{1}{\widehat{\alpha}_{m_j}}}\right\} f_{R_k}(r) \mathrm{d}r \\
&\overset{(c)}{=} \int_x^{\infty} \exp\left(-\pi \sum_{j=m+1}^{K} \lambda_{m_j}\left(\widehat{P}_{m_j} \widehat{\beta}_{m_j}\right)^{\frac{2}{\alpha_{m_j}}} r^{\frac{2}{\widehat{\alpha}_{m_j}}} r_0^{2-\frac{2}{\widehat{\alpha}_{m_j}}}\right) f_{R_k}(r) \mathrm{d}r
\end{aligned} \tag{4-30}$$

式中，(c)利用 CDF，$F_{R_k}(x)=1-\mathrm{e}^{-\pi\lambda_k x^2}$。

式(4-29)中的 A_2 为

$$A_2=\int_x^{\infty}\prod_{j=1}^{m-1}\Pr\left\{R_{m_j}<\left(\widehat{P}_{m_j}\widehat{\beta}_{m_j}\right)^{\frac{1}{\alpha_{m_j}}} r^{\frac{1}{\widehat{\alpha}_{m_j}}} r_0^{1-\frac{1}{\widehat{\alpha}_{m_j}}}\right\} f_{R_k}(r)\mathrm{d}r$$

$$\overset{(d)}{=}\int_x^{\infty}\sum_{l=0}^{m-1}\frac{(-1)^l}{l!}\underbrace{\sum_{n_1=1}^{m-1}\cdots\sum_{n_l=1}^{m-1}}_{n_1\neq n_2\neq\cdots\neq n_l}\prod_{t=1}^{l}\exp\left[-\pi\lambda_{m_{nt}}\left(\widehat{P}_{m_{nt}}\widehat{\beta}_{m_{nt}}\right)^{\frac{2}{\alpha_{m_{nt}}}} r^{\frac{2}{\widehat{\alpha}_{m_{nt}}}} r_0^{2-\frac{2}{\widehat{\alpha}_{m_{nt}}}}\right] f_{R_k}(r)\mathrm{d}r \tag{4-31}$$

最后，将式(4-30)、式(4-31)和式(4-28)代入式(4-27)，并求 $F_{X_k^m}(x)$ 关于 x 的导数，可得定理 4-3。

定理 4-3　对于 K 层异构网络，当采用提出的第 m 阶 ABRP 用户级联方案选择的服务 BS 时，当给定用户与第 k 层的 BS 级联且对应的 ABRP 为第 m 阶统计量时，级联距离 X_k^m 的 PDF 由式(4-32)给出：

$$f_{X_k^m}(r)=\frac{2\pi\lambda_k r}{A_k^m}\sum_{\substack{m_1,m_2,\cdots,m_K\\ \text{condition } A_m}}\sum_{l=0}^{m-1}\frac{(-1)^l}{l!}\underbrace{\sum_{n_1=1}^{m-1}\cdots\sum_{n_l=1}^{m-1}}_{n_1\neq n_2\neq\cdots\neq n_l}$$
$$\exp\left\{-\pi\left[\sum_{t=1}^{l}\lambda_{m_{nt}}\left(\widehat{P}_{m_{nt}}\widehat{B}_{m_{nt}}\right)^{\frac{2}{\alpha_{m_{nt}}}} r^{\frac{2}{\widehat{\alpha}_{m_{nt}}}} r_0^{2-\frac{2}{\widehat{\alpha}_{m_{nt}}}}+\sum_{j=m+1}^{k}\lambda_{m_j}\left(\widehat{P}_{m_j}\widehat{B}_{m_j}\right)^{\frac{2}{\alpha_{m_j}}} r^{\frac{2}{\widehat{\alpha}_{m_j}}} r_0^{2-\frac{2}{\widehat{\alpha}_{m_j}}}+\lambda_k r^2\right]\right\} \tag{4-32}$$

级联距离 X_k^m 的 CCDF 为

$$\tilde{F}_{X_k^m}(x)=\Pr\left\{X_k^m>x\right\}=\frac{1}{A_k^m}\Pr\left\{R_k^m>x,x=k,m\right\} \tag{4-33}$$

式中，概率 $\Pr\left\{R_k^m>x,x=k,m\right\}$ 由式(4-29)给出；A_1 和 A_2 分别由式(4-30)和式(4-31)给出。

基于前文的分析，进行传统的最佳 ABRP 与第 m 阶 ABRP 方案之间 UA 概率与发射功率 P_1 关系的比较分析。从图 4-3(a)看出，分析结果与仿真结果高度拟合，并且满足 $A_1^2+A_2^2+A_3^2=1$，推导分析是正确的。同时，当采用提出的第 m 阶 ABRP 方案时，UA 概率与最佳 ABRP 方案的 UA 概率差别比较大。在最佳 ABRP 方案中，UA 概率 A_1^1 随发射功率 P_1 增大单调增大，随 A_2^1 和 A_3^1 减小而减小。可以发现，采用第 m 阶 ABRP 方案，当发射功率 P_1 相对较小且满足条件 $P_1<P_2$、$P_1<P_3$ 时，UA 概率 A_1^2 随 P_1 增大而增大；当发射功率 P_1 相对较大且满足条件 $P_1>P_2$、$P_1>P_3$ 时，A_1^2

随 P_1 增大而减小。当发射功率 P_1 相对较小时，UA 概率 A_2^2 和 A_3^2 随发射功率 P_1 的增大而减小；当发射功率 P_1 相对较大时，UA 概率 A_2^2 和 A_3^2 随发射功率 P_1 的增大而增大。此外，当发射功率 P_1 很小时，UA 概率还满足 $A_1^2 > A_1^1$、$A_2^2 < A_2^1$ 和 $A_3^2 > A_3^1$。

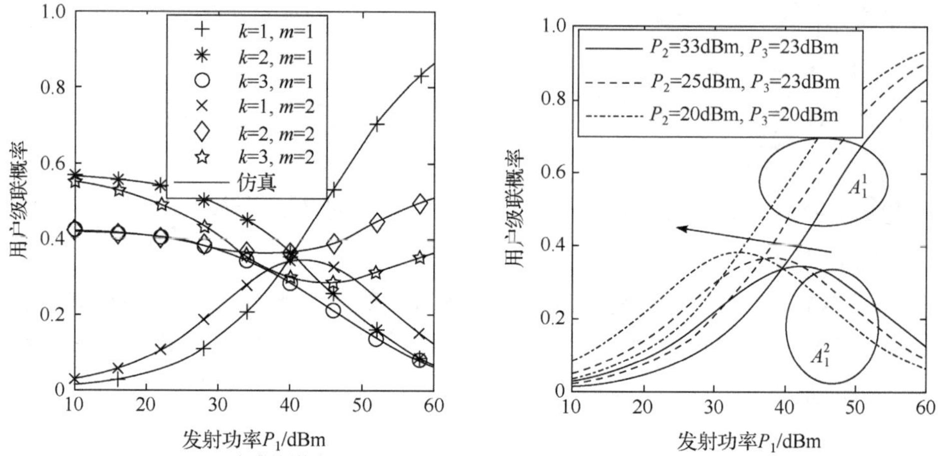

(a) P_1 对 A_k^m 的影响　　(b) P_2 和 P_3 对 A_k^m 的影响

图 4-3　用户级联概率与发射功率的关系

P_k 表示第 k 层网络基站发射功率(k=1, 2, 3)

前文观察结果表明，非最佳 UA 方案对异构网络的性能影响极大，对此有如下解释：对于考虑的异构网络部署，当同时满足条件 $P_1 < P_2$ 和 $P_1 < P_3$ 时，给定用户从层 1 中第二个最大排序统计量获得接收信号功率的概率比从最大排序统计量中获得的概率更大。随着 P_1 的增加，并且在满足 $P_1 > P_2$ 和 $P_1 > P_3$ 的条件下，给定用户的接收功率 P_{r2} 和 P_{r3} 是增大的第二排序统计量，这使 A_1^2 随着 P_1 增大而减小。显然，A_k^2 的拐点取决于 P_2 和 P_3。为了进一步验证所得结果，比较不同 P_2 和 P_3 下的 A_1^2 和 A_1^1[图 4-3(b)]。通过观察，可以清楚地看到，A_1^2 的拐点随着 P_2 和 P_3 的减小向左移动。

在前文的分析中，定义了网络各层部署因子 $E_k = \lambda_k (P_k \beta_k)_k^{1/\alpha_k}$，并指出参数 λ_k 和 P_k 对 UA 概率有同样的影响，其影响可以相互替换，增加 λ_k 可以换取能量效率，增加 P_k 可以降低基站密度。为了说明这一结果，研究了 UA 概率 A_k^m 与 λ_1 的关系，见图 4-4。图 4-4 表明，当使用最佳 ABRP 方案时，UA 概率 A_1^1 随 λ_1 增大，A_2^1 和 A_3^1 随 λ_1 减小。当使用非最佳 ABRP 方案时，UA 概率 $A_k^m(k=1,2,\cdots,K, m \geqslant 2)$ 受非最佳 BS 的影响极大。根据图 4-3 和图 4-4 的结果，发现在第 m 阶 ABRP 方案中，UA 概率由部署因子 E_k 决定。此外，图 4-5 给出了 λ_1 和 P_1 对 UA 概率 A_1^2 的联合影

响，清楚地表明了 λ_1 和 P_1 对 A_1^2 的非单调性。

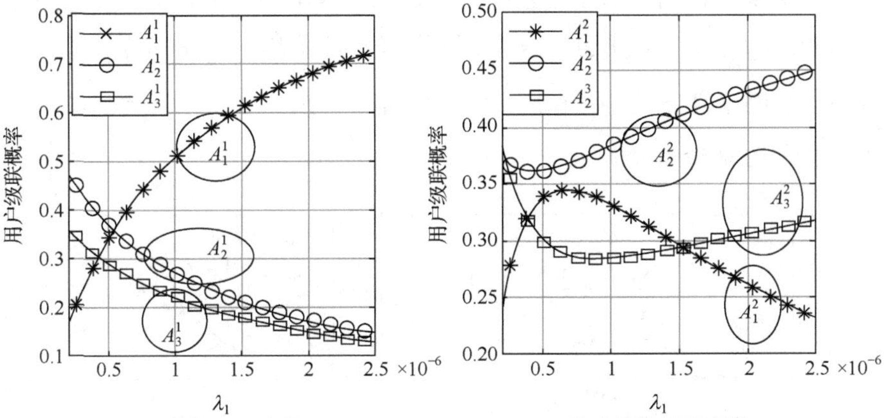

(a) 最佳ABRP方案　(b) 非最佳ABRP方案

图 4-4　用户级联概率与 λ_1 的关系

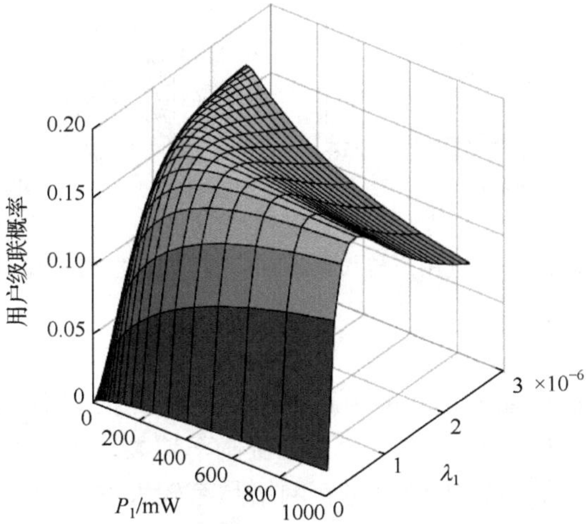

图 4-5　UA 概率 A_1^2 与 P_1 和 λ_1 的关系

继续讨论提出的第 m 阶 ABRP 非最佳 UA 方案，对给定用户与其服务 BS 之间距离 X_k^m 的 PDF($f_{X_k^m}(x)$)进行分析，见图 4-6。取 $K=5$ ，$\lambda_4=10\lambda_1$ ，$\lambda_5=15\lambda_1$ ，$\alpha_4=3.6$ ，$\alpha_5=3.2$ ，$P_4=19\text{dBm}$ 和 $P_5=15\text{dBm}$ ，显示级联距离 X_k^m 的 PDF($f_{X_k^m}(x)$)不仅受阶数 m 的影响，而且受网络层数 k 的影响。当 $m=1$ 时，有效的 x 范围非常大；随着阶数 m 的增大，$f_{X_k^m}(x)$ 的曲线在距离 x 较小的区域中被压缩，也就是说减少了距离 x 的有效区域，这使提出的非最佳 ABRP 方案的性能损失随着 m 增加而增加，非最佳级联导致网络性能损失。并且，当 m 较小时，其变化使距离 x

有较大的变化；当 m 较大时，其对距离 x 的影响较小，表明了最佳和非最佳方案显著的性能差异。同时，对于给定的 m，可以发现不同的网络配置参数下级联距离 X_k^m 的 PDF($f_{X_k^m}(x)$)差别也比较大，网络部署因子 $E_k=\lambda_k(P_k\beta_k)_k^{1/\alpha_k}$ 大时，有较大的 x 范围，网络性能较好；相反，网络部署因子 $E_k=\lambda_k(P_k\beta_k)_k^{1/\alpha_k}$ 小时，x 的范围较小，网络性能较差。

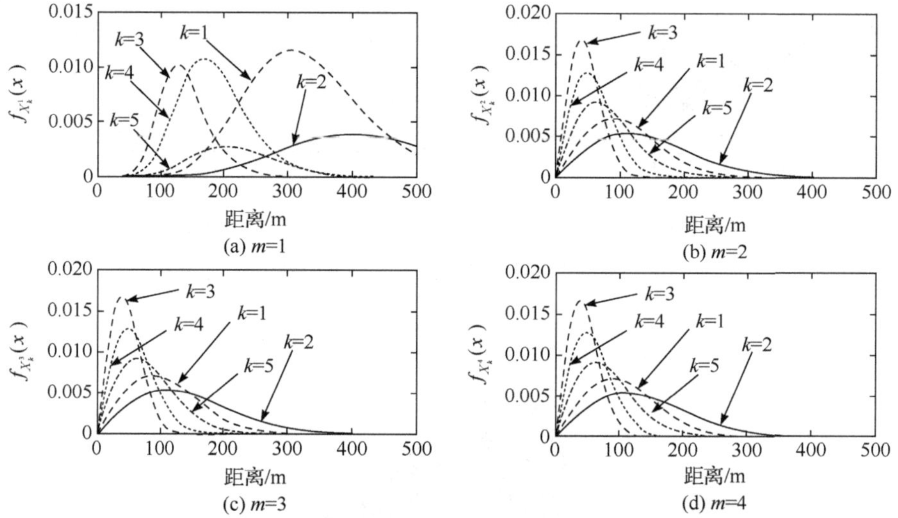

图 4-6　给定用户与其服务 BS 之间距离的 PDF 比较

4.2.2　网络 SINR 覆盖

本小节研究 DL 传输的 SINR 覆盖概率，评估异构网络的覆盖性能，反映网络的健壮性和为用户提供服务的能力。覆盖概率越大，表明网络能为用户提供更好的服务，用户速率等可以得到满足，网络具有较大的吞吐量，网络的中断概率低。可以看出，设计异构网络时尽可能地改善覆盖性能，这是网络的一个重要性能指标。一个给定典型用户通信链路的覆盖概率统计地定义为其接收 SINR 的互补累积分布函数(CCDF)。因此，当采用提出的第 m 阶 ABRP 方案时，给定典型用户与第 k 层具有第 m 阶统计量的 BS 级联时，该给定用户 DL 的覆盖概率 $P_{\text{Cov-}k}^m$ 表示为 $P_{\text{Cov-}k}^m=\Pr\left\{\text{SINR}_k^m>\tau\right\}$。其中，$\text{SINR}_k^m$ 是来自服务 BS 的用户接收 SINR；τ 是 SINR 阈值，依赖于目标速率。考虑到给定用户最多与一层级联，根据全概率定理，平均覆盖概率表示为

$$P_{\text{Cov}}^m=\sum_{k=1}^{K}P_{\text{Cov-}k}^m A_k^m \tag{4-34}$$

式中，UA 概率 A_k^m 在定理 4-1 中给出，这里只需要计算任意一层的覆盖概率 $P_{\text{Cov-}k}^m$。为了得到 $P_{\text{Cov-}k}^m$，需要先求出 SINR_k^m，给出 SINR 模型。采用提出的第 m 阶 ABRP 方案，当给定用户与第 k 层最近 BS 级联且 ABRP 为第 m 阶统计量时，给定用户接收到的 DL SINR 为

$$\text{SINR}_k^m = \frac{P_k g_{k_0}\left(X_k^m\right)^{-\alpha_k}}{\sum_{j=1}^{K}\sum_{i\in\Phi_j\backslash k} P_j h_{ji}\left|Y_{ji}\right|^{-\alpha_j} + W/L_0} \tag{4-35}$$

式中，g_{k_0} 是从第 k 层服务 BS 到给定用户的单位均值瑞利衰落信道增益；$\left|Y_{ji}\right|$ 是到第 j 层第 i 个 BS 的距离；h_{ji} 是具有单位均值的信道增益。因此，根据 $P_{\text{Cov-}k}^m$ 定义 $P_{\text{Cov-}k}^m=\Pr\left\{\text{SINR}_k^m > \tau\right\}$，可得

$$P_{\text{Cov-}k}^m = \mathbb{E}_{X_k^m}\left\{\Pr\left\{\text{SINR}_k^m > \tau\right\}\right\} \tag{4-36}$$

式中，$\mathbb{E}_{X_k^m}\{\cdot\}$ 表示关于级联距离 X_k^m 的期望运算，X_k^m 的统计特性由定理 4-3 给出。然后，将 SINR_k^m [式(4-35)]代入式(4-36)，有

$$\Pr\left\{\text{SINR}_k^m\left(X_k^m\right) > \tau\right\} = \exp\left[-\frac{\tau}{\text{SNR}} - \pi\sum_{j=1}^{K}\lambda_j \widehat{P}_j^{\frac{2}{\alpha_j}} Z\left(\tau,\alpha_j,\widehat{B}_j\right) X_k^{m^{\frac{2}{\widehat{\alpha}_j}}}\right] \tag{4-37}$$

式中，定义 $Z\left(\tau,\alpha_j,\widehat{\beta}_j\right)=\frac{2\tau\widehat{\beta}_j^{2/\alpha_j-1}}{\alpha_j-2}{}_2F_1\left[1,1-\frac{2}{\alpha_j};2-\frac{2}{\alpha_j};-\frac{\tau}{\widehat{\beta}_j}\right]$，并且 ${}_2F_1[\cdot]$ 表示高斯超几何函数[157]；$\text{SNR}=\frac{P_k L_0\left(X_k^m\right)^{-\alpha_k}}{W}$。然后，根据式(4-35)～式(4-37)，可以得定理 4-4。

定理 4-4　对于考虑的 K 层异构网络，当采用第 m 个 ABRP 方案时，给定用户接收到来自第 k 层最近 BS 的 ABRP 是第 m 个排序统计量。在这种情况下，该给定典型用户的 DL 覆盖概率 $P_{\text{Cov-}k}^m$ 可以计算为

$$P_{\text{Cov-}k}^m = \sum_{\substack{m_1,m_2,\cdots,m_K \\ \text{condition } A_m}} \sum_{l=0}^{m-1}\frac{(-1)^l}{l!}\underbrace{\sum_{n_1=1}^{m-1}\cdots\sum_{n_l=1}^{m-1}}_{n_1\neq n_2\neq\cdots\neq n_l}\frac{2\pi\lambda_k}{A_k^m}\times\int_0^\infty x\times\exp\left[-\pi\sum_{j=m+1}^{K}\lambda_{mj}\left(\widehat{P}_{mj}\widehat{\beta}_{mj}\right)^{\frac{2}{\alpha_{m_j}}} x^{\frac{2}{\widehat{\alpha}_{m_j}}} r_0^{2-\frac{2}{\widehat{\alpha}_{m_j}}}\right]$$

$$\times \exp\left[-\pi\sum_{t=1}^{l}\lambda_{m_{nt}}\left(\widehat{P}_{m_{nt}}\widehat{\beta}_{m_{nt}}\right)^{\frac{2}{\alpha_{m_{nt}}}}x^{\frac{2}{\widehat{\alpha}_{m_{nt}}}}r_0^{2-\frac{2}{\widehat{\alpha}_{m_{nt}}}}\right]\times \exp\left(-\pi\lambda_k x^2\right)$$

$$\times \exp\left\{-\left[\frac{\tau}{\text{SNR}}+\pi\sum_{j=1}^{K}\lambda_j \widehat{P}_j^{\frac{2}{\alpha_j}}Z\left(\tau,\alpha_j\widehat{\beta}_j\right)\right]x^{\frac{2}{\widehat{\alpha}_j}}\right\}\mathrm{d}x$$

(4-38)

给定用户总的网络 SINR 覆盖概率为

$$P_{\text{Cov}}^{m}=\sum_{k=1}^{K}A_k^m\times P_{\text{Cov-}k}^{m} \tag{4-39}$$

同样，为了清晰地了解网络参数对覆盖概率的影响，这里考虑特殊情形，各层网络的路径损耗指数都相同，即满足条件 $\alpha_1=\alpha_2=\cdots=\alpha_K=\alpha$ ，在这种情形下，有推论 4-5。

推论 4-5 采用提出的第 m 个最佳 ABRP 方案，当各层网络路径损耗指数满足 $\alpha_1=\alpha_2=\cdots=\alpha_K=\alpha$ 时，一个给定典型 DL SINR 的覆盖概率 $P_{\text{Cov-}k}^{m}$ 为

$$P_{\text{Cov-}k}^{m}=\sum_{\substack{m_1,m_2,\cdots,m_K\\ \text{condition } A_m}}\sum_{l=1}^{m-1}\frac{(-1)^l}{l!}\underbrace{\sum_{n_1=1}^{m-1}\cdots\sum_{n_l=1}^{m-1}}_{n_1\neq n_2\neq\cdots\neq n_l}\frac{\lambda_k}{A_k^m\Delta_m^k} \tag{4-40}$$

式中，Δ_m^k 定义为

$$\Delta_m^k=\sum_{t=1}^{l}\lambda_{m_{nt}}\left(\widehat{p}_{m_{nt}}\widehat{\beta}_{m_{nt}}\right)^{\frac{2}{\alpha_{m_{nt}}}}+\sum_{j=m+1}^{K}\lambda_{m_j}\left(\widehat{p}_{m_j}\widehat{\beta}_{m_j}\right)^{\frac{1}{\alpha_{m_j}}}+\frac{P_k L_0}{W\pi}+\sum_{j=1}^{K}\lambda_j\widehat{p}_j^{\frac{2}{\alpha_j}}Z\left(\tau,\alpha_j\widehat{\beta}_j\right)+\lambda_k$$

(4-41)

级联用户数与发射功率 P_1 的关系见图 4-7。方便起见，在图 4-7 中，取网络基站密度满足 $\lambda_3=5\lambda_1$，该图直观地显示了非最佳用户级联方案对网络性能和级联用户数的影响。显然，非最佳 ABRP 方案的总级联用户数 N_{T}^{m} 小于最佳 ABRP 方案。在传统的最佳 ABRP 方案中，尽管总平均级联用户数 N_{T}^{1} 并不总是随着发射功率 P_1 增大而增大，但当发射功率 P_1 相对较大时，N_{T}^{1} 单调增大。在第 m 阶 ABRP 方案中，从图 4-7(b)可以看出，当发射功率 P_1 相对较大时，P_1 增加使 N_{T}^{2} 减小。此外，类似 UA 概率，发射功率 P_1 增大并不总是对 N_1^2 有益。

图 4-8(a)和(b)分别是 SINR 覆盖概率与发射功率 P_1 和 SINR 阈值 τ 的关系。第 m 阶非最佳 ABRP 方案的 SINR 覆盖概率比最佳 ABRP 方案的覆盖概率小，而且 SINR 覆盖概率间隔较大，表明性能损失显著。当 P_1 相对较小时，SINR 覆盖概率随 P_1 的增大而提高，随着 τ 的增大而减小。当 P_1 足够大时，覆盖概率 $P_{\text{Cov-}k}^{2}(k\geqslant 2)$

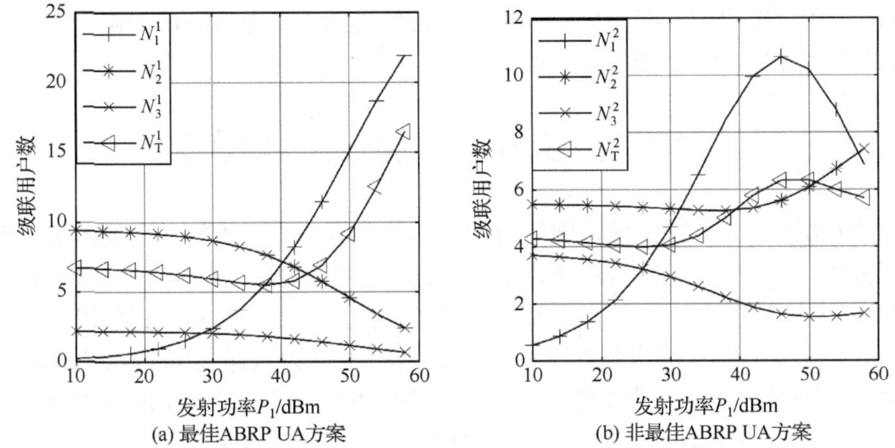

图 4-7　级联用户数与发射功率 P_1 的关系

随 P_1 增大而衰减，但是 $P_{\text{Cov-1}}^2$ 仍随 P_1 增大而增大。事实上，P_1 足够大的情况是不实际的，系统一般没有如此大的发射功率，因此在图 4-8(a)中，只取 $P_1 \leqslant 60\text{dBm}$，甚至 $P_1 \leqslant 46\text{dBm}$ 更加符合实际应用配置。

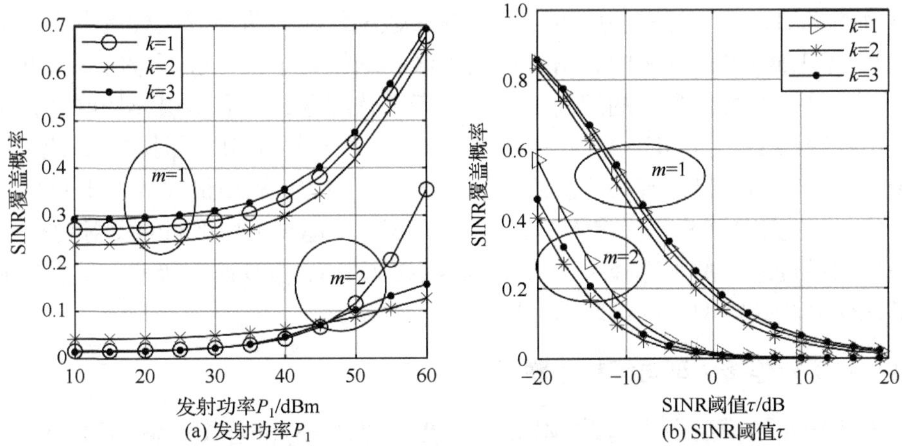

图 4-8　SINR 覆盖概率比较

综上所述，考虑在实际情况下，由于调度、负载均衡和能量资源等条件的约束，在多层异构网络中可能不能获得最佳服务 BS，这时非最佳用户级联方案应该予以考虑使用。非最佳 ABRP 方案中，给定用户与第 m 阶 ABRP 的第 k 层 BS 级联。基于第 m 阶 ABRP 非最佳用户级联方案有两个方面的意义。一方面，通过选择非最佳 BS 来解决实际约束导致的最佳 BS 不可靠问题，保证用户尽可能地获得网络服务，提高网络资源的利用效率，保证了最佳和非最佳 BS 间的公平性。另一方面，利用提出的方案，可以评估不完善信道状态信息导致的 UA 错误决策而造成的网络容量和覆盖概率等性能损失。

4.3　基于跨层双连接的解耦级联

前文给出了 5G/B5G 异构网络中耦合和解耦级联方案思想，主要考虑了单层解耦级联，即不论是上行链路还是下行链路，都接入到一个基站。随着通信技术的发展，在实际的应用中，为了改善网络性能和满足用户的 QoS，可以考虑上行链路或下行链路同时接入到两个接入点，该技术称为双连接(dual-connectivity，DC)技术[219-220]。双连接是改善网络性能的一个重要方法，最典型的技术是非正交多接入(non-orthogonal multiple access，NOMA)，基于连续干扰消除技术，NOMA 在上行链路可以同时接入两个基站，在下行链路也可以同时为两个用户服务。除了 NOMA 技术，在载波聚合协议中，也可以考虑双连接技术。双连接可以考虑两种双接入方案，即同层双接入和跨层双接入。同层双连接是指接入同一层中两个最近的基站，这种方案对满足吞吐量需求较为有效。跨层双连接是指接入不同层的两个基站。考虑到不同层具有不同的作用，一些层提供网络资源分配等控制信息及网络回程等，另一些层可以保证高速数据传输，跨层双连接更具有实际意义。在 5G/B5G 异构网络中，由于微微小区和毫微微小区一般不考虑骨干网络建设，回程是一个特别重要的问题。本节基于上述问题，面向多层异构网络，进一步提出集跨层 DC 和 DUDA 为一体的模型，一个给定的 UE 同时在 DL 或 UL 与位于不同层的两个最近基站跨层级联。一方面，在 DL 利用最大 ABRP 准则选择不同的 DL 主接入 BS 和次接入 BS；另一方面，考虑到 UL 相同的发射功率，UL 级联采用最近距离准则选择主接入 BS 和次接入 BS，实现跨层级联。此外，利用随机几何方法获得网络的级联概率[202-203]。

4.3.1　跨层双连接模型与解耦级联

该异构网络模型由宏基站(MBS)、微微基站(PBS)和毫微微基站(FBS)构成，如图 4-9 所示。为了提高其网络负载平衡和吞吐量，假设每层 BS 的覆盖范围是可以重叠的，且空间位置依次被建模密度为 λ_k 的独立 PPP Φ_k，$k \in \{1,2,3\}$。UE 的空间位置遵循密度为 λ_U 的独立 PPP Φ_U，同时满足 $\lambda_U > \lambda_k$。方便起见，假设网络中的所有 BS 和 UE 都工作在半双工模式，UE 的发射功率为 P_U，第 k 层中各个 BS 有相同的发射功率 P_k。另外，假设发射功率满足约束条件 $P_1 > P_2 > P_3$，且 MBS 具有最大的发射功率，FBS 具有最小的发射功率。整个网络可用频谱带宽为 B，采用带内同信道配置方案。这里只考虑了半双工模式，在全双工模式下探讨解耦双连接需要考虑同信道干扰。如前所述，随着电子技术和数字信号处理技术的发展，全双工自干扰可以得到很好的抑制，这使得全双工模式下的解耦级联更具有意义。

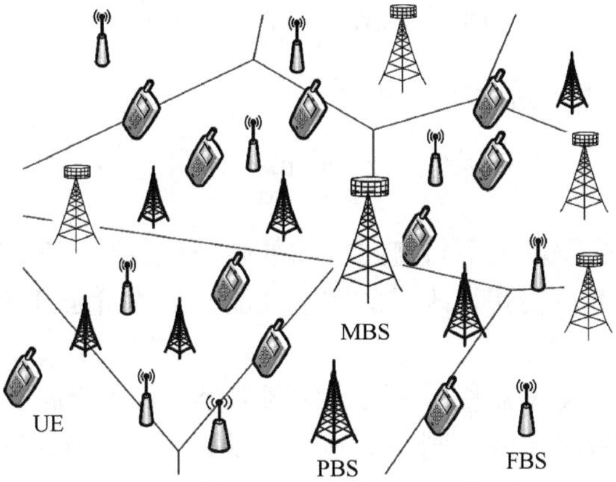

图 4-9　三层异构网络解耦级联模型

无线信道衰落由基于路径损耗的大规模衰落和小规模衰落构成，X 距离的路径损耗为 $\beta \cdot X^{-\alpha}$，β 是频率相关的常数，α 是路径损耗指数，假设网络中所有层都具有相同的路径损耗指数。当然，可以考虑不同层具有不同的路径损耗指数。信道的小规模衰落增益 h 建模为单位功率的瑞利衰落，即满足 $h \sim \exp(1)$。接收信号受功率为 n_0 的加性高斯噪声干扰。

基于上述网络模型，采用解耦级联技术，分别给出上行链路和下行链路级联准则。这里考虑跨层双连接，不论是上行链路还是下行链路，给定 UE 同时级联到两个位于不同层的基站。第一最佳的接入层称为主接入层(基站)，第二最佳的接入层称为次接入层(基站)。在下行链路，考虑到不同层基站的发射功率不同，这里采用最大 ABRP 准则。这种上下行链路的不同接入准则对于实际应用较为有效，特别是对于上行链路。对于位于原点 O 的给定 UE，其主接入层或 BS 及主下行链路(primary downlink，PDL)由式(4-42)确定：

$$\mathrm{BS}_{\mathrm{P}}^{\mathrm{DL}}: \ \arg \max_{i \in \{1,2,3\}} \left\{ \beta_i \cdot P_i \| X_i \|^{-\alpha} \right\} \tag{4-42}$$

式中，$\| X_i \|$ 为从给定 UE 到 i 层最近 BS 的欧几里得距离；β_i 为偏置因子。

给定 UE 级联到第二最佳层(基站)及次下行链路(secondary downlink，SDL)由式(4-43)确定：

$$\mathrm{BS}_{\mathrm{S}}^{\mathrm{DL}}: \ \arg \operatorname{sec-max}_{i \in \{1,2\} \backslash \mathrm{BS}_{\mathrm{P}}^{\mathrm{DL}}} \left\{ \beta_i P_i \| X_i \|^{-\alpha} \right\} \tag{4-43}$$

式中，$\operatorname{sec-max}\{\cdot\}$ 表示二阶非最佳统计。

与 DL 级联不同的是，UL 级联采用最小偏置距离(BTD)用户接入准则，给定 UE 首先选择主 UL 接入层(基站)：

$$\mathrm{BS}_{\mathrm{P}}^{\mathrm{UL}}: \arg \min_{k\in\{1,2,3\}} \{\beta_i \| X_i \|\} \tag{4-44}$$

其次，选择从接入层(基站)：

$$\mathrm{BS}_{\mathrm{S}}^{\mathrm{UL}}: \arg \operatorname{sec-max}_{i\in\{1,2\}\setminus \mathrm{BS}_{\mathrm{P}}^{\mathrm{UL}}} \{\beta_i \| X_i \|\} \tag{4-45}$$

基于给出的跨层解耦上下行链路级联准则，这里给出 DUDA 模式下跨层双连接实现。一般情况下，在获得改进的网络性能时，代价是高的系统复杂度，这可以从以下分析得到。

首先，考虑 DL 级联情形，三层异构网络跨层解耦级联实现如图 4-10 所示。对于考虑的三层异构网，由于同一基站既可以为主接入点，又可以为次接入点，从而总共有六种可能的下行链路双连接情形，分别表示为方案情形 Cm，$m\in\{1,2,\cdots,6\}$。BS k 表示第 k 层最近的基站，分别为(BS1,BS2)、(BS2,BS1)、(BS1,BS3)、(BS3,BS1)、(BS2,BS3)、(BS3,BS2)，这样保证了双连接接入到不同层。

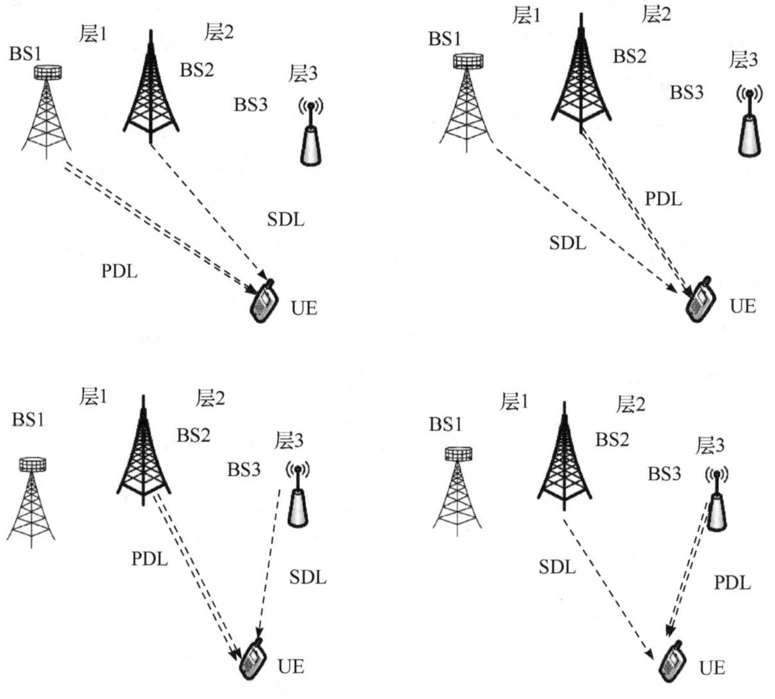

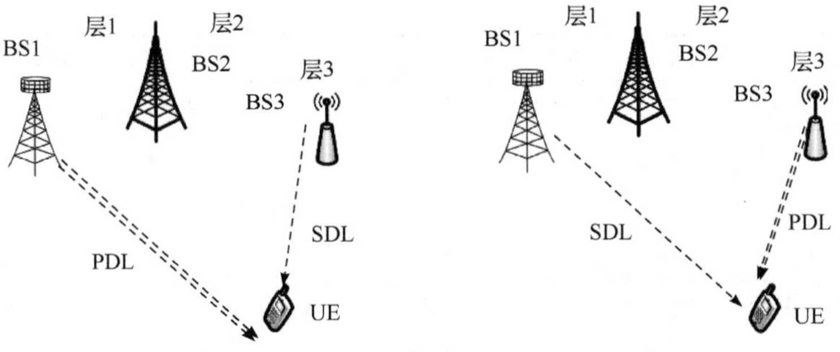

图 4-10　三层异构网络跨层解耦级联实现

然后，对于每个给定的下行链路级联，考虑相应的解耦上行链路级联，基于解耦级联思想，每个给定的下行链路级联实现将有六种可能的解耦上行链路级联，总共有 36 种级联情形，分析复杂度较高。考虑到系统中功率约束 $P_1 > P_2 > P_3$ 在一般情况下都满足，在实际系统和应用中，上述 36 种级联组合情形中部分级联情形并不会出现。经分析，可以发现只有 17 种可能发生的情形，如表 4-1 所示，给出了各种可能的实现情形。表 4-1 首先给出了六种可能的 DL 级联情形 Cm，$m \in \{1,2,\cdots,6\}$，然后给出了每种 DL 级联情形 Cm 对应的解耦上行链路级联子情形(subcase，SC)，表示为 SC $k.i$，即 k 个下行链路级联情形下第 i 个上行链路级联实现。另外，对每种级联情形给出了级联基站解释及解耦级联说明。根据级联准则，在考虑基站功率等参数约束的条件下，还给出了 DL 和 UL 级联条件模型[203]。

表 4-1　跨层双连接解耦上下行链路级联模式

级联实现		PUL	SUL	CUDA/DUDA	DL 和 UL 级联条件
C1	SC 1.1(CS1.1)	T1	T2	CUDA	DL: $P_1^{-1/\alpha} r_1 < P_2^{-1/\alpha} r_2 < P_3^{-1/\alpha} r_3$； UL: $r_1 < r_2 < r_3$
	SC 1.2(CS1.2)	T1	T3	DUDA	DL: $P_1^{-1/\alpha} r_1 < P_2^{-1/\alpha} r_2 < P_3^{-1/\alpha} r_3$； UL: $r_1 < r_3 < r_2$
	SC 1.3(CS1.3)	T3	T2	DUDA	DL: $P_1^{-1/\alpha} r_1 < P_2^{-1/\alpha} r_2 < P_3^{-1/\alpha} r_3$； UL: $r_3 < r_2 < r_1$
	SC 1.4(CS1.4)	T2	T1	DUDA	DL: $P_1^{-1/\alpha} r_1 < P_2^{-1/\alpha} r_2 < P_3^{-1/\alpha} r_3$； UL: $r_2 < r_1 < r_3$
	SC 1.5(CS1.5)	T2	T3	DUDA	DL: $P_1^{-1/\alpha} r_1 < P_2^{-1/\alpha} r_2 < P_3^{-1/\alpha} r_3$； UL: $r_2 < r_3 < r_1$
	SC 1.6(CS1.6)	T3	T1	DUDA	DL: $P_1^{-1/\alpha} r_1 < P_2^{-1/\alpha} r_2 < P_3^{-1/\alpha} r_3$； UL: $r_3 < r_1 < r_2$
C2	SC 2.1(CS2.1)	T2	T1	CUDA	DL: $P_2^{-1/\alpha} r_2 < P_1^{-1/\alpha} r_1 < P_3^{-1/\alpha} r_3$； UL: $r_2 < r_1 < r_3$
	SC 2.2(CS2.2)	T2	T3	DUDA	DL: $P_2^{-1/\alpha} r_2 < P_1^{-1/\alpha} r_1 < P_3^{-1/\alpha} r_3$； UL: $r_2 < r_3 < r_1$
	SC 2.6(CS2.6)	T3	T2	DUDA	DL: $P_2^{-1/\alpha} r_2 < P_1^{-1/\alpha} r_1 < P_3^{-1/\alpha} r_3$； UL: $r_3 < r_2 < r_1$
C3	SC 3.1(CS3.1)	T2	T3	CUDA	DL: $P_2^{-1/\alpha} r_2 < P_3^{-1/\alpha} r_3 < P_1^{-1/\alpha} r_1$； UL: $r_2 < r_3 < r_1$
	SC 3.4(CS3.4)	T3	T2	CUDA	DL: $P_2^{-1/\alpha} r_2 < P_3^{-1/\alpha} r_3 < P_1^{-1/\alpha} r_1$； UL: $r_3 < r_2 < r_1$

续表

级联实现		PUL	SUL	CUDA/DUDA	DL 和 UL 级联条件
C4	SC 4.1(CS4.1)	T3	T2	CUDA	DL: $P_3^{-1/\alpha}r_3 < P_2^{-1/\alpha}r_2 < P_1^{-1/\alpha}r_1$； UL: $r_3 < r_2 < r_1$
C5	SC 5.1(CS5.1)	T1	T3	CUDA	DL: $P_1^{-1/\alpha}r_1 < P_3^{-1/\alpha}r_3 < P_2^{-1/\alpha}r_2$； UL: $r_1 < r_3 < r_2$
	SC 5.4(CS5.4)	T3	T1	CUDA	DL: $P_1^{-1/\alpha}r_1 < P_3^{-1/\alpha}r_3 < P_2^{-1/\alpha}r_2$； UL: $r_3 < r_1 < r_2$
	SC 5.6(CS5.6)	T3	T2	DUDA	DL: $P_1^{-1/\alpha}r_1 < P_3^{-1/\alpha}r_3 < P_2^{-1/\alpha}r_2$； UL: $r_3 < r_2 < r_1$
C6	SC 6.1(CS6.1)	T3	T1	CUDA	DL: $P_3^{-1/\alpha}r_3 < P_1^{-1/\alpha}r_1 < P_2^{-1/\alpha}r_2$； UL: $r_3 < r_1 < r_2$
	SC 6.2(CS6.2)	T3	T2	DUDA	DL: $P_3^{-1/\alpha}r_3 < P_1^{-1/\alpha}r_1 < P_2^{-1/\alpha}r_2$； UL: $r_3 < r_2 < r_1$

注：PUL 表示主 UL；SUL 表示次 UL；T*k* 表示第 *k* 层。

4.3.2　三层异构网络跨层级联方案级联概率

本小节对级联概率进行分析。级联概率考虑的是每种方案发生的概率，获得总的覆盖概率(ACP)及 DUDA 相对传统 CUDA 可实现的性能增益，传统 CUDA 通过相应的级联概率对所有可能发生的级联方案覆盖概率进行加权求和。每种情况的覆盖概率也与级联概率有关。级联概率反映了整个网络的性能，还可以用来确定各态历经速率等。因此，假设功率约束条件 $P_1 > P_2 > P_3$，推导出所有可能级联方案的级联概率。

1) 级联方案 1

首先考虑级联方案 1，如表 4-1 所示，该方案有 6 种可能发生的情形，其中子级联方案 1.1 表示 UL 分别连接第一层和第二层为 MBS 接入层和 PBS 接入层，DL 和 UL 的级联条件分别为 $P_1^{-1/\alpha}r_1 < P_2^{-1/\alpha}r_2 < P_3^{-1/\alpha}r_3$ 和 $r_1 < r_2 < r_3$，利用功率约束其可简化为 $r_1 < r_2 < r_3$。级联概率 $P_{\mathrm{SC}\,1.1}$ 为

$$P_{\mathrm{SC}\,1.1} = \int_o^{\infty} f_{r_1}(r_1)\int_{r_1}^{\infty} f_{r_2}(r_2)\int_{r_2}^{\infty} f_{r_3}(r_3)\,\mathrm{d}r_3\mathrm{d}r_2\mathrm{d}r_1 = \frac{\lambda_1}{\lambda_1+\lambda_2+\lambda_3}\times\frac{\lambda_2}{\lambda_2+\lambda_3} \tag{4-46}$$

在级联方案 1.2 中，UL 主级联链路级联到 BS1，从级联链路级联到 BS3。DL 和 UL 级联条件分别为 $P_1^{-1/\alpha}r_1 < P_2^{-1/\alpha}r_2 < P_3^{-1/\alpha}r_3$ 和 $r_1 < r_3 < r_2$，可简化为 $r_1 < r_3 < r_2 < r_3(P_2/P_3)^{1/\alpha}$。级联概率 $P_{\mathrm{SC}\,1.2}$ 为

$$\begin{aligned}P_{\mathrm{SC}\,1.2} &= \int_o^{\infty} f_{r_1}(r_1)\int_{r_1}^{\infty} f_{r_3}(r_3)\int_{r_3}^{r_3(P_2/P_3)^{1/\alpha}} f_{r_2}(r_2)\,\mathrm{d}r_2\mathrm{d}r_3\mathrm{d}r_1\\ &= \frac{\lambda_3\lambda_1}{(\lambda_3+\lambda_2)(\lambda_1+\lambda_3+\lambda_2)} - \frac{\lambda_3}{\lambda_3+\lambda_2(P_2/P_3)^{2/\alpha}}\times\frac{\lambda_1}{\lambda_1+\lambda_3+\lambda_2(P_2/P_3)^{2/\alpha}}\end{aligned} \tag{4-47}$$

级联方案 1.3 中，UL 主级联链路级联到 BS3，从级联链路级联到 BS2。DL

和 UL 级联条件分别为 $P_1^{-1/\alpha}r_1 < P_2^{-1/\alpha}r_2 < P_3^{-1/\alpha}r_3$ 和 $r_3 < r_2 < r_1$，简化为 $\left(P_3/P_1\right)^{1/\alpha} r_1 < \left(P_3/P_2\right)^{1/\alpha} r_2 < r_3 < r_2 < r_1$，得到级联概率 $P_{\mathrm{SC}1.3}$：

$$
\begin{aligned}
&P_{\mathrm{SC}1.3}\\
&=\int_o^{\infty} f_{r_1}\left(r_1\right)\int_{\left(P_2/P_1\right)^{1/\alpha} r_1}^{r_1} f_{r_2}\left(r_2\right)\int_{\left(P_3/P_2\right)^{1/\alpha} r_2}^{r_2} f_{r_3}\left(r_3\right)\mathrm{d}r_3\mathrm{d}r_2\mathrm{d}r_1\\
&=\frac{\lambda_2}{\lambda_2+\lambda_3\left(P_3/P_2\right)^{2/\alpha}}\left(\frac{\lambda_1}{\lambda_1+\left(\lambda_2+\lambda_3\left(P_3/P_2\right)^{2/\alpha}\right)\left(P_2/P_1\right)^{2/\alpha}}-\frac{\lambda_1}{\lambda_1+\lambda_2+\lambda_3\left(P_3/P_2\right)^{2/\alpha}}\right)\\
&\quad-\frac{\lambda_2}{\lambda_2+\lambda_3}\left(\frac{\lambda_1}{\lambda_1+\left(\lambda_2+\lambda_3\right)\left(P_2/P_1\right)^{2/\alpha}}-\frac{\lambda_1}{\lambda_1+\lambda_2+\lambda_3}\right)
\end{aligned}
\tag{4-48}
$$

级联方案 1.4 中，UL 级联顺序正好与 DL 相反，UL 主级联链路级联到 BS2，从级联链路级联到 BS1。DL 与 UL 的级联条件分别为 $P_1^{-1/\alpha}r_1 < P_2^{-1/\alpha}r_2 < P_3^{-1/\alpha}r_3$ 和 $r_2 < r_1 < r_3$，可简化为 $\left(P_2/P_1\right)^{1/\alpha} r_1 < r_2 < r_1 < r_3$。级联概率 $P_{\mathrm{SC}1.4}$ 为

$$
\begin{aligned}
P_{\mathrm{SC}1.4}&=\int_o^{\infty} f_{r_1}\left(r_1\right)\int_{\left(P_2/P_1\right)^{1/\alpha} r_1}^{r_1} f_{r_2}\left(r_2\right)\int_{r_1}^{\infty} f_{r_3}\left(r_3\right)\mathrm{d}r_3\mathrm{d}r_2\mathrm{d}r_1\\
&=\frac{\lambda_1}{\lambda_1+\lambda_3+\lambda_2\left(P_2/P_1\right)^{2/\alpha}}-\frac{\lambda_1}{\lambda_1+\lambda_2+\lambda_3}
\end{aligned}
\tag{4-49}
$$

级联方案 1.5 中，UL 主级联链路级联到 BS2，从级联链路级联到 BS3。DL 和 UL 的级联条件分别为 $P_1^{-1/\alpha}r_1 < P_2^{-1/\alpha}r_2 < P_3^{-1/\alpha}r_3$ 和 $r_2 < r_3 < r_1$，简化得出 $\left(P_2/P_1\right)^{1/\alpha} r_1 < r_2 < r_3 < r_1$。级联概率 $P_{\mathrm{SC}1.5}$ 为

$$
\begin{aligned}
P_{\mathrm{SC}1.5}&=\int_o^{\infty} f_{r_1}\left(r_1\right)\int_{\left(P_2/P_1\right)^{1/\alpha} r_1}^{r_1} f_{r_2}\left(r_2\right)\int_{r_2}^{r_1} f_{r_3}\left(r_3\right)\mathrm{d}r_1\mathrm{d}r_2\mathrm{d}r_3\\
&=\frac{\lambda_2}{\lambda_2+\lambda_3}\times\left(\frac{\lambda_1}{\lambda_1+\left(\lambda_2+\lambda_3\right)\left(P_2/P_1\right)^{\frac{2}{\alpha}}}-\frac{\lambda_1}{\lambda_1+\lambda_2+\lambda_3}\right)\\
&\quad-\left(\frac{\lambda_1}{\lambda_1+\lambda_2\left(P_2/P_1\right)^{2/\alpha}+\lambda_3}-\frac{\lambda_1}{\lambda_1+\lambda_2+\lambda_3}\right)
\end{aligned}
\tag{4-50}
$$

级联方案 1.6 中，UL 的主级联链路级联到 BS3，从级联链路级联到 BS1。DL 和 UL 的级联条件分别为 $P_1^{-1/\alpha}r_1 < P_2^{-1/\alpha}r_2 < P_3^{-1/\alpha}r_3$ 和 $r_3 < r_1 < r_2$，简化级联条件

为 $r_3 < r_1 < r_2 < r_3 (P_2 / P_3)^{1/\alpha}$。级联概率 $P_{\text{SC}1.6}$ 为

$$P_{\text{SC}1.6} = \int_o^\infty f_{r_3}(r_3) \int_{r_3}^{r_3(P_2/P_3)^{1/\alpha}} f_{r_1}(r_1) \int_{r_1}^{r_3(P_2/P_3)^{1/\alpha}} f_{r_2}(r_2) \mathrm{d}r_1 \mathrm{d}r_2 \mathrm{d}r_3$$
$$= \frac{\lambda_1}{\lambda_1+\lambda_2}\left(\frac{\lambda_3}{\lambda_1+\lambda_2+\lambda_3} - \frac{\lambda_3}{\lambda_3+(\lambda_1+\lambda_2)(P_2/P_3)^{2/\alpha}}\right)$$
$$-\left(\frac{\lambda_3}{\lambda_3+(P_2/P_3)^{2/\alpha}\lambda_2+\lambda_1} - \frac{\lambda_3}{\lambda_3+\lambda_2(P_2/P_3)^{2/\alpha}+\lambda_1(P_2/P_3)^{2/\alpha}}\right) \tag{4-51}$$

2) 级联方案 2

级联方案 2 的 DL 主级联链路和从级联链路与级联方案 1 的级联顺序相反。由于功率限制因素，第二种级联方案仅包含 3 个可能实现的子级联方案 2.1、2.2 和 2.6。级联方案 2.1 的主级联链路级联到 BS2，从级联链路级联到 BS1。DL 和 UL 的级联条件分别为 $P_2^{-1/\alpha} r_2 < P_1^{-1/\alpha} r_1 < P_3^{-1/\alpha} r_3$ 和 $r_2 < r_1 < r_3$，简化得到 $(P_1/P_2)^{1/\alpha} r_2 < r_1 < r_3$。级联概率 $P_{\text{SC}2.1}$ 为

$$P_{\text{SC}2.1} = \frac{\lambda_1}{\lambda_1+\lambda_3} \times \frac{\lambda_2}{\lambda_2+(\lambda_1+\lambda_3)(P_1/P_2)^{2/\alpha}} \tag{4-52}$$

级联方案 2.2 中，UL 的主级联链路与 DL 的从级联链路级联到相同的 BS，特定的 UE 比 BS1 更接近 BS3，主上行链路级联到 BS2，从上行链路级联到 BS3，是一种解耦级联方案。DL 和 UL 的级联条件分别为 $(P_3/P_2)^{1/\alpha} r_2 < (P_3/P_1)^{1/\alpha} r_1 < r_3 < r_1$ 和 $r_2 < r_3 < r_1$，由于级联条件限制无法直接得到级联概率的闭合表达式，因此定义了两个独立事件：

$$\begin{aligned} &\Omega_{2.2}^1\text{: } (P_3/P_1)^{1/\alpha} r_2 < (P_3/P_1)^{1/\alpha} r_1 < r_3 < r_1 \\ &\Omega_{2.2}^2\text{: } (P_3/P_2)^{1/\alpha} r_2 < (P_3/P_1)^{1/\alpha} r_1 < r_3 < r_2 < r_1 \end{aligned} \tag{4-53}$$

$\Omega_{2.2}^1$ 发生的概率为

$$P\left(\Omega_{2.2}^1\right) = \int_o^\infty f_{r_2}(r_2) \int_{(P_1/P_2)^{1/\alpha} r_2}^\infty f_{r_1}(r_1) \int_{(P_3/P_1)^{1/\alpha} r_1}^{r_1} f_{r_3}(r_3) \mathrm{d}r_1 \mathrm{d}r_2 \mathrm{d}r_3$$
$$= \frac{\lambda_1}{\lambda_1+\lambda_3(P_3/P_1)^{1/\alpha}} \times \frac{\lambda_2}{\lambda_2+\left(\lambda_1+\lambda_3(P_3/P_1)^{1/\alpha}\right)(P_1/P_2)^{1/\alpha}}$$
$$-\frac{\lambda_1}{\lambda_1+\lambda_3} \times \frac{\lambda_2}{\lambda_2+(\lambda_1+\lambda_3)(P_1/P_2)^{1/\alpha}} \tag{4-54}$$

类似地，$\Omega_{2.2}^2$ 发生的概率为

$$P\left(\Omega_{2.2}^{2}\right)=\int_{o}^{\infty} f_{r_2}\left(r_2\right)\int_{\left(P_1/P_2\right)^{1/\alpha} r_2}^{\left(P_1/P_3\right)^{1/\alpha} r_2} f_{r_1}\left(r_1\right)\int_{\left(P_3/P_1\right)^{1/\alpha} r_1}^{r_2} f_{r_3}\left(r_3\right)\mathrm{d}r_3\mathrm{d}r_1\mathrm{d}r_2$$
$$=\left(\frac{\lambda_2}{\lambda_2+\lambda_3+\lambda_1\left(P_1/P_3\right)^{2/\alpha}}-\frac{\lambda_2}{\lambda_2+\lambda_3+\lambda_1\left(P_1/P_2\right)^{2/\alpha}}\right)+\frac{\lambda_1}{\lambda_1+\lambda_3\left(P_3/P_1\right)^{2/\alpha}}$$
$$\times\left(\frac{\lambda_2}{\lambda_2+\left(\lambda_1+\lambda_3\left(P_3/P_1\right)^{2/\alpha}\right)\left(P_1/P_2\right)^{2/\alpha}}-\frac{\lambda_2}{\lambda_2+\left(\lambda_1+\lambda_3\left(P_3/P_1\right)^{2/\alpha}\right)\left(P_1/P_3\right)^{2/\alpha}}\right) \tag{4-55}$$

得出级联方案 2.2 的级联概率：

$$P_{\mathrm{SC}\,2.2}=P\left(\Omega_{2.2}^{1}\right)-P\left(\Omega_{2.2}^{2}\right) \tag{4-56}$$

与级联方案 2.2 相比，级联方案 2.6 UL 级联的主级联链路和从级联链路级联顺序相反。DL 与 UL 的级联条件分别为 $P_2^{-1/\alpha}r_2<P_1^{-1/\alpha}r_1<P_3^{-1/\alpha}r_3$ 和 $r_3<r_2<r_1$，简化得出 $\left(P_3/P_2\right)^{1/\alpha}r_2<\left(P_3/P_1\right)^{1/\alpha}r_1<r_3<r_2<r_1$。级联概率 $P_{\mathrm{SC}\,2.6}$ 为

$$P_{\mathrm{SC}\,2.6}=P\left(\Omega_{2.2}^{2}\right) \tag{4-57}$$

3) 级联方案 3

级联方案 3 中，DL 的主级联链路和从级联链路与 BS2 和 BS3 级联，包含了可能实现的子级联方案 3.1 和 3.4。级联方案 3.1 中，UL 的主级联链路和从级联链路分别级联到 BS2 和 BS3，DL 和 UL 的级联条件分别为 $P_2^{-1/\alpha}r_2<P_3^{-1/\alpha}r_3<P_1^{-1/\alpha}r_1$ 和 $r_2<r_3<r_1$，可简化为 $r_2<r_3<\left(P_3/P_1\right)^{1/\alpha}r_1$。级联概率 $P_{\mathrm{SC}\,3.1}$ 为

$$P_{\mathrm{SC}\,3.1}=\frac{\lambda_2}{\lambda_2+\lambda_3+\lambda_1\left(P_1/P_3\right)^{2/\alpha}}\times\frac{\lambda_3}{\lambda_3+\lambda_1\left(P_1/P_3\right)^{2/\alpha}} \tag{4-58}$$

级联方案 3.4 中，UL 的主级联链路级联 BS3，从级联链路级联 BS2。DL 和 UL 的级联条件分别为 $P_2^{-1/\alpha}r_2<P_3^{-1/\alpha}r_3<P_1^{-1/\alpha}r_1$ 和 $r_3<r_2<r_1$，简化为 $r_3<r_2<\left(P_2/P_3\right)^{1/\alpha}r_3<\left(P_2/P_1\right)^{1/\alpha}r_1$。级联概率 $P_{\mathrm{SC}\,3.4}$ 为

$$P_{\mathrm{SC}\,3.4}=\int_{o}^{\infty} f_{r_3}\left(r_3\right)\int_{r_3}^{\left(P_2/P_3\right)^{1/\alpha} r_3} f_{r_2}\left(r_2\right)\int_{\left(P_1/P_3\right)^{1/\alpha} r_3}^{\infty} f_{r_1}\left(r_1\right)$$
$$=\frac{\lambda_3}{\lambda_3+\lambda_2+\left(P_1/P_3\right)^{2/\alpha}\lambda_1}-\frac{\lambda_3}{\lambda_3+\lambda_2\left(P_2/P_3\right)^{2/\alpha}+\lambda_1\left(P_1/P_3\right)^{2/\alpha}} \tag{4-59}$$

4) 级联方案 4

级联方案 4 的接入点与级联方案 3 的接入点相同，但是级联方案 4 的 DL 主级联链路和从级联链路与级联方案 3 的顺序相反。当 DL 的主级联链路级联到 BS3

时，由于功率约束 $P_3 < P_2 < P_1$ 与级联方案 4 的级联条件发生冲突，BS3 更接近特定 UE。前文描述的约束条件，UL 的主级联链路从 BS3 解耦到 BS2 或 BS1 是不会发生的。同样，UL 的主级联链路也不会从 BS2 解耦到 BS1。因此，级联方案 4.1 是唯一的级联方案，DL 和 UL 的级联条件分别为 $P_3^{-1/\alpha} r_3 < P_2^{-1/\alpha} r_2 < P_1^{-1/\alpha} r_1$ 和 $r_3 < r_2 < r_1$，简化为 $\left(P_2 / P_3\right)^{1/\alpha} r_3 < r_2 < \left(P_2 / P_1\right)^{1/\alpha} r_1$，有

$$P_{\mathrm{SC}\,4.1} = \frac{\lambda_2}{\lambda_2 + \lambda_1\left(P_1 / P_2\right)^{2/\alpha}} \frac{\lambda_3}{\lambda_3 + \left(\lambda_2 + \lambda_1\left(P_1 / P_2\right)^{2/\alpha}\right)\left(P_2 / P_3\right)^{2/\alpha}} \tag{4-60}$$

5) 级联方案 5

级联方案 5.1 中，DL 的主级联链路和从级联链路分别级联到 BS1 和 BS3。DL 和 UL 的级联条件分别为 $P_1^{-1/\alpha} r_1 < P_3^{-1/\alpha} r_3 < P_2^{-1/\alpha} r_2$ 和 $r_1 < r_3 < r_2$，简化为 $r_1 < r_3 < \left(P_3 / P_2\right)^{1/\alpha} r_2$，级联概率为

$$P_{\mathrm{SC}\,5.1} = \frac{\lambda_1}{\lambda_1 + \lambda_3 + \lambda_2\left(P_2 / P_3\right)^{2/\alpha}} \times \frac{\lambda_3}{\lambda_3 + \lambda_2\left(P_2 / P_3\right)^{2/\alpha}} \tag{4-61}$$

级联方案 5.4 中，UL 的主级联链路和从级联链路分别级联到 BS3 和 BS1。DL 和 UL 的级联条件分别为 $P_1^{-1/\alpha} r_1 < P_3^{-1/\alpha} r_3 < P_2^{-1/\alpha} r_2$ 和 $r_3 < r_1 < r_2$，简化为 $\left(P_3 / P_1\right)^{1/\alpha} r_1 < r_3 < r_1 < r_2$ 和 $r_3 < \left(P_3 / P_2\right)^{1/\alpha} r_2$。定义两个独立事件 $\Omega_{5.4}^1$ 和 $\Omega_{5.4}^2$：

$$\begin{aligned} &\Omega_{5.4}^1\colon\ \left(P_3 / P_1\right)^{1/\alpha} r_1 < r_3 < r_1 < r_2 \\ &\Omega_{5.4}^2\colon\ \left(P_3 / P_2\right)^{1/\alpha} r_2 < r_3 < r_1 < r_2 \end{aligned} \tag{4-62}$$

$\Omega_{5.4}^1$ 级联概率为

$$\begin{aligned} P\left(\Omega_{5.4}^1\right) &= \int_o^\infty f_{r_1}\left(r_1\right) \int_{\left(P_3/P_1\right)^{1/\alpha} r_1}^{r_1} f_{r_3}\left(r_3\right) \int_{r_1}^\infty f_{r_2}\left(r_2\right) \mathrm{d}r_2 \mathrm{d}r_3 \mathrm{d}r_1 \\ &= \frac{\lambda_1}{\lambda_1 + \lambda_2 + \lambda_3\left(P_3 / P_1\right)^{2/\alpha}} - \frac{\lambda_2}{\lambda_1 + \lambda_2 + \lambda_3} \end{aligned} \tag{4-63}$$

$\Omega_{5.4}^2$ 级联概率为

$$\begin{aligned} P\left(\Omega_{5.4}^2\right) &= \int_o^\infty f_{r_2}\left(r_2\right) \int_{\left(P_3/P_2\right)^{1/\alpha} r_2}^{r_2} f_{r_3}\left(r_3\right) \int_{r_3}^{r_2} f_{r_1}\left(r_1\right) \mathrm{d}r_1 \mathrm{d}r_3 \mathrm{d}r_2 \\ &= \frac{\lambda_3}{\lambda_1 + \lambda_3} \times \left(\frac{\lambda_2}{\lambda_2 + \left(\lambda_1 + \lambda_3\right)\left(P_3 / P_2\right)^{\frac{2}{\alpha}}} - \frac{\lambda_2}{\lambda_2 + \lambda_1 + \lambda_3} \right) \\ &\quad - \left(\frac{\lambda_2}{\lambda_2 + \lambda_1 + \lambda_3\left(P_3 / P_2\right)^{2/\alpha}} - \frac{\lambda_2}{\lambda_2 + \lambda_1 + \lambda_3} \right) \end{aligned} \tag{4-64}$$

结合式(4-13)，级联方案 5.4 的级联概率为

$$P_{\mathrm{SC}\,5.4}=P\left(\Omega_{5.4}^{1}\right)-P\left(\Omega_{5.4}^{2}\right) \tag{4-65}$$

级联方案 5.6 中，UL 的主级联链路级联到 BS3，从级联链路级联到 BS2。DL 的级联条件为 $P_1^{-1/\alpha}r_1<P_3^{-1/\alpha}r_3<P_2^{-1/\alpha}r_2$，UL 的级联条件为 $r_3<r_2<r_1$，简化为 $r_2<r_1<\left(P_1/P_3\right)^{1/\alpha}r_3<\left(P_1/P_2\right)^{1/\alpha}r_2$，级联概率为

$$\begin{aligned}P_{\mathrm{SC}\,5.6}&=\int_o^{\infty}f_{r_2}\left(r_2\right)\int_{r_2}^{\left(P_1/P_2\right)^{1/\alpha}r_2}f_{r_1}\left(r_1\right)\int_{\left(P_3/P_1\right)^{1/\alpha}r_1}^{\left(P_3/P_2\right)^{1/\alpha}r_2}f_{r_3}\left(r_3\right)\mathrm{d}r_3\mathrm{d}r_1\mathrm{d}r_2\\&=\frac{\lambda_1}{\lambda_1+\lambda_3\left(P_3/P_1\right)^{2/\alpha}}\\&\quad\times\left(\frac{\lambda_2}{\lambda_2+\lambda_1+\lambda_3\left(P_3/P_1\right)^{2/\alpha}}-\frac{\lambda_2}{\lambda_2+\left(\lambda_1+\lambda_3\left(P_3/P_1\right)^{2/\alpha}\right)\left(P_1/P_2\right)^{2/\alpha}}\right)\\&\quad-\left(\frac{\lambda_2}{\lambda_2+\lambda_1+\lambda_3\left(P_3/P_2\right)^{2/\alpha}}-\frac{\lambda_2}{\lambda_2+\left(P_1/P_2\right)^{2/\alpha}\lambda_1+\lambda_3\left(P_3/P_2\right)^{2/\alpha}}\right)\end{aligned} \tag{4-66}$$

6) 级联案例 6

级联方案 6 是最后一种级联方案，级联方案 6.1 的 UL 主级联链路和从级联链路分别与 BS3 和 BS1 级联。级联方案 6.1 的 DL 级联条件为 $P_3^{-1/\alpha}r_3<P_1^{-1/\alpha}r_1<P_2^{-1/\alpha}r_2$，UL 的级联条件为 $r_3<r_1<r_2$，简化可以得出 $\left(P_1/P_3\right)^{1/\alpha}r_3<r_1<r_2$，级联概率为

$$P_{\mathrm{SC}\,6.1}=\frac{\lambda_3}{\lambda_3+\left(\lambda_1+\lambda_2\right)\left(P_1/P_3\right)^{2/\alpha}}\times\frac{\lambda_1}{\lambda_1+\lambda_2} \tag{4-67}$$

级联方案 6.2 中，UL 的主级联链路和从级联链路分别与 BS3 和 BS2 级联。DL 和 UL 的级联条件分别为 $P_3^{-1/\alpha}r_3<P_1^{-1/\alpha}r_1<P_2^{-1/\alpha}r_2$ 和 $r_3<r_2<r_1$，可简化为 $\left(P_2/P_3\right)^{1/\alpha}r_3<\left(P_2/P_1\right)^{1/\alpha}r_1<r_2<r_1$，级联概率为

$$\begin{aligned}P_{\mathrm{SC}\,6.2}&=\int_o^{\infty}f_{r_3}\left(r_3\right)\int_{\left(P_1/P_3\right)^{1/\alpha}r_3}^{\infty}f_{r_1}\left(r_1\right)\int_{\left(P_2/P_1\right)^{1/\alpha}r_1}^{r_1}f_{r_2}\left(r_2\right)\mathrm{d}r_2\mathrm{d}r_1\mathrm{d}r_3\\&=\frac{\lambda_1}{\lambda_1+\lambda_2\left(P_2/P_1\right)^{2/\alpha}}\frac{\lambda_3}{\lambda_3+\left(\lambda_1+\lambda_2\left(P_2/P_1\right)^{2/\alpha}\right)\left(P_1/P_3\right)^{2/\alpha}}\\&\quad-\frac{\lambda_1}{\lambda_1+\lambda_2}\frac{\lambda_3}{\lambda_3+\left(\lambda_1+\lambda_2\right)\left(P_1/P_3\right)^{2/\alpha}}\end{aligned} \tag{4-68}$$

基于上述分析，对于图 4-9 给出的网络模型和提出的 DUDA 级联方案，得到级联概率数值结论，见图 4-11，其中不仅体现了不同级联方案的级联概率，而且给出了传统 CUDA 的级联概率和所有 DUDA 级联方案总级联概率之间的比较。图 4-11(a)～(c)是级联方案 1～4 的级联概率，图 4-11(d)是级联方案 5 和级联方案 6 的级联概率。从图中可以看出，由于网络配置不同，不同级联方案的级联概率差异非常大，且级联概率很大程度上依赖密度比。

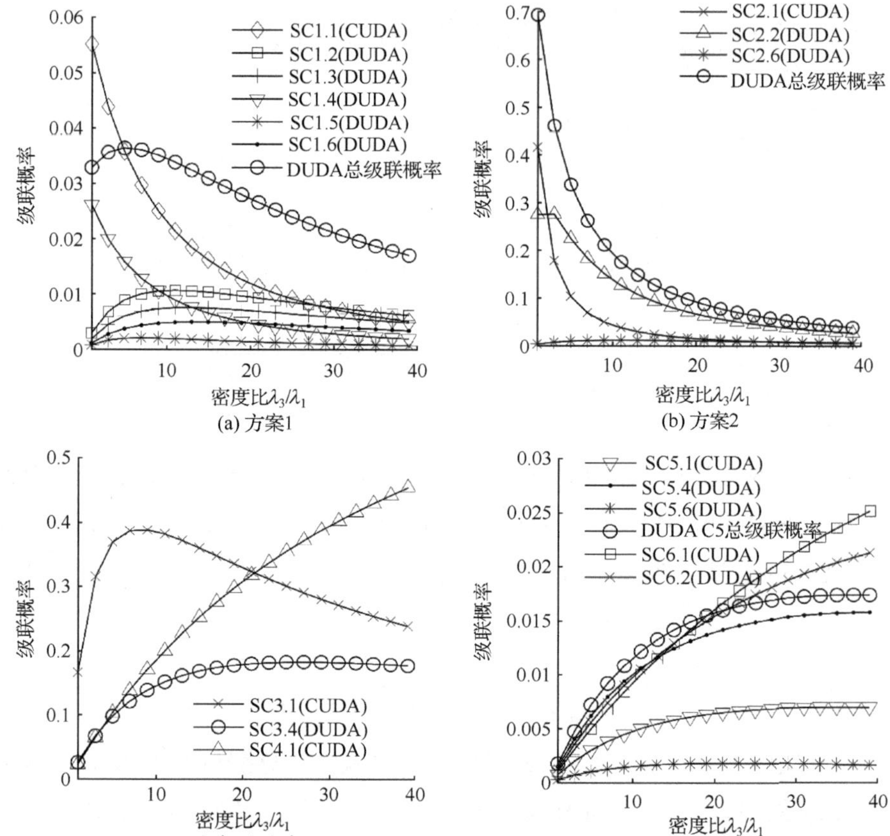

(a) 方案1　(b) 方案2　(c) 方案3和方案4　(d) 方案5和方案6

图 4-11　级联概率比较

从图 4-11(a)和(b)可以看出，对于解耦级联，虽然部分情形下的级联概率与密度比 λ_3/λ_1 呈单调递减关系，但是总的耦合情形下级联概率与密度比 λ_3/λ_1 具有非单调关系。当密度比 λ_3/λ_1 较小时，级联概率随着密度比 λ_3/λ_1 的增大而增大；当 λ_3/λ_1 相对较大时，C1 和 C2 所有级联方案的总级联概率随着密度比 λ_3/λ_1 的增大而减小。当 λ_3/λ_1 比较大时，级联概率处于饱和状态，变化很小，表明系统处于饱和稳定状态，这是因为 C1 和 C2 的 DL 级联链路都与第一层和第二层中最近的

BS 级联，DUDA 方案的级联概率随着 λ_3(或 λ_3/λ_1)的增大而增大；随着 λ_3/λ_1 的持续增大，第三层最近的 BS 距离在统计上接近稳定状态，DUDA 概率处于饱和状态。相反地，可以得到 CUDA 的 C1 和 C2 级联方案的级联概率随着 λ_3/λ_1 增大单调递减。除此之外，从图 4-11(a)和(b)还可以看出，当密度比 λ_3/λ_1 很小时，CUDA 发生的概率大于 DUDA 发生的概率；当密度比 λ_3/λ_1 较大时，DUDA 发生的概率要比 CUDA 发生的概率大。图 4-11(a)中 DUDA 发生的概率非常大，因此 DUDA 产生的影响不能忽视，对网络的 SINR 覆盖性能等有显著的影响，该结论在图 4-11(b)中也可以得到。这表明解耦级联是有效的，可以弥补耦合级联的不足。

从图 4-11(c)可以发现，当密度比 λ_3/λ_1 很小时，级联方案 3.1 的级联概率要大于级联方案 3.4 的级联概率，并且级联方案 3.1 和级联方案 3.4 的级联概率随着密度比 λ_3/λ_1 的增大而增大。这是由于在 CUDA(解耦级联的一种特殊情形)方案 3.1 中，DL 和 UL 的主级联链路和从级联链路分别级联到 BS2 和 BS3，UL 的主级联链路和 DL 都与第三层中最近的 BS 级联，因此 λ_3/λ_1 增大意味着第三层基站密度增大，与第三层级联的概率增加。尽管级联方案 3.4 中 DL 的主级联链路和从级联链路与级联方案 3.1 级联到相同的 BS，但是它们的级联次序是相反的，最佳级联得不到保证，只满足非最佳的级联。级联方案 3.1 中 DL 和 UL 的主级联链路和从级联链路分别级联到 BS2 和 BS3，当密度比 λ_3/λ_1 持续增大时，主级联得不到保证，级联概率降低；级联方案 3.4 的主级联为第三层的最近基站，因此级联概率随着 λ_3/λ_1 增大单调递增。对于 CUDA 方案 4.1，一给定的 UE 不仅位于第三层的链路范围内，而且到 BS3 的距离最近。因此，CUDA 方案 4.1 的级联概率随密度比 λ_3/λ_1 增大单调递增。解耦方案 3.4 的密度比大于 λ_3/λ_1，因此优于 CUDA 方案 3.1。

通过前面的分析，发现级联方案 5 和级联方案 6 中 DL 的主级联链路和从级联链路都与第三层中的 BS 级联，UL 的主级联链路和从级联链路也可以与第三层中最近的 BS 级联。从图 4-11(d)中观察到，相应的级联概率一直随着密度比 λ_3/λ_1 增大单调递增。即使 UE 位于第一层中离 BS 最近的区域，但是比起第一层 UE 要更接近第二层中离 BS 最近的区域。如图 4-11(d)所示，当 λ_3/λ_1 增大时，DUDA 方案 6.2 的级联概率要小于 CUDA 方案的级联概率。CUDA 和 DUDA 发生的可能性主要依赖于系统参数。当密度比 λ_3/λ_1 相对较小时，CUDA 方案的级联概率可能要大于 DUDA 方案的级联概率；当密度比 λ_3/λ_1 较大时，DUDA 方案的级联概率可能要大于 CUDA 方案的级联概率。

4.3.3　覆盖概率分析

SINR 覆盖概率是衡量异构网络的一个重要性能指标，根据接收 SINR 和 SINR

阈值来确定，定义为接收 SINR 大于给定 SINR 阈值的概率，其阈值取决于目标传输速率。首先需要获得接收的 SINR 表达式，假设考虑SC $i.j$ (第 i 个级联方案的第 j 个子例)级联方案，定义变量 $X_{\mathrm{P}}^{\mathrm{SC}\,i.j}$ 表示给定 UE 的 UL 级联至 PBS 的距离(主级联距离)，$X_{\mathrm{S}}^{\mathrm{SC}\,i.j}$ 表示给定 UE 的 UL 级联至 SBS 的距离(从级联距离)，$X_{\mathrm{SO}}^{\mathrm{SC}\,i.j}$ 表示耦合的 UL 与接入基站之间的距离；$\mathrm{P,S,SO} \in \{1,2,3\}$，表示各种不同的级联情形。假设相应级联距离的 PDF 分别表示为 $f_{X_{\mathrm{P}}^{\mathrm{SC}\,i.j}}(x)$、$f_{X_{\mathrm{S}}^{\mathrm{SC}\,i.j}}(x)$ 和 $f_{X_{\mathrm{SO}}^{\mathrm{SC}\,i.j}}(x)$。

由于考虑正交多接入技术，主、从信号在带宽为 $B/2$ 的正交信道上传输，利用上述符号和变量假设，可得上行链路 PBS 级联链路的接入点接收到的信号功率为 $\alpha_{\mathrm{P}} P_{\mathrm{UE}} h_{\mathrm{P}} \beta \left(X_{\mathrm{P}}^{\mathrm{SC}\,i.j}\right)^{-\alpha}$，上行链路 SBS 级联链路的接入点接收到的信号功率为 $\alpha_{\mathrm{S}} P_{\mathrm{UE}} h_{\mathrm{S}} \beta \left(X_{\mathrm{S}}^{\mathrm{SC}\,i.j}\right)^{-\alpha}$。其中，$\alpha_{\mathrm{P}}$ 和 α_{S} 分别为主、从链路功率分配因子，满足 $\alpha_{\mathrm{P}} + \alpha_{\mathrm{S}} = 1$；$h_{\mathrm{P}}$(或$h_{\mathrm{S}}$) 和 $\left(X_{\mathrm{P}}^{\mathrm{SC}\,i.j}\right)\left(或\left(X_{\mathrm{S}}^{\mathrm{SC}\,i.j}\right)\right)$ 分别是接入小规模瑞利衰落信道增益和给定 UE 到 PBS 级联链路接入点(或 SBS 级联链路接入点)之间的级联距离；α 为路径损耗指数；$\left(X_{\mathrm{P}}^{\mathrm{SC}\,i.j}\right)^{-\alpha}$ 为主接入链路的路径损耗；$\left(X_{\mathrm{S}}^{\mathrm{SC}\,i.j}\right)^{-\alpha}$ 为从接入链路的路径损耗；β 为与频率相关的参数。由于两种级联链路的信号在宽带为 $B/2$ 的正交信道传输，不存在相互干扰，主级联链路只受到主传输干扰，从级联链路只受到从传输的干扰，因此对于任何级联方案SC$i.j$，其接入点从主上行链路传输接收到的 SINR 为

$$\mathrm{SINR}_{\mathrm{P}}^{\mathrm{SC}\,i.j} = \frac{\alpha_{\mathrm{P}} P_{\mathrm{UE}} \cdot h_{\mathrm{P}} \left(X_{\mathrm{P}}^{\mathrm{SC}\,i.j}\right)^{-\alpha}}{I_{\mathrm{U}}^{\mathrm{P}} + \sigma^2} \tag{4-69}$$

式中，$\sigma^2 = n_0 / \beta$；$I_{\mathrm{U}}^{\mathrm{P}} = \sum_{l=1}^{K} \sum_{m \in \Phi_{l \setminus O}} \alpha_{\mathrm{P}} P_{\mathrm{UE}} h_m \beta r_m^{-\alpha}$，$K = 3$，表示 PBS 级联链路接入点接收的来自其他主 UL 传输的干扰。

类似地，在 SBS 级联链路，假设任意给定的一个 UE 位于 O，此 UE 向 SBS 传输信号时，接收到的 SINR 为

$$\mathrm{SINR}_{\mathrm{S}}^{\mathrm{SC}\,i.j} = \frac{\alpha_{\mathrm{S}} P_{\mathrm{UE}} h_{\mathrm{S}} \left(X_{\mathrm{S}}^{\mathrm{SC}\,i.j}\right)^{-\alpha}}{I_{\mathrm{U}}^{\mathrm{S}}} \tag{4-70}$$

式中，$I_{\mathrm{U}}^{\mathrm{S}} = \sum_{l=1}^{K} \sum_{n \in \Phi_{l \setminus O}} \alpha_{\mathrm{S}} P_{\mathrm{UE}} h_n r_n^{-\alpha}$ 表示该从上行接入点处收到的来自所有从上行链路传输的总干扰。

利用在 PBS 和 SBS 接入点处接收到的 SINR[式(4-69)和式(4-70)]，可以计算

给定用户的 UL 覆盖概率。特别地，不同于单连接情形，在跨层 DC 传输模式下，只有 PBS 和 SBS 处的传输同时正确解码，才意味着一个成功的 UL 组合信息传输。与此同时，考虑到上行链路采用最近距离级联准则，主、从级联距离需满足条件 $X_{\mathrm{P}}^{\mathrm{SC}\,i.j} < X_{\mathrm{S}}^{\mathrm{SC}\,i.j}$。因此，对于给定的级联方案 SC $i.j$，DUDA 上行链路覆盖概率可以表示为

$$P_{\text{Cov-}O}^{\mathrm{SC}\,i.j}(\tau_{\mathrm{P}},\tau_{\mathrm{S}}) = \Pr\left\{\mathrm{SINR}_{\mathrm{P}}^{\mathrm{SC}\,i.j} > \tau_{\mathrm{P}}, \mathrm{SINR}_{\mathrm{S}}^{\mathrm{SC}\,i.j} > \tau_{\mathrm{S}}, X_{\mathrm{P}}^{\mathrm{SC}\,i.j} < X_{\mathrm{S}}^{\mathrm{SC}\,i.j}\right\} \tag{4-71}$$

式中，τ_{P} 和 τ_{S} 分别为 PBS 和 SBS UL 的 SINR 阈值。

式(4-71)表明，由于约束条件 $X_{\mathrm{P}}^{\mathrm{SC}\,i.j} < X_{\mathrm{S}}^{\mathrm{SC}\,i.j}$ 的存在，$\mathrm{SINR}_{\mathrm{P}}^{\mathrm{SC}\,i.j}$ 和 $\mathrm{SINR}_{\mathrm{S}}^{\mathrm{SC}\,i.j}$ 是相互依赖的随机变量。因此，利用条件概率，式(4-71)可以进一步表示为

$$\begin{aligned} &P_{\text{Cov-}O}^{\mathrm{SC}\,i.j}(\tau_{\mathrm{P}},\tau_{\mathrm{S}}) \\ &= \Pr\left\{X_{\mathrm{S}}^{\mathrm{SC}\,i.j} > X_{\mathrm{P}}^{\mathrm{SC}\,i.j}\right\} \times \Pr\left\{\mathrm{SINR}_{\mathrm{P}}^{\mathrm{SC}\,i.j} > \tau_{\mathrm{P}}, \mathrm{SINR}_{\mathrm{S}}^{\mathrm{SC}\,i.j} > \tau_{\mathrm{S}} \mid X_{\mathrm{S}}^{\mathrm{SC}\,i.j} > X_{\mathrm{P}}^{\mathrm{SC}\,i.j}\right\} \end{aligned} \tag{4-72}$$

此时，发现在 $X_{\mathrm{S}}^{\mathrm{SC}\,i.j} > X_{\mathrm{P}}^{\mathrm{SC}\,i.j}$ 条件下，随机变量 $\mathrm{SINR}_{\mathrm{P}}^{\mathrm{SC}\,i.j}$ 和 $\mathrm{SINR}_{\mathrm{S}}^{\mathrm{SC}\,i.j}$ 是相互独立的。将式(4-69)和式(4-70)代入式(4-71)可得

$$\begin{aligned} &P_{\text{Cov-}O}^{\mathrm{SC}\,i.j}(\tau_{\mathrm{P}},\tau_{\mathrm{S}}) \\ &= \Pr\left\{X_{\mathrm{S}}^{\mathrm{SC}\,i.j} > X_{\mathrm{P}}^{\mathrm{SC}\,i.j}\right\} \\ &\quad \times \underbrace{\Pr\left\{\frac{R_{\mathrm{P}}}{I_{\mathrm{UE}}^{\mathrm{P}} + \sigma^2} > \tau_{\mathrm{P}} \,\middle|\, X_{\mathrm{S}}^{\mathrm{SC}\,i.j} > X_{\mathrm{P}}^{\mathrm{SC}\,i.j}\right\}}_{P_{\mathrm{P}}^{\mathrm{SC}\,i.j}\left(X_{\mathrm{P}}^{\mathrm{SC}\,i.j}\right)} \times \underbrace{\Pr\left\{\frac{R_{\mathrm{S}}}{I_{\mathrm{UE}}^{\mathrm{S}} + \sigma^2} > \tau_{\mathrm{S}} \,\middle|\, X_{\mathrm{S}}^{\mathrm{SC}\,i,j} > X_{\mathrm{P}}^{\mathrm{SC}\,i,j}\right\}}_{P_{\mathrm{S}}^{\mathrm{SC}\,i.j}\left(X_{\mathrm{S}}^{\mathrm{SC}\,i.j}\right)} \end{aligned} \tag{4-73}$$

式中，$R_{\mathrm{P}} = \alpha_{\mathrm{P}} P_{\mathrm{UE}} \cdot h_{\mathrm{P}} \left(X_{\mathrm{P}}^{\mathrm{SC}\,i.j}\right)^{-\alpha}$；$R_{\mathrm{S}} = \alpha_{\mathrm{S}} P_{\mathrm{UE}} h_{\mathrm{S}} \left(X_{\mathrm{S}}^{\mathrm{SC}\,i.j}\right)^{-\alpha}$。

接下来，分别计算式(4-73)中上行链路主接入点 PBS 处的覆盖概率 $P_{\mathrm{P}}^{\mathrm{SC}\,i.j}$ 和从接入点处的覆盖概率 $P_{\mathrm{S}}^{\mathrm{SC}\,i.j}$。根据主接入点接收 SINR 的定义[式(4-69)]，主接入点处的覆盖概率 $P_{\mathrm{P}}^{\mathrm{SC}\,i.j}$ 可以计算为

$$\begin{aligned} P_{\mathrm{P}}^{\mathrm{SC}\,i.j} &= \Pr\left\{\frac{\alpha_{\mathrm{P}} P_{\mathrm{UE}} \cdot h_{\mathrm{P}} \left(X_{\mathrm{P}}^{\mathrm{SC}\,i.j}\right)^{-\alpha}}{I_{\mathrm{UE}}^{\mathrm{P}} + \sigma^2} > \tau_{\mathrm{P}}\right\} \\ &\overset{(a)}{=} \exp\left[-\left(X_{\mathrm{P}}^{\mathrm{SC}\,i.j}\right)^{\alpha} \left(\alpha_{\mathrm{P}} P_{\mathrm{UE}}\right)^{-1} \tau_{\mathrm{P}} \sigma^2\right] \mathcal{L}_{I_{\mathrm{UE}}^{\mathrm{P}}}\left(\left(X_{\mathrm{P}}^{\mathrm{SC}\,i.j}\right)^{\alpha} \left(\alpha_{\mathrm{P}} P_{\mathrm{UE}}\right)^{-1} \tau_{\mathrm{P}}\right) \end{aligned} \tag{4-74}$$

式中，$\mathcal{L}_{I_{\mathrm{UE}}^{\mathrm{P}}}(\cdot)$ 是干扰 $I_{\mathrm{UE}}^{\mathrm{P}}$ 的拉普拉斯变换。根据干扰 $I_{\mathrm{UE}}^{\mathrm{P}}$ 的定义，$\mathcal{L}_{I_{\mathrm{UE}}^{\mathrm{P}}}(\cdot)$ 为

$$\mathcal{L}_{I_{\mathrm{UE}}^{\mathrm{P}}}(s)=\mathbb{E}\left\{\exp(-sI_{\mathrm{UE}}^{\mathrm{P}})\right\}=\prod_{l=1}^{3}\mathbb{E}_{\Phi_l}\left\{\prod\nolimits_{m\in\Phi_l\setminus O}\frac{1}{1+s\alpha_{\mathrm{P}}P_{\mathrm{UE}}r_m^{-\alpha}}\right\} \tag{4-75}$$

式中，$\mathbb{E}_X\{\}$ 是 X 的期望。结合 $\mathbb{R}^2$ 中的泊松过程分布可以映射到 $\mathbb{R}^+$ 中并考虑变量变化 $v=\left[\left(s\alpha_{\mathrm{P}}P_{\mathrm{UE}}\right)^{-1}r^{\alpha}\right]^{2/\alpha}$，式(4-75)可以进一步写为

$$\begin{aligned}\mathcal{L}_{I_{\mathrm{UE}}^{\mathrm{P}}}(s)&=\prod_{l=1}^{3}\exp\left(-2\pi\lambda_l\right)\int_0^{\infty}\left(1-\frac{1}{1+s\alpha_{\mathrm{P}}P_{\mathrm{UE}}r^{-\alpha}}\right)r\mathrm{d}r\\&=\prod_{l=1}^{3}\exp\left(-\pi\lambda_l\right)\left(s\alpha_{\mathrm{P}}P_{\mathrm{UE}}\right)^{\frac{2}{\alpha}}\int_0^{\infty}\frac{\mathrm{d}v}{1+v^{\frac{\alpha}{2}}}\end{aligned} \tag{4-76}$$

利用式(4-76)和式(4-74)，得到上行链路主接入点处的覆盖概率为

$$\begin{aligned}&P_{\mathrm{P}}^{\mathrm{SC}\,i,j}\\&=\exp\left[-\left(X_{\mathrm{P}}^{\mathrm{SC}\,i.j}\right)^{\alpha}\left(\alpha_{\mathrm{P}}P_{\mathrm{UE}}\right)^{-1}\tau_{\mathrm{P}}\sigma^2\right]\cdot\prod_{l=1}^{3}\exp\left[\left(-\pi\lambda_l\right)\left(X_{\mathrm{P}}^{\mathrm{SC}\,i.j}\right)^2\left(\tau_{\mathrm{P}}\right)^{\frac{2}{\alpha}}\int_0^{\infty}\frac{\mathrm{d}v}{1+v^{\alpha/2}}\right]\end{aligned} \tag{4-77}$$

类似地，从接入点处的覆盖概率 $P_{\mathrm{S}}^{\mathrm{SC}\,i,j}$ 为

$$\begin{aligned}&P_{\mathrm{S}}^{\mathrm{SC}\,i.j}\\&=\exp\left[-\left(X_{\mathrm{S}}^{\mathrm{SC}\,i.j}\right)^{\alpha}\left(\alpha_{\mathrm{S}}P_{\mathrm{UE}}\right)^{-1}\tau_{\mathrm{S}}\sigma^2\right]\cdot\prod_{l=1}^{3}\exp\left[\left(-\pi\lambda_l\right)\left(X_{\mathrm{S}}^{\mathrm{SC}\,i.j}\right)^2\left(\tau_{\mathrm{S}}\right)^{\frac{2}{\alpha}}\int_0^{\infty}\frac{\mathrm{d}v}{1+v^{2/\alpha}}\right]\end{aligned} \tag{4-78}$$

同时，由式(4-72)可以得到概率：

$$\Pr\left\{X_{\mathrm{S}}^{\mathrm{SC}\,i.j}>X_{\mathrm{P}}^{\mathrm{SC}\,i.j}\right\}=\int_0^{\infty}f_{X_{\mathrm{P}}^{\mathrm{SC}\,i.j}}(y)\int_0^{\infty}f_{X_{\mathrm{P}}^{\mathrm{SC}\,i.j}}(x)\,\mathrm{d}x\mathrm{d}y \tag{4-79}$$

结合式(4-77)～式(4-79)得出定理 4-5。

定理 4-5　在考虑的三层异构网络中，当采用跨层双连接 DUDA 策略时，对于任意给定的级联情形 SC $i.j$，其 SINR UL 覆盖概率为

$$\begin{aligned}P_{\mathrm{Cov}}^{\mathrm{SC}\,i.j}\left(\tau_{\mathrm{P}},\tau_{\mathrm{S}}\right)=\Pr\left\{X_{\mathrm{S}}^{\mathrm{SC}\,i.j}>P_{\mathrm{P}}^{\mathrm{SC}\,i.j}\right\}\times\int_0^{\infty}\int_y^{\infty}P_{\mathrm{P}}^{\mathrm{SC}\,i.j}(y)P_{\mathrm{P}}^{\mathrm{SC}\,i.j}(x)f_{X_{\mathrm{P}}^{\mathrm{SC}\,i.j}}(y)\\\times f_{X_{\mathrm{P}}^{\mathrm{SC}\,i.j}}(x)\mathrm{d}x\mathrm{d}y\end{aligned} \tag{4-80}$$

式中，概率 $\Pr\left\{X_{\mathrm{S}}^{\mathrm{SC}\,i.j}>P_{\mathrm{P}}^{\mathrm{SC}\,i.j}\right\}$ 由式(4-79)给出；覆盖概率 $P_{\mathrm{P}}^{\mathrm{SC}\,i.j}(y)$ 和 $P_{\mathrm{S}}^{\mathrm{SC}\,i.j}(x)$ 分别由式(4-77)和式(4-78)给出；$f_{X_{\mathrm{P}}^{\mathrm{SC}\,i.j}}(y)$ 和 $f_{X_{\mathrm{S}}^{\mathrm{SC}\,i.j}}(x)$ 分别为 PBS 和 SBS 接入距离的 PDF。

证明　PBS 和 SBS 接入距离的 PDF $f_{X_{\mathrm{P}}^{\mathrm{SC}\,i.j}}(y)$ 和 $f_{X_{\mathrm{S}}^{\mathrm{SC}\,i.j}}(x)$，扫二维

码查看。

利用定理 4-5 进一步算出模型中总 UL 的 ACP，得出定理 4-6。

定理 4-6　在基于跨层 DC 和 DUDA 的三层异构网络中，其总 UL 的 ACP 为

$$P_{\text{cov}}^{\text{t}}=\sum_{i,j}P_{\text{SC}\,i.j}\times P_{\text{cov}}^{\text{SC}\,i.j}\left(\tau_{\text{P}},\tau_{\text{S}}\right)\tag{4-81}$$

式中，$i\in\{1,2,\cdots,6\}$；$j=\Omega(\text{case}\,i)$，表示第 i 个级联方案第 j 个子方案的运算。

定理 4-5 和定理 4-6 利用本节对解耦主、从接入距离 $X_{\text{P}}^{\text{SC}\,i,j}$ 和 $X_{\text{S}}^{\text{SC}\,i,j}$ 的统计描述，给出了基于跨层双连接的 DUDA 策略，三层异构网络每个级联子情形的覆盖概率和网络总的平均覆盖概率，是每个子情形覆盖概率关于级联概率的加权和。类似地，利用传统的耦合 DL ABRP 准则，可以获得每个耦合级联子情形中耦合接入距离及相应的统计描述 $f_{X_{\text{SO}}^{\text{SC}\,i,j}}(x)$，进而得出 CUDA 策略下网络的覆盖性能。以子情形 SC 1.2 为例，在耦合级联传输情形下，上行链路主、从接入点分别是 BS1 和 BS2，相应的耦合级联距离分别是 $X_1^{\text{SC}\,1.2}$ 和 $X_2^{\text{SC}\,1.2}$，概率密度函数为 $f_{X_1^{\text{SC}\,1.2}}(x)$ 和 $f_{X_2^{\text{SC}\,1.2}}(x)$。利用式(4-80)可以获得子情形的覆盖概率，利用式(4-81)可获得耦合级联子情形下总的覆盖概率。需要注意的是，这时仍然采用相应的级联概率加权。一般而言，解耦级联方案的性能要好于耦合接入方案。

图 4-12 为每种 DL 级联方案下的 PBS 和 SBS 覆盖概率。每种 DL 级联方案的覆盖概率定义为相应级联概率的子类所有覆盖概率的级联概率加权总和。以级联方案 2 为例，总的最优 ACP 为 $P_{\text{Cov-}O}^{\text{SC}\,2.1}\times P_{\text{SC}\,2.1}+P_{\text{Cov-}O}^{\text{SC}\,2.2}\times P_{\text{SC}\,2.2}+P_{\text{Cov-}O}^{\text{SC}\,2.6}\times P_{\text{SC}\,2.6}$，其中 $P_{\text{Cov-}O}^{\text{SC}\,2.1}$、$P_{\text{Cov-}O}^{\text{SC}\,2.2}$ 和 $P_{\text{Cov-}O}^{\text{SC}\,2.6}$ 是在定理 4-5 中获得的最优覆盖概率(耦合级联情形为最优)。图 4-12(a)和(b)给出了不同密度比 λ_3/λ_1 下的覆盖概率，发现六种 DL 级联方案各自总的 ACP 差别很大。进一步表明，每个级联方案对总覆盖概率的影响明显不同。图 4-12(a)中，级联方案 5 和级联方案 6 的影响可以忽略不计，级联方案 2 和级联方案 3 的影响不能忽视。图 4-12(b)表示，级联方案 5 和级联方案 6 的覆盖概率与级联方案 1 和级联方案 2 的覆盖概率处于同一数量级，同样不可忽视。

图 4-12 显示了每个 DL 级联链路的 SBS 覆盖概率，基于传统的 CUDA，PBS 和 SBS 覆盖概率之间的差异非常大。例如，在级联方案 2 下，PBS 和 SBS 覆盖概率之间的差异明显，但在其他情况下，差异可以忽略不计。此外，图 4-12 体现了每个 DL 级联方案 PBS 和 SBS 平均覆盖概率之间的差异受系统参数的影响。图 4-12 表明，与其他级联方案相比，级联方案 5 和级联方案 6 的结果还取决于系统参数对总平均覆盖概率的影响。

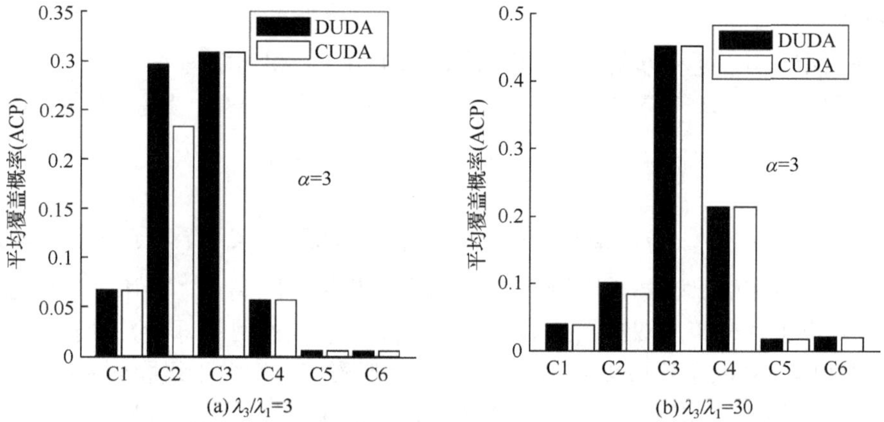

图 4-12　不同密度比 λ_3/λ_1 下的平均覆盖概率

为了论证这一点，评估不同路径损耗指数下的误差及定理 4-6 中定义的总 ACP，表示级联方案 1～4 平均覆盖概率的总和。图 4-13(a)表明，平均覆盖概率随密度比增大而增大，当密度比增大到一定程度时，平均覆盖概率开始逐渐减小。也就是说，存在最佳密度比，在该最佳密度比下整个网络的总平均覆盖概率最大。最佳密度比取决于路径损耗指数，并且最大覆盖概率在不同路径损耗指数下是不同的。图 4-13(b)表明平均覆盖概率与发射功率之间的关系。很容易看出，当发射功率 P_2 很大时，平均覆盖概率趋于一致，这表明只有当发射功率 P_2 很大并且接近 P_3 时，才能忽略级联方案 5 和级联方案 6 的影响。在整个发射功率区域，总 ACP 是恒定的。通过假设功率约束条件可以看出，当满足功率约束条件($P_1 > P_2 > P_3$)时，考虑的异构网络总 ACP $P_{\text{cov}}^{\text{t}}$ 近似地与发射功率 P_2 没有关系，发射功率很难实现。因此，为了提高整个网络的能效，必须要考虑功率约束条件。从图 4-12 和图 4-13 可以看出，每个 DL 级联方案的影响差别很大。

图 4-14 为发射功率 P_3 和 P_2 对 CUDA 和 DUDA 总 ACP 的影响。从图 4-14(a)可以看出，当发射功率 P_3 较小时，CUDA 和 DUDA 总 ACP 之间的差异非常大。然后，随着发射功率 P_3 的增加，差异逐渐减小。此外，在该变化过程中，DUDA 的总 ACP 减小，但 CUDA 的总 ACP 增加。图 4-14(b)中得到了不同的结果，该图给出了发射功率 P_2 对总 ACP 的影响。随着 P_2 的增加，CUDA 总 ACP 增加，DUDA 总 ACP 近似保持恒定，这意味着第 2 层中 BS 的发射功率 P_2 不会影响 DUDA 方案的总体性能。相反，基于 DL RSP 标准的总 CUDA 性能很大程度上取决于发射功率 P_2。此外，DUDA 增益由 α 和 λ_3/λ_1 共同确定。对于给定的 α，存在唯一的最佳密度比，当 λ_3/λ_1 小于最佳密度比时，总 ACP 增益单调增加，反之减少。从图 4-14(b)发现，对于给定的 λ_3/λ_1，存在路径损耗指数的两个局部最优点，为

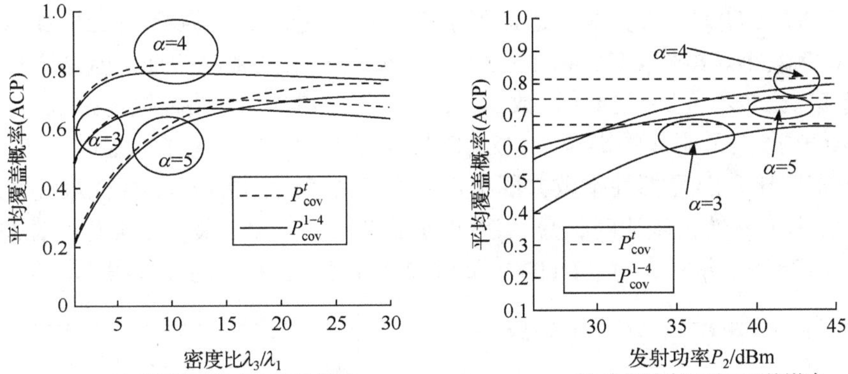

(a) 密度比λ_3/λ_1对ACP的影响　(b) 发射功率P_2对ACP的影响

图 4-13　系统参数对 ACP 的影响

$Q_1(\lambda_3/\lambda_1)$和$Q_2(\lambda_3/\lambda_1)$，$Q_1(\lambda_3/\lambda_1)<Q_2(\lambda_3/\lambda_1)$。因此，当$\alpha<Q_1(\lambda_3/\lambda_1)$和$\alpha>Q_1(\lambda_3/\lambda_1)$时，总的 ACP 增益分别单调增加和减小。但是，当时$Q_1(\lambda_3/\lambda_1)<\alpha<Q_2(\lambda_3/\lambda_1)$时，单调性并不成立。

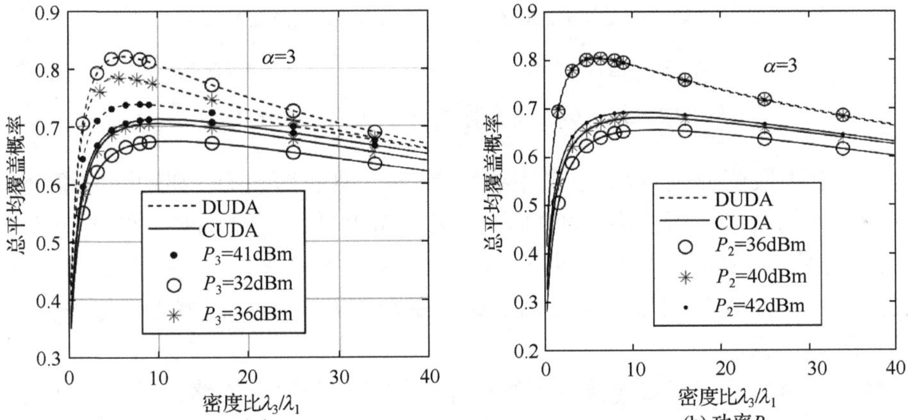

(a) 功率P_3　(b) 功率P_2

图 4-14　不同功率对总 ACP 的影响

为了全面了解发射功率对覆盖概率的影响，在不同的路径损耗指数 a 下，分别分析总 ACP 与发射功率 P_2 和 P_1 的关系。取 P_3=34dBm，P_1=46dBm，总 ACP 和发射功率 P_2 的关系见图 4-15(a)。很容易看出，在整个考虑的功率区域，DUDA 的总 ACP 近似保持恒定，CUDA 的总 ACP 随发射功率 P_2 增大逐渐增加，但总是小于 DUDA 的总 ACP。

同时，ACP 受路径损耗指数的影响，图 4-15(b)取 P_3=34dBm，P_2=36dBm，

当 $P_1 \approx P_2$ 时，CUDA 的总 ACP 近似等于 DUDA 的总 ACP。随着 P_1 的增加，CUDA 的总 ACP 减小。虽然 CUDA 的总 ACP 在 P_2 的整个区域内增加，但是增益很小，可以忽略。比较不同路径损耗指数 α 下的总 ACP 不难看出，路径损耗指数对 DUDA 的总 ACP 产生了明显的影响，也对 CUDA 的总 ACP 产生了明显的影响。ACP 增益由密度比和路径损耗指数共同决定，给定路径损耗指数 α，存在最优密度比。当 λ_3/λ_1 小于最佳密度比时，总 ACP 增加；当 λ_3/λ_1 大于最佳密度比时，总 ACP 减小。当密度比非常大时，DUDA 和 CUDA 的总 ACP 之间差异很小。

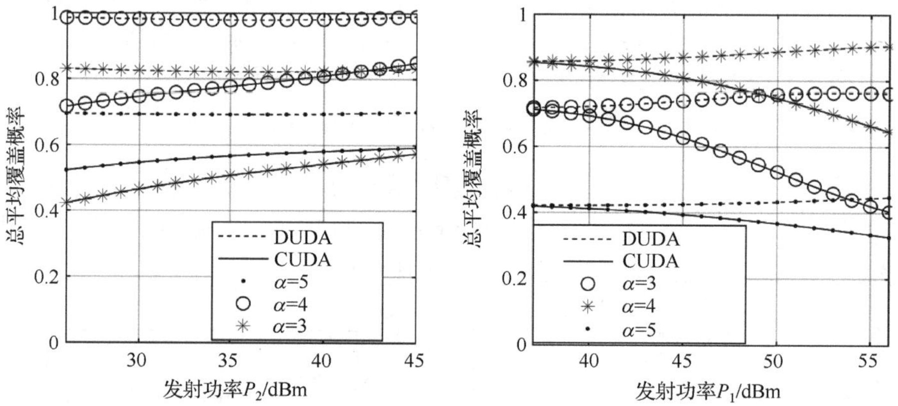

图 4-15　发射功率 P_2 和 P_1 与总 ACP 的关系

基于上述数值分析，得到以下主要结果。对于具有跨层 DC 和功率约束 $P_3<P_2<P_1$ 的三层异构网络，当使用传统的基于 DL ABRP 的级联准则时，总 ACP 与发射功率 P_2 成正比，并且与发射功率 P_1 成反比，随发射功率 P_3 增大而增大。当使用跨层 DC 和 DUDA 的最优方案时，总 ACP 在 P_1 和 P_2 的有效区域内近似保持不变，但随 P_3 增大而减小。

对于这种基于跨层双连接上下行链路解耦的三层异构网络，首先，获得了各种可能的跨层 DC DUDA 实现方案。其次，利用实际的功率约束获得每种级联方法的发生条件，获得了级联概率的一般表达式。最后，利用随机几何方法获得了网络模型的覆盖概率。通过数值和仿真分析得到系统参数对级联概率产生的影响，比较了 DUDA 和 CUDA 模型的级联概率和覆盖概率，发现提出的 DC DUDA 模型优于传统的 DC CUDA 模型。

4.4　NOMA 协助的跨层双连接解耦级联

本节针对频谱受限问题，提出利用 NOMA 结合 DUDA 和跨层 DC 的网络模型。NOMA 有效地利用用户之间的信道增益，来获得更高的频谱效率。基于双连接DUDA研究方案，利用NOMA使总带宽由PBS和SBS链路共享，由于在NOMA中使用了 SIC 技术，解码顺序在很大程度上取决于信道质量。对于 PBS UL 接收器，首先解码叠加的 SBS 信号，然后从接收信号中减去解码结果，便可以得到所需信号。接收机采用连续干扰消除技术分离信号，PBS 和 SBS 在与各层之间级联条件下实现 DUDA 设计，从而提高频谱利用率[204-205]。

4.4.1　基于 NOMA 的 DUDA 传输策略

在一个 MBS、PBS 和 FBS 构成的 3 层异构网络中，各层网络之间相互独立且发射功率、覆盖范围、空间密度等各不相同。同层之间具有相同的发射功率，记作 P_{R}^{k}，其中 $k=1,2,\cdots,K$。MBS、PBS 和 FBS 的发射功率分别由 P_1、P_2 和 P_3 表示，且功率约束条件为 $P_1>P_2>P_3$。其位置服从 PPP，分别记为 $\varPhi_1$、$\varPhi_2$ 和 $\varPhi_3$，相应的密度为 λ_1、λ_2 和 λ_3。假设所有 UE 的发射功率为 P_{U} 且空间物理位置建模为 PPP，记为 $\varPhi_{\mathrm{U}}$，密度为 λ_{U}。假设整个网络满载且总可用信道带宽为 B，每层中的每个 BS 至少有一个级联 UE。

在上述异构网络模型中，信道都是独立存在的且受路径损耗和瑞利衰落的影响。假设系统模型中有网络元件 a 和 b，h_{ab}、r_{ab} 和 $(r_{ab})^{-\alpha}$ 分别表示小规模衰落信道增益、网络元件之间的距离和相应的路径损耗，其中路径损耗指数定义为 2～6。小规模衰落信道增益是独立的且具有单位平均功率的相同分布，即 $h_{ab}\sim\exp(1)$。另外，对于位于原点 O 的 UE，距离 PPP $\varPhi_k$ 最近点的距离 r_{Ok} 也遵循具有概率密度函数的瑞利分布：

$$f_{r_{Ok}}(x)=2\pi\lambda_k x\mathrm{e}^{-\pi\lambda_k x^2},\quad k\in\{1,2,3\} \tag{4-82}$$

NOMA 与传统的 OMA 不同，NOMA 利用功率多址接入来共享整个频谱带宽 B。由于在 NOMA 中利用 SIC，解码顺序很大程度上取决于信道质量。对于给定的 UL PBS 接收器，首先利用以下 SINR 对叠加的 SBS 信号进行解码：

$$\mathrm{SINR}_{\mathrm{NOMA}}^{\mathrm{P}\to\mathrm{S}}(k)=\frac{(1-\alpha_{\mathrm{P}})P_{\mathrm{UE}}h_{\mathrm{P}\text{-}OC}^{k}\left(R_{\mathrm{P}\text{-}OC}^{k}\right)^{-\alpha}}{\alpha_{\mathrm{P}}P_{\mathrm{UE}}h_{\mathrm{P}\text{-}OC}^{k}\left(R_{\mathrm{P}\text{-}OC}^{k}\right)^{-\alpha}+I_{\mathrm{NOMA}}^{\mathrm{PP}}+I_{\mathrm{NOMA}}^{\mathrm{PS}}+\sigma^2} \tag{4-83}$$

式中，$\alpha_{\mathrm{P}}P_{\mathrm{UE}}h_{\mathrm{P}\text{-}OC}^{k}\left(R_{\mathrm{P}\text{-}OC}^{k}\right)^{-\alpha}$ 为叠加的 SBS 信号功率；$I_{\mathrm{NOMA}}^{\mathrm{PP}}$ 为来自其他 UE 的 PBS UL 传输干扰，表示为 $I_{\mathrm{NOMA}}^{\mathrm{PP}}=\sum\limits_{m\in\{\mathrm{M,P,F}\}}\sum\limits_{n\in\varPhi_{\mathrm{U}_m}^{\mathrm{P}}}\alpha_{\mathrm{P}}P_{\mathrm{UE}}h_{n\mathrm{C}}r_{n\mathrm{C}}^{-\alpha}$，$\varPhi_{\mathrm{U}_m}^{\mathrm{P}}$ 为上行 PBS UE 构成的集合，建模为 $\varPhi_{\mathrm{U}}$ 的稀疏点过程；$I_{\mathrm{NOMA}}^{\mathrm{PS}}$ 为来自其他 UE 的 SBS UL 传输干扰，

表示为 $I_{\mathrm{NOMA}}^{\mathrm{PS}}=\sum_{i\in\{1,2,3\}}\sum_{j\in\Phi_{\mathrm{U}_i}^{\mathrm{S}}}(1-\alpha_{\mathrm{P}})P_{\mathrm{UE}}h_{jC}r_{jC}^{-\alpha}$，$\Phi_{\mathrm{U}_i}^{\mathrm{S}}$ 为由上行 SBS UE 构成的集合，建模为 Φ_{U} 的稀疏点过程。考虑到 NOMA 技术的使用，如果 PBS 接收器可以正确解码叠加 SBS 信号，使用 SCI 并利用如下 SINR 解码自己的信号：

$$\mathrm{SINR}_{\mathrm{NOMA}}^{\mathrm{P}}(k)=\frac{\alpha_{\mathrm{P}}P_{\mathrm{UE}}h_{\mathrm{P}\text{-}OC}^{k}\left(R_{\mathrm{P}\text{-}OC}^{k}\right)^{-\alpha}}{I_{\mathrm{NOMA}}^{\mathrm{PP}}+I_{\mathrm{NOMA}}^{\mathrm{PS}}+\sigma^{2}} \tag{4-84}$$

SBS 接收器的信道质量较差，SBS 将 PBS 信号视为噪声并直接解码自己的信号，其相应的 SINR 为

$$\mathrm{SINR}_{\mathrm{NOMA}}^{\mathrm{S}}(k)=\frac{(1-\alpha_{\mathrm{P}})P_{\mathrm{UE}}h_{\mathrm{S}\text{-}OC}^{k}\left(R_{\mathrm{S}\text{-}OC}^{k}\right)^{-\alpha}}{\alpha_{\mathrm{P}}P_{\mathrm{UE}}h_{\mathrm{S}\text{-}OC}^{k}\left(R_{\mathrm{S}\text{-}OC}^{k}\right)^{-\alpha}+I_{\mathrm{NOMA}}^{\mathrm{SP}}+I_{\mathrm{NOMA}}^{\mathrm{SS}}+\sigma^{2}} \tag{4-85}$$

式中，$\alpha_{\mathrm{P}}P_{\mathrm{UE}}h_{\mathrm{S}\text{-}OC}^{k}\left(R_{\mathrm{S}\text{-}OC}^{k}\right)^{-\alpha}$ 为从接入点 S-BS 接收到的关于 PBS 的信号；$I_{\mathrm{NOMA}}^{\mathrm{SP}}$ 为从接入点 SBS 接收到的来自 UE 关于 PBS 的传输干扰；$I_{\mathrm{NOMA}}^{\mathrm{SS}}$ 为从接入点接收到 UE 关于 SBS 的传输干扰。

4.4.2 覆盖性能和遍历速率

前文已经对 DL 跨层 DUDA 的每一种级联方案的级联概率进行推导，对于每种级联情形 SC $k(k=1,2,3)$，有级联概率 $P_{\mathrm{SC}\,k}$。本小节主要研究任意给定的用户组基于 NOMA 技术级联至第 k 层的覆盖性能和遍历速率。

结合 NOMA 技术，在接收器处使用 SIC 对 PBS 信号解码。在执行 SIC 去除叠加的 SBS 信号之前，PBS 接收器正确地解码叠加的 SBS 信号和 PBS 解码期望信号。PBS UL 的 SINR 覆盖概率表示为

$$P_{\mathrm{NOMA\text{-}C}}^{\mathrm{D\text{-}P}}\left(\tau_{\mathrm{P}},\tau_{\mathrm{S}},k\right)=\Pr\left\{\mathrm{SINR}_{\mathrm{NOMA}}^{\mathrm{P}\to\mathrm{S}}(k)\geqslant\tau_{\mathrm{S}},\mathrm{SINR}_{\mathrm{NOMA}}^{\mathrm{P}}(k)\geqslant\tau_{\mathrm{P}}\right\} \tag{4-86}$$

将式(4-84)、式(4-85)代入式(4-86)，得出 SINR 覆盖概率 $P_{\mathrm{NOMA\text{-}C}}^{\mathrm{P}}\left(\tau_{\mathrm{P}},\mathrm{SC}\,i,j\right)$ 为

$$\begin{aligned}&P_{\mathrm{NOMA\text{-}C}}^{\mathrm{D\text{-}P}}\left(\tau_{\mathrm{P}},\tau_{\mathrm{S}},k\right)\\&=\Pr\left\{\frac{\left(1-\alpha_{\mathrm{P}}\right)P_{\mathrm{UE}}h_{\mathrm{P}\text{-}OC}^{k}\left(R_{\mathrm{P}\text{-}OC}^{k}\right)^{-\alpha}}{\alpha_{\mathrm{P}}P_{\mathrm{UE}}h_{\mathrm{P}\text{-}OC}^{k}\left(R_{\mathrm{P}\text{-}OC}^{k}\right)^{-\alpha}+I_{\mathrm{NOMA}}^{\mathrm{PD}}+I_{\mathrm{NOMA}}^{\mathrm{PS}}+\sigma^{2}}\geqslant\tau_{\mathrm{S}},\frac{\alpha_{\mathrm{P}}P_{\mathrm{UE}}h_{\mathrm{P}\text{-}OC}^{k}\left(R_{\mathrm{P}\text{-}OC}^{k}\right)^{-\alpha}}{I_{\mathrm{NOMA}}^{\mathrm{PP}}+I_{\mathrm{NOMA}}^{\mathrm{PS}}+\sigma^{2}}\geqslant\tau_{\mathrm{P}}\right\}\end{aligned} \tag{4-87}$$

式(4-87)可进一步写为

$$
\begin{aligned}
& P_{\text{NOMA-C}}^{\text{D-P}}(\tau_{\text{P}},\tau_{\text{S}},k) \\
&= \Pr\Bigg\{ P_{\text{UE}} h_{\text{P-}OC}^{k} \left(R_{\text{P-}OC}^{k}\right)^{-\alpha} \left[(1-\alpha_{\text{P}})-\tau_{\text{S}}\alpha_{\text{P}}\right] \geqslant \tau_{\text{S}}\left(I_{\text{NOMA}}^{\text{PP}}+I_{\text{NOMA}}^{\text{PS}}+\sigma^{2}\right), \\
&\quad \frac{\alpha_{\text{P}} P_{\text{UE}} h_{\text{P-}OC}^{k}\left(R_{\text{P-}OC}^{k}\right)^{-\alpha}}{I_{\text{NOMA}}^{\text{PP}}+I_{\text{NOMA}}^{\text{PS}}+\sigma^{2}} \geqslant \tau_{\text{P}} \Bigg\} \\
&= \Pr\left\{ \frac{P_{\text{UE}} h_{\text{P-}OC}^{k}\left(R_{\text{P-}OC}^{k}\right)^{-\alpha}}{I_{\text{NOMA}}^{\text{PP}}+I_{\text{NOMA}}^{\text{PS}}+\sigma^{2}} \geqslant \frac{\tau_{\text{S}}}{(1-\alpha_{\text{P}})-\tau_{\text{S}}\alpha_{\text{P}}}, \frac{P_{\text{UE}} h_{\text{P-}OC}^{k}\left(R_{\text{P-}OC}^{k}\right)^{-\alpha}}{I_{\text{NOMA}}^{\text{PP}}+I_{\text{NOMA}}^{\text{PS}}+\sigma^{2}} \geqslant \frac{\tau_{\text{P}}}{\alpha_{\text{P}}} \right\} \\
&= \Pr\left\{ \frac{P_{\text{UE}} h_{\text{P-}OC}^{k}\left(R_{\text{P-}OC}^{k}\right)^{-\alpha}}{I_{\text{NOMA}}^{\text{PP}}+I_{\text{NOMA}}^{\text{PS}}+\sigma^{2}} \geqslant \max\left[\frac{\tau_{\text{S}}}{(1-\alpha_{\text{P}})-\tau_{\text{S}}\alpha_{\text{P}}}, \frac{\tau_{\text{P}}}{\alpha_{\text{P}}}\right] \right\}
\end{aligned}
$$

利用 $\tau_{\text{P}}' = \max\left[\frac{\tau_{\text{S}}}{(1-\alpha_{\text{P}})-\tau_{\text{S}}\alpha_{\text{P}}}, \frac{\tau_{\text{P}}}{\alpha_{\text{P}}}\right]$ 和 $h_{\text{P-}OC}^{k} \sim \exp(1)$，得到

$$
\begin{aligned}
& P_{\text{NOMA-C}}^{\text{D-P}}(\tau_{\text{P}},\tau_{\text{S}},k) \\
&= \int_{0}^{\infty} \exp\left[-\tau_{\text{P}}'\sigma^{2}(P_{\text{UE}})^{-1} r^{\alpha}\right] \mathcal{L}_{I_{\text{NOMA}}^{\text{PP}}}\left((P_{\text{UE}})^{-1} r^{\alpha}\tau_{\text{P}}'\right) \mathcal{L}_{I_{\text{NOMA}}^{\text{PS}}}\left((P_{\text{UE}})^{-1} r^{\alpha}\tau_{\text{P}}'\right) f_{R_{\text{P-}OC}^{k}}(r)\,\mathrm{d}r
\end{aligned} \tag{4-88}
$$

与 PBS 接收器不同，SBS 接收器将接收到的 PBS 信号视为噪声来直接解码其期望信号。SBS UL 传输的 SINR 覆盖概率由式(4-89)给出：

$$
\begin{aligned}
P_{\text{NOMA-C}}^{\text{D-S}}(\tau_{\text{S}},k) &= \Pr\left\{ \frac{(1-\alpha_{\text{P}}) P_{\text{UE}} h_{\text{S-}OC}^{k}\left(R_{\text{S-}OC}^{k}\right)^{-\alpha}}{\alpha_{\text{P}} P_{\text{UE}} h_{\text{S-}OC}^{k}\left(R_{\text{S-}OC}^{k}\right)^{-\alpha} + I_{\text{NOMA}}^{\text{SP}}+I_{\text{NOMA}}^{\text{SS}}+\sigma^{2}} \geqslant \tau_{\text{S}} \right\} \\
&= \Pr\left\{ \frac{P_{\text{UE}} h_{\text{S-}OC}^{k}\left(R_{\text{S-}OC}^{k}\right)^{-\alpha}}{I_{\text{NOMA}}^{\text{SP}}+I_{\text{NOMA}}^{\text{SS}}+\sigma^{2}} \geqslant \frac{\tau_{\text{S}}}{(1-\alpha_{\text{P}})-\alpha_{\text{P}}\tau_{\text{S}}} \right\}
\end{aligned} \tag{4-89}
$$

假设 $\tau_{\text{S}}' = \frac{\tau_{\text{S}}}{(1-\alpha_{\text{P}})-\alpha_{\text{P}}\tau_{\text{S}}}$，且利用 $h_{\text{S-}OC}^{k} \sim \exp(1)$，有

$$
\begin{aligned}
& P_{\text{NOMA-C}}^{\text{D-S}}(\tau_{\text{S}},k) \\
&= \int_{0}^{\infty} \exp\left[-\tau_{\text{S}}'\sigma^{2}(P_{\text{UE}})^{-1} r^{\alpha}\right] \mathcal{L}_{I_{\text{NOMA}}^{\text{SP}}}\left((P_{\text{UE}})^{-1} r^{\alpha}\tau_{\text{S}}'\right) \mathcal{L}_{I_{\text{NOMA}}^{\text{SS}}}\left((P_{\text{UE}})^{-1} r^{\alpha}\tau_{\text{S}}'\right) f_{R_{\text{S-}OC}^{k}}(r)\,\mathrm{d}r
\end{aligned} \tag{4-90}
$$

因此，结合式(4-88)和式(4-89)，得到推论 4-6。

推论 4-6 当 NOMA 模式异构网络中实现解耦的 UL DC 时，在考虑的 DL 级联条件下，PBS 和 SBS UL SINR 覆盖概率分别为

$$P_{\text{NOMA-C}}^{\text{D-P}}\left(\tau_{\text{P}},\tau_{\text{S}},k\right)$$
$$=\int_{0}^{\infty}\exp\left[-\tau_{\text{P}}'\sigma^{2}\left(P_{\text{UE}}\right)^{-1}r^{\alpha}\right]\exp\left[-\sum_{m\in\{1,2,3\}}\pi\lambda_{m}\left(\tau_{\text{P}}'\right)^{2/\alpha}r^{2}\int_{0}^{\infty}\frac{\text{d}u}{1+u^{\alpha/2}}\right]f_{R_{\text{P-}OC}^{k}}\left(r\right)\text{d}r \tag{4-91}$$

$$P_{\text{NOMA-C}}^{\text{D-S}}\left(\tau_{\text{S}},k\right)$$
$$=\int_{0}^{\infty}\exp\left[-\tau_{\text{S}}'\sigma^{2}\left(P_{\text{UE}}\right)^{-1}r^{\alpha}\right]\exp\left(-\sum_{m\in\{1,2,3\}}\pi\lambda_{m}\left(\tau_{\text{S}}'\right)^{2/\alpha}r^{2}\int_{0}^{\infty}\frac{\text{d}u}{1+u^{\alpha/2}}\right)f_{R_{\text{S-}OC}^{k}}\left(r\right)\text{d}r \tag{4-92}$$

UL 覆盖概率为

$$P_{\text{NOMA-C}}^{\text{D-J}}\left(\tau_{\text{P}},\tau_{\text{S}},k\right)=P_{\text{NOMA}}^{\text{D-P}}\left(\tau_{\text{P}},\tau_{\text{S}},k\right)\cdot P_{\text{NOMA}}^{\text{D-S}}\left(\tau_{\text{S}},k\right) \tag{4-93}$$

总平均 UL 覆盖概率为

$$P_{\text{NOMA-C}}^{\text{D-T}}\left(\tau_{\text{P}},\tau_{\text{S}}\right)=\sum_{m\in\{\text{M,P,F}\}}P_{\text{SC}\,k}\cdot P_{\text{NOMA}}^{\text{D-P}}\left(\tau_{\text{P}},\tau_{\text{S}},k\right)\cdot P_{\text{NOMA}}^{\text{D-S}}\left(\tau_{\text{S}},k\right) \tag{4-94}$$

基于传统的级联方式 CUDA，利用 NOMA 很容易实现 UL 覆盖概率，由推论 4-7 给出。

推论 4-7 对于考虑的三层 DC 异构网络，当在 NOMA 模式异构网络中使用基于 DRSP 的 CUDA 策略时，总平均覆盖概率为

$$P_{\text{NOMA-C}}^{\text{C-T}}\left(\tau_{\text{P}},\tau_{\text{S}}\right)=\sum_{k=1}^{3}P_{\text{SC}\,k}\cdot P_{\text{NOMA-C}}^{\text{C-P}}\left(\tau_{\text{P}},\tau_{\text{S}},k\right)\cdot P_{\text{NOMA}}^{\text{C-S}}\left(\tau_{\text{S}},k\right) \tag{4-95}$$

式中，$P_{\text{NOMA-C}}^{\text{C-P}}\left(\tau_{\text{P}},\tau_{\text{S}},k\right)$ 和 $P_{\text{NOMA}}^{\text{C-S}}\left(\tau_{\text{S}},k\right)$ 分别表示给定的用户组基于传统的 CUDA 级联策略时，利用 NOMA 技术的 PBS 和 SBS UL 覆盖概率。

相较于以固定目标速率计算覆盖概率，遍历速率是一个衡量性能的重要指标。与覆盖性能类似，这里给出 PBS 和 SBS UL 遍历速率，然后给出考虑的基于 DUDA-DC 的 NOMA 异构网络的总遍历速率。在基于 NOMA 模式的异构网络中，主、从 UL 共享所有可用带宽 B 。利用 NOMA 和 SIC 的思想，对于给定的级联子例 k，主 UL 的接收速率由总接收信号减去叠加的 UE UL 信号后的 SINR[式(4-84)]确定，PBS UL 遍历速率可以写成：

$$R_{\text{NOMA}}^{\text{D-P}}\left(k\right)=\mathbb{E}_{\text{SINR}_{\text{NOMA}}^{\text{P}}(k)}\left\{B\log_{2}\left(1+\text{SINR}_{\text{NOMA}}^{\text{P}}\left(k\right)\right)\right\} \tag{4-96}$$

S-BS UL 遍历速率由接收 SINR[式(4-85)]确定：

$$R_{\mathrm{NOMA}}^{\mathrm{D\text{-}S}}(k)=\mathbb{E}_{\mathrm{SINR}_{\mathrm{NOMA}}^{\mathrm{S}}(k)}\left\{B\log_2\left(1+\mathrm{SINR}_{\mathrm{NOMA}}^{\mathrm{S}}(k)\right)\right\} \tag{4-97}$$

根据式(4-96)和式(4-97)，PBS 和 SBS UL 遍历速率和为 $R_{\mathrm{NOMA}}^{\mathrm{D\text{-}P}}(k)+R_{\mathrm{NOMA}}^{\mathrm{D\text{-}S}}(k)$。根据式 $\mathbb{E}\{X\}=\int_0^{\infty}\Pr\{X>x\}\mathrm{d}x$，得到定理 4-7。

定理 4-7　基于 NOMA 和 DUDA 三层异构网络，总平均 UL 级联链路遍历速率为

$$\begin{aligned}R_{\mathrm{NOMA}}^{\mathrm{D}}&=\sum_{k=1}^{3}P_{\mathrm{A}}(k)\frac{B}{\ln 2}\left\{\int_0^{\infty}\Pr\left\{\mathrm{SINR}_{\mathrm{NOMA}}^{\mathrm{P}}(k)>\mathrm{e}^t-1\right\}\mathrm{d}t\right.\\&\quad\left.+\int_0^{\infty}\Pr\left\{\mathrm{SINR}_{\mathrm{NOMA}}^{\mathrm{S}}(k)>\mathrm{e}^t-1\right\}\mathrm{d}t\right\}\\&=\sum_{k=1}^{3}P_{\mathrm{A}}(k)\frac{B}{\ln 2}\left\{\int_0^{\infty}P_{\mathrm{NOMA}}^{\mathrm{D\text{-}P}}\left(\frac{\mathrm{e}^t-1}{\alpha_{\mathrm{P}}}\right)\mathrm{d}t+\int_0^{\infty}P_{\mathrm{NOMA}}^{\mathrm{D\text{-}S}}\left(\mathrm{e}^t-1,k\right)\mathrm{d}t\right\}\end{aligned} \tag{4-98}$$

式中，t 表示目标速率；$P_{\mathrm{A}}(k)$ 表示级联概率；SBS UL 覆盖概率 $P_{\mathrm{NOMA}}^{\mathrm{D\text{-}S}}(\cdot,\cdot)$ 由式(4-92)得到；利用 $\mathrm{SINR}_{\mathrm{NOMA}}^{\mathrm{P}}(k)$ 来定义 PBS UL 覆盖概率 $P_{\mathrm{NOMA}}^{\mathrm{D\text{-}P}}(\cdot)$ 由式(4-91)得到。

推论 4-8　在 NOMA 异构网络模型中，当传统的 CUDA 用于用户级联时，总的平均 UL 覆盖概率是：

$$P_{\mathrm{NOMA}}^{\mathrm{C}}=\sum_{k=1}^{3}P_{\mathrm{A}}(k)\frac{B}{\ln\alpha}2\left\{\int_0^{\infty}P_{\mathrm{NOMA}}^{\mathrm{C\text{-}P}}\left(\frac{\mathrm{e}^t-1}{\alpha_{\mathrm{P}}}\right)\mathrm{d}t+\int_0^{\infty}P_{\mathrm{NOMA}}^{\mathrm{C\text{-}S}}\left(\mathrm{e}^t-1,k\right)\mathrm{d}t\right\} \tag{4-99}$$

式中，PBS 和 SBS 级联链路的覆盖概率由推论 4-7 得出。

取 P_3=29dBm 、P_2=24dBm 和功率分配因子 α_P=0.45，研究 UL 平均覆盖概率和频谱效率(SE)，分别见图 4-16 和图 4-17。可以看出，PBS 级联链路的 UL 平均覆盖概率和 SE 大于 SBS 级联链路的 UL 平均覆盖概率和 SE，表明在 DC 模式系统中，性能主要由 PBS 级联链路决定。此外，可实现的性能增益随着发射功率 P_1 的增加而增加。基于 NOMA 技术，为了恢复 PBS 信号，PBS 接收器首先解码 SBS 信号，然后通过移除 SBS 信号来解码自己的信号，这意味着通过在 PBS 接收器处成功解码主信号和 SBS 信号来同时确定 PBS 链路的覆盖性能。但是，基于 OMA 的网络模型中，PBS 信号不受 SBS 级联信号的干扰。此外，OMA 和 NOMA 之间的覆盖概率差异可以忽略不计，这是因为在相同的频谱效率下得到相同的结果，因此 OMA 和 NOMA 的 SINR 阈值是不同的。

与平均覆盖概率不同，图 4-17 显示 NOMA 模式比传统的 OMA 模式实现了上行链路频谱效率增益。从图 4-17 可以看出，当 $\alpha=3.3$ 和 $P_1=40\mathrm{dBm}$ 时，NOMA 模式实现了 0.023bit/(s · Hz)的 SE 增益。此外，平均频谱效率增益随着路径损耗

指数增大而增加。与 PBS UL 不同，图 4-17 表示 OMA 实现的 SBS UL 平均频谱效率高于 NOMA 的平均频谱效率，通过 OMA 获得的 SBS UL 频谱效率的增益可以省略。对于图 4-17 中的平均频谱效率，由于利用了 SIC 技术，NOMA 模式中的 PBS 接收器减去 SBS 级信号之后对其期望信号解码，NOMA 模式中的 SBS 接收器通过将 PBS 信号视为噪声来直接对其期望信号进行解码。因此，PBS UL 的平均频谱效率高于 SBS UL 的平均频谱效率。同时，由于 PBS 和 SBS UL 在 NOMA 模式中共享可用带宽，因此 NOMA 主 UL 级联达到比 OMA 更高的频谱效率，利用 OMA 具有更少的层间/层内干扰正交信道分配。共享所有可用带宽的 NOMA 模式极大地改善了主要 UL 频谱效率。此外，可实现的 UL 频谱效率越高，无线传播损耗越大。

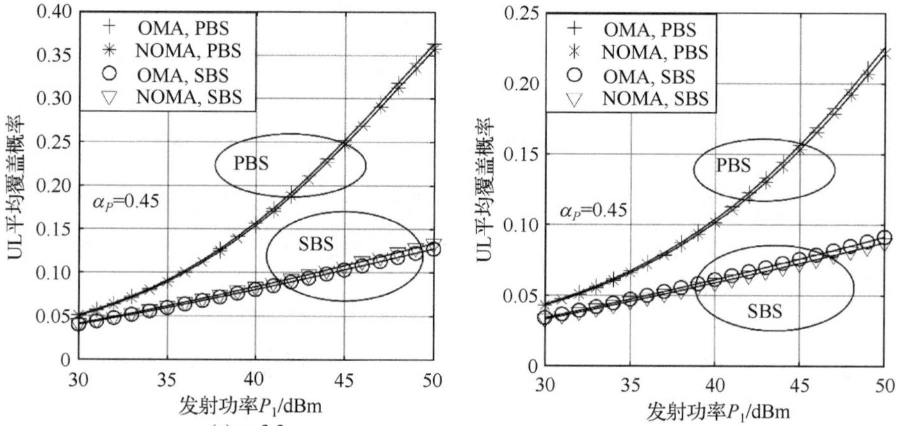

(a) α=3.3　　(b) α=4.3

图 4-16　OMA 和 NOMA 的 UL 平均覆盖概率

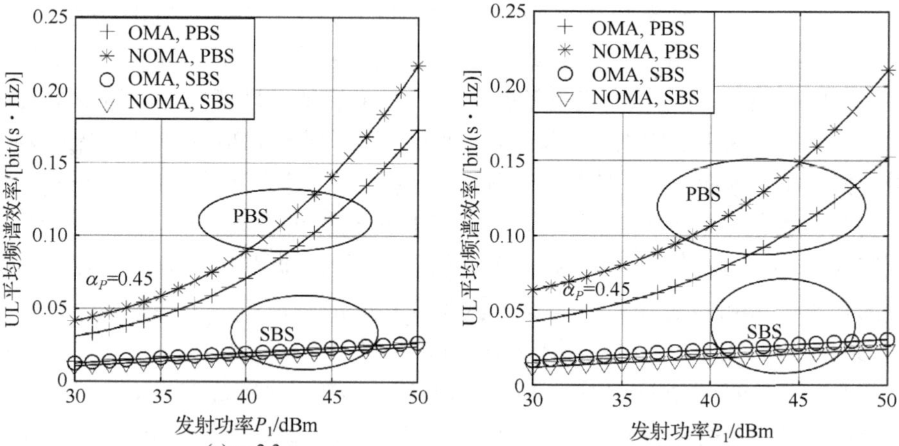

(a) α=3.3　　(b) α=4.3

图 4-17　OMA 与 NOMA 的 UL 平均频谱效率

尽管图 4-16 和图 4-17 提供了路径损耗指数 α 和发射功率 P_1 对具有解耦 DC 的 NOMA 和 OMA 模式的影响，但是没有清楚地给出功率分配因子 α_P 对级联概率的影响。图 4-18(a)和图 4-16(b)的路径损耗指数相同，即 $\alpha=4.3$，发现功率分配因子 α_P 增加会导致 NOMA SBS 链路覆盖性能损失，对 PBS 链路覆盖性能没有明显影响。也就是说，当 $\alpha_P=0.65$ 时，NOMA SBS 链路的平均覆盖概率小于 OMA SBS 链路的平均覆盖概率。对于平均频谱效率，比较图 4-17(b)和图 4-18(b)，很容易看出功率分配因子 α_P 增加进一步降低了 NOMA 链路的平均频谱效率。

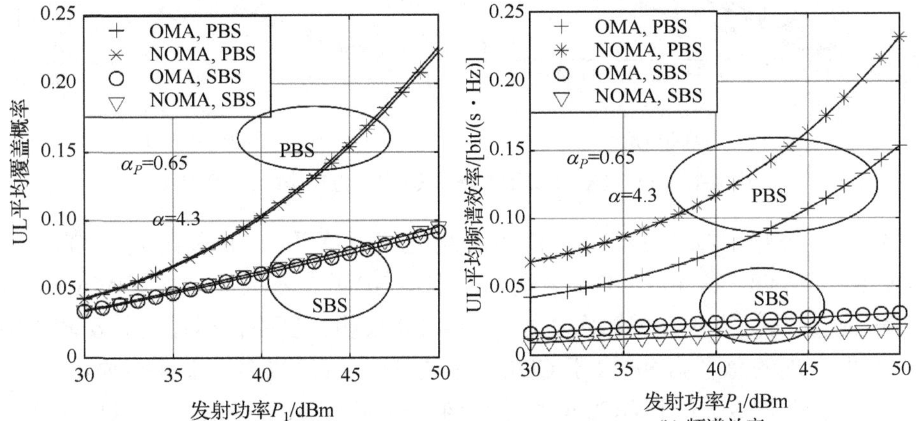

(a) 覆盖概率　(b) 频谱效率

图 4-18　功率分配因子 α_P 为 0.65 时的 UL 平均覆盖概率和频谱效率

上述结果表明，功率分配因子 α_P 增加导致 NOMA SBS 级联链路的丢失，而对 OMA SBS 级联链路没有明显的影响。虽然功率分配因子 α_P 增加并未对 OMA PBS 链路的频谱效率产生明显影响，但大大增强了 NOMA PBS 链路的频谱效率。因为增加 α_P 表示 PBS 信号可获得更多的功率，从而 PBS 传输(特别是频谱效率)得到改善。此外，由于 OMA 模式通过正交信道分别传送 PBS 信号和 SBS 信号，因此功率分配因子 α_P 对 OMA 模式没有明显影响。

为了突出 DUDA 的优越性，选取功率分配因子 $\alpha_P=0.35$，对 DUDA 和 CUDA 之间的总 ACP 和总平均 SE 进行比较。从图 4-19 可以看出，总 ACP 在 NOMA 和 OMA 模式下 DUDA 优于传统的 CUDA。此外，ACP 增益随着路径损耗指数 α 的减小而增加。除此之外，发现 NOMA 可实现的 ACP 增益高于 OMA，也就是说，NOMA 技术更有效地利用 DUDA 发挥更好的性能。根据这些发现，在系统模型中，基于最近距离标准执行解耦 UL 级联，最近传输距离受到的覆盖性能损失较少。该结果表明，通过结合 DRSP 和 UL 最近距离准则的解耦级联是有效的，从而实现更高的覆盖概率增益。

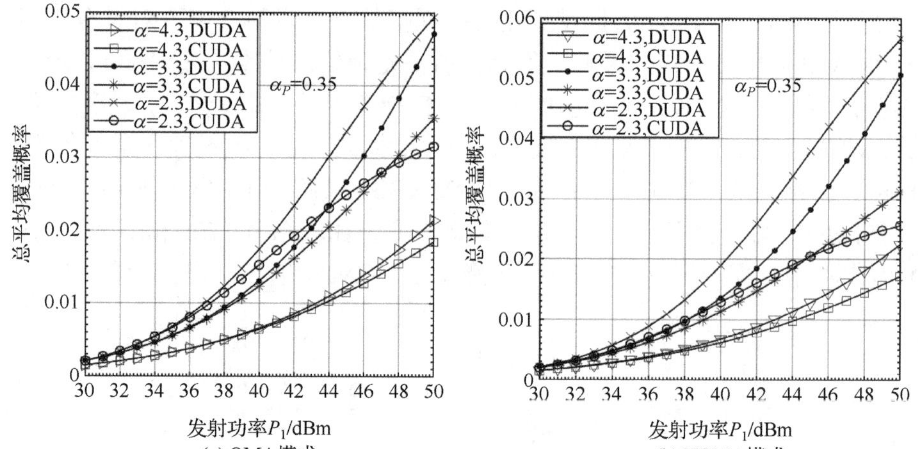

(a) OMA模式　　(b) NOMA模式

图 4-19　DUDA 和 CUDA 的总平均覆盖概率($\alpha_P = 0.35$)

基于 NOMA 技术，DUDA 和 CUDA 之间的总平均 SE 差距大于 OMA，在 OMA 模式下，DUDA 和 CUDA 之间的总平均 SE 差距不明显。在 NOMA 模式中，SE 差距随着发射功率 P_1 增加而增加。图 4-20 表明，当路径损耗指数 α 较大时，DUDA 可实现的总平均 SE 大于 CUDA 的总平均 SE。当路径损耗指数 α 较小时，CUDA 的总平均 SE 大于 DUDA 的总平均 SE，表明 DUDA 相对于 CUDA 实现的 SE 增益在很大程度上取决于路径损耗指数。当路径损耗指数 α 较大时，基于 DUDA 的 NOMA 优于基于 CUDA 的 NOMA；当路径损耗指数 α 很小时，基于 DUDA 的 NOMA 不如基于 CUDA 的 NOMA。

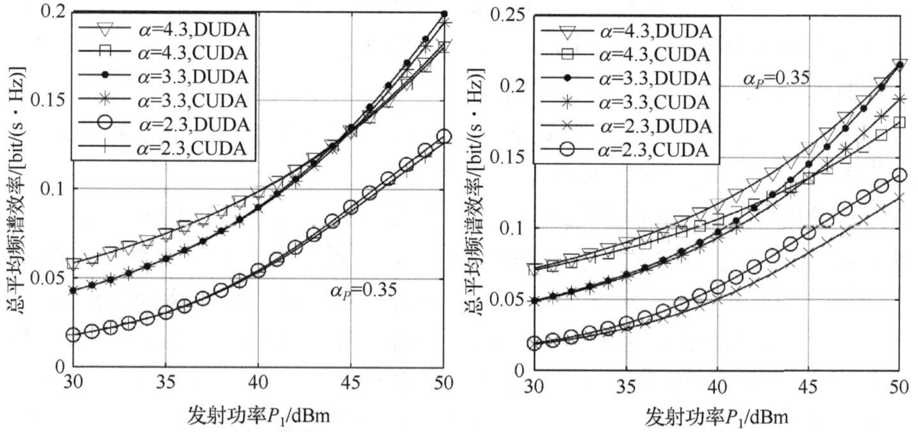

(a) OMA模式　　(b) NOMA模式

图 4-20　DUDA 和 CUDA 的总平均 SE($\alpha_P = 0.35$)

图 4-21 和图 4-22 取功率分配因子 $\alpha_P = 0.65$ 比较了 DUDA 和 CUDA 的总平

均覆盖概率和频谱效率，结果发现，DUDA 的总平均覆盖概率仍然大于 CUDA。同时，结合图 4-19 可以发现，在 NOMA 模式下，DUDA 和 CUDA 的总平均覆盖概率随 α_P 的增加而减小，但在 OMA 模式下不受 α_P 的影响。图 4-20 和图 4-22 的实验表明，DUDA 的 SE 并不总是大于 CUDA 的 SE，其由功率分配因子 α_P 和路径损耗指数 α 共同确定。随着功率分配因子 α_P 增加，在 NOMA 模式下，DUDA 和 CUDA 之间的 SE 差异增加，α_P 的增加使得 PBS 的信号的功率更大。采用 SIC 技术，PBS UL 的频谱效率得到了极大的提高。尽管 CUDA 中的 PBS 信号增加发射功率，但 UL 级联的 SE 改善非常有限。由图 4-18～图 4-22 得到，与基于 OMA 的模型相比，在基于 NOMA 的系统模型下，DUDA 可以获得比 CUDA 更大的 SE 增益，使用 NOMA 可以获得比 OMA 更高的 SE。

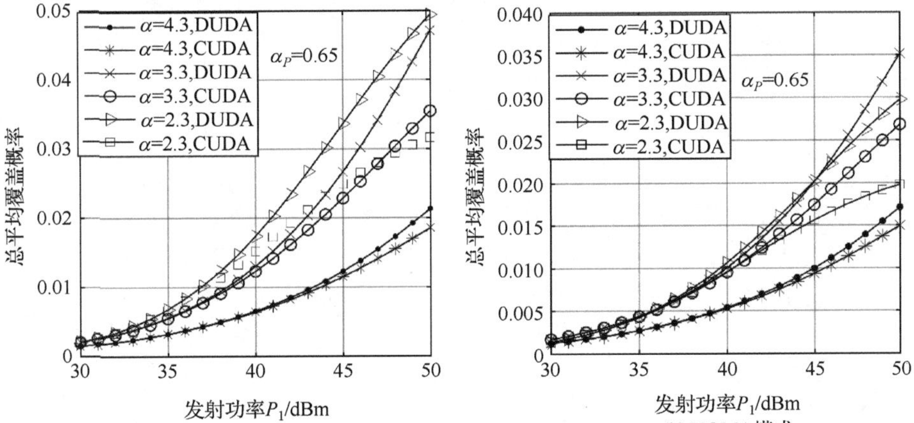

(a) OMA模式 (b) NOMA模式

图 4-21 DUDA 和 CUDA 的总平均覆盖概率($\alpha_P = 0.65$)

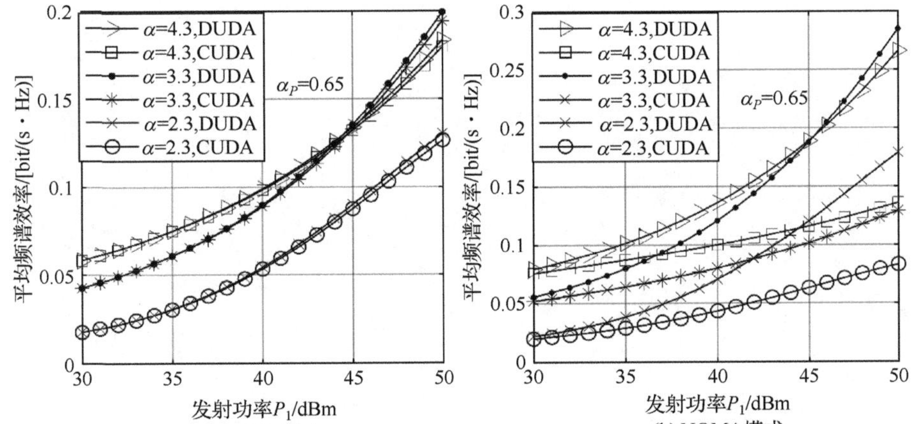

(a) OMA模式 (b) NOMA模式

图 4-22 DUDA 和 CUDA 的总平均 SE($\alpha_P = 0.65$)

总的来说，可以得出以下结论：①在 NOMA 和 OMA 系统模型中，DUDA 方案的平均覆盖概率大于 CUDA 方案，NOMA 系统的 ACP 增益高于 OMA。②当考虑 SE 时，对于 OMA 系统模型，DUDA 和 CUDA 之间的 SE 差距是微不足道的。基于 NOMA 系统时，DUDA 模型的 SE 并不总是大于 CUDA，其由功率分配因子 α_P 和路径损耗指数 α 共同确定。当 $\alpha_P < 0.5$ 时，基于 DUDA 的 NOMA 在大路径损耗指数 α 下的 SE 优于基于 CUDA 的 SE，基于 DUDA 的 NOMA 在小路径损耗指数下的 SE 不如基于 CUDA 的 SE。当 $\alpha_P > 0.5$ 时，对于任何路径损耗指数 α，基于 DUDA 的 NOMA 网络模型总是优于基于 CUDA 的网络模型。

第 5 章 异构网络无线回程

在异构网络中，随着超密集小小区的配置，其与核心网络保持连接的回程问题变得异常关键。宏基站通过骨干网光纤建立与核心网络的回程连接，但是对于小小区基站，不论是从工程代价还是工程操作可行性等角度考虑，高密集部署的小小区使得不可能通过光纤等有线链路建立回程[221-222]，为这些小小区提供有效可行且经济的回程解决方案是一个具有挑战性的问题。针对这一问题，目前已经提出各式各样可行的解决方案[223-224]，除了理论上的高容量、低时延光纤有线回程，还有两种回程方案，即高增益定向微波或毫米波天线阵无线回程，以及基于移动通信技术的网络回程。这些回程方案各有优点和缺点，本章分别进行介绍，并着重研究基于蜂窝网络移动通信技术的无线回程。

5.1 回 程 方 案

5.1.1 有线回程

传统的有线回程如同在智能手机之前出现的固定电话，需要物理介质电缆(如光纤、铜线等介质)——完成连接，从而实现回程数据的传输工作。毫无疑问，依靠物理介质电缆的这种有线回程连接方式，具有非常高的回程容量且非常可靠，可为大量的基站和用户提供回程服务，时延非常低，同时具有较高的可靠性和稳定性。对用户来说，高可靠性能增加了用户的使用体验。

作为有线回程传输介质之一的铜线，价格并不昂贵，在很多早期电话业务中被充分使用，可以尽量降低网络部署的成本。于是，价格方面的优势使铜线很快成为各运营商回程材料的首选，但是采用这种介质，网络的同步性较差且不能完全得到保证。另一种主要的有线回程传输介质是光纤，价格比铜线贵。光纤具有一些显著的优势，如抗干扰性好、寿命长、传输能力较强、无可比拟的保密性、体积小等，光纤比铜线更有优势。不可避免的是，光纤本身也存在许多缺点。由于光纤本身质地，其切割和连接过程都非常严格，稍有不慎就可能断，这无疑给网络部署增加了难度。

随着网络逐渐异构化和密集化，通过实体介质的这种有线回程方法实地部署难度大、成本高、灵活性差，已经不太适用于未来网络。超密集部署的 5G/B5G

异构网络除了具有密集性部署特征，还具有动态性，热点区域并不固定。基于此，提出了去蜂窝的概念，网络的部署转向以用户为中心，这使得有线回程工程代价非常高，也不可能实现。同时，市区和小区楼宇局域不容许有线回程施工[225]。

5.1.2　高增益定向天线阵无线回程

无线回程(wireless backhaul，WBH)是一种可行且具有成本效益的回程方法[226-227]，允许运营商获得网络的端到端控制，而不必租用第三方有线回程连接[228-229]。无线回程有两种方案，第一种是高定向、高增益的微波或毫米波回程方案[230]，第二种是利用无线通信技术和频谱的蜂窝自回程方案[231]。高增益定向天线阵无线回程方案利用了 60GHz 和 70～80GHz 频带中的毫米波频谱[232]、6GHz 和 60GHz 频带之间的微波频谱、小于 6GHz 频带的电视空白空间及卫星技术。高增益定向天线阵无线回程方案的最佳选择取决于传播环境及许多系统参数，如小小区的位置和部署密度、所需的回程容量、干扰条件、成本、覆盖范围、硬件要求和频谱可用性等。具体来讲，高增益定向天线阵无线回程还面临着毫米波信号的室外传播损失及微波频段和毫米波频段下的多跳传输等问题。同时，这种高增益定向天线阵无线回程的部署需要较高的工程代价和工程施工时间等，也不满足 5G/B5G 异构网络的超密集部署特性和热点应急等局域的动态性和及时性需求[233-235]。

5.1.3　基于蜂窝网络技术和频谱的无线回程

基于蜂窝网络技术和频谱的无线回程利用了蜂窝网络无线通信技术，在蜂窝网络通信频谱建立回程接入。由于在蜂窝无线通信频谱上传输无线回程信号，基于无线传输的广播属性，该回程方案可以满足 5G 超密集异构网络对 NLoS 传输的要求。同时，小区基站无专门回程硬件配置要求和回程安放，工程造价极低。由于无需专用频段和设备，这种基于蜂窝网络技术和频谱的无线回程方案又称为无线自回程方案[236-237]，有带外自回程和带内自回程两种实现与配置方案。在带外自回程方案中，回程链路和移动通信用户在正交的无线通信频谱上建立连接，这种方案有效地抑制了接入链路和回程链路间的无线干扰，可以提高回程和接入容量，不足之处是正交的回程链路和接入频谱导致频谱效率低[238-239]。在带内自回程方案中，回程链路和接入链路共享整个频谱，具有较高的频谱利用率[240-241]，但是回程和接入链路间有严重的同频干扰。在 5G/B5G 网络中，由于采用大规模 MIMO 和 NOMA 等技术，利用大规模 MIMO 的空分多址和 NOMA 的连续干扰消除等，可以抑制甚至消除回程链路与接入链路的同信道干扰[242-246]。

图 5-1 给出了一个两层异构网络无线自回程实现[247]，由大规模 MIMO 宏基站和单天线小小区基站构成。宏基站通过有线回程与核心网络建立回程，小小区

基站通过自回程技术与宏基站建立回程，进而与核心网络建立连接。宏基站由于采用了大规模 MIMO 技术，通过空分多址，其可以同时与多个小小区建立回程，并可以抑制带内干扰。在为小小区基站提供回程服务的同时，宏基站还为小区用户提供服务。

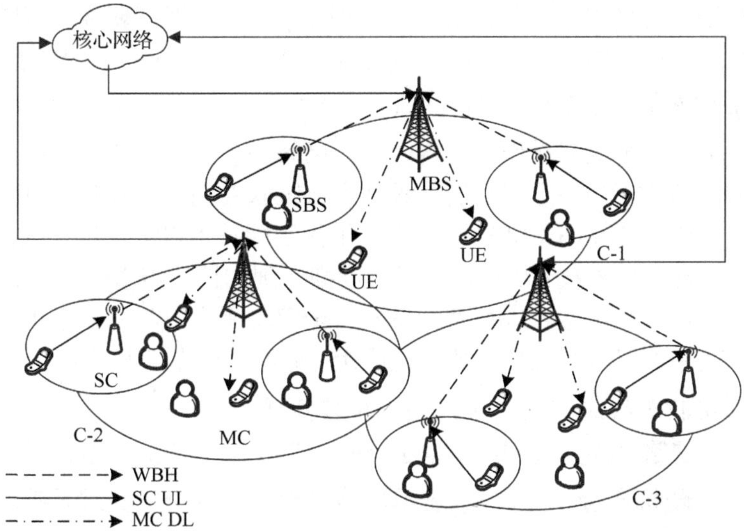

图 5-1　两层异构网络无线自回程

WBH 为无线回程；SC UL 为小小区上行链路(small cell uplink)；MC DL 为宏小区下行链路(macro cell downlink)

5.2　联合全双工大规模 MIMO 和 NOMA 的异构网络自回程

5.2.1　全双工大规模 MIMO 多层异构网络

考虑同信道部署、完全全双工操作的 $K+1$ 层异构网络，由 K 层小小区和一层宏小区构成。MBS 配备大规模 MIMO 天线阵列，发射天线和接收天线数量分别为 N_{T_x} 和 N_{R_x}，SBS 和 MU 均为单天线配置。MBS 为多用户系统，SBS 为单用户系统。MBS 的传输信号功率均为 P_{M}，第 k 层链路中所有 SBS 具有相同的发射功率 P_{S_k}。MBS 和 SBS 的空间拓扑被建模为空间密度分别为 λ_{M} 和 λ_{S_k} 的独立 PPP Φ_{M} 和 Φ_{S_k}，$k\in\{1,2,\cdots,K\}$，这里假定网络是满载的状态。因此，对于 FD 小小区，每个 SBS 在每个时频块中连接一个 DL MU 和一个 UL MU。相应地，每层的有效 UL MU 用密度 $\lambda_{\mathrm{U}_{\mathrm{S}_k}}^{\mathrm{UL}}=\lambda_{\mathrm{S}_k}$ 的独立齐次泊松点过程 $\Phi_{\mathrm{U}_{\mathrm{S}_k}}$ 建模。给定两个随机网络端点 u 和 v，其路径损耗建模为 $\beta\left|X_{v,u}\right|^{-\alpha}$。其中，$\beta$ 是与频率相关的常数；

$\alpha \in \{\alpha_{\mathrm{M}}, \alpha_{\mathrm{S}_k}\}$，$\alpha_{\mathrm{M}}$ 是宏小区的路径损耗指数，α_{S_k} 是第 k 层中某一小小区的路径损耗指数，该模型中不同层具有不同的路径损耗指数。小规模衰落为独立同分布准静态瑞利衰落，信道状态在一个信道资源块内保持不变，在不同信道资源块之间随机变化。假设完美的信道状态信息，宏基站使用线性迫零波束成形抑制噪声和干扰。对于具有单天线发射机的信道，用 $h_{v,u}$ 表示小规模衰落信道增益，服从单位功率瑞利衰落，即 $h_{v,u} \sim \exp(1)$。对于来自大规模 MIMO 发射机的信道，等效的小规模衰落 $g_{v,u}$ 服从伽马分布，即 $g_{v,u} \sim \Gamma(\cdot,\cdot)$。

考虑一个完全全双工操作的异构网络，网络中大规模 MIMO MBS、单天线 SBS 和 MU 都工作在 FD。当它们接收到来自级联终端的信号时，也受来自其发送信号的自干扰。FD MBS 和 SBS 采用自干扰消除技术以抑制自干扰，基于先进的数字信号处理预压缩技术[71]，自干扰可以抑制到加性噪声水平。需要说明的是，随着现代电子技术和信号处理技术的发展，全双工操作引起的自干扰可以得到极大的压缩，这保证了全双工技术的落地应用，系统频谱效率提升将近一倍。MBS 发射天线和接收天线之间的自干扰信道矩阵建模为 $H_{\mathrm{M}} \in \mathbb{C}^{N_{\mathrm{R}_x} \cdot N_{\mathrm{T}_x}}$，表示环路干扰；环路干扰链路建模为瑞利衰落信道[70]；环路干扰矩阵的元素建模为独立同分布 $CN\left(0, {\sigma_{\mathrm{M}}}^2\right)$ 随机变量；方差 σ_{M} 表示环路自干扰，取决于发射天线和接收天线之间的距离及采用的环路干扰抑制技术。接收的环路干扰功率是 $P_{\mathrm{LI,M}} = \delta_{\mathrm{M}} P_{\mathrm{M}} \sigma_{\mathrm{M}}^2$，其中 δ_{M} 是相同的干扰消除因子。同样，FD 单天线配置的 SBS 环路干扰建模为 $h_{\mathrm{S}} \sim CN\left(0, \sigma_{\mathrm{S}}^2\right)$，环路干扰功率为 $P_{\mathrm{LI,S}_k} = \delta_{\mathrm{S}_k} P_{\mathrm{S}_k} \sigma_{\mathrm{S}}^2$，$\delta_{\mathrm{S}_k}$ 为层 k 中 SBS 的相同干扰消除因子，σ_{S}^2 为 SBS 全双工天线环路干扰。干扰消除因子由选择的干扰消除方法决定。

5.2.2　全双工带内自回程

对于考虑的网络模型，网络同时采用有线回程和无线回程。MBS 通常位于光纤存在点或核心网络可使用大容量视距(line of sight，LoS)微波链路的位置，实现与核心网络的回程连接，满足蜂窝网络骨干基础网建设要求。密集部署的 SBS 通过 MBS 提供的无线自回程连接到核心网络，利用无线通信技术，共享无线通信接入频谱。为了提高频谱效率，MBS 和 SBS 均以 FD 模式工作，系统采用带内自回程方案。在 FD 模式下，一方面 MBS 可以发送(或接收)MU 的信号并同时接收(或发送)SBS 的回程；另一方面 SBS 可以同时发送和接收 MU 的 DL 和 UL 信号。同时，为了提高频谱效率并保证 FD SBS 可靠的回程，在 SBS 处将 FD 和 NOMA 集成考虑，在回程和接入信号中采用 NOMA 技术。因此，系统的一个通信周期包括两个阶段，即 MBS-MU-DL 和 MBS-MU-UL 阶段，MBS-MU-DL 表示 MBS 工作在下行链路模式，MBS-MU-UL 则表示 MBS 工作在上行链路模式。这两种模式同时决定了其他网络终端的不同工作模式。在 MBS-MU-DL 阶段，FD 模式的 MBS 接收来自 SBS 的回程信号，并将 DL 信号发送到 MU；FD 模式的 SBS 接收来自 MU 的 UL 信号，并以 NOMA 模式发送到 MBS 的回程信号和到 MU 的 DL 信号。该级联的 SBS 小小区用户也工作在 FD 模式，同时收发信号，实现了一个到 MBS 的回程连接和两个接入连接。相反，在 MBS-MU-UL 阶段，FD 模式的 MBS 向 SBS 发送回程信号并从 MU 接收 UL 信号；FD 工作模式的 SBS 在向 MU 发送 DL 信号的同时，以 NOMA 模式接收来自 MBS 的回程信号和 MU 的 UL 信号的复合信号。基于以上叙述，图 5-2 给出了 MBS-MU-DL 阶段和 MBS-MU-UL 阶段无线回程实现，任一第 k 层网络中位于 O_{S_k} 的全双工小小区基站通过无线回程与 MBS 建立连接，还通过上、下行链路分别与位于 O_U 和 O_D 的小小区用户建立上、下行通信[233]。有关详细叙述，请参考文献[248]～文献[250]。

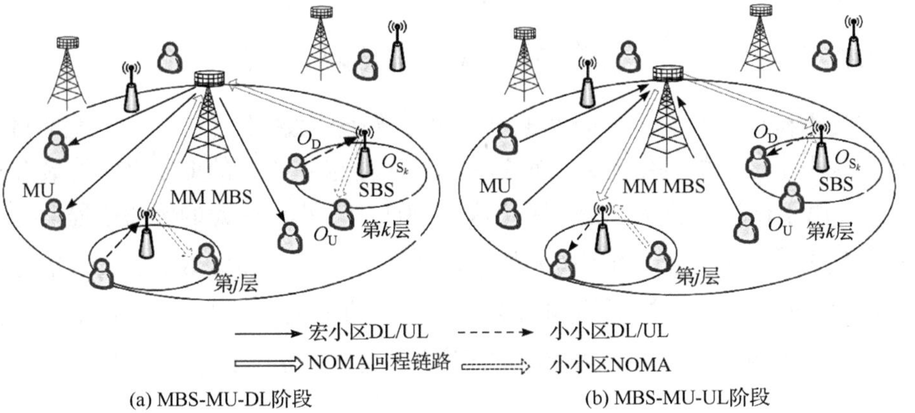

图 5-2　基于 FD 和 NOMA 技术的大规模 MIMO 多层异构网络无线回程

MM MBS 为大规模 MIMO 宏基站

5.2.3　MBS-MU-DL 随机几何模型

图 5-2(a)为 MBS-MU-DL 阶段的传输模式，这时 SBS 与 MBS 为上行回程，考虑的是 MBS 与 MU DL 传输。进一步假设大规模 MIMO 配置的 MBS 可以同时为 MU 提供的最大链路数为 N_M，最大回程链路数为 N^B。为了公平性，假设每个 MBS 能为第 k 层提供的最大回程链路数为 $N_{S_k}^B$，对所有 K 层 SBS 网络，有 $N_{S_1}^B + N_{S_2}^B + \cdots + N_{S_K}^B = N^B$。由于在每个 SBS 上集成 FD 和 NOMA 技术，对于 MBS-MU-DL 模式下的 SBS 上行回程，基于功率分配因子 μ^{BH} 和 μ^{SMU}，每个 SBS 将小小区下行信号和上行回程组合为 NOMA 信号发送，其中 μ^{BH} 为回程信号功

率分配因子，μ^{SMU}为小小区下行信号功率分配因子。因此，SBS 层的回程可用功率为$\mu_{\mathrm{S}_k}^{\mathrm{BH}}P_{\mathrm{S}_k}$，下行接入链路的发射功率为$\mu_{\mathrm{S}_k}^{\mathrm{SMU}}P_{\mathrm{S}_k}$。然后，利用 FD 技术，SBS 同时发送 NOMA 信号并接收 MU 上行链路信号。所有的 MU 具有相同的发射功率P_{U}。显然，在此多层异构网络中，实现了带内自回程传输，同一时频资源块上同时存在三种类型的 SBS 传输和一种 MBS 传输，如图 5-2(a)所示[248]。

由于在每个 SBS 处都使用了 NOMA 技术，因此每个 SBS 仅一个 UL MU 传输，并对网络上其他传输造成干扰，并不是网络中所有的 MU 都对网络产生干扰。如文献[216]所述，在这种情况下，MU 上行链路传输在 SBS 或与 SBS 级联终端上的干扰并不是同类 PPP，干扰分布不容易处理。为解决此问题，采用以下近似方法将相应的过程描述为异构的 PPP。在位置点服从 PPP Φ_{S_k}的小小区网络中，活跃的 SBS 可由 PPP $\tilde{\Phi}_{\mathrm{S}_k}$建模，密度为$\tilde{\lambda}_{\mathrm{S}_k}$，$\tilde{\lambda}_{\mathrm{S}_k}=\min\left(N_{\mathrm{S}_k}^{\mathrm{B}},\lambda_{\mathrm{S}_k}/\lambda_{\mathrm{M}}\right)\cdot\lambda_{\mathrm{M}}$。然后，假设第$k$层的一个活跃 SBS 位于$v$，则网络中位于$u$处的 MU 与位于$v$处的 SBS 级联的概率为$P=\exp\left(-\tilde{\lambda}_{\mathrm{S}_k}|r|^2/G_k^{\mathrm{UL}}\right)$，其中$|r|$是$u$与$v$的距离，$G_k^{\mathrm{UL}}=\tilde{\lambda}_{\mathrm{S}_k}/\sum_{i=1}^{K}\tilde{\lambda}_{\mathrm{S}_i}$，$G_k^{\mathrm{UL}}$定义为排斥参数。基于此结果，且每个活跃的 SBS 中只有一个活跃的 MU 可能会干扰小小区中的网络元素，得到来自第k层潜在干扰的 UL MU 的最大密度为$\tilde{\lambda}_{\mathrm{S}_k}$。由于该过程服从 PPP，因此这些 MU 到小小区网元的传播过程具有密度测量函数$2\pi\tilde{\lambda}_k r$。显然，由于所有的 MU 并不一定都与 SBS 级联，其结果为稀疏 PPP 过程，密度取决于激活的 SBS 数量。产生的干扰 UL MU 过程$\Phi_{\mathrm{UI}}^{\mathrm{S}_k}$的密度随着小小区中来自网络元素的路径增加而增加。这样，得到层k中 UL MU 过程$\Phi_{\mathrm{UI}}^{\mathrm{S}_k}$的密度为

$$\lambda_{\Phi_{\mathrm{UI}}^{\mathrm{S}_k}}(r)=\tilde{\lambda}_{\mathrm{S}_k}\left[1-\exp\left(-\pi\frac{\tilde{\lambda}_{\mathrm{S}_k}r^2}{G_k^{\mathrm{UL}}}\right)\right] \tag{5-1}$$

即 MU 上行链路干扰随机几何过程模型。

除了小小区，进一步假设第k层中与给定 MBS 级联的回程链路 SBS 的实际数量为$N_{\mathrm{SS}_k}^{\mathrm{B}}$，$N_{\mathrm{SS}_k}^{\mathrm{B}}$也是一个随机变量，可以超过第$k$层最大支持的回程链路数量$N_{\mathrm{S}_k}^{\mathrm{B}}$。通常，概率质量函数(probability mass function，PMF)用于表征实际级联的随机变量$N_{\mathrm{SS}_k}^{\mathrm{B}}$分布，但对于考虑的网络模型，并不能获得准确的 PMF。为了便于分析和易于表达，这里考虑将第k层级联的实际 SBS 数量$N_{\mathrm{SS}_k}^{\mathrm{B}}$近似为其平均值，即$\mathbb{E}\left\{N_{\mathrm{SS}_k}^{\mathrm{B}}\right\}=\lambda_{\mathrm{S}_k}/\lambda_{\mathrm{M}}$，该近似易于理解。受 MBS 能为每层提供级联 SBS 数量的

约束，并不能保证同时与给定 MBS 级联的第 k 层中所有 SBS 建立回程，部分 SBS 即使级联，也不能获得回程链路。因此，给定 MBS 能为第 k 层 SBS 实际提供的回程数量为 $\min\left(N_{S_k}^{B}, \lambda_{S_k}/\lambda_M\right)$。基于这种考虑，可得到 $\varPhi_{S_k}$ 的稀疏模型 $\tilde{\varPhi}_{S_k}$，$\tilde{\varPhi}_{S_k}$ 定义为成功建立回程 SBS(活跃的 SBS)的 PPP，稀疏 PPP $\tilde{\varPhi}_{S_k}$ 密度为

$$\tilde{\lambda}_{S_k} = \min\left(N_{S_k}^{B}, \lambda_{S_k}/\lambda_M\right)\cdot\lambda_M \tag{5-2}$$

FD 小小区每层活跃的 UL MU 被建模为另一个独立的具有密度 $\lambda_{U^{S_k}}^{UL} = \tilde{\lambda}_{S_k}$ 的稀疏 PPP $\varPhi_{U^{S_k}}$，与给定 MBS 级联的 MU 的数量应该等于最大数量 N^{MU}。

5.2.4　接收端干扰 LT 一般模型

本小节给出干扰分布的一般形式，即干扰项的 LT。在不失一般性的情况下，假设用户终端 u 接收来自干扰终端 $v\in\varPhi_P$ 的干扰，其中 $\varPhi_P$ 是密度为 λ_P 的独立 PPP；随机变量 $h_{v,u}$ (或 $g_{v,u}$)和 $|X_{v,u}|$ 分别是信道增益和终端 $v\in\varPhi_P$ 与给定接收机终端 u 之间的距离；路径损耗指数是 α_P。在不同分布的随机变量 $h_{v,u}$ (或 $g_{v,u}$)下，给出关于干扰的引理 5-1 和引理 5-2。

引理 5-1　如果小规模衰落信道增益服从单位功率的瑞利分布，假设等效功率参数为 A_P 和路径损耗指数为 α_P，给定接收机 u 接收到的来自干扰终端 $v\in\varPhi_P$ 的干扰的 LT 为[248]

$$\begin{aligned} G_{\text{Ray}}(1,\lambda_P,A_P,\alpha_P,0,s) &= \mathbb{E}_{\varPhi_P,h}\left\{\exp\left(-\sum_{v\in\varPhi_P\backslash u} sA_P h_{v,u}\left|X_{v,u}\right|^{-\alpha_P}\right)\right\} \\ &= \exp\left[-2\pi\lambda_P\left(A_P s\right)^{\frac{2}{\alpha_P}}\frac{1}{\alpha_P}\pi\csc\left(\frac{2}{\alpha_P}\pi\right)\right] \end{aligned} \tag{5-3}$$

当距离 $|X_{v,u}|$ 满足 $|X_{v,u}|\geqslant z$ 时，相应的 LT 为

$$\begin{aligned} G_{\text{Ray}}(1,\lambda_P,A_P,\alpha_P,z,s) &= \mathbb{E}_{\varPhi_P,h}\left\{\exp\left(-s\sum_{v\in\varPhi_P\backslash u} A_P h_{u,v}\left|X_{u,v}\right|^{-\alpha_P}\right)\right\} \\ &= \exp\left[-2\pi\lambda_P\frac{\left(sA_P\right)z^{2-\alpha_P}}{\alpha_P-2}\,{}_2F_1\left(1,1-\frac{2}{\alpha_P};2-\frac{2}{\alpha_P};-z^{-\alpha_P}\left(sA_P\right)\right)\right] \end{aligned} \tag{5-4}$$

引理 5-2　如果等效小规模衰落信道增益 $g_{v,u}$ 服从参数为 $(N,1)$ 的伽马分布，即 $g_{v,u}\sim\Gamma(N,1)$，假设等效功率参数为 A_P 和路径损耗指数为 α_P。当距离 $|X_{v,u}|$ 满足 $|X_{v,u}|\geqslant 0$ 时，给定接收机 u 接收到的来自终端 $v\in\varPhi_P$ 的干扰信号的 LT 为

$$
\begin{aligned}
G_{\mathrm{Gam}}(N,\lambda_{\mathrm{P}},A_{\mathrm{P}},\alpha_{\mathrm{P}},0,s) &= \mathbb{E}_{\Phi_{\mathrm{P}},h}\left\{\exp\left(-\sum_{v\in\Phi_{\mathrm{P}}\setminus u} sA_{\mathrm{P}}g_{v,u}\left|X_{v,u}\right|^{-\alpha_{\mathrm{P}}}\right)\right\} \\
&= \exp\left[-2\pi\lambda_{\mathrm{P}}\sum_{v=1}^{N}\binom{N}{v}\frac{1}{\alpha_{\mathrm{P}}}(sA_{\mathrm{P}})^{\frac{2}{\alpha_{\mathrm{P}}}}B\left(v-\frac{2}{\alpha_{\mathrm{P}}},N-v+\frac{2}{\alpha_{\mathrm{P}}}\right)\right]
\end{aligned} \tag{5-5}
$$

式中，$\binom{N}{v}=\dfrac{N!}{v!(N-v+1)!}$是二项式系数。当距离满足$|X_{v,u}|\geqslant z$时，相应的 LT 为

$$
\begin{aligned}
G_{\mathrm{Gam}}(N,\lambda_{\mathrm{P}},A_{\mathrm{P}},\alpha_{\mathrm{P}},z,s) &= \mathbb{E}_{\Phi_{\mathrm{P}},h}\left\{\exp\left(-s\sum_{v\in\Phi_{\mathrm{P}}\setminus u} A_{\mathrm{P}}g_{v,u}\left|X_{v,u}\right|^{-\alpha_{\mathrm{P}}}\right)\right\} \\
&= \exp\left[-2\pi\lambda_{\mathrm{P}}\sum_{v=1}^{N}\binom{N}{v}(sA_{\mathrm{P}})^{v}\frac{1}{v\alpha_{\mathrm{P}}-2}(z)^{2-v\alpha_{\mathrm{P}}}\right. \\
&\quad \left.\times {}_2F_1\left(N,v-\frac{2}{\alpha_{\mathrm{P}}};1+v-\frac{2}{\alpha_{\mathrm{P}}};-sA_{\mathrm{P}}z^{-\alpha_{\mathrm{P}}}\right)\right]
\end{aligned} \tag{5-6}
$$

证明　扫二维码查看。

5.3　MBS-MU-DL 传输模式及 SBS 上行回程

5.3.1　MBS-MU-DL 模式级联概率和级联距离分布

对于 MBS-MU-DL 传输模式(MBS 到 MU 的下行传输)，根据图 5-2(a)给出的模型，考虑到网络的 FD 配置，存在两种类型的用户终端级联。第一种类型是 MU 与 MBS 的下行链路级联，第二种类型是 MU 与 SBS 的上行链路级联。如图 5-2(a)所示，假定位于O_{U}的两个给定 MU 在上行链路和下行链路分别与第 k 层位于O_{S_k}的相同 FD SBS 级联，并且该位于O_{S_k}的 FD SBS 与位于M的 MBS 级联。首先考虑下行链路级联，位于O_{D}处的给定 MU 在下行链路与 MBS 级联。对于 MU 与 MBS 的下行链路级联，使用一般的基于最大 ABRP 规则的用户级联，其中用户终端与提供最大统计平均接收功率的 MBS 级联。因此，对于下行链路 MU 级联，位于O_{D}处的一个给定 MU 收到来自位于M ($M\in\Phi_{\mathrm{M}}$)处 MBS 的平均偏置接收功率表示为

$$
P_{\mathrm{R,M}}=\zeta_{\mathrm{M}}\frac{G_{\mathrm{M_T}}P_{\mathrm{M}}}{N_{\mathrm{M}}}\beta\left|X_{\mathrm{M},O_{\mathrm{D}}}\right|^{-\alpha_{\mathrm{M}}} \tag{5-7}
$$

式中，$G_{\mathrm{M_T}}$是迫零波束成形传输的阵列增益，且$G_{\mathrm{M_T}}=N_{\mathrm{T}_x}-N_{\mathrm{M}}+1$；$\zeta_{\mathrm{M}}$是 MBS 的偏置因子，假设所有 MBS 使用相同的偏置因子。

与 MBS 中的 MU 下行链路级联不同，由于在 SBS 处使用 NOMA 技术，其

利用了多接入功率稀疏性。在此异构网络中，回程信号和下行链路接入信号在功率域中叠加，具有功率分配因子 $\mu_{\mathrm{S}_k}^{\mathrm{BH}}$ 和 $\mu_{\mathrm{S}_k}^{\mathrm{SMU}}$。位于 O_{U} 处的一个给定 MU 来自第 k 层的位于 j 处的目标 SBS 的 ABRP 为

$$P_{\mathrm{R},j}=\zeta_{\mathrm{S}_k}\mu_{\mathrm{S}_k}^{\mathrm{SMU}}P_{\mathrm{S}_k}\beta\left|X_{j,O_{\mathrm{D}}}\right|^{-\alpha_{\mathrm{S}_k}} \tag{5-8}$$

式中，ζ_{S_k} 是第 k 层中 SBS 的相同偏置因子。

然后，基于式(5-7)和式(5-8)，引理 5-3 给出了给定 MU 与 MBS 和 SBS 的级联概率。

引理 5-3　使用基于 ABRP 的 MU 级联规则，位于 O_{D} 的给定 MU 与 MBS 和位于 O_{U} 处的一个给定 MU 与第 k 层中 SBS 级联的概率分别为

$$A_{\mathrm{MU}}^{\mathrm{M,DL}}=2\pi\lambda_{\mathrm{M}}\int_0^{\infty}\exp\left(-\left\{\sum_{j=1}^{k}\pi\lambda_{\mathrm{S}_j}\left[\frac{\mu_{\mathrm{S}_j}^{\mathrm{SMU}}P_{\mathrm{S}_j}\zeta_{\mathrm{S}_j}N_{\mathrm{M}}}{P_{\mathrm{M}}\zeta_{\mathrm{M}}\left(N_{\mathrm{T}_x}-N_{\mathrm{M}}+1\right)}\right]^{\frac{2}{\alpha_{\mathrm{S}_j}}}x^{\frac{2\alpha_{\mathrm{M}}}{\alpha_{\mathrm{S}_j}}}+\pi\lambda_{\mathrm{M}}x^2\right\}\right)x\mathrm{d}x \tag{5-9}$$

$$A_{\mathrm{MU}}^{\mathrm{S}_k,\mathrm{DL}}=2\pi\lambda_{\mathrm{S}_k}\int_0^{\infty}\exp\left\{-\left[\sum_{j=1}^{k}\pi\lambda_{\mathrm{S}_j}\left(\frac{P_{\mathrm{S}_j}\zeta_{\mathrm{S}_j}}{P_{\mathrm{S}_k}\zeta_{\mathrm{S}_k}}\right)^{\frac{2}{\alpha_{\mathrm{S}_j}}}x^{\frac{2\alpha_{\mathrm{S}_k}}{\alpha_{\mathrm{S}_j}}}+\left(\frac{N_{\mathrm{T}_x}-N_{\mathrm{M}}+1}{N_{\mathrm{M}}}\frac{P_{\mathrm{M}}\zeta_{\mathrm{M}}}{\mu_{\mathrm{S}_k}^{\mathrm{SMU}}P_{\mathrm{S}_k}\zeta_{\mathrm{S}_k}}\right)^{\frac{2}{\alpha_{\mathrm{M}}}}x^{\frac{2\alpha_{\mathrm{S}_k}}{\alpha_{\mathrm{M}}}}\right]\right\}x\mathrm{d}x \tag{5-10}$$

证明　基于式(5-7)和式(5-8)，使用与文献[251]～文献[253]类似的方法，可以得到式(5-9)和式(5-10)。

此外，需要获得给定 MU 与其服务的基站之间级联距离的 PDF。基于式(5-7)和式(5-8)、式(5-9)和式(5-10)，得到引理 5-4。

引理 5-4　给定 MU 与其服务 MBS 之间下行链路的距离 $\left|X_{\mathrm{M},O_{\mathrm{D}}}\right|$ 的 PDF 为

$$f_{\left|X_{\mathrm{M},O_{\mathrm{D}}}\right|}(x)=\frac{2\pi\lambda_{\mathrm{M}}x}{A_{\mathrm{MU}}^{\mathrm{M,DL}}}\exp\left(-\left\{\sum_{j=1}^{k}\pi\lambda_{\mathrm{S}_j}\left[\frac{\mu_{\mathrm{S}_j}^{\mathrm{SMU}}P_{\mathrm{S}_j}\zeta_{\mathrm{S}_j}N_{\mathrm{M}}}{P_{\mathrm{M}}\zeta_{\mathrm{M}}\left(N_{\mathrm{T}_x}-N_{\mathrm{M}}+1\right)}\right]^{\frac{2}{\alpha_{\mathrm{S}_j}}}x^{\frac{2\alpha_{\mathrm{M}}}{\alpha_{\mathrm{S}_j}}}+\pi\lambda_{\mathrm{M}}x^2\right\}\right) \tag{5-11}$$

位于 O_{D} 处的给定 MU 与其在第 k 层中服务的 SBS 之间距离 $\left|X_{O_{\mathrm{S}_k},O_{\mathrm{D}}}\right|$ 的 PDF 为

$$\begin{aligned}&f_{\left|X_{\mathrm{S}_k,O_{\mathrm{D}}}\right|}(x)\\&=\frac{2\pi\lambda_{\mathrm{S}_k}x}{A_{\mathrm{MU}}^{\mathrm{S}_k,\mathrm{DL}}}\exp\left\{-\left[\sum_{j=1}^{k}\pi\lambda_{\mathrm{S}_j}\left(\frac{P_{\mathrm{S}_j}\zeta_{\mathrm{S}_j}}{P_{\mathrm{S}_k}\zeta_{\mathrm{S}_k}}\right)^{\frac{2}{\alpha_{\mathrm{S}_j}}}x^{\frac{2\alpha_{\mathrm{S}_k}}{\alpha_{\mathrm{S}_j}}}+\left(\frac{N_{\mathrm{T}_x}-N_{\mathrm{M}}+1}{N_{\mathrm{M}}}\frac{P_{\mathrm{M}}\zeta_{\mathrm{M}}}{\mu_{\mathrm{S}_k}^{\mathrm{SMU}}P_{\mathrm{S}_k}\zeta_{\mathrm{S}_k}}\right)^{\frac{2}{\alpha_{\mathrm{M}}}}x^{\frac{2\alpha_{\mathrm{S}_k}}{\alpha_{\mathrm{M}}}}\right]\right\}\end{aligned} \tag{5-12}$$

由于 SBS 工作在 FD 模式，因此也需要 MU 上行链路和 SBS 回程链路的级联。MU 上行链路级联是位于 O_{U} 处的 MU 与一个 SBS 级联，SBS 回程链路的级联是位于 O_{S_k} 处的给定 SBS 与 MBS 级联。不同于下行链路级联，上行链路级联采用最小 BTD，基于最近距离的准则进行两个用户终端的级联，可以最大化下行链路 SINR。由此，得到引理 5-5，表示位于 O_{U} 处的给定 MU 与第 k 层位于 O_{S_k} 处的 SBS 级联的概率。

引理 5-5 基于最近距离的级联规则，给定 MU 与第 k 层最近位于 O_{S_k} 处的 SBS 级联的概率为

$$A_{\mathrm{MU}}^{\mathrm{S}_k,\mathrm{UA}}=2\pi\lambda_{\mathrm{S}_k}\int_0^{\infty}x\exp\left(-\sum_{j=1}^{k}\pi\lambda_{\mathrm{S}_j}x^{\frac{2\alpha_{\mathrm{S}_k}}{\alpha_{\mathrm{S}_j}}}\right)\mathrm{d}x \tag{5-13}$$

位于 O_{U} 处的 MU 与第 k 层中级联 SBS 之间的上行链路接入距离 $\left|X_{O_{\mathrm{U}},O_{\mathrm{S}_k}}\right|$ 的 PDF 为

$$f_{\left|X_{O,O_{\mathrm{S}_k}}\right|}(x)=\frac{1}{A_k^{\mathrm{UA,MU}}}\times 2\pi\lambda_{\mathrm{S}_k}x\exp\left(-\sum_{j=1}^{k}\pi\lambda_{\mathrm{S}_j}x^{\frac{2\alpha_{\mathrm{S}_k}}{\alpha_{\mathrm{S}_j}}}\right) \tag{5-14}$$

证明 一个给定 MU 位于始发点 O，SBS 位于第 k 层的 O_{S_k} 处[251-252]，则有

$$\begin{aligned}A_{\mathrm{MU}}^{\mathrm{S}_k,\mathrm{UA}}&=\Pr\left\{P_{\mathrm{U}}\cdot\beta\left|X_{O,O_{\mathrm{S}_k}}\right|^{-\alpha_{\mathrm{S}_k}}\geqslant\max_{\substack{j=1,2,\cdots,K\\ j\neq k}}\left(P_{\mathrm{U}}\cdot\beta\left|X_{O,O_{\mathrm{S}_j}}\right|^{-\alpha_{\mathrm{S}_j}}\right)\right\}\\&=\prod_{\substack{j=1,2,\cdots,K\\ j\neq k}}\Pr\left\{\left|X_{O,O_{\mathrm{S}_j}}\right|>\left|X_{O,O_{\mathrm{S}_k}}\right|^{\alpha_{\mathrm{S}_k}/\alpha_{\mathrm{S}_j}}\right\}\overset{(b)}{=}\int_0^{\infty}\exp\left(-\sum_{j=1}^{k}\pi\lambda_{\mathrm{S}_j}x^{\frac{2\alpha_{\mathrm{S}_k}}{\alpha_{\mathrm{S}_j}}}\right)2\pi\lambda_{\mathrm{S}_k}x\mathrm{d}x\end{aligned} \tag{5-15}$$

同样，可以得到 $\left|X_{O,O_{\mathrm{S}_k}}\right|$ 的 PDF 为

$$f_{\left|X_{O,O_{\mathrm{S}_k}}\right|}(x)=1-\Pr\left\{\left|X_{O,O_{\mathrm{S}_k}}\right|>x\right\}=1-\frac{1}{A_{\mathrm{MU}}^{\mathrm{S}_k,\mathrm{UA}}}2\pi\lambda_{\mathrm{S}_k}\int_x^{\infty}r\exp\left(-\sum_{j=1}^{k}\pi\lambda_{\mathrm{S}_j}x^{\frac{2\alpha_{\mathrm{S}_k}}{\alpha_{\mathrm{S}_j}}}\right)r\mathrm{d}r \tag{5-16}$$

对 x 求导，得到式(5-14)。由于基于最近距离准则进行 SBS 与 MBS 的级联，因此得到给定 SBS 在与其连接的 MBS 之间距离 $\left|X_{O_{\mathrm{S}_k},\mathrm{M}}\right|$ 的 PDF 为

$$f_{\left|X_{O_{\mathrm{S}_k},\mathrm{M}}\right|}(z)=2\pi\lambda_{\mathrm{M}}z\mathrm{e}^{-\pi\lambda_{\mathrm{M}}z^2} \tag{5-17}$$

5.3.2 MU 上行回程链路覆盖概率

MU 上行回程链路的覆盖概率定义为给定 MU 以目标速率 R_{MU} 成功发送数据

的概率。根据图 5-2 给出的网络设置，与第 k 层中的 SBS 级联的给定 MU 的覆盖概率由 MU-SBS 接入链路 SIR 和 SBS 处的 NOMA 传输共同确定。通常，由于 SBS 使用了 NOMA 技术，给定的 SBS 将上行级联的 MBS 视为远端用户，MBS 通过将叠加的下行链路消息视为噪声，直接对回程消息进行解码。

给定 MU 与第 k 层中 SBS 级联的上行回程 SIR 覆盖概率可以表示为

$$P_{\mathrm{Cov,MU}}^{\mathrm{S}_k,\mathrm{BH}}\left(\tau_{\mathrm{MU}}^{\mathrm{UPA}},\tau_{\mathrm{MU},k}^{\mathrm{UPB}}\right)=\Pr\left\{\mathrm{SIR}_{\mathrm{S}_k}^{\mathrm{UA,MU}}\geqslant\tau_{\mathrm{MU}}^{\mathrm{UPA}}\right\}\Pr\left\{\mathrm{SIR}_{\mathrm{S}_k}^{\mathrm{BH,MU}}\geqslant\tau_{\mathrm{MU},k}^{\mathrm{UPB}}\right\} \tag{5-18}$$

式中，$\tau_{\mathrm{MU}}^{\mathrm{UPA}}$ 和 $\tau_{\mathrm{MU},k}^{\mathrm{UPB}}$ 分别表示 MU-SBS 和 SBS-MBS 上行链路的 SIR 阈值；$\mathrm{SIR}_{\mathrm{S}_k}^{\mathrm{UA,MU}}$ 表示给定 MU 到与其级联的第 k 层 SBS 的接收 SIR；$\mathrm{SIR}_{\mathrm{S}_k}^{\mathrm{BH,MU}}$ 表示从第 k 层的 SBS 到与其级联 MBS 的 SIR。在此网络设置中，SIR 阈值 $\tau_{\mathrm{MU}}^{\mathrm{UPA}}$ 和 $\tau_{\mathrm{M},k}^{\mathrm{UPB}}$ 取决于目标数据速率 $R_{\mathrm{MU}}^{\mathrm{UP}}$ 和回程接入概率 $\alpha_k=\min\left(1,N_{\mathrm{S}_k}/N_{\mathrm{SS}_k}\right)$，其中 $N_{\mathrm{SS}_k}=\lambda_{\mathrm{S}_k}/\lambda_{\mathrm{M}}$。基于式(5-18)，可以得到给定 MU 的总平均覆盖概率为

$$P_{\mathrm{Cov,Tot}}^{\mathrm{SBS,BH}}=\sum_{k=1}^{K}A_{\mathrm{MU}}^{\mathrm{S}_k,\mathrm{UA}}P_{\mathrm{Cov},k}^{\mathrm{SBS,BH}}\left(\tau_{\mathrm{BH}},\tau_{\mathrm{UA}}\right) \tag{5-19}$$

式中，$A_{\mathrm{MU}}^{\mathrm{S}_k,\mathrm{UA}}$ 是给定 MU 与第 k 层 SBS 的上行链路级联概率，在式(5-13)中给出。

为了计算总平均覆盖概率 $P_{\mathrm{Cov,Tot}}^{\mathrm{SBS,BH}}$，首先考虑给定 MU 到第 k 层 SBS 上行接入链路的覆盖概率，需要给出该目标 SBS 处的接收 SIR。根据图 5-2(a)给出的网络模型，第 k 层 SBS 处上行接入链路 SIR 为

$$\mathrm{SIR}_{\mathrm{S}_k}^{\mathrm{UA,MU}}(z)=\frac{P_{\mathrm{U}}h_{z,O_{\mathrm{S}_k}}\beta\left|X_{O,O_{\mathrm{S}_k}}\right|^{-\alpha_{\mathrm{S}_k}}}{I_{O_{\mathrm{S}_k}}^{\mathrm{MDL}}+I_{O_{\mathrm{S}_k}}^{\mathrm{SDL}}+I_{O_{\mathrm{S}_k}}^{\mathrm{SUL}}+P_{\mathrm{LI}_l\mathrm{S}_k}} \tag{5-20}$$

式中，$h_{z,O_{\mathrm{S}_k}}$ 和 $X_{O,O_{\mathrm{S}_k}}$ 分别表示给定 SBS 与其级联 MU 之间的小规模衰落信道功率增益和级联距离；$P_{\mathrm{LI}_l\mathrm{S}_k}$ 表示 SBS 全双工工作引入的环路干扰；$I_{O_{\mathrm{S}_k}}^{\mathrm{MDL}}$ 表示来自其他非级联 MBS 的下行传输总干扰；$I_{O_{\mathrm{S}_k}}^{\mathrm{SDL}}$ 表示来自其他非级联 SBS 的下行链路传输总干扰；$I_{O_{\mathrm{S}_k}}^{\mathrm{SUL}}$ 表示来自其他非给定 MU 上行链路的总干扰。$I_{O_{\mathrm{S}_k}}^{\mathrm{MDL}}=\sum_{i\in\Phi_{\mathrm{M}}}\frac{P_{\mathrm{M}}}{N_{\mathrm{M}}}\cdot g_{i,O_{\mathrm{S}_k}}\beta\left|X_{i,O_{\mathrm{S}_k}}\right|^{-\alpha_{\mathrm{M}}}$，$I_{O_{\mathrm{S}_k}}^{\mathrm{SDL}}=\sum_{j=1}^{K}\sum_{l\in\tilde{\Phi}_{\mathrm{S}_j\setminus O_{\mathrm{S}_k}}}P_{\mathrm{S}_j}h_{l,O_{\mathrm{S}_k}}\beta\left|X_{l,O_{\mathrm{S}_k}}\right|^{-\alpha_{\mathrm{S}_j}}$，$I_{O_{\mathrm{S}_k}}^{\mathrm{SUL}}=\sum_{j=1}^{K}\sum_{m\in\Phi_{\mathrm{U}}^{\mathrm{S}_j}\setminus z}P_{\mathrm{U}}h_{m,O_{\mathrm{S}_k}}\cdot\beta\left|X_{m,O_{\mathrm{S}_k}}\right|^{-\alpha_{\mathrm{S}_j}}$。在干扰项中，$h_{l,O_{\mathrm{S}_k}}$ 和 $X_{l,O_{\mathrm{S}_k}}$ 分别表示与给定 UE 级联的 SBS 与第 k 层位于 l 处 SBS 之间小规模衰落信道功率增益和距离；$g_{i,O_{\mathrm{S}_k}}$ 和 $X_{i,O_{\mathrm{S}_k}}$ 分别表示与

给定 UE 级联的 SBS 与位于 i 处 MBS 之间的小规模衰落信道功率增益和距离；$h_{m,O_{\mathrm{S}_k}}$ 和 $X_{m,O_{\mathrm{S}_k}}$ 分别表示与给定 UE 级联的 SBS 与第 k 层小小区中位于 m 处 UE 之间的小规模衰落信道功率增益和给定距离。如前所述，这里 $g_{i,O_{\mathrm{S}_k}}$ 服从参数为 $(N_{\mathrm{M}},1)$ 的伽马分布，$h_{z,O_{\mathrm{S}_k}}$ 和 $h_{m,O_{\mathrm{S}_k}}$ 服从单位均值的指数分布。同时，$\tilde{\Phi}_{\mathrm{S}_j}$ 表示密度为 $\tilde{\lambda}_{\mathrm{S}_j}$ 的成功回程 SBS 的 PPP，由式(5-2)给出。给定每个 MBS 服务的 SBS 的平均数量 N_{S_j}，干扰 SBS 的密度可以定义为 $\lambda_{\mathrm{M}}\cdot N_{\mathrm{S}_j}$。

$I_{O_{\mathrm{S}_k}}^{\mathrm{SDL}}$ 中，由于 UE 与 SBS 的上行链路级联采用了最近距离准则，则级联距离 $X_{O,O_{\mathrm{S}_k}}$ 与干扰距离 $X_{l,O_{\mathrm{S}_k}}$ 满足条件 $\left|X_{O,O_{\mathrm{S}_k}}\right|\geqslant\left|X_{l,O_{\mathrm{S}_k}}\right|$。由式(5-4)，干扰的 LT 为

$$
\begin{aligned}
\mathcal{L}_{I_{O_{\mathrm{S}_k}}^{\mathrm{SDL}}}(s)&=\mathbb{E}_{I_{O_{\mathrm{S}_k}}^{\mathrm{SDL}}}\left\{\mathrm{e}^{-sI_{O_{\mathrm{S}_k}}^{\mathrm{SDL}}}\right\}\\
&=\prod_{j=1}^{K}\mathbb{E}_{\tilde{\Phi}_{\mathrm{S}_j},h}\left\{\prod_{l\in\tilde{\Phi}_{\mathrm{S}_j}\backslash O_{\mathrm{S}_k}}\mathrm{e}^{-sP_{\mathrm{S}_j}h_{l,O_{\mathrm{S}_k}}\beta\left|X_{l,O_{\mathrm{S}_k}}\right|^{-\alpha_{\mathrm{S}_j}}}\right\}\\
&=\prod_{j=1}^{K}G_{\mathrm{Ray}}\left(1,\tilde{\lambda}_{\mathrm{S}_k},P_{\mathrm{S}_j}\beta,\alpha_{\mathrm{S}_j},\left|X_{O,O_{\mathrm{S}_k}}\right|,s\right)
\end{aligned}
\tag{5-21}
$$

考虑到非给定 UE 与给定 UE 之间的独立性，在来自其他非给定 UE 的干扰项 $I_{O_{\mathrm{S}_k}}^{\mathrm{SUL}}$ 中，有 $X_{m,O_{\mathrm{S}_k}}\geqslant 0$。同时，由于活动 UE 建模为瘦的 PPP，干扰项 $I_{O_{\mathrm{S}_k}}^{\mathrm{SUL}}$ 的 LT 为

$$
\begin{aligned}
\mathcal{L}_{I_{O_{\mathrm{S}_k}}^{\mathrm{SUL}}}(s)&=\mathbb{E}_{I_{O_{\mathrm{S}_k}}^{\mathrm{SUL}}}\left\{\mathrm{e}^{-sI_{O_{\mathrm{S}_k}}^{\mathrm{SUL}}}\right\}=\prod_{j=1}^{K}\mathbb{E}_{\Phi_{\mathrm{U}}^{\mathrm{S}_j},h}\left\{\prod_{m\in\Phi_{\mathrm{U}}^{\mathrm{S}_j}\backslash O_{\mathrm{S}_k}}\mathrm{e}^{-sP_{\mathrm{U}}h_{m,O_{\mathrm{S}_k}}\beta\left|X_{m,O_{\mathrm{S}_k}}\right|^{-\alpha_{\mathrm{S}_j}}}\right\}\\
&=\prod_{j=1}^{K}\mathbb{E}_{\Phi_{\mathrm{U}}^{\mathrm{S}_j}}\left\{\prod_{\left|X_{m,O_{\mathrm{S}_k}}\right|\in\Phi_{\mathrm{UI}}^{\mathrm{S}_j}}\left(1+sP_{\mathrm{U}}\beta\left|X_{m,O_{\mathrm{S}_k}}\right|^{-\alpha_{\mathrm{S}_j}}\right)^{-1}\right\}\\
&=\prod_{j=1}^{K}\exp\left\{-\int_0^{\infty}\left(\frac{1}{1+\left(sP_{\mathrm{U}}\beta\right)^{-1}x^{\alpha_{\mathrm{S}_j}}}\right)2\pi\tilde{\lambda}_{\mathrm{S}_j}\left[1-\exp\left(-\frac{\pi\tilde{\lambda}_{\mathrm{S}_j}x^2}{G_j^{\mathrm{UL}}}\right)\right]x\mathrm{d}x\right\}\\
&=\prod_{j=1}^{K}\exp\left\{-\int_0^{\infty}\frac{2\pi\tilde{\lambda}_{\mathrm{S}_j}\left[1-\exp\left(-\pi\tilde{\lambda}_{\mathrm{S}_j}x^2/G_j^{\mathrm{UL}}\right)\right]}{1+\left(sP_{\mathrm{U}}\beta\right)^{-1}x^{\alpha_{\mathrm{S}_j}}}x\mathrm{d}x\right\}
\end{aligned}
\tag{5-22}
$$

考虑到采用了解耦的上、下链路级联，在干扰项 $I_{O_{\mathrm{S}_k}}^{\mathrm{MDL}}=\sum\limits_{i\in\Phi_{\mathrm{M}}}\dfrac{P_{\mathrm{M}}}{N_{\mathrm{M}}}g_{i,O_{\mathrm{S}_k}}\beta\cdot$

$\left|X_{i,O_{S_k}}\right|^{-\alpha_M}$中，有条件$X_{i,O_{S_k}} \geqslant 0$。根据式(5-5)，在 Nakagami-m 小规模衰落条件下，干扰$I_{O_{S_k}}^{MDL}$的 LT 可以表示为

$$\begin{aligned}\mathcal{L}_{I_{O_{S_k}}^{MDL}}(s) &= \mathbb{E}_{I_{O_{S_k}}^{MDL}}\left\{\exp\left(-sI_{O_{S_k}}^{MDL}\right)\right\} \\ &= \mathbb{E}_{\Phi_M}\left\{\exp\left(-s\sum_{i\in\Phi_M}\frac{P_M}{N^{MU}}g_{i,O_{S_k}}\beta\left|X_{i,O_{S_k}}\right|^{-\alpha_M}\right)\right\} \\ &= G_{Gam}\left(N^{MU},\lambda_M,\frac{P_M}{N^{MU}}\beta,\alpha_M,0,s\right)\end{aligned} \tag{5-23}$$

根据式(5-20)，考虑到小规模衰落信道增益$h_{O,O_{S_k}}$服从瑞利衰落，根据式(2-46)得到引理 5-6。

引理 5-6　当给定 UE 与第k层的 SBS 级联时，其 SIR 覆盖概率可以表示为

$$\begin{aligned}&\Pr\left\{\mathrm{SIR}_{S_k}^{UA,MU} \geqslant \tau_{MU}^{UPA}\right\} \\ &= \mathbb{E}_{\left|X_{O,O_{S_k}}\right|}\left\{\exp\left(-\frac{\tau_{MU}^{UPA}\left|X_{O,O_{S_k}}\right|^{\alpha_{S_k}}}{P_U}\frac{P_{LI,S_k}}{\beta}\right)\right. \\ &\left.\times\mathcal{L}_{I_{O_{S_k}}^{MDL}}\left(\frac{\tau_{MU}^{UPA}\left|X_{O,O_{S_k}}\right|^{\alpha_{S_k}}}{P_U}\right)\times\mathcal{L}_{I_{O_{S_k}}^{SDL}}\left(\frac{\tau_{MU}^{UPA}\left|X_{O,O_{S_k}}\right|^{\alpha_{S_k}}}{P_U}\right)\times\mathcal{L}_{I_{O_{S_k}}^{SUL}}\left(\frac{\tau_{MU}^{UPA}\left|X_{O,O_{S_k}}\right|^{\alpha_{S_k}}}{P_U}\right)\right\}\end{aligned} \tag{5-24}$$

给定 UE 到第k层 SBS 的级联距离$\left|X_{O,O_{S_k}}\right|$的 PDF 在式(5-14)给出，$\mathcal{L}_{I_{O_{S_k}}^{MDL}}(\cdot)$、$\mathcal{L}_{I_{O_{S_k}}^{SUL}}(\cdot)$和$\mathcal{L}_{I_{O_{S_k}}^{SDL}}(\cdot)$分别由式(5-23)、式(5-22)和式(5-21)给出。

与此同时，从第k层的 SBS 到与之级联位于y处的 MBS 的接收 SIR 可以表示为

$$\mathrm{SIR}_{S_k}^{BH,MU}(y) = \frac{\mu_{S_k}^{BH}P_{S_k}g_{O_{S_k},y}\left|X_{O_{S_k},y}\right|^{-\alpha_{S_k}}}{\mu_{S_k}^{SMU}P_{S_k}g_{O_{S_k},y}\left|X_{O_{S_k},y}\right|^{-\alpha_{S_k}}+I_y^{MDL}+I_y^{SDL}+I_y^{SUL}+P_{LI,M/\beta}} \tag{5-25}$$

式中，$\mu_{S_k}^{SMU}P_{S_k}g_{O_{S_k},y}\left|X_{O_{S_k},y}\right|^{-\alpha_{S_k}}$是给定 SBS 上叠加的 MU 下行链路信号，为干扰信号；I_y^{SDL}是来自其他非目标 SBS 的下行链路传输总干扰；I_y^{MDL}是来自其他非目标 MBS 的下行链路传输总干扰；I_y^{SUL}是来自其他 MU 的上行链路传输总干扰。

$I_y^{\mathrm{SDL}}=\sum_{j=1}^{K}\sum_{l\in\bar{\Phi}_{\mathrm{S}_j}\backslash O_{\mathrm{S}_k}}P_{\mathrm{S}_j}h_{l,y}\beta\left|X_{l,y}\right|^{-\alpha_{\mathrm{S}_j}}$，$I_y^{\mathrm{MDL}}=\sum_{i\in\Phi_{\mathrm{M}}\backslash y}\frac{P_{\mathrm{M}}}{N_{\mathrm{M}}}g_{i,y}\beta\left|X_{i,y}\right|^{-\alpha_{\mathrm{M}}}$，$I_y^{\mathrm{SUL}}=\sum_{j=1}^{K}\sum_{m\in\Phi_{\mathrm{U}}^j}P_{\mathrm{U}}h_{m,y}\beta\left|X_{m,\mathrm{y}}\right|^{-\alpha_{\mathrm{M}}}$。在式(5-25)和干扰项中，$g_{O_{\mathrm{S}_k},y}$ 和 $X_{O_{\mathrm{S}_k},y}$ 分别表示给定 SBS 与其连接 MBS 之间用于回程的小规模衰落信道功率增益和级联距离；$h_{l,y}$ 和 $X_{l,y}$ 分别表示第 j 层小小区中位于 y 处的 MBS 与给定 SBS 之外位于 l 处的 SBS 之间的小规模衰落信道功率增益和距离；$g_{i,y}$ 和 $X_{i,y}$ 分别表示位于 y 处的 MBS 与位于 i 处的 MBS 之间的小规模衰落信道功率增益和距离；$h_{m,y}$ 和 $X_{m,y}$ 分别表示第 j 层小小区中位于 y 处的 MBS 和位于 m 处的 MU 之间的小规模衰落信道功率增益和距离。这里，目标小规模衰落信道增益 $g_{O_{\mathrm{S}_k},y}$ 服从参数为 $\left(N_{\mathrm{R}_x}-\min\left(N_{\mathrm{S}_k}^{\mathrm{B}},\lambda_{\mathrm{S}_k}/\lambda_{\mathrm{M}}\right)+1,1\right)$ 的伽马分布，干扰小规模衰落信道增益 $g_{i,y}$ 服从参数为 $(N_{\mathrm{M}},1)$ 的伽马分布，干扰小规模衰落信道增益 $h_{l,y}$ 和 $h_{m,y}$ 遵循单位均值的指数分布。

在干扰项 $I_y^{\mathrm{SDL}}=\sum_{j=1}^{K}\sum_{l\in\tilde{\Phi}_{\mathrm{S}_j}\backslash O_{\mathrm{S}_k}}P_{\mathrm{S}_j}h_{l,y}\beta\left|X_{l,y}\right|^{-\alpha_{\mathrm{S}_j}}$ 中，由于独立性，有 $\left|X_{l,y}\right|\geqslant 0$。基于式(5-3)，在瑞利衰落条件下，干扰项 I_y^{SDL} 的 LT 可以表示为

$$\begin{aligned}\mathcal{L}_{I_y^{\mathrm{SDL}}}(s)&=\mathbb{E}_{I_y^{\mathrm{SDL}}}\left\{\mathrm{e}^{-sI_{\mathrm{M}}^{\mathrm{S}}}\right\}=\prod_{j=1}^{K}\mathbb{E}_{\tilde{\Phi}_{\mathrm{S}_j},h}\left\{\prod_{l\in\tilde{\Phi}_{\mathrm{S}_j}\backslash O_{\mathrm{S}_k}}\mathrm{e}^{-sP_{\mathrm{S}_j}h_{l,\mathrm{M}}\beta\left|X_{l,\mathrm{M}}\right|^{-\alpha_{\mathrm{S}_j}}}\right\}\\&=\prod_{j=1}^{K}G_{\mathrm{Ray}}\left(1,\tilde{\lambda}_{\mathrm{S}_j},P_{\mathrm{S}_j}\beta,\alpha_{\mathrm{S}_j},0,s\right)\end{aligned}\tag{5-26}$$

在干扰项 $I_y^{\mathrm{MDL}}=\sum_{i\in\Phi_{\mathrm{M}}\backslash y}\frac{P_{\mathrm{M}}}{N_{\mathrm{M}}}g_{i,y}\beta\left|X_{i,y}\right|^{-\alpha_{\mathrm{M}}}$ 中，有上行链路采用最近距离级联准则，有条件 $\left|X_{i,y}\right|\geqslant\left|X_{O_{\mathrm{S}_k},y}\right|$，则干扰项 I_y^{MDL} 的 LT 可以表示为

$$\begin{aligned}\mathcal{L}_{I_y^{\mathrm{MDL}}}(s)&=\mathbb{E}_{I_y^{\mathrm{MDL}}}\left\{\mathrm{e}^{-sI_{\mathrm{M}}^{\mathrm{MDL}}}\right\}=\mathbb{E}_{\Phi_{\mathrm{M}},h}\left\{\exp\left(-s\sum_{i\in\Phi_{\mathrm{M}}\backslash\mathrm{M}}\frac{P_{\mathrm{M}}}{N^{\mathrm{MU}}}g_{i,M}\beta\left|X_{i,\mathrm{M}}\right|^{-\alpha_{\mathrm{M}}}\right)\right\}\\&=G_{\mathrm{Gam}}\left(N^{\mathrm{MU}},\lambda_{\mathrm{M}},\frac{P_{\mathrm{M}}}{N^{\mathrm{MU}}}\beta,\alpha_{\mathrm{M}},\left|X_{O_{\mathrm{S}_k},\mathrm{M}}\right|,s\right)\end{aligned}\tag{5-27}$$

在 $I_y^{\mathrm{SUL}}=\sum_{j=1}^{K}\sum_{m\in\Phi_{\mathrm{U}}^j}P_{\mathrm{U}}h_{m,y}\beta\left|X_{m,y}\right|^{-\alpha_{\mathrm{M}}}$ 中，考虑网络全负载工作状态，上行链路干扰 UE 建模为 PPP Φ_{U}^j，密度为 $\tilde{\lambda}_{\mathrm{S}_j}$，且干扰距离满足 $\left|X_{m,y}\right|\geqslant 0$。根据式(5-3)，

在瑞利衰落条件下，其 LT 可以表示为

$$\mathcal{L}_{I_{\mathrm{M}}^{\mathrm{SUL}}}(s)=\prod_{j=1}^{K}G_{\mathrm{Ray}}\left(1,\tilde{\lambda}_{\mathrm{S}_j},P_{\mathrm{U}}\beta,\alpha_{\mathrm{M}},0,s\right) \tag{5-28}$$

由式(5-25)，目标 SBS-MBS 回程链路的 SIR 覆盖概率可以写为

$$\begin{aligned}
&\Pr\left\{\mathrm{SIR}_{\mathrm{S}_k}^{\mathrm{BH,MU}}\geqslant\tau_{\mathrm{S}_k}^{\mathrm{UBH}}\right\}\\
&=\Pr\left\{\frac{\mu_{\mathrm{S}_k}^{\mathrm{BH}}P_{\mathrm{S}_k}g_{O_{\mathrm{S}_k},\mathrm{M}}\beta\left|X_{O_{\mathrm{S}_k},\mathrm{M}}\right|^{-\alpha_{\mathrm{S}_k}}}{\mu_{\mathrm{S}_k}^{\mathrm{SMU}}P_{\mathrm{S}_k}g_{O_{\mathrm{S}_k},\mathrm{M}}\beta\left|X_{O_{\mathrm{S}_k},\mathrm{M}}\right|^{-\alpha_{\mathrm{S}_k}}+I_{\mathrm{M}}^{\mathrm{MDL}}+I_{\mathrm{M}}^{\mathrm{S}}+I_{\mathrm{M}}^{\mathrm{SUL}}+P_{\mathrm{LI,M}}}\geqslant\tau_{\mathrm{S}_k}^{\mathrm{UBH}}\right\}\\
&=\Pr\left\{P_{\mathrm{S}_k}g_{O_{\mathrm{S}_k},\mathrm{M}}\beta\left|X_{O_{\mathrm{S}_k},\mathrm{M}}\right|^{-\alpha_{\mathrm{S}_k}}\left(\mu_{\mathrm{S}_k}^{\mathrm{BH}}-\tau_{\mathrm{S}_k}^{\mathrm{UBH}}\mu_{\mathrm{S}_k}^{\mathrm{SMU}}\right)\geqslant\tau_{\mathrm{S}_k}^{\mathrm{UBH}}\left(I_{\mathrm{M}}^{\mathrm{MDL}}+I_{\mathrm{M}}^{\mathrm{S}}+I_{\mathrm{M}}^{\mathrm{SUL}}+P_{\mathrm{LI,M}}\right)\right\}\\
&=\Pr\left\{g_{O_{\mathrm{S}_k},M}\geqslant\varDelta\right\}
\end{aligned} \tag{5-29}$$

式中，$\varDelta=S_{\mathrm{MU},k}^{\mathrm{UBH}}\left|X_{O_{\mathrm{S}_k},M}\right|^{\alpha_{\mathrm{S}_k}}\left(I_{\mathrm{M}}^{\mathrm{MDL}}+I_{\mathrm{M}}^{\mathrm{S}}+I_{\mathrm{M}}^{\mathrm{SUL}}+P_{\mathrm{LI,M}}\right)$，$S_{\mathrm{MU},k}^{\mathrm{UBH}}=\dfrac{\tau_{\mathrm{S}_k}^{\mathrm{UBH}}}{\beta P_{\mathrm{S}_k}\left(\mu_{\mathrm{S}_k}^{\mathrm{BH}}-\tau_{\mathrm{S}_k}^{\mathrm{UBH}}\mu_{\mathrm{S}_k}^{\mathrm{SMU}}\right)}$。小规模衰落信道增益 $g_{O_{\mathrm{S}_k},\mathrm{M}}$ 满足 $g_{O_{\mathrm{S}_k},\mathrm{M}}\sim\Gamma\left(G_{\mathrm{M_R}}^{BA},1\right)$，其 PDF 为 $f_{g_{O_{\mathrm{S}_k},\mathrm{M}}}(x)=\dfrac{x^{G_{\mathrm{M}_R}^{\mathrm{BH}}-1}}{\Gamma\left(G_{\mathrm{M}_R}^{\mathrm{BH}}\right)}\mathrm{e}^{-x}$。根据文献[157]中的式(3.351.2)，覆盖概率表达式[式(5-29)]可以进一步写为

$$\begin{aligned}
\Pr\left\{\mathrm{SIR}_{\mathrm{M}}^{\mathrm{S}_k,\mathrm{UBH}}\geqslant\tau_{\mathrm{S}_k}^{\mathrm{UBH}}\right\}&=\mathbb{E}_{\left|X_{O_{\mathrm{S}_k},\mathrm{M}}\right|}\left\{\int_{\varDelta}^{\infty}\frac{x^{G_{\mathrm{M}_R}^{\mathrm{BH}}-1}}{\Gamma\left(G_{\mathrm{M}_R}^{\mathrm{BH}}\right)}\mathrm{e}^{-x}\mathrm{d}x\right\}\\
&\overset{(a)}{=}\mathbb{E}_{\left|X_{O_{\mathrm{S}_k},\mathrm{M}}\right|,I}\left\{\exp(-\varDelta)\times\sum_{n=0}^{G_{\mathrm{M}_R}^{\mathrm{BH}}-1}\frac{\varDelta^n}{n!}\right\}
\end{aligned} \tag{5-30}$$

将 $\varDelta=S_{\mathrm{MU},k}^{\mathrm{UBH}}\left|X_{O_{\mathrm{S}_k},\mathrm{M}}\right|^{\alpha_{\mathrm{S}_k}}\left(I_{\mathrm{M}}^{\mathrm{MDL}}+I_{\mathrm{M}}^{\mathrm{S}}+I_{\mathrm{M}}^{\mathrm{SUL}}+P_{\mathrm{LI,M}}\right)$ 代入式(5-30)，利用多项式展开和 LT 的高阶微分性质，有

$$\begin{aligned}
\Pr\left\{\mathrm{SIR}_{\mathrm{M}}^{\mathrm{S}_k,\mathrm{UBH}}\geqslant\tau_{\mathrm{S}_k}^{\mathrm{UBH}}\right\}=\mathbb{E}_{\left|X_{O_{\mathrm{S}_k},\mathrm{M}}\right|,I}&\left\{\exp\left[-S_{\mathrm{MU},k}^{\mathrm{UBH}}\left|X_{O_{\mathrm{S}_k},\mathrm{M}}\right|^{\alpha_{\mathrm{S}_k}}\left(I_{\mathrm{M}}^{\mathrm{MDL}}+I_{\mathrm{M}}^{\mathrm{S}}+I_{\mathrm{M}}^{\mathrm{SUL}}+P_{\mathrm{LI,M}}\right)\right]\right.\\
&\left.\times\sum_{n=0}^{G_{\mathrm{M}_R}^{\mathrm{BH}}-1}\frac{1}{n!}\left(S_{\mathrm{MU},k}^{\mathrm{UBH}}\left|X_{O_{\mathrm{S}_k},\mathrm{M}}\right|^{\alpha_{\mathrm{S}_k}}\right)^n\left(I_{\mathrm{M}}^{\mathrm{MDL}}+I_{\mathrm{M}}^{\mathrm{S}}+I_{\mathrm{M}}^{\mathrm{SUL}}+P_{\mathrm{LI,M}}\right)^n\right\}
\end{aligned}$$

$$
\begin{aligned}
&=\mathbb{E}_{\left|X_{O_{\mathrm{S}_k},\mathrm{M}}\right|,I}\left\{\exp\left[-S_{\mathrm{MU},k}^{\mathrm{UBH}}\left|X_{O_{\mathrm{S}_k},\mathrm{M}}\right|^{\alpha_{\mathrm{S}_k}}\left(I_{\mathrm{M}}^{\mathrm{MDL}}+I_{\mathrm{M}}^{\mathrm{S}}+I_{\mathrm{M}}^{\mathrm{SUL}}+P_{\mathrm{LI,M}}\right)\right]\right.\\
&\quad\times\sum_{n=0}^{G_{\mathrm{M}_R}^{\mathrm{BH}}-1}\frac{1}{n!}\left(S_{\mathrm{MU},k}^{\mathrm{UBH}}\left|X_{O_{\mathrm{S}_k},\mathrm{M}}\right|^{\alpha_{\mathrm{S}_k}}\right)^n\\
&\quad\left.\times\sum_{n_1+n_2+n_3+n_4=n}\binom{n}{n_1,n_2,n_3,n_4}\left(P_{\mathrm{LI,M}}\right)^{n_1}\left(I_{\mathrm{M}}^{\mathrm{MDL}}\right)^{n_2}\left(I_{\mathrm{M}}^{\mathrm{S}}\right)^{n_3}\left(I_{\mathrm{M}}^{\mathrm{SUL}}\right)^{n_4}\right\}\\
&=\mathbb{E}_{\left|X_{O_{\mathrm{S}_k},\mathrm{M}}\right|,I}\left\{\sum_{n=0}^{G_{\mathrm{M}_R}^{\mathrm{BH}}-1}\frac{1}{n!}\left(S_{\mathrm{MU},k}^{\mathrm{UBH}}\left|X_{O_{\mathrm{S}_k},\mathrm{M}}\right|^{\alpha_{\mathrm{S}_k}}\right)^n\times\sum_{n_1+n_2+n_3+n_4=n}\binom{n}{n_1,n_2,n_3,n_4}\right.\\
&\quad\times\left(\left(P_{\mathrm{LI,M}}\right)^{n_1}\mathrm{e}^{-S_{\mathrm{MU},k}^{\mathrm{UBH}}P_{\mathrm{LI,M}}\left|X_{O_{\mathrm{S}_k},\mathrm{M}}\right|^{\alpha_{\mathrm{S}_k}}}\right)\left(\left(I_{\mathrm{M}}^{\mathrm{MDL}}\right)^{n_2}\mathrm{e}^{-S_{\mathrm{MU},k}^{\mathrm{UBH}}I_{\mathrm{M}}^{\mathrm{MDL}}\left|X_{O_{\mathrm{S}_k},\mathrm{M}}\right|^{\alpha_{\mathrm{S}_k}}}\right)\\
&\quad\left.\times\left(\left(I_{\mathrm{M}}^{\mathrm{S}}\right)^{n_3}\mathrm{e}^{-S_{\mathrm{MU},k}^{\mathrm{UBH}}I_{\mathrm{M}}^{\mathrm{S}}\left|X_{O_{\mathrm{S}_k},\mathrm{M}}\right|^{\alpha_{\mathrm{S}_k}}}\right)\left(\left(I_{\mathrm{M}}^{\mathrm{SUL}}\right)^{n_4}\mathrm{e}^{-S_{\mathrm{MU},k}^{\mathrm{UBH}}I_{\mathrm{M}}^{\mathrm{SUL}}\left|X_{O_{\mathrm{S}_k},\mathrm{M}}\right|^{\alpha_{\mathrm{S}_k}}}\right)\right\}
\end{aligned}
\tag{5-31}
$$

式中，$\binom{n}{n_1,n_2,n_3,n_4}=\dfrac{n!}{n_1!n_2!n_3!n_4!}$，表示多项式系数；$\sum\limits_{n_1+n_2+n_3+n_4=n}$ 表示非负整数 (n_1,n_2,n_3,n_4) 的 n 元组，满足条件 $n_1+n_2+n_3+n_4=n$。

进一步，利用 LT 的高阶微分性质 $(-1)^n\dfrac{\mathrm{d}^nL_I(s)}{\mathrm{d}s^n}=\mathbb{E}\left\{(I)^n\mathrm{e}^{-sI}\right\}$，有

$$
\begin{aligned}
&\Pr\left\{\mathrm{SIR}_{\mathrm{M}}^{\mathrm{S}_k,\mathrm{UBH}}\geqslant\tau_{\mathrm{S}_k}^{\mathrm{UBH}}\right\}\\
&=\mathbb{E}_{\left|X_{O_{\mathrm{S}_k},\mathrm{M}}\right|}\left\{\sum_{n=0}^{G_{\mathrm{M}_R}^{\mathrm{BH}}-1}\frac{1}{n!}\left(S_{\mathrm{MU},k}^{\mathrm{UBH}}\left|X_{O_{\mathrm{S}_k},\mathrm{M}}\right|^{\alpha_{\mathrm{S}_k}}\right)^n\sum_{n_1+n_2+n_3+n_4=n}\binom{n}{n_1,n_2,n_3,n_4}\left(P_{\mathrm{LI,M}}\right)^{n_1}\mathrm{e}^{-S_{\mathrm{MU},k}^{\mathrm{UBH}}P_{\mathrm{LI,M}}\left|X_{O_{\mathrm{S}_k},\mathrm{M}}\right|^{\alpha_{\mathrm{S}_k}}}\right.\\
&\quad\left.\times\left(\frac{\mathrm{d}^{n_2}\mathcal{L}_{I_{\mathrm{M}}^{\mathrm{MBL}}}(s)}{\mathrm{d}s^{n_2}}\frac{\mathrm{d}^{n_3}\mathcal{L}_{I_{\mathrm{M}}^{\mathrm{S}}}(s)}{\mathrm{d}s^{n_3}}\frac{\mathrm{d}^{n_4}\mathcal{L}_{I_{\mathrm{M}}^{\mathrm{SUL}}}(s)}{\mathrm{d}s^{n_4}}\right)_{s=S_{\mathrm{MU},k}^{\mathrm{UBH}}\left|X_{O_{\mathrm{S}_k},\mathrm{M}}\right|^{\alpha_{\mathrm{S}_k}}}\right\}
\end{aligned}
\tag{5-32}
$$

式中，高阶导数 $\dfrac{\mathrm{d}^{n_2}\mathcal{L}_{I_{\mathrm{M}}^{\mathrm{MBL}}}(s)}{\mathrm{d}s^{n_2}}$、$\dfrac{\mathrm{d}^{n_3}\mathcal{L}_{I_{\mathrm{M}}^{\mathrm{S}}}(s)}{\mathrm{d}s^{n_3}}$ 和 $\dfrac{\mathrm{d}^{n_4}\mathcal{L}_{I_{\mathrm{M}}^{\mathrm{SUL}}}(s)}{\mathrm{d}s^{n_4}}$ 可扫二维码查看。由于在回程链路采用了最近距离级联策略，级联距离 $X_{O_{\mathrm{S}_k},y}$ 的 PDF 由式(5-17)给出，有引理 5-7。

引理 5-7　对于 MU 上行回程情形，第 k 层中 SBS 到与之级联 MBS 的回程

链路 SIR 覆盖概率为

$$
\begin{aligned}
&P_{\mathrm{Cov,M}}^{\mathrm{S}_k,\mathrm{UBH}}\left(\tau_{\mathrm{S}_k}^{\mathrm{UBH}}\right)=\Pr\left\{\mathrm{SIR}_{\mathrm{S}_k}^{\mathrm{BH,MU}}\geqslant\tau_{\mathrm{MU},k}^{\mathrm{UPB}}\right\}\\
&=2\pi\lambda_{\mathrm{M}}\int_0^{\infty}y\sum_{n=0}^{G_{\mathrm{M}_R}^{\mathrm{BH}}-1}\frac{1}{(-1)^n n!}\left(S_{\mathrm{MU},k}^{\mathrm{UBH}}y^{\alpha_{\mathrm{S}_k}}\right)^n\sum_{n_1+n_2+n_3+n_4=n}\binom{n}{n_1,n_2,n_3,n_4}\\
&\times\left(\left(P_{\mathrm{LI,M}}\right)^{n_1}\mathrm{e}^{-S_{\mathrm{MU},k}^{\mathrm{UBH}}P_{\mathrm{LI,M}}y^{\alpha_{\mathrm{S}_k}}-\pi\lambda_{\mathrm{M}}y^2}\right)\varPsi_{\mathrm{UP}}^{\mathrm{S}}\left(S_{\mathrm{MU},k}^{\mathrm{UBH}}y^{\alpha_{\mathrm{S}_k}}\right)\cdot\varPsi_{\mathrm{UP}}^{\mathrm{MDL}}\left(S_{\mathrm{MU},k}^{\mathrm{UBH}}y^{\alpha_{\mathrm{S}_k}}\right)\\
&\times\varPsi_{\mathrm{UP}}^{\mathrm{SUL}}\left(S_{\mathrm{MU},k}^{\mathrm{UBH}}y^{\alpha_{\mathrm{S}_k}}\right)\cdot\varPsi_{\mathrm{UP}}\left(S_{\mathrm{MU},k}^{\mathrm{UBH}}y^{\alpha_{\mathrm{S}_k}}\right)\mathrm{d}y
\end{aligned}
\tag{5-33}
$$

式中，定义$\varPsi_{\mathrm{UP}}(s)$为

$$
\varPsi_{\mathrm{UP}}(s)=\mathcal{L}_{I_{\mathrm{M}}^{\mathrm{S}}}(s)\mathcal{L}_{I_{\mathrm{M}}^{\mathrm{MDL}}}(s)\mathcal{L}_{I_{\mathrm{M}}^{\mathrm{SUL}}}(s)
\tag{5-34}
$$

$\varPsi_{\mathrm{UP}}^{\mathrm{S}}(s)$、$\varPsi_{\mathrm{UP}}^{\mathrm{MDL}}(s)$和$\varPsi_{\mathrm{UP}}^{\mathrm{SUL}}(s)$定义为

$$
\begin{aligned}
&\varPsi_{\mathrm{UP}}^{\mathrm{S}}(s)\\
&=\sum\frac{n_1!}{\prod_{l=1}^{n_1}\left(m_l^{\mathrm{S}}!\right)(l!)^{m_l^{\mathrm{S}}}}\\
&\times\prod_{l=1}^{n_1}\left(\sum_{j=1}^{K}2\pi\tilde{\lambda}_{\mathrm{S}_j}(-1)^l\frac{l!}{\alpha_{\mathrm{S}_j}}(s)^{-l+\frac{2}{\alpha_{\mathrm{S}_j}}}\left(P_{\mathrm{S}_j}\beta\right)^{\frac{2}{\alpha_{\mathrm{S}_j}}}B\left(l-2/\alpha_{\mathrm{S}_j},1+2/\alpha_{\mathrm{S}_j}\right)\right)^{m_l^{\mathrm{S}}}
\end{aligned}
\tag{5-35}
$$

$$
\begin{aligned}
\varPsi_{\mathrm{UP}}^{\mathrm{MDL}}(s)=&\sum\frac{n_2!}{\prod_{l=1}^{n_2}\left(m_l^{\mathrm{M}}!\right)(l!)^{m_l^{\mathrm{M}}}}\times\prod_{l=1}^{n_2}\left(2\pi\lambda_{\mathrm{M}}s^{-l}(-1)^{l+1}\frac{\left(N^{\mathrm{MU}}+l-1\right)!}{\left(N^{\mathrm{MU}}-1\right)!}\left(\frac{sN^{\mathrm{MU}}\beta}{P_{\mathrm{M}}}\right)^l\frac{y^{2-l\alpha_{\mathrm{M}}}}{l\alpha_{\mathrm{M}}-2}\right.\\
&\left.\times 2F_1\left(N^{\mathrm{MU}}+l,l-\frac{2}{\alpha_{\mathrm{M}}};1+l-\frac{2}{\alpha_{\mathrm{M}}};-s\frac{P_{\mathrm{M}}}{N^{\mathrm{MU}}}\beta y^{-\alpha_{\mathrm{M}}}\right)\right)^{m_l^{\mathrm{M}}}
\end{aligned}
\tag{5-36}
$$

$$
\begin{aligned}
\varPsi_{\mathrm{UP}}^{\mathrm{SUL}}(s)=&\sum\frac{n_3!}{\prod_{l=1}^{n_3}\left(m_l^{\mathrm{U}}!\right)(l!)^{m_l^{\mathrm{U}}}}\prod_{l=1}^{n_3}\left(\sum_{j=1}^{K}2\pi\tilde{\lambda}_{\mathrm{S}_j}(-1)^l\frac{l!}{\alpha_{\mathrm{M}}}s^{-l+\frac{2}{\alpha_{\mathrm{M}}}}\left(P_{\mathrm{U}}\beta\right)^{\frac{2}{\alpha_{\mathrm{M}}}}\right.\\
&\left.\times B\left(l-\frac{2}{\alpha_{\mathrm{M}}},1+\frac{2}{\alpha_{\mathrm{M}}}\right)\right)^{m_l^{\mathrm{U}}}
\end{aligned}
\tag{5-37}
$$

$1\cdot m_1^{\mathrm{S}}+2\cdot m_2^{\mathrm{S}}+\cdots+n_1\cdot m_{n_1}^{\mathrm{S}}=n_1$，$1\cdot m_1^{\mathrm{M}}+2\cdot m_2^{\mathrm{M}}+\cdots+n_2\cdot m_{n_2}^{\mathrm{M}}=n_2$，$1\cdot m_1^{\mathrm{U}}+2\cdot m_2^{\mathrm{U}}+\cdots+$

$n_3 \cdot m_{n_3}^{\mathrm{U}} = n_3$。

证明　$\mathcal{L}_{I_{\mathrm{M}}^{\mathrm{MBL}}}(s)$、$\mathcal{L}_{I_{\mathrm{M}}^{\mathrm{S}}}(s)$ 和 $\mathcal{L}_{I_{\mathrm{M}}^{\mathrm{SUL}}}(s)$ 的高阶导数，扫二维码查看。

梳理上述分析，定理 5-1 给出了给定 MU 与第 k 层 SBS 级联的上行回程 SIR 覆盖概率。

定理 5-1　对于 FD 大规模 MIMO 辅助的异构网络，SBS 回程采用了 NOMA 技术，一个给定 MU 与第 k 层 SBS 级联的上行链路回程(MU-SBS-MBS)覆盖概率为

$$P_{\mathrm{Cov,MU}}^{\mathrm{S}_k,\mathrm{BH}}\left(\tau_{\mathrm{MU}}^{\mathrm{UPA}}, \tau_{\mathrm{MU},k}^{\mathrm{UPB}}\right) = \Pr\left\{\mathrm{SIR}_{\mathrm{S}_k}^{\mathrm{UA,MU}} \geqslant \tau_{\mathrm{MU}}^{\mathrm{UPA}}\right\} \Pr\left\{\mathrm{SIR}_{\mathrm{S}_k}^{\mathrm{BH,MU}} \geqslant \tau_{\mathrm{MU},k}^{\mathrm{UPB}}\right\} \tag{5-38}$$

给定 MU 的平均上行回程链路覆盖概率为

$$P_{\mathrm{Cov,Tot}}^{\mathrm{SBS,BH}} = \sum_{k=1}^{K} A_{\mathrm{MU}}^{\mathrm{S}_k,\mathrm{UA}} \mathrm{P}_{\mathrm{Cov},k}^{\mathrm{SBS,BH}}\left(\tau_{\mathrm{BH}}, \tau_{\mathrm{UA}}\right) \tag{5-39}$$

式中，级联概率 $A_{\mathrm{MU}}^{\mathrm{S}_k,\mathrm{UA}}$ 由式(5-13)给出；$\Pr\left\{\mathrm{SIR}_{\mathrm{S}_k}^{\mathrm{UA,MU}} \geqslant \tau_{\mathrm{MU}}^{\mathrm{UPA}}\right\}$ 和 $\Pr\left\{\mathrm{SIR}_{\mathrm{S}_k}^{\mathrm{BH,MU}} \geqslant \tau_{\mathrm{MU},k}^{\mathrm{UPB}}\right\}$ 分别由式(5-24)和式(5-33)给出。

基于上述分析，图 5-3(a)给出了 MU-SBS 接入链路和 SBS-MBS 回程链路的平均覆盖概率，从图 5-3(a)中可以发现，当 MU 的发射功率 P_{U} 逐渐增大时，SBS-MBS 回程链路的平均覆盖概率会减小，与之相反，MU-SBS 接入链路的平均覆盖概率却在增加。产生这一现象的原因是 SBS 处使用了 NOMA 技术，在实现回程传输的同时引入了干扰，回程链路覆盖概率随着 P_{U} 增加而减小。对于 MU-SBS 接入链路来说，MU 发射功率 P_{U} 增加会在一定程度上改善链路的传输状态，从而使该链路的覆盖概率增加。

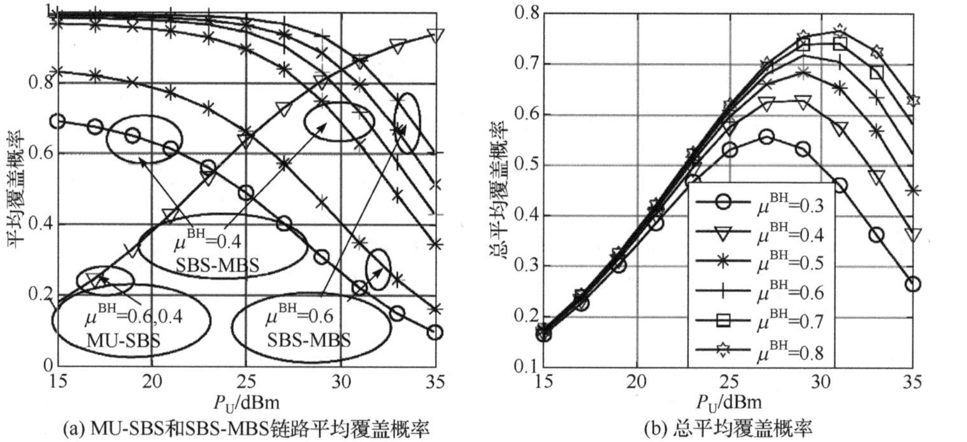

(a) MU-SBS和SBS-MBS链路平均覆盖概率　　(b) 总平均覆盖概率

图 5-3　上行回程链路覆盖概率与 P_{U} 和 μ^{BH} 的关系

图 5-3(b)给出了 MU-SBS-MBS 链路的总平均覆盖概率。从图中可以看出，MU-SBS-MBS 链路的总平均覆盖概率开始随着 MU 发射功率 P_U 的增加而增大，当 P_U 大于某一值时，MU-SBS-MBS 链路的总平均覆盖概率反而会随着 P_U 的增加而减小。另外，虽然选取了不同的功率分配因子，但对 MU-SBS-MBS 链路的总平均覆盖概率并没有影响。这是因为 SBS 处虽然使用 NOMA 技术，但该技术只对上行回程链路产生影响。对比图 5-3(a)和(b)还可以发现，由于使用 NOMA 技术仅对 SBS-MBS 有影响，意味着 MU-SBS-MBS 链路的总平均覆盖概率是由 SBS-MBS 决定的。

图 5-4 给出了每层上行回程链路覆盖概率与功率分配因子 μ^{BH} 的关系。可以发现，功率分配因子 μ^{BH} 增加使 MU-SBS-MBS 链路覆盖概率增大，需要说明的是，功率分配因子只对 SBS-MBS 链路产生影响，对 MU-SBS 链路没有影响。因为在提出的网络模型中，SBS 处采用了 NOMA 技术，将工作在 FD 模式的 MBS 视为远程用户终端，所以功率分配因子 μ^{BH} 只对 SBS-MBS 回程链路产生影响，对 MU-SBS 链路的覆盖概率没有影响。

图 5-5 给出了 NOMA 功率分配因子 μ^{BH} 与等效阈值 τ 之间的关系。从图中可以看出，当 $\mu^{BH} \leqslant 0.452$ 时，等效阈值 τ 随着功率分配因子 μ^{BH} 的增大而逐渐减小；当 $\mu^{BH} > 0.452$ 时，等效阈值 τ 又随着 μ^{BH} 的增大而增大。这表明功率分配因子的选择对等效阈值也会有极大的影响，因此该网络的性能很大程度上取决于功率分配因子选取。

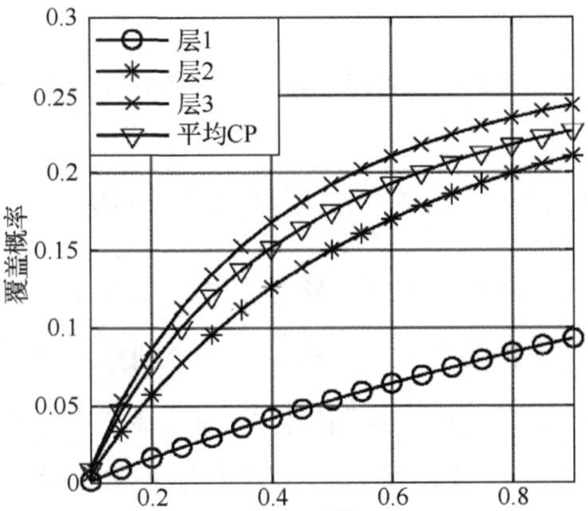

图 5-4　上行回程链路覆盖概率与 μ^{BH} 的关系

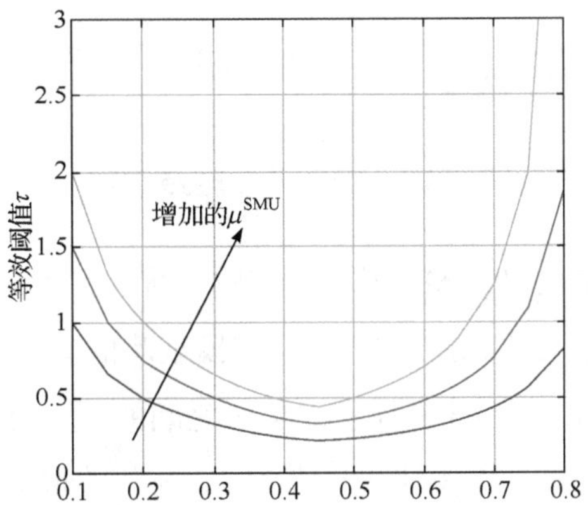

图 5-5　功率分配因子 μ^{BH} 与等效阈值 τ 的关系

5.4 小小区下行链路覆盖概率

对于 MBS-MU-DL 传输模式，在考虑给定 MU 上行传输时，其只能级联到 SBS。与 MU 的上行传输不同，在考虑 MU 的下行链路传输时，根据 MBS-MU-DL 传输模式的特点，一个给定 MU 可以与 SBS 或 MBS 级联，这时需要分别考虑这两种情形。当某一给定 MU 与 MBS 级联时，覆盖概率由 MBS-MU 下行链路 SIR 确定。但是，当该 MU 与 FD SBS 级联时，考虑到 SBS 工作在全双工模式，覆盖概率不仅由 SBS-MU 下行链路 SIR 确定，而且由 SBS-MBS 上行回程链路的 SIR 确定。这是因为在考虑的方案中，FD 工作的 SBS 采用 NOMA 技术同时发送下行消息和回程消息。为了评估下行覆盖的性能，这里考虑位于原点 O 的一个给定 MU。

5.4.1 MBS 下行链路 SIR

当给定 MU 与位于 x 处的 MBS 级联时，该给定 MU 接收到的 SIR 表示为

$$\mathrm{SIR}_O^{\mathrm{M,DA}}(x)=\frac{P_{\mathrm{M}}g_{x,o}\left|X_{x,O}\right|^{-\alpha_{\mathrm{M}}}\beta}{N_{\mathrm{M}}\left(I_O^{\text{S-M}}+I_O^{\text{MDL-M}}+I_O^{\text{SUL-M}}\right)} \tag{5-40}$$

式中，$I_O^{\text{S-M}}=\sum_{j=1}^{K}\sum_{y\in\Phi_{\mathrm{S}_j}}P_{\mathrm{S}_j}h_{y,O}\beta\left|X_{y,O}\right|^{-\alpha_{\mathrm{S}_j}}$，是 NOMA 传输模式中来自 SBS 的下行链路信息和回程信息的干扰；$I_O^{\text{MDL-M}}=\sum_{l\in\Phi_{\mathrm{M}}\setminus x}\frac{P_{\mathrm{M}}}{N_{\mathrm{M}}}g_{z,O}\beta\left|X_{z,O}\right|^{-\alpha_{\mathrm{M}}}$，是来自其他非级联目标 MBS 的总下行链路传输干扰；$I_O^{\text{SUL-M}}=\sum_{j=1}^{K}\sum_{w\in\Phi_{\mathrm{U,S}_j}^{\mathrm{UL}}\setminus O}P_{\mathrm{U}}h_{w,O}\beta\left|X_{w,O}\right|^{-\alpha_{\mathrm{S}_j}}$，是全双工 MU 总上行传输干扰。其中，$g_{x,O}$ 和 $\left|X_{x,O}\right|$ 分别是给定 MU 与位于 x 处级联的 MBS 之间的小规模衰落信道功率增益和距离；$h_{y,O}$ 和 $\left|X_{y,O}\right|$ 分别是给定的 MU 与位于 y 处干扰 SBS 之间的小规模衰落信道功率增益和距离；$g_{z,O}$ 和 $\left|X_{z,O}\right|$ 分别是位于 z 处的其他 MBS 与给定 MU 之间的小规模衰落信道功率增益和距离；$h_{w,O}$ 和 $\left|X_{w,O}\right|$ 分别是其他 MU 与其联的上行链路 SBS 之间的小规模衰落信道功率增益和距离。同时，如前所述，$g_{z,O}$ 和 $g_{x,O}$ 分别服从参数为 $(N_{\mathrm{M}},1)$ 和 $(N_{\mathrm{T}_x}-N_{\mathrm{M}}+1,1)$ 的伽马分布；$h_{y,O}$ 和 $h_{w,O}$ 服从单位功率指数分布。

对于来自采用 NOMA 工作模式的 SBS 干扰 $I_o^{\text{S-M}}=\sum_{j=1}^{K}\sum_{y\in\Phi_{\text{S}_j}}P_{\text{S}_j}h_{y,O}\beta\cdot\left|X_{y,O}\right|^{-\alpha_{\text{S}_j}}$，根据下行链路 ABRP 级联准则，当该给定 UE 级联到 MBS 时，可有平均接收功率约束条件 $\zeta_{\text{M}}G_{\text{M}_\text{T}}\frac{P_{\text{M}}}{N^{\text{MU}}}\beta\left|X_{\text{M},O_{\text{D}}}\right|^{-\alpha_{\text{M}}}>\zeta_{\text{S}_j}\mu_{\text{S}_j}^{\text{SMU}}P_{\text{S}_j}\beta\left|X_{y,O_{\text{D}}}\right|^{-\alpha_{\text{S}_j}}$。由此可得干扰距离满足条件 $\left|X_{y,O_{\text{D}}}\right|\geqslant D_{\text{S}}^{\text{M,DA}}\left(\left|X_{\text{M},O_{\text{D}}}\right|\right)$，其中，定义 $D_{\text{S}}^{\text{M,DA}}\left(\left|X_{\text{M},O_{\text{D}}}\right|\right)$ 为

$$D_{\text{S}}^{\text{M,DA}}\left(\left|X_{\text{M},O_{\text{D}}}\right|\right)=\left(\frac{\zeta_{\text{S}_j}\mu_{\text{S}_j}^{\text{SMU}}P_{\text{S}_j}N^{\text{MU}}}{\zeta_{\text{M}}G_{\text{M}_\text{T}}P_{\text{M}}}\right)^{\frac{1}{\alpha_{\text{S}_j}}}\left|X_{\text{M},O_{\text{D}}}\right|^{\frac{\alpha_{\text{M}}}{\alpha_{\text{S}_j}}} \tag{5-41}$$

则干扰 $I_o^{\text{S-M}}$ 的 LT 为

$$\begin{aligned}\mathcal{L}_{I_{O_{\text{D}}}^{\text{S-M}}}(s)&=\mathbb{E}_{I_{O_{\text{D}}}^{\text{S-M}}}\left\{\mathrm{e}^{-sI_{O_{\text{D}}}^{\text{S-M}}}\right\}=\prod_{j=1}^{K}\mathbb{E}_{\tilde{\Phi}_{\text{S}_j},h}\left\{\exp\left(-s\sum_{y\in\tilde{\Phi}_{\text{S}_j}}P_{\text{S}_j}h_{y,O_{\text{D}}}\left|X_{y,O_{\text{D}}}\right|^{-\alpha_{\text{S}_j}}\right)\right\}\\&=\prod_{j=1}^{K}G_{\text{Ray}}\left(1,\tilde{\lambda}_{\text{S}_j},P_{\text{S}_j},\alpha_{\text{S}_j},D_{\text{S}}^{\text{M,DA}}\left(\left|X_{\text{M},O_{\text{D}}}\right|\right),s\right)\end{aligned} \tag{5-42}$$

来自其他非级联 MBS 的干扰 $I_O^{\text{MDL-M}}=\sum_{l\in\Phi_{\text{M}}\backslash x}\frac{P_{\text{M}}}{N_{\text{M}}}g_{z,O}\beta\left|X_{z,O}\right|^{-\alpha_{\text{M}}}$，根据下行级联准则，有约束 $\frac{P_{\text{M}}}{N^{\text{MU}}}N^{\text{MU}}\left|X_{z,O_{\text{D}}}\right|^{-\alpha_{\text{M}}}<\frac{P_{\text{M}}}{N^{\text{MU}}}G_{\text{M}_\text{T}}\left|X_{\text{M},O_{\text{D}}}\right|^{-\alpha_{\text{M}}}$，即 $\left|X_{z,O_{\text{D}}}\right|>D_{\text{M}}^{\text{M,DA}}\left(\left|X_{\text{M},O_{\text{D}}}\right|\right)$，$\left|X_{z,O_{\text{D}}}\right|>D_{\text{M}}^{\text{M,DA}}\left(\left|X_{\text{M},O_{\text{D}}}\right|\right)$ 定义为

$$D_{\text{M}}^{\text{M,DA}}\left(\left|X_{\text{M},O_{\text{D}}}\right|\right)=\left(\frac{N^{\text{MU}}}{G_{\text{M}_\text{T}}}\right)^{1/\alpha_{\text{M}}}\left|X_{\text{M},O_{\text{D}}}\right| \tag{5-43}$$

基于式(5-6)，干扰 $I_O^{\text{MDL-M}}$ 的 LT 为

$$\begin{aligned}\mathcal{L}_{I_{O_{\text{D}}}^{\text{MDL-M}}}(s)&=\mathbb{E}_{I_{O_{\text{D}}}^{\text{MDL-M}}}\left\{\mathrm{e}^{-sI_{O_{\text{D}}}^{\text{MDL-M}}}\right\}=\mathbb{E}_{\Phi_{\text{M}},g}\left\{\exp\left(-s\sum_{z\in\Phi_{\text{M}}\backslash M}\frac{P_{\text{M}}}{N^{\text{MU}}}g_{z,O_{\text{D}}}\left|X_{z,O_{\text{D}}}\right|^{-\alpha_{\text{M}}}\right)\right\}\\&=G_{\text{Gam}}\left(N^{\text{MU}},\lambda_{\text{M}},\frac{P_{\text{M}}}{N^{\text{MU}}},\alpha_{\text{M}},D_{\text{M}}^{\text{M,DA}}\left(\left|X_{\text{M},O_{\text{D}}}\right|\right),s\right)\end{aligned} \tag{5-44}$$

类似式(5-28)，来自 UE 上行链路的干扰 $I_O^{\text{SUL-M}}=\sum_{j=1}^{K}\sum_{w\in\Phi_{\text{U,S}_j}^{\text{UL}}\backslash O}P_Uh_{w,O}\beta\left|X_{w,O}\right|^{-\alpha_{\text{S}_j}}$ 中，干扰 UE 建模为密度为 $\tilde{\lambda}_{\text{S}_j}$ 的 PPP $\Phi_{\text{U,S}_j}^{\text{UL}}$；同时，考虑到独立性，干扰距离满

足$\left|X_{w,O_{\mathrm{D}}}\right|>0$。因此，干扰$I_O^{\mathrm{SUL\text{-}M}}$的 LT 为

$$\mathcal{L}_{I_{O_{\mathrm{D}}}^{\mathrm{SUL\text{-}M}}}(s)=\mathcal{L}_{I_{\mathrm{M}}^{\mathrm{SUL}}}(s)=\prod_{j=1}^{K}G_{\mathrm{Ray}}\left(1,\tilde{\lambda}_{\mathrm{S}_j},P_{\mathrm{U}},\alpha_{\mathrm{M}},0,s\right) \tag{5-45}$$

5.4.2 SBS 下行链路 SIR

当考虑的给定 MU 连接到第 k 层 SBS 时，其接收到的复合信号包含来自该 SBS 和与 SBS 连接的 MBS 期望信号和回程信号。这个给定的 MU 被称为近用户终端，它首先解码叠加的回程信号。假设级联的 SBS 位于 y，接收到的回程信号 SIR 由式(5-46)给出：

$$\mathrm{SIR}_O^{\mathrm{S}_k,\mathrm{DA}\to\mathrm{BH}}(y)=\frac{\mu_{\mathrm{S}_k}^{\mathrm{SMU}}P_{\mathrm{S}_k}h_{y,O}\left|X_{y,O}\right|^{-\alpha_{\mathrm{S}_k}}}{\mu_{\mathrm{S}_k}^{\mathrm{SMU}}P_{\mathrm{S}_k}h_{y,O}\left|X_{y,O}\right|^{-\alpha_{\mathrm{S}_k}}+I_O^{\mathrm{S\text{-}S}}+I_O^{\mathrm{MDL\text{-}S}}+I_O^{\mathrm{SUL\text{-}S}}} \tag{5-46}$$

如果回程信号可以被正确解码，那么该给定的 MU 就可以恢复自己的信号，相应的 SIR 为

$$\mathrm{SIR}_O^{\mathrm{S}_k,\mathrm{DA}\to\mathrm{MU}}(y)=\frac{\mu_{\mathrm{S}_k}^{\mathrm{SMU}}P_{\mathrm{S}_k}h_{y,O}\left|X_{y,O}\right|^{-\alpha_{\mathrm{S}_k}}}{I_O^{\mathrm{S\text{-}S}}+I_O^{\mathrm{MDL\text{-}S}}+I_O^{\mathrm{SUL\text{-}S}}} \tag{5-47}$$

在式(5-46)和式(5-47)中，$I_O^{\mathrm{S\text{-}S}}$、$I_O^{\mathrm{MDL\text{-}S}}$和$I_O^{\mathrm{SUL\text{-}S}}$分别是来自其他 SBS、MBS 下行链路传输和其他 MU 上行链路传输的干扰，分别表示为$I_O^{\mathrm{S\text{-}S}}=\sum_{j=1}^{K}\sum_{a\in\Phi_{\mathrm{S}_j}\setminus y}\beta_{\mathrm{S}_j}\cdot h_{a,O}\left|X_{a,O}\right|^{-\alpha_{\mathrm{S}_j}}$，$I_O^{\mathrm{MDL\text{-}S}}=\sum_{b\in\Phi_{\mathrm{M}}}\frac{P_{\mathrm{M}}}{N_{\mathrm{M}}}g_{b,O}\left|X_{b,O}\right|^{-\alpha_{\mathrm{M}}}$，$I_O^{\mathrm{SUL\text{-}S}}=\sum_{j=1}^{K}\sum_{c\in\Phi_{\mathrm{U},\mathrm{S}_j}^{\mathrm{UL}}\setminus O}P_{\mathrm{U}}h_{c,O}\left|X_{c,O}\right|^{-\alpha_{\mathrm{S}_j}}$，$g_{b,O}$服从参数为$(N_{\mathrm{M}},1)$的伽马分布。

对于来自其他 SBS 的干扰$I_O^{\mathrm{S\text{-}S}}=\sum_{j=1}^{K}\sum_{a\in\Phi_{\mathrm{S}_j}\setminus y}\beta_{\mathrm{S}_j}h_{a,O}\left|X_{a,O}\right|^{-\alpha_{\mathrm{S}_j}}$，根据下行链路级联准则，干扰距离满足条件$\left|X_{a,O_{\mathrm{D}}}\right|\geqslant D_{\mathrm{S}}^{\mathrm{S,DA}}\left(\left|X_{O_{\mathrm{S}_k},O_{\mathrm{D}}}\right|\right)$，其中，$D_{\mathrm{S}}^{\mathrm{S,DA}}\left(\left|X_{O_{\mathrm{S}_k},O_{\mathrm{D}}}\right|\right)$表示为

$$D_{\mathrm{S}}^{\mathrm{S,DA}}\left(\left|X_{O_{\mathrm{S}_k},O_{\mathrm{D}}}\right|\right)=\left(\frac{\zeta_{\mathrm{S}_j}\mu_{\mathrm{S}_j}^{\mathrm{SMU}}P_{\mathrm{S}_j}}{\zeta_{\mathrm{S}_k}\mu_{\mathrm{S}_k}^{\mathrm{SMU}}P_{\mathrm{S}_k}}\right)^{\frac{1}{\alpha_{\mathrm{S}_j}}}\left(\left|X_{O_{\mathrm{S}_k},O_{\mathrm{D}}}\right|\right)^{\frac{\alpha_{\mathrm{S}_k}}{\alpha_{\mathrm{S}_j}}} \tag{5-48}$$

根据式(5-4)，来自其他 SBS 的干扰$I_O^{\mathrm{S\text{-}S}}$的 LT 为

$$\begin{aligned}\mathcal{L}_{I_{O_D}^{S\text{-}S}}(s)&=\mathbb{E}_{I_{O_D}^{S\text{-}S}}\left\{e^{-sI_{O_D}^{S\text{-}S}}\right\}=\prod_{j=1}^{K}\mathbb{E}_{\Phi_{S_j},h}\left\{\prod_{a\in\tilde{\Phi}_{S_j}\backslash O_{S_k}}e^{-sP_{S_j}h_{a,O_D}\left|X_{a,O_D}\right|^{-\alpha_{S_j}}}\right\}\\&=\prod_{j=1}^{K}G_{\text{Ray}}\left(1,\tilde{\lambda}_{S_j},P_{S_j},\alpha_{S_j},D_S^{S,DA}\left(\left|X_{O_{S_k},O_D}\right|\right),s\right)\end{aligned}\tag{5-49}$$

在来自 MBS 的干扰 $I_O^{\text{MDL-S}}=\sum_{b\in\Phi_M}\frac{P_M}{N_M}g_{b,O}\left|X_{b,O}\right|^{-\alpha_M}$ 中，根据采用的下行链路 ABRP 级联准则，有干扰距离约束条件 $\left|X_{b,O_D}\right|\geqslant D_M^{S,DA}\left(\left|X_{O_{S_k},O_D}\right|\right)$，其中，$D_M^{S,DA}\left(\left|X_{O_{S_k},O_D}\right|\right)$定义为

$$D_M^{S,DA}\left(\left|X_{O_{S_k},O_D}\right|\right)=\left(\frac{\zeta_M G_{M_T}P_M}{\zeta_{S_k}\mu_{S_k}^{\text{SMU}}P_{S_k}N^{\text{MU}}}\right)^{\frac{1}{\alpha_M}}\left(\left|X_{O_{S_k},O_D}\right|\right)^{\frac{\alpha_{S_k}}{\alpha_M}}\tag{5-50}$$

在 Nakagami-m 衰落条件下，根据式(5-6)，干扰 $I_O^{\text{MDL-S}}$ 的 LT 为

$$\begin{aligned}\mathcal{L}_{I_{O_D}^{\text{MDL-S}}}(s)&=\mathbb{E}_{I_{O_D}^{\text{MDL-S}}}\left\{e^{-sI_{O_D}^{\text{MDL-S}}}\right\}\\&=\mathbb{E}_{\Phi_M,g}\left\{\exp\left(-s\sum_{b\in\Phi_M}\frac{P_M}{N^{\text{MU}}}g_{b,O_D}\left|X_{b,O_D}\right|^{-\alpha_M}\right)\right\}\\&=G_{\text{Gam}}\left(N^{\text{MU}},\lambda_M,\frac{P_M}{N^{\text{MU}}},\alpha_M,D_M^{S,DA}\left(\left|X_{O_{S_k},O_D}\right|\right),s\right)\end{aligned}\tag{5-51}$$

对于 MU 上行链路干扰 $I_O^{\text{SUL-S}}=\sum_{j=1}^{K}\sum_{c\in\Phi_{U,S_j}^{\text{UL}}\backslash O}P_U h_{c,O}\left|X_{c,O}\right|^{-\alpha_{S_j}}$，其 LT 与 $I_{O_{S_k}}^{\text{SUL}}$ 的 LT 完全相同。$I_{O_{S_k}}^{\text{SUL}}$ 的 LT 由式(5-22)给出：

$$\mathcal{L}_{I_O^{\text{SUL-S}}}(s)=\mathcal{L}_{I_{O_{S_k}}^{\text{SUL}}}(s)\tag{5-52}$$

5.4.3 下行链路覆盖概率

本小节计算给定 UE 的下行链路覆盖概率。当给定 UE 级联到 MBS 时，根据式(5-40)给出的 UE 接收 SIR，下行链路覆盖概率为

$$\begin{aligned}\Pr\left\{\text{SINR}_{O_D}^{M,DA}>\tau_M^{DA}\right\}&=\Pr\left\{\frac{\frac{P_M}{N^{\text{MU}}}g_{M,O_D}\left|X_{M,O_D}\right|^{-\alpha_M}}{I_{O_D}^{S\text{-}M}+I_{O_D}^{\text{MDL-M}}+I_{O_D}^{\text{MUUL-M}}}>\tau_M^{DA}\right\}\\&=\Pr\left\{g_{M,O_D}>\frac{\tau_M^{DA}\left|X_{M,O_D}\right|^{\alpha_M}N^{\text{MU}}}{P_M}\left(I_{O_D}^{S\text{-}M}+I_{O_D}^{\text{MDL-M}}+I_{O_D}^{\text{MUUL-M}}\right)\right\}\end{aligned}\tag{5-53}$$

式中，$\tau_{\mathrm{M}}^{\mathrm{DA}}$ 为下行链路 SIR 阈值。

为了计算式(5-53)，定义 $S_{\mathrm{M}}^{\mathrm{DA}}=\tau_{\mathrm{M}}^{\mathrm{DA}}N^{\mathrm{MU}}/P_{\mathrm{M}}$，基于 $g_{\mathrm{M},O_{\mathrm{D}}}\sim\Gamma\left(G_{\mathrm{M_T}},1\right)$ 和文献[157]中式(3.351.2)，式(5-53)可以进一步写为

$$
\begin{aligned}
&\Pr\left\{\mathrm{SIR}_{O_{\mathrm{D}}}^{\mathrm{M,DA}}>\tau_{\mathrm{M}}^{\mathrm{DA}}\right\}\\
&=\mathbb{E}_{\left|X_{\mathrm{M},O_{\mathrm{D}}}\right|,I}\left\{\exp\left[-S_{\mathrm{M}}^{\mathrm{DA}}\left|X_{\mathrm{M},O_{\mathrm{D}}}\right|^{\alpha_{\mathrm{M}}}\left(I_{O_{\mathrm{D}}}^{\mathrm{S}}+I_{O_{\mathrm{D}}}^{\mathrm{MDL}}+I_{O_{\mathrm{D}}}^{\mathrm{MUUL}}\right)\right]\right.\\
&\qquad\left.\cdot\sum_{m=0}^{G_{\mathrm{M_T}}}\frac{\left(S_{\mathrm{M}}^{\mathrm{DA}}\left|X_{\mathrm{M},O_{\mathrm{D}}}\right|^{\alpha_{\mathrm{M}}}\right)^m}{m!}\left(I_{O_{\mathrm{D}}}^{\mathrm{S\text{-}M}}+I_{O_{\mathrm{D}}}^{\mathrm{MDL\text{-}M}}+I_{O_{\mathrm{D}}}^{\mathrm{MUUL\text{-}M}}\right)^m\right\}\\
&=\mathbb{E}_{\left|X_{\mathrm{M},O_{\mathrm{D}}}\right|}\left\{\sum_{m=0}^{G_{\mathrm{M_T}}}\frac{\left(S_{\mathrm{M}}^{\mathrm{DA}}\left|X_{\mathrm{M},O_{\mathrm{D}}}\right|^{\alpha_{\mathrm{M}}}\right)^m}{(-1)^m m!}\sum_{m_1+m_2+m_3=m}\binom{m}{m_1,m_2,m_3}\right.\\
&\qquad\left.\cdot\left[\left(\frac{\mathrm{d}^{m_1}\mathcal{L}_{I_{O_{\mathrm{D}}}^{\mathrm{S\text{-}M}}}(s)}{\mathrm{d}s^{m_1}}\right)\left(\frac{\mathrm{d}^{m_2}\mathcal{L}_{I_{O_{\mathrm{D}}}^{\mathrm{MDL\text{-}M}}}(s)}{\mathrm{d}s^{m_2}}\right)\left(\frac{\mathrm{d}^{m_3}\mathcal{L}_{I_{O_{\mathrm{D}}}^{\mathrm{MUUL\text{-}M}}}(s)}{\mathrm{d}s^{m_3}}\right)\right]_{s=S_{\mathrm{M}}^{\mathrm{DA}}\left|X_{\mathrm{M},O_{\mathrm{D}}}\right|^{\alpha_{\mathrm{M}}}}\right\}
\end{aligned}
\tag{5-54}
$$

类似式(5-31)和式(5-32)，LT $\mathcal{L}_{I_{O_{\mathrm{D}}}^{\mathrm{S\text{-}M}}}(s)$、$\mathcal{L}_{I_{O_{\mathrm{D}}}^{\mathrm{MDL\text{-}M}}}(s)$ 和 $\mathcal{L}_{I_{O_{\mathrm{D}}}^{\mathrm{MUUL\text{-}M}}}(s)$ 的高阶导数可扫二维码查看。同时，接入距离 $\left|X_{\mathrm{M},O_{\mathrm{D}}}\right|$ 的 PDF 由式(5-11)给出，覆盖概率由引理 5-8 给出。

引理 5-8 在 FD 大规模 MIMO 和 NOMA 辅助异构网络中，与 MBS 级联的一个给定 MU 的下行链路 SIR 覆盖概率为

$$
\begin{aligned}
P_{\mathrm{Cov,MU}}^{\mathrm{M,DA}}=&\frac{2\pi\lambda_{\mathrm{M}}}{A_{\mathrm{MU}}^{\mathrm{M,DA}}}\int_0^{\infty}\sum_{m=0}^{N_{\mathrm{T}_x}-N^{\mathrm{MU}}}\frac{\left(S_{\mathrm{M}}^{\mathrm{DA}}x^{\alpha_{\mathrm{M}}}\right)^m}{(-1)^m m!}\times\sum_{m_1+m_2+m_3=m}\binom{m}{m_1,m_2,m_3}\varPsi_{\mathrm{DL}}(x)\\
&\cdot\left(\varPsi_{\mathrm{DL}}^{\mathrm{S\text{-}M}}\left(S_{\mathrm{M}}^{\mathrm{DA}}x^{\alpha_{\mathrm{M}}}\right)\cdot\varPsi_{\mathrm{DL}}^{\mathrm{MDL\text{-}M}}\left(S_{\mathrm{M}}^{\mathrm{DA}}x^{\alpha_{\mathrm{M}}}\right)\cdot\varPsi_{\mathrm{DL}}^{\mathrm{MUUL\text{-}M}}\left(S_{\mathrm{M}}^{\mathrm{DA}}x^{\alpha_{\mathrm{M}}}\right)\right)x\mathrm{d}x
\end{aligned}
\tag{5-55}
$$

式中，$\varPsi_{\mathrm{DL}}(x)$ 定义为

$$
\begin{aligned}
\varPsi_{\mathrm{DL}}(x)=&\mathcal{L}_{I_{O_{\mathrm{D}}}^{\mathrm{S\text{-}M}}}\left(S_{\mathrm{MU}}^{\mathrm{DA}}x^{\alpha_{\mathrm{M}}}\right)\mathcal{L}_{I_{O_{\mathrm{D}}}^{\mathrm{MDL\text{-}M}}}\left(S_{\mathrm{MU}}^{\mathrm{DA}}x^{\alpha_{\mathrm{M}}}\right)\mathcal{L}_{I_{O_{\mathrm{D}}}^{\mathrm{MUUL\text{-}M}}}\left(S_{\mathrm{MU}}^{\mathrm{DA}}x^{\alpha_{\mathrm{M}}}\right)\\
&\times\exp\left[-\sum_{j=1}^{K}\pi\lambda_{\mathrm{S}_j}\left(\frac{\mu_{\mathrm{S}_j}^{\mathrm{SMU}}P_{\mathrm{S}_j}\zeta_{\mathrm{S}_j}N^{\mathrm{MU}}}{P_{\mathrm{M}}\zeta_{\mathrm{M}}G_{\mathrm{M_T}}}\right)^{\frac{2}{\alpha_{\mathrm{S}_j}}}x^{\frac{2\alpha_{\mathrm{M}}}{\alpha_{\mathrm{S}_j}}}-\pi\lambda_{\mathrm{M}}x^2\right]
\end{aligned}
\tag{5-56}
$$

$\varPsi_{\mathrm{DL}}^{\mathrm{S\text{-}M}}(s)$ 表示为

$$\Psi_{\mathrm{DL}}^{\mathrm{S\text{-}M}}(s)=\sum\frac{m_1!}{\prod\limits_{l=1}^{m_1}\left(q_l^{\mathrm{S}}!\right)(l!)^{q_l^{\mathrm{S}}}}\prod_{t=1}^{m_1}$$

$$\times\left(\sum_{j=1}^{K}2\pi\tilde{\lambda}_{\mathrm{S}_j}\frac{(-1)^t(t!)\left(P_{\mathrm{S}_j}\right)^t}{t\alpha_{\mathrm{S}_j}-2}\left(D_{\mathrm{S}}^{\mathrm{M,DA}}(x)\right)^{2-t\alpha_{\mathrm{S}_j}}\right.\tag{5-57}$$

$$\left.\times{}_2F_1\left(t+1,t-\frac{2}{\alpha_{\mathrm{S}_j}};1+t-\frac{2}{\alpha_{\mathrm{S}_j}};-sP_{\mathrm{S}_j}\left(D_{\mathrm{S}}^{\mathrm{M,DA}}(|x|)\right)^{-\alpha_{\mathrm{S}_j}}\right)\right)^{q_t^{\mathrm{S}}}$$

$\Psi_{\mathrm{DL}}^{\mathrm{MDL\text{-}M}}(s)$ 表示为

$$\Psi_{\mathrm{DL}}^{\mathrm{MDL\text{-}M}}(s)=\sum\frac{m_2!}{\prod\limits_{l=1}^{m_2}\left(q_l^{\mathrm{M}}!\right)(l!)^{q_l^{\mathrm{M}}}(-1)^{m_2}}\prod_{t=1}^{m_2}\times\left\{(-1)^{t+1}2\pi\lambda_{\mathrm{M}}\frac{\left(N^{\mathrm{MU}}+t-1\right)!}{\left(N^{\mathrm{MU}}-1\right)!}\right.$$

$$\times\left(\frac{P_{\mathrm{M}}}{N^{\mathrm{MU}}}\right)^t\frac{1}{t\alpha_{\mathrm{M}}-2}\left[\left(D_{\mathrm{M}}^{\mathrm{M,DA}}(x)\right)^{2-t\alpha_{\mathrm{M}}}\right]\tag{5-58}$$

$$\left.\times{}_2F_1\left(N^{\mathrm{MU}}+t,t-\frac{2}{\alpha_{\mathrm{M}}};1+t-\frac{2}{\alpha_{\mathrm{M}}};-s\frac{P_{\mathrm{M}}}{N^{\mathrm{MU}}}\left(D_{\mathrm{M}}^{\mathrm{M,DA}}(x)\right)^{-\alpha_{\mathrm{M}}}\right)\right\}^{q_t^{\mathrm{M}}}$$

$\Psi_{\mathrm{DL}}^{\mathrm{MUUL\text{-}M}}(s)$ 表示为

$$\Psi_{\mathrm{DL}}^{\mathrm{MUUL\text{-}M}}(s)$$

$$=\sum\frac{m_3!}{\prod\limits_{l=1}^{m_3}\left(q_l^{\mathrm{U}}!\right)(l!)^{q_l^{\mathrm{U}}}(-1)^{m_3}}$$

$$\times\prod_{t=1}^{m_3}\left\{\sum_{j=1}^{K}2\pi\tilde{\lambda}_{\mathrm{S}_j}(-1)^t(t!)s^{-t}\int_0^{\infty}\frac{\left(sP_{\mathrm{U}}r^{-\alpha_{\mathrm{S}_j}}\right)^t}{\left(1+sP_{\mathrm{U}}r^{-\alpha_{\mathrm{S}_j}}\right)^{t+1}}\left[1-\exp\left(-\pi\tilde{\lambda}_{\mathrm{S}_j}\frac{r^2}{G_j^{\mathrm{UL}}}\right)\right]r\mathrm{d}r\right\}^{q_t^{\mathrm{U}}}\tag{5-59}$$

$1\cdot q_1^{\mathrm{S}}+2\cdot q_2^{\mathrm{S}}+\cdots+m_1\cdot q_{m_1}^{\mathrm{S}}=m_1$，$1\cdot q_1^{\mathrm{M}}+2\cdot q_2^{\mathrm{M}}+\cdots+m_2\cdot q_{m_2}^{\mathrm{M}}=m_2$，$1\cdot q_1^{\mathrm{U}}+2\cdot q_2^{\mathrm{U}}+\cdots+m_3\cdot q_{m_3}^{\mathrm{U}}=m_3$。

证明　高阶导数证明，扫二维码查看。

当给定 MU 连接到第 k 层 SBS 时，根据 NOMA 的原理，MU 被看作目标 SBS 的近用户，这时只有远用户和近用户的信号同时解码，才有一个正确的传输。这样，下行链路 SIR 覆盖概率表示为

$$P_{\mathrm{Cov,MU}}^{\mathrm{S}_k,\mathrm{DA}}=\Pr\left\{\mathrm{SIR}_O^{\mathrm{S}_k,\mathrm{DA\text{-}BH}}>\tau_{\mathrm{S}_k}^{\mathrm{BH}},\mathrm{SIR}_O^{\mathrm{S}_k,\mathrm{DA\text{-}MU}}>\tau_{\mathrm{S}_k}^{\mathrm{DA}}\right\} \tag{5-60}$$

式中，$\tau_{\mathrm{S}_k}^{\mathrm{BH}}$ 是第 k 层 SBS 的 SIR 阈值；$\tau_{\mathrm{S}_k}^{\mathrm{DA}}$ 是 MU 下行链路的 SIR 阈值。

然后，假设干扰 $I_{TO}^{\mathrm{S}}=I_O^{\mathrm{S\text{-}S}}+I_O^{\mathrm{MDL\text{-}S}}+I_O^{\mathrm{SUL\text{-}S}}$，将式(5-46)和式(5-47)代入式(5-60)，覆盖概率为

$$\begin{aligned}
P_{\mathrm{Cov,MU}}^{\mathrm{S}_k,\mathrm{DA}}&=\Pr\left\{\frac{\mu_{\mathrm{S}_k}^{\mathrm{BH}}P_{\mathrm{S}_k}h_{y,O}\left|X_{y,O}\right|^{-\alpha_{\mathrm{S}_k}}}{\mu_{\mathrm{S}_k}^{\mathrm{SMU}}P_{\mathrm{S}_k}h_{y,O}\left|X_{y,O}\right|^{-\alpha_{\mathrm{S}_k}}+I_{TO}^{\mathrm{S}}}>\tau_{\mathrm{S}_k}^{\mathrm{BH}},\frac{\mu_{\mathrm{S}_k}^{\mathrm{SMU}}P_{\mathrm{S}_k}h_{y,O}\left|X_{y,O}\right|^{-\alpha_{\mathrm{S}_k}}}{I_{TO}^{\mathrm{S}}}>\tau_{\mathrm{MU}}^{\mathrm{DA}}\right\}\\
&=\Pr\left\{\left(\frac{\mu_{\mathrm{S}_k}^{\mathrm{BH}}}{\tau_{\mathrm{S}_k}^{\mathrm{BH}}}-u_{\mathrm{S}_k}^{\mathrm{SMU}}\right)>\frac{I_{TO}^{\mathrm{S}}}{P_{\mathrm{S}_k}h_{y,O}\left|X_{y,O}\right|^{-\alpha_{\mathrm{S}_k}}},\frac{P_{\mathrm{S}_k}h_{y,O}\left|X_{y,O}\right|^{-\alpha_{\mathrm{S}_k}}}{\tau_{\mathrm{MU}}^{\mathrm{DA}}}>\frac{I_{TO}^{\mathrm{S}}}{u_{\mathrm{S}_k}^{\mathrm{SMU}}}\right\}\\
&=\Pr\left\{\frac{P_{\mathrm{S}_k}h_{y,O}\left|X_{y,O}\right|^{-\alpha_{\mathrm{S}_k}}}{I_{TO}^{\mathrm{S}}}>\max\left(\frac{\tau_{\mathrm{S}_k}^{\mathrm{BH}}}{\mu_{\mathrm{S}_k}^{\mathrm{BH}}-\mu_{\mathrm{S}_k}^{\mathrm{BH}}\tau_{\mathrm{S}_k}^{\mathrm{BH}}},\frac{\tau_{\mathrm{MU}}^{\mathrm{DA}}}{\mu_{\mathrm{S}_k}^{\mathrm{SMU}}}\right)\right\}\\
&=\Pr\left\{P_{\mathrm{S}_k}h_{y,O}\left|X_{y,O}\right|^{-\alpha_{\mathrm{S}_k}}>\tau_{\mathrm{MU}}^{\mathrm{DAX}}I_{TO}^{\mathrm{S}}\right\}
\end{aligned} \tag{5-61}$$

式中，$\tau_{\mathrm{MU}}^{\mathrm{DAX}}=\max\left(\dfrac{\tau_{\mathrm{S}_k}^{\mathrm{BH}}}{\mu_{\mathrm{S}_k}^{\mathrm{BH}}-\mu_{\mathrm{S}_k}^{\mathrm{BH}}\tau_{\mathrm{S}_k}^{\mathrm{BH}}},\dfrac{\tau_{\mathrm{MU}}^{\mathrm{DA}}}{\mu_{\mathrm{S}_k}^{\mathrm{SMU}}}\right)$。

将 $I_{TO_{\mathrm{D}}}^{\mathrm{S}}$ 代入式(5-61)，可以得到：

$$\begin{aligned}
&P_{\mathrm{Cov,MU}}^{\mathrm{S}_k,\mathrm{DA}}\\
&=\mathbb{E}_{\left|X_{O_{\mathrm{S}_k},O_{\mathrm{D}}}\right|}\left\{\mathcal{L}_{I_{O_{\mathrm{D}}}^{\mathrm{S\text{-}S}}}\left(\frac{\left|X_{O_{\mathrm{S}_k},O_{\mathrm{D}}}\right|^{\alpha_{\mathrm{S}_k}}\tau_{\mathrm{MU}}^{\mathrm{DAX}}}{P_{\mathrm{S}_k}}\right)\mathcal{L}_{I_{O_{\mathrm{D}}}^{\mathrm{MDL\text{-}S}}}\left(\frac{\left|X_{O_{\mathrm{S}_k},O_{\mathrm{D}}}\right|^{\alpha_{\mathrm{S}_k}}\tau_{\mathrm{MU}}^{\mathrm{DAX}}}{P_{\mathrm{S}_k}}\right)\mathcal{L}_{I_{O_{\mathrm{D}}}^{\mathrm{MUUL\text{-}S}}}\left(\frac{\left|X_{O_{\mathrm{S}_k},O_{\mathrm{D}}}\right|^{\alpha_{\mathrm{S}_k}}\tau_{\mathrm{MU}}^{\mathrm{DAX}}}{P_{\mathrm{S}_k}}\right)\right\}
\end{aligned} \tag{5-62}$$

级联距离 $\left|X_{y,O}\right|$ 的 PDF 由式(5-14)给出。最后，得到引理 5-9。

引理 5-9　在 FD 大规模 MIMO 和 NOMA 辅助异构网络中，当一个 MU 级联到第 k 层 SBS 时，下行 SIR 覆盖概率为

$$\begin{aligned}
P_{\mathrm{Cov,MU}}^{\mathrm{S}_k,\mathrm{DA}}=&\frac{2\pi\lambda_{\mathrm{S}_k}}{A_{\mathrm{MU}}^{\mathrm{S}_k,\mathrm{DA}}}\int_0^{\infty}\mathcal{L}_{I_{O_{\mathrm{D}}}^{\mathrm{S\text{-}S}}}\left(\frac{\tau_{\mathrm{MU}}^{\mathrm{DAX}}y^{\alpha_{\mathrm{S}_k}}}{P_{\mathrm{S}_k}}\right)\mathcal{L}_{I_{O_{\mathrm{D}}}^{\mathrm{MDL\text{-}S}}}\left(\frac{\tau_{\mathrm{MU}}^{\mathrm{DAX}}y^{\alpha_{\mathrm{S}_k}}}{P_{\mathrm{S}_k}}\right)\mathcal{L}_{I_{O_{\mathrm{D}}}^{\mathrm{MUUL\text{-}S}}}\left(\frac{\tau_{\mathrm{MU}}^{\mathrm{DAX}}y^{\alpha_{\mathrm{S}_k}}}{P_{\mathrm{S}_k}}\right)\\
&\times\exp\left\{-\left[\sum_{j=1}^{K}2\pi\lambda_{\mathrm{S}_j}\left(\frac{P_{\mathrm{S}_j}\zeta_{\mathrm{S}_j}}{P_{\mathrm{S}_k}\zeta_{\mathrm{S}_k}}\right)^{\frac{2}{\alpha_{\mathrm{S}_j}}}y^{\frac{2\alpha_{\mathrm{S}_k}}{\alpha_{\mathrm{S}_j}}}+\left(\frac{G_{\mathrm{M}_T}}{N^{\mathrm{MU}}}\cdot\frac{P_{\mathrm{M}}\zeta_{\mathrm{M}}}{\mu_{\mathrm{S}_k}^{\mathrm{SMU}}P_{\mathrm{S}_k}\zeta_{\mathrm{S}_k}}\right)^{\frac{2}{\alpha_{\mathrm{M}}}}y^{\frac{2\alpha_{\mathrm{S}_k}}{\alpha_{\mathrm{M}}}}\right]\right\}y\mathrm{d}y
\end{aligned} \tag{5-63}$$

式中，$\mathcal{L}_{I_{O_D}^{S\text{-}S}}(s)$、$\mathcal{L}_{I_{O_D}^{MDL\text{-}S}}(s)$ 和 $\mathcal{L}_{I_{O_D}^{MUUL\text{-}S}}(s)$ 由式(5-49)、式(5-51)和式(5-52)给出。

利用引理 5-8 和引理 5-9，得到定理 5-2，其给出了给定 MU 的总平均下行链路 SIR 覆盖概率。

定理 5-2　对于考虑的大规模 MIMO 和 NOMA 辅助异构网络，将最大偏置接收功率策略用于下行链路 MU 级联时，给定 MU 的总平均覆盖概率为

$$P_{\mathrm{Cov,MU}}^{\mathrm{DA}} = A_{\mathrm{MU}}^{\mathrm{M,DA}} P_{\mathrm{Cov,MU}}^{\mathrm{M,DA}} + \sum_{k=1}^{K} A_{\mathrm{MU}}^{\mathrm{S}_k\mathrm{,DL}} P_{\mathrm{Cov,MU}}^{\mathrm{S}_k\mathrm{,DA}} \tag{5-64}$$

式中，与 MBS 的级联概率 $A_{\mathrm{MU}}^{\mathrm{M,DA}}$ 由式(5-9)给出；与第 k 层的基站级联概率 $A_{\mathrm{MU}}^{\mathrm{S}_k\mathrm{,DL}}$ 由式(5-10)给出。

基于前述分析，图 5-6 给出了下行链路传输的覆盖性能。一个给定的 MU 具有四个下行链路覆盖概率，如图 5-6(a)所示，是给定 MU 分别与 MBS 和位于 O_{S_k} 处的 SBS 级联的概率。从图 5-6(a)可以看出，由于每层的网络部署不同，MU 与不同层级联的时下行链路平均覆盖概率是不同的。还可以发现，下行链路平均覆盖概率随着发射功率 P_{U} 增大而下降，但当 P_{U} 较小时，P_{U} 的影响是微不足道的。只有当 P_{U} 较大时，P_{U} 的增加才会降低给定 MU 下行链路覆盖性能。在不同的功率分配因子下，SBS 的下行链路分配功率也不相同，SBS 的下行链路平均覆盖概率随着功率分配因子变化而变化。同时，由于全双工 MBS 以相同功率发送信号，因此 MBS 的下行链路覆盖概率不受功率分配因子的影响。在图 5-6(a)中，$\mu^{\mathrm{BH}} = 0.5$ 和 $\mu^{\mathrm{BH}} = 0.7$ 这两种情况下，MBS 的平均覆盖概率完全相同。

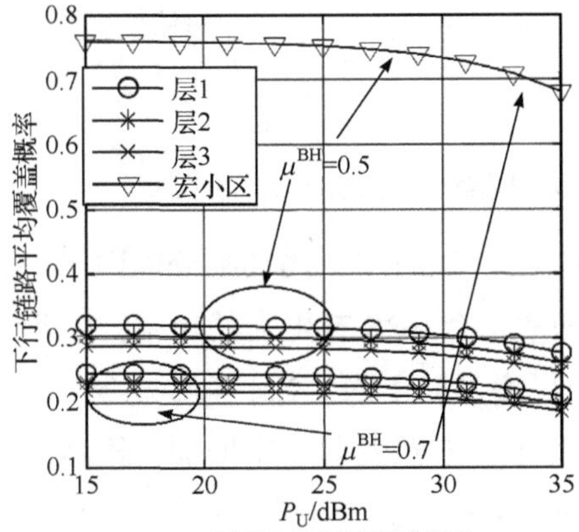

(a) 下行链路平均覆盖概率

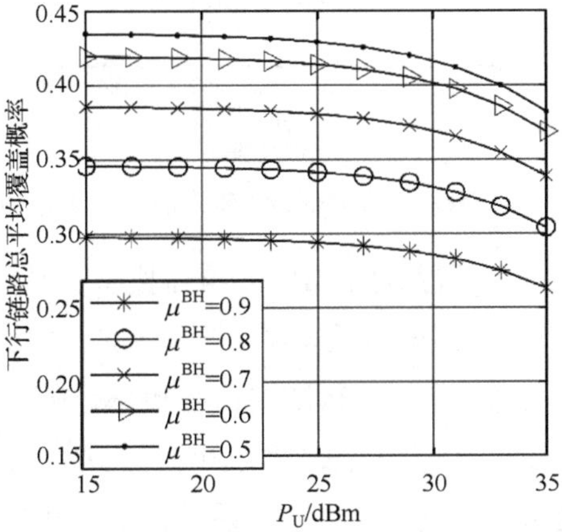

(b) 不同功率分配因子下的下行链路总平均覆盖概率

图 5-6　不同功率分配因子下 P_{U} 与下行链路覆盖概率的关系

图 5-6(b)是不同功率分配因子 μ^{BH} 下的下行链路总平均覆盖概率。图 5-6(b)

是从图 5-6(a)中取不同层平均值得到的，比图 5-6(a)更清晰地显示了 μ^{BH} 和 P_{U} 对下行链路总平均覆盖概率的影响。从图 5-6(b)可以看出，下行链路总平均覆盖概率达到了系统期望的性能。

为了进一步探究 SBS 采用 NOMA 方案对考虑的大规模 MIMO 辅助 FD 异构网络的影响，研究下行链路平均覆盖概率和下行链路用户级联概率与功率分配因子 μ^{SMU} 的关系，结果见图 5-7。下行链路用户级联概率受 μ^{SMU} 的影响，如图 5-7(b)所示。μ^{SMU} 增加表明 SBS 的下行链路获得更多功率，因此认为给定 MU 与第 k 层中最近的 SBS 级联的概率 k 随着 μ^{SMU} 增加而增加。虽然 MBS 的发射功率不受功率分配因子的影响，但是所有下行链路覆盖概率等于 1 的约束导致 MU 与最近的 MBS 级联的概率随着 μ^{SMU} 增加而减小。图 5-7(b)清楚地显示了功率分配因子 μ^{SMU} 和用户级联概率之间的关系，表征此网络模型中采用的 NOMA 技术对系统性能有重要的影响。

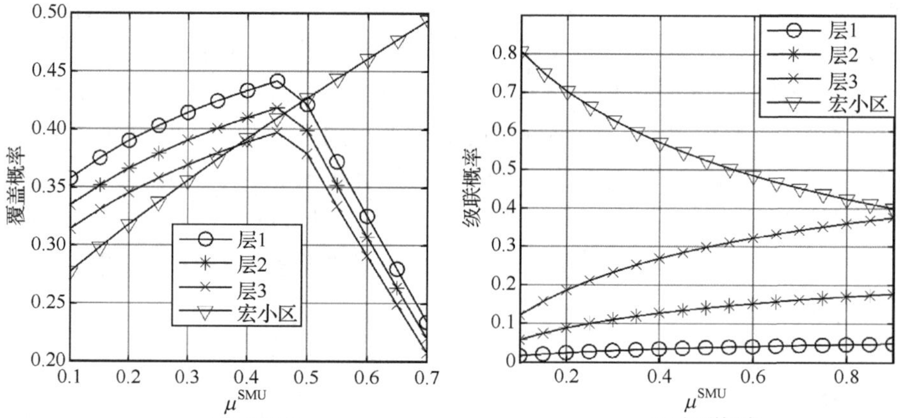

(a) 覆盖概率　(b) 级联概率

图 5-7　功率分配因子 μ^{SMU} 与 MU 下行链路覆盖概率和级联概率的关系

对于下行链路 SIR 的覆盖概率，从图 5-7(a)可以看出，当功率分配因子较小时，下行链路覆盖概率随 μ^{SMU} 增加而增加。即使每个 SBS 有更大的功率，在 μ^{SMU} 很大的情况下，下行链路覆盖概率也随着 μ^{SMU} 增加而下降。对于这些现象，有以下解释：首先，当 μ^{SMU} 较小时，μ^{SMU} 增加使下行链路发射功率增加，提高了下行链路覆盖概率，改善了系统性能；其次，当功率分配因子 μ^{SMU} 较大时，来自层间或跨层 SBS 的干扰显著增加，这些增加的干扰将主导系统性能，下行链路覆盖概率随着 μ^{SMU} 增加而下降；最后，根据定义 $\tau_{\mathrm{MU}}^{\mathrm{DAX}}=\max\left(\tau_{S_k}^{\mathrm{UBH}}/\left(\mu_{S_k}^{\mathrm{BH}}-\mu_{S_k}^{\mathrm{SBH}}\tau_{S_k}^{\mathrm{UBH}}\right),\tau_{S_k}^{\mathrm{DA}}/\mu_{S_k}^{\mathrm{SMU}}\right)$，等效下行链路 SIR 阈值 $\tau_{\mathrm{MU}}^{\mathrm{DAX}}$ 随功率分配因子

$\left(\mu_{S_k}^{\mathrm{BH}}-\mu_{S_k}^{\mathrm{SBH}}\tau_{S_k}^{\mathrm{UBH}}\right), \tau_{S_k}^{\mathrm{DA}} / \mu_{S_k}^{\mathrm{SMU}}\big)$，等效下行链路 SIR 阈值 $\tau_{\mathrm{MU}}^{\mathrm{DAX}}$ 随功率分配因子 $\mu^{\mathrm{SMU}}=\mu_{\mathrm{S}_k}^{\mathrm{SMU}}$ 和 $\mu^{\mathrm{BH}}=\mu_{\mathrm{S}_k}^{\mathrm{BH}}$ 变化。当 μ^{SMU} 较小时，等效 SIR 阈值 $\tau_{\mathrm{MU}}^{\mathrm{DAX}}$ 由 $\tau_{\mathrm{MU}}^{\mathrm{DA}} / \mu_{\mathrm{S}_k}^{\mathrm{SMU}}$ 决定并随 μ^{SMU} 增加而减小。等效 SIR 阈值 $\tau_{\mathrm{MU}}^{\mathrm{DAX}}$ 减小可以改善下行链路覆盖性能。当 μ^{SMU} 很大时，等效 SIR 阈值 $\tau_{\mathrm{MU}}^{\mathrm{DAX}}=\tau_{\mathrm{S}_k}^{\mathrm{UBH}} / \left(\mu_{\mathrm{S}_k}^{\mathrm{BH}}-\mu_{\mathrm{S}_k}^{\mathrm{SBH}}\tau_{\mathrm{S}_k}^{\mathrm{UBH}}\right)$。显然，在这种情况下，等 SIR 效阈值 $\tau_{\mathrm{MU}}^{\mathrm{DAX}}$ 随 μ^{SMU} 增加而增加。结果，来自 SBS 的下行链路覆盖性能随着 μ^{SMU} 增加而降低。除此之外，图 5-7(a)还显示出 MBS 的下行链路覆盖概率随 μ^{SMU} 增加而单调增加，这是因为给定 MU 与最近的 MBS 级联的概率随 μ^{SMU} 增加而减小。

第 6 章　联合回程与缓存的异构网络

异构网络通过回程链路实现 SBS 与 MBS 的连接，进而通过 MBS 与核心网络建立回程访问，获得网络资源分配等。回程链路需要占用网络资源，在用户接入高峰期，大规模接入网络容易导致网络拥塞。另外，音乐、视频等频繁访问的移动多媒体流行内容是多媒体数据传输的主要部分，其每次重复下载占据了下行链路传输数据的大部分。显然，这部分流行多媒体数据并不一定需要每次在核心网络下载，只需要缓存在 SBS 即可[254-255]。该缓存协助的传输方案可以降低传输时延、提高网络吞吐量和容量等。一般有两种缓存方案：设备缓存和边缘缓存。设备缓存主要面向基站，通过卸载多媒体流行内容到本地设备来降低基站的负载；边缘缓存则考虑将多模态内容缓存到 SBS 等，是协助回程内容的可行方案[256-261]。从频谱分配和占用角度，有微波频段缓存协助方案[262-269]、毫米波频段缓存协助方案[270-273]和微波-毫米波混合频段缓存协助方案[274-276]。

本章提出一种全毫米波频段联合回程与缓存(joint backhaul and cache，JBC)协助的内容交付方案，将部分流行内容预存储在缓存中[277-278]，利用缓存 SBS 与无线回程 SBS 的联合模式来进行有效的内容传送，未存储内容由宏基站传送。详细可参考文献[84]和文献[279]～文献[281]。

6.1　联合回程与缓存的两层异构网络随机点模型

全毫米波频段联合回程与缓存协助异构网络模型如图 6-1 所示，考虑了缓存协助的全毫米波无线异构网，由配置 MIMO 多天线均匀线性阵列(uniform linear array，ULA)的 MBS 和单天线的 SBS 构成。MBS 处 ULA 元数为 N_{M}，所有 MBS 都可以通过大容量光纤访问核心网络，并通过毫米波无线自回程将未缓存的内容传递到 SBS。MBS 和 SBS 的发射功率分别为 P_{M} 和 P_{S}，将其空间位置分别建模为独立泊松点过程 Φ_{M} 和 Φ_{S}，密度分别为 λ_{M} 和 λ_{S}。

为了减少内容传递等待时间，部分具有容量为 L 的缓存器的 SBS(cache-SBS，C-SBS)在网络非高峰期预下载流行多媒体内容，SBS 的缓存配置因子 $0 \leqslant \eta \leqslant 1$。其余占比为 $1-\eta$ 的无缓存 SBS 则通过无线自回程链路从 MBS 获取 UE 的请求内容，这部分 SBS 称为回程协助 SBS(backhaul-SBS，B-SBS)。将这两类 SBS 分别建模为密度为 $\lambda_{\mathrm{S}}^{\mathrm{C}} = \eta\lambda_{\mathrm{S}}$ 和 $\lambda_{\mathrm{S}}^{\mathrm{B}} = (1-\eta)\lambda_{\mathrm{S}}$ 的稀疏齐次泊松点过程 $\Phi_{\mathrm{S}}^{\mathrm{C}}$ 和 $\Phi_{\mathrm{S}}^{\mathrm{B}}$。当网络

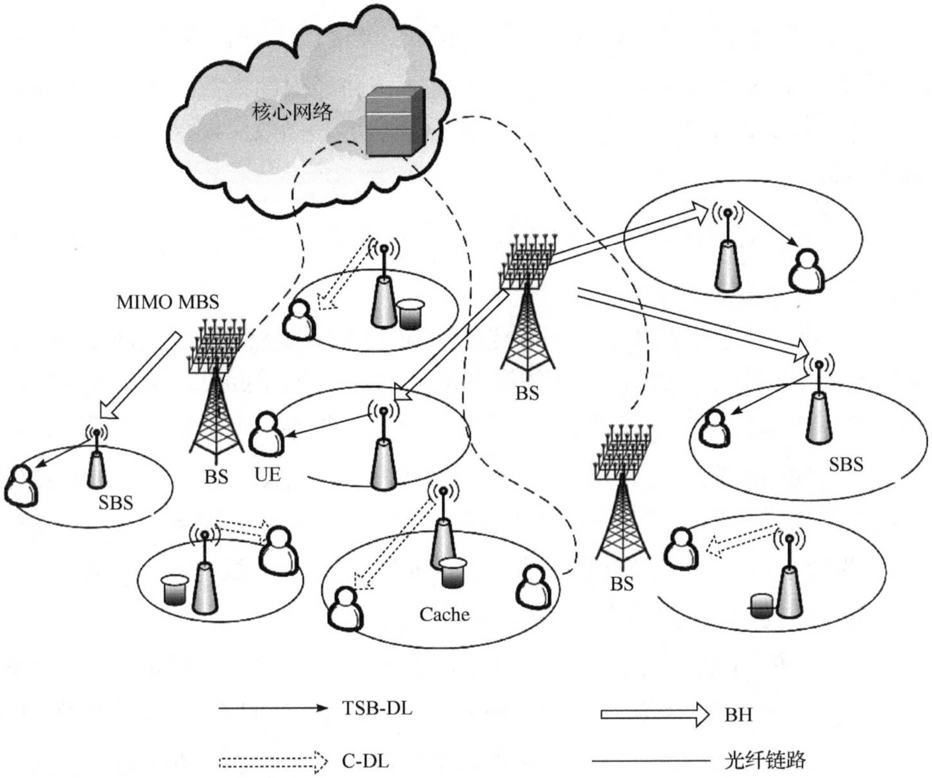

图 6-1　全毫米波频段联合回程与缓存协助异构网络模型

TSB-DL 为传统的小小区基站协助的下行链路(traditional SBS-assisted DL)；C-DL 为配备缓存的小小区基站协助的下行链路(cache-equipped SBS-assisted DL)；BH 为回程链路(backhaul)

中任一给定用户发出内容请求时，若在其本地缓存中可以找到请求的内容，给定 UE 首先与 C-SBS 级联。否则，该用户级联至最近的 B-SBS 以获取所需的内容，同时，此 B-SBS 级联至最近距离的服务 MBS 以检索 UE 请求的内容。对于位于 u 处的给定网络元素(UE 或 SBS)，假定其最近的接入点位于 $v, v\in \Phi_P$ 处，$P\in\{\mathrm{M,S}\}$。借助齐次泊松点过程，很容易得到访问距离 $\left\|x_{uv}^{P}\right\|$ 的 PDF 为 $f_{\left\|x_{uv}^{P}\right\|}(x)=2\pi\lambda_P \exp\left(-\pi\lambda_P x^2\right)$。

在毫米波系统中，需要对 LoS 和 NLoS 链路进行单独建模。为了易于处理，这里引入 LoS 球模型[282]来模拟障碍物的遮挡效应[283]。在该阻塞模型中，定义 LoS 半径为 R_{L}，表示 UE 与附近阻塞之间的平均距离。用 $\left\|X_{u,v}\right\|$ 表示网络元素 u 和 v 之间的欧几里得距离[284]；当满足 $\left\|X_{u,v}\right\|\leqslant R_{\mathrm{L}}$ 时，链路视为 LoS 模型且路径损耗为 $L_{\mathrm{L}}\left(\left\|X_{u,v}\right\|\right)=C_{\mathrm{L}}\left\|X_{u,v}\right\|^{-\alpha_{\mathrm{L}}}$；当满足 $\left\|X_{u,v}\right\|> R_{\mathrm{L}}$ 时，NLoS 链路的路径损耗为

$L_{\mathrm{N}}\left(\left\|X_{u,v}\right\|\right)=C_{\mathrm{N}}\left\|X_{u,v}\right\|^{-\alpha_{\mathrm{N}}}$。$C_{\mathrm{L}}$ 和 C_{N} 分别表示 LoS 和 NLoS 路径损耗参数。α_{L} 和 α_{N} 分别表示 LoS 和 NLoS 路径损耗指数,毫米波路径损耗指数的典型取值范围[86]近似为 $\alpha_{\mathrm{L}}\in[1.9,2.5]$ 和 $\alpha_{\mathrm{N}}\in[2.5,4.7]$。根据该球形遮挡效应模型，简化路径损耗可以表示为

$$L\left(\left\|X_{u,v}\right\|\right)=\mathbb{U}\left(R_{\mathrm{L}}-d\right)C_{\mathrm{L}}\left\|X_{u,v}\right\|^{-\alpha_{\mathrm{L}}}+\mathbb{U}\left(d-R_{\mathrm{L}}\right)C_{\mathrm{N}}\left\|X_{u,v}\right\|^{-\alpha_{\mathrm{N}}} \tag{6-1}$$

式中，$\mathbb{U}(\cdot)$ 是单位阶跃函数。

同时，进一步假设毫米波信号传输经历独立的 Nakagami-m 小规模衰落，LoS 和 NLoS 链路的小规模衰落分别使用 N_{L} 和 N_{N} 表示。简单起见，设定 N_{L} 和 N_{N} 是正整数[282]。由此，若 $|g_{u,v}|^2$ 为终端 u 和 v 之间的等效小规模衰落信道增益，则其为归一化的伽马函数[282]，即 $|g_{u,v}|^2\sim\Gamma\left(N_k,1/N_k\right),k\in(\mathrm{L},\mathrm{N})$。由于毫米波链路的阻塞取决于距离，因此 LoS 和 NLoS 用户都是非均匀分布的。同类齐次泊松点过程 Φ_{S} 可分为两个独立的 $\Phi_{\mathrm{S}}^{\mathrm{L}}$ 和 $\Phi_{\mathrm{S}}^{\mathrm{N}}$，分别表示 SBS 的 LoS 区域与 NLoS 区域。同样地，MBS 的集合 Φ_{M} 也由 $\Phi_{\mathrm{M}}^{\mathrm{L}}$ 和 $\Phi_{\mathrm{M}}^{\mathrm{N}}$ 两个独立的齐次泊松点过程组成。

进一步，使用 N_{B}^{*} 表示通过回程链路与给定 MBS 级联的 B-SBS 实际数量。显然，N_{B}^{*} 是一个随机变量，可以大于或小于支持的最大回程数 N_{B}。通常，用概率质量函数来表征随机变量 N_{B}^{*}。为了便于分析和易于表达，考虑到齐次泊松点过程 $\Phi_{\mathrm{S}}^{\mathrm{B}}$ 的密度为 $(1-\eta)\lambda_{\mathrm{S}}$，这里采用其平均值近似实际级联的 B-SBS 数量 N_{B}^{*}，即 $\mathbb{E}\left\{N_{\mathrm{B}}^{*}\right\}=(1-\eta)\lambda_{\mathrm{S}}/\lambda_{\mathrm{M}}$。因此，MBS 实际服务的回程流数量是 $\min\left((1-\eta)\lambda_{\mathrm{S}}/\lambda_{\mathrm{M}},N_{\mathrm{B}}\right)$。基于这种考虑，将成功回传的 SBS 定义为稀疏齐次泊松点过程的 $\bar{\Phi}_{\mathrm{S}}^{\mathrm{B}}$，其密度为 $\bar{\lambda}_{\mathrm{S}}^{\mathrm{B}}=\min\left((1-\eta)\lambda_{\mathrm{S}}/\lambda_{\mathrm{M}},N_{\mathrm{B}}\right)\lambda_{\mathrm{M}}$。

MBS 处每个 B-SBS 的平均功率为 $P_{\mathrm{M}}^{\mathrm{B}}=P_{\mathrm{M}}/\mathbb{E}\left\{N_{\mathrm{B}}^{*}\right\}$。由于 B-SBS 的密度 $(1-\eta)\lambda_{\mathrm{S}}$ 随着缓存配置因子 η 的变化而变化，且网络的业务状况并不总是处于饱和状态，即不是所有的 MBS 都总处于活跃状态，尤其是在 B-SBS 密度非常小的情况下。因此，将 $\Phi_{\mathrm{M}}^{\mathrm{B}}$ 定义为实际活跃的 MBS 集合，其密度近似为 $\lambda_{\mathrm{M}}^{\mathrm{B}}=\min\left(\lambda_{\mathrm{M}},(1-\eta)\lambda_{\mathrm{S}}/N_{\mathrm{B}}\right)$。

6.2 缓存内容放置

考虑异构网络中，随机用户设备(UE)与已经缓存了所需内容的最近 SBS 级联。假设用户从有限的库 $\mathcal{F}=\{f_1,f_j,\cdots,f_J\}$ 中随机请求内容，此内容库的大小为 J

且每个内容的大小均为 E 个字节。通常，人们总是对最流行的多媒体内容感兴趣[285]，多媒体内容的等级越高，请求的概率就越大。排名靠前内容的受欢迎程度可以通过 Zipf 分布进行建模，根据存储多媒体内容的流行程度将 J 个内容在库 $\mathcal{F}$ 中降序排列[286]。内容库中文件 j 被请求的概率为 a_j ，每个内容 f_j 的请求分布为 a_j ，通常建模为[282]

$$a_j = \frac{j^{-\xi}}{\sum_{p=1}^{J} p^{-\xi}} \tag{6-2}$$

式中，$\xi > 0$ ，为表示内容流行偏斜度的形态参数，ξ 越大表明用户请求越集中于流行度靠前的内容，反之用户请求越分散。偏斜度 ξ 取决于网络场景及用户需求，变化范围一般为 0.6～1.0 [287]。$a_1 > a_2 > \cdots > a_J$ ，$\sum_{j=1}^{J} a_j = 1$ ，假定所有内容的大小均归一化为 1。每个 C-SBS 可缓存的最大容量为 L ，并且可以存储多达 $H \in [L, J]$ 个内容。其随机缓存第 J 个内容的概率记为 b_j 。图 6-2 为 J=7 和 L=4 的概率缓存示例，其中内容 $\{f_2, f_3, f_5, f_7\}$ 通过均匀选取一个随机数(在本例中为 0.9)缓存在 SBS 中。

采用概率内容放置策略：内容 j 缓存在任意 C-SBS 上的概率为 $q_j\left(0 \leqslant q_j \leqslant 1\right)$，在任意 C-SBS 上缓存所有内容的概率之和应该小于缓存容量 L ，即 $\sum_{j=1}^{J} q_j \leqslant L$ [277]。剩余的未缓存内容由 B-SBS 通过回程提供。用 $\Phi_{\mathrm{S}}^{\mathrm{C},j}$ 表示存储第 j 个内容的一组 C-SBS 集合，$\Phi_{\mathrm{S}}^{\mathrm{C},j}$ 的密度是 $\lambda_{\mathrm{S}}^{\mathrm{C},j} = q_j \eta \lambda_{\mathrm{S}}$ 且满足 $\Phi_{\mathrm{S}}^{\mathrm{C}} = \sum_j \Phi_{\mathrm{S}}^{\mathrm{C},j}$ 。为了简化计算，定义 $\bar{\Phi}_{\mathrm{S}}^{\mathrm{C},j}$ 为未存储的第 j 个内容的 C-SBS 集合，其密度为 $\bar{\lambda}_{\mathrm{S}}^{\mathrm{C},j} = \left(1 - q_j\right) \eta \lambda_{\mathrm{S}}$ 。

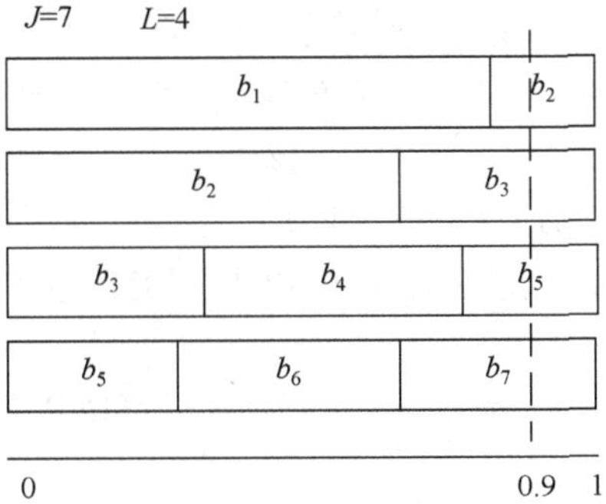

图 6-2　概率内容放置策略

6.3　缓存内容的交付

6.3.1　下行链路内容交付

不失一般性，假定请求第 j 个内容的 UE 位于 O 点，定义为给定 UE。为了减少回程的使用，只要请求的文件可以在缓存中找到。该 UE 首先基于最小距离准

则与集合 Φ_S^C 中的 C-SBS 级联，否则 UE 与集合 Φ_S^B 中最近的 B-SBS 级联。基于这一级联准则，下面分别讨论这两种内容传递方案下的 SINR。

1. C-SBS 内容传递

第一种情况是给定 UE 与存储请求的第 j 个内容的 C-SBS k 级联。在这种情况下，给定 UE 接收到的 SINR 为

$$\mathrm{SINR}_{kO}^{C,j} = \frac{|g_{kO}|^2 P_S L(\|x_{kO}\|)}{I_{SO}^{C,j} + \overline{I}_{SO}^{C,j} + I_{SO}^B + I_{MO}^B + \sigma_O^2} \tag{6-3}$$

式中，$I_{SO}^{C,j} = \sum_{i \in \Phi_S^{C,j} \setminus k} |g_{iO}|^2 P_S L(\|x_{iO}\|)$，是来自存储请求的第 j 个内容 C-SBS 的干扰；$\overline{I}_{SO}^{C,j} = \sum_{l \in \Phi_S^C \setminus \Phi_S^{C,j}} |g_{lO}|^2 P_S L(\|x_{lO}\|)$，是来自没有存储第 j 个内容的 C-SBS 的总干扰；$I_{SO}^B = \sum_{m \in \tilde{\Phi}_S^B} |g_{mO}|^2 P_S L(\|x_{mO}\|)$，是来自无缓存 B-SBS 的总干扰；$I_{MO}^B = \sum_{n \in \Phi_M^B} P_M^B \left|\boldsymbol{h}_{nO}^H \boldsymbol{W}_{n\xi}\right|^2 L(\|x_{nO}\|)$，是来自活跃 MBS 的总干扰，$\boldsymbol{h}_{nO}^H$ 和 $\boldsymbol{W}_{n\xi}$ 分别是干扰 MBS $n \in \Phi_M^B$ 的信道向量和波束成型向量；σ_O^2 是加性高斯噪声功率。

2. B-SBS 内容传递

第二种情况是 C-SBS 中没有存储请求内容，该给定 UE 则级联至 B-SBS，通过无线回程从 MBS 获得请求内容。假定 B-SBS 以时分双工模式运行，内容传递包括两个阶段：该给定 UE 级联到第 k 个 B-SBS，此 B-SBS 又级联到位于 z 点的 MBS。在第一阶段，MBS 通过回程链路将请求内容传送给 B-SBS k，此 B-SBS 从级联 MBS 接收到的 SINR 为

$$\mathrm{SINR}_{zk}^{M,j} = \frac{\left|\boldsymbol{h}_{zk}^H \boldsymbol{W}_{zk}\right|^2 P_M^B L(\|x_{zk}\|)}{I_{Sk}^C + I_{Sk}^B + I_{Mk}^B + \sigma_k^2} \tag{6-4}$$

式中，$\boldsymbol{h}_{zk}^H$ 和 $\boldsymbol{W}_{zk}$ 分别表示 MBS z 指向 B-SBS 的信道矢量和波束赋形矢量；$I_{Sk}^C = \sum_{i \in \Phi_S^C} |g_{ik}|^2 P_S L(\|x_{ik}\|)$，为来自所有 C-SBS 的总干扰；来自其他 B-SBS 的总干扰为 $I_{Sk}^B = \sum_{n \in \tilde{\Phi}_S^B \setminus k} |g_{nk}|^2 P_S L(\|x_{nk}\|)$；$I_{Mk}^B = \sum_{m \in \Phi_M^B \setminus z} P_M^B \left|\boldsymbol{h}_{mk} \boldsymbol{W}_{m\xi}\right|^2 L(\|x_{mk}\|)$，表示除了目标 MBS z 之外的 MBS 总干扰，$\boldsymbol{h}_{mk}$ 和 $\boldsymbol{W}_{m\xi}$ 分别表示干扰 MBS m 对 SBS k 的信道向量和波束成型向量。

在通过无线回程获取请求的第 j 个内容后，B-SBS k 在第二阶段将内容以功率 P_S 发送至给定 UE，该 UE 接收到的 SINR 为

$$\mathrm{SINR}_{kO}^{\mathrm{B},j}=\frac{P_{\mathrm{S}}|g_{kO}|^2L(\|x_{kO}\|)}{I_{\mathrm{SO}}^{\mathrm{C}}+\tilde{I}_{\mathrm{SO}}^{\mathrm{B}}+\tilde{I}_{\mathrm{MO}}^{\mathrm{B}}+\sigma_O^2} \tag{6-5}$$

式中，$I_{\mathrm{SO}}^{\mathrm{C}}=\sum_{i\in\Phi_{\mathrm{S}}^{\mathrm{C}}}|g_{iO}|^2P_{\mathrm{S}}L(\|x_{iO}\|)$，表示来自所有缓存协助 C-SBS 的干扰；来自除给定 B-SBS 以外的其他回程协助 SBS 的干扰为 $\tilde{I}_{\mathrm{SO}}^{\mathrm{B}}=\sum_{l\in\tilde{\Phi}_{\mathrm{S}}^{\mathrm{B}}\setminus k}P_{\mathrm{S}}|g_{lO}|^2L(\|x_{lO}\|)$；$\tilde{I}_{\mathrm{MO}}^{\mathrm{B}}=\sum_{m\in\Phi_{\mathrm{M}}^{\mathrm{B}}\setminus z}P_{\mathrm{M}}^{\mathrm{B}}\left|\boldsymbol{h}_{mO}^{\mathrm{H}}\boldsymbol{W}_{m\xi}\right|^2L(\|x_{mO}\|)$，表示来自其他 MBS 的干扰，$\boldsymbol{h}_{mO}$ 和 $\boldsymbol{W}_{m\xi}$ 的定义与式(6-3)和式(6-4)中的定义类似。

6.3.2　下行链路干扰分布

基于前述 DL 内容传递的 SINR 模型，接下来分别给出式(6-3)～式(6-5)中提出的干扰项 LT。应用随机几何的概念，首先考虑式(6-3)并计算 $I_{\mathrm{SO}}^{\mathrm{C},j}$、$\tilde{I}_{\mathrm{SO}}^{\mathrm{C},j}$、$I_{\mathrm{SO}}^{\mathrm{B}}$ 和 $I_{\mathrm{MO}}^{\mathrm{B}}$ 项的 LT。根据来自活跃 MBS 的干扰 $I_{\mathrm{MO}}^{\mathrm{B}}$ 定义式可得到其 LT，由引理 6-1 给出。

引理 6-1　给定 UE 与存储请求的第 j 个内容的 C-SBS 级联时，该给定 UE 接收到的 SINR 中来自活跃 MBS 的干扰项 $I_{\mathrm{MO}}^{\mathrm{B}}$ 的 LT 表达如下：

$$\mathcal{L}_{I_{\mathrm{MO}}^{\mathrm{B}}}(s)=\exp\left(-2\pi\lambda_{\mathrm{M}}^{\mathrm{B}}(\pi/n)\sum_{i=1}^{n}W_{\mathrm{MO}}^{\mathrm{B}}\left(P_{\mathrm{M}}^{\mathrm{B}},N_{\mathrm{M}},G(y_id/\lambda),D\right)\sqrt{1-y_i^2}\right) \tag{6-6}$$

式中，

$$W_{\mathrm{MO}}^{\mathrm{B}}\left(P_{\mathrm{M}}^{\mathrm{B}},N_{\mathrm{M}},G(\omega),D\right)=W_{\mathrm{N}}\left(P_{\mathrm{M}}^{\mathrm{B}},N_{\mathrm{M}},G(\omega),D\right)-W_{\mathrm{L}}\left(P_{\mathrm{M}}^{\mathrm{B}},N_{\mathrm{M}},G(\omega),D\right) \tag{6-7}$$

$$\begin{aligned}W_{\mathrm{L}}(P,N_{\mathrm{M}},G(\omega),Y)=&\frac{Y^{2\alpha_{\mathrm{L}}+\alpha_{\mathrm{L}}N_{\mathrm{L}}}}{\left(sPN_{\mathrm{M}}G(\omega)C_{\mathrm{L}}/N_{\mathrm{L}}\right)^{N_{\mathrm{L}}}(\alpha_{\mathrm{L}}N_{\mathrm{L}}+2)}\\&\times{}_2F_1\left(N_{\mathrm{L}},N_{\mathrm{L}}+2/\alpha_{\mathrm{L}};N_{\mathrm{L}}+2/\alpha_{\mathrm{L}}+1;\left(-N_{\mathrm{L}}/sPN_{\mathrm{M}}G(\omega)C_{\mathrm{L}}\right)D^{\alpha_{\mathrm{L}}}\right)\end{aligned} \tag{6-8}$$

$$W_{\mathrm{N}}\left(P,N_{\mathrm{M}},G(\omega),Y\right)=\frac{Y^2}{2}\times{}_2F_1\left(-\frac{2}{\alpha_{\mathrm{L}}},N_{\mathrm{N}};1-\frac{2}{\alpha_{\mathrm{L}}};\left(\frac{sPN_{\mathrm{M}}G(\omega)C_{\mathrm{N}}}{N_{\mathrm{N}}}\right)Y^{-\alpha_{\mathrm{N}}}\right) \tag{6-9}$$

$y_i=\cos\left[(2i-1)\pi/2n\right]$，$i=1,2,\cdots,n$，为高斯–切比雪夫节点，范围是 $[-1,1]$；n 是精度和复杂度之间的权衡参数，当 $n\to\infty$ 时，等式成立。

证明　扫二维码查看。

给定典型 UE 级联至最近的存储请求内容的 C-SBS，即缓存级联模式，在式(6-3)的干扰项 $I_{\mathrm{SO}}^{\mathrm{C},j}=\sum_{i\in\Phi_{\mathrm{S}}^{\mathrm{C},j}\setminus k}|g_{iO}|^2P_{\mathrm{S}}L(\|x_{iO}\|)$ 中，根据采用的级联准则，需要考虑距离约束 $\|x_{iO}\|>\|x_{kO}\|$，其中 $\|x_{kO}\|$ 是给定 UE 与其级联 SBS k 之间的距离。因

此，干扰项 $I_{SO}^{C,j}$ 的 LT 计算如下：

$$\begin{aligned}\mathcal{L}_{I_{SO}^{C,j}}(s) &= \mathbb{E}\left\{\exp\left(-sI_{SO}^{C,j}\right)\right\} = \mathbb{E}\left\{\exp\left(-s\sum\nolimits_{i\in\Phi_S^{C,j}\setminus k}|g_{iO}|^2 P_S L(\|x_{iO}\|)\right)\right\}\\ &\overset{(c)}{=} \exp\left\{-2\pi\left(q_j\eta\lambda_S\right)\left[\int_{\|x_{kO}\|}^{D}\left(1-\mathbb{E}_{g_{iO}}\left\{s|g_{iO}|^2 P_S C_L x^{-\alpha_L}\right\}\right)x\mathrm{d}x\right.\right.\\ &\quad\left.\left.+\int_D^{\infty}\left(1-\mathbb{E}_{g_{iO}}\left\{s|g_{iO}|^2 P_S C_N x^{-\alpha_N}\right\}\right)x\mathrm{d}x\right]\right\}\\ &\overset{(d)}{=} \exp\left(-2\pi\left(q_j\eta\lambda_S\right)\left\{\int_{\|x_{kO}\|}^{D}\left[1-\left(1+\frac{sP_S C_L}{x^{\alpha_L}N_L}\right)^{-N_L}\right]x\mathrm{d}x\right.\right.\\ &\quad\left.\left.+\int_D^{\infty}\left[1-\left(1+\frac{sP_S C_N}{x^{\alpha_N}N_N}\right)^{-N_N}\right]x\mathrm{d}x\right\}\right)\end{aligned} \tag{6-10}$$

式中，(c)遵循以下事实：缓存第 j 个内容的 C-SBS 集被建模为密度$\left(q_j\eta\lambda_S\right)$的齐次泊松点过程 $\Phi_S^{C,j}$；(d)由小规模衰落信道增益$|g_{iO}|^2$被建模为参数 N_L 的归一化伽马随机变量得到。为了得到 $\mathcal{L}_{I_{SO}^{C,j}}(s)$ 的闭式解，将式(6-10)中指数项的第一个积分重写为

$$\begin{aligned}&\int_{\|x_{kO}\|}^{D}\left[1-\left(1+\frac{sP_S C_L}{x^{\alpha_L}N_L}\right)^{-N_L}\right]x\mathrm{d}x\\ &=\int_0^{D}\left[1-\left(1+\frac{sP_S C_L}{x^{\alpha_L}N_L}\right)^{-N_L}\right]x\mathrm{d}x-\int_0^{\|x_{kO}\|}\left[1-\left(1+\frac{sP_S C_L}{x^{\alpha_L}N_L}\right)^{-N_L}\right]x\mathrm{d}x\end{aligned} \tag{6-11}$$

因此，使用与定理 3-1 类似的证明方法，得到干扰项 $I_{SO}^{C,j}$ 的 LT $\mathcal{L}_{I_{SO}^{C,j}}(s)$，由引理 6-2 给出。

引理 6-2 当给定 UE 与存储请求的第 j 个内容的 C-SBS 级联时，表示缓存协助模式，其接收到的 SINR 中来自活跃 C-SBS 的干扰项 $I_{SO}^{C,j}$ 的 LT 表达如下：

$$\mathcal{L}_{I_{SO}^{C,j}}(s) = \exp\left[-2\pi\left(q_j\eta\lambda_S\right)\times W_{SO}^{C,j}\right] \tag{6-12}$$

其中，定义

$$W_{SO}^{C,j} = W_L\left(P_S,1,1,\|x_{kO}\|\right)-W_L\left(P_S,1,1,D\right)+W_N\left(P_S,1,1,D\right)-\frac{\|x_{kO}\|^2}{2} \tag{6-13}$$

$W_L(\cdot)$ 和 $W_N(\cdot)$ 分别由式(6-8)和式(6-9)给出。

式(6-3)中，$I_{SO}^{C,j}$ 表示来自未存储请求内容的活跃 C-SBS 的总干扰，其 LT 计算如下：

$$\begin{aligned}\mathcal{L}_{\tilde{I}_{SO}^{C,j}}(s)&=\mathbb{E}\left\{\exp\left(-s\tilde{I}_{SO}^{C,j}\right)\right\}\\&=\mathbb{E}\left\{\exp\left(-s\sum_{l\in\Phi_S^C\setminus\Phi_S^{C,j}}|g_{lO}|^2P_SL\left(\|x_{lO}\|\right)\right)\right\}\\&=\mathbb{E}\left\{\exp\left(-s\sum_{l\in\tilde{\Phi}_S^{C,j}}|g_{lO}|^2P_SL\left(\|x_{lO}\|\right)\right)\right\}\end{aligned}\tag{6-14}$$

式中，$\tilde{\Phi}_S^{C,j}$ 表示未存储第 j 个内容的 C-SBS 集合，其密度 $\tilde{\lambda}_S^{C,j}=\left(1-q_j\right)\eta\lambda_S$。由于 $|g_{lO}|^2$ 为归一化的伽马随机变量，因此式(6-14)可以进一步写成：

$$\begin{aligned}\mathcal{L}_{\tilde{I}_{SO}^{C,j}}(s)=\exp\Bigg(&-2\pi\left(1-q_j\right)\eta\lambda_S\Bigg\{\int_0^D\left[1-\left(1+sP_SC_L/x^{\alpha_L}N_L\right)^{-N_L}\right]x\mathrm{d}x\\&+\int_D^\infty\left[1-\left(1+sP_SC_L/x^{\alpha_L}N_L\right)^{-N_N}\right]x\mathrm{d}x\Bigg\}\Bigg)\end{aligned}\tag{6-15}$$

同时，式(6-3)中来自活跃 B-SBS 的干扰为 $I_{SO}^B=\sum_{m\in\tilde{\Phi}_S^B}|g_{mO}|^2\ P_SL\left(\|x_m\|\right)$。由于 $\tilde{\Phi}_S^B$ 为一组 MBS 级联以获取请求内容的 B-SBS 集合，其密度为 $\tilde{\lambda}_S^B=\min\left(\left(1-\eta\right)\lambda_S/\lambda_M,N_B\right)\lambda_M$，所以干扰 I_{SO}^B 的 LT $\mathcal{L}_{I_{SO}^B}(s)$ 与式(6-15)类似。从而可得到引理 6-3，对干扰 $\tilde{I}_{SO}^{C,j}$ 和 I_{SO}^B 的 LT 进行了表述。

引理 6-3　当给定 UE 与存储请求的第 j 个内容的 C-SBS 级联时，接收到的 SINR 中来自 C-SBS 或 B-SBS 的干扰的 LT 表达如下：

$$\mathcal{L}_{I_x}(s)=\exp\left(-2\pi\lambda_{I_x}\right)\left(W_N\left(P_S,1,1,D\right)-W_L\left(P_S,1,1,D\right)\right)\tag{6-16}$$

当 $I_x=\tilde{I}_{SO}^{C,j}$ 时，得到 $\lambda_{I_x}=\tilde{\lambda}_S^{C,j}$，式(6-16)为来自未存储请求内容的活跃 C-SBS 的干扰 $\tilde{I}_{SO}^{C,j}$ 的 LT；当 $I_x=I_{SO}^B$ 时，得到 $\lambda_{I_x}=\tilde{\lambda}_S^B$，且式(6-16)表示来自 B-SBS 的干扰 I_{SO}^B 的 LT。

比较式(6-3)和式(6-4)中的干扰 I_{MO}^B 和 I_{Mk}^B，其中 I_{MO}^B 表示给定 UE 接收到的 MBS 干扰，I_{Mk}^B 表示 B-SBS k 接收到的 MBS 干扰，可以发现这两个干扰具有相似的形式。此外，稀疏的齐次泊松点过程 Φ_M^B 为一组实际活跃的 MBS，且密度为 $\lambda_M^B=\min\left(\lambda_M,\left(1-\eta\right)\lambda_S/N_B\right)$。同时，考虑到式(6-4)中给定 B-SBS k 与距离最近的位于 z 的 MBS 级联，可得出干扰 $I_{Mk}^B=\sum\limits_{m\in\Phi_M^B\setminus z}P_M^B\left|\boldsymbol{h}_{mk}\boldsymbol{W}_{\xi m}\right|^2L\left(\|x_{mk}\|\right)$ 中存在距离约束 $\|x_{mk}\|>\|x_{zk}\|$，其中 $\|x_{zk}\|$ 为 SBS k 与其级联 MBS z 之间的距离。因此，干扰项 I_{Mk}^B 的 LT 表示为

$$\mathcal{L}_{I_{Mk}^{B}}(s)=\exp\left[-2\pi\lambda_{M}^{B}\frac{\lambda}{d}\int_{-\frac{d}{\lambda}}^{\frac{d}{\lambda}}\left(\left\{\int_{\|x_{zk}\|}^{D}\left[1-\left(1+\frac{sP_{M}^{B}N_{M}G(\omega)C_{L}}{x^{\alpha_{L}}N_{L}}\right)^{-N_{L}}\right]x\mathrm{d}x\right\}\right.\right.$$
$$\left.\left.+\left\{\int_{D}^{\infty}\left[1-\left(1+\frac{sP_{M}^{B}N_{M}G(\omega)C_{N}}{x^{\alpha_{N}}N_{N}}\right)^{-N_{N}}\right]x\mathrm{d}x\right\}\right)\mathrm{d}\omega\right] \tag{6-17}$$

式中，指数项的第一个积分项可以表示为

$$\int_{\|x_{zk}\|}^{D}\left[1-\left(1+\frac{sP_{M}^{B}N_{M}G(\omega)C_{L}}{x^{\alpha_{L}}N_{L}}\right)^{-N_{L}}\right]x\mathrm{d}x$$
$$=W_{L}\left(P_{M}^{B},N_{M},G(\omega),N_{M},\|x_{zk}\|\right)-W_{L}\left(P_{M}^{B},N_{M},G(\omega),D\right)-\frac{\|x_{zk}\|^{2}}{2}+\frac{D^{2}}{2} \tag{6-18}$$

指数项的第二个积分项可以表示为

$$\int_{D}^{\infty}\left[1-\left(1+\frac{sP_{M}^{B}N_{M}G(\omega)C_{N}}{x^{\alpha_{N}}N_{N}}\right)^{-N_{N}}\right]x\mathrm{d}x=W_{N}\left(P_{M}^{B},N_{M},G(\omega),D\right)-\frac{D^{2}}{2} \tag{6-19}$$

因此，应用高斯-切比雪夫积分方程，可得到引理 6-4。

引理 6-4 当给定 UE 级联至 B-SBS 通过无线回程从 MBS 获得请求内容时，在第一阶段，MBS 通过回程链路将请求内容传送给 B-SBS k，SBS k 从活跃 MBS 处接收到的干扰 I_{Mk}^{B} 的 LT 表达如下：

$$\mathcal{L}_{I_{Mk}^{B}}(s)=\exp\left(-2\pi\lambda_{M}^{B}\sum_{i=1}^{n^{BM}}W^{BM}\frac{y_{i}^{BM}d}{\lambda}\sqrt{1-y_{i}^{BM}}\right) \tag{6-20}$$

式中，

$$y_{i}^{BM}=\cos\left(\frac{2i-1}{2n^{BM}}\pi\right),\ i=1,2,\cdots,n^{BM} \tag{6-21}$$

$$W^{BM}(\omega)=W_{L}\left(P_{M}^{B},N_{M},G(\omega),\|x_{zk}\|\right)$$
$$-W_{L}\left(P_{M}^{B},N_{M},G(\omega),D\right)+W_{N}\left(P_{M}^{B},N_{M},G(\omega),D\right)-\frac{\|x_{zk}\|^{2}}{2} \tag{6-22}$$

式(6-4)中，$I_{Sk}^{C}=\sum_{i\in\Phi_{S}^{C}}|g_{ik}|^{2}P_{S}L(\|x_{ik}\|)$ 为来自 C-SBS 的总干扰，$I_{Sk}^{B}=\sum_{n\in\tilde{\Phi}_{S}^{B}\backslash k}|g_{nk}|^{2}P_{S}L(\|x_{nk}\|)$ 为来自其他无缓存 SBS 的总干扰。齐次泊松点过程 Φ_{S}^{C} 的密度为 $\lambda_{S}^{C}=\eta\lambda_{S}$，$\Phi_{S}^{B}$ 的密度为 $\lambda_{S}^{B}=(1-\eta)\lambda_{S}$。因此，利用与式(6-16)类似的推导方式，可得到引理 6-5。

引理 6-5　给定 UE 级联至 B-SBS 通过无线回程从 MBS 获得请求内容。在第一阶段，MBS 通过回程链路将请求内容传送给 B-SBS k，干扰 I_{Sk}^{C} 和 I_{Sk}^{B} 的 LT 可以通过替换式(6-16)中的密度得到：在式(6-16)中替换 $I_x = I_{Sk}^{C}$ 且密度 $\lambda_{I_x} = \lambda_{S}^{C} = \eta\lambda_{S}$，得到 I_{Sk}^{C} 的 LT；替换 $I_x = I_{Sk}^{B}$ 且代换密度 $\lambda_{I_x} = \tilde{\lambda}_{S}^{B} = \min\left(\left(1-\eta\right)\lambda_{S} / \lambda_{M}, N_{B}\right)\lambda_{M}$，得到 I_{Sk}^{B} 的 LT。

比较式(6-5)定义的 $\tilde{I}_{MO}^{B} = \sum_{m\in\Phi_{M}^{B}\backslash z} P_{M}^{B}\left|\boldsymbol{h}_{mO}^{H}\boldsymbol{W}_{\xi m}\right|^{2} L\left(\| x_{mO} \|\right)$ 和式(6-3)定义的 $I_{MO}^{B} = \sum_{n\in\Phi_{M}^{B}} P_{M}^{B}\left|\boldsymbol{h}_{nO}^{H}\boldsymbol{W}_{\xi n}\right|^{2} L\left(\| x_{nO} \|\right)$，可以发现两者形式相似。同时，式(6-5)中的干扰 I_{SO}^{C} 和式(6-4)中的干扰 I_{Sk}^{C} 形式也类似。因此，从整个齐次泊松点过程范围平均的角度来看，$\tilde{I}_{MO}^{B}$ 和 I_{MO}^{B} 相同，可得到引理 6-6。

引理 6-6　当给定 UE 级联至 B-SBS 通过无线回程从 MBS 获得请求内容时，在第二阶段，B-SBS k 将请求内容发送至给定 UE，$\tilde{I}_{MO}^{B}$ 为来自其他活跃 MBS 的总干扰，I_{SO}^{C} 为来自 C-SBS 的干扰，则

$$\mathcal{L}_{\tilde{I}_{MO}^{B}}\left(s\right) = \mathcal{L}_{I_{MO}^{B}}\left(s\right) \tag{6-23}$$

由于 I_{SO}^{C} 和 $I_{S,k}^{C}$ 相似，I_{SO}^{C} 和 $I_{S,k}^{C}$ 的 LT 也是一致的，即

$$\mathcal{L}_{I_{SO}^{C}}\left(s\right) = \mathcal{L}_{I_{S,k}^{C}}\left(s\right) \tag{6-24}$$

式(6-5)中，干扰 $\tilde{I}_{SO}^{B} = \sum_{l\in\tilde{\Phi}_{S}^{B}\backslash k} P_{S} | g_{lO} |^{2} L\left(\| x_{lO} \|\right)$ 中存在距离约束 $\| x_{lO} \| > \| x_{kO} \|$，其中 $\| x_{kO} \|$ 为给定 UE 与其级联的 B-SBS 距离。因此，得到引理 6-7。

引理 6-7　当给定 UE 级联至 B-SBS 通过无线回程从 MBS 获得请求内容时，在第二阶段，B-SBS k 将请求内容发送至给定 UE，来自其他 B-SBS 的总干扰 $\tilde{I}_{SO}^{B}$ 的 LT 表达如下：

$$\mathcal{L}_{\tilde{I}_{SO}^{B}}\left(s\right) = \exp\left\{-2\pi\left[\min\left(\left(1-\eta\right)\lambda_{S}, N_{B}\lambda_{M}\right)\right]\tilde{W}_{SO}^{B}\right\} \tag{6-25}$$

式中，$\tilde{W}_{SO}^{B}$ 定义为

$$\tilde{W}_{SO}^{B} = W_{L}\left(P_{S},1,1,\| x_{kO} \|\right) - W_{L}\left(P_{S},1,1,D\right) + W_{N}\left(P_{S},1,1,D\right) - \frac{\| x_{kO} \|^{2}}{2} \tag{6-26}$$

6.4　系统 SINR 覆盖性能

本节讨论网络的 SINR 覆盖性能。考虑到系统的总体性能由 C-SBS 和 B-SBS

的内容传递共同决定，下面根据两种传递情况分别进行讨论。对于缓存协助的 C-SBS 内容传递方案，请求第 j 个内容的给定 UE 接收到的 SINR 由式(6-3)给出。由于给定 UE 级联的 C-SBS 可以是 $\varPhi_{\mathrm{S}}^{\mathrm{L}}$ 中的 LoS 或 $\varPhi_{\mathrm{S}}^{\mathrm{N}}$ 中的 NLoS，可以得到定理 6-1。

定理 6-1　当给定 UE 与存储请求的第 j 个内容的 C-SBS 级联时，对于 DL 内容传递，给定 UE 接收到 SINR 的覆盖概率表达如下：

$$C_{\mathrm{SINR}_{kO}^{\mathrm{C},j}}(\tau)=\int_0^D C_{\mathrm{SINR}_{kO}^{\mathrm{C},j}}^{\mathrm{L}}(\tau,x)f_{\|x_{kO}\|}(x)\mathrm{d}x+\int_D^{\infty} C_{\mathrm{SINR}_{kO}^{\mathrm{C},j}}^{\mathrm{N}}(\tau,x)f_{\|x_{kO}\|}(x)\mathrm{d}x \tag{6-27}$$

式中，$f_{\|x_{kO}\|}(x)$ 是给定 UE 与距离最近的存储请求内容的 C-SBS k 之间接入距离 $\|x_{kO}\|$ 的概率密度函数，由式(6-28)给出：

$$f_{\|x_{kO}\|}(x)=2\pi\left(q_j\lambda_{\mathrm{S}}\eta\right)x\exp\left[-\pi\left(q_j\lambda_{\mathrm{S}}\eta\right)x^2\right] \tag{6-28}$$

$C_{\mathrm{SINR}_{kO}^{\mathrm{C},j}}^{\xi}(\tau,x)$ 的定义由式(6-29)给出：

$$\begin{aligned}C_{\mathrm{SINR}_{kO}^{\mathrm{C},j}}^{\xi}(\tau,x)=&\sum\nolimits_{n_\xi}^{N_\xi}\binom{N_\xi}{n_\xi}(-1)^{n_\xi+1}\exp\left(-n_\xi\eta_\xi\frac{x^{\alpha_\xi}\tau{\sigma_O}^2}{P_{\mathrm{S}}C_\xi}\right)\\&\times\left(\mathcal{L}_{I_{\mathrm{SO}}^{\mathrm{C},j}}(s)\mathcal{L}_{\tilde{I}_{\mathrm{SO}}^{\mathrm{C},j}}(s)\mathcal{L}_{I_{\mathrm{SO}}^{\mathrm{B}}}(s)\mathcal{L}_{I_{\mathrm{MO}}^{\mathrm{B}}}(s)\right)\Bigg|_{s=\frac{n_\xi\eta_\xi x^{\alpha_\xi}\tau}{P_{\mathrm{S}}C_\xi}}\end{aligned} \tag{6-29}$$

式中，$\eta_\xi=\left(N_\xi\right)\left(N_\xi!\right)^{-1/N_\xi}$，$\xi\in\{\mathrm{L},\mathrm{N}\}$，$\xi=\mathrm{L}$ 表示 LoS 分量，$\xi=\mathrm{N}$ 表示 NLoS 分量。

证明　扫二维码查看。

当给定 UE 级联至一个未存储请求内容的 B-SBS，并通过无线回程从 MBS 中获取所需内容时，覆盖性能由式(6-4)和式(6-5)共同决定。式(6-5)表示与给定 UE 级联的 B-SBS k 从位于 z 的级联 MBS 接收到的 SINR。与定理 6-1 类似，通过考虑 LoS 和 NLoS 场景并使用最佳波束成型模型，可以得到相应的 DL 回程覆盖概率，由定理 6-2 给出。

定理 6-2　当给定 UE 级联至 B-SBS 通过无线回程从 MBS 获得请求内容时，对于 DL 内容传递，B-SBS k 接收到 SINR 的覆盖概率表达如下：

$$\begin{aligned}C_{\mathrm{SINR}_{zk}^{\mathrm{M},j}}(\tau)&=\Pr\left\{\mathrm{SINR}_{zk}^{\mathrm{M},j}\geqslant\tau\right\}\\&=\int_0^D C_{\mathrm{SINR}_{zk}^{\mathrm{M},j}}^{\mathrm{L}}(\tau,z)f_{\|x_{zk}\|}(z)\mathrm{d}z+\int_D^{\infty} C_{\mathrm{SINR}_{zk}^{\mathrm{M},j}}^{\mathrm{N}}(\tau,z)f_{\|x_{zk}\|}(z)\mathrm{d}z\end{aligned} \tag{6-30}$$

式中，$f_{\|x_{zk}\|}(z)$ 是给定 B-SBS k 与位于 z 的级联 MBS 之间回程距离 $\|x_{zk}\|$ 的 PDF，由式(6-31)给出：

$$f_{\left\|x_{zk}\right\|}(z)=2\pi\lambda_{\mathrm{M}}^{\mathrm{B}}z\exp\left[-\pi\left(\lambda_{\mathrm{M}}^{\mathrm{B}}z^{2}\right)\right] \tag{6-31}$$

$C_{\mathrm{SINR}_{zk}^{\mathrm{M},j}}^{\xi}(\tau,z)$ 由式(6-32)给出：

$$\begin{aligned}C_{\mathrm{SINR}_{zk}^{\mathrm{M},j}}^{\xi}(\tau,z)=&\sum\nolimits_{m_\xi}^{N_\xi}\binom{N_\xi}{m_\xi}(-1)^{m_\xi+1}\exp\left(-m_\xi\eta_\xi\frac{z^{\alpha_\xi}\tau\sigma_k^{\ 2}}{N_{\mathrm{M}}P_{\mathrm{M}}^{B}C_\xi}\right)\\&\times\left(\mathcal{L}_{I_{\mathrm{S}k}^{\mathrm{C}}}(s)\mathcal{L}_{I_{\mathrm{S}k}^{\mathrm{B}}}(s)\mathcal{L}_{I_{\mathrm{M}k}^{\mathrm{B}}}(s)\right)\Big|_{s=\frac{z^{\alpha_\xi}\tau m_\xi\eta_\xi}{N_{\mathrm{M}}P_{\mathrm{M}}^{B}C_\xi}}\end{aligned} \tag{6-32}$$

其中，$\xi\in\{\mathrm{L},\mathrm{N}\}$，$\xi=\mathrm{L}$ 表示 LoS 分量，$\xi=\mathrm{N}$ 表示 NLoS 分量。同时，$I_{\mathrm{S}k}^{\mathrm{C}}$、$I_{\mathrm{S}k}^{\mathrm{B}}$ 和 $I_{\mathrm{M}k}^{\mathrm{B}}$ 的 LT 由引理 6-3 和引理 6-4 给出。

证明　扫二维码查看。

考虑式(6-5)定义的 $\mathrm{SINR}_{kO}^{\mathrm{B},j}$ 的覆盖概率，这是给定 UE 从 B-SBS k 接收到的 SINR，由于检索 UE 请求内容的级联至 MBS 的一组活跃 B-SBS 是密度为 $\tilde{\lambda}_{\mathrm{S}}^{\mathrm{B}}=\min\left(\frac{(1-\eta)\lambda_{\mathrm{S}}}{\lambda_{\mathrm{M}}},N_{\mathrm{B}}\right)\lambda_{\mathrm{M}}$ 的稀疏齐次泊松点过程 $\tilde{\Phi}_{\mathrm{S}}^{\mathrm{B}}$，接入距离 $\left\|x_{kO}^{\mathrm{B}}\right\|$ 的 PDF 由式(6-33)给出：

$$f_{\left\|x_{kO}^{\mathrm{B}}\right\|}(y)=2\pi\tilde{\lambda}_{\mathrm{S}}^{\mathrm{B}}y\exp\left(-\pi\tilde{\lambda}_{\mathrm{S}}^{\mathrm{B}}y^{2}\right) \tag{6-33}$$

考虑式(6-4)和式(6-5)之间的相似性，很容易得到 $\mathrm{SINR}_{kO}^{\mathrm{B},j}$ 的覆盖概率，由定理 6-3 给出。

定理 6-3　当给定 UE 级联至 B-SBS 通过无线回程从 MBS 获得请求内容时，对于 DL 内容传递，给定 UE 从级联 B-SBS 访问链路接收到的 SINR 覆盖概率表达如下：

$$C_{\mathrm{SINR}_{kO}^{\mathrm{B},j}}(\tau)=\int_0^D C_{\mathrm{SINR}_{kO}^{B,j}}^{\mathrm{L}}(\tau,y)f_{\left\|x_{kO}^{\mathrm{B}}\right\|}(y)\mathrm{d}y+\int_D^\infty C_{\mathrm{SINR}_{kO}^{B,j}}^{\mathrm{N}}(\tau,y)f_{\left\|x_{kO}^{\mathrm{B}}\right\|}(y)\mathrm{d}y \tag{6-34}$$

式中，$f_{\left\|x_{kO}^{\mathrm{B}}\right\|}(y)$ 表示位于 O 的给定 UE 与其级联位于 k 的 B-SBS 之间的接入距离 $\left\|x_{kO}^{\mathrm{B}}\right\|$，由式(6-33)给出。当 $\xi\in\{\mathrm{L},\mathrm{N}\}$ 时，$C_{\mathrm{SINR}_{kO}^{\mathrm{B},j}}^{\xi}(\tau,y)$ 的定义为

$$\begin{aligned}C_{\mathrm{SINR}_{kO}^{\mathrm{B},j}}^{\xi}(\tau,y)=&\sum\nolimits_{n_\xi=1}^{N_\xi}\binom{N_\xi}{n_\xi}(-1)^{n_\xi+1}\exp\left(-n_\xi\eta_\xi\frac{y^{\alpha_\xi}\tau\sigma^2}{PC_\xi}\right)\\&\times\mathcal{L}_{I_{\mathrm{SO}}^{\mathrm{C}}}(s)\mathcal{L}_{\tilde{I}_{\mathrm{SO}}^{\mathrm{B}}}(s)\mathcal{L}_{\tilde{I}_{\mathrm{MO}}^{\mathrm{B}}}(s)\Big|_{s=\frac{y^{\alpha_\xi}\tau n_\xi\eta_\xi}{PC_\xi}}\end{aligned} \tag{6-35}$$

基于定理 6-1～定理 6-3，可以推导出给定 UE 的 DL 内容传递的总平均覆盖概率。注意，在提出的缓存与回程协助毫米波异构网络系统中，总平均覆盖概率由 C-SBS 和 B-SBS 的内容传递共同确定。此外，当系统运行在回程协助内容传递模式下，只有在同时满足以下两个条件时，内容传递才会成功：①UE 级联的 SBS k 能够通过 MBS 回程链路成功接收请求的内容；②在接收到请求的内容后，SBS k 能够成功地将其发送到目标 UE。综合以上考虑，给定 UE 从 C-SBS 或 B-SBS 检索请求的内容，此给定 UE 的 DL 内容传送的总平均覆盖概率表示如下：

$$C_{\text{JBC}}^{\text{Tot}}(\tau)=\underbrace{\sum_{j=1}^{H}a_j C_{\text{SINR}_{kO}^{\text{C},j}}(\tau)}_{C_{\text{JBC}}^{\text{C}}}+\underbrace{\sum_{j=H+1}^{J}a_j\left(C_{\text{SINR}_{zk}^{\text{M},j}}(\tau)\times C_{\text{SINR}_{kO}^{\text{B},j}}(\tau)\right)}_{C_{\text{JBC}}^{\text{B}}} \tag{6-36}$$

式中，SINR 的覆盖概率 $C_{\text{SINR}_{kO}^{\text{C},j}}(\tau)$、$C_{\text{SINR}_{zk}^{\text{M},j}}(\tau)$ 和 $C_{\text{SINR}_{kO}^{\text{B},j}}(\tau)$ 分别由式(6-27)、式(6-30)和式(6-34)给出；$C_{\text{JBC}}^{\text{C}}$ 和 $C_{\text{JBC}}^{\text{B}}$ 分别表示缓存协助 C-SBS 和回程协助链路 B-SBS 的平均覆盖概率。

为了便于比较，给出无缓存的传统回程协助内容传递系统中一个给定 UE 接收到 SINR 的总平均覆盖概率，表示如下：

$$C_{\text{JBC}}^{\text{Tot}}(\tau)=\underbrace{C_{\text{SINR}_{zk}^{\text{M},j}}(\tau)}_{C_{\text{JBC}}^{\text{M}}}\times\underbrace{C_{\text{SINR}_{kO}^{\text{B},j}}(\tau)}_{C_{\text{JBC}}^{\text{B}}} \tag{6-37}$$

基于上述分析，讨论两种传输方案在传递第 j 个内容时，阈值 τ 对 UE 接收 SINR 覆盖概率的影响，此处设定接入链路和自回程链路的 SINR 阈值相同。在不同的缓存比例下，图 6-3(a)和(b)为分析结果(线)与蒙特卡罗仿真结果(点)的比较，可以看出二者吻合较好，验证了分析的正确性。图 6-3(a)对比了传统无缓存回程协助方案和提出的联合回程与缓存协助内容交付方案的平均覆盖概率。在缓存容量 H 取不同值的情况下，图 6-3(b)进一步展示了缓存容量大小对联合回程与缓存协助内容交付方案总平均覆盖概率 $C_{\text{JBC}}^{\text{Tot}}$ 的影响。可以观察到，总平均覆盖概率 $C_{\text{JBC}}^{\text{Tot}}$ 随着缓存容量 H 的增加而增大，这表明增加 SBS 的缓存容量可以有效提高系统的覆盖概率。由图 6-3(c)可以看出，提出的联合回程与缓存协助内容交付方案明显地提高了总平均覆盖概率 $C_{\text{JBC}}^{\text{Tot}}$。这是因为在传统无缓存 B-SBS 系统中，传输成功取决于回程链路和接入链路皆成功传递了所需内容，即使两跳链路的平均覆盖概率 $C_{\text{JBC}}^{\text{M}}$ 和 $C_{\text{JBC}}^{\text{B}}$ 都比较大，但总平均覆盖概率 $C_{\text{JBC}}^{\text{Tot}}$ 较小。相反，提出的缓存协助 C-SBS 内容传递系统的总平均覆盖概率 $C_{\text{JBC}}^{\text{Tot}}$ 随着缓存配置因子 η 的增加而增加。当缓存配置因子 η 达到 1 时，可实现最优的覆盖概率。

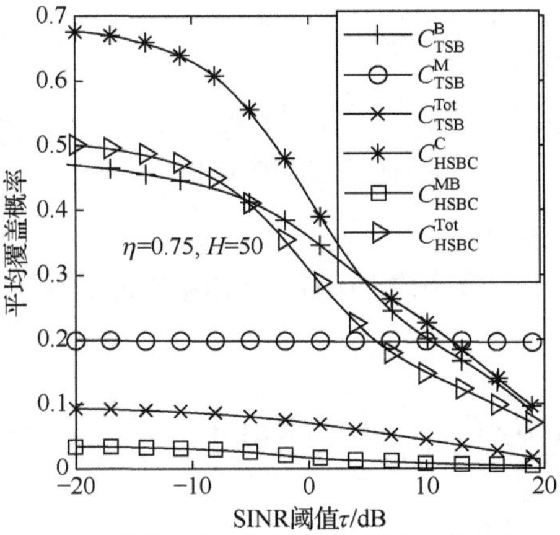

(a) 传统方案和联合回程与缓存方案的对比

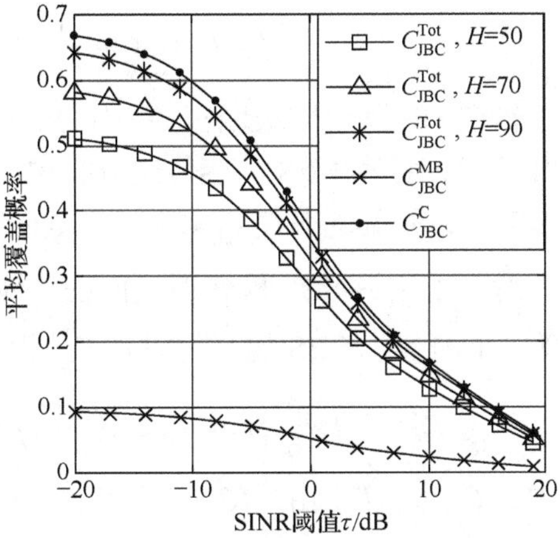

(b) 缓存容量对联合方案的影响

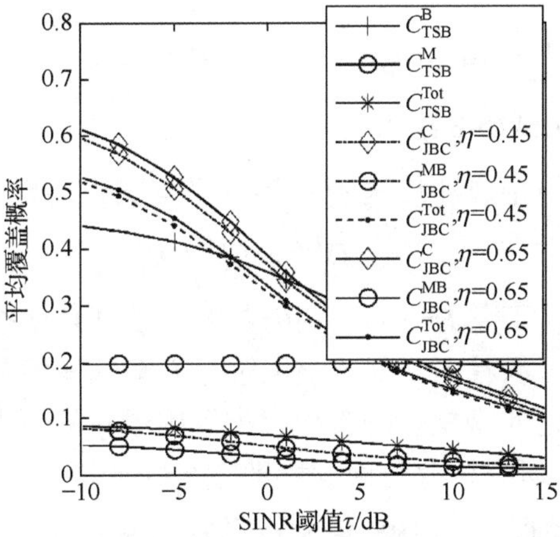

(c) 两种传输方案在不同缓存配置因子下平均覆盖概率

图 6-3　第 j 个内容时 SINR 阈值对平均覆盖概率的影响

6.5　内容交付时延

由于采用多天线技术来设计无线自回程协助的内容传递，在评估大规模 MIMO 的影响时，除了 SINR 覆盖性能外，交付时延也是网络的另一个主要指标，表示成功交付用户请求内容的平均时间，是指网络中的平均交付时延。对于给定的系统频谱带宽 B 和 SINR 阈值 τ，用户成功交付 Q 个内容的平均交付时延定义为

$$D_{C}^{Tot}=\sum\nolimits_{j=1}^{H}a_{j}D_{C}^{C,j}+\sum\nolimits_{j=H+1}^{J}a_{j}\left(D_{C}^{M}+D_{C}^{B}\right) \tag{6-38}$$

式中，$D_{C}^{C,j}$ 表示用户从 C-SBS 获取 Q 大小的第 j 个内容的交付时延，表达如下：

$$D_{\mathrm{C}}^{\mathrm{C},j}=Q\times\left[q_j\eta\lambda_{\mathrm{S}}B\times C_{\mathrm{SINR}_{kO}^{\mathrm{C},j}}(\tau)\times\log_2(1+\tau)\right]^{-1} \tag{6-39}$$

由于给定 UE 既可以级联至 $\Phi_{\mathrm{S}}^{\mathrm{L}}$ 中的 LoS 缓存 SBS，也可以与 $\Phi_{\mathrm{S}}^{\mathrm{N}}$ 中的 NLoS 缓存 SBS 级联，缓存 SBS 内容传递方案中给定 UE 接收到的 SINR 由式(6-3)给出，接收 SINR 的覆盖概率 $C_{\mathrm{SINR}_{kO}^{\mathrm{C},j}}(\tau)$ 由式(6-27)给出。

对于采用 B-SBS 模式通过回程从 MBS 获取内容的用户，MBS 传递大小为 Q 的第 j 个内容到 SBS 的交付时延 $D_{\mathrm{C}}^{\mathrm{M}}$ 为

$$D_{\mathrm{C}}^{\mathrm{M}}=Q\times\left\{\left[\min\left(N_{\mathrm{B}}\lambda_{\mathrm{M}},(1-\eta)\lambda_{\mathrm{S}}\right)\right]B\times C_{\mathrm{SINR}_{zk}^{\mathrm{M},j}}(\tau)\times\log_2(1+\tau)\right\}^{-1} \tag{6-40}$$

式中，$C_{\mathrm{SINR}_{zk}^{\mathrm{M},j}}(\tau)$ 由式(6-30)给出。

SBS 传递大小为 Q 的第 j 个内容到 UE 的平均交付时延 $D_{\mathrm{C}}^{\mathrm{B}}$ 为

$$D_{\mathrm{C}}^{\mathrm{B}}=Q\times\left\{\left[\min\left(\lambda_{\mathrm{M}}\lambda_{\mathrm{B}},(1-\eta)\lambda_{\mathrm{S}}\right)\right]B\times C_{\mathrm{SINR}_{Ok}^{\mathrm{B},j}}(\tau)\times\log_2(1+\tau)\right\}^{-1} \tag{6-41}$$

式中，$C_{\mathrm{SINR}_{Ok}^{\mathrm{B},j}}(\tau)$ 由式(6-34)给出。

在无缓存的网络中成功传送 Q 内容的平均交付时延为

$$D_{\mathrm{B}}^{\mathrm{Tot}}=D_{\mathrm{C}}^{\mathrm{M}}+D_{\mathrm{C}}^{\mathrm{B}} \tag{6-42}$$

基于上述分析，研究 H=50 时，传递 $Q=0.1\times10^6M$ 个内容数据包的平均交付时延。由图 6-4(a)可以看出，与传统无缓存方案($\eta=0$)相比，提出的缓存与回程协助方案的交付时延非常低。随着缓存配置因子 η 的增大，交付时延不断减小。取 $\eta=0.45$，进一步研究缓存与回程协助方案的平均交付时延，见图 6-4(b)。可以看到，在回程传输阶段中，MBS 到 SBS 传输的平均交付时延 $D_{\mathrm{C}}^{\mathrm{M}}$ 小于 SBS 到 UE 传输的平均交付时延 $D_{\mathrm{C}}^{\mathrm{B}}$。同时，回程辅助传输的总交付时延 $D_{\mathrm{C}}^{\mathrm{M}}+D_{\mathrm{C}}^{\mathrm{B}}$ 远大于缓存辅助传输的平均交付时延 $D_{\mathrm{C}}^{\mathrm{C}}$。结果表明，缓存与回程协助方案的总交付时延 $D_{\mathrm{C}}^{\mathrm{Tot}}$ 大于 $D_{\mathrm{C}}^{\mathrm{C}}$，但小于 $D_{\mathrm{C}}^{\mathrm{M}}+D_{\mathrm{C}}^{\mathrm{B}}$。显然，$D_{\mathrm{C}}^{\mathrm{Tot}}$ 与 $D_{\mathrm{C}}^{\mathrm{C}}$ 之间的差异随着 MBS 天线数量的增加而减小，也就是说，N_{M} 增加改善了提出的联合回程与缓存协助方案的延迟性能。

除了 MBS 天线数 N_{M} 对内容交付时延有影响，SBS 缓存的容量 $H(M)$ 也是一个关键因素。图 6-5 为平均交付时延与缓存容量 H 的关系。除了得到与图 6-4 相似的结果，还可以发现当缓存容量 H 较大时，平均交付时延随着 η 的增加而减小，但当缓存容量 H 较小时，平均交付时延随着 H 的增加而增加。这是因为缓存越大，命中的概率就越大，更多的 SBS 可以提供缓存的内容传送。因此，总交付时延主要由 C-SBS 的传输控制，其具有很低的交付时延。缓存容量较小时，总交付时延则由高交付时延的回程协助传输主导。

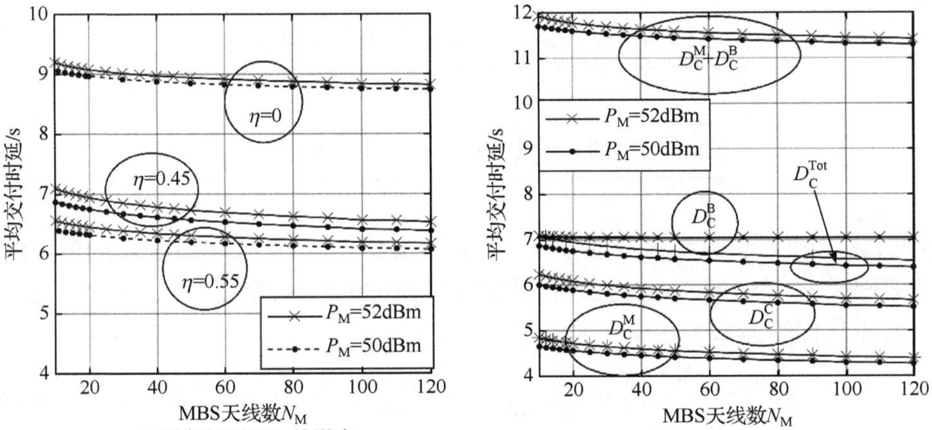

(a) 缓存配置因子η的影响　　(b) 不同的时延比较(η=0.45)

图 6-4　缓存比率因子的影响

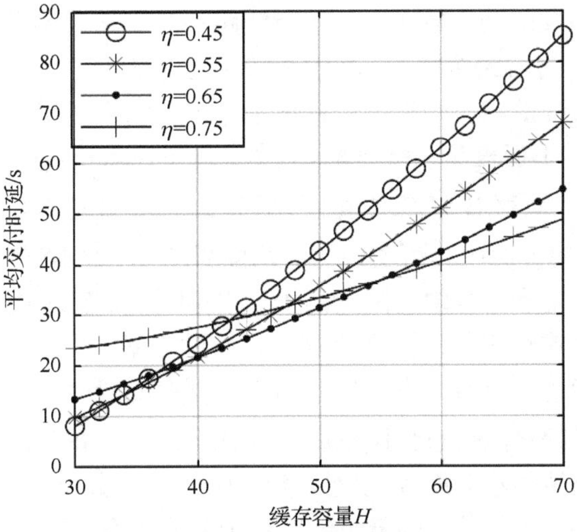

图 6-5　缓存容量对平均交付时延的影响

6.6　平均面积速率

平均面积速率(average area rate，AAR)定义为在给定带宽 B 内可传输的平均面积传输速率。获得 DL 的 SINR 覆盖概率之后，基于 B-SBS 协助两跳内容传递受瓶颈链路约束这一考虑，可以容易地推导出 DL 平均面积速率。在缓存与回程联合内容传递系统中，给定 UE 可获得的 DL 平均面积速率表示如下[288]：

$$R_{\mathrm{JBC}}^{\mathrm{Tot}}(\tau)=\underbrace{\sum_{i=1}^{H}a_j\left(q_j\eta\lambda_{\mathrm{S}}\right)C_{\mathrm{SINR}_{kO}^{\mathrm{C},j}}(\tau)\cdot B\cdot\log_2(1+\tau)}_{R_{\mathrm{JBC}}^{\mathrm{C}}}+\underbrace{\sum_{i=H+1}^{J}a_j\tilde{\lambda}_{\mathrm{S}}^{\mathrm{B}}\left(\min\left(C_{\mathrm{SINR}_{zk}^{\mathrm{M},j}}(\tau),C_{\mathrm{SINR}_{kO}^{\mathrm{B},j}}(\tau)\right)\cdot B\cdot\log_2(1+\tau)\right)}_{R_{\mathrm{JBC}}^{\mathrm{MB}}} \tag{6-43}$$

式中，$R_{\mathrm{JBC}}^{\mathrm{C}}$ 和 $R_{\mathrm{JBC}}^{\mathrm{MB}}$ 分别表示联合内容交付方案中 C-SBS 和 B-SBS 协助传递的平均面积速率。类似地，在无缓存的传统回程协助内容传递系统中，一个给定 UE 的 DL 平均面积速率为

$$R_{\mathrm{TB}}^{\mathrm{Tot}}(\tau)=\tilde{\lambda}_{\mathrm{S}}^{\mathrm{B}}\times\left(\min\left(C_{\mathrm{SINR}_{zk}^{\mathrm{M},j}}(\tau),C_{\mathrm{SINR}_{kO}^{\mathrm{B},j}}(\tau)\right)B\log_2(1+\tau)\right) \tag{6-44}$$

图 6-6 为 SBS 参数对平均面积速率的影响。图 6-6(a)为随着缓存配置因子 η 的变化 SBS 发射功率 P_{S} 对平均面积速率的影响。可以得出，在传统无缓存 B-SBS 方案中($\eta=0$)，当发射功率较小时，下行链路的总传输速率受接入链路的限制，且随着发射功率 P_{S} 的增大而增大。当发射功率 P_{S} 较大时，由于总传输速率取决于 MBS 到 SBS 的回程链路，则近似保持恒定。这一结果表明，在传统方案中，增大 SBS 发射功率并不能提高网络速率。此外，还可以观察到 P_{S} 对回程链路的影响相对较小，这使得无缓存 B-SBS 方案的下行链路总传输速率 $R_{\mathrm{TB}}^{\mathrm{Tot}}$ 近似恒定。同时，在 C-SBS 内容传递方案中，可实现的平均面积速率 $R_{\mathrm{JBC}}^{\mathrm{Tot}}$ 随着 P_{S} 的增加而持续增加。一个有趣的结果是，当缓存配置因子 η 很小时，C-SBS 内容传递方案的可实现平均面积速率很难优于传统的无缓存回程协助方案，只有当 η 较大时，C-SBS 内容传递方案才能优于传统方案。这是因为当缓存配置因子 η 较小时，C-SBS 的稀疏齐次泊松点过程 $\Phi_{\mathrm{S}}^{\mathrm{C}}$ 密度较小，UE 与接入点之间的平均距离较大，所以提出方案的平均速率仍然很小。缓存配置因子应大于某一最小值，以充分发挥缓存协助系统的性能优势。显然，η 的最小值取决于系统参数。当 $P_{\mathrm{S}}=20\mathrm{dBm}$ 时，η 最小值为 0.5；当 $P_2=14\mathrm{dBm}$ 时，$\eta=0.6$。同时，$R_{\mathrm{JBC}}^{\mathrm{Tot}}$ 与 $R_{\mathrm{JBC}}^{\mathrm{C}}$ 之间的差异随着 η 的增大而减小，原因是当 η 较大时，无缓存 SBS 的数量很少，且总速率很大程度上取决于 C-SBS 内容传递的下行链路传输。

图 6-6(b)表示随着缓存配置因子 η 的变化，SBS 密度 λ_{S} 对两种方案平均面积速率的影响。在传统的无缓存 B-SBS 方案中，平均面积速率 $R_{\mathrm{TSB}}^{\mathrm{Tot}}$ 受限于 MBS 到 SBS 的回程链路，在密度 λ_{S} 较大时保持大致恒定。此外，还可以观察到当密度 λ_{S} 较大时，由于 SBS 传输产生的干扰很大，可实现的平均面积速率随 λ_{S} 增大而略微下降；当密度 λ_{S} 相对较小时，传统方案的总平均面积速率 $R_{\mathrm{TSB}}^{\mathrm{Tot}}$ 随 λ_{S} 增大而线性增加。实际上，当 λ_{S} 较小时，回程链路的传输速率小于接入链路的传输速率，

在这种情况下，活跃 MBS 的密度随 λ_S 增大而线性增加。因此，在 λ_S 较小的范围内，传统方案可实现的平均面积速率 R_{TSB}^{Tot} 随着 λ_S 增大而线性增加。由图 6-6(b)还可以看出，传统方案可实现的平均面积速率 R_{TSB}^{Tot} 在整个 λ_S 范围内受到回程传输的限制。由图 6-6 还可以看出，R_{JBC}^{C} 和 R_{JBC}^{Tot} 之间的差异随着 P_S 或 λ_S 的增大而增大。结果表明，提出的缓存协助内容传递方案在高密度网络中更有效。

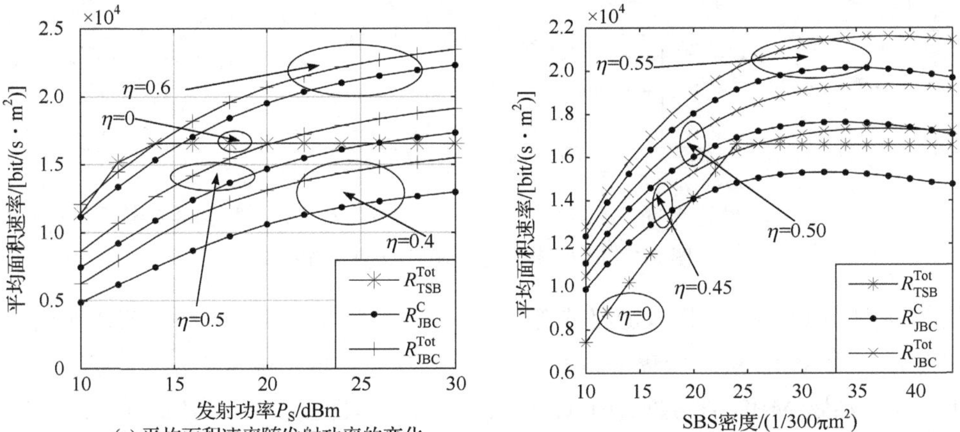

(a) 平均面积速率随发射功率的变化

(b) 平均面积速率随SBS密度的变化

图 6-6　SBS 参数对平均面积速率的影响

为了研究 MBS 天线数对 AAR 的影响，分析不同的缓存配置因子 η 下 AAR 与 MBS 天线数 N_M 之间的关系，见图 6-7(a)。由于在网络配置中 MBS 的密度相对较小，在图 6-7(a)中，TSB 辅助的链路 R_{TSB}^{Tot} 由 MBS-SBS 传输决定。研究发现，这种情况下 MBS 天线数对 TSB 辅助链路的 R_{TSB}^{Tot} 影响不大，其原因是同信道共享配置下，典型多天线 MBS 接收到较大的来自其他多天线 MBS 的干扰，其他 MBS 有较强的干扰，多天线阵列提供的天线增益效果相互抵消，影响了性能。在 JBC 协助的方案中，R_{JBC}^{C} 和 R_{JBC}^{Tot} 均随着 MBS 天线数 N_M 的增加而增加，这是因为 N_M 增加导致波束变窄，能量聚焦到接收机，从而减轻了对其他设备的干扰。因此，即使 MBS 到 SBS 的传输略微依赖于 MBS 天线数 N_M，但方向更强、波束更窄。

图 6-7(b)为一个典型 MBS 可以支持的 SBS 数量 N_B 对平均面积速率(AAR)的影响。首先考虑 TSB 辅助方案的 R_{TSB}^{Tot}。从图 6-7(b)可以发现，当可支持的 SBS 数量 N_B 较小时，R_{TSB}^{Tot} 随着 N_B 的增大而增大，随后 R_{TSB}^{Tot} 近似保持恒定；当 N_B 较大时，R_{TSB}^{Tot} 随着 N_B 的增大而减小。对于这一发现，有以下解释：当 N_B 较小时，活跃 SBS 的密度随可支持 SBS 数量 N_B 增加而线性增加，R_{TSB}^{Tot} 由接入链路决定；

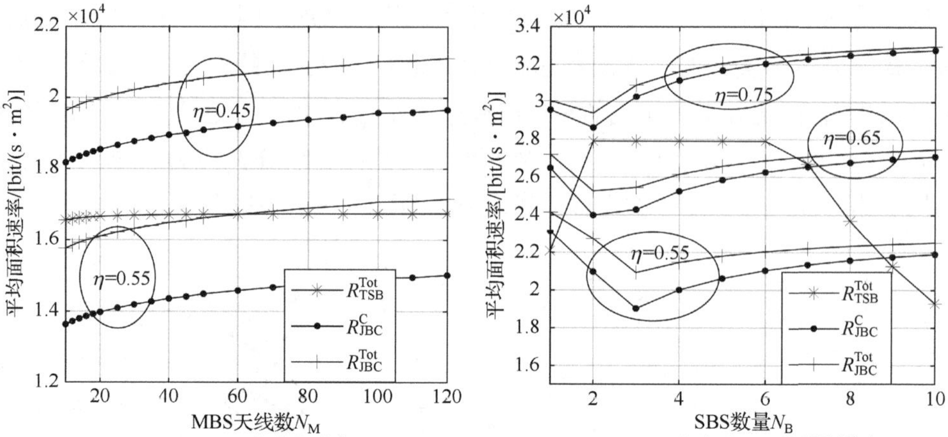

(a) MBS天线数的影响 (b) MBS服务的SBS数量的影响

图 6-7 MBS 参数对平均面积速率的影响

随着 N_B 的不断增大，接入链路的传输速率大于 MBS-SBS 回程链路的传输速率，使得 R_{TSB}^{Tot} 由 MBS-SBS 回程链路主导，而且回程链路的传输速率近似不变；当 N_B 很大时，活跃 MBS 平均数量由 N_B 和 λ_S 决定，并且随着 N_B 的增加而减少，因此 R_{TSB}^{Tot} 降低。

6.7 系统能量效率

通常将能量效率定义为总传输速率与总功耗之比，这里分别对内容传递的总传输速率和总功耗进行评估，即可得到平均面积能量效率。系统功耗包括电波辐射功耗、电路功耗和信号处理功耗。在普通的天线阵列中，每个天线都需要一个模数转换器(ADC)或数模转换器，这造成很大一部分电路功耗。MBS 功耗建模为

$$P_{Com}^{M} = \min\left(\lambda_M, (1-\eta)\lambda_S\right)\left(\varepsilon_M P_M + P_{Static}^{M} + P_{ADC}^{M}\right) \tag{6-45}$$

式中，ε_M 为 MBS 功率放大器漏极效率的倒数；P_{Static}^{M} 为静态电路功耗常数，用于信道估计、线性处理等；P_{ADC}^{M} 为每个 MBS 的 ADC 功耗，通常建模为

$$P_{ADC}^{M} = N_0 \cdot 2^b \cdot N_M \tag{6-46}$$

式中，N_0 为常量；b 为 ADC 的分辨率(量化比特数)。该功率模型表明，功耗 P_{ADC}^{M} 随着分辨率 b 的提高呈指数增长。因此，当高分辨率天线阵列用于天线数量 N_M 非常大的系统时，功耗是不可接受的，尤其是对于大规模 MIMO 系统。对于宽带毫米波 MIMO 系统，采样率大于约 1000MHz 时，每步转换耗散的功率[289]显著增加，

寻找一种在保持系统性能的前提下提高能效的方法具有重要的意义[290-292]。对于自回程辅助 SBS，DL 内容传送的功耗建模为

$$P_{\mathrm{Com}}^{\mathrm{B}}=\min\left(N_{\mathrm{B}}\lambda_{\mathrm{M}},(1-\eta)\lambda_{\mathrm{S}}\right)\left(\varepsilon_{\mathrm{S}}P_{\mathrm{S}}+P_{\mathrm{Static}}^{\mathrm{S}}\right) \tag{6-47}$$

缓存 SBS 传送第 j 个内容的功耗表示如下：

$$P_{\mathrm{Com}}^{\mathrm{C}}=q_j\eta\lambda_{\mathrm{S}}\left(\varepsilon_{\mathrm{S}}P_{\mathrm{S}}+P_{\mathrm{Static}}^{\mathrm{S}}\right) \tag{6-48}$$

式中，$P_{\mathrm{Static}}^{\mathrm{S}}$ 和 ε_{S} 分别为 SBS 的静态功耗和 SBS 功率放大器漏极效率的倒数。由于每个 SBS 都配备单天线，因此静态功耗 $P_{\mathrm{Static}}^{\mathrm{S}}$ 包含 ADC 功耗。

基于上述功耗模型可以得到，当系统运行在 JBC 内容传送模式时，给定 SINR 阈值 τ 和系统频谱带宽 B，能量效率为

$$E_{\mathrm{JBC}}^{\mathrm{Tot}}=\underbrace{\sum\nolimits_{j=1}^{H}a_j\frac{R_{\mathrm{JBC}}^{\mathrm{C}}(\tau)}{P_{\mathrm{Com}}^{\mathrm{C}}}}_{E_{\mathrm{JBC}}^{\mathrm{C}}}+\underbrace{\sum\nolimits_{j=H+1}^{J}a_j\frac{R_{\mathrm{JBC}}^{\mathrm{MB}}(\tau)}{P_{\mathrm{Com}}^{\mathrm{M}}+P_{\mathrm{Com}}^{\mathrm{B}}}}_{E_{\mathrm{JBC}}^{\mathrm{MB}}} \tag{6-49}$$

式中，$R_{\mathrm{JBC}}^{\mathrm{C}}(\tau)$ 和 $R_{\mathrm{JBC}}^{\mathrm{MB}}(\tau)$ 由式(6-43)给出，表示如下：

$$R_{\mathrm{JBC}}^{\mathrm{C}}=\sum\nolimits_{i=1}^{H}a_j\left(q_j\eta\lambda_{\mathrm{S}}\right)C_{\mathrm{SINR}_{kO}^{\mathrm{C},j}}(\tau)\cdot B\cdot\log_2(1+\tau) \tag{6-50}$$

$$R_{\mathrm{JBC}}^{\mathrm{MB}}=\sum\nolimits_{i=H+1}^{J}a_j\tilde{\lambda}_{\mathrm{S}}^{\mathrm{B}}\times\left(\min\left(C_{\mathrm{SINR}_{zk}^{\mathrm{M},j}}(\tau),C_{\mathrm{SINR}_{kO}^{\mathrm{B},j}}(\tau)\right)\cdot B\cdot\log_2(1+\tau)\right) \tag{6-51}$$

根据式(6-49)和式(6-51)，能量效率 $E_{\mathrm{JBC}}^{\mathrm{Tot}}$ 可写为 $E_{\mathrm{JBC}}^{\mathrm{Tot}}=E_{\mathrm{JBC}}^{\mathrm{M}}+E_{\mathrm{JBC}}^{\mathrm{B}}$，其中 $E_{\mathrm{JBC}}^{\mathrm{B}}$ 表示从 SSB 到用户的能量效率，$E_{\mathrm{JBC}}^{\mathrm{M}}$ 表示从 MBS 到 SBS 的能量效率。类似地，当采用单一的 TSB 模式时，可有能量效率 $E_{\mathrm{TSB}}^{\mathrm{Tot}}$。采用大规模 MIMO 的 MBS 在提高平均面积速率的同时产生了不可避免的问题——天线阵列的巨大能量消耗。图 6-8 为该方案的能量效率。由图 6-8(a)可以看出，由于 MBS 天线阵列的硬件功耗较大，随着 MBS 天线数的增加，从 MBS 到 SBS 的回程传输能量效率 $E_{\mathrm{JBC}}^{\mathrm{M}}$ 降低。当天线数 N_{M} 相对较大时，提出的缓存协助方案总能量效率 $E_{\mathrm{JBC}}^{\mathrm{Tot}}$ 近似保持恒定；当天线数 N_{M} 很小时，总能量效率随着 N_{M} 的增加而增加。这是因为天线数增加减少了干扰，提高了缓存协助 DL 的传输速率。同时，λ_{M} 很小使能量效率 $E_{\mathrm{JBC}}^{\mathrm{M}}$ 由缓存协助的 DL 主导。总能量效率取决于缓存容量 H，而且 H 增加并不总是有利于提高能量效率。从图 6-8(a)还可以看出，虽然 N_{M} 对总能量效率的影响可以忽略不计，但回程传递对能效的影响非常明显，这是因为 λ_{M} 非常小。在天线数较大的情况下，提高回程传输能量效率 $E_{\mathrm{JBC}}^{\mathrm{M}}$ 从而提高回程传输的总能量效率具有重要的意义。图 6-8(b)为低分辨率天线阵的 MBS 天线数对系统能量效率的影响。采

用低分辨率天线阵可以提高从 MBS 到 SBS 回程传递的能量效率 $E_{\mathrm{JBC}}^{\mathrm{M}}$。例如，当 N_{M}=30 时，分辨率 b=2 的天线阵比分辨率 b=10 的天线阵获得约 200%的能量效率增益，这也带来了总能量效率 $E_{\mathrm{JBC}}^{\mathrm{Tot}}$ 的提高。因此，在实际应用中应该利用低分辨率的天线阵列，尤其是在 MBS 密度较大的情况下。图 6-8(c)出了 MBS 密度对能量效率的影响。

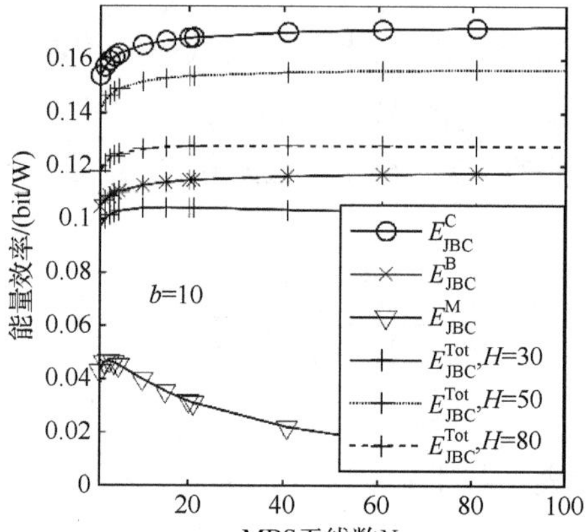

(a) b=10, λ_{M}=6/(300πm^2)

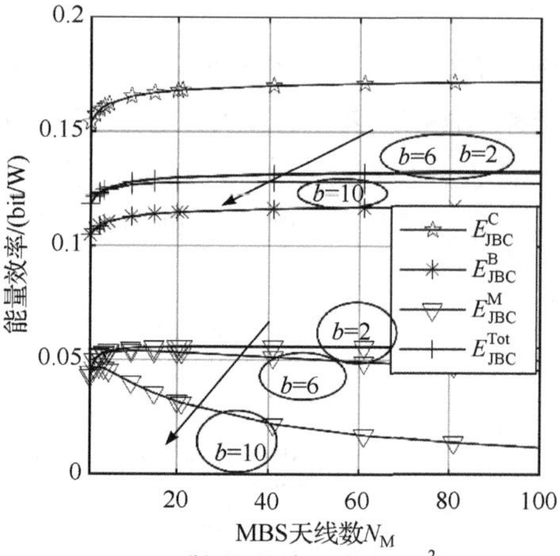

(b) H=50, λ_{M}=6/(300πm^2)

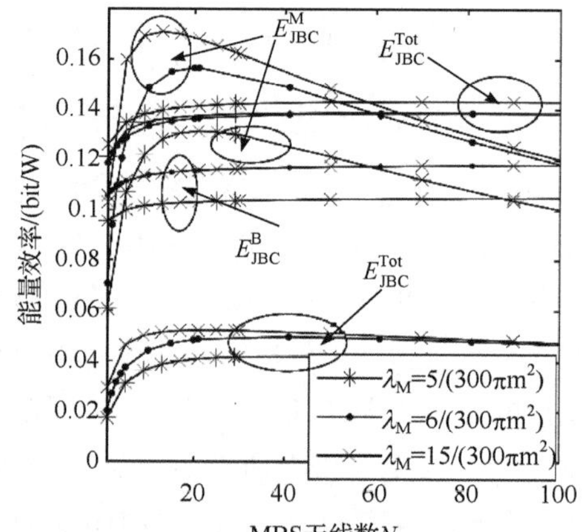

(c) b=10, H=50

图 6-8　能量效率

第 7 章　大规模热点区域多层异构网络

网络异构部署使得BS和用户设备(UE)之间的位置关系表现出一定空间耦合，将所有网络元素建模为 PPP 模型并不能获得干扰的准确分析[293]。在实际的应用中，BS 部署在 UE 密集区域[29]，这类 HetNet 最突出的问题是 UE-BS 耦合，将 BS 部署在热点区域可以提供额外的容量。对于这种场景，可以将 BS 建模为稀疏的点过程，使得用户靠近服务 BS[294]。这种 UE-BS 间的耦合性可以进一步扩展到多层异构网络，为了捕获 UE-BS 耦合和以用户为中心的部署特性，基于簇的模型是较为准确的选择，将 UE 热点的地理中心建模为独立的 PPP，BS 和 UE 围绕 PPP 形成不同分布的独立簇[295]。与 PPP 相比，基于集群的模型是一种更准确的城市区域模型[296-299]。

本章面向毫米波 5G 异构蜂窝网络中的大规模热点场景，讨论基于簇的毫米波 PBS 和 FBS 构成的异构网络，将通信热点中心建模为独立的 PPP，UE、PBS 和 FBS 都分散在 PPP 簇中心周围，形成独立的 PCP。为了抑制干扰，提高整个网络的吞吐量，给出一种有效的干扰管理方案，利用典型用户到 PBS 的第一和第二最近距离的比值，将典型用户分为 CCUE 和 CEUE。相应地，可用的总频带被划分为 CCUE 频段和 CEUE 频段，分别分配给与 CCUE 和 CEUE 级联的 PBS。与 PBS 不同，FBS 基于一给定的访问因子随机访问 CEUE 频段和 CCUE 频段。针对这种基于簇的异构网络，首先，给出一种加权最近距离 UE 关联准则；其次，结合随机几何方法、PCP 方法和 LoS 球毫米波信号传播模型，计算四种可能关联的概率；最后，给出典型 CCUE 和 CEUE 干扰的 LT，利用 LT 推导所有可能级联场景的条件 DL 遍历速率，从而得到总平均传输速率。

7.1　基于簇的大规模异构网络热点区域建模

考虑双层异构蜂窝网络，第一层由高功率 PBS 组成，第二层由低功率短距离 FBS 组成。PBS 的位置由 TCP $\Phi_{\mathrm{TCP}}^{\mathrm{P}}(\lambda_{\mathrm{C}},M_{\mathrm{P}},\overline{c}_{\mathrm{P}})$ 建模，FBS 的位置用 TCP $\Phi_{\mathrm{TCP}}^{\mathrm{F}}(\lambda_{\mathrm{C}},M_{\mathrm{F}},\overline{c}_{\mathrm{F}})$ 建模，都有共同的父过程 $\Phi_{\mathrm{C}}(\lambda_{\mathrm{C}})$，密度为 λ_{C}，是一个平稳的 PPP。其中，M_H 和 $\overline{c}_H$ 分别表示每个簇中成员的最大数量和同时活跃成员数量的平均值，$H\in\{\mathrm{P},\mathrm{F}\}$。活跃 BS 的数量是由 UE 的级联决定的。虽然孩子点过程 $\Phi_{\mathrm{TCP}}^{\mathrm{P}}(\cdot)$

和 $\Phi_{\mathrm{TCP}}^{\mathrm{F}}(\cdot)$ 分散在共同的父过程 $x\in\Phi_{\mathrm{C}}$ 周围，但由于 PBS 和 FBS 之间的异质性，M_H 和 $\overline{c}_H$ ($H\in\{\mathrm{P},\mathrm{F}\}$)的值在不同簇中是不同的，这使得簇过程 $\Phi_{\mathrm{TCP}}^{\mathrm{M}}(\cdot)$ 和 $\Phi_{\mathrm{TCP}}^{\mathrm{P}}(\cdot)$ 的密度分别为 $\lambda_{\mathrm{C}}\overline{c}_{\mathrm{P}}$ 和 $\lambda_{\mathrm{C}}\overline{c}_{\mathrm{F}}$。用 $\mathbb{N}_{\mathrm{P}}^{x}$ 和 $\mathbb{N}_{\mathrm{F}}^{x}$ 分别表示以 $x\in\Phi_{\mathrm{C}}$ 为中心的簇PBS和FBS的集合，对应的活动 PBS 和 FBS 分别记为 $\mathbb{S}_{\mathrm{P}}^{x}$ 和 $\mathbb{S}_{\mathrm{F}}^{x}$。随机分布的移动终端建模为另一种密度为 $\lambda_{\mathrm{U}}\left(\lambda_{\mathrm{U}}>\lambda_{\mathrm{C}}\right)$ 的 PCP $\Phi_{\mathrm{TCP}}^{\mathrm{U}}$。此外，假设 UE 的密度大于 PBS 和 FBS。不失一般性，在整个工作中考虑典型 UE 位于坐标原点 O，且以 $x_0\in\Phi_{\mathrm{C}}$ 为中心的簇为代表簇，假设典型的 UE 位于代表簇中。这里使用符号 Φ 来表示任何点过程，同时为了表示它是 PPP 还是 PCP，使用上标和下标予以区分，即 Φ_{C} 表示 PPP，$\Phi_{\mathrm{TCP}}^{\mathrm{U}}$、$\Phi_{\mathrm{TCP}}^{\mathrm{P}}$ 和 $\Phi_{\mathrm{TCP}}^{\mathrm{F}}$ 分别表示 UE、PBS 和 FBS 组成的 PCP。

毫米波通信的信道增益与设备空间点过程无关。假设所有网络设备均配有多天线，为了便于研究分析，本章利用扇形模型来近似描述实际波形。天线阵增益分别由主瓣波束宽度 $\theta_s\in[0,2\pi]$、主瓣增益 $M_s(\mathrm{dBm})$ 和副瓣增益 $m_s(\mathrm{dBm})$ 三个值参数化，且 $M>m$、$s\in\{\mathrm{t},\mathrm{r}\}$，$s=\mathrm{t}$ 为发射天线，$s=\mathrm{r}$ 为接收天线。为了便于分析，假设整个过程中使用估计的到达角，以实现接收器与发射器间完美的波束对准。天线阵增益 $G_{\mathrm{H}}^{\mathrm{t}}\times G_{\mathrm{U}}^{\mathrm{r}}$ 是一个离散的随机变量，概率 b_{Hi} 和 a_{Hi} 见表 1-5。

鉴于毫米波的传输特性分析，本章仅考虑所有无线信号在传输过程中受到的较大路径损耗。由于毫米波信号在传输过程中很容易受障碍物的阻扰，对于大尺度的路径损耗，本章引入 LoS 球模型来近似阻塞传输环境。在该阻塞模型中，用 μ 表示 LoS 半径，即 UE 与周围阻塞传输之间的平均距离。通信链路中 LoS 与 NLoS 的定义取决于发送器对接收器是否可见，即当通信距离 r 小于视距球半径 μ 时，定义该发射器为 LoS 传输，否则定义为 NLoS 传输。借助该模型，距离为 r 的通信链路路径损耗记为

$$H(r)=\varepsilon(\mu-r)C_{\mathrm{L}}r^{-\alpha_{\mathrm{L}}}+\varepsilon(r-\mu)C_{\mathrm{N}}r^{-\alpha_{\mathrm{N}}} \tag{7-1}$$

式中，C_z 为截距，$z=\mathrm{L}$、N，分别为 LoS 和 NLoS 链路；$\varepsilon(\cdot)$ 为单位阶跃函数；α_z 为路径损耗指数。将随机选择的 UE 研究对象定义为目标 UE。图 2-1 给出了服务距离和干扰距离的详细描述。在代表簇内，目标 UE 距离分布有两种情况，分别是目标 UE 到活跃 BS 的服务距离、活跃 BS 到目标 UE 的干扰距离。在图 2-1 中，目标 UE 与集合 $\mathbb{C}_H^{x_0}$ 中位置为 $\boldsymbol{y}_{d_0}$ 的活跃 BS 级联时，$v_{H_0}=\left\|\boldsymbol{x}_0+\boldsymbol{y}_{d_0}\right\|$ 表示服务距离，定义 $v_{H_i}=\left\|\boldsymbol{x}_0+\boldsymbol{y}_d\right\|$ 为来自簇 $\mathbb{C}_H^{x_0}/\boldsymbol{y}_{d_0}$ 内的干扰距离，且 $i=1,2,\cdots,c_H-1$。分析可以发现，两者含有公因子 $\boldsymbol{x}_0$，说明距离 v_{H_0} 和 v_{H_i} 之间具有一定相关性。根据相关研究成果及莱斯分布信道传输场景模拟，在公因子为 $t_0=\left\|\boldsymbol{x}_0\right\|$ 的情况下，v_{H_0} 和 v_{H_i} 的 PDF 分别为

$$f_{v_{H_0}}(v\,|\,\|\boldsymbol{x_0}\|)=\text{PDF-Rice}(v,t_0,\sigma^2) \tag{7-2}$$

$$f_{v_{H_i}}(v\,|\,\|\boldsymbol{x}_0\|)=\text{PDF-Rice}(v,t_0,\sigma^2) \tag{7-3}$$

实际上，簇内距离 v_{H_0} 和 v_{H_i} 的相关性很弱。因此，在接下来的研究分析中将忽略公共距离为 $t_0=\|\boldsymbol{x}_0\|$ 这一条件，在一定程度上为后续的研究降低了复杂度。对 $v_{H_i}=\|\boldsymbol{x}_0+\boldsymbol{y}_d\|$ 研究分析，$\boldsymbol{x}_0$ 和 $\boldsymbol{y}_d$ 服从方差为 σ^2 的独立同分布的高斯分布，则 $\boldsymbol{x}_0+\boldsymbol{y}_d$ 和 $\boldsymbol{x}_0+\boldsymbol{y}_{d_0}$ 都服从方差为 $2\sigma^2$ 的高斯分布，其 PDF 和 CDF 分别为

$$f_{v_{H_0}}(v)=\text{PDF-Ray}\left(v,2\sigma^2\right),F_{v_{H_0}}(v)=1-\exp\left(-\frac{v^2}{4\sigma^2}\right),\quad H\in\{\text{P,F}\} \tag{7-4}$$

$$f_{v_{H_i}}(v)=\text{PDF-Ray}\left(v,2\sigma^2\right),F_{v_{H_i}}(v)=1-\exp\left(-\frac{v^2}{4\sigma^2}\right),\quad H\in\{\text{P,F}\} \tag{7-5}$$

为了简化后续分析，本章采用式(7-4)和式(7-5)来近似表示模型。接下来分析簇间活跃 BS 到目标 UE 的距离分布。由于簇间活跃 BS 位于 $\mathbb{C}_H^x$ 内，且距离簇中心 $\boldsymbol{x}\in\Phi_O\setminus\boldsymbol{x}_0$ 的 $\boldsymbol{y}$ 位置处。根据图 2-1，簇间干扰距离表示为 $w_{H_i}=\|\boldsymbol{x}+\boldsymbol{y}\|$，则 $\boldsymbol{y}\in\mathbb{C}_H^x$ 表示簇间活跃 BS 距离簇中心 $\boldsymbol{x}\in\Phi_O\setminus\boldsymbol{x}_0$ 的干扰位置，所以可以删除 w_{H_i} 的参数 i，簇间干扰距离可以使用 $w_H=\|\boldsymbol{x}+\boldsymbol{y}\|$ 统一表示。通过上述分析，实际上 $\boldsymbol{y}$ 与代表簇 $\boldsymbol{x}_0\in\Phi_O$ 具有相同的分布，唯一的不同在于簇中心 $\boldsymbol{x}\in\Phi_O$ 和目标 UE 之间具有公共距离 $t=\|\boldsymbol{x}\|$。考虑簇间干扰活跃 BS 的选择是随机的，w_H 是在公共距离 $t=\|\boldsymbol{x}\|$ 条件下的莱斯分布，w_H 的 PDF 表示为

$$f_{w_H}\left(w\|\boldsymbol{x}\|\right)=\text{PDF-Rice}\left(w,t,\sigma^2\right) \tag{7-6}$$

7.2　基于最近路径比的簇分割和改进的 FFR 方案

由于毫米波信道中多径分量较少，信号传播损耗主要由大尺度衰落主导，因此本章只考虑路径损耗的影响，而忽略小尺度衰落的影响。将到访问点的第一和第二最近距离之比作为簇 UE 的分类标准，核心思想是仅根据 UE 到 PBS(不是 FBS)的第一和第二最近距离来判断 UE 是位于簇中心区域还是簇边缘区域。然后，如前所述，为了获得基于最近路径比的簇 UE 分类，考虑位于以 $\boldsymbol{x}_0\in\Phi_{\text{C}}$ 为中心的代表性簇中的典型 UE，在该代表簇中，PBS 集合记为 $\mathbb{N}_{\text{P}}^{x_0}$。

基于上述解释，可以为典型簇 UE 定义代表簇中心和簇边缘区域。为了对 UE 进行分类，将一个簇划分为两个不相交的子区域，簇中心区域和簇边缘区域。簇

中心区域定义为 UE 与服务 PBS 之间距离明显小于其与主干扰 PBS 之间距离的区域，否则 UE 位于簇边缘区域。基于这个想法，定义一个比率因子 ξ ，$\xi \in [0,1]$。在代表 $\Phi_{\mathrm{TCP}}^{\mathrm{P}}$ 中，如果满足 $r_{\mathrm{op}}^{\mathrm{s}} / r_{\mathrm{op}}^{\mathrm{d}} > \xi$ ，则 UE 被分类为 CEUE，否则被分类为 CCUE，其中，$r_{\mathrm{op}}^{\mathrm{s}}$ 和 $r_{\mathrm{op}}^{\mathrm{d}}$ 分别是 UE 与第一个和第二个最近 PBS 的距离。

为了同时保护 $\Phi_{\mathrm{TCP}}^{\mathrm{P}}$ 中的 CEUE 和 CCUE，提高整体吞吐量(频谱效率)，将 FFR 技术和簇 UE 分类结合，整个频谱带宽 W 分成正交的两个子频带 W_{C} 和 W_{E} ，其中，$W = W_{\mathrm{C}} + W_{\mathrm{E}}$。在 $\Phi_{\mathrm{TCP}}^{\mathrm{P}}$ 中，CCUE 级联的 PBS 使用子带 W_{C} ，CEUE 级联的 PBS 使用子带 W_{E}。对于 $\Phi_{\mathrm{TCP}}^{\mathrm{F}}$ 中的 FBS，考虑一种改进的 FFR 方案，FBS 以频段配置因子 η 随机使用子带 W_{E} ，剩余 FBS 以频段配置因子 $1-\eta$ 使用子带 W_{C}。简单地说，当 $\eta = 0$ 或 $\eta = 1$ 时，子带 W_{C} 或 W_{E} 被所有的 FBS 共享，从而使该方案简化为传统的 FFR 方案。图 7-1 为修改后的 FFR 频谱分配。

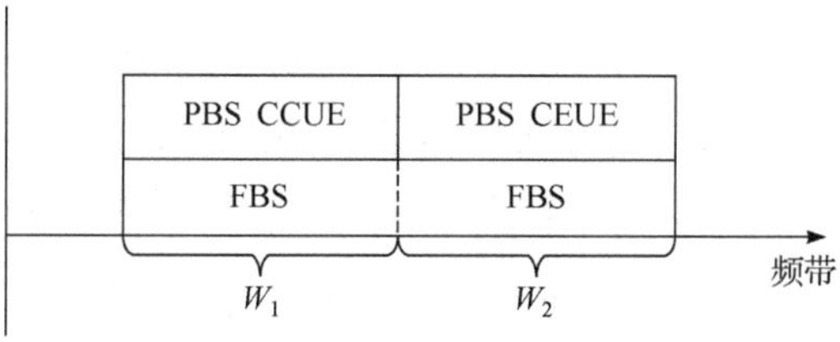

图 7-1　增强的 FFR 频谱分配

接下来计算一个典型 UE 被分类为 CEUE 和 CCUE 的概率。首先考虑 CEUE。设 $r_{\mathrm{op}}^{\mathrm{e}}$ 和 $r_{\mathrm{op}}^{\mathrm{d}}$ 分别为典型 UE 与服务 PBS 和主干扰 PBS 距离随机变量(random variable，RV)。利用簇分类方法，可以计算一个典型 UE 位于簇边缘区域的概率：

$$C_{\mathrm{E}} = \mathbb{P}\left\{\frac{r_{\mathrm{op}}^{\mathrm{e}}}{r_{\mathrm{op}}^{\mathrm{d}}} \geqslant \xi\right\} = \Pr\left\{r_{\mathrm{op}}^{\mathrm{e}} \geqslant \xi r_{\mathrm{op}}^{\mathrm{d}}\right\} \overset{(a)}{=} \int_{r_{\mathrm{e}}=0}^{\infty} \int_{r_{\mathrm{d}}=r_{\mathrm{e}}}^{r_{\mathrm{e}}/\xi} f_{r_{\mathrm{op}}^{\mathrm{e}}, r_{\mathrm{op}}^{\mathrm{d}}}\left(r_{\mathrm{d}}, r_{\mathrm{e}} \mid \|x_0\|\right) \mathrm{d}r_{\mathrm{e}} \mathrm{d}r_{\mathrm{d}} \tag{7-7}$$

式中，(a)基于主干扰 PBS，总是位于以 CCUE 为圆心、以 r_{e} 和 r_{e} / ξ 为半径的圆环内，因此 $r_{\mathrm{e}} \leqslant r_{\mathrm{d}} \leqslant r_{\mathrm{e}} / \xi$ ；$f_{r_{\mathrm{op}}^{\mathrm{e}}, r_{\mathrm{op}}^{\mathrm{d}}}\left(r_{\mathrm{e}}, r_{\mathrm{d}} \mid \|x_0\|\right)$ 是以 $\|x_0\|$ 为条件的两个 RV $r_{\mathrm{op}}^{\mathrm{e}}$ 和 $r_{\mathrm{op}}^{\mathrm{d}}$ 的联合 PDF；$r_{\mathrm{op}}^{\mathrm{e}}$ 和 $r_{\mathrm{op}}^{\mathrm{d}}$ 为典型 UE 与以 $\boldsymbol{x}_0 \in \Phi_{\mathrm{C}}$ 为中心的代表性簇中第一个和第二个最近 PBS 的距离，利用顺序统计，条件联合 PDF $f_{r_{\mathrm{op}}^{\mathrm{e}}, r_{\mathrm{op}}^{\mathrm{d}}}\left(r_{\mathrm{e}}, r_{\mathrm{d}} \mid \|x_0\|\right)$ 写为

$$f_{r_{\mathrm{op}}^{\mathrm{e}}, r_{\mathrm{op}}^{\mathrm{d}}}\left(r_{\mathrm{e}}, r_{\mathrm{d}} \mid \|x_0\|\right) \overset{(b)}{=} f_{r_{\mathrm{op}}^{\mathrm{e}}, r_{\mathrm{op}}^{\mathrm{d}}}\left(r_{\mathrm{e}}, r_{\mathrm{d}}\right) = \frac{M_{\mathrm{P}}!}{(M_{\mathrm{P}}-2)!} f_{w_{\mathrm{P}_0}}\left(r_{\mathrm{e}}\right) f_{w_{\mathrm{P}_i}}\left(r_{\mathrm{d}}\right)\left(1 - F_{w_{\mathrm{P}_i}}\left(r_{\mathrm{d}}\right)\right)^{M_{\mathrm{P}}-2} \tag{7-8}$$

式中，(b) 基于上述簇中距离不相关假设。将式(7-4)和式(7-5)代入式(7-8)可以得

出 PDF 和 CDF，则联合 PDF $f_{r_{op}^{e},r_{op}^{d}}\left(r_e,r_d \mid \|x_0\|\right)$ 可以计算为

$$
\begin{aligned}
& f_{r_{op}^{e},r_{op}^{d}}\left(r_e,r_d \mid \|x_0\|\right) \\
& =\frac{M_P!}{(M_P-2)!}\times\frac{r_e}{2\sigma^2}\exp\left(-\frac{r_e^2}{4\sigma^2}\right)\times\frac{r_d}{2\sigma^2}\exp\left(-\frac{r_d^2}{4\sigma^2}\right)\times\exp\left(\frac{M_P-2}{4\sigma^2}r_d^2\right)
\end{aligned}
\tag{7-9}
$$

然后，将式(7-9)代入式(7-7)，可以获得位于簇边缘目标 UE 的概率为

$$
\begin{aligned}
C_E &= \Pr\left\{\frac{r_{op}^{e}}{r_{op}^{d}}\geqslant\xi\right\}=M_P\left(M_P-1\right)\times\int_{r_e=0}^{\infty}\int_{r_d=r_e}^{r_e/\xi}\frac{r_e r_d}{\left(2\sigma^2\right)^2}\exp\left[-\frac{r_e^2+(M_P-1)r_d^2}{4\sigma^2}\right]\mathrm{d}r_e r_d \\
&=1-\frac{M_P}{(M_P-1)/\xi^2+1}=\frac{(M_P-1)\left(1-\xi^2\right)}{M_P-1+\xi^2}
\end{aligned}
\tag{7-10}
$$

类似地，分别用 r_{op}^{c} 和 r_{op}^{d} 表示 CCUE 到其服务和主干扰 PBS 的距离，则目标 UE 属于 CCUE 的概率为

$$
C_C=\Pr\left\{\frac{r_{op}^{c}}{r_{op}^{d}}<\xi\right\}=1-\Pr\left\{\frac{r_{op}^{c}}{r_{op}^{d}}\geqslant\xi\right\}=\frac{M_P\xi^2}{M_P-1+\xi^2}
\tag{7-11}
$$

7.3 UE 级联方案和级联概率

假设用户可以连接到任何层的 BS，考虑毫米波信号传播特性，采用加权最近距离级联准则。此外，假设典型 UE 级联位于代表簇内的基站，忽略簇的重叠。先从一般情况出发进行 UE 关联，不考虑簇 UE 分类。为此，假设典型 UE 与最近 PBS 和 FBS 的距离分别为 r_{op} 和 r_{of}，该典型 UE 与代表簇中 PBS 级联的概率为

$$
A^P=\Pr\left\{P_F G_F^M \beta_F r_{of}^{-1}<P_P G_P^M \beta_P r_{op}^{-1}\right\}=\Pr\left\{r_{op}\alpha_{FP}<r_{of}\right\}
\tag{7-12}
$$

式中，$G_P^M=M_{Pt}M_r$；$G_F^M=M_{Ft}M_r$；β_P 和 β_F 分别表示 P 、F 层的级联偏置因子，当 β_P 和 β_F 的值为正时表明扩展覆盖范围；

$$
\alpha_{FP}=\frac{P_F G_F^M \beta_F}{P_P G_P^M \beta_P}
\tag{7-13}
$$

根据式(7-12)，目标 UE 与 FBS 的级联概率是 $A^F=1-A^P$。对于级联概率 A^P，还需要对 r_{op} 和 r_{of} 进行统计分析。下面分别从 CEUE 和 CCUE 进行分析，首先考虑 CEUE 级联。在 Φ_{TCP}^{P} 簇中，当目标 UE 被归为 CEUE 时，将式(7-12)中最近距

离 r_{op} 和 r_{of} 分别标注为 r_{op}^{e} 和 r_{of}^{e}，则其与 PBS 的级联概率为

$$A_{\text{E}}^{\text{P}} = \Pr\left\{r_{\text{op}}^{\text{e}}\alpha_{\text{FP}} < r_{\text{of}}^{\text{e}}\right\} = \int_0^{\infty} \widetilde{F}_{r_{\text{of}}^{\text{e}}}\left(\alpha_{\text{FP}} r\right) f_{r_{\text{op}}^{\text{e}}}\left(r\right) \mathrm{d}r \tag{7-14}$$

式中，最近距离 r_{of}^{e} 的 CCDF $\widetilde{F}_{r_{\text{of}}^{\text{e}}}(.)$ 为

$$\widetilde{F}_{r_{\text{of}}^{\text{e}}}\left(r\right) = \exp\left(-\frac{M_{\text{F}}}{4\sigma^2} r^2\right) \tag{7-15}$$

为了推导距离 r_{op}^{e} 的 PDF，首先计算 r_{op}^{e} 大于 r_{op} 的概率。利用 UE 分类的思想，r_{op}^{e} 是典型 CEUE 到最近 PBS 的距离，定义 r_{op}^{d} 为典型 UE 到主导干扰 PBS 的距离。然后，以 CEUE 为条件，得到互补访问距离 r_{op}^{e} 的 CDF：

$$\begin{aligned}
\tilde{F}_{r_{\text{op}}^{\text{e}}}\left(r_{\text{op}} \| x_o \|\right) &\overset{(a)}{=} \tilde{F}_{r_{\text{op}}^{\text{e}}}\left(r_{\text{op}}\right) = \Pr\left\{r_{\text{op}}^{\text{e}} > r_{\text{op}} \middle| r_{\text{op}}^{\text{e}} > \xi r_{\text{op}}^{\text{d}}\right\} \\
&\overset{(b)}{=} \frac{1}{\Pr\left\{r_{\text{op}}^{\text{e}} > \xi r_{\text{op}}^{\text{d}}\right\}} \Pr\left\{r_{\text{op}}^{\text{e}} > r_{\text{op}}, r_{\text{op}}^{\text{e}} > \xi r_{\text{op}}^{\text{d}}\right\} = \frac{1}{\Pr\left\{r_{\text{op}}^{\text{e}} > \xi r_{\text{op}}^{\text{d}}\right\}} \\
&\quad \times \int_{r_{\text{op}}}^{\infty} \int_{r_{\text{op}}}^{r_{\text{op}}/\xi} f_{r_{\text{op}}^{\text{e}}, r_{\text{op}}^{\text{d}}}\left(r_{\text{op}}, r_{\text{d}}\right) \mathrm{d}r_{\text{op}} \mathrm{d}r_{\text{d}}
\end{aligned} \tag{7-16}$$

式中，(a)基于簇内距离不相关的假设；(b)来自使用的 UE 分类规则，即联合 PDF $f_{r_{\text{op}}^{\text{e}}, r_{\text{op}}^{\text{d}}}\left(r_{\text{op}}, r_{\text{d}}\right)$ 由式(7-9)给出。然后，将(7-9)代入式(7-16)可得

$$\begin{aligned}
&\tilde{F}_{r_{\text{op}}^{\text{e}}}\left(r_{\text{op}}\right) \\
&= \frac{M_{\text{P}}\left(M_{\text{P}}-1\right)}{\Pr\left\{r_{\text{op}}^{\text{e}} > \xi r_{\text{op}}^{\text{d}}\right\}} \\
&\quad \times \int_{r_{\text{op}}}^{\infty} \int_{r_{\text{op}}}^{r_{\text{op}}/\xi} \frac{r_{\text{op}}}{2\sigma^2} \exp\left(-\frac{{r_{\text{op}}}^2}{4\sigma^2}\right) \frac{r_{\text{d}}}{2\sigma^2} \exp\left(-\frac{{r_{\text{d}}}^2}{4\sigma^2}\right) \exp\left[-\frac{\left(M_{\text{P}}-2\right){r_{\text{d}}}^2}{4\sigma^2}\right] \mathrm{d}r_{\text{op}} \mathrm{d}r_{\text{d}} \\
&= \frac{M_{\text{P}}\left(M_{\text{P}}-1\right)}{\Pr\left\{r_{\text{op}}^{\text{e}} > \xi r_{\text{op}}^{\text{d}}\right\}} \\
&\quad \times \int_{r_{\text{op}}}^{\infty} \frac{r_{\text{op}}}{2\sigma^2} \exp\left(-\frac{{r_{\text{op}}}^2}{4\sigma^2}\right) \times \frac{1}{M_{\text{P}}-1} \left\{\exp\left(-\frac{\left(M_{\text{P}}-1\right)}{4\sigma^2} \times {r_{\text{op}}}^2\right) - \exp\left[-\frac{\left(M_{\text{P}}-1\right)}{4\sigma^2} \times \frac{{r_{\text{op}}}^2}{\xi^2}\right]\right\} \mathrm{d}r_{\text{op}} \\
&= \frac{M_{\text{P}}}{C_{\text{E}}} \left\{\frac{1}{M_{\text{P}}} \exp\left(-\frac{M_{\text{P}}}{4\sigma^2} {r_{\text{op}}}^2\right) - \frac{\xi^2}{M_{\text{P}}-1+\xi^2} \exp\left[-\frac{{r_{\text{op}}}^2}{4\sigma^2}\left(\frac{M_{\text{P}}-1}{\xi^2}+1\right)\right]\right\}
\end{aligned} \tag{7-17}$$

式中，C_E 为目标 UE 被划分为 CEUE 的概率，由式(7-10)给出，则 r_{op}^{e} 的 PDF 为

$$f_{r_{op}^{e}}(r)=\frac{M_P}{C_E}\left\{\frac{r}{2\sigma^2}\left[\exp\left(-\frac{M_P}{4\sigma^2}r^2\right)-\exp\left(-\frac{r^2}{4\sigma^2}\right)\left(\frac{M_P-1}{\xi^2}+1\right)\right]\right\} \tag{7-18}$$

将式(7-15)和式(7-18)代入式(7-14)，得到引理 7-1。

引理 7-1　在 Φ_{TCP}^{P} 簇中，当给定 UE 位于簇边缘区域时，该簇边缘 CEUE 与最近 PBS 的级联概率 A_E^P 为

$$\begin{aligned}A_E^P&=\frac{M_P}{C_E}\int_0^{\infty}\exp\left(-\frac{M_F}{4\sigma^2}\alpha_{FP}^2r^2\right)\times\frac{r}{2\sigma^2}\left\{\exp\left(-\frac{M_P}{4\sigma^2}r^2\right)-\exp\left[-\frac{r^2}{4\sigma^2}\left(\frac{M_P-1}{\xi^2}+1\right)\right]\right\}dr\\&=\frac{M_P}{C_E}\left[1\Big/\left(M_F\alpha_{FP}^2+M_P\right)-1\Big/\left(M_F\alpha_{FP}^2+\frac{M_P-1}{\xi^2}+1\right)\right]\end{aligned} \tag{7-19}$$

该簇边缘 CEUE 与最近 FBS 的级联概率为 $A_E^F=1-A_E^P$。

接下来考虑 CCUE 级联。类似地，当目标 UE 为簇中心 UE 时，将式(7-12)中最近距离 r_{op} 和 r_{of} 分别写为 r_{op}^{c} 和 r_{of}^{c}。基于簇 UE 分类仅考虑 Φ_{TCP}^{P} 这一实情，得出 r_{of}^{c} 和 r_{of}^{e} 莱斯分布的统计分析相同，即 $\widetilde{F}_{r_{of}^{c}}(r)=\widetilde{F}_{r_{of}^{e}}(r)$，CCDF $\widetilde{F}_{r_{of}^{e}}(r)$ 在式(7-15)中已经给出。r_{op}^{c} 的 PDF $f_{r_{op}^{c}}(\cdot)$ 为

$$f_{r_{op}^{c}}(r)=\frac{M_P}{C_C}\frac{r}{2\sigma^2}\exp\left[-\frac{r^2}{4\sigma^2}\left(1+\frac{M_P-1}{\xi^2}\right)\right] \tag{7-20}$$

式中，$C_C=\left(M_P\xi^2\right)\Big/\left(M_P-1+\xi^2\right)$，已经在式(7-11)中给出。根据式(7-14)的定义，并利用式(7-19)，得引理 7-2。

引理 7-2　在 Φ_{TCP}^{P} 簇中，CCUE 与 PBS 的级联概率 A_C^P 可以计算为

$$A_C^P=\frac{M_P}{C_C}\times\left(M_F\alpha_{FP}^2+1+\frac{M_P-1}{\xi^2}\right)^{-1} \tag{7-21}$$

该 CCUE 到 FBS 的级联概率为 $A_C^F=1-A_C^P$。

7.4　UE 干扰分析

1. CCUE 与 PBS 级联时的干扰

当 Φ_{TCP}^{P} 簇中心目标 UE 与 PBS 级联时，结合图 3-2 的频谱分配方案，部分

FBS与CCUE共享子带W_1，则CCUE接收的总干扰$I_{\text{CCUE}}^{\text{P}}$为

$$I_{\text{CCUE}}^{\text{P-}W_{\text{C}}} = I_{\text{CCUE}}^{\text{PP-Intra}} + I_{\text{CCUE}}^{\text{PP-Inter}} + I_{\text{CCUE}}^{\text{PF-Intra}} + I_{\text{CCUE}}^{\text{PF-Inter}} \tag{7-22}$$

式中，$I_{\text{CCUE}}^{\text{PP-Intra}}$为簇内PBS的干扰；$I_{\text{CCUE}}^{\text{PP-Inter}}$为簇间PBS的干扰；$I_{\text{CCUE}}^{\text{PF-Intra}}$为簇内FBS的干扰；$I_{\text{CCUE}}^{\text{PF-Inter}}$为簇间FBS的干扰。下面进行干扰分析和建模。

基于网络模型假设，通过关联概率A_{C}^{P}对共信道PBS的有效密度进行稀疏。应用PBS的按概率A_{C}^{P}产生稀疏的PCP有效集$\mathbb{S}_{\text{P}}^{x_0}(A_{\text{C}}^{\text{P}})$，均值为$A_{\text{C}}^{\text{P}}\overline{c}_{\text{P}}$。需要注意的是，$\mathbb{S}_{\text{P}}^{x_0}(A_{\text{C}}^{\text{P}})$表示有效的共信道PBS，为所有活动PBS按概率$A_{\text{C}}^{\text{P}}$的稀疏PCP。除非另有说明，否则在随后的讨论中保持这个假设。因此，$I_{\text{CCUE}}^{\text{PP-Intra}}$为$I_{\text{CCUE}}^{\text{PP-C}} = \sum_{\boldsymbol{y}_d \in \mathbb{C}_{\text{P}}^{x_0} \setminus \boldsymbol{y}_{d_0}} P_{\text{P}} G_{\text{P}}^{\text{t}} G_{\text{U}}^{\text{r}} H\left(\left\| \boldsymbol{x}_0 + \boldsymbol{y}_d \right\|\right)$，其中$G_{\text{P}}^{\text{t}}$和$G_{\text{U}}^{\text{r}}$分别为PBS的传输天线增益和UE的接收天线增益，$H(\cdot)$为给出的路径损耗模型，由式(7-1)给出。簇间PBS的干扰为$I_{\text{CCUE}}^{\text{PP-Inter}} = \sum_{\boldsymbol{x} \in \Phi_O \setminus \boldsymbol{x}_0} \sum_{\boldsymbol{y} \in \mathbb{C}_{\text{P}}^{x}} P_{\text{P}} G_{\text{P}}^{\text{t}} G_{\text{U}}^{\text{r}} H\left(\left\| \boldsymbol{x} + \boldsymbol{y} \right\|\right)$。由于所有FBS访问CCUE频段$W_{\text{C}}$，簇内FBS干扰为$I_{\text{CCUE}}^{\text{PF-Intra}} = \sum_{y_d \in \mathbb{S}_{\text{F}}^{x_0}(A_{\text{C}}^{\text{F}} + A_{\text{E}}^{\text{F}})} P_{\text{F}} G_{\text{F}}^{\text{t}} G_{\text{U}}^{\text{r}} L\left(\left\| x_0 + y_d \right\|\right)$，簇间FBS干扰可写为$I_{\text{CCUE}}^{\text{PF-Inter}} = \sum_{\boldsymbol{x} \in \Phi_O \setminus \boldsymbol{x}_0} \sum_{\boldsymbol{y} \in \mathbb{C}_{\text{F}}^{x}} P_{\text{F}} G_{\text{F}}^{\text{t}} G_{\text{U}}^{\text{r}} H\left(\left\| \boldsymbol{x} + \boldsymbol{y} \right\|\right)$。根据CCUE-PBS接收到的干扰分析和建模，得引理7-3。

引理 7-3 当CCUE与PBS级联时，设接入距离为r_{op}^{c}，干扰$I_{\text{CCUE}}^{\text{P}}$的拉普拉斯变换为

$$\begin{aligned} &\mathcal{L}_{I_{\text{CCUE}}^{\text{P-}W_{\text{C}}}}\left(z, r_{\text{op}}^{\text{c}}, \eta\right) \\ &= \mathcal{L}_{I_{\text{CCUE}}^{\text{PP-Intra}}}\left(z, r_{\text{op}}^{\text{c}}, A_{\text{C}}^{\text{P}}\right) \mathcal{L}_{I_{\text{CCUE}}^{\text{PP-Inter}}}\left(z, A_{\text{C}}^{\text{P}}\right) \times \mathcal{L}_{I_{\text{CCUE}}^{\text{PF-Intra}}}\left(z, r_{\text{op}}^{\text{c}}, \eta\right) \mathcal{L}_{I_{\text{CCUE}}^{\text{PF-Inter}}}\left(z, \eta\right) \end{aligned} \tag{7-23}$$

式中，对于干扰$I_{\text{CCUE}}^{\text{PP-Intra}}$、$I_{\text{CCUE}}^{\text{PP-Inter}}$、$I_{\text{CCUE}}^{\text{PF-Intra}}$和$I_{\text{CCUE}}^{\text{PF-Inter}}$的LT，假设$r_f^* = \alpha_{\text{FP}} r_{\text{op}}^{\text{c}}$，分别有

$$\begin{aligned} \mathcal{L}_{I_{\text{CCUE}}^{\text{PP-Intra}}}\left(z, r_{\text{op}}^{\text{c}}, A_{\text{C}}^{\text{P}}\right) &= \sum_{i \in \{1,2,3,4\}} b_{\text{P}i} \exp\Bigg[-A_{\text{C}}^{\text{P}} \left(\overline{c}_{\text{P}} - 1\right) \left(z P_{\text{P}} a_{\text{P}i}\right) \\ &\times \left(C_{\text{L}} \int_{\min\left(\mu, r_{\text{op}}^{\text{c}}/\xi\right)}^{\mu} w^{-\alpha_{\text{L}}} f_{W_{\text{P}i}}(w) \mathrm{d}w + C_{\text{N}} \int_{\max\left(\mu, r_{\text{op}}^{\text{c}}/\xi\right)}^{\mu} w^{-\alpha_{\text{N}}} f_{W_{\text{P}i}}(w) \mathrm{d}w \right) \Bigg] \end{aligned} \tag{7-24}$$

$$\begin{aligned} &\mathcal{L}_{I_{\text{CCUE}}^{\text{PP-Inter}}}\left(z, A_{\text{C}}^{\text{P}}\right) \\ &= \exp\left[-2\pi\lambda_{\text{C}} \sum_{i \in \{1,2,3,4\}} b_{\text{P}i} \left(z A_{\text{C}}^{\text{P}} \overline{c}_{\text{P}} P_{\text{P}} a_{\text{P}i}\right) \times \left(C_{\text{L}} \int_0^{\mu} u u^{-\alpha_{\text{L}}} \mathrm{d}u + C_{\text{N}} \int_{\mu}^{\infty} u u^{-\alpha_{\text{N}}} \mathrm{d}u \right) \right] \end{aligned} \tag{7-25}$$

$$\begin{aligned}\mathcal{L}_{I_{\text{CCUE}}^{\text{PF-Intra}}}\left(z,r_{\text{op}}^{\text{c}},\eta\right)=&\sum_{i\in\{1,2,3,4\}}b_{\text{F}i}\exp\Big(-(A_{\text{C}}^{\text{F}}+A_{\text{E}}^{\text{F}})(1-\eta)\overline{c}_{\text{F}}\left(zP_{\text{F}}a_{\text{F}i}\right)\\&\times\left(C_{\text{L}}\int_{\min\left(r_f^*,\mu\right)}^{\mu}w^{-\alpha_{\text{L}}}f_{w_{\text{P}i}}\left(w\right)\mathrm{d}w+C_{\text{N}}\int_{\max\left(r_f^*,\mu\right)}^{\infty}w^{-\alpha_{\text{N}}}f_{w_{\text{P}i}}\left(w\right)\mathrm{d}w\right)\end{aligned}\tag{7-26}$$

$$\begin{aligned}\mathcal{L}_{I_{\text{CCUE}}^{\text{PF-Inter}}}\left(z,\eta\right)=\exp\Bigg[&-2\pi\lambda_{\text{C}}\sum_{i\in\{1,2,3,4\}}b_{\text{F}i}\times\Big((1-\eta)(A_{\text{C}}^{\text{F}}+A_{\text{E}}^{\text{F}})\overline{c}_{\text{F}}P_{\text{F}}za_{\text{F}i}\Big)\\&\times\left(C_{\text{L}}\int_{0}^{\mu}u^{-\alpha_{\text{L}}}u\mathrm{d}u+C_{\text{N}}\int_{\mu}^{\infty}uu^{-\alpha_{\text{N}}}\mathrm{d}u\right)\Bigg]\end{aligned}\tag{7-27}$$

证明　扫二维码查看。

2. CEUE 与 PBS 级联时的干扰

当与 PBS 级联的典型 UE 位于簇边缘区域时，即为 CEUE，根据频谱分配方案，典型 CEUE 与基于频段配置因子 η 的部分 FBS 共享子频带 W_{E} 。因此，共享子带 W_{E} 的 FBS 密度为 $\eta\lambda_{\text{C}}\overline{c}_{\text{M}}$ 。典型 CEUE 接收到的总干扰类似式(7-22)，写为

$$I_{\text{CEUE}}^{\text{P-}W_{\text{E}}}=I_{\text{CEUE}}^{\text{PP-Intra}}+I_{\text{CEUE}}^{\text{PP-Inter}}+I_{\text{CEUE}}^{\text{PF-Intra}}+I_{\text{CEUE}}^{\text{PF-Inter}}\tag{7-28}$$

式中，$I_{\text{CEUE}}^{\text{PP-Intra}}$ 表示目标 CEUE 处簇内 PBS 干扰；$I_{\text{CEUE}}^{\text{PP-Inter}}$ 表示簇间 PBS 的干扰；$I_{\text{CEUE}}^{\text{PF-Intra}}$ 和 $I_{\text{CEUE}}^{\text{PF-Inter}}$ 分别表示簇中和簇间 FBS 的干扰。

首先考虑簇内 PBS 干扰 $I_{\text{CEUE}}^{\text{PP-Intra}}$ 。如前所述，在假设其最近接入点的服务距离为 r_{op}^{e} 的条件下，基于采用的 UE 分类，可以得到占主导地位(第二最近)的 PBS 分别位于以典型 CEUE 为中心、半径分别为 r_{op}^{e} 和 $r_{\text{op}}^{\text{e}}/\xi$ 形成的环内，这表明簇内干扰 PBS 的距离 r_{op}^{d} 满足约束 $r_{\text{op}}^{\text{e}}\leqslant r_{\text{op}}^{\text{d}}\leqslant r_{\text{op}}^{\text{e}}/\xi$ 。这一约束条件说明在环内至少存在一个干扰 PBS。在这个严格的约束条件和稀疏的 PBS 过程中，可以将簇内 PBS 干扰集合 $\mathbb{S}_{\text{P}}^{x_0}(A_{\text{E}}^{\text{P}})$ 分割为两个独立的集合 $\mathbb{S}_{\text{P-E}_1}^{x_0}$ 和 $\mathbb{S}_{\text{P-E}_2}^{x_0}$ ，这两个独立的集合 $\mathbb{S}_{\text{P-E}_1}^{x_0}$ 和 $\mathbb{S}_{\text{P-E}_2}^{x_0}$ ，定义为

$$\mathbb{S}_{\text{P-E}_1}^{x_0}\left(r_{\text{op}}^{\text{e}},A_{\text{E}}^{\text{P}}\right)=\left\{y_{\text{d}}\in\mathbb{S}_{\text{P}}^{x_0}\,\middle|\,r_{\text{op}}^{\text{e}}\leqslant\|x_0+y_{\text{d}}\|\leqslant r_{\text{op}}^{\text{e}}/\xi\right\}\tag{7-29}$$

$$\mathbb{S}_{\text{P-E}_2}^{x_0}\left(r_{\text{op}}^{\text{e}},A_{\text{E}}^{\text{P}}\right)=\left\{y_{\text{d}}\in\mathbb{S}_{\text{P}}^{x_0}\,\middle|\,\|x_0+y_{\text{d}}\|>r_{\text{op}}^{\text{e}}/\xi\right\}\tag{7-30}$$

根据上述簇内干扰 PBS 集合划分，进一步定义 $I_{\text{CEUE-E}_1}^{\text{PP-Intra}}$ 和 $I_{\text{CEUE-E}_2}^{\text{PP-Intra}}$ ，分别表示来自集合 $\mathbb{S}_{\text{P-E}_1}^{x_0}\left(r_{\text{op}}^{\text{e}},A_{\text{E}}^{\text{P}}\right)$ 和 $\mathbb{S}_{\text{P-E}_2}^{x_0}\left(r_{\text{op}}^{\text{e}},A_{\text{E}}^{\text{P}}\right)$ 的簇内 PBS 干扰，$I_{\text{CEUE}}^{\text{PP-Intra}}$ 可以写为 $I_{\text{CEUE}}^{\text{PP-Intra}}=I_{\text{CEUE-E}_1}^{\text{PP-Intra}}+I_{\text{CEUE-E}_2}^{\text{PP-Intra}}$ 。定义：

$$\begin{aligned} I_{\text{CEUE-E}_1}^{\text{PP-Intra}} &= \sum_{y_d \in \mathbb{S}_{\text{P-E}_1}^{x_0} \backslash y_{d_0}} P_{\text{P}} G_{\text{P}}^{\text{t}} G_u^{\text{r}} L\left(\left\|x_0 + y_d\right\|\right) \\ I_{\text{CEUE-E}_2}^{\text{PP-Intra}} &= \sum_{y_d \in \mathbb{S}_{\text{P-E}_2}^{x_0} \backslash y_{d_0}} P_{\text{P}} G_{\text{P}}^{\text{t}} G_u^{\text{r}} L\left(\left\|x_0 + y_d\right\|\right) \end{aligned} \tag{7-31}$$

由此得出 $I_{\text{CEUE}}^{\text{PP-Intra}}$ 的 LT 为

$$\mathcal{L}_{I_{\text{CEUE}}^{\text{PP-Intra}}}\left(z, r_{\text{op}}^{\text{e}}, A_{\text{E}}^{\text{P}}\right) = \mathcal{L}_{I_{\text{CEUE-E}_1}^{\text{PP-Intra}}}\left(z, r_{\text{op}}^{\text{e}}, A_{\text{E}}^{\text{P}}\right) \times \mathcal{L}_{I_{\text{CEUE-E}_2}^{\text{PP-Intra}}}\left(z, r_{\text{op}}^{\text{e}}, A_{\text{E}}^{\text{P}}\right) \tag{7-32}$$

考虑到干扰 $I_{\text{CEUE-E}_2}^{\text{PP-Intra}}$ 和 $I_{\text{CCUE}}^{\text{PP-Intra}}$ 的对称性，很容易得到 $\mathcal{L}_{I_{\text{CEUE-E}_2}^{\text{PP-Intra}}}\left(z, r_{\text{op}}^{\text{e}}, A_{\text{E}}^{\text{P}}\right)$：

$$\begin{aligned} \mathcal{L}_{I_{\text{CEUE-E}_2}^{\text{PP-Intra}}}\left(z, r_{\text{op}}^{\text{e}}, A_{\text{E}}^{\text{P}}\right) = \sum_{i \in \{1,2,3,4\}} b_{\text{P}i} \exp\Bigg[-A_{\text{E}}^{\text{P}}\left(\overline{c}_p - 1\right) \times \left(z P_{\text{P}} a_{\text{P}i}\right) \\ \times \left(C_{\text{L}} \int_{\min\left(\mu, r_{\text{op}}^{\text{e}}/\xi\right)}^{\mu} w^{-\alpha_{\text{L}}} f_{w_{\text{P}i}}(w) \mathrm{d}w + C_{\text{N}} \int_{\max\left(\mu, r_{\text{op}}^{\text{e}}/\xi\right)}^{\infty} w^{-\alpha_{\text{N}}} f_{w_{\text{P}i}}(w) \mathrm{d}w \right) \Bigg] \end{aligned} \tag{7-33}$$

簇内干扰 $I_{\text{CEUE-E}_1}^{\text{PP-Intra}}$ 的 LT 为

$$\begin{aligned} \mathcal{L}_{I_{\text{CEUE-E}_1}^{\text{PP-Intra}}}\left(z, r_{\text{op}}^{\text{e}}, A_{\text{E}}^{\text{P}}\right) = \frac{1}{1 - \exp\left(-A_{\text{E}}^{\text{P}} \overline{c}_{\text{P}}\right)} \times \Bigg[\exp\Bigg(-A_{\text{E}}^{\text{P}}\left(\overline{c}_{\text{P}} - 1\right) \sum_{i \in \{1,2,3,4\}} b_{\text{P}i}\left(z P_{\text{P}} a_{\text{P}i}\right) \\ \times \left(C_{\text{L}} \int_{\min\left(r_{\text{op}}^{\text{e}}, \mu\right)}^{\mu} w^{-\alpha_{\text{L}}} f_{w_{\text{P}i}}(w) \mathrm{d}w + C_{\text{N}} \int_{\min\left(\max\left(r_{\text{op}}^{\text{e}}, \mu\right), r_{\text{op}}^{\text{e}}/\xi\right)}^{r_{\text{op}}^{\text{e}}/\xi} w^{-\alpha_{\text{N}}} f_{w_{\text{P}i}}(w) \mathrm{d}w \right) - \exp\left(-A_{\text{E}}^{\text{P}} \overline{c}_{\text{P}}\right) \Bigg] \end{aligned} \tag{7-34}$$

证明　扫二维码查看。

除了簇内干扰，在式(7-28)中，$I_{\text{CEUE}}^{\text{PP-Inter}}$ 表示来自 Φ_{TCP}^{P} 的簇间干扰，记为 $I_{\text{CEUE}}^{\text{PP-Inter}} = \sum_{x \in \Phi_{\text{C}} \backslash x_0} \sum_{y \in \mathbb{S}_{\text{P}}^{x}(A_{\text{E}}^{\text{P}})} P_{\text{P}} G_{\text{P}}^{\text{t}} G_u^{\text{r}} L\left(\left\|x + y\right\|\right)$。对比式(7-22)中定义的干扰 $I_{\text{CCUE}}^{\text{PP-Inter}}$，可以发现 $I_{\text{CEUE}}^{\text{PP-Inter}}$ 和 $I_{\text{CCUE}}^{\text{PP-Inter}}$ 完全相同。因此，可以直接得到干扰 $I_{\text{CEUE}}^{\text{PP-Inter}}$ 的 LT，即 $\mathcal{L}_{I_{\text{CEUE}}^{\text{PP-Inter}}}\left(z, A_{\text{E}}^{\text{P}}\right) = \mathcal{L}_{I_{\text{CCUE}}^{\text{PP-Inter}}}\left(z, A_{\text{E}}^{\text{P}}\right)$，其中 $\mathcal{L}_{I_{\text{CCUE}}^{\text{PP-Inter}}}(\cdot)$ 由式(7-25)给出。

式(7-28)中的干扰 $I_{\text{CEUE}}^{\text{PF-Intra}}$ 和 $I_{\text{CEUE}}^{\text{PF-Inter}}$ 与式(7-22)中的干扰 $I_{\text{CCUE}}^{\text{PF-Intra}}$ 和 $I_{\text{CCUE}}^{\text{PF-Inter}}$ 有类似的形式。因此，利用共享子频带 W_{E} 的有源 FBS 平均密度为 $\eta \overline{c}_{\text{M}} \lambda_{\text{C}}$，并假设典型 CEUE 的接入距离为 r_{op}^{e}，通过变量的变化 $\eta -> (1-\eta)$ 和 $r_{\text{op}}^{\text{c}} -> r_{\text{op}}^{\text{e}}$，可以直接从式(7-26)和式(7-27)得到干扰 $I_{\text{CEUE}}^{\text{PF-Intra}}$ 和 $I_{\text{CEUE}}^{\text{PF-Inter}}$ 的 LT，得引理 7-4。

引理 7-4　当位于簇边缘区域目标 CEUE 与 PBS 级联的接入距离为 r_{op}^{e} 时，接收到总干扰 $I_{\text{CEUE}}^{\text{P-}W_{\text{E}}}$ 的拉普拉斯变换为

$$\mathcal{L}_{I_{\text{CEUE}}^{\text{P-}W_{\text{E}}}}\left(z,r_{\text{op}}^{\text{e}},\eta\right)=\mathcal{L}_{I_{\text{CEUE}}^{\text{PP-Intra}}}\left(z,r_{\text{op}}^{\text{e}},A_{\text{E}}^{\text{P}}\right)\mathcal{L}_{I_{\text{CEUE}}^{\text{PP-Inter}}}\left(z,A_{\text{E}}^{\text{P}}\right)\mathcal{L}_{I_{\text{CEUE}}^{\text{PF-Intra}}}\left(z,r_{\text{op}}^{\text{e}},\eta\right)\mathcal{L}_{I_{\text{CEUE}}^{\text{PF-Inter}}}\left(z,\eta\right) \tag{7-35}$$

接收到的干扰 $I_{\text{CEUE}}^{\text{PP-Intra}}$、$I_{\text{CEUE}}^{\text{PP-Inter}}$、$I_{\text{CEUE}}^{\text{PF-Intra}}$ 和 $I_{\text{CEUE}}^{\text{PF-Inter}}$ 的拉普拉斯变换为

$$\mathcal{L}_{I_{\text{CEUE}}^{\text{PP-Intra}}}\left(z,r_{\text{op}}^{\text{e}},A_{\text{E}}^{\text{P}}\right)=\mathcal{L}_{I_{\text{CEUE-E}_1}^{\text{PP-Intra}}}\left(z,r_{\text{op}}^{\text{e}},A_{\text{E}}^{\text{P}}\right)\times\mathcal{L}_{I_{\text{CEUE-E}_2}^{\text{PP-Intra}}}\left(z,r_{\text{op}}^{\text{e}},A_{\text{E}}^{\text{P}}\right) \tag{7-36}$$

式中，$\mathcal{L}_{I_{\text{CEUE-E}_1}^{\text{PP-Intra}}}\left(z,r_{\text{op}}^{\text{e}},A_{\text{E}}^{\text{P}}\right)$ 由式(7-34)给出；$\mathcal{L}_{I_{\text{CEUE-E}_2}^{\text{PP-Intra}}}\left(z,r_{\text{op}}^{\text{e}},A_{\text{E}}^{\text{P}}\right)$ 由式(7-33)给出；$\mathcal{L}_{I_{\text{CEUE}}^{\text{PP-Inter}}}\left(z,A_{\text{E}}^{\text{P}}\right)=\mathcal{L}_{I_{\text{CCUE}}^{\text{PP-Inter}}}\left(z,A_{\text{E}}^{\text{P}}\right)$。$\mathcal{L}_{I_{\text{CEUE}}^{\text{PF-Intra}}}\left(z,r_{\text{op}}^{\text{e}},\eta\right)=\mathcal{L}_{I_{\text{CCUE}}^{\text{PF-Intra}}}\left(z,r_{\text{op}}^{\text{e}},1-\eta\right)$；$\mathcal{L}_{I_{\text{CEUE}}^{\text{PF-Inter}}}\left(z,\eta\right)$ $\mathcal{L}_{I_{\text{CCUE}}^{\text{PF-Inter}}}\left(z,1-\eta\right)$。

3. CCUE 与 FBS 级联时的干扰

接下来研究典型UE与最近FBS级联的情况，讨论位于簇中心区域典型CCUE的接收干扰。考虑到 FBS 随机访问基于频段配置因子 η 和 $1-\eta$ 预先定义的 CEUE 频段 W_{E} 和 CCUE 频段 W_{C}，将典型 CCUE 与工作在 W_{C} 或 W_{E} 频段的 FBS 级联时接收到的干扰分别记为 $I_{\text{CCUE}}^{\text{F-}W_{\text{C}}}$ 和 $I_{\text{CCUE}}^{\text{F-}W_{\text{E}}}$。当相关的 FBS 工作在频段 W_{C} 时，得到典型 CCUE 接收到的总干扰为

$$I_{\text{CCUE}}^{\text{F-}W_{\text{C}}}=I_{\text{CCUE}}^{\text{FP-Intra-C}}+I_{\text{CCUE}}^{\text{FP-Inter-C}}+I_{\text{CCUE}}^{\text{FF-Intra-C}}+I_{\text{CCUE}}^{\text{FF-Inter-C}} \tag{7-37}$$

式中，$I_{\text{CCUE}}^{\text{FP-Intra-C}}$ 是与 CCUE 相关的簇内 PBS 的干扰。利用概率 A_{C}^{P} 可得 PBS 集合的稀疏 PCP，也就是时同信道活动 PBS 的有效集 $\mathbb{S}_{\text{P}}^{x_0}A_{\text{C}}^{\text{P}}$ 为均值 $A_{\text{C}}^{\text{P}}\overline{c}_{\text{P}}$ 的稀疏 PCP。因此，$I_{\text{CCUE}}^{\text{FP-Intra-C}}$ 写为 $I_{\text{CCUE}}^{\text{FP-Intra-C}}=\sum_{y_d\in\mathbb{S}_{\text{P}}^{x_0}(A_{\text{C}}^{\text{P}})}P_{\text{P}}G_{\text{P}}^{\text{t}}G_{\text{U}}^{\text{r}}L\left(\|x_0+y_d\|\right)$，根据级联准则，得到最近邻满足 $r_{\text{op}}^{\text{c}}>r_{\text{of}}^{\text{c}}/\alpha_{\text{FP}}$。利用式(7-22)中 $I_{\text{CCUE}}^{\text{FP-Intra}}$ 和 $I_{\text{CCUE}}^{\text{PP-Intra}}$ 之间的对称性，很容易得到 $I_{\text{CCUE}}^{\text{FP-Intra}}$ 的 LT 为

$$\begin{aligned}\mathcal{L}_{I_{\text{CCUE}}^{\text{FP-Intra-C}}}\left(z,r_{\text{of}}^{\text{c}},A_{\text{C}}^{\text{P}}\right)=&\sum_{i\in\{1,2,3,4\}}b_{\text{P}i}\exp\Bigg[-A_{\text{C}}^{\text{P}}\overline{c}_{\text{p}}\times\left(zP_{\text{P}}a_{\text{P}i}\right)\\&\times\left(C_L\int_{\min\left(\mu,r_{\text{of}}^{*}\right)}^{\mu}w^{-\alpha_L}f_{w_{\text{P}i}}\left(w\right)\mathrm{d}w+C_N\int_{\max\left(\mu,r_{\text{of}}^{*}\right)}^{\infty}w^{-\alpha_N}f_{w_{\text{P}i}}\left(w\right)\mathrm{d}w\right)\Bigg]\end{aligned} \tag{7-38}$$

式中，$r_{\text{of}}^{*}=r_{\text{of}}^{\text{c}}/\alpha_{\text{FP}}$；$r_{\text{of}}^{\text{c}}$ 是 CCUE 与 W_{C} 频段上最近 FBS 的接入距离。

$I_{\text{CCUE}}^{\text{FP-Inter-C}}$ 是 W_{C} 频段上簇间 PBS 的干扰，其 LT 与干扰 $I_{\text{CCUE}}^{\text{PP-Inter}}$ 的 LT 相似。考虑基于概率 A_{C}^{P} 的 PBS 的稀疏 PCP，得到 $\mathcal{L}_{I_{\text{CCUE}}^{\text{FP-Inter-C}}}\left(z,A_{\text{C}}^{\text{P}}\right)=\mathcal{L}_{I_{\text{CCUE}}^{\text{PP-Inter}}}\left(z,A_{\text{C}}^{\text{P}}\right)$，$\mathcal{L}_{I_{\text{CCUE}}^{\text{PP-Inter}}}(\cdot)$ 由式(7-25)给出。$I_{\text{CCUE}}^{\text{FF-Intra-C}}$ 是来自共享簇中心频带 W_{C} 簇内 FBS 的干扰，其 LT 与式(7-26)给出的 $I_{\text{CCUE}}^{\text{PF-Intra}}$ 的 LT 相似。因此，$\mathcal{L}_{I_{\text{CCUE}}^{\text{FF-Intra-C}}}(\cdot)$ 可以从式(7-26)中 $\mathcal{L}_{I_{\text{CCUE}}^{\text{PF-Intra}}}(\cdot)$ 得

到，考虑变量变化 $r_{\mathrm{f}}^{*}->r_{\mathrm{of}}^{\mathrm{c}}$ 和 $r_{\mathrm{of}}^{\mathrm{c}}$，$\overline{c}_{\mathrm{F}}->\overline{c}_{\mathrm{F}}-1$，有

$$\mathcal{L}_{I_{\mathrm{CCUE}}^{\text{FF-Intra-C}}}\left(z,r_{\mathrm{of}}^{\mathrm{c}},\eta\right)=\sum_{i\in\{1,2,3,4\}}b_{\mathrm{F}i}\exp\left[-(1-\eta)z(A_{\mathrm{C}}^{\mathrm{F}}+A_{\mathrm{E}}^{\mathrm{F}})(\overline{c}_{\mathrm{F}}-1)P_{\mathrm{F}}a_{\mathrm{F}i}\right.$$
$$\left.\times\left(C_{\mathrm{L}}\int_{\min\left(r_{\mathrm{of}}^{\mathrm{c}},\mu\right)}^{\mu}w^{-\alpha_{\mathrm{L}}}f_{w_{\mathrm{F}i}}\left(w\right)\mathrm{d}w+C_{\mathrm{N}}\int_{\max\left(r_{\mathrm{of}}^{\mathrm{c}},\mu\right)}^{\infty}w^{-\alpha_{\mathrm{N}}}f_{w_{\mathrm{F}i}}\left(w\right)\mathrm{d}w\right)\right] \tag{7-39}$$

式(7-37)中，$I_{\mathrm{CCUE}}^{\text{FF-Inter-C}}$ 是典型 CCUE 从工作在簇中心子带 W_{C} 上簇间 FBS 接收到的干扰，其 LT 可以从式(7-27)得到，即 $\mathcal{L}_{I_{\mathrm{CCUE}}^{\text{FF-Inter-C}}}\left(z,\eta\right)=\mathcal{L}_{I_{\mathrm{CCUE}}^{\text{PF-Inter}}}\left(z,\eta\right)$。

类似地，当该 UE 级联的 FBS 在 W_{E} 上工作时，该典型 CCUE 接收到的总干扰表示为

$$I_{\mathrm{CCUE}}^{\text{F-}W_{\mathrm{E}}}=I_{\mathrm{CCUE}}^{\text{FP-Intra-E}}+I_{\mathrm{CCUE}}^{\text{FP-Inter-E}}+I_{\mathrm{CCUE}}^{\text{FF-Intra}}+I_{\mathrm{CCUE}}^{\text{FF-Inter}} \tag{7-40}$$

式中，所有干扰项的解释与式(7-37)中的解释类似。使用与式(7-37)相似的方法，可以很容易地得到式(7-40)中各项干扰项的 LT。

结合以上讨论，有引理 7-5。

引理 7-5 考虑到 FBS 以预先定义的频段配置因子 η 和 $1-\eta$ 随机访问 CEUE 频段 W_{E} 和 CCUE 频段 W_{C}，当典型的 CCUE 以级联距离 $r_{\mathrm{of}}^{\mathrm{c}}$ 与 FBS 级联时，接收到的干扰分别记为 $I_{\mathrm{CCUE}}^{\text{F-}W_{\mathrm{C}}}$ 和 $I_{\mathrm{CCUE}}^{\text{F-}W_{\mathrm{E}}}$。典型用户在 CCUE 频段 W_{C} 上以 $1-\eta$ 接收到的干扰 $I_{\mathrm{CCUE}}^{\text{F-}W_{\mathrm{C}}}$ [式(7-37)]的 LT 为

$$\begin{aligned}&\mathcal{L}_{I_{\mathrm{CCUE}}^{\text{F-}W_{\mathrm{C}}}}\left(z,r_{\mathrm{of}}^{\mathrm{c}},\eta\right)\\&=\mathcal{L}_{I_{\mathrm{CCUE}}^{\text{FP-Intra-C}}}\left(z,r_{\mathrm{of}}^{\mathrm{c}},A_{\mathrm{C}}^{\mathrm{P}}\right)\mathcal{L}_{I_{\mathrm{CCUE}}^{\text{FP-Inter-C}}}\left(z,A_{\mathrm{C}}^{\mathrm{P}}\right)\times\mathcal{L}_{I_{\mathrm{CCUE}}^{\text{FF-Intra-C}}}\left(z,r_{\mathrm{of}}^{\mathrm{c}},\eta\right)\mathcal{L}_{I_{\mathrm{CCUE}}^{\text{FF-Inter-C}}}\left(z,\eta\right)\end{aligned} \tag{7-41}$$

式中，$\mathcal{L}_{I_{\mathrm{CCUE}}^{\text{FP-Intra-C}}}\left(z,r_{\mathrm{of}}^{\mathrm{c}},A_{\mathrm{C}}^{\mathrm{P}}\right)$ 由式(7-38)给出；$\mathcal{L}_{I_{\mathrm{CCUE}}^{\text{FP-Inter-C}}}\left(z,A_{\mathrm{C}}^{\mathrm{P}}\right)=\mathcal{L}_{I_{\mathrm{CCUE}}^{\text{PP-Inter}}}\left(z,A_{\mathrm{C}}^{\mathrm{P}}\right)$；$\mathcal{L}_{I_{\mathrm{CCUE}}^{\text{FF-Intra-C}}}\left(z,r_{\mathrm{of}}^{\mathrm{c}},\eta\right)$ 由式(7-39)给出；$\mathcal{L}_{I_{\mathrm{CCUE}}^{\text{FF-Inter-C}}}\left(z,\eta\right)=\mathcal{L}_{I_{\mathrm{CCUE}}^{\text{PF-Inter-C}}}\left(z,\eta\right)$。式(7-40)给出的典型用户在 CCUE 频段 W_{E} 上以 η 接收到的干扰 $I_{\mathrm{CCUE}}^{\text{F-}W_{\mathrm{E}}}$ 的 LT 为

$$\begin{aligned}&\mathcal{L}_{I_{\mathrm{CCUE}}^{\text{F-}W_{\mathrm{E}}}}\left(z,r_{\mathrm{of}}^{\mathrm{c}},\eta\right)\\&=\mathcal{L}_{I_{\mathrm{CCUE}}^{\text{FP-Intra-E}}}\left(z,r_{\mathrm{of}}^{\mathrm{c}},A_{\mathrm{E}}^{\mathrm{P}}\right)\mathcal{L}_{I_{\mathrm{CCUE}}^{\text{FP-Inter-E}}}\left(z,A_{\mathrm{E}}^{\mathrm{P}}\right)\times\mathcal{L}_{I_{\mathrm{CCUE}}^{\text{FF-Intra-E}}}\left(z,r_{\mathrm{of}}^{\mathrm{c}},\eta\right)\mathcal{L}_{I_{\mathrm{CCUE}}^{\text{FF-Inter-E}}}\left(z,\eta\right)\end{aligned} \tag{7-42}$$

式中，$\mathcal{L}_{I_{\mathrm{CCUE}}^{\text{FP-Intra-E}}}\left(z,r_{\mathrm{of}}^{\mathrm{c}},A_{\mathrm{E}}^{\mathrm{P}}\right)$ 经变量变化 $A_{\mathrm{C}}^{\mathrm{P}}->A_{\mathrm{E}}^{\mathrm{P}}$，可由式(7-38)获得；$\mathcal{L}_{I_{\mathrm{CCUE}}^{\text{FP-Inter-E}}}\left(z,A_{\mathrm{E}}^{\mathrm{P}}\right)=\mathcal{L}_{I_{\mathrm{CCUE}}^{\text{PP-Inter}}}\left(z,A_{\mathrm{E}}^{\mathrm{P}}\right)$；$\mathcal{L}_{I_{\mathrm{CCUE}}^{\text{FF-Intra-E}}}\left(z,r_{\mathrm{of}}^{\mathrm{c}},\eta\right)$ 经变量变化 $\eta->1-\eta$，可由式(7-39)获得；$\mathcal{L}_{I_{\mathrm{CCUE}}^{\text{FF-Inter-E}}}\left(z,\eta\right)$ 经变量变化 $\eta->1-\eta$，可由式(7-27)获得。

4. CEUE 与 FBS 级联时的干扰

当接入距离为 r_{of}^{e} 的典型 UE 位于簇边缘区域时，典型 CEUE 以$1-\eta$在 CCUE 频段W_{C}上接收到的总干扰表示为

$$I_{\text{CEUE}}^{\text{F-}W_{\text{C}}}=I_{\text{CEUE}}^{\text{FP-Intra-C}}+I_{\text{CEUE}}^{\text{FP-Inter-C}}+I_{\text{CEUE}}^{\text{FF-Intra-C}}+I_{\text{CEUE}}^{\text{FF-Inter-C}} \tag{7-43}$$

式中，$I_{\text{CEUE}}^{\text{FP-Intra-C}}$是接收到的簇内 PBS 干扰，其公式与式(7-37)定义的$I_{\text{CCUE}}^{\text{FP-Intra-C}}$有相似形式。综合考虑 UE 关联和分类标准，很容易看出干扰的 PBS 应该位于$r_{\text{of}}^{\text{e*}}=\left(\dfrac{r_{\text{of}}^{\text{e}}}{\xi}\right)\dfrac{1}{\alpha_{\text{FP}}}$以外。因此，干扰$I_{\text{CEUE}}^{\text{FP-Intra-C}}$的 LT 可以由式(7-38)通过变量替换$r_{\text{of}}^{\text{c}}->r_{\text{of}}^{\text{e}}/\xi$获得，即$\mathcal{L}_{I_{\text{CEUE}}^{\text{FP-Intra-C}}}\left(z,r_{\text{of}}^{\text{e}},A_{\text{C}}^{\text{P}}\right)=\mathcal{L}_{I_{\text{CCUE}}^{\text{FP-Intra-C}}}\left(z,r_{\text{of}}^{\text{e}}/\xi,A_{\text{C}}^{\text{P}}\right)$。簇间 PBS 的干扰$I_{\text{CEUE}}^{\text{FP-Inter-C}}$由$\mathcal{L}_{I_{\text{CEUE}}^{\text{FP-Inter-C}}}\left(z,A_{\text{C}}^{\text{P}}\right)=\mathcal{L}_{I_{\text{CCUE}}^{\text{PP-Inter}}}\left(z,A_{\text{C}}^{\text{P}}\right)$给出，$\mathcal{L}_{I_{\text{CCUE}}^{\text{PP-Inter}}}(\cdot)$由式(7-25)给出。同时，综合考虑 UE 关联准则和 FBS 以$1-\eta$共享 CCUE 频段W_{C}，簇内 FBS 的$I_{\text{CEUE}}^{\text{FF-Intra-C}}$的 LT 经变量替换$r_{\text{of}}^{\text{c}}->r_{\text{of}}^{\text{e}}$由式(7-39)给出，即$\mathcal{L}_{I_{\text{CEUE}}^{\text{FF-Intra-C}}}\left(z,r_{\text{of}}^{\text{e}},\eta\right)=\mathcal{L}_{I_{\text{CCUE}}^{\text{FF-Intra-C}}}\left(z,r_{\text{of}}^{\text{e}},\eta\right)$。$I_{\text{CEUE}}^{\text{FF-Inter-C}}$为簇间 FBS 在 CCUE 频段$W_{\text{C}}$上的干扰，其 LT 由$\mathcal{L}_{I_{\text{CEUE}}^{\text{FF-Inter-C}}}(z,\eta)=\mathcal{L}_{I_{\text{CCUE}}^{\text{PF-Inter}}}(z,\eta)$给出，$\mathcal{L}_{I_{\text{CCUE}}^{\text{PF-Inter}}}(\cdot)$由式(7-27)给出。

同样，当典型 CEUE 的相关 FBS 工作在W_{E}上时，可以得到该典型 CEUE 接收到的总干扰为

$$I_{\text{CEUE}}^{\text{F-}W_{\text{E}}}=I_{\text{CEUE}}^{\text{FP-Intra-E}}+I_{\text{CEUE}}^{\text{FP-Inter-E}}+I_{\text{CEUE}}^{\text{FF-Intra-E}}+I_{\text{CEUE}}^{\text{FF-Inter-E}} \tag{7-44}$$

式中，所有干扰的解释与式(7-43)中的解释类似。使用与式(7-43)相似的方法，可以很容易地得到式(7-44)中各项干扰的 LT，有引理 7-6。

引理 7-6　虑到 FBS 以预定义的频段配置因子η和$1-\eta$随机访问 CEUE 频段W_{E}和 CEUE 频段W_{C}，当典型 CEUE 与访问距离为r_{of}^{e}的 FBSs 级联时，接收到的干扰分别建模为$I_{\text{CEUE}}^{\text{F-}W_{\text{C}}}$和$I_{\text{CEUE}}^{\text{F-}W_{\text{E}}}$，以$1-\eta$在 CCUE 频段$W_{\text{C}}$接收到的干扰$I_{\text{CEUE}}^{\text{F-}W_{\text{C}}}$的 LT 为

$$\mathcal{L}_{I_{\text{CEUE}}^{\text{F-}W_{\text{C}}}}\left(z,r_{\text{of}}^{\text{e}},\eta\right)=\mathcal{L}_{I_{\text{CEUE}}^{\text{FP-Intra-C}}}\left(z,r_{\text{of}}^{\text{e}},A_{\text{C}}^{\text{P}}\right)\mathcal{L}_{I_{\text{CEUE}}^{\text{FP-Inter-C}}}\left(z,A_{\text{C}}^{\text{P}}\right)\mathcal{L}_{I_{\text{CEUE}}^{\text{FF-Intra-C}}}\left(z,r_{\text{of}}^{\text{e}},\eta\right)\times\mathcal{L}_{I_{\text{CEUE}}^{\text{FF-Inter-C}}}(z,\eta) \tag{7-45}$$

式中，$\mathcal{L}_{I_{\text{CEUE}}^{\text{FP-Inter-C}}}\left(z,A_{\text{C}}^{\text{P}}\right)=\mathcal{L}_{I_{\text{CCUE}}^{\text{PP-Inter}}}\left(z,A_{\text{C}}^{\text{P}}\right)$；$\mathcal{L}_{I_{\text{CEUE}}^{\text{FP-Intra-C}}}\left(z,r_{\text{of}}^{\text{e}},A_{\text{C}}^{\text{P}}\right)=\mathcal{L}_{I_{\text{CCUE}}^{\text{FP-Intra-C}}}\left(z,r_{\text{of}}^{\text{e}}/\xi,A_{\text{C}}^{\text{P}}\right)$；$\mathcal{L}_{I_{\text{CEUE}}^{\text{FF-Intra-C}}}\left(z,r_{\text{of}}^{\text{e}},\eta\right)=\mathcal{L}_{I_{\text{CCUE}}^{\text{FF-Intra-C}}}\left(z,r_{\text{of}}^{\text{e}},\eta\right)$；$\mathcal{L}_{I_{\text{CEUE}}^{\text{FF-Inter-C}}}(z,\eta)=\mathcal{L}_{I_{\text{CCUE}}^{\text{PF-Inter}}}(z,\eta)$。以$\eta$在 CEUE 频段$W_{\text{E}}$上接收到的干扰$I_{\text{CEUE}}^{\text{F-}W_{\text{E}}}$[式(7-44)]的 LT 为

$$\mathcal{L}_{I_{\text{CEUE}}^{\text{F-}W_{\text{E}}}}\left(z,r_{\text{of}}^{\text{e}},\eta\right)=\mathcal{L}_{I_{\text{CEUE}}^{\text{FP-Intra-E}}}\left(z,r_{\text{of}}^{\text{e}},A_{\text{E}}^{\text{P}}\right)\times\mathcal{L}_{I_{\text{CEUE}}^{\text{FP-Inter-E}}}\left(z,A_{\text{E}}^{\text{P}}\right)\mathcal{L}_{I_{\text{CEUE}}^{\text{FF-Intra-E}}}\left(z,r_{\text{of}}^{\text{e}},\eta\right)\times\mathcal{L}_{I_{\text{CEUE}}^{\text{FF-Inter-E}}}\left(z,\eta\right) \tag{7-46}$$

式中，$\mathcal{L}_{I_{\text{CEUE}}^{\text{FP-Inter-E}}}\left(z,A_{\text{E}}^{\text{P}}\right)=\mathcal{L}_{I_{\text{CEUE}}^{\text{PP-Inter}}}\left(z,A_{\text{E}}^{\text{P}}\right)$；$\mathcal{L}_{I_{\text{CEUE}}^{\text{FP-Intra-E}}}\left(z,r_{\text{of}}^{\text{e}},A_{\text{E}}^{\text{P}}\right)=\mathcal{L}_{I_{\text{CCUE}}^{\text{FP-Intra-C}}}\left(z,r_{\text{of}}^{\text{e}}/\xi,A_{\text{E}}^{\text{P}}\right)$；$\mathcal{L}_{I_{\text{CEUE}}^{\text{FF-Intra-E}}}\left(z,r_{\text{of}}^{\text{e}},\eta\right)=\mathcal{L}_{I_{\text{CCUE}}^{\text{FF-Intra-C}}}\left(z,r_{\text{of}}^{\text{e}},1-\eta\right)$；$\mathcal{L}_{I_{\text{CEUE}}^{\text{FF-Inter-E}}}\left(z,\eta\right)=\mathcal{L}_{I_{\text{CCUE}}^{\text{PF-Inter}}}\left(z,1-\eta\right)$。

7.5 下行传输速率

本节研究典型 UE 可获得的 DL 传输速率。从前文的讨论中可以看到，一个典型的 UE 被分为 CCUE 或 CEUE，典型的 CCUE(CEUE)又可与 PBS 或 FBS 级联。因此，有六种可能的传播方式。为了获得平均 DL 传输速率，借助干扰的定义，首先推导典型 UE(CCUE 或 CEUE)及相应的 DL 传输速率接收信干噪比的一般形式。在不失一般性的前提下，假设接收到的信干噪比为

$$\text{SINR}_{\text{CYUE}}^{\text{B-}W_{\text{F}}}\left(r_{\text{ob}}^{\text{y}}\left\|x_0\right\|\right)=\frac{P_{\text{B}}M_{\text{Bt}}M_{\text{r}}L\left(r_{\text{ob}}^{\text{y}}\right)}{\sigma_{\text{U}}^2+I_{\text{CYUE}}^{\text{B-}W_{\text{F}}}},r_{\text{ob}}^{\text{y}}\alpha_{\text{TB}}<r_{\text{ot}}^{\text{y}} \tag{7-47}$$

式中，$B(b)\in\{P(p),F(f)\}$；$Y(y)\in\{C(c),E(e)\}$；$T(t)\in\{P(p),F(f)\}\setminus B(b)$；$W_{\text{F}}\in\{W_{\text{C}},W_{\text{E}}\}$；$\sigma_{\text{U}}^2$ 为 UE 处加性高斯噪声功率。由此，$\text{SINR}_{\text{CYUE}}^{\text{B-}W_{\text{F}}}\left(r_{\text{ob}}^{\text{y}}\left\|x_0\right\|\right)$ 表示一个典型的与 B 层最近 PBS 相关联的 CYUE(CCUE 或 CEUE)在频带 W_{F} 上以访问距离 r_{ob}^{y} 接收的 SINR。P_{B} 是 B 层 PBS 的发射功率，$I_{\text{CYUE}}^{\text{B-}W_{\text{F}}}$ 是典型 UE 在 W_{F} 频段上的总接收干扰。因此，根据考虑系统中的频谱分配方案，当典型 UE 与 PBS 关联时，存在两种可能的 SINR 接收形式，即 $\text{SINR}_{\text{CCUE}}^{\text{P-}W_{\text{C}}}$ 和 $\text{SINR}_{\text{CEUE}}^{\text{P-}W_{\text{E}}}$，对应的干扰分别由式(7-22)和式(7-28)定义。FBS 基于频段配置因子 η 和 $1-\eta$ 随机访问 CEUE 频段 W_{E} 和 CCUE 频段 W_{C}，有一个典型的 UE(CCUE 或 CEUE)与 FBS 关联时，存在四种可能的 SINR 接收形式，即 $\text{SINR}_{\text{CCUE}}^{\text{F-}W_{\text{C}}}$、$\text{SINR}_{\text{CCUE}}^{\text{F-}W_{\text{E}}}$、$\text{SINR}_{\text{CEUE}}^{\text{F-}W_{\text{C}}}$ 和 $\text{SINR}_{\text{CEUE}}^{\text{F-}W_{\text{E}}}$。$\text{SINR}_{\text{CCUE}}^{\text{F-}W_{\text{C}}}$ 和 $\text{SINR}_{\text{CCUE}}^{\text{F-}W_{\text{E}}}$ 的干扰分别由式(7-37)和式(7-40)定义，$\text{SINR}_{\text{CEUE}}^{\text{F-}W_{\text{C}}}$ 和 $\text{SINR}_{\text{CEUE}}^{\text{F-}W_{\text{E}}}$ 的干扰分别由式(7-43)和式(7-44)定义。

根据式(7-47)，可以建立 W_{F} 频段上可实现的传输速率一般形式：

$$\begin{aligned}R_{\text{CYUE}}^{\text{B-}W_{\text{F}}}&=\mathbb{E}\left\{W_{\text{F}}\log_2\left(1+\text{SINR}_{\text{CYUE}}^{\text{B-}W_{\text{F}}}\left(r_{\text{ob}}^{\text{y}}\left\|x_0\right\|\right)\right)\right\}\\&\overset{(a)}{=}\mathbb{E}\left\{W_{\text{F}}\log_2\left(1+\text{SINR}_{\text{CYUE}}^{\text{B-}W_{\text{F}}}\left(r_{\text{ob}}^{\text{y}}\left\|x_0\right\|\right)\right),r_{\text{ob}}^{\text{y}}\alpha_{\text{TB}}<r_{\text{ot}}^{\text{y}}\right\}\\&\overset{(b)}{=}\left\{W_{\text{F}}\log_2\left(1+\frac{P_{\text{B}}M_{\text{Bt}}M_{\text{r}}L\left(r_{\text{ob}}^{\text{y}}\right)}{\sigma_{\text{U}}^2+I_{\text{CYUE}}^{\text{B-}W_{\text{F}}}}\right)\right\}\times E\left\{r_{\text{ob}}^{\text{y}}\alpha_{\text{TB}}<r_{\text{ot}}^{\text{y}}\right\}\end{aligned} \tag{7-48}$$

式中，(*a*)基于使用的 UE 级联准则；(*b*)基于独立性假设。

遍历 DL 传输速率 $R_{\text{CYUE}}^{\text{B-}W_{\text{F}}}$ 进一步表示为

$$R_{\text{CYUE}}^{\text{B-}W_{\text{F}}} = W_{\text{F}} \times\int_0^{\infty}\frac{\exp\left(-z\sigma_{\text{U}}^2\right)}{z\ln 2}\left\{\int_0^{\infty}\left[1-\exp\left(-zP_{\text{B}}M_{\text{Bt}}M_{\text{r}}L(r)\right)\right]\times\mathcal{L}_{I_{\text{CYUE}}^{\text{B-}W_{\text{F}}}}(z,r,\eta)\tilde{F}_{r_{\text{ot}}^{\text{y}}}(r\alpha_{\text{TB}})f_{r_{\text{ob}}^{\text{y}}}(r)\text{d}r\right\}\text{d}z \tag{7-49}$$

式中，$\mathcal{L}_{I_{\text{CYUE}}^{\text{B-}W_{\text{F}}}}(z,r,\eta)$ 是干扰 $I_{\text{CYUE}}^{\text{B-}W_{\text{F}}}$ 的 LT；$\tilde{F}_{r_{\text{ot}}^{\text{y}}}(\cdot)$ 是距离 r_{ot}^{y} 的 CCDF；$f_{r_{\text{ob}}^{\text{y}}}(\cdot)$ 是 r_{ob}^{y} 的 PDF。

接下来，结合考虑的网络模型，针对不同的情形分别予以考虑。

1. 簇中心 UE 与 PBS 级联

典型的 UE 被归类为 CCUE 且与 PBS 级联的情况下，$Y(y)=C(c)$，$B(b)=P(p)$，$T(t)=F(f)$，$r_{\text{op}}^{\text{c}}\alpha_{\text{FP}}<r_{\text{of}}^{\text{c}}$，并且典型 CCUE 工作在 W_{C}。可以通过相应的变量变化获得 $R_{\text{CCUE}}^{\text{P-}W_{\text{C}}}$，$\mathcal{L}_{I_{\text{CCUE}}^{\text{P-}W_{\text{C}}}}\left(z,r_{\text{op}}^{\text{c}},\eta\right)$ 由式(7-23)给出，利用 $\tilde{F}_{r_{\text{of}}^{\text{c}}}(r)=\tilde{F}_{r_{\text{of}}^{\text{e}}}(r)$ 可得 CCDF $\tilde{F}_{r_{\text{of}}^{\text{c}}}(\cdot)$ 由式(7-15)给出；$f_{r_{\text{op}}^{\text{c}}}(\cdot)$ 由式(7-20)给出。

2. 簇中心 UE 与 FBS 级联

对于典型的 UE 被归类为 CCUE 且与 FPS 级联情形，有 $Y(y)=C(c)$，$B(b)=F(f)$，$T(t)=P(p)$，$r_{\text{of}}^{\text{c}}\alpha_{\text{PF}}<r_{\text{op}}^{\text{c}}$，典型的 CCUE 以频段配置因子 η 或 $1-\eta$ 工作在 CCUE 频段 W_{E} 或 CCUE 频段 W_{C} 上。当典型 CCUE 以 $1-\eta$ 工作在 CCUE 频段 W_{C} 上时，通过相应的变量变化即可得到可达的平均 DL 传输速率 $R_{\text{CCUE}}^{\text{F-}W_{\text{C}}}$，$W_{\text{F}}=W_{\text{C}}$，$W_{\text{F}}$ 表示 FBS 工作频段；干扰 $I_{\text{CCUE}}^{\text{F-}W_{\text{C}}}$ 的 $\mathcal{L}_{I_{\text{CCUE}}^{\text{F-}W_{\text{C}}}}\left(z,r_{\text{of}}^{\text{c}},\eta\right)$ 由式(7-41)给出；PDF $f_{r_{\text{of}}^{\text{c}}}(\cdot)$ 由式(7-15)获得，$f_{r_{\text{of}}^{\text{c}}}(r)=\dfrac{M_{\text{F}}r}{2\sigma^2}\exp\left(-\dfrac{M_{\text{F}}r^2}{4\sigma^2}\right)$；由式(7-20)可以得到 CCDF $\tilde{F}_{r_{\text{op}}^{\text{c}}}(\cdot)$：

$$\tilde{F}_{r_{\text{op}}^{\text{c}}}(r)=1-F_{r_{\text{op}}^{\text{c}}}(r)=\frac{M_{\text{P}}}{C_{\text{C}}}\times\frac{1}{1+\dfrac{M_{\text{P}}-1}{\xi^2}}\exp\left[-\frac{r^2}{4\sigma^2}\left(1+\frac{M_{\text{P}}-1}{\xi^2}\right)\right] \tag{7-50}$$

当典型 CCUE 以 η 工作在 CEUE 频段 W_{E} 上时，可达的平均 DL 传输速率表示为 $R_{\text{CCUE}}^{\text{F-}W_{\text{E}}}$，干扰 $I_{\text{CCUE}}^{\text{F-}W_{\text{E}}}$ 的 $\mathcal{L}_{I_{\text{CCUE}}^{\text{F-}W_{\text{E}}}}\left(z,r_{\text{of}}^{\text{c}},\eta\right)$ 由式(7-42)给出。典型 CCUE 实现的平均

DL 传输速率为 $R_{\text{CCUE}}^{\text{F}}=\eta\times R_{\text{CCUE}}^{\text{F-}W_{\text{E}}}+(1-\eta)\times R_{\text{CCUE}}^{\text{F-}W_{\text{C}}}$。

3. 簇边缘 UE 与 PBS 级联

当典型的 UE 属于 CEUE 且与 PBS 级联时，有 $Y(y)=E(e)$， $B(b)=P(p)$， $T(t)=F(f)$， $r_{\text{op}}^{\text{e}}\alpha_{\text{FP}}<r_{\text{of}}^{\text{e}}$，并且典型的 CEUE 工作在 CEUE 频段 W_{E} 上。可达的 DL 传输速率表示为 $R_{\text{CEUE}}^{\text{F-}W_{\text{E}}}$。总干扰写为 $I_{\text{CEUE}}^{\text{P-}W_{\text{E}}}$， $\mathcal{L}_{I_{\text{CEUE}}^{\text{P-}W_{\text{E}}}}\left(z,r_{\text{op}}^{\text{e}},\eta\right)$由式(7-35)给出，CCDF $\tilde{F}_{r_{\text{of}}^{\text{e}}}(\cdot)$ 由式(7-15)给出，条件 PDF $f_{r_{\text{op}}^{\text{e}}}(\cdot)$ 由式(7-18)给出。

4. 簇边缘 UE 与 FBS 级联

当典型的 UE 分为 CEUE 并与 FBS 级联时，有 $Y(y)=E(e)$， $B(b)=F(f)$， $T(t)=P(p)$， $r_{\text{of}}^{\text{e}}\alpha_{\text{PF}}<r_{\text{op}}^{\text{e}}$，典型的 CCUE 以频段配置因子 η 或 $1-\eta$ 工作在 CEUE 频段 W_{E} 或 CCUE 频段 W_{C} 上。当典型 CEUE 以概率 $1-\eta$ 工作在 CCUE 频段 W_{C} 上时，通过相应的变量变化即可获得可达的平均 DL 传输速率 $R_{\text{CEUE}}^{\text{F-}W_{\text{C}}}$，其中 $W_{\text{F}}=W_{\text{C}}$。总干扰记为 $I_{\text{CEUE}}^{\text{F-}W_{\text{C}}}$，相应的 LT 由式(7-45)给出；CCDF $\tilde{F}_{r_{\text{op}}^{\text{e}}}(\cdot)$ 由式(7-17)给出； r_{of}^{e} 的 PDF $f_{r_{\text{of}}^{\text{e}}}(\cdot)$ 由 $f_{r_{\text{of}}^{\text{e}}}(r)=\frac{M_{\text{F}}r}{z\sigma^2}\exp\left(-\frac{M_{\text{F}}r^2}{4\sigma^2}\right)$ 给出。

当典型 CEUE 以 η 工作在 CEUE 频段 W_{E} 上时，可达的平均 DL 传输速率表示为 $R_{\text{CEUE}}^{\text{F-}W_{\text{E}}}$，干扰 $I_{\text{CEUE}}^{\text{F-}W_{\text{E}}}$ 的 $\mathcal{L}_{I_{\text{CEUE}}^{\text{F-}W_{\text{E}}}}\left(z,r_{\text{of}}^{\text{c}},\eta\right)$ 由式(7-46)给出。因此，典型 CEUE 实现的平均可达 DL 传输速率是 $R_{\text{CEUE}}^{\text{F}}=\eta\times R_{\text{CEUE}}^{\text{F-}W_{\text{E}}}+(1-\eta)\times R_{\text{CEUE}}^{\text{F-}W_{\text{C}}}$。

结合以上讨论，有定理 7-1。

定理 7-1　对于基于独立泊松簇过程 $\Phi_{\text{TCP}}^{\text{P}}$ 和 $\Phi_{\text{TCP}}^{\text{F}}$ 建模的两层异构蜂窝网络，为限制干扰，仅考虑典型簇用户与 PBS 的第一和第二最近距离，可被划分为 CCUE 或 CEUE，相应的整个可用频段划分为 CEUE 频段 W_{E} 或 CCUE 频段 W_{C}。对于此异构网络，当典型 UE 位于簇中心区域时，典型 CCUE 可获得的平均 DL 传输速率为

$$R_{\text{CCUE}}=R_{\text{CCUE}}^{\text{P-}W_{\text{C}}}+\left[(1-\eta)\times R_{\text{CCUE}}^{\text{F-}W_{\text{C}}}+\eta\times R_{\text{CCUE}}^{F-W_{\text{E}}}\right] \tag{7-51}$$

当典型 UE 位于簇边缘区域时，典型 CEUE 可获得的平均 DL 传输速率为

$$R_{\text{CEUE}}=R_{\text{CEUE}}^{\text{P-}W_{\text{E}}}+\left[(1-\eta)\times R_{\text{CEUE}}^{\text{F-}W_{\text{C}}}+\eta\times R_{\text{CEUE}}^{\text{F-}W_{\text{E}}}\right] \tag{7-52}$$

PBS 的总平均 DL 传输速率为

$$R_{\text{CUE}}^{\text{P}}=C_{\text{E}}\times R_{\text{CEUE}}^{\text{P-}W_{\text{E}}}+C_{\text{C}}\times R_{\text{CCUE}}^{\text{P-}W_{\text{C}}} \tag{7-53}$$

FBS 的总平均 DL 传输速率为

$$R_{\text{CUE}}^{\text{F}} = C_{\text{E}} \times \eta \times \left(R_{\text{CCUE}}^{\text{F-}W_{\text{E}}} + R_{\text{CEUE}}^{\text{F-}W_{\text{E}}}\right) + C_{\text{C}} \times (1-\eta) \times \left(R_{\text{CCUE}}^{\text{F-}W_{\text{C}}} + R_{\text{CEUE}}^{\text{F-}W_{\text{C}}}\right) \tag{7-54}$$

典型 UE 可实现的总平均 DL 传输速率为

$$R_{\text{CUE}}^{\text{Tot}} = C_{\text{E}} \times R_{\text{CEUE}} + C_{\text{C}} \times R_{\text{CCUE}} \tag{7-55}$$

式中，C_{E} 和 C_{C} 分别表示典型的 UE 被分类为 CEUE 和 CCUE 的概率，分别由式(7-10)和式(7-11)给出。

根据上述推导分析，分别研究 PBS、FBS 与不同簇 UE 的级联概率，见图 7-2。通常，在将每个簇 UE 归为 CEUE 或者 CCUE 的方案中，级联概率满足条件 $A_X^{\text{P}} + A_X^{\text{F}} = 1$，$X \in \{\text{E,C}\}$，可以用它来验证要分析的级联概率。图 7-2(a)为级联概率与发射功率 P_{P} 的关系。在不同簇分布场景下，随着 P_{P} 的增大，FBS 的级联概率 A_{C}^{F} 和 A_{E}^{F} 减小，PBS 的级联概率 A_{C}^{P} 和 A_{E}^{P} 增大，该结果符合系统模型。此外，随着簇中 PBS 的最大值 M_{P} 的增大，A_{C}^{F} 和 A_{E}^{F} 减小，而 A_{C}^{P} 和 A_{E}^{P} 增大。M_{P} 对簇中心 UE 的影响比较显著，对簇边缘 UE 的影响却很小。因为本设计方案只考虑 PBS 来实现 UE 簇的分类，M_{P} 增大会使目标 UE 与最近 PBS 之间的距离更近，从而使 PBS 的级联概率增大，相应 FBS 的级联概率减小。与图 7-2(a)不同，图 7-2(b)中随着 UE 分类因子 ξ 的增大，无论是簇中心 UE 还是簇边缘 UE，与 PBS 的级联概率均减小。

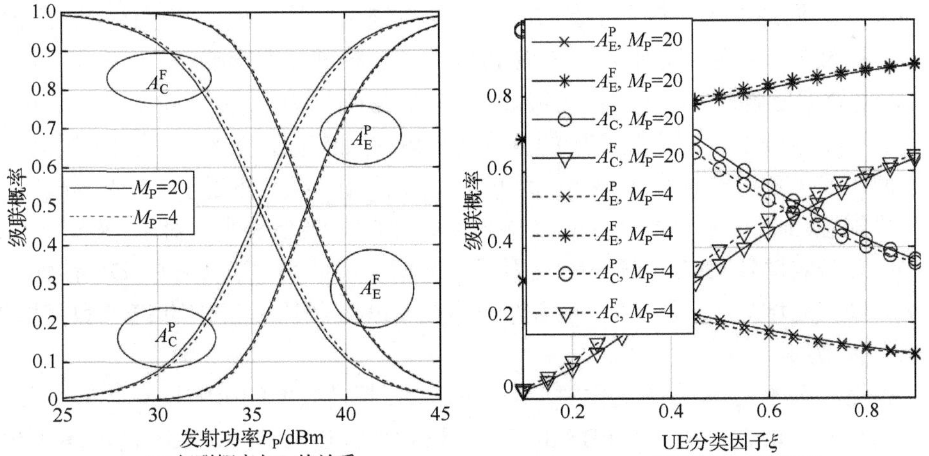

(a) 级联概率与P_{P}的关系　(b) 级联概率与ξ的关系

图 7-2　级联概率分析

图 7-3 为典型 CEUE 和 CCUE 可实现的 PBS DL 频谱效率比较，同时考虑了不同 η 的影响。为了突出所提方案的优势，给出了未进行簇 UE 分类的系统 PBS

DL 频谱效率，记为 R_{UE}^{P}。图 7-3(a)和(b)均表明，簇 UE 分类方法可以提高 CCUE 的 PBS DL 传输性能，对 CEUE 也有一定的改善。UE 的分类对 CCUE 的影响比 CEUE 更大，CCUE 获得了更多的速率增益。随着 PBS 发射功率 P_P 的增加，PBS 的 DL 频谱效率得到了提高。

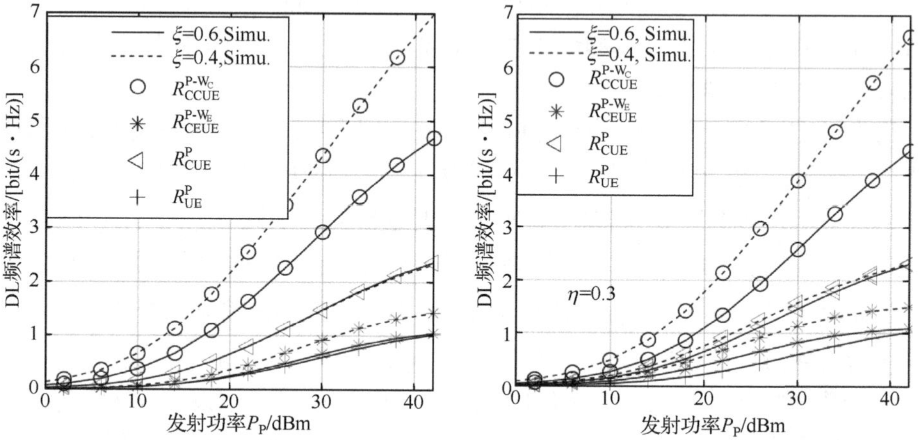

(a) η=0.5　　(b) η=0.3

图 7-3　PBS DL 频谱效率与 ξ 和发射功率的关系

Simu.表示仿真结论

在研究 PBS DL 频谱效率的基础上，进一步研究 FBS DL 频谱效率与系统参数的关系，见图 7-4，将没有簇 UE 分类的系统 DL 频谱效率表示为 R_{UE}^{F}。比较图 7-3 和图 7-4 发现，发射功率 P_P 对 PBS 的 DL 频谱效率影响较大，而对 FBS 的 DL 频谱效率影响较小，特别是当 P_P 较小时，影响更为显著。同时，与图 7-3 类似，图 7-4 也表明，利用簇 UE 的分类，FBS 的 DL 频谱效率也得到了提高。因此，使用簇 UE 分类提高了整个网络的吞吐量。图 7-4(b)体现了 CEUE 频段访问的频段配置因子 η 对 FBS 的 DL 传输速率的影响。结果表明，对于 FBS，CEUE 的 DL 频谱效率随 CEUE 频段配置因子 η 的增大而减小，CCUE 的 DL 传输速率随 η 的增大而增大。其原因是，η 增加表明在 CEUE 频段上工作的 FBS 数目增加，同层干扰增加。

簇活动因子 c_P 和 c_F 的变化对 PBS/FBS DL 频谱效率的影响见图 7-5。可以发现，随着 c_P 的增大，PBS 和 FBS 的 DL 频谱效率都逐渐减小，原因是 c_P 增加预示着活跃 PBS 的数量越来越多，相应的干扰增加。与 c_P 类似，活动因子 c_F 也会产生同样的影响。当同时考虑活动因子 c_P 和 c_F 时，c_P 越小，对 PBS/FBS DL 频谱效率的影响就越明显。随着 c_P 增大，其影响逐渐变小，这是因为 c_P 增大使 UE 与 PBS 的级联距离减小，FBS 产生的影响就会变弱。

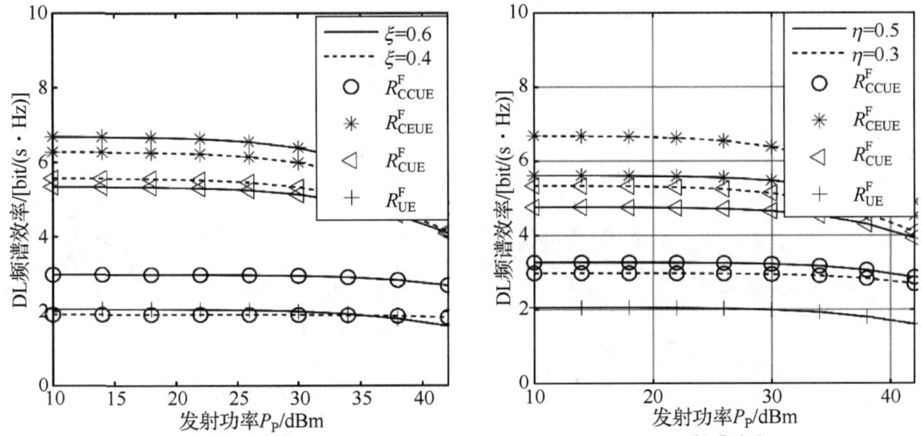

(a) η=0.3　　(b) ξ=0.6

图 7-4　FBS DL 频谱效率与发射功率的关系

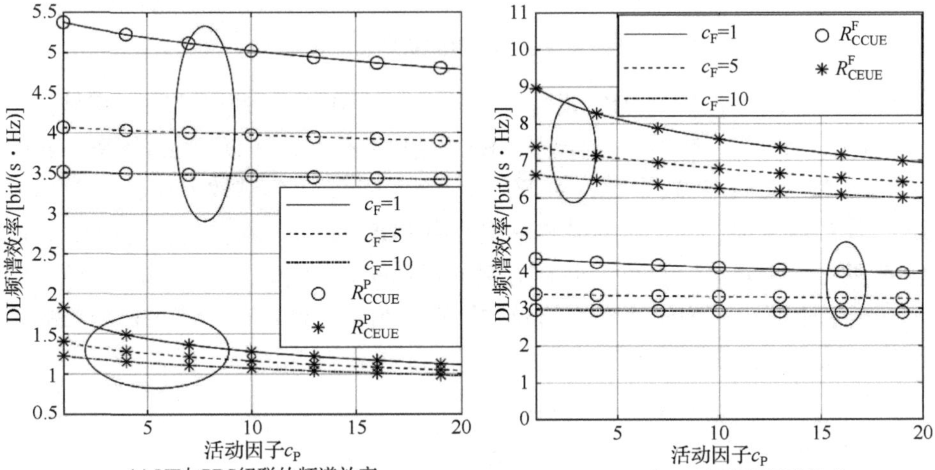

(a) UE与PBS级联的频谱效率　　(b) UE与FBS级联的频谱效率

图 7-5　活动因子与频谱效率的关系

不同簇用户的总 DL 频谱效率见图 7-6，该图能更清楚地显示所提方案的优势。当发射功率 P_P 小于一定值时，CEUE 的总 DL 频谱效率大于 CCUE，否则 CCUE 的总 DL 频谱效率更大。说明当 P_P 小于一定值时，簇 UE 分类方案对 CEUE 有效，否则对 CCUE 更有效。图 7-6 比较了 ξ 和 η 对总 DL 频谱效率的影响。由图 7-6(a) 可以发现，当发射功率 P_P 较小时，CEUE 和 CCUE 的总频谱效率随着分类因子 ξ 增大而增大，当发射功率 P_P 达到一定值时，结果完全相反。频段配置因子 η 的影响可从图 7-6(b)中发现，随着 η 的增大，CCUE 的总 DL 频谱效率逐渐增大，而 CEUE 的 DL 频谱效率却减小。原因是 η 增大使得 CEUE 频段上活跃 FBS 的数量增多，CEUE 受到的干扰增加。

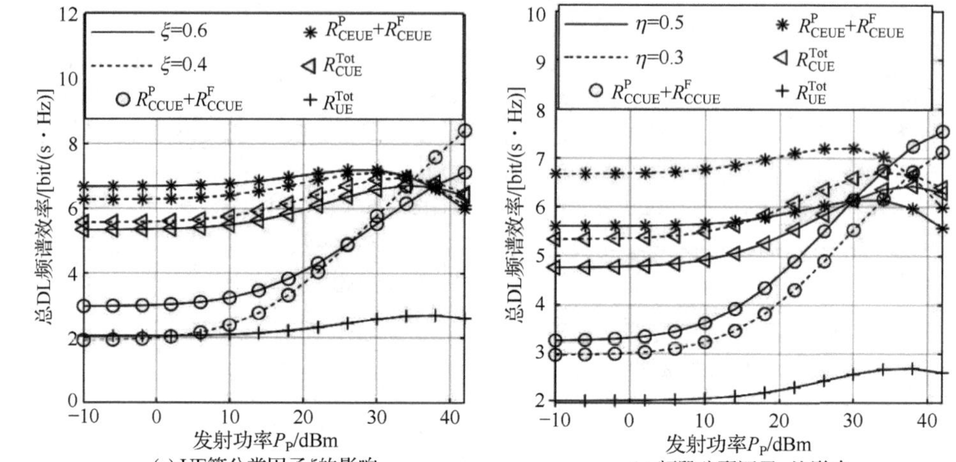

(a) UE簇分类因子ξ的影响　(b) 频段分配因子η的影响

图 7-6　总 DL 频谱效率的比较

活动因子 $\overline{c}_P$ 和 $\overline{c}_F$ 对总 DL 频谱效率的影响见图 7-7。观察该图，容易得出与图 7-6 类似的结果。图 7-7(a)给出了 FBS 发射功率 P_F 对总 DL 频谱效率的影响，当 FBS 的发射功率 P_F 较小时，由于存在干扰，总 DL 频谱效率随着 P_F 的增大而减小；当 P_F 较大时，总 DL 频谱效率主要由 FBS 的 DL 传输控制，总 DL 频谱效率随 P_F 的增大而增大。此外，所提方案的可达 DL 速率大于传统方案的可达 DL 速率。结果表明，在泊松簇部署的异构蜂窝网络中，使用基于簇 UE 分类的系统性能优于没有 UE 分类的传统系统。

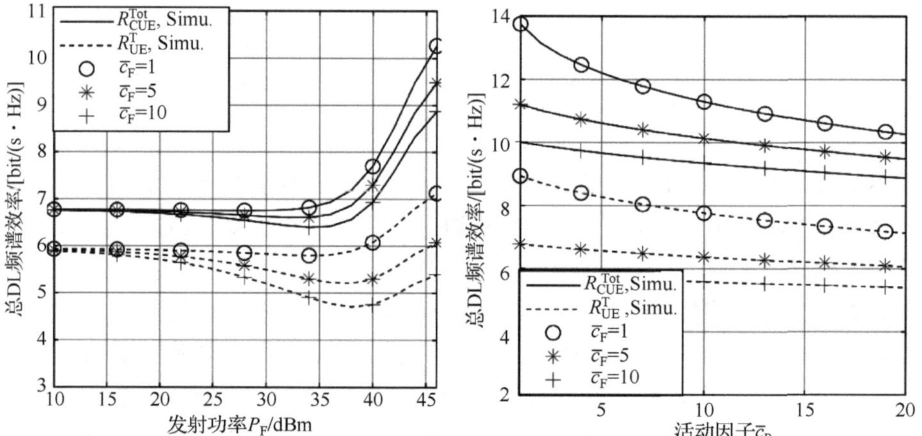

(a) 总DL频谱效率与发射功率P_F的关系　(b) 总DL频谱效率与活动因子c_P的关系

图 7-7　不同活动因子下总 DL 频谱效率的比较

第 8 章　D2D 协助的超密集异构网络

5G/B5G 异构网络提出了去蜂窝概念，网络超密集异构化，网络的设计转向以用户为心[300]。本章主要研究在 D2D 混合蜂窝网络下，基于空间相关性和业务需求的 PCP 建模方案，考虑了一个 MBS、PBS、FBS 和 D2D 构成的多层超密集异构网络，利用 PCP 和 PHP 分析网络的级联和覆盖特性。对于级联概率描述，设计一种 FBS 分类级联描述，当 FBS 为有序时，UE 会选择最近的 FBS 级联，否则 UE 会随机地选择 FBS 级联。此外，在该级联背景下，联合考虑 SSA 策略，使得总可用带宽被分成两个正交子带，分别由簇中心 FBS、MBS 和簇边缘 FBS、PBS 与所有 D2D 发射机(D2D transmitter，DT)共享两个子带，得到不同网络的覆盖概率。为了进一步实现 UE 和基站间的耦合，以 PBS 覆盖半径为条件，拟合 PHP 分布特性，分别把其覆盖范围内外的节点建模为不同的 PCP。详细可见参考文献[154]和文献[301]～文献[302]。

8.1　基于宏基站和微微基站 PPP 模型的蜂窝异构网络

8.1.1　基于 PBS 父过程的网络模型和 PBS 固定覆盖半径用户分类

一个混合 D2D 通信的三层异构蜂窝网络如图 8-1 所示，由 MBS、PBS 和 FBS 构成。所有的 MBS 都配有 N_{M} 大规模 MIMO 天线，PBS 配有 N_{P} MIMO 天线，FBS 和 UE 是单天线系统。根据迫零波束形成(zero forcing beam forming，ZFBF)方案，同一时刻 MBS 和 PBS 可以分别与 S_{M} 和 S_{P} UE 通信。MBS、PBS 和 FBS 的发射功率分别记为 P_{M} 、P_{P} 和 P_{F} 。特别地，只有当 D2D 接收机(D2D receiver，DR)落在 D2D 发射机(DT)的覆盖范围内并且可以获得所需内容时，才建立 D2D 链路，否则为蜂窝网络通信[303]。为了简单起见，假设 UE 包含所请求内容的概率为 p 。MBS 和 PBS 的空间位置分别建模为密度为 λ_{M} 和 λ_{P} 的独立 PPP Φ_{M} 和 Φ_{P} 。为了进一步实现 UE 和基站间的耦合，本节将以 PBS 覆盖半径为条件，拟合 PHP 分布特性，分别把其覆盖范围内外的节点建模为不同的 PCP。

因此，利用密度为 λ_{F} 的 TCP Θ_{F} 来建模 FBS 的位置分布，其父点过程服从 Φ_{P} 分布[151]，点过程 Θ_{F} 簇中平均活动点数记为 $\bar{c}_{\mathrm{F}}$ 。特别地，在给定父点过程 Φ_{P} 中 PBS 的覆盖半径记为 R_{P} ，在 PBS 覆盖内的 Θ_{F} 称为簇中心 FBS，被建模为

$\Xi_{\mathrm{F}}^{R_{\mathrm{P}}} \triangleq \underset{\boldsymbol{y}\in\Theta_{\mathrm{F}}}{U} b(\boldsymbol{y},R_{\mathrm{P}})$。在 PBS 覆盖外的 Θ_{F} 称为簇边缘 FBS，建模为 $\Psi_{\mathrm{F}}^{R_{\mathrm{P}}}=\left\{\boldsymbol{x}\in\Theta_{\mathrm{F}}: \boldsymbol{x}\neq\Xi_{\mathrm{F}}^{R_{\mathrm{P}}}\right\}=\Theta_{\mathrm{F}}\setminus\Xi_{\mathrm{F}}^{R_{\mathrm{P}}}$。UE 的位置遵循空间密度为 λ_{U} 的任意独立点过程 Θ_{U}。进一步实际场景假设，基于平均活动数为 $\overline{c}_{\mathrm{D}}$ 的 TCP，UE 独立地散布在 Φ_{P} 周围。给定父点过程 Φ_{P}，簇中心 UE 被建模为 $\Xi_{\mathrm{U}}^{R_{\mathrm{P}}} \triangleq \underset{\boldsymbol{y}\in\Theta_{\mathrm{U}}}{U} b(\boldsymbol{y},R_{\mathrm{P}})$，簇边缘 UE 被建模为 $\Psi_{\mathrm{U}}^{R_{\mathrm{P}}}=\left\{\boldsymbol{x}\in\Theta_{\mathrm{U}}:\boldsymbol{x}\neq\Xi_{\mathrm{U}}^{R_{\mathrm{P}}}\right\}=\Theta_{\mathrm{U}}\setminus\Xi_{\mathrm{U}}^{R_{\mathrm{P}}}$。

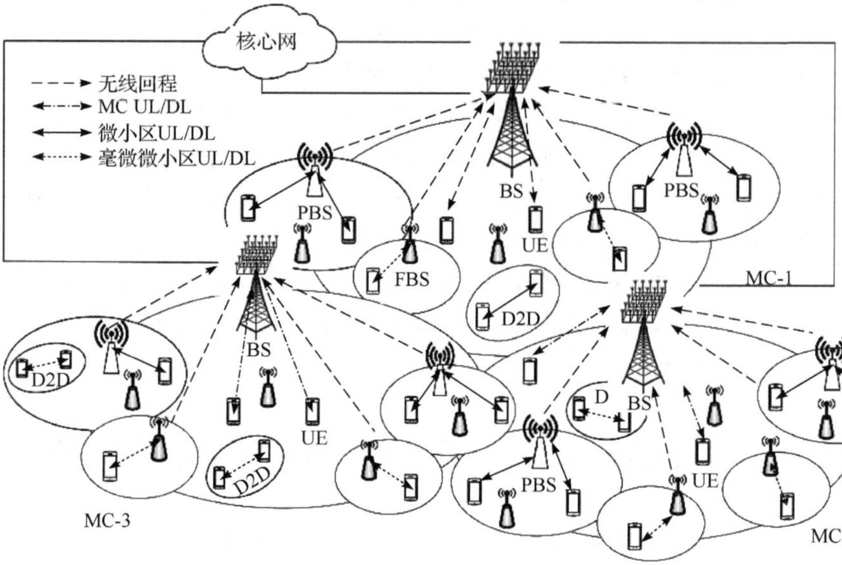

图 8-1　D2D 蜂窝混合网络

前文定义了中心和边缘 FBS 和 UE，这里基于 3.1 节给出的簇用户分类和频谱管理思想，根据其位置和级联情况对簇用户进行细化分类。3.1 节给出的基于簇的用户分类具体是：①簇中心 UE 过程 Φ_{CU} 和簇边缘 UE 过程 Φ_{EU}；②簇中心 FBS 过程 Φ_{CF} 和簇边缘 FBS 过程 Φ_{EF}；③分别与 MBS、PBS 和 FBS 级联的簇中心 MUE、PUE 和 FUE 过程 Φ_{CMU}、Φ_{PU} 和 Φ_{CFU}；④分别与 MBS 和 FBS 级联的簇边缘 UE 表示簇边缘 MUE 过程 Φ_{EMU} 和簇边缘 FUE 过程 Φ_{EFU}；⑤D2D 通信的簇中心和簇边缘发射机过程分别表示簇中心 DT 过程 Φ_{CT} 和簇边缘 DT 过程 Φ_{ET}；⑥簇中心和簇边缘 D2D 接收机分别记为簇中心 DR Φ_{CR} 和簇边缘 DR Φ_{ER}。

8.1.2　频谱共享分配方案

在超密集异构网络中，BS 的密集部署在解决数据流量和大规模连接需求的同时，带来了严重的干扰问题。基站的密集化部署导致 BS 之间的间距非常小，BS

间的干扰将会比传统网络严重得多。因此，在 5G/B5G 异构网络中，如何实现基站之间高效、实时的信息交互与协作，采取有效的频谱管理技术和干扰管理方案显得尤为重要。基于上述网络模型，采用 SSA 思想，如图 8-2 所示。

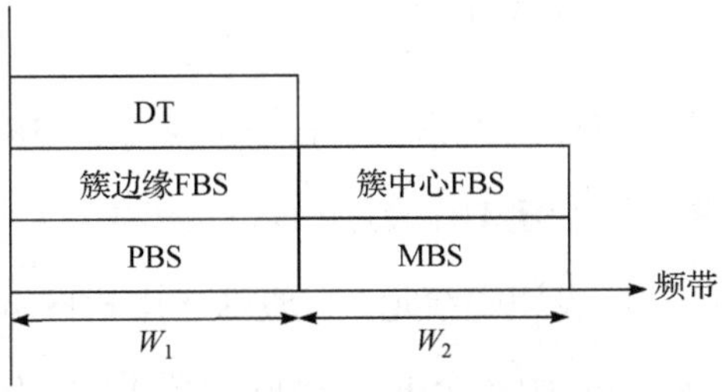

图 8-2　正交频谱管理和同信道频谱共享联合分配方案

根据带宽分配因子 ξ 将总可用带宽 W 分成两个正交的子带 $W_1=\xi W$ 和 $W_2=(1-\xi)W$，$W=W_1+W_2$；子带 W_1 分配给为簇中心 UE 提供服务的 PBS，MBS 共享子带 W_2 为级联的 UE 提供服务，这种正交分配方案可以有效地消除 MBS 和 PBS 间的干扰；子带 W_2 由位于簇中心的 FBS 与 MBS 共享，子带 W_1 则分配给簇边缘 FBS 与 PBS 共享。由于考虑的共信道共享方案中 PBS(MBS)和 FBS 的反向频谱分配，能够抑制层间干扰，FBS 与 PBS 以及 FBS 与 MBS 间的干扰得到一定的抑制；并且簇中心和簇边缘 FBS 采用的正交频谱，从而抑制了层内干扰。最后，由于 DT 具有较低的发射功率，SSA 允许所有 DT 共享子带 W_1，即 DT 采用部分共信道共享。

8.2　D2D 覆盖约束的 UE 级联及其接入距离分布

本节给出 UE 级联准则并分析不同场景下的 UE 级联概率。只要目标 DR 落在含有其请求内容的最近 DT 覆盖范围内，就会建立 D2D 链路，否则为蜂窝网络通信。为了简单起见，假设目标 UE 以 D2D 模式工作的概率为 p，以蜂窝模式工作的概率为 $1-p$。在蜂窝模式下，目标蜂窝 UE 与 BS 的级联主要取决于其接收到的最大平均偏置接收功率(ABRP)[251-252]。因此，本节仅研究蜂窝 UE 簇的级联策略，给出级联距离的统计描述及相应的级联概率。

需要描述簇 UE 和 BS 之间距离分布。根据 Slivnyak-Moche 定理及帕尔姆分布，在 Borel 空间上任一点过程与原分布一致。因此，在随机选择的代表簇中选择目标 UE，并假设其位于代表簇的中心 $\boldsymbol{x}_{\mathrm{P}_0}\in\Phi_{\mathrm{P}}$。由于 MBS 被建模为密度 λ_{M} 的齐次 PPP Φ_{M}，$\|\boldsymbol{x}_{\mathrm{M}}\|$ 记为给定 UE 到最近 MBS 的距离，则其 PDF 写为

$$f_{\|\boldsymbol{x}_{\mathrm{M}}\|}(x)=2\pi\lambda_{\mathrm{M}}x\exp\left(-\pi\lambda_{\mathrm{M}}x^2\right) \tag{8-1}$$

$\boldsymbol{x}_{\mathrm{M}} \in \Phi_{\mathrm{M}}$。

记$\|\boldsymbol{x}_{\mathrm{P}}\|$为给定 UE 到 PBS 的距离，则$\|\boldsymbol{x}_{\mathrm{P}}\|$的 PDF 写为

$$f_{\mathrm{R}}(r)=\frac{r}{\sigma_{\mathrm{P}}^{2}}\exp\left(-\frac{r^{2}}{2\sigma_{\mathrm{P}}^{2}}\right) \tag{8-2}$$

将 FBS 分为有序和非有序两种场景，记$\|\boldsymbol{x}_{\mathrm{F}}\|$为给定 UE 与 FBS 的距离。在有序 FBS 场景下，代表簇中离给定 UE 最近 FBS 的距离记为$\|\boldsymbol{x}_{\mathrm{F}}^{\mathrm{O}}\|$，且$\boldsymbol{x}_{\mathrm{F}}^{\mathrm{O}} \in \Theta_{\mathrm{F}}$。然而，在非有序 FBS 场景下，代表簇中给定 UE 随机选择 FBS，其接入距离记为$\|\boldsymbol{x}_{\mathrm{F}}^{\mathrm{N}}\|$，且$\boldsymbol{x}_{\mathrm{F}}^{\mathrm{N}} \in \Theta_{F}$。该方案实现了$\Theta_{\mathrm{F}}$中每个 FBS 级联的公平性，其优点是网络不需要额外的瞬时信道状态信息，缺点是在一些基础设备性能差的网络上不可用。一般来说，距离$\|\boldsymbol{x}_{\mathrm{F}}^{\mathrm{N}}\|$的统计描述与代表簇中心$\boldsymbol{x}_{\mathrm{P}_0} \in \Phi_{\mathrm{P}}$有关，则以其位置为条件，距离$\|\boldsymbol{x}_{\mathrm{F}}^{\mathrm{N}}\|$可用莱斯分布表示[304]。根据式(2-54)和式(2-55)，由于代表簇中心到 FBS 和给定 UE 分别是方差σ_{F}^{2}和σ_{D}^{2}的独立非同步的高斯随机分布，则可用方差$\sigma_{\mathrm{F}}^{2}+\sigma_{\mathrm{D}}^{2}$的瑞利衰落来近似$\|\boldsymbol{x}_{\mathrm{F}}^{\mathrm{N}}\|$分布，其 PDF 近似为

$$f_{\|\boldsymbol{x}_{\mathrm{F}}^{\mathrm{N}}\|}(x)=\frac{x}{\left(\sigma_{\mathrm{F}}^{2}+\sigma_{\mathrm{D}}^{2}\right)}\exp\left[-\frac{x^{2}}{2\left(\sigma_{\mathrm{F}}^{2}+\sigma_{\mathrm{D}}^{2}\right)}\right] \tag{8-3}$$

则$\|\boldsymbol{x}_{\mathrm{F}}^{\mathrm{N}}\|$的 CDF 可以写为

$$F_{\|\boldsymbol{x}_{\mathrm{F}}^{\mathrm{N}}\|}(x)=1-\exp\left[-\frac{x^{2}}{2\left(\sigma_{\mathrm{F}}^{2}+\sigma_{\mathrm{D}}^{2}\right)}\right] \tag{8-4}$$

对于有序 FBS，类似式(8-3)，利用式(2-54)和式(2-55)，则$\|\boldsymbol{x}_{\mathrm{F}}^{\mathrm{O}}\|$的 CDF 为

$$F_{\|\boldsymbol{x}_{\mathrm{F}}^{\mathrm{O}}\|}(x)=\left\{1-\exp\left[-\frac{x^{2}}{2\left(\sigma_{\mathrm{F}}^{2}+\sigma_{\mathrm{D}}^{2}\right)}\right]\right\}^{\bar{c}_{\mathrm{F}}} \tag{8-5}$$

根据式(8-5)的推导，距离$\|\boldsymbol{x}_{\mathrm{F}}^{\mathrm{O}}\|$的 PDF 可以写为

$$f_{\|\boldsymbol{x}_{\mathrm{F}}^{\mathrm{O}}\|}(x)=\bar{c}_{\mathrm{F}}\left\{1-\exp\left[-\frac{x^{2}}{2\left(\sigma_{\mathrm{F}}^{2}+\sigma_{\mathrm{D}}^{2}\right)}\right]\right\}^{\bar{c}_{\mathrm{F}}-1}\frac{x}{\sigma_{\mathrm{F}}^{2}+\sigma_{\mathrm{D}}^{2}}\exp\left[-\frac{x^{2}}{2\left(\sigma_{\mathrm{F}}^{2}+\sigma_{\mathrm{D}}^{2}\right)}\right] \tag{8-6}$$

8.2.1 簇中心用户级联和接入距离分布

首先分析簇中心 UE 级联，考虑到其可能有三种级联类型，即分别与 MBS、

PBS 和 FBS 级联。基于 ABRP 策略，则给定 UE 到位于 $\boldsymbol{x}_z \in \Phi_z\left(\boldsymbol{x}_z \in \Theta_z\right)$ 的 BS 长期平均信号功率 $P_{z,\mathrm{r}}^{\mathrm{A}}$ 表示为

$$P_{z,\mathrm{r}}^{\mathrm{A}} = G_z \frac{P_z}{S_z} L\left(\left\|\boldsymbol{x}_z\right\|\right), z \in \{\mathrm{M,P,F}\} \tag{8-7}$$

式中，G_z 为天线阵列平均传输增益，基于 ZFBF 策略，阵列增益记为 $G_z = N_z - S_z + 1$；$L\left(\left\|\boldsymbol{x}_z\right\|\right) = \beta\left(\left\|\boldsymbol{x}_z\right\|\right)^{-\alpha}$ 为路径损耗模型，α 为路径损耗指数，β 为与频率相关的常数值，通常取 $\beta = c / 4\pi f_{\mathrm{c}}$，$f_{\mathrm{c}}$ 表示载波频率，$c = 3\times 10^8 \mathrm{m/s}$[305]。

根据式(8-7)分析簇中 UE(簇中心 UE)的级联。本章仅考虑下行链路的传输，利用 ABRP 来实现 UE 级联，基本思想是目标 UE 与最大 ABRP 的 BS 级联。目标簇中心 UE 的级联服务 BS 表示为

$$\mathrm{BS}^{\mathrm{C}}: \arg \max_{z\in\{\mathrm{M,P,F}\}} \left\{B_z P_{z,\mathrm{r}}^{\mathrm{A}}\right\} \tag{8-8}$$

式中，B_z 为 $z \in \{\mathrm{M,P,F}\}$ 层的偏置因子。

根据式(8-8)的级联准则，相关的变量定义如下：

$$\hat{B}_{zk} = B_k / B_z\text{，}\quad \hat{P}_{zk} = P_k / P_z\text{，}\quad \hat{G}_z = \left(S_k / G_k\right) / \left(S_z / G_z\right) \tag{8-9}$$

式中，B_k 为 z 层中第 k 阶最强基站的偏置因子；当 $z = \mathrm{F}$ 时，S_z 和 G_z 的值为 1。

为了便于分析，对于有序和非有序 FBS 这两种不同场景，选择同一簇 FBS 来研究各自的级联情况，得引理 8-1。

引理 8-1　在有序 FBS 场景下，给定簇中心 UE 与 FBS 的级联概率 $\Lambda_{\mathrm{F}}^{\mathrm{CO}}$ 为

$$\begin{aligned}\Lambda_{\mathrm{F}}^{\mathrm{CO}} = {} & \frac{\overline{c}_{\mathrm{F}}}{\left[1-\exp\left(-R_{\mathrm{P}}^2 / 2\sigma_{\mathrm{P}}^2\right)\right]\left(\sigma_{\mathrm{F}}^2+\sigma_{\mathrm{D}}^2\right)} \times \left(\int_0^{\infty} x \exp\left\{-\left[\pi\lambda_{\mathrm{M}}\left(\widehat{B}_{\mathrm{MF}}\widehat{P}_{\mathrm{MF}}\widehat{G}_{\mathrm{MF}}\right)^{2/\alpha} + \frac{1}{2\sigma_{\mathrm{P}}^2}\right.\right.\right. \\ & \left.\left.\left(\widehat{B}_{\mathrm{PF}}\widehat{P}_{\mathrm{PF}}\widehat{G}_{\mathrm{PF}}\right)^{2/\alpha} + \frac{1}{2\left(\sigma_{\mathrm{F}}^2+\sigma_{\mathrm{D}}^2\right)}\right] x^2\right\}\left\{1-\exp\left[-\frac{x^2}{2\left(\sigma_{\mathrm{F}}^2+\sigma_{\mathrm{D}}^2\right)}\right]\right\}^{\overline{c}_{\mathrm{F}}-1} \mathrm{d}x - \int_0^{\infty} x\exp\left\{-\right. \\ & \left.\left.\left[\frac{R_{\mathrm{P}}^2}{2\sigma_{\mathrm{P}}^2} + \pi\lambda_{\mathrm{M}} x^2\left(\widehat{B}_{\mathrm{MF}}\widehat{P}_{\mathrm{MF}}\widehat{G}_{\mathrm{MF}}\right)^{2/\alpha} + \frac{x^2}{2\left(\sigma_{\mathrm{F}}^2+\sigma_{\mathrm{D}}^2\right)}\right]\right\}\left\{1-\exp\left[-\frac{x^2}{2\left(\sigma_{\mathrm{F}}^2+\sigma_{\mathrm{D}}^2\right)}\right]\right\}^{\overline{c}_{\mathrm{F}}-1}\mathrm{d}x\right)\end{aligned} \tag{8-10}$$

当给定簇中心 UE 与密度为 λ_{M} 的 PPP Φ_{M} 中的 MBS 级联时，级联概率 $\Lambda_{\mathrm{M}}^{\mathrm{CO}}$ 为

$$\Lambda_{\mathrm{M}}^{\mathrm{CO}} = \frac{2\pi\lambda_{\mathrm{M}}}{1-\exp\left(-R_{\mathrm{P}}^2/2\sigma_{\mathrm{P}}^2\right)}\left(\int_0^{\infty} x\left\{\exp\left[-\frac{1}{2\sigma_{\mathrm{P}}^2}\left(\widehat{B}_{\mathrm{PM}}\widehat{P}_{\mathrm{PM}}\widehat{G}_{\mathrm{PM}}\right)^{2/\alpha} x^2\right] - \exp\left(-\frac{R_{\mathrm{P}}^2}{2\sigma_{\mathrm{P}}^2}\right)\right\}\right.$$

$$\times \exp\left(-\pi\lambda_{\mathrm{M}}x^2\right)\mathrm{d}x-\int_0^{\infty}x\left\{1-\exp\left[-\frac{1}{2\left(\sigma_{\mathrm{F}}^2+\sigma_{\mathrm{D}}^2\right)}\left(\widehat{B}_{\mathrm{FM}}\ \widehat{P}_{\mathrm{FM}}\ \widehat{G}_{\mathrm{FM}}\right)^{2/\alpha}x^2\right]\right\}^{\overline{c}_{\mathrm{F}}}$$
$$\times\left\{\exp\left[-\frac{1}{2\sigma_{\mathrm{P}}^2}\left(\widehat{B}_{\mathrm{PM}}\ \widehat{P}_{\mathrm{PM}}\ \widehat{G}_{\mathrm{PM}}\right)^{2/\alpha}x^2\right]-\exp\left(-\frac{R_{\mathrm{P}}^2}{2\sigma_{\mathrm{P}}^2}\right)\right\}\times\exp\left(-\pi\lambda_{\mathrm{M}}x^2\right)\mathrm{d}x\Bigg)$$

(8-11)

类似$\Lambda_{\mathrm{F}}^{\mathrm{CO}}$分析，给定簇中心UE与PBS级联时，其级联概率$\Lambda_{\mathrm{P}}^{\mathrm{CO}}$计算为

$$\Lambda_{\mathrm{P}}^{\mathrm{CO}}=\frac{1}{1-\exp\left(-\dfrac{R_{\mathrm{P}}^2}{2\sigma_{\mathrm{P}}^2}\right)}\times\left(\int_0^{R_{\mathrm{P}}}\frac{x}{\sigma_{\mathrm{P}}^2}\exp\left(-\frac{x^2}{2\sigma_{\mathrm{P}}^2}\right)\exp\left\{-\left[\pi\lambda_{\mathrm{M}}\left(\widehat{B}_{\mathrm{MP}}\ \widehat{P}_{\mathrm{MP}}\ \widehat{G}_{\mathrm{MP}}\right)^{2/\alpha}x^2\right]\right\}\mathrm{d}x\right.$$
$$-\int_0^{R_{\mathrm{P}}}\frac{x}{\sigma_{\mathrm{P}}^2}\exp\left(-\frac{x^2}{2\sigma_{\mathrm{P}}^2}\right)\exp\left\{-\left[\pi\lambda_{\mathrm{M}}\left(\widehat{B}_{\mathrm{MP}}\ \widehat{P}_{\mathrm{MP}}\ \widehat{G}_{\mathrm{MP}}\right)^{2/\alpha}x^2\right]\right\}$$
$$\left.\times\left\{1-\exp\left[-\frac{1}{2\left(\sigma_{\mathrm{F}}^2+\sigma_{\mathrm{D}}^2\right)}\left(\widehat{B}_{\mathrm{FP}}\ \widehat{P}_{\mathrm{FP}}\ \widehat{G}_{\mathrm{FP}}\right)^{2/\alpha}x^2\right]\right\}^{\overline{c}_{\mathrm{F}}}\mathrm{d}x\right)$$

(8-12)

虽然有序FBS方案在一定程度上改善了小区的级联状态，但由于非有序FBS场景可以随机选择FBS，Θ_{F}中基站的接入具有一定的公平性，可以进一步改善用户的级联，是值得深入探究的。因此，根据与引理8-1相似的论据，得到非有序FBS级联特性，有引理8-2。

引理8-2　在非有序FBS场景下，当目标簇中心UE与F层最强的BS级联时，其级联概率$\Lambda_{\mathrm{F}}^{\mathrm{CN}}$为

$$\Lambda_{\mathrm{F}}^{\mathrm{CN}}=\frac{1}{\left[1-\exp\left(-R_{\mathrm{P}}^2/2\sigma_{\mathrm{P}}^2\right)\right]\left(\sigma_{\mathrm{F}}^2+\sigma_{\mathrm{D}}^2\right)}\left(\int_0^{\infty}x\exp\left\{-\left[\frac{1}{2\sigma_{\mathrm{P}}^2}\times\left(\widehat{B}_{\mathrm{PF}}\ \widehat{P}_{\mathrm{PF}}\widehat{G}_{\mathrm{PF}}\right)^{2/\alpha}\right.\right.\right.$$
$$\left.\left.+\pi\lambda_{\mathrm{M}}\left(\widehat{B}_{\mathrm{MF}}\ \widehat{P}_{\mathrm{MF}}\widehat{G}_{\mathrm{MF}}\right)^{2/\alpha}+\frac{1}{2\left(\sigma_{\mathrm{F}}^2+\sigma_{\mathrm{D}}^2\right)}\right]x^2\right\}\mathrm{d}x-\int_0^{\infty}x\exp\left\{-\left[\frac{1}{2\sigma_{\mathrm{P}}^2}R_{\mathrm{P}}^2\right.\right.$$
$$\left.\left.\left.+\pi\lambda_{\mathrm{M}}x^2\left(\widehat{B}_{\mathrm{MF}}\ \widehat{P}_{\mathrm{MF}}\ \widehat{G}_{\mathrm{MF}}\right)^{2/\alpha}+\frac{x^2}{2\left(\sigma_{\mathrm{F}}^2+\sigma_{\mathrm{D}}^2\right)}\right]\right\}\mathrm{d}x\right)$$

(8-13)

当目标簇中心UE与M层最强BS级联时，其级联概率$\Lambda_{\mathrm{M}}^{\mathrm{CN}}$为

$$\varLambda_{\mathrm{M}}^{\mathrm{CN}}=\frac{2\pi\lambda_{\mathrm{M}}}{1-\exp\left(-R_{\mathrm{P}}^{2}/2\sigma_{\mathrm{P}}^{2}\right)}\left(-\int_{0}^{\infty}x\exp\left\{-\left[\frac{R_{\mathrm{P}}^{2}}{2\sigma_{\mathrm{P}}^{2}}+\frac{x^{2}\left(\widehat{B}_{\mathrm{FM}}\widehat{P}_{\mathrm{FM}}\widehat{G}_{\mathrm{FM}}\right)^{2/\alpha}}{2\left(\sigma_{\mathrm{F}}^{2}+\sigma_{\mathrm{D}}^{2}\right)}+\pi\lambda_{\mathrm{M}}x^{2}\right]\right\}\mathrm{d}x\right.$$
$$\left.+\int_{0}^{\infty}x\exp\left\{-\left[\frac{\left(\widehat{B}_{\mathrm{FM}}\widehat{P}_{\mathrm{FM}}\widehat{G}_{\mathrm{FM}}\right)^{2/\alpha}}{2\left(\sigma_{\mathrm{F}}^{2}+\sigma_{\mathrm{D}}^{2}\right)}+\pi\lambda_{\mathrm{M}}+\frac{\left(\widehat{B}_{\mathrm{PM}}\widehat{P}_{\mathrm{PM}}\widehat{G}_{\mathrm{PM}}\right)^{2/\alpha}}{2\sigma_{\mathrm{P}}^{2}}\right]x^{2}\right\}\mathrm{d}x\right) \tag{8-14}$$

目标簇中心 UE 与 P 层最强 BS 级联的概率 $\varLambda_{\mathrm{P}}^{\mathrm{CN}}$ 为

$$\varLambda_{\mathrm{P}}^{\mathrm{CN}}=\frac{1}{1-\exp\left(-R_{\mathrm{P}}^{2}/2\sigma_{\mathrm{P}}^{2}\right)}\int_{0}^{R_{\mathrm{P}}}\frac{x}{\sigma_{\mathrm{P}}^{2}}\exp\left\{-\left[\pi\lambda_{\mathrm{M}}\left(\widehat{B}_{\mathrm{MP}}\widehat{P}_{\mathrm{MP}}\widehat{G}_{\mathrm{MP}}\right)^{2/\alpha}\right.\right.$$
$$\left.\left.+\frac{1}{2\left(\sigma_{\mathrm{F}}^{2}+\sigma_{\mathrm{D}}^{2}\right)}\left(\widehat{B}_{\mathrm{FP}}\widehat{P}_{\mathrm{FP}}\widehat{G}_{\mathrm{FP}}\right)^{2/\alpha}+\frac{1}{2\sigma_{\mathrm{P}}^{2}}\right]x^{2}\right\}\mathrm{d}x \tag{8-15}$$

在有序 FBS 场景下，假设 $x_{\mathrm{F}}^{\mathrm{CO}}$、$x_{\mathrm{M}}^{\mathrm{CO}}$ 和 $x_{\mathrm{P}}^{\mathrm{CO}}$ 分别表示服务 FBS、MBS 和 PBS 的位置，则可以记 $X_{\mathrm{F}}^{\mathrm{CO}}=\left\|\boldsymbol{x}_{\mathrm{F}}^{\mathrm{CO}}\right\|$、$X_{\mathrm{M}}^{\mathrm{CO}}=\left\|\boldsymbol{x}_{\mathrm{M}}^{\mathrm{CO}}\right\|$ 和 $X_{\mathrm{P}}^{\mathrm{CO}}=\left\|\boldsymbol{x}_{\mathrm{P}}^{\mathrm{CO}}\right\|$ 分别为给定 UE 级联其服务 FBS、MBS 和 PBS 的距离，且 $x_{\mathrm{F}}^{\mathrm{CO}}\in\varTheta_{\mathrm{F}}$、$x_{\mathrm{M}}^{\mathrm{CO}}\in\varPhi_{\mathrm{M}}$、$x_{\mathrm{P}}^{\mathrm{CO}}\in\varPhi_{\mathrm{P}}$。根据这些假设，可得引理 8-3。

引理 8-3 在有序 FBS 场景下，给定簇中心蜂窝 UE 与 F 层 BS 级联距离 $X_{\mathrm{F}}^{\mathrm{CO}}=\left\|\boldsymbol{x}_{\mathrm{F}}^{\mathrm{CO}}\right\|$ 的 PDF 为

$$f_{X_{\mathrm{F}}^{\mathrm{CO}}}(x)=\left\{\exp\left[-\frac{1}{2\sigma_{\mathrm{P}}^{2}}\left(\widehat{B}_{\mathrm{PF}}\widehat{P}_{\mathrm{PF}}\widehat{G}_{\mathrm{PF}}\right)^{2/\alpha}x^{2}\right]-\exp\left(-\frac{1}{2\sigma_{\mathrm{P}}^{2}}R_{\mathrm{P}}^{2}\right)\right\}$$
$$\times\frac{1}{\varLambda_{\mathrm{F}}^{\mathrm{CO}}}\frac{\overline{c}_{\mathrm{F}}x}{\left[1-\exp\left(-R_{\mathrm{P}}^{2}/2\sigma_{\mathrm{P}}^{2}\right)\right]\left(\sigma_{\mathrm{F}}^{2}+\sigma_{\mathrm{D}}^{2}\right)}\left\{1-\exp\left[-\frac{x^{2}}{2\left(\sigma_{\mathrm{F}}^{2}+\sigma_{\mathrm{D}}^{2}\right)}\right]\right\}^{\overline{c}_{\mathrm{F}}-1}$$
$$\times\exp\left\{-x^{2}\left[\pi\lambda_{\mathrm{M}}\left(\widehat{B}_{\mathrm{MF}}\widehat{P}_{\mathrm{MF}}\widehat{G}_{\mathrm{MF}}\right)^{2/\alpha}+\frac{1}{2\left(\sigma_{\mathrm{F}}^{2}+\sigma_{\mathrm{D}}^{2}\right)}\right]\right\} \tag{8-16}$$

当给定簇中心 UE 与 M 层 BS 级联时，级联距离 $X_{\mathrm{M}}^{\mathrm{CO}}=\left\|\boldsymbol{x}_{\mathrm{M}}^{\mathrm{CO}}\right\|$ 的 PDF 为

$$f_{X_{\mathrm{M}}^{\mathrm{CO}}}(x)=\frac{1}{\varLambda_{\mathrm{M}}^{\mathrm{CO}}}\frac{2\pi\lambda_{\mathrm{M}}x}{1-\exp\left(-R_{\mathrm{P}}^{2}/2\sigma_{\mathrm{P}}^{2}\right)}\exp\left(-\pi\lambda_{\mathrm{M}}x^{2}\right)$$
$$\times\left\{\exp\left[-\frac{1}{2\sigma_{\mathrm{P}}^{2}}\left(\widehat{B}_{\mathrm{PM}}\widehat{P}_{\mathrm{PM}}\widehat{G}_{\mathrm{PM}}\right)^{2/\alpha}\left\|\boldsymbol{x}_{\mathrm{M}}\right\|^{2}\right]\right.$$

$$-\exp\left(-\frac{R_{\mathrm{P}}^2}{2\sigma_{\mathrm{P}}^2}\right)\Bigg\}\times\left(1-\left\{1-\exp\left[-\frac{1}{2\left(\sigma_{\mathrm{F}}^2+\sigma_{\mathrm{D}}^2\right)}\left(\widehat{B}_{\mathrm{FM}}\ \widehat{P}_{\mathrm{FM}}\ \widehat{G}_{\mathrm{FM}}\right)^{2/\alpha}x^2\right]\right\}^{\overline{c}_{\mathrm{F}}}\right) \tag{8-17}$$

当给定簇中心 UE 与 P 层 BS 级联时，级联距离 $X_{\mathrm{P}}^{\mathrm{CO}}=\left\|\boldsymbol{x}_{\mathrm{P}}^{\mathrm{CO}}\right\|$ 的 PDF 写为

$$f_{X_{\mathrm{P}}^{\mathrm{CO}}}(x)=\frac{1}{\Lambda_{\mathrm{P}}^{\mathrm{CO}}}\frac{1}{1-\exp\left(-\frac{R_{\mathrm{P}}^2}{2\sigma_{\mathrm{P}}^2}\right)}\frac{x}{\sigma_{\mathrm{P}}^2}\exp\left\{-\left[\pi\lambda_{\mathrm{M}}\left(\widehat{B}_{\mathrm{MP}}\ \widehat{P}_{\mathrm{MP}}\ \widehat{G}_{\mathrm{MP}}\right)^{2/\alpha}x^2\right]\right\}$$
$$\times\exp\left(-\frac{x^2}{2\sigma_{\mathrm{P}}^2}\right)\left(1-\left\{1-\exp\left[-\frac{1}{2\left(\sigma_{\mathrm{F}}^2+\sigma_{\mathrm{D}}^2\right)}\left(\widehat{B}_{\mathrm{FP}}\ \widehat{P}_{\mathrm{FP}}\ \widehat{G}_{\mathrm{FP}}\right)^{2/\alpha}x^2\right]\right\}^{\overline{c}_{\mathrm{F}}}\right) \tag{8-18}$$

接下来，研究非有序 FBS 场景的级联距离 PDF，如引理 8-4 所示。

引理 8-4 在非有序 FBS 场景下，给定 UE 与 F 层 BS 级联距离 $X_{\mathrm{F}}^{\mathrm{CN}}=\left\|\boldsymbol{x}_{\mathrm{F}}^{\mathrm{CN}}\right\|$，$x_{\mathrm{F}}^{\mathrm{CN}}\in\Theta_{\mathrm{F}}$，$X_{\mathrm{F}}^{\mathrm{CN}}$ 的 PDF 为

$$f_{X_{\mathrm{F}}^{\mathrm{CN}}}(x)=\frac{1}{\Lambda_{\mathrm{F}}^{\mathrm{CN}}}\frac{x}{\left[1-\exp\left(-R_{\mathrm{P}}^2/2\sigma_{\mathrm{P}}^2\right)\right]\left(\sigma_{\mathrm{F}}^2+\sigma_{\mathrm{D}}^2\right)}\left(\exp\left\{-\left[\frac{1}{2\left(\sigma_{\mathrm{F}}^2+\sigma_{\mathrm{D}}^2\right)}+\frac{\left(\widehat{B}_{\mathrm{PF}}\ \widehat{P}_{\mathrm{PF}}\widehat{G}_{\mathrm{PF}}\right)^{2/\alpha}}{2\sigma_{\mathrm{P}}^2}\right.\right.\right.$$
$$\left.\left.+\pi\lambda_{\mathrm{M}}\left(\widehat{B}_{\mathrm{MF}}\ \widehat{P}_{\mathrm{MF}}\ \widehat{G}_{\mathrm{MF}}\right)^{2/\alpha}\right]x^2\right\}-\exp\left\{-\left[\pi\lambda_{\mathrm{M}}\left(\widehat{B}_{\mathrm{MF}}\ \widehat{P}_{\mathrm{MF}}\ \widehat{G}_{\mathrm{MF}}\right)^{2/\alpha}+\frac{R_{\mathrm{P}}^2}{2\sigma_{\mathrm{P}}^2}+\frac{1}{2\left(\sigma_{\mathrm{F}}^2+\sigma_{\mathrm{D}}^2\right)}\right]x^2\right\}\Bigg) \tag{8-19}$$

簇中心目标 UE 与 M 层 BS 级联时，级联距离 $X_{\mathrm{M}}^{\mathrm{CN}}=\left\|\boldsymbol{x}_{\mathrm{M}}^{\mathrm{CN}}\right\|$，$\boldsymbol{x}_{\mathrm{M}}^{\mathrm{CN}}\in\Phi_{\mathrm{M}}$，$X_{\mathrm{M}}^{\mathrm{CN}}$ 的 PDF 为

$$f_{X_{\mathrm{M}}^{\mathrm{CN}}}(x)=\frac{2\pi\lambda_{\mathrm{M}}x}{1-\exp\left(-R_{\mathrm{P}}^2/2\sigma_{\mathrm{P}}^2\right)}\left(-\exp\left\{-\left[\frac{R_{\mathrm{P}}^2}{2\sigma_{\mathrm{P}}^2}+\frac{\left(\widehat{B}_{\mathrm{FM}}\ \widehat{P}_{\mathrm{FM}}\ \widehat{G}_{\mathrm{FM}}\right)^{2/\alpha}x^2}{2\left(\sigma_{\mathrm{F}}^2+\sigma_{\mathrm{D}}^2\right)}+\pi\lambda_{\mathrm{M}}x^2\right]\right\}\right.$$
$$\left.+\exp\left\{-\left[\frac{\left(\widehat{B}_{\mathrm{PM}}\ \widehat{P}_{\mathrm{PM}}\ \widehat{G}_{\mathrm{PM}}\right)^{2/\alpha}}{2\sigma_{\mathrm{P}}^2}+\frac{\left(\widehat{B}_{\mathrm{FM}}\ \widehat{P}_{\mathrm{FM}}\ \widehat{G}_{\mathrm{FM}}\right)^{2/\alpha}}{2\left(\sigma_{\mathrm{F}}^2+\sigma_{\mathrm{D}}^2\right)}+\pi\lambda_{\mathrm{M}}\right]x^2\right\}\right)\frac{1}{\Lambda_{\mathrm{M}}^{\mathrm{CN}}} \tag{8-20}$$

当簇中心目标典型 UE 与 P 层 PBS 级联时，定义 $X_{\mathrm{P}}^{\mathrm{CN}}=\left\|\boldsymbol{x}_{\mathrm{P}}^{\mathrm{CN}}\right\|$，$\boldsymbol{x}_{\mathrm{P}}^{\mathrm{CN}}\in\Phi_{\mathrm{P}}$，PDF 为

$$f_{X_{\mathrm{P}}^{\mathrm{CN}}}(x)=\frac{1}{\Lambda_{\mathrm{P}}^{\mathrm{CN}}}\frac{1}{1-\exp\left(-\dfrac{R_{\mathrm{P}}^2}{2\sigma_{\mathrm{P}}^2}\right)}\frac{x}{\sigma_{\mathrm{P}}^2}$$
$$\times\exp\left\{-\left[\frac{1}{2\left(\sigma_{\mathrm{F}}^2+\sigma_{\mathrm{D}}^2\right)}\left(\widehat{B}_{\mathrm{FP}}\,\widehat{P}_{\mathrm{FP}}\,\widehat{G}_{\mathrm{FP}}\right)^{2/\alpha}+\pi\lambda_{\mathrm{M}}\left(\widehat{B}_{\mathrm{MP}}\,\widehat{P}_{\mathrm{MP}}\,\widehat{G}_{\mathrm{MP}}\right)^{2/\alpha}+\frac{1}{2\sigma_{\mathrm{P}}^2}\right]x^2\right\} \tag{8-21}$$

8.2.2　簇边缘用户级联和接入距离分布

本小节分析簇边缘 UE 的级联，由于其位于 R_{P} 覆盖之外，则给定 UE 仅有 MBS 或者 FBS 级联情况。式(8-8)中的级联准则记为 $\mathrm{BS}^{\mathrm{E}}:\arg\max\limits_{z\in\{\mathrm{M,F}\}}\left\{B_z P_{z,\mathrm{r}}^{\mathrm{A}}\right\}$。引理 8-5 给出了有序 FBS 的级联。

引理 8-5　有序 FBS 场景下，当给定簇边缘 UE 与 F 层 FBS 级联时，其级联概率 $\Lambda_{\mathrm{F}}^{\mathrm{EO}}$ 为

$$\Lambda_{\mathrm{F}}^{\mathrm{EO}}=\int_0^{\infty}\frac{\overline{c}_{\mathrm{F}}x}{\sigma_{\mathrm{F}}^2+\sigma_{\mathrm{D}}^2}\left\{1-\exp\left[-\frac{a^2}{2\left(\sigma_{\mathrm{F}}^2+\sigma_{\mathrm{D}}^2\right)}\right]\right\}^{\overline{c}_{\mathrm{F}}-1}$$
$$\times\exp\left[-\pi\lambda_{\mathrm{M}}\left(\widehat{B}_{\mathrm{MF}}\,\widehat{P}_{\mathrm{MF}}\,\widehat{G}_{\mathrm{MF}}\right)^{2/\alpha}x^2-\frac{x^2}{2\left(\sigma_{\mathrm{F}}^2+\sigma_{\mathrm{D}}^2\right)}\right]\mathrm{d}x \tag{8-22}$$

当给定簇边缘 UE 与 MBS 级联时，根据对称性，级联概率 $\Lambda_{\mathrm{M}}^{\mathrm{EO}}$ 为

$$\Lambda_{\mathrm{M}}^{\mathrm{EO}}$$
$$=1-2\pi\lambda_{\mathrm{M}}\int_0^{\infty}x\left\{1-\exp\left[-\frac{x^2}{2\left(\sigma_{\mathrm{F}}^2+\sigma_{\mathrm{D}}^2\right)}\left(\widehat{B}_{\mathrm{FM}}\,\widehat{P}_{\mathrm{FM}}\,\widehat{G}_{\mathrm{FM}}\right)^{2/\alpha}\right]\right\}^{\overline{c}_{\mathrm{F}}}\exp\left(-\pi\lambda_{\mathrm{M}}x^2\right)\mathrm{d}x \tag{8-23}$$

引理 8-6　非有序 FBS 场景下，当给定簇边缘 UE 与 F 层 BS 级联时，其级联概率 $\Lambda_{\mathrm{F}}^{\mathrm{EN}}$ 为

$$\Lambda_{\mathrm{F}}^{\mathrm{EN}}=\int_0^{\infty}\frac{x}{\sigma_{\mathrm{F}}^2+\sigma_{\mathrm{D}}^2}\exp\left[-\pi\lambda_{\mathrm{M}}\left(\widehat{B}_{\mathrm{MF}}\,\widehat{P}_{\mathrm{MF}}\,\widehat{G}_{\mathrm{MF}}\right)^{2/\alpha}x^2-\frac{x^2}{2\left(\sigma_{\mathrm{F}}^2+\sigma_{\mathrm{D}}^2\right)}\right]\mathrm{d}x \tag{8-24}$$

当给定簇边缘 UE 与 M 层 BS 级联时，级联概率 $\Lambda_{\mathrm{M}}^{\mathrm{EN}}$ 为

$$\Lambda_{\mathrm{M}}^{\mathrm{EN}}=2\pi\lambda_{\mathrm{M}}\int_0^{\infty}x\exp\left\{-\left[\frac{1}{2\left(\sigma_{\mathrm{D}}^2+\sigma_{\mathrm{F}}^2\right)}\left(\widehat{B}_{\mathrm{FM}}\,\widehat{P}_{\mathrm{FM}}\,\widehat{G}_{\mathrm{FM}}\right)^{2/\alpha}+\pi\lambda_{\mathrm{M}}\right]x^2\right\}\mathrm{d}x \tag{8-25}$$

接下来分析有序场景簇边缘给定 UE 与其服务 BS 的距离描述，有引理 8-7。

引理 8-7　有序 FBS 场景下，当给定簇边缘 UE 与 F 层 BS 级联时，级联距离 $X_{\mathrm{F}}^{\mathrm{EO}}=\left\|\boldsymbol{x}_{\mathrm{F}}^{\mathrm{EO}}\right\|$，$\boldsymbol{x}_{\mathrm{F}}^{\mathrm{EO}}\in\Theta_{\mathrm{F}}$，PDF 为

$$\begin{aligned}f_{X_{\mathrm{F}}^{\mathrm{EO}}}(x)=&\frac{1}{\Lambda_{\mathrm{F}}^{\mathrm{EO}}}\frac{\bar{c}_{\mathrm{F}}x}{\sigma_{\mathrm{F}}^{2}+\sigma_{\mathrm{D}}^{2}}\left\{1-\exp\left[-\frac{a^{2}}{2\left(\sigma_{\mathrm{F}}^{2}+\sigma_{\mathrm{D}}^{2}\right)}\right]\right\}^{\bar{c}_{\mathrm{F}}-1}\\&\times\exp\left[-\pi\lambda_{\mathrm{M}}\left(\widehat{B}_{\mathrm{MF}}\widehat{P}_{\mathrm{MF}}\widehat{G}_{\mathrm{MF}}\right)^{2/\alpha}x^{2}-\frac{x^{2}}{2\left(\sigma_{\mathrm{F}}^{2}+\sigma_{\mathrm{D}}^{2}\right)}\right]\end{aligned}\tag{8-26}$$

当给定簇边缘 UE 与 M 层 BS 级联时，$X_{\mathrm{M}}^{\mathrm{EO}}=\left\|\boldsymbol{x}_{\mathrm{M}}^{\mathrm{EO}}\right\|$，$\boldsymbol{x}_{\mathrm{M}}^{\mathrm{EO}}\in\Phi_{\mathrm{M}}$，PDF 为

$$f_{X_{\mathrm{M}}^{\mathrm{EO}}}(x)=\exp\left(-\pi\lambda_{\mathrm{M}}x^{2}\right)\times\frac{2\pi\lambda_{\mathrm{M}}x}{\Lambda_{\mathrm{M}}^{\mathrm{EO}}}\left(1-\left\{1-\exp\left[-\frac{\left(\widehat{B}_{\mathrm{FM}}\widehat{P}_{\mathrm{FM}}\widehat{G}_{\mathrm{FM}}\right)^{2/\alpha}x^{2}}{2\left(\sigma_{\mathrm{F}}^{2}+\sigma_{\mathrm{D}}^{2}\right)}\right]\right\}^{\bar{c}_{\mathrm{F}}}\right)\tag{8-27}$$

非有序 FBS 下，引理 8-8 给出了簇边缘目标 UE 与其服务 BS 和 MBS 的距离描述。

引理 8-8　非有序 FBS 场景下，当给定簇边缘 UE 与 F 层 BS 级联时，级联距离 $X_{\mathrm{F}}^{\mathrm{EN}}=\left\|\boldsymbol{x}_{\mathrm{F}}^{\mathrm{EN}}\right\|$，$\boldsymbol{x}_{\mathrm{F}}^{\mathrm{EN}}\in\Theta_{\mathrm{F}}$，PDF 写为

$$f_{X_{\mathrm{F}}^{\mathrm{EN}}}(x)=\frac{1}{\Lambda_{\mathrm{F}}^{\mathrm{EN}}}\frac{x}{\sigma_{\mathrm{F}}^{2}+\sigma_{\mathrm{D}}^{2}}\exp\left[-\pi\lambda_{\mathrm{M}}\left(\widehat{B}_{\mathrm{MF}}\widehat{P}_{\mathrm{MF}}\widehat{G}_{\mathrm{MF}}\right)^{2/\alpha}x^{2}-\frac{x^{2}}{2\left(\sigma_{\mathrm{F}}^{2}+\sigma_{\mathrm{D}}^{2}\right)}\right]\tag{8-28}$$

当给定簇边缘 UE 与 M 层 BS 级联时，$X_{\mathrm{M}}^{\mathrm{EN}}=\left\|\boldsymbol{x}_{\mathrm{M}}^{\mathrm{EN}}\right\|$，$\boldsymbol{x}_{\mathrm{M}}^{\mathrm{EN}}\in\Phi_{\mathrm{M}}$，PDF 为

$$f_{X_{\mathrm{M}}^{\mathrm{EN}}}(x)=\frac{2\pi\lambda_{\mathrm{M}}x}{\Lambda_{\mathrm{M}}^{\mathrm{EN}}}\exp\left\{-\left[\frac{1}{2\left(\sigma_{\mathrm{D}}^{2}+\sigma_{\mathrm{F}}^{2}\right)}\left(\widehat{B}_{\mathrm{PM}}\widehat{P}_{\mathrm{PM}}\widehat{G}_{\mathrm{PM}}\right)^{2/\alpha}+\pi\lambda_{\mathrm{M}}\right]x^{2}\right\}\tag{8-29}$$

基于前面的分析和结论，分析给定簇中心 UE 在不同链路下级联概率与方差 σ_{F}^{2} 和 σ_{D}^{2} 的关系，见图 8-3。图 8-3(a)为有序和非有序情形下给定簇中心 UE 的级联概率 $\Lambda_{\mathrm{F}}^{\mathrm{C}}$ 的比较，结果表明，级联概率 $\Lambda_{\mathrm{F}}^{\mathrm{C}}$ 不会随方差 σ_{D}^{2} 的增加而单调递增，特别是在 FBS 分布方差 σ_{F}^{2} 较小的情况下。可以清楚地看出，当 FBS 分布方差 σ_{F}^{2} 很小时，级联概率 $\Lambda_{\mathrm{F}}^{\mathrm{C}}$ 随着 σ_{D}^{2} 的增加先增加后减少，级联概率存在最大值。当 UE 的方差 σ_{F}^{2} 较小时，σ_{D}^{2} 越大表明 UE 离 PBS 越远，而越接近 FBS，与 FBS 间的路径损耗较小，根据 ABRP 准则，级联概率 $\Lambda_{\mathrm{F}}^{\mathrm{C}}$ 随 σ_{D}^{2} 增加而增加；随着 σ_{D}^{2} 不断增加，更多的 UE 远离 FBS，平均路径损耗增大，使得级联概率 $\Lambda_{\mathrm{F}}^{\mathrm{C}}$ 逐渐降低。与

图 8-3(a)不同，图 8-3(b)中给定 UE 到 MBS 的级联距离随着 σ_{D}^2 的增大而减小，路径损耗减小，从而级联概率 $\Lambda_{\mathrm{M}}^{\mathrm{C}}$ 随着方差 σ_{D}^2 的增大而单调递增。UE 分布方差 σ_{D}^2 对 MBS 级联概率 $\Lambda_{\mathrm{M}}^{\mathrm{C}}$ 的影响很显著，FBS 分布方差 σ_{F}^2 对 $\Lambda_{\mathrm{M}}^{\mathrm{C}}$ 的影响很小，几乎可以忽略不计。图 8-3(c)给出了 UE 与 PBS 的级联概率 $\Lambda_{\mathrm{P}}^{\mathrm{C}}$ 与 σ_{D}^2 和 σ_{F}^2 的关系，可以清楚地看出，随着 UE 分布方差 σ_{D}^2 的增加，级联概率 $\Lambda_{\mathrm{P}}^{\mathrm{C}}$ 降低。由于 UE 分散在 PBS 周围，当 σ_{F}^2 增大时，给定 UE 与 FBS 级联的机会增多，级联概率 $\Lambda_{\mathrm{P}}^{\mathrm{C}}$ 增加变得缓慢。图 8-3 还给出了有序和非有序 FBS 这两种场景的级联概率比较，由全概定理，有序 FBS 下的级联概率小于非有序 FBS 下的级联概率。

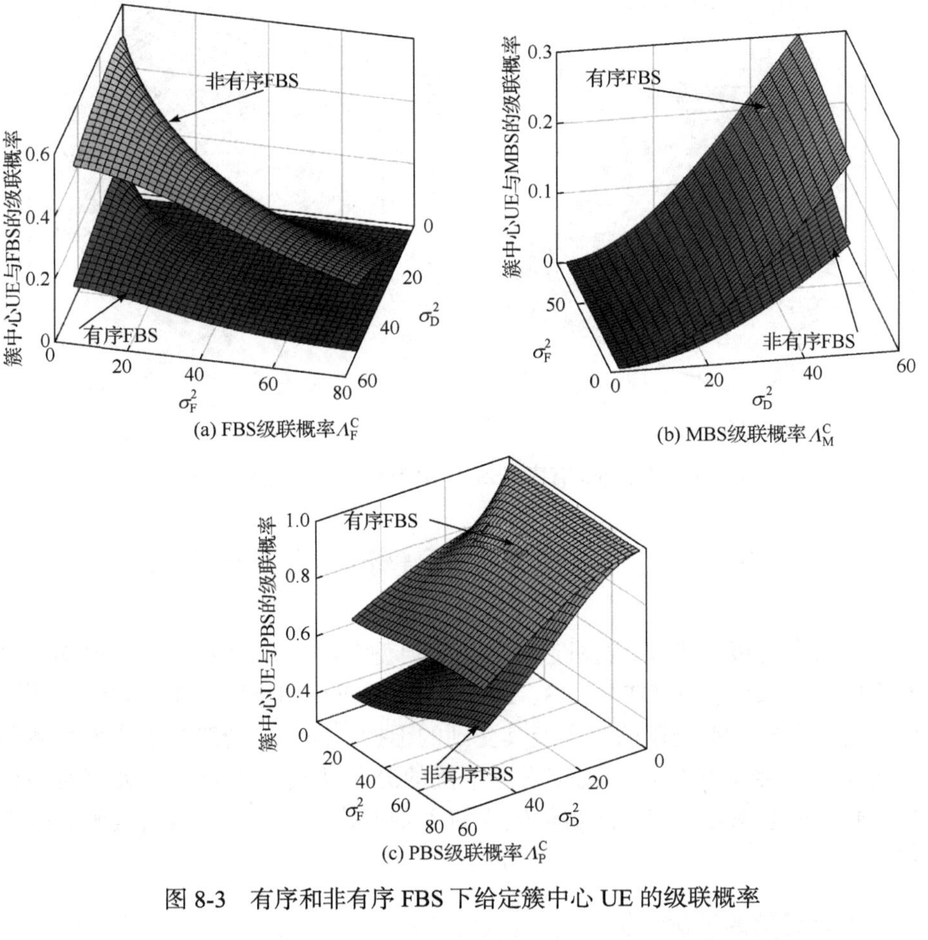

(a) FBS级联概率 $\Lambda_{\mathrm{F}}^{\mathrm{C}}$　　(b) MBS级联概率 $\Lambda_{\mathrm{M}}^{\mathrm{C}}$

(c) PBS级联概率 $\Lambda_{\mathrm{P}}^{\mathrm{C}}$

图 8-3　有序和非有序 FBS 下给定簇中心 UE 的级联概率

簇边缘 UE 级联概率与 MBS 密度 λ_{M} 和 FBS 分布方差 σ_{F}^2 的关系见图 8-4。由于簇边缘用户不在 PBS 的覆盖服务范围之内，图 8-4 给出了簇边缘 FUE 和 MUE 的级联概率分析。由图 8-4 可以发现，随着 λ_{M} 和 σ_{F}^2 的增加，级联概率 $\Lambda_{\mathrm{F}}^{\mathrm{E}}$ 逐渐减

小，而级联概率 $\Lambda_{\mathrm{M}}^{\mathrm{E}}$ 逐渐增加。原因是 MBS 分布密度 λ_{M} 增加会使该给定 UE 与 MBS 级联的机会增多，与 FBS 级联的概率则减少；同时，FBS 分布方差 σ_{F}^2 增加预示着更多 FBS 会远离给定簇边缘 UE，给定 UE 与 FBS 间的平均路径损耗增大，级联概率降低，即随着 σ_{F}^2 的增大与 FBS 的级联概率降低。与图 8-3(a)的 $\Lambda_{\mathrm{F}}^{\mathrm{C}}$ 类似，图 8-4(a)表明有序 FBS 下 FUE 的级联概率小于非有序 FBS 下的级联概率。对此可以解释如下，非有序 FBS 下给定 UE 随机选择其服务 FBS，使得目标 UE 与 FBS 获得更多的级联机会，级联概率较大，而有序最大约束使得级联概率变小。上述结论与系统模型完全一致。

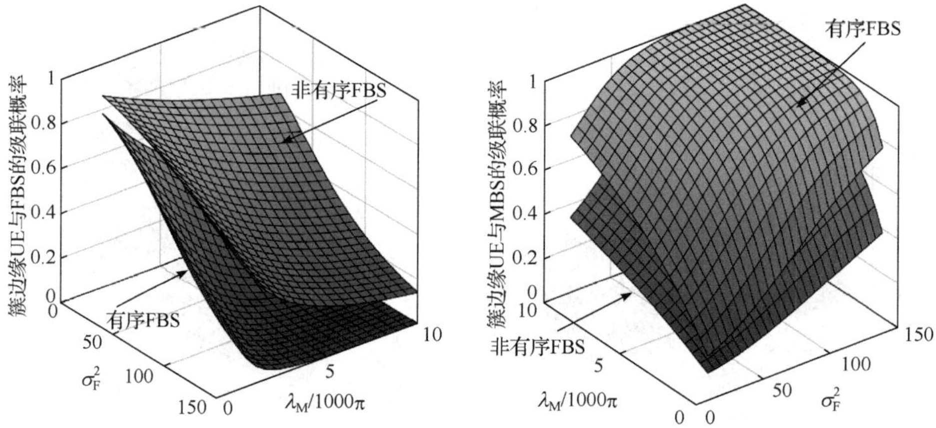

(a) FBS级联概率 $\Lambda_{\mathrm{F}}^{\mathrm{E}}$　　(b) MBS级联概率 $\Lambda_{\mathrm{M}}^{\mathrm{E}}$

图 8-4　有序和非有序 FBS 下给定簇边缘 UE 的级联概率

8.3　基于簇分类和频谱分配的干扰分布

根据前文的级联描述，随机选择的给定典型 UE 在 D2D 混合蜂窝网络下可以级联不同的接入点，如 DT、FBS、PBS 和 MBS 四种不同的级联模型。目标 UE 所处的位置及接入点类型的差异使其受到的干扰不同。结合簇分类方案和频谱共享分配策略，接下来分析不同接入点干扰的分布及其拉氏变换。关于路径传输损耗，本节只考虑在给定 UE 实际生成的主要干扰，并不包括超出其服务范围的干扰。

8.3.1　D2D 通信的干扰分析

本小节分析簇中心 DR 处的干扰，根据图 8-2，所有 D2D 用户与 PBS 和簇边缘 FBS 共享子带 W_1。簇中心目标 DR 受到的干扰 I_{CD} 可以表示为

$$I_{\mathrm{CD}}=I_{\mathrm{CD}}^{\mathrm{CT}}+I_{\mathrm{CD}}^{\mathrm{ET}}+I_{\mathrm{CD}}^{\mathrm{P}}+I_{\mathrm{CD}}^{\mathrm{EF}} \tag{8-30}$$

式中，$I_{\mathrm{CD}}^{\mathrm{CT}}$为所有来自簇中心 DT(D2D 发射机)的干扰；$I_{\mathrm{CD}}^{\mathrm{ET}}$为簇边缘 DT 的干扰，$I_{\mathrm{CD}}^{\mathrm{P}}$为 PBS 的干扰；$I_{\mathrm{CD}}^{\mathrm{EF}}$为簇边缘 FBS 的干扰。

根据图 8-5(a)，簇中心 $\boldsymbol{x}_{\mathrm{P}}\in\Phi_{\mathrm{P}}\cap b(0,R_{\mathrm{P}}+R_{\mathrm{D}})$，DR 受到的干扰来自 $B^{\boldsymbol{x}_{\mathrm{P}}}\cap b(0,R_{\mathrm{D}})\setminus \boldsymbol{x}_{\mathrm{D}}^{\mathrm{C}}$，但不包括 $x_{\mathrm{D}}^{\mathrm{C}}$ 的服务 DT，R_{D} 和 R_{P} 分别为 DT 和 PBS 的半径，$B^{\boldsymbol{x}_{\mathrm{P}}}$ 为簇中心 $\boldsymbol{x}_{\mathrm{P}}$ 内 DT 集。$I_{\mathrm{CD}}^{\mathrm{CT}}=\sum_{\boldsymbol{x}_{\mathrm{P}}\in\Phi_{\mathrm{P}}\cap b(0,R_{\mathrm{P}}+R_{\mathrm{D}})}\sum_{\boldsymbol{y}_c\in\left(B^{x_{\mathrm{P}}}\cap b(0,R_{\mathrm{D}})\setminus\boldsymbol{x}_{\mathrm{D}}^{\mathrm{C}}\right)}P_{\mathrm{D}}h_{\boldsymbol{y}_c}\beta\left\|\boldsymbol{x}_{\mathrm{P}}+\boldsymbol{y}_c\right\|^{-\alpha}$。

根据图 8-5(b)，簇边缘 DT 的干扰写为 $I_{\mathrm{CD}}^{\mathrm{ET}}=\sum_{\boldsymbol{y}_n\in\Phi_{\mathrm{ET}}\cap b(0,R_{\mathrm{D}})}P_{\mathrm{D}}h_{\boldsymbol{y}_n}\beta\left\|\boldsymbol{y}_n\right\|^{-\alpha}$，$\Phi_{\mathrm{ET}}$ 记为簇边缘 DT 集合，DT 的覆盖范围记为 $b(0,R_{\mathrm{D}})$。则干扰 $I_{\mathrm{CD}}^{\mathrm{P}}$ 计算为 $I_{\mathrm{CD}}^{\mathrm{P}}=\sum_{\boldsymbol{x}_{\mathrm{P}}\in\Phi_{\mathrm{P}}\cap b(0,R_{\mathrm{P}})}(P_{\mathrm{P}}/S_{\mathrm{P}})g_{\boldsymbol{x}_{\mathrm{P}}}\beta\left\|\boldsymbol{x}_{\mathrm{P}}\right\|^{-\alpha}$，$g_{\boldsymbol{x}_{\mathrm{P}}}$ 表示遵循伽马分布的小尺度衰落干扰信道功率增益。簇边缘 FBS 的干扰为 $I_{\mathrm{CD}}^{\mathrm{EF}}=\sum_{\boldsymbol{y}_n\in\Phi_{\mathrm{EF}}\cap b(0,R_{\mathrm{F}})}P_{\mathrm{F}}h_{\boldsymbol{y}_n}\beta\left\|\boldsymbol{y}_n\right\|^{-\alpha}$，$\Phi_{\mathrm{EF}}$ 记为簇边缘 FBS 集合，R_{F} 表示 FBS 的覆盖半径。

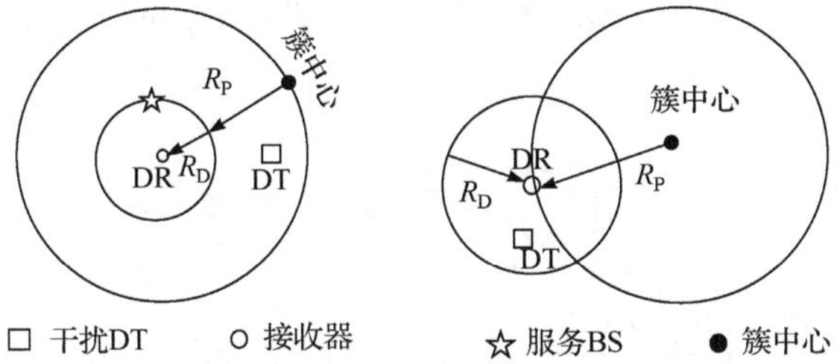

(a) $I_{\mathrm{CD}}^{\mathrm{CT}}$的描述　　(b) $I_{\mathrm{CD}}^{\mathrm{ET}}$的描述

图 8-5　目标 DR 对应 DT 的可达区域

对于干扰 $I_{\mathrm{CD}}^{\mathrm{CT}}$，记 $pq\overline{c}_{\mathrm{D}}$ 为每个簇 DT 的平均数，p 是 UE 从 DR 获取请求内容的概率，记 q 为 D2D 用户是发射机的概率，则干扰 $I_{\mathrm{CD}}^{\mathrm{CT}}$ 的拉普拉斯变换为

$$\begin{aligned}&\mathcal{L}_{I_{\mathrm{CD}}^{\mathrm{CT}}}(s)\\&=\exp\left(-2\pi\lambda_{\mathrm{P}}\int_0^{R_{\mathrm{P}}+R_{\mathrm{D}}}\left\{1-\exp\left[-pq\overline{c}_{\mathrm{D}}\int_0^{R_{\mathrm{D}}}\int_0^{2\pi}\frac{\overline{r}\mathrm{e}^{-\overline{r}^2}\mathrm{d}\theta d\overline{r}}{1+sP_{\mathrm{D}}\beta\left(\overline{r}^2+r^2-2r\overline{r}\cos\theta\right)^{-\alpha/2}}\right]\right\}r\mathrm{d}r\right)\end{aligned} \tag{8-31}$$

由于路径损耗，$I_{\mathrm{CD}}^{\mathrm{ET}}$ 只考虑最接近目标的边缘 DT，v_1 为最近距离，则干扰主要分布在 $\Phi_{\mathrm{P}}\cap b(\boldsymbol{y},R_{\mathrm{P}})$ 范围。干扰 $I_{\mathrm{CD}}^{\mathrm{ET}}$ 的拉普拉斯变换为

$$\mathcal{L}_{I_{\mathrm{CD}}^{\mathrm{ET}}}(s)=\exp\left\{-\pi\left(pq\overline{c}_{\mathrm{D}}\lambda_{\mathrm{P}}\right)\left(R_{\mathrm{D}}^{2}\right){}_{2}F_{1}\left(1,\frac{2}{\alpha};1+\frac{2}{\alpha};\left(sP_{\mathrm{D}}\beta\right)^{-1}R_{\mathrm{D}}^{\alpha}\right)\right\}\times\int_{R_{\mathrm{P}}}^{\infty}\exp\left\{\int_{v_1-R_{\mathrm{P}}}^{v_1+R_{\mathrm{P}}}\right.$$
$$\left.\left[\arccos\left(\frac{r^2+v_1^2-R_{\mathrm{P}}^2}{2v_1 r}\right)\right]\frac{2pq\overline{c}_{\mathrm{D}}\lambda_{\mathrm{P}}}{1+\left(sP_{\mathrm{D}}\beta\right)^{-1}r^{\alpha}}r\mathrm{d}r\right\}2\pi\lambda_{\mathrm{P}}v_1\exp\left[-\pi\lambda_{\mathrm{P}}\left(v_1^2-R_{\mathrm{P}}^2\right)\right]\mathrm{d}v_1 \tag{8-32}$$

式中，${}_2F_1(\cdot,\cdot;\cdot;\cdot)$是高斯超几何函数。

PBS 有 N_{P} 天线，ZFBF 允许传输 S_{P} 相同功率的数据流，干扰 $I_{\mathrm{CD}}^{\mathrm{P}}$ 的 LT 为

$$\mathcal{L}_{I_{\mathrm{CD}}^{\mathrm{P}}}(s)=\exp\left[-2\pi\lambda_{\mathrm{P}}\sum_{v=1}^{S_{\mathrm{P}}}\binom{S_{\mathrm{P}}}{v}\left(\frac{sP_{\mathrm{P}}\beta}{S_{\mathrm{P}}}\right)^{v-S_{\mathrm{P}}}\frac{R_{\mathrm{P}}^{\alpha(S_{\mathrm{P}}+2/\alpha-v)}}{\alpha\left(S_{\mathrm{P}}-v+2/\alpha\right)}{}_{2}F_{1}\right.$$
$$\left.\left(S_{\mathrm{P}},S_{\mathrm{P}}-v+2/\alpha;S_{\mathrm{P}}-v+2/\alpha+1;-\left(\frac{sP_{\mathrm{P}}\beta}{S_{\mathrm{P}}}\right)^{-1}R_{\mathrm{P}}^{\alpha}\right)\right] \tag{8-33}$$

上述干扰 $I_{\mathrm{CD}}^{\mathrm{EF}}$ 和 $I_{\mathrm{CD}}^{\mathrm{ET}}$ 的计算表达式非常相似，则其拉普拉斯变换可以通过把 $\mathcal{L}_{I_{\mathrm{CD}}^{\mathrm{ET}}}(s)$ 中的变量 P_{D}、R_{D} 和 $pq\overline{c}_{\mathrm{D}}$ 转换为 P_{F}、R_{F} 和 $\overline{c}_{\mathrm{F}}$ 推导。干扰 $I_{\mathrm{CD}}^{\mathrm{EF}}$ 的拉普拉斯变换为

$$\mathcal{L}_{I_{\mathrm{CD}}^{\mathrm{EF}}}(s)=\exp\left\{-\left(\pi\overline{c}_{\mathrm{F}}\lambda_{\mathrm{P}}R_{\mathrm{F}}^{2}\right){}_{2}F_{1}\left[1,\frac{2}{\alpha};1+\frac{2}{\alpha};\left(sP_{\mathrm{F}}\beta\right)^{-1}R_{\mathrm{F}}^{\alpha}\right]\right\}\times\int_{R_{\mathrm{P}}}^{\infty}\exp\left\{\int_{v_1-R_{\mathrm{P}}}^{v_1+R_{\mathrm{P}}}\right.$$
$$\left.\left[\arccos\left(\frac{r^2+v_1^2-R_{\mathrm{P}}^2}{2v_1 r}\right)\right]\frac{2\overline{c}_{\mathrm{F}}\lambda_{\mathrm{P}}}{1+\left(sP_{\mathrm{F}}\beta\right)^{-1}r^{\alpha}}r\mathrm{d}r\right\}2\pi\lambda_{\mathrm{P}}v_1\exp\left[-\pi\lambda_{\mathrm{P}}\left(v_1^2-R_{\mathrm{P}}^2\right)\right]\mathrm{d}v_1 \tag{8-34}$$

由此，有引理 8-9，其给出了给定簇中心 DR 处干扰 I_{CD} 的拉普拉斯变换。

引理 8-9　目标簇中心 DR 处干扰 I_{CD} 的拉普拉斯变换为

$$\mathcal{L}_{I_{\mathrm{CD}}}(s)=\mathcal{L}_{I_{\mathrm{CD}}^{\mathrm{CT}}}(s)\mathcal{L}_{I_{\mathrm{CD}}^{\mathrm{ET}}}(s)\mathcal{L}_{I_{\mathrm{CD}}^{\mathrm{P}}}(s)\mathcal{L}_{I_{\mathrm{CD}}^{\mathrm{EF}}}(s) \tag{8-35}$$

式中，$\mathcal{L}_{I_{\mathrm{CD}}^{\mathrm{CT}}}(s)$ 由式(8-31)给出；$\mathcal{L}_{I_{\mathrm{CD}}^{\mathrm{ET}}}(s)$ 由式(8-32)给出；$\mathcal{L}_{I_{\mathrm{CD}}^{\mathrm{P}}}(s)$ 由式(8-33)给出；$\mathcal{L}_{I_{\mathrm{CD}}^{\mathrm{EF}}}(s)$ 由式(8-34)给出。

接下来分析簇边缘 DR 受到的干扰。根据图 8-2，簇中 DR 与 PBS 和簇边缘 FBS 共享子带 W_1。簇边缘目标 DR 的干扰主要包含簇边缘 DT 的干扰 $I_{\mathrm{ED}}^{\mathrm{ET}}$、簇中心 DT 干扰 $I_{\mathrm{ED}}^{\mathrm{CT}}$、PBS 干扰 $I_{\mathrm{ED}}^{\mathrm{P}}$ 和簇边缘 FBS 的干扰 $I_{\mathrm{ED}}^{\mathrm{EF}}$，则 I_{ED} 为

$$I_{\mathrm{ED}}=I_{\mathrm{ED}}^{\mathrm{ET}}+I_{\mathrm{ED}}^{\mathrm{CT}}+I_{\mathrm{ED}}^{\mathrm{P}}+I_{\mathrm{ED}}^{\mathrm{EF}} \tag{8-36}$$

式中，干扰 $I_{\mathrm{ED}}^{\mathrm{ET}}=\sum_{y_n\in\Phi_{\mathrm{ET}}\cap b(0,R_{\mathrm{D}})\backslash x_{\mathrm{D}}^{\mathrm{E}}}P_{\mathrm{D}}h_{y_n}\beta\|y_n\|^{-\alpha}$；$I_{\mathrm{ED}}^{\mathrm{ET}}$ 不包含位于 $x_{\mathrm{D}}^{\mathrm{E}}$ 的目标 DR 的

干扰。$I_{\mathrm{ED}}^{\mathrm{CT}}$ 分布区域如图 8-6(a)所示，干扰 $I_{\mathrm{ED}}^{\mathrm{CT}}$ 主要位于距离簇中心，$\bar{B}(R_{\mathrm{P}}-R_{\mathrm{D}},R_{\mathrm{P}}+R_{\mathrm{D}})$，用 $\bar{b}$ 表示，则 $I_{\mathrm{ED}}^{\mathrm{CT}}=\sum_{x_{\mathrm{P}}\in\Phi_{\mathrm{P}}\cap\bar{b}}\sum_{y_c\in B^{x_{\mathrm{P}}}\cap b(0,R_{\mathrm{D}})}P_{\mathrm{D}}\beta h_{y_c}\cdot\|x_{\mathrm{P}}+y_c\|^{-\alpha}$，$B^{x_{\mathrm{P}}}$ 是以 x_{P} 为中心的簇 DT 集合，取 $x_{\mathrm{P}}\in\bar{B}$。$I_{\mathrm{ED}}^{\mathrm{P}}$ 分布区域如图 8-6(b)所示，由于 UE 簇的分类与 DT 位置有关，则来自 PBS 的干扰都在 $x_{\mathrm{P}}\in\Phi_{\mathrm{P}}\cap b(0,R_{\mathrm{P}})$ 内，则 $I_{\mathrm{ED}}^{\mathrm{P}}=\sum_{x_{\mathrm{P}}\in\Phi_{\mathrm{P}}\cap b(R_{\mathrm{P}}-R_{\mathrm{D}},R_{\mathrm{P}})}(P_{\mathrm{P}}/S_{\mathrm{P}})g_{x_{\mathrm{P}}}\beta\|x_{\mathrm{P}}\|^{-\alpha}$。$I_{\mathrm{ED}}^{\mathrm{EF}}$ 表示簇边缘 FBS 的干扰，具体写为 $I_{\mathrm{ED}}^{\mathrm{EF}}=\sum_{y_n\in\Phi_{\mathrm{EF}}\cap b(0,R_{\mathrm{F}})}P_{\mathrm{F}}h_{y_n}\beta\|y_n\|^{-\alpha}$。

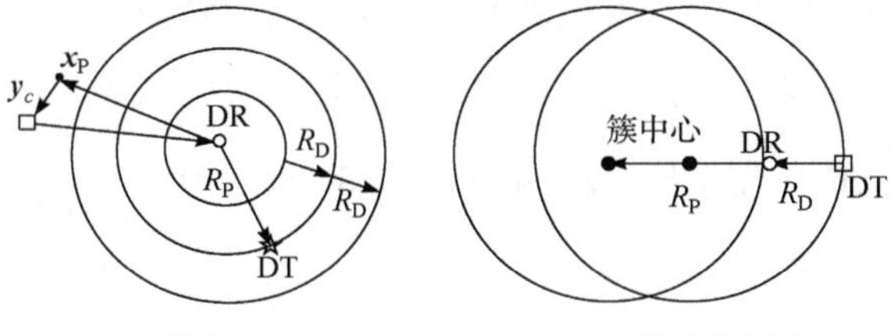

(a) $I_{\mathrm{ED}}^{\mathrm{CT}}$分布区域　　(b) $I_{\mathrm{ED}}^{\mathrm{P}}$分布区域

图 8-6 $I_{\mathrm{ED}}^{\mathrm{CT}}$ 和 $I_{\mathrm{ED}}^{\mathrm{P}}$ 分布区域

类似于干扰 $I_{\mathrm{CD}}^{\mathrm{ET}}$ 的拉普拉斯变换，只考虑最近 PCP 的影响。由于簇边缘目标 DR 总是位于半径 $R_{\mathrm{P}}-R_{\mathrm{D}}$ 的洞之外[165]，则干扰 $I_{\mathrm{ED}}^{\mathrm{ET}}$ 的拉普拉斯变换为

$$
\begin{aligned}
&\mathcal{L}_{I_{\mathrm{ED}}^{\mathrm{ET}}}(s)\\
&=\exp\left\{-\pi(pq\lambda_{\mathrm{U}})(R_{\mathrm{D}}^2)\,{}_2F_1\left[1,\frac{2}{\alpha};1+\frac{2}{\alpha};(sP_{\mathrm{D}}\beta)^{-1}R_{\mathrm{D}}^{\alpha}\right]\right\}\int_{R_{\mathrm{P}}-R_{\mathrm{D}}}^{\infty}\exp\left(2pq\lambda_{\mathrm{U}}\int_{v_1-(R_{\mathrm{P}}-R_{\mathrm{D}})}^{v_1+(R_{\mathrm{P}}-R_{\mathrm{D}})}\right.\\
&\left.\frac{\arccos\left\{\left[r^2+v_1{}^2-(R_{\mathrm{P}}-R_{\mathrm{D}})^2\right]/2v_1r\right\}}{1+(sP_{\mathrm{D}}\beta)^{-1}r^{\alpha}}r\mathrm{d}r\right)\times2\pi\lambda_{\mathrm{P}}v_1\exp\left\{-\pi\lambda_{\mathrm{P}}\left[v_1{}^2-(R_{\mathrm{P}}-R_{\mathrm{D}})^2\right]\right\}\mathrm{d}v_1
\end{aligned}
\tag{8-37}
$$

对于簇中心 DT 的干扰 $I_{\mathrm{ED}}^{\mathrm{CT}}$，其接入点 DT 落在簇边缘区域。除了簇中心受到的干扰不同外，$\mathcal{L}_{I_{\mathrm{CD}}^{\mathrm{CT}}}(s)$ 和 $\mathcal{L}_{I_{\mathrm{ED}}^{\mathrm{CT}}}(s)$ 具有相似的形式，则 $\mathcal{L}_{I_{\mathrm{ED}}^{\mathrm{CT}}}(s)$ 通过 $\mathcal{L}_{I_{\mathrm{CD}}^{\mathrm{CT}}}(s)$ 中变量 $\bar{B}(0,R_{\mathrm{P}})$ 到 $\bar{b}$ 变化导出。

$$
\begin{aligned}
&\mathcal{L}_{I_{\mathrm{ED}}^{\mathrm{CT}}}(s)\\
&=\exp\left(-2\pi\lambda_{\mathrm{P}}\int_{R_{\mathrm{P}}-R_{\mathrm{D}}}^{R_{\mathrm{P}}+R_{\mathrm{D}}}\left\{1-\exp\left[-pq\bar{c}_{\mathrm{D}}\int_0^{R_{\mathrm{D}}}\int_0^{2\pi}\frac{\bar{r}\mathrm{e}^{-\bar{r}^2}d\bar{\theta}\,d\bar{r}}{1+sP_{\mathrm{D}}\beta\left(\bar{r}^2+r^2-2\bar{r}r\cos\bar{\theta}\right)^{-\alpha/2}}\right]\right\}r\mathrm{d}r\right)
\end{aligned}
\tag{8-38}
$$

干扰 $I_{\mathrm{ED}}^{\mathrm{P}}$ 的拉普拉斯变换写为

$$\mathcal{L}_{I_{\mathrm{ED}}^{\mathrm{P}}}(s)=\exp\left[-2\pi\lambda_{\mathrm{P}}\sum_{v=1}^{S_{\mathrm{P}}}\binom{S_{\mathrm{P}}}{v}\left(\frac{sP_{\mathrm{P}}\beta}{S_{\mathrm{P}}}\right)^{v}\frac{1}{\alpha}\int_{R_{\mathrm{P}}^{-\alpha}}^{(R_{\mathrm{P}}-R_{\mathrm{D}})^{-\alpha}}t^{v-2/\alpha-1}\left(1+\frac{sP_{\mathrm{P}}\beta}{S_{\mathrm{P}}}t\right)^{-S_{\mathrm{P}}}\mathrm{d}t\right] \tag{8-39}$$

由于 $I_{\mathrm{CD}}^{\mathrm{EF}}$ 和 $I_{\mathrm{ED}}^{\mathrm{EF}}$ 形式完全相同，所以其拉普拉斯变换满足:

$$\mathcal{L}_{I_{\mathrm{ED}}^{\mathrm{EF}}}(s)=\mathcal{L}_{I_{\mathrm{CD}}^{\mathrm{EF}}}(s) \tag{8-40}$$

基于上述分析，有引理 8-10。

引理 8-10 目标簇边缘 DR 受到的干扰 I_{ED} 的拉普拉斯变换为

$$\mathcal{L}_{I_{\mathrm{ED}}}(s)=\mathcal{L}_{I_{\mathrm{ED}}^{\mathrm{ET}}}(s)\mathcal{L}_{I_{\mathrm{ED}}^{\mathrm{CT}}}(s)\mathcal{L}_{I_{\mathrm{ED}}^{\mathrm{P}}}(s)\mathcal{L}_{I_{\mathrm{ED}}^{\mathrm{EF}}}(s) \tag{8-41}$$

式中，$\mathcal{L}_{I_{\mathrm{ED}}^{\mathrm{ET}}}(s)$ 由式(8-37)给出；$\mathcal{L}_{I_{\mathrm{ED}}^{\mathrm{CT}}}(s)$ 由式(8-38)给出；$\mathcal{L}_{I_{\mathrm{ED}}^{\mathrm{P}}}(s)$ 由式(8-39)给出；$\mathcal{L}_{I_{\mathrm{ED}}^{\mathrm{EF}}}(s)$ 由式(8-40)给出。

8.3.2 蜂窝 UE 簇的干扰分析

1. FUE 的干扰分析

由于簇中心 FBS 与 MBS 共享子带 W_2，则簇中心 FUE 处的干扰主要包含来自其他 FBS 的干扰 $I_{\mathrm{CFU}}^{\mathrm{CF}}$ 和来自 MBS 的干扰 $I_{\mathrm{CFU}}^{\mathrm{M}}$，则 I_{CFU} 写为

$$I_{\mathrm{CFU}}=I_{\mathrm{CFU}}^{\mathrm{CF}}+I_{\mathrm{CFU}}^{\mathrm{M}} \tag{8-42}$$

与干扰 $I_{\mathrm{CD}}^{\mathrm{CT}}$ 类似，簇中心 PBS 主要位于 $b(0,R_{\mathrm{P}}+R_{\mathrm{F}})$ 区域。设 PBS 的位置在 $\boldsymbol{x}_{\mathrm{P}}\in b(0,R_{\mathrm{P}}+R_{\mathrm{F}})$，则目标簇中心 FUE 受到的干扰为 $\boldsymbol{y}_c\in B^{\boldsymbol{x}_{\mathrm{P}}}\cap b(0,R_{\mathrm{F}})\setminus \boldsymbol{x}_{\mathrm{F}}^{\mathrm{C}}$，不包含位于 $x_{\mathrm{F}}^{\mathrm{C}}$ 的其服务 FBS 的干扰。因此，来自其他 FBS 的干扰 $I_{\mathrm{CFU}}^{\mathrm{CF}}$ 可以计算为 $I_{\mathrm{CFU}}^{\mathrm{CF}}=\sum_{\boldsymbol{x}_{\mathrm{P}}\in\Phi_{\mathrm{P}}\cap b(0,R_{\mathrm{P}}+R_{\mathrm{F}})}\sum_{\boldsymbol{y}_c\in B^{\boldsymbol{x}_{\mathrm{P}}}\cap b(0,R_{\mathrm{F}})\setminus\boldsymbol{x}_{\mathrm{F}}^{\mathrm{C}}}P_{\mathrm{F}}h_{\boldsymbol{y}_c}\beta\|\boldsymbol{x}_{\mathrm{P}}+\boldsymbol{y}_c\|^{-\alpha}$。给定典型 FUE 受到的 MBS 干扰为 $I_{\mathrm{CFU}}^{\mathrm{M}}=\sum_{\boldsymbol{x}_{\mathrm{M}}\in\left(\Phi_{\mathrm{M}}\cap\bar{B}\left(D_{\mathrm{F}}^{\mathrm{M}}(\boldsymbol{x}_{\mathrm{F}}),R_{\mathrm{M}}\right)\right)}(P_{\mathrm{M}}/S_{\mathrm{M}})g_{\boldsymbol{x}_{\mathrm{m}}}\beta\|\boldsymbol{x}_{\mathrm{M}}\|^{-\alpha}$，其中，考虑到 MBS 配有大规模 MIMO 天线阵列，干扰 MBS 与给定典型 FUE 之间的信道增益为 $g_{x_{\mathrm{m}}}$，其是服从伽马分布的小尺度衰落干扰信道功率增益，R_{M} 表示 MBS 的覆盖半径。根据 $g_{x_{\mathrm{m}}}$ 的统计特性，$\mathcal{L}_{I_{\mathrm{CFU}}^{\mathrm{CF}}}(s)$ 写为

$$\begin{aligned}&\mathcal{L}_{I_{\mathrm{CFU}}^{\mathrm{CF}}}(s)\\&=\exp\left(-2\pi\lambda_{\mathrm{P}}\int_0^{R_{\mathrm{P}}+R_{\mathrm{F}}}\left\{1-\exp\left[-\bar{c}_{\mathrm{F}}\int_0^{R_{\mathrm{F}}}\int_0^{2\pi}\frac{\bar{r}\mathrm{e}^{\bar{r}^2}\mathrm{d}\bar{\theta}\mathrm{d}\bar{r}}{1+sP_{\mathrm{F}}\beta\left(\bar{r}^2+r^2-2r\bar{r}\cos\bar{\theta}\right)^{-\alpha/2}}\right]\right\}r\mathrm{d}r\right)\end{aligned} \tag{8-43}$$

进一步假设 Φ_{M} 和 Θ_{F} 的点独立，根据 TCP 簇的概率生成函数，即满足 $\mathbb{E}\left\{\prod_{x\in\Phi}f(x)\right\}=\exp\left[-\lambda\int_{\mathbb{R}^2}\left(1-f(x)\right)\mathrm{d}x\right]$，可以对式(8-43)进一步处理，则干扰 $I_{\mathrm{CFU}}^{\mathrm{M}}$ 的拉普拉斯变换为

$$\mathcal{L}_{I_{\mathrm{CFU}}^{\mathrm{M}}}(s)=\exp\left\{-2\pi\lambda_{\mathrm{M}}\sum_{v=1}^{S_{\mathrm{M}}}\binom{S_{\mathrm{M}}}{v}\left(\frac{sP_{\mathrm{M}}}{S_{\mathrm{M}}}\right)^{v}\frac{1}{\alpha}\left[\frac{\left(D_{\mathrm{F}}^{\mathrm{M}}\left(\boldsymbol{x}_{\mathrm{F}}^{\mathrm{C}}\right)\right)^{\alpha(1+2/\alpha-v)}}{v-2/\alpha}{}_2F_1\left(S_{\mathrm{M}},v-\frac{2}{\alpha};\right.\right.\right.$$
$$\left.\left.\left.1+v-\frac{2}{\alpha};-\frac{sP_{\mathrm{M}}}{S_{\mathrm{M}}}\left(D_{\mathrm{F}}^{\mathrm{M}}\left(\boldsymbol{x}_{\mathrm{F}}^{\mathrm{C}}\right)\right)^{-\alpha}\right)-\frac{R_{\mathrm{M}}^{\alpha(1+2/\alpha-v)}}{v-2/\alpha}{}_2F_1\left(S_{\mathrm{M}},v-\frac{2}{\alpha};1+v-\frac{2}{\alpha};-\frac{sP_{\mathrm{M}}}{S_{\mathrm{M}}}R_{\mathrm{M}}^{-\alpha}\right)\right]\right\} \tag{8-44}$$

式中，$D_{\mathrm{F}}^{\mathrm{M}}\left(\boldsymbol{x}_{\mathrm{F}}^{\mathrm{C}}\right)=\left(\hat{B}_{\mathrm{MF}}\hat{P}_{\mathrm{MF}}\hat{G}_{\mathrm{MF}}\right)^{1/\alpha}\left\|\boldsymbol{x}_{\mathrm{F}}^{\mathrm{C}}\right\|$；级联距离 $\left\|\boldsymbol{x}_{\mathrm{F}}^{\mathrm{C}}\right\|$ 由式(8-16)和式(8-19)给出。由此，得引理 8-11。

引理 8-11　簇中心 FUE 受到的总干扰 $I_{\mathrm{CFU}}=I_{\mathrm{CFU}}^{\mathrm{CF}}+I_{\mathrm{CFU}}^{\mathrm{M}}$ 拉普拉斯变换为

$$\mathcal{L}_{I_{\mathrm{CFU}}}(s)=\mathcal{L}_{I_{\mathrm{CFU}}^{\mathrm{CF}}}(s)\mathcal{L}_{I_{\mathrm{CFU}}^{\mathrm{M}}}(s) \tag{8-45}$$

式中，$L_{I_{\mathrm{CFU}}^{\mathrm{CF}}}(s)$ 由式(8-43)给出；$L_{I_{\mathrm{CFU}}^{\mathrm{M}}}(s)$ 由式(8-44)给出。

接下来分析簇边缘 FUE 干扰。根据图 8-2，当与给定典型 UE 级联的 FBS 位于簇边缘区域时，该边缘 FBS 与所有 PBS 和 DT 共享子带 W_1，该 UE 称为边缘 FUE。考虑到有限的无线覆盖范围，PBS 只对簇内用户产生干扰，不对簇边缘 UE 产生干扰，则簇边缘 FUE 接收到的干扰主要包含来自其他簇边缘 FBS 的干扰 $I_{\mathrm{EFU}}^{\mathrm{EF}}$、簇中心 DT 的干扰 $I_{\mathrm{EFU}}^{\mathrm{CT}}$ 和簇边缘 DT 的干扰为 $I_{\mathrm{EFU}}^{\mathrm{ET}}$，则 I_{EFU} 为

$$I_{\mathrm{EFU}}=I_{\mathrm{EFU}}^{\mathrm{EF}}+I_{\mathrm{EFU}}^{\mathrm{CT}}+I_{\mathrm{EFU}}^{\mathrm{ET}} \tag{8-46}$$

式中，$I_{\mathrm{EFU}}^{\mathrm{EF}}$ 表示来自簇边缘区域但不包含位于 $\boldsymbol{x}_{\mathrm{F}}^{\mathrm{N}}$ 处服务 FBS 的干扰，则 $I_{\mathrm{EFU}}^{\mathrm{EF}}=\sum_{\boldsymbol{y}_{\mathrm{n}}\in\Phi_{\mathrm{EF}}\cap\bar{B}(X_{\mathrm{F}},R_{\mathrm{F}})\setminus\boldsymbol{x}_{\mathrm{F}}^{\mathrm{N}}}P_{\mathrm{F}}h_{\boldsymbol{y}_{\mathrm{n}}}\beta\left\|\boldsymbol{y}_{\mathrm{n}}\right\|^{-\alpha}$，$\boldsymbol{y}_{\mathrm{n}}\in\Phi_{\mathrm{EF}}\cap\bar{B}(X_{\mathrm{F}},R_{\mathrm{F}})\setminus\boldsymbol{x}_{\mathrm{F}}^{\mathrm{N}}$，表示在半径为 X_{F} 和 R_{F} 圆环内的簇边缘 FBS 干扰。与 $I_{\mathrm{ED}}^{\mathrm{CT}}$ 类似，对于干扰 $I_{\mathrm{EFU}}^{\mathrm{CT}}$，所有可能的簇中心干扰主要位于圆环 $\bar{B}(R_{\mathrm{P}},R_{\mathrm{P}}+R_{\mathrm{D}})$ 内。取 $\boldsymbol{x}_{\mathrm{P}}\in\bar{B}(R_{\mathrm{P}},R_{\mathrm{P}}+R_{\mathrm{D}})$ 为一个位于该圆环内的簇中心，则根据簇边缘 FUE 的级联准则，给定簇边缘 FUE 接收到的总干扰为 $I_{\mathrm{EFU}}^{\mathrm{CT}}=\sum_{\boldsymbol{x}_{\mathrm{P}}\in\Phi_{\mathrm{P}}\cap\bar{B}(R_{\mathrm{P}},R_{\mathrm{P}}+R_{\mathrm{D}})}\sum_{\boldsymbol{y}_{\mathrm{c}}\in B^{\boldsymbol{x}_{\mathrm{P}}}\cap b(0,R_{\mathrm{D}})}P_{\mathrm{D}}h_{\boldsymbol{y}_{\mathrm{c}}}\beta\left\|\boldsymbol{x}_{\mathrm{P}}+\boldsymbol{y}_{\mathrm{c}}\right\|^{-\alpha}$，$B^{\boldsymbol{x}_{\mathrm{P}}}$ 是簇中心 $\boldsymbol{x}_{\mathrm{P}}$ 内所有 DT 集合。注意，在蜂窝通信下，目标 UE 受到的干扰包含所有可能的 DT。对于 FUE 受到簇边缘 DT 的干扰 $I_{\mathrm{EFU}}^{\mathrm{ET}}$，具体可以计算为 $I_{\mathrm{EFU}}^{\mathrm{ET}}=\sum_{\boldsymbol{y}_{\mathrm{n}}\in\Phi_{\mathrm{EF}}\cap b(0,R_{\mathrm{D}})}$

$P_{\mathrm{D}} h_{y_{\mathrm{n}}} \beta \left\| \boldsymbol{y}_{\mathrm{n}} \right\|^{-\alpha}$。

由于簇边缘 FUE 总是位于半径 R_{P} 之外的区域，其最接近 Φ_{P} 的点位于距其距离为 R_{P} 的位置。通过假设最近点的距离为 $v_1 = \left\| \boldsymbol{x}_{\mathrm{P}} \right\|$，且 $\boldsymbol{x}_{\mathrm{P}} \in \Phi_{\mathrm{P}}$，则 $I_{\mathrm{EFU}}^{\mathrm{EF}}$ 的 LT 为

$$\mathcal{L}_{I_{\mathrm{EFU}}^{\mathrm{EF}}}(s) = \exp\left(-2\pi \bar{c}_{\mathrm{F}} \lambda_{\mathrm{P}} A_{I_{\mathrm{EFU}}^{\mathrm{EF}}}\right) \int_{R_{\mathrm{P}}}^{\infty} \exp\left[2\bar{c}_{\mathrm{F}} \lambda_{\mathrm{P}} \int_{v_1 - R_{\mathrm{P}}}^{v_1 + R_{\mathrm{P}}} \arccos\left(\frac{r^2 + {v_1}^2 - R_{\mathrm{P}}^2}{2 v_1 r}\right) \times \frac{1}{1 + \left(s P_F \beta\right)^{-1} r^2} r \mathrm{d}r\right] \times 2\pi \lambda_{\mathrm{P}} v_1 \exp\left[-\pi \lambda_{\mathrm{P}} \left(v_1^2 - {R_{\mathrm{P}}}^2\right)\right] \mathrm{d}v_1 \tag{8-47}$$

式中，$A_{I_{\mathrm{EFU}}^{\mathrm{EF}}}$ 定义为

$$A_{I_{\mathrm{EFU}}^{\mathrm{EF}}} = \frac{1}{\alpha}\left[\frac{R_{\mathrm{F}}^2}{2/\alpha} {}_2F_1\left(1, 1 - \frac{2}{\alpha}; 1 - \frac{2}{\alpha} + 1; -\left(s P_{\mathrm{F}} \beta\right)^{-1} R_{\mathrm{F}}^{\alpha}\right) - \frac{X_{\mathrm{F}}^2}{2/\alpha} {}_2F_1\left(1, 1 - \frac{2}{\alpha}; 1 - \frac{2}{\alpha} + 1; -\left(s P_{\mathrm{F}} \beta\right)^{-1} X_{\mathrm{F}}^{\alpha}\right)\right] \tag{8-48}$$

其中，X_{F} 是目标簇边缘 FUE 到其服务 FBS 的级联距离，由式(8-16)和式(8-21)联合给出。

与 $\mathcal{L}_{I_{\mathrm{ED}}^{\mathrm{CT}}}(s)$ 类似，则干扰 $I_{\mathrm{EFU}}^{\mathrm{CT}}$ 的拉普拉斯变换为

$$\mathcal{L}_{I_{\mathrm{EFU}}^{\mathrm{CT}}}(s) = \exp\left(-2\pi \lambda_{\mathrm{P}} \int_{R_{\mathrm{P}}}^{R_{\mathrm{P}} + R_{\mathrm{D}}} \left\{1 - \exp\left[-p q \bar{c}_{\mathrm{D}} \int_0^{R_{\mathrm{D}}} \int_0^{2\pi} \frac{\bar{r} \mathrm{e}^{\bar{r}^2} \mathrm{d}\bar{\theta} \mathrm{d}\bar{r}}{1 + s P_{\mathrm{D}} \beta \left(\bar{r}^2 + r^2 - 2\bar{r} r \cos\bar{\theta}\right)^{-\alpha/2}}\right]\right\} r \mathrm{d}r\right) \tag{8-49}$$

考虑到 FUE 受到的干扰来自所有 DT，则干扰 $I_{\mathrm{EFU}}^{\mathrm{ET}}$ 的拉普拉斯变换为

$$\mathcal{L}_{I_{\mathrm{EFU}}^{\mathrm{ET}}}(s) = \exp\left\{-\pi \lambda_{\mathrm{DT}} \left(R_{\mathrm{D}}^2\right) {}_2F_1\left[1, 1 - \frac{2}{\alpha}; 1 - \frac{2}{\alpha} + 1; -\left(s P_{\mathrm{P}} \beta\right)^{-1} R_{\mathrm{D}}^{\alpha}\right]\right\} \times \int_{R_{\mathrm{P}}}^{\infty} \exp\left[2\lambda_{\mathrm{DT}} \int_{v_1 - R_{\mathrm{P}}}^{v_1 + R_{\mathrm{P}}} \arccos\left(\frac{r^2 + {v_1}^2 - R_{\mathrm{P}}^2}{2 v_1 r}\right) \frac{1}{1 + \left(s P_{\mathrm{P}} \beta\right)^{-1} r^2} r \mathrm{d}r\right] \times 2\pi \lambda_{\mathrm{P}} v_1 \exp\left[-\pi \lambda_{\mathrm{P}} \left(v_1^2 - \left(R_{\mathrm{P}} - R_{\mathrm{F}}\right)^2\right)\right] \mathrm{d}v_1 \tag{8-50}$$

因此，有引理 8-12。

引理 8-12　根据上述研究，则干扰 I_{EFU} 的拉普拉斯变换可以计算为

$$\mathcal{L}_{I_{\mathrm{EFU}}}(s)=\mathcal{L}_{I_{\mathrm{EFU}}^{\mathrm{EF}}}(s)\mathcal{L}_{I_{\mathrm{EFU}}^{\mathrm{CT}}}(s)\mathcal{L}_{I_{\mathrm{EFU}}^{\mathrm{ET}}}(s) \tag{8-51}$$

式中，$L_{I_{\mathrm{EFU}}^{\mathrm{EF}}}(s)$ 由式(8-47)给出；$L_{I_{\mathrm{EFU}}^{\mathrm{CT}}}(s)$ 由式(8-49)给出；$L_{I_{\mathrm{EFU}}^{\mathrm{ET}}}(s)$ 由式(8-50)给出。

2. PUE 的干扰描述

在给定的网络模型中，与 DT 和 FBS 的级联不同，由于基于 PSP 进行 PCP 网络建模，目标 PUE 总是与簇内位于 $\boldsymbol{x}_{\mathrm{P}}^{\mathrm{C}}$ 的 PBS 级联。根据设计的频谱分配方案，在子带 W_1 上，PUE、簇边缘 FUE 和 D2D 共享该子带，簇中心 D2D 和簇边缘 D2D 用户都共享该 W_1 频段，从而目标 PUE 受到的干扰包含来自其他 PBS 的干扰 $I_{\mathrm{PU}}^{\mathrm{P}}$、簇边缘 FBS 的干扰 $I_{\mathrm{PU}}^{\mathrm{EF}}$、簇中心 DT 的干扰 $I_{\mathrm{PU}}^{\mathrm{CT}}$ 和簇边缘 DT 的干扰 $I_{\mathrm{PU}}^{\mathrm{ET}}$，则 I_{PU} 写为

$$I_{\mathrm{PU}}=I_{\mathrm{PU}}^{\mathrm{P}}+I_{\mathrm{PU}}^{\mathrm{EF}}+I_{\mathrm{PU}}^{\mathrm{CT}}+I_{\mathrm{PU}}^{\mathrm{ET}} \tag{8-52}$$

记 $X_{\mathrm{P}}^{\mathrm{C}}=\left\|\boldsymbol{x}_{\mathrm{P}}^{\mathrm{C}}\right\|$ 为 PUE 到其服务 PBS 的级联距离，受到的所有干扰 $I_{\mathrm{PU}}^{\mathrm{P}}$ 都分布在区域 $\bar{B}\left(X_{\mathrm{P}}^{\mathrm{C}},R_{\mathrm{P}}\right)$ 内，则该干扰为 $I_{\mathrm{PU}}^{\mathrm{P}}=\sum_{\boldsymbol{x}_{\mathrm{P}}\in\Phi_{\mathrm{P}}\cap\bar{B}\left(X_{\mathrm{P}}^{\mathrm{C}},R_{\mathrm{P}}\right)\setminus\boldsymbol{x}_{\mathrm{P}}^{\mathrm{C}}}P_{\mathrm{P}}g_{\boldsymbol{x}_{\mathrm{P}}}\beta\left\|\boldsymbol{x}_{\mathrm{P}}\right\|^{-\alpha}$，$g_{\boldsymbol{x}_{\mathrm{P}}}$ 为服从伽马分布的小尺度衰落干扰信道功率增益，满足 $g_{\boldsymbol{x}_{\mathrm{P}}}\sim\Gamma\left(S_{\mathrm{P}},1\right)$，其 PDF 为 $f_{g_{x\mathrm{P}}}(x)=\dfrac{1}{\Gamma\left(S_{\mathrm{P}}\right)}x^{S_{\mathrm{P}}-1}\mathrm{e}^{-x}$。根据级联条件 $B_{\mathrm{P}}\left(G_{\mathrm{P}}/S_{\mathrm{P}}\right)P_{\mathrm{P}}X_{\mathrm{P}}^{-\alpha}>B_{\mathrm{F}}P_{\mathrm{F}}\left\|\boldsymbol{x}_{\mathrm{F}}\right\|^{-\alpha}$，记 $D_{\mathrm{P}}^{\mathrm{F}}\left(X_{\mathrm{P}}^{\mathrm{C}}\right)=\left(\hat{B}_{\mathrm{FP}}\hat{P}_{\mathrm{FP}}\hat{G}_{\mathrm{FP}}\right)^{1/\alpha}X_{\mathrm{P}}^{\mathrm{C}}$ 为最近的 FBS 的干扰距离。簇边缘 FBS 的干扰具体计算为 $I_{\mathrm{PU}}^{\mathrm{EF}}=\sum_{\boldsymbol{y}_{\mathrm{n}}\in\Phi_{\mathrm{EF}}\cap\bar{B}\left(D_{\mathrm{P}}^{\mathrm{F}}\left(X_{\mathrm{P}}^{\mathrm{C}}\right),R_{\mathrm{F}}\right)}P_{\mathrm{F}}h_{\boldsymbol{y}_{\mathrm{n}}}\beta\left\|\boldsymbol{y}_{\mathrm{n}}\right\|^{-\alpha}$。与 $I_{\mathrm{CD}}^{\mathrm{CT}}$ 类似，可计算出干扰 $I_{\mathrm{PU}}^{\mathrm{CT}}=\sum_{\boldsymbol{x}_{\mathrm{P}}\in\Phi_{\mathrm{P}}\cap b\left(0,R_{\mathrm{P}}\right)}\sum_{\boldsymbol{y}_{\mathrm{c}}\in B^{x\mathrm{P}}\cap\bar{B}\left(D_{\mathrm{P}}^{\mathrm{D}}\left(X_{\mathrm{P}}^{\mathrm{C}}\right),R_{\mathrm{D}}\right)}P_{\mathrm{D}}h_{\boldsymbol{y}_{\mathrm{c}}}\beta\left\|\boldsymbol{x}_{\mathrm{P}}+\boldsymbol{y}_{\mathrm{c}}\right\|^{-\alpha}$。给定 PUE 受到簇边缘 DT 的干扰由 $I_{\mathrm{PU}}^{\mathrm{ET}}=\sum_{\boldsymbol{y}_{\mathrm{n}}\in\Phi_{\mathrm{ED}}\cap b\left(0,R_{\mathrm{D}}\right)}\beta P_{\mathrm{D}}h_{\boldsymbol{y}_{\mathrm{n}}}\left\|\boldsymbol{y}_{\mathrm{n}}\right\|^{-\alpha}$ 给出。对于干扰 $I_{\mathrm{PU}}^{\mathrm{CT}}$ 和 $I_{\mathrm{PU}}^{\mathrm{ET}}$ 采用的是 D2D 通信。

与式(8-33)类似，PDF $f_{g_{x\mathrm{P}}}(x)=\dfrac{1}{\Gamma\left(S_{\mathrm{P}}\right)}x^{S_{\mathrm{P}}-1}\mathrm{e}^{-x}$，满足 $g_{\boldsymbol{x}_{\mathrm{P}}}\sim\Gamma\left(S_{\mathrm{P}},1\right)$，则 $I_{\mathrm{PU}}^{\mathrm{P}}$ 的拉普拉斯变换为

$$\mathcal{L}_{I_{\mathrm{PU}}^{\mathrm{P}}}(s)=\exp\left(-2\pi\lambda_{\mathrm{P}}\left\{\frac{R_{\mathrm{P}}^{2}-\left(X_{\mathrm{P}}^{\mathrm{C}}\right)^{2}}{2}+\frac{1}{\left[s\left(P_{\mathrm{P}}/S_{\mathrm{P}}\right)\right]^{S_{\mathrm{P}}}\left(S_{\mathrm{P}}+2/\alpha\right)}\times\left[\frac{\left(X_{\mathrm{P}}^{\mathrm{C}}\right)^{2\alpha+\alpha S_{\mathrm{P}}}}{\alpha}{}_{2}F_{1}\left(S_{\mathrm{P}},S_{\mathrm{P}}+\frac{2}{\alpha};S_{\mathrm{P}}+\frac{2}{\alpha}+1;\frac{-\left(X_{\mathrm{P}}^{\mathrm{C}}\right)^{\alpha}}{s\left(P_{\mathrm{P}}/S_{\mathrm{P}}\right)}\right)-R_{\mathrm{P}}^{2\alpha+\alpha S_{\mathrm{P}}}{}_{2}F_{1}\left(S_{\mathrm{P}},S_{\mathrm{P}}+\frac{2}{\alpha};S_{\mathrm{P}}+\frac{2}{\alpha}+1;\frac{-\left(R_{\mathrm{P}}\right)^{\alpha}}{s\left(P_{\mathrm{P}}/S_{\mathrm{P}}\right)}\right)\right]\right\}\right) \tag{8-53}$$

干扰 $I_{\mathrm{PU}}^{\mathrm{EF}}$ 的拉普拉斯变换为

$$\begin{aligned}\mathcal{L}_{I_{\mathrm{PU}}^{\mathrm{EF}}}(s)=&\int_{R_{\mathrm{P}}}^{\infty}\exp\left[2\lambda_{\mathrm{P}}\bar{c}_{\mathrm{F}}\int_{v_1-R_{\mathrm{P}}}^{v_1+R_{\mathrm{P}}}\arccos\left(\frac{r^2+v_1{}^2-R_{\mathrm{P}}^2}{2v_1 r}\right)\frac{1}{1+\left(sP_{\mathrm{F}}\beta\right)^{-1}r^2}r\mathrm{d}r\right]\\&\times\exp\left[-2\pi\lambda_{\mathrm{P}}\bar{c}_{\mathrm{F}}\int_{D_{\mathrm{P}}^{\mathrm{F}}\left(X_{\mathrm{P}}^{\mathrm{C}}\right)}^{R_{\mathrm{F}}}\frac{r\mathrm{d}r}{1+\left(sP_{\mathrm{F}}\beta\right)^{-1}r^{\alpha}}\right]\times2\pi\lambda_{\mathrm{P}}v_1\exp\left[-\pi\lambda_{\mathrm{P}}\left(v_1^2-R_{\mathrm{P}}{}^2\right)\right]\mathrm{d}v_1\end{aligned}\tag{8-54}$$

式中，$D_{\mathrm{P}}^{\mathrm{F}}\left(X_{\mathrm{P}}^{\mathrm{C}}\right)=\left(\hat{B}_{\mathrm{FP}}\hat{P}_{\mathrm{FP}}\hat{G}_{\mathrm{FP}}\right)^{1/\alpha}X_{\mathrm{P}}^{\mathrm{C}}$。

干扰 $I_{\mathrm{PU}}^{\mathrm{CT}}$ 的拉普拉斯变换为

$$\begin{aligned}&\mathcal{L}_{I_{\mathrm{PU}}^{\mathrm{CT}}}(s)\\&=\exp\left(-2\pi\lambda_{\mathrm{P}}\int_0^{R_{\mathrm{P}}+R_{\mathrm{D}}}\left\{1-\exp\left[-pq\bar{c}_{\mathrm{D}}\int_0^{R_{\mathrm{D}}}\int_0^{2\pi}\frac{\bar{r}\mathrm{e}^{\bar{r}^2}\mathrm{d}\bar{\theta}\mathrm{d}\bar{r}}{1+sP_{\mathrm{D}}\beta\left(\bar{r}^2+r^2-2r\bar{r}\cos\bar{\theta}\right)^{-2/\alpha}}\right]\right\}r\mathrm{d}r\right)\end{aligned}\tag{8-55}$$

考虑簇边缘 DT 由其级联的 UE 确定，与其最近的点距离至少为 $R_{\mathrm{P}}-R_{\mathrm{D}}$，则干扰 $I_{\mathrm{PU}}^{\mathrm{ET}}$ 的拉普拉斯变换为

$$\begin{aligned}\mathcal{L}_{I_{\mathrm{PU}}^{\mathrm{ET}}}(s)=&\exp\left\{-2\pi pq\bar{c}_{\mathrm{D}}\left[\frac{1}{\alpha}\left(R_{\mathrm{D}}^2\right){}_2F_1\left(1,1-\frac{2}{\alpha};1-\frac{2}{\alpha}+1;-\left(s\beta P_{\mathrm{D}}\right)^{-1}R_{\mathrm{D}}^{\alpha}\right)\right]\right\}\\&\times\int_{R_{\mathrm{P}}}^{\infty}\exp\left[2pq\bar{c}_{\mathrm{D}}\int_{v_1-R_{\mathrm{P}}}^{v_1+R_{\mathrm{P}}}\arccos\left(\frac{r^2+v_1{}^2-R_{\mathrm{P}}^2}{2v_1 r}\right)\frac{r\mathrm{d}r}{1+\left(sP_{\mathrm{D}}\beta\right)^{-1}r^2}\right]\\&\times2\pi\lambda_{\mathrm{P}}v_1\exp\left[-\pi\lambda_{\mathrm{P}}\left(v_1^2-R_{\mathrm{P}}{}^2\right)\right]\mathrm{d}v_1\end{aligned}\tag{8-56}$$

基于上述分析，可得引理 8-13。

引理 8-13 目标 PUE 与位于 $\boldsymbol{x}_{\mathrm{P}}^{\mathrm{C}}$ PBS 级联时，级联距离为 $X_{\mathrm{P}}^{\mathrm{C}}=\left\|\boldsymbol{x}_{\mathrm{P}}^{\mathrm{C}}\right\|$，受到干扰 I_{PU} 的拉普拉斯变换为

$$\mathcal{L}_{I_{\mathrm{PU}}}(s)=\mathcal{L}_{I_{\mathrm{PU}}^{\mathrm{P}}}(s)\mathcal{L}_{I_{\mathrm{PU}}^{\mathrm{EF}}}(s)\mathcal{L}_{I_{\mathrm{PU}}^{\mathrm{CT}}}(s)\mathcal{L}_{I_{\mathrm{PU}}^{\mathrm{ET}}}(s)\tag{8-57}$$

式中，$\mathcal{L}_{I_{\mathrm{PU}}^{\mathrm{P}}}(s)$ 由式(8-53)给出；$\mathcal{L}_{I_{\mathrm{PU}}^{\mathrm{EF}}}(s)$ 由式(8-54)给出；$\mathcal{L}_{I_{\mathrm{PU}}^{\mathrm{CT}}}(s)$ 由式(8-55)给出；$\mathcal{L}_{I_{\mathrm{PU}}^{\mathrm{ET}}}(s)$ 由(8-56)给出。

3. MUE 的干扰分析

首先分析簇中心 MUE 干扰，在子带 W_2 上，目标簇中心 MUE 受到的干扰主

要包含除了其服务 BS 之外簇中心 MUE 的干扰 $I_{\mathrm{CMU}}^{\mathrm{M}}$ 和簇中心 FBS 的干扰 $I_{\mathrm{CMU}}^{\mathrm{CF}}$，则 I_{CMU} 写为

$$I_{\mathrm{CMU}} = I_{\mathrm{CMU}}^{\mathrm{M}} + I_{\mathrm{CMU}}^{\mathrm{CF}} \tag{8-58}$$

记 $X_{\mathrm{M}}^{\mathrm{C}} = \left\|\boldsymbol{x}_{\mathrm{M}}^{\mathrm{C}}\right\|$ 为给定 UE 与其服务 MBS 之间的接入距离，则干扰 $I_{\mathrm{CMU}}^{\mathrm{M}}$ 写为 $I_{\mathrm{CMU}}^{\mathrm{M}} = \sum_{\boldsymbol{x}_{\mathrm{M}} \in \Phi_{\mathrm{M}} \cap \bar{B}\left(X_{\mathrm{M}}^{\mathrm{C}}, R_{\mathrm{M}}\right) \backslash \boldsymbol{x}_{\mathrm{M}}^{\mathrm{C}}} \left(P_{\mathrm{M}} / S_{\mathrm{M}}\right) g_{\boldsymbol{x}_{\mathrm{M}}} \beta \left\|\boldsymbol{x}_{\mathrm{M}}\right\|^{-\alpha}$，干扰 MBS 的主要分布在半径为 $\left\|\boldsymbol{x}_{\mathrm{M}}\right\|$ 和 R_{M} 圆环 $\boldsymbol{x}_{\mathrm{M}} \in \Phi_{\mathrm{M}} \cap \bar{B}\left(\boldsymbol{x}_{\mathrm{M}}, R_{\mathrm{M}}\right) \backslash \boldsymbol{x}_{\mathrm{M}}^{\mathrm{C}}$ 内，$g_{\boldsymbol{x}_{\mathrm{M}}}$ 是遵循伽马分布随机变量小尺度衰落信道增益，满足 $g_{\boldsymbol{x}_{\mathrm{M}}} \sim \Gamma\left(S_{\mathrm{M}}, 1\right)$，PDF $f_{g_{\boldsymbol{x}_{\mathrm{M}}}}(x) = \dfrac{x^{S_{\mathrm{M}}-1} \mathrm{e}^{-x}}{\Gamma\left(S_{\mathrm{M}}\right)}$。可以发现 $I_{\mathrm{CMU}}^{\mathrm{M}}$ 和 $I_{\mathrm{PU}}^{\mathrm{P}}$ 的拉普拉斯变换具有相似性，$I_{\mathrm{CMU}}^{\mathrm{M}}$ 的拉普拉斯变换为

$$\begin{aligned}
\mathcal{L}_{I_{\mathrm{CMU}}^{\mathrm{M}}}(s) = \exp\Bigg[& -2\pi\lambda_{\mathrm{M}} \Bigg(\frac{1}{\alpha} \Bigg\{ \frac{\left(X_{\mathrm{M}}\right)^{2\alpha + \alpha S_{\mathrm{M}}}}{\left[s\left(P_{\mathrm{M}} / S_{\mathrm{M}}\right)\right]^{S_{\mathrm{M}}} \left(S_{\mathrm{M}} + 2/\alpha\right)} {}_2F_1\Bigg(S_{\mathrm{M}}, S_{\mathrm{M}} + \frac{2}{\alpha}; \\
& S_{\mathrm{M}} + \frac{2}{\alpha} + 1; \frac{-X_{\mathrm{M}}^{\alpha}}{S\left(P_{\mathrm{M}} / S_{\mathrm{M}}\right)} \Bigg) \Bigg\} - \Bigg\{ \frac{R_{\mathrm{M}}^{2\alpha + \alpha S_{\mathrm{M}}}}{\left[s\left(P_{\mathrm{M}} / S_{\mathrm{M}}\right)\right]^{S_{\mathrm{M}}} \left(S_{\mathrm{M}} + 2/\alpha\right)} {}_2F_1\Bigg(S_{\mathrm{M}}, S_{\mathrm{M}} + \frac{2}{\alpha}; \\
& S_{\mathrm{M}} + \frac{2}{\alpha} + 1; \frac{-R_{\mathrm{M}}^2}{s\left(P_{\mathrm{M}} / S_{\mathrm{M}}\right)} \Bigg) \Bigg\} + \frac{R_{\mathrm{M}}^2}{2} - \frac{X_{\mathrm{M}}^2}{2} \Bigg) \Bigg]
\end{aligned} \tag{8-59}$$

簇中心 MUE 受到簇中心 FBS 的干扰 $I_{\mathrm{CMU}}^{\mathrm{CF}}$ 为

$$I_{\mathrm{CMU}}^{\mathrm{CF}} = \sum_{\boldsymbol{x}_{\mathrm{P}} \in \Phi_{\mathrm{P}} \in b\left(0, R_{\mathrm{P}} + R_{\mathrm{F}}\right)} \sum_{\boldsymbol{y}_{\mathrm{c}} \in B^{\boldsymbol{x}_{\mathrm{P}}} \cap \bar{B}\left(D_{\mathrm{M}}^{\mathrm{F}}\left(X_{\mathrm{M}}^{\mathrm{C}}\right), R_{\mathrm{F}}\right)} P_{\mathrm{F}} \beta h_{\boldsymbol{y}_{\mathrm{c}}} \left\|\boldsymbol{x}_{\mathrm{P}} + \boldsymbol{y}_{\mathrm{c}}\right\|^{-\alpha} \tag{8-60}$$

式中，$D_{\mathrm{M}}^{\mathrm{F}}\left(X_{\mathrm{M}}^{\mathrm{C}}\right) = \left(\hat{B}_{\mathrm{FM}} \hat{P}_{\mathrm{FM}} \hat{G}_{\mathrm{FM}}\right)^{1/\alpha} X_{\mathrm{M}}^{\mathrm{C}}$。

干扰 $I_{\mathrm{CMU}}^{\mathrm{CF}}$ 的拉普拉斯变换为

$$\begin{aligned}
\mathcal{L}_{I_{\mathrm{CMU}}^{\mathrm{CF}}}(s) &= \mathbb{E}\left\{\exp\left(-s I_{\mathrm{CMU}}^{\mathrm{CF}}\right)\right\} \\
&= \exp\left(-2\pi\lambda_{\mathrm{P}} \int_0^{R_{\mathrm{P}} + R_{\mathrm{F}}} \left\{ 1 - \exp\left[-\bar{c}_{\mathrm{F}} \int_{D_{\mathrm{M}}^{\mathrm{F}}\left(X_{\mathrm{M}}^{\mathrm{C}}\right)}^{R_{\mathrm{F}}} \int_0^{2\pi} \frac{\bar{r}\, \mathrm{e}^{\bar{r}^2} \mathrm{d}\bar{\theta} \mathrm{d}\bar{r}}{1 + s P_{\mathrm{F}} \beta \left(\bar{r}^2 + r^2 - 2r\bar{r}\cos\bar{\theta}\right)^{-2/\alpha}} \right] \right\} r \mathrm{d}r \right)
\end{aligned} \tag{8-61}$$

引理 8-14 簇中心 MUE 与位于 $\boldsymbol{x}_{\mathrm{M}}^{\mathrm{C}}$ MBS 级联时，级联距离为 $X_{\mathrm{M}}^{\mathrm{C}} = \left\|\boldsymbol{x}_{\mathrm{M}}^{\mathrm{C}}\right\|$，干扰记为 $I_{\mathrm{CMU}} = I_{\mathrm{CMU}}^{\mathrm{M}} + I_{\mathrm{CMU}}^{\mathrm{CF}}$，其拉普拉斯变换为 $\mathcal{L}_{I_{\mathrm{CMU}}}(s) = \mathcal{L}_{I_{\mathrm{CMU}}^{\mathrm{M}}}(s) \times \mathcal{L}_{I_{\mathrm{CMU}}^{\mathrm{CF}}}(s)$，

式中 $\mathcal{L}_{I_{\text{CMU}}^{\text{M}}}(s)$ 和 $\mathcal{L}_{I_{\text{CMU}}^{\text{CF}}}(s)$ 分别由式(8-59)和式(8-61)给出。

接下来分析目标簇边缘 MUE 处的干扰 I_{EMU}，主要包含簇边缘 MBS 的干扰 $I_{\text{EMU}}^{\text{M}}$ 和簇中心 FBS 的干扰 $I_{\text{EMU}}^{\text{CF}}$，则 I_{EMU} 写为

$$I_{\text{EMU}} = I_{\text{EMU}}^{\text{M}} + I_{\text{EMU}}^{\text{CF}} \tag{8-62}$$

式(8-62)中干扰不包含其服务 MBS。

记 $X_{\text{M}}^{\text{E}} = \left\| \boldsymbol{x}_{\text{M}}^{\text{E}} \right\|$ 为目标 UE 与其服务 MBS 间的接入距离，干扰 $I_{\text{EMU}}^{\text{M}}$ 为 $I_{\text{EMU}}^{\text{M}} = \sum_{\boldsymbol{x}_{\text{M}} \in \Phi_{\text{M}} \cap \bar{B}\left(X_{\text{M}}^{\text{E}}, R_{\text{M}}\right) \setminus \boldsymbol{x}_{\text{M}}^{\text{E}}} \left(P_{\text{M}} / S_{\text{M}}\right) g_{\boldsymbol{x}_{\text{M}}} \beta \left\| \boldsymbol{x}_{\text{M}} \right\|^{-\alpha}$。式(8-62)的簇中心 FBS 干扰 $I_{\text{EMU}}^{\text{CF}}$ 为

$$I_{\text{EMU}}^{\text{CF}} = \sum_{\boldsymbol{x}_{\text{P}} \in \Phi_{\text{P}} \in \bar{B}\left(R_{\text{P}}, R_{\text{P}}+R_{\text{F}}\right)} \sum_{\boldsymbol{y}_{\text{c}} \in B^{X_{\text{P}}} \cap \bar{B}\left(D_{\text{M}}^{\text{F}}\left(X_{\text{M}}^{\text{E}}\right), R_{\text{F}}\right)} P_{\text{F}} \beta h_{\boldsymbol{y}_{\text{c}}} \left\| \boldsymbol{x}_{\text{P}} + \boldsymbol{y}_{\text{c}} \right\|^{-\alpha} \tag{8-63}$$

式中，$D_{\text{M}}^{\text{F}}\left(X_{\text{M}}^{\text{E}}\right) = \left(\hat{B}_{\text{FM}} \hat{P}_{\text{FM}} \hat{G}_{\text{FM}}\right)^{1/\alpha} X_{\text{M}}^{\text{E}}$。

干扰 $I_{\text{EMU}}^{\text{CF}}$ 的拉普拉斯变换为

$$\begin{aligned}
&\mathcal{L}_{I_{\text{EMU}}^{\text{CF}}}(s) = \mathbb{E}\left\{ \exp\left(-s I_{\text{EMU}}^{\text{CF}}\right) \right\} \\
&= \exp\left(-2\pi\lambda_{\text{P}} \int_{R_{\text{P}}}^{R_{\text{P}}+R_{\text{F}}} \left\{ 1 - \exp\left[-\bar{c}_{\text{F}} \int_{D_{\text{M}}^{\text{F}}\left(X_{\text{M}}^{\text{E}}\right)}^{R_{\text{F}}} \int_{0}^{2\pi} \frac{\bar{r}\, \mathrm{e}^{\bar{r}^2} \mathrm{d}\bar{\theta} \mathrm{d}\bar{r}}{1 + S P_{\text{F}} \beta \left(\bar{r}^2 + r^2 - 2r\bar{r}\cos\bar{\theta}\right)^{-2/\alpha}} \right] \right\} r \mathrm{d}r \right)
\end{aligned} \tag{8-64}$$

引理 8-15 当目标簇边缘 MUE 与位于 $\boldsymbol{x}_{\text{M}}^{\text{E}}$ 处的 MBS 级联，级联距离为 $X_{\text{M}}^{\text{E}} = \left\| \boldsymbol{x}_{\text{M}}^{\text{E}} \right\|$，其接收到的总干扰为 $I_{\text{EMU}} = I_{\text{EMU}}^{\text{M}} + I_{\text{EMU}}^{\text{CF}}$，且总干扰的 I_{EMU} 拉普拉斯变换为 $\mathcal{L}_{I_{\text{EMU}}}(s) = \mathcal{L}_{I_{\text{EMU}}^{\text{M}}}(s) \times \mathcal{L}_{I_{\text{EMU}}^{\text{CF}}}(s)$，其中干扰 $I_{\text{EMU}}^{\text{M}}$ 的 $\mathcal{L}_{I_{\text{EMU}}^{\text{M}}}(s)$ 可以根据 $\mathcal{L}_{I_{\text{CMU}}^{\text{M}}}(s)$ 并采用变量 X_{M}^{C} 到 X_{M}^{E} 的变化导出，干扰 $I_{\text{EMU}}^{\text{CF}}$ 的拉普拉斯变换由式(8-64)给出，级联距离距离 $\boldsymbol{x}_{\text{M}}^{\text{E}}$ 的 PDF 由式(8-29)给出。

8.4 网络覆盖概率分析

根据上述推导分析，了解到 D2D 混合蜂窝网络下用户的干扰一般特性，并根据 PCP 模型和新的管理方案给出了不同场景下用户的级联和干扰估计，接下来对覆盖特性进行评估。本节给定 UE 的级联类型主要包含四种(DT、FBS、PBS 和 MBS)，则目标 UE 接收到的 SINR 为

$$\mathrm{SINR}_z^Y\left(\left\|\boldsymbol{x}_z^Y\right\|\right)=\frac{P_{z,\mathrm{r}}\left(\left\|\boldsymbol{x}_z^Y\right\|\right)}{I_{Yz}+\sigma^2} \tag{8-65}$$

式中，σ^2 为热噪声功率；$z\in\{\mathrm{D,F,P,M}\}$；$Y\in\{\mathrm{C,E}\}$；$P_{z,\mathrm{r}}\left(\left\|\boldsymbol{x}_z^Y\right\|\right)$ 为给定 UE 与位于 $\boldsymbol{x}_z^Y$ 处的服务 BS(或 DT)级联时的瞬时信号功率；级联距离为 $X_z^Y=\left\|\boldsymbol{x}_z^Y\right\|$；$I_{Yz}$ 为目标 z 受到的干扰。

给定 UE 的覆盖概率定义为接收 SINR 的 CCDF，覆盖概率的一般形式可写为

$$\begin{aligned}
&C_z^Y\left(X_z^Y\right)\\
&=\Pr\left\{\mathrm{SINR}_z^Y\left(\left\|\boldsymbol{x}_z^Y\right\|\right)>\tau\right\}=\mathbb{E}_{X_\mathrm{F}^\mathrm{C}}\left\{\frac{P_z/S_z g_{\|X_z\|}\beta\left\|\boldsymbol{x}_z\right\|^{-\alpha}}{I_{Yz}+\sigma^2}>\tau\right\}\\
&=\mathbb{E}\left\{g_{\|\boldsymbol{x}_z\|}>\left(I_{Yz}+\sigma^2\right)\left(\frac{\tau\left(X_\mathrm{F}^\mathrm{C}\right)^\alpha}{P_z\beta/S_z}\right)\right\}
\end{aligned} \tag{8-66}$$

式中，τ 为给定的 SINR 阈值。不失一般性，假设所有链路的 SINR 阈值相同。根据该覆盖概率的一般形式，接下来分别讨论不同级联时的具体覆盖概率，从而可以得到网络总覆盖概率。

8.4.1 D2D 通信网络覆盖概率

如图 8-2 所示，D2D 通信模式下，目标簇中心(或簇边缘)DR 接收的 SINR 表示为

$$\mathrm{SINR}_\mathrm{D}^Y\left(\left\|\boldsymbol{x}_\mathrm{D}^Y\right\|\right)=\frac{P_\mathrm{D}\beta h_{\boldsymbol{x}_\mathrm{D}^Y}\left\|\boldsymbol{x}_\mathrm{D}^Y\right\|^{-\alpha}}{I_{Y\mathrm{D}}+\sigma^2} \tag{8-67}$$

式中，$P_{\mathrm{D,r}}\left(\left\|\boldsymbol{x}_\mathrm{D}^Y\right\|\right)$ 为接收信号功率，$Y\in\{\mathrm{C,E}\}$；干扰 $I_{Y\mathrm{D}}$ 分别由式(8-30)和式(8-36)给出。

在 DT 和 DR 之间的小尺度衰落增益满足 $h_{\boldsymbol{x}_\mathrm{D}^Y}\sim\exp(1)$，则根据引理 2-4 的式(2-46)，目标簇中心(或簇边缘)D2D 下行链路的覆盖概率为

$$\begin{aligned}
C_\mathrm{D}^Y\left(\left\|\boldsymbol{x}_\mathrm{D}^Y\right\|\right)&=\mathbb{E}\left\{\mathrm{SINR}_\mathrm{D}^Y\left(\left\|\boldsymbol{x}_\mathrm{D}^Y\right\|\right)>\tau\right\}\\
&=\mathbb{E}_{X_\mathrm{D}^Y}\left\{\exp\left(-\frac{\tau\left\|\boldsymbol{x}_\mathrm{D}^Y\right\|^\alpha\sigma^2}{P_\mathrm{D}\beta}\right)\left(\mathcal{L}_{I_{Y\mathrm{D}}}(s)\right)\middle| s=\frac{\tau}{P_\mathrm{D}\beta}\left\|\boldsymbol{x}_\mathrm{D}^Y\right\|^\alpha\right\}
\end{aligned} \tag{8-68}$$

式中，$X_{\mathrm{D}}^{Y}=\left\|\boldsymbol{x}_{\mathrm{D}}^{Y}\right\|$为目标DR与其服务DT间的接入距离，其PDF为$f_{\left\|x_{\mathrm{D}}^{Y}\right\|}(x)=\dfrac{2x}{R_{\mathrm{D}}^{2}}$。由此，得定理8-1，给出了给定DR的SINR覆盖概率。

定理 8-1 D2D通信模式中，当位于不同簇位置的目标DR和DT级联时，可达的SINR覆盖概率为

$$C_{\mathrm{D}}^{Y}=\int_{0}^{R_{\mathrm{D}}}\mathcal{L}_{I_{Y\mathrm{D}}}\left(\frac{\tau x^{\alpha}}{P_{\mathrm{D}}\beta}\right)\times\exp\left(-\frac{\tau x^{\alpha}}{P_{\mathrm{D}}\beta}\sigma^{2}\right)f_{X_{\mathrm{D}}^{Y}}(x)\mathrm{d}x \tag{8-69}$$

式中，$Y\in\{\mathrm{C},\mathrm{E}\}$；簇中心和簇边缘DR的$\mathcal{L}_{I_{\mathrm{CD}}}(s)$和$\mathcal{L}_{I_{\mathrm{ED}}}(s)$分别由式(8-35)和式(8-41)给出。

定理8-2给出了目标UE的总覆盖概率。

定理 8-2 D2D通信模式中，D2D共享子带W_1，则目标UE的总覆盖概率为

$$C_{\mathrm{D2D}}^{\mathrm{Tot}}=\Lambda_{\mathrm{D}}^{\mathrm{C}}C_{\mathrm{D}}^{\mathrm{C}}+\Lambda_{\mathrm{D}}^{\mathrm{E}}C_{\mathrm{D}}^{\mathrm{E}} \tag{8-70}$$

式中，$\Lambda_{\mathrm{D}}^{\mathrm{C}}$和$\Lambda_{\mathrm{D}}^{\mathrm{E}}$分别为目标DR位于不同簇位置的级联概率。

基于上述分析，覆盖概率与发射功率P_{D}和P_{P}的关系如图8-7所示。开始随着发射功率P_{D}的增加，来自DT的干扰会增加，使覆盖概率$C_{\mathrm{D}}^{\mathrm{C}}$和$C_{\mathrm{D}}^{\mathrm{E}}$逐渐减小。当发射功率$P_{\mathrm{D}}$增大到一定程度时，覆盖概率$C_{\mathrm{D}}^{\mathrm{C}}$和$C_{\mathrm{D}}^{\mathrm{E}}$逐渐增大，原因是这种场景下DT的信号比MBS、PBS和FBS的信号强更强。存在一个值P_{D}^{*}，当发射功率P_{D}小于P_{D}^{*}时，覆盖概率$C_{\mathrm{D}}^{\mathrm{C}}$小于$C_{\mathrm{D}}^{\mathrm{E}}$，否则$C_{\mathrm{D}}^{\mathrm{C}}$大于$C_{\mathrm{D}}^{\mathrm{E}}$。目标DR与簇中心DT级联受到的干扰大于与簇边缘DT级联受到的干扰。当发射功率P_{D}较大时，由于FBS和PBS的干扰相对较小，系统降低到无干扰状态。在这种情况下，簇中心D2D链路的路径损耗小于簇边缘链路的路径损耗，所以覆盖概率$C_{\mathrm{D}}^{\mathrm{C}}$大于$C_{\mathrm{D}}^{\mathrm{E}}$。

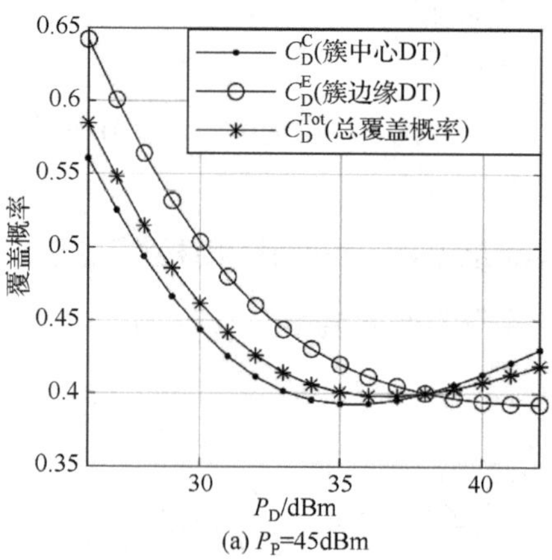

(a) P_{P}=45dBm

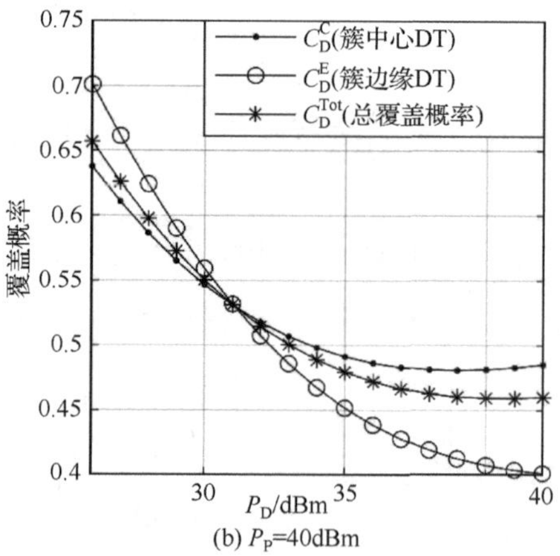

(b) P_{P}=40dBm

图8-7 覆盖概率与P_{P}和P_{D}的关系

8.4.2　蜂窝 UE 簇覆盖概率

1. FUE 覆盖概率

从图 8-2 可以看出，当给定目标簇 UE 与位于 $\boldsymbol{x}_{\mathrm{F}}^{Y}$ 处的 FBS 级联时，在 SINR 一般形式(8-65)中，$z=\mathrm{F}$，$Y\in\{\mathrm{C},\mathrm{E}\}$，级联距离为 $X_{\mathrm{F}}^{Y}=\left\|\boldsymbol{x}_{\mathrm{F}}^{Y}\right\|$，则给定 FUE 接收到的 DL SINR 为

$$\mathrm{SINR}_{\mathrm{F}}^{Y}\left(\left\|\boldsymbol{x}_{\mathrm{F}}^{Y}\right\|\right)=\frac{P_{\mathrm{F}}h_{\boldsymbol{x}_{\mathrm{F}}^{Y}}\beta\left\|\boldsymbol{x}_{\mathrm{F}}^{Y}\right\|^{-\alpha}}{I_{Y\mathrm{FU}}+\sigma^{2}} \tag{8-71}$$

式中，小尺度衰落信道增益满足 $h_{\boldsymbol{x}_{\mathrm{F}}^{Y}}\sim\exp(1)$；级联距离为 $X_{\mathrm{F}}^{Y}=\left\|\boldsymbol{x}_{\mathrm{F}}^{Y}\right\|$；干扰 $I_{Y\mathrm{FU}}$ 分别由式(8-42)和式(8-46)给出；$Y\in\{\mathrm{C},\mathrm{E}\}$，分别表示簇中心和簇边缘 FUE。

与 D2D 通信模式不同，蜂窝通信模式考虑了有序和非有序 FBS 两种场景。类似地，根据引理 2-4 的式(2-46)，可以得到 FUE 覆盖概率，有定理 8-3。

定理 8-3　当不同簇位置的给定 UE 与 FBS 级联时，覆盖概率 C_{F}^{Y} 为

$$C_{\mathrm{F}}^{Y}=\int_{0}^{\infty}\mathcal{L}_{I_{Y\mathrm{FU}}}\left(\frac{\tau(x)^{\alpha}}{P_{\mathrm{F}}\beta}\right)\times\exp\left(-\frac{\tau x^{\alpha}}{P_{\mathrm{F}}\beta}\sigma^{2}\right)f_{X_{\mathrm{F}}^{Y}}(x)\mathrm{d}x \tag{8-72}$$

式中，$Y\in\{\mathrm{C},\mathrm{E}\}$；$\mathcal{L}_{I_{Y\mathrm{FU}}}(s)$ 由式(8-43)和式(8-51)联合给出。有序和非有序 FBS 的级联距离 X_{F}^{Y} 的 PDF 分别由式(8-16)、式(8-19)、式(8-26)和式(8-28)给出。

图 8-8 为 FUE 覆盖概率与 PBS 覆盖半径 R_{P} 和 FBS 覆盖半径 R_{F} 之间的关系。显然，随着 PBS 覆盖半径 R_{P} 的增大，有序和非有序两种情形下的 FUE 覆盖概率都在减小。可以看出，有序和非有序场景对簇边缘 FUE 覆盖概率有显著的影响，但对簇中心 FUE 覆盖概率几乎没有影响，可以忽略不计。由图 8-8 可以看出，对于簇边缘 FUE，有序 FBS 方案是否优于非有序 FBS 方案与 FBS 的覆盖半径 R_{F} 有密切的关系。当 R_{F} 较小时，有序 FBS 方案下的 FUE 覆盖概率大于非有序方案下的 FUE 覆盖概率；当 R_{F} 较大时，只有在 R_{P} 较大的区域内，有序 FBS 方案下的 FUE 覆盖性能较好。这是由于在一个给定的 TCP 簇中活动的 FBS 和 PBS 的数目 $\overline{c}_{\mathrm{F}}$ 和 $\overline{c}_{\mathrm{P}}$ 是恒定的，随着 PBS 覆盖半径 R_{P} 的增加，干扰 PBS 到 FUE 间的距离增大，干扰 PBS 信号的路径损耗最大，干扰功率降低。另外，目标簇中心 FUE 受到的干扰主要由 MBS 控制，可簇中心 FUE 覆盖性能与 FBS 有序和非有序无关，两种情形下 FUE 覆盖性能近似相同。R_{P} 增加表示簇边缘 FBS 数量减少，使得簇边缘 FUB 的干扰减小；随着 R_{F} 的增大，增加的 FBS 落入给定 FBS 的覆盖范围内。因此，对于簇边缘 FUE，有序 FBS 方案是否优于非有序 FBS 方案主要取决于覆盖半径 R_{P} 和 R_{F} 相对大小。当覆盖半径 R_{F} 较小时，随着 R_{P} 的增加，大部分干扰

FBS 位于簇中心区域，有序 FBS 数量较少，有序 FBS 方案的簇边缘 FUE 覆盖概率都大于非有序 FBS 方案。否则，只有当覆盖半径 R_P 较大时，有序 FBS 方案才具有一定的优越性。

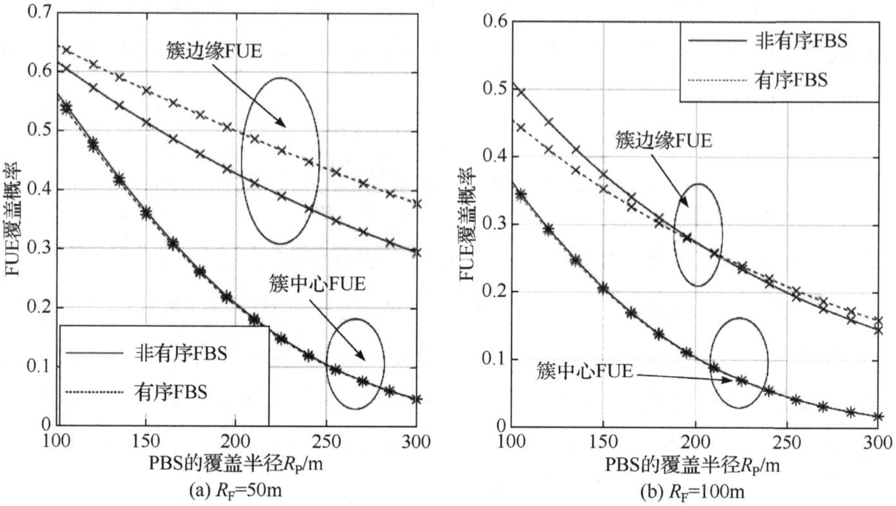

图 8-8 覆盖半径 R_P 和 R_F 对 FUE 覆盖概率的影响

2. 蜂窝 PUE 覆盖概率

对于PUE的级联，目标UE簇总是位于簇中心区域，使系统SINR模型式(8-65)中的 $z=\mathrm{P}$、$Y=\mathrm{C}$。不失一般性，为了清晰起见，可记 $\mathrm{SINR}_\mathrm{P}^\mathrm{C}$ 为给定 PUE 接收的 SINR，$P_{\mathrm{P,r}}\left(\left\|\boldsymbol{x}_\mathrm{P}^\mathrm{C}\right\|\right)=\left(P_\mathrm{P}/S_\mathrm{P}\right)g_{\boldsymbol{x}_\mathrm{P}^\mathrm{C}}\beta\left\|\boldsymbol{x}_\mathrm{P}^\mathrm{C}\right\|^{-\alpha}$ 为瞬时信号功率，$g_{\boldsymbol{x}_\mathrm{P}^\mathrm{C}}$ 为小尺度衰落信道增益，满足 $g_{\boldsymbol{x}_\mathrm{P}^\mathrm{C}}\sim\Gamma\left(N_\mathrm{P}-S_\mathrm{P}+1,1\right)=\Gamma\left(G_\mathrm{P},1\right)$，遵循参数为 $G_\mathrm{P}=N_\mathrm{P}-S_\mathrm{P}+1$ 的伽马分布，记 $X_\mathrm{P}^\mathrm{C}=\left\|\boldsymbol{x}_\mathrm{P}^\mathrm{C}\right\|$ 为级联距离，干扰 I_{PU} 由式(8-52)给出，对应的 LT 由式(8-57)给出。目标 PUE 接收到的 SINR 为

$$\mathrm{SINR}_\mathrm{P}^\mathrm{C}\left(\left\|\boldsymbol{x}_\mathrm{P}^\mathrm{C}\right\|\right)=\frac{\left(P_\mathrm{P}/S_\mathrm{P}\right)g_{\boldsymbol{x}_\mathrm{P}^\mathrm{C}}\beta\left\|\boldsymbol{x}_\mathrm{P}^\mathrm{C}\right\|^{-\alpha}}{I_{\mathrm{PU}}+\sigma^2} \tag{8-73}$$

根据式(8-73)，利用引理 2-5 的式(2-49)可得 PUE 覆盖概率为

$$\Pr\left(\mathrm{SINR}_\mathrm{P}^\mathrm{C}\left(\left\|\boldsymbol{x}_\mathrm{P}^\mathrm{C}\right\|\right)\geqslant\tau\right)$$

$$=\mathrm{E}_{\left\|\boldsymbol{x}_\mathrm{P}^\mathrm{C}\right\|}\left\{\exp\left\{-\left[\frac{\tau\left\|\boldsymbol{x}_\mathrm{P}^\mathrm{C}\right\|^{\alpha}\sigma^2}{\beta\left(P_\mathrm{P}/S_\mathrm{P}\right)}\right]\right\}\left[\sum_{k=0}^{G_\mathrm{P}-1}\frac{1}{k!}\left(\frac{\tau\left\|\boldsymbol{x}_\mathrm{P}^\mathrm{C}\right\|^{\alpha}}{P_0}\right)^{k}\sum_{m=0}^{k}\binom{n}{k}\left(\sigma^2\right)^{k-m}\frac{\mathrm{d}L_{I_{\mathrm{PU}}}\left(s\right)^{(m)}}{\mathrm{d}s^m}\right|s\right.$$

$$=\frac{\tau\left\|\boldsymbol{x}_{\mathrm{P}}^{\mathrm{C}}\right\|^{\alpha}\sigma^{2}}{\beta\left(P_{\mathrm{P}}/S_{\mathrm{P}}\right)}\Bigg]\Bigg\} \tag{8-74}$$

将干扰 I_{PU} [式(8-52)]代入式(8-74)，并利用多项式展开，有定理 8-4。

定理 8-4　当目标 UE 簇与 PBS 级联时，对于有序(非有序)FBS 这两种场景，则 SINR 覆盖概率 $C_{\mathrm{P}}^{\mathrm{C}}$ 为

$$C_{\mathrm{P}}^{\mathrm{C}}=\int_{0}^{\infty}\exp\left(-\left(\frac{\tau\left\|\boldsymbol{x}_{\mathrm{P}}^{\mathrm{C}}\right\|^{\alpha}\sigma^{2}}{\beta\left(P_{\mathrm{P}}/S_{\mathrm{P}}\right)}\right)\right)\sum_{k=0}^{G_{\mathrm{P}}-1}\frac{s^{k}}{k!}\sum_{n_1+n_2+n_3+n_4=k}\binom{k}{n_1,n_2,n_3,n_4}\left(\frac{\mathrm{d}^{n_1}\mathcal{L}_{I_{\mathrm{PU}}^{\mathrm{P}}}(s)}{\mathrm{d}s^{n_1}}\right)$$
$$\cdot\left(\frac{\mathrm{d}^{n_2}\mathcal{L}_{I_{\mathrm{PU}}^{\mathrm{EF}}}(s)}{\mathrm{d}s^{n_2}}\right)\left(\frac{\mathrm{d}^{n_3}\mathcal{L}_{I_{\mathrm{PU}}^{\mathrm{CT}}}(s)}{\mathrm{d}s^{n_3}}\right)\left(\frac{\mathrm{d}^{n_4}\mathcal{L}_{I_{\mathrm{PU}}^{\mathrm{ET}}}(s)}{\mathrm{d}s^{n_4}}\right)\Bigg|_{s=\frac{S_{\mathrm{P}}\tau\left(X_{\mathrm{p}}^{\mathrm{C}}\right)^{\alpha}}{P_{\mathrm{P}}\beta}}f_{X_{\mathrm{P}}^{\mathrm{C}}}(x)\mathrm{d}x \tag{8-75}$$

式中，$\binom{k}{n_1,n_2,n_3,n_4}=\frac{k!}{n_1!n_2!n_3!n_4!}$ 是多项式系数；$\sum\limits_{n_1+n_2+n_3+n_4=k}(\cdot)$ 表示满足常数条件为 $n_1+n_2+n_3+n_4=k$ 的非负整数 k 元组。在有序和非有序 FBS 场景下，级联距离 $X_{\mathrm{P}}^{\mathrm{CO}}$ 和 $X_{\mathrm{P}}^{\mathrm{CN}}$ 的 PDF 分别由式(8-18)和式(8-21)给出。

3. 蜂窝 MUE 覆盖概率

当位于不同位置的(簇中心或边缘)目标簇 UE 与 $\boldsymbol{x}_{\mathrm{M}}^{Y}$ 处的 MBS 级联时，级联距离为 $X_{\mathrm{M}}^{Y}=\left\|\boldsymbol{x}_{\mathrm{M}}^{Y}\right\|$，则目标 MUE 接收到的 DL SINR 为

$$\mathrm{SINR}_{\mathrm{M}}^{Y}\left(\left\|\boldsymbol{x}_{\mathrm{M}}^{Y}\right\|\right)=\frac{\left(P_{\mathrm{M}}/S_{\mathrm{M}}\right)g_{\boldsymbol{x}_{\mathrm{M}}^{Y}}\beta\left\|\boldsymbol{x}_{\mathrm{M}}^{Y}\right\|^{-\alpha}}{I_{Y\mathrm{MU}}+\sigma^{2}} \tag{8-76}$$

式中，$g_{\boldsymbol{x}_{\mathrm{M}}^{Y}}$ 为小尺度衰落信道增益，满足参数为 $N_{\mathrm{M}}-S_{\mathrm{M}}+1$ 的伽马分布。因此，通过与式(8-75)相似的准则，得定理 8-5。

定理 8-5　当位于不同位置的目标簇 UE 与 $\boldsymbol{x}_{\mathrm{M}}^{Y}$ 处的 MBS 级联时，级联距离为 $X_{\mathrm{M}}^{Y}=\left\|\boldsymbol{x}_{\mathrm{M}}^{Y}\right\|$，覆盖概率 C_{MBS}^{Y} 为

$$C_{\mathrm{M}}^{Y}=\int_{0}^{\infty}\exp\left(-\left(\frac{S_{\mathrm{M}}\tau\left\|\boldsymbol{x}_{\mathrm{P}}^{C}\right\|^{\alpha}\sigma^{2}}{P_{\mathrm{M}}\beta}\right)\right)\sum_{k=0}^{G_{\mathrm{M}}-1}\frac{1}{k!}\left(\frac{S_{\mathrm{M}}\tau}{P_{\mathrm{M}}\beta}\left(X_{\mathrm{M}}^{Y}\right)^{\alpha}\right)^{k}$$
$$\times\sum_{n=0}^{k}\binom{k}{n}\left(\frac{\mathrm{d}^{n}\mathcal{L}_{I_{Y\mathrm{MU}}^{\mathrm{M}}}(s)}{\mathrm{d}s^{n}}\right)\left(\frac{\mathrm{d}^{(k-n)}\mathcal{L}_{I_{Y\mathrm{MU}}^{\mathrm{CF}}}(s)}{\mathrm{d}s^{k-n}}\right)\Bigg|_{s=\frac{S_{\mathrm{M}}\tau\left(X_{\mathrm{M}}^{Y}\right)^{\alpha}}{P_{\mathrm{M}}\beta}} \tag{8-77}$$

式中，$\binom{k}{n}=\frac{k!}{n!(k-n)!}$是二项式系数；有序和非有序 FBS 的级联距离 $X_{\mathrm{M}}^{Y\mathrm{O}}$ 和 $X_{\mathrm{M}}^{Y\mathrm{N}}$ 的 PDF 分别由式(8-17)、式(8-20)、式(8-27)和式(8-29)给出。

最后，可以得到蜂窝通信模式的总平均覆盖概率，由定理 8-6 给出。

定理 8-6　蜂窝通信模式下，根据 ABRP 级联准则，簇中心蜂窝 UE 的总平均覆盖概率为

$$C_{\mathrm{Tot}}^{\mathrm{C}}=\Lambda_{\mathrm{F}}^{\mathrm{C}}C_{\mathrm{F}}^{\mathrm{C}}+\Lambda_{\mathrm{P}}^{\mathrm{C}}C_{\mathrm{P}}^{\mathrm{C}}+\Lambda_{\mathrm{M}}^{\mathrm{C}}C_{\mathrm{M}}^{\mathrm{C}} \tag{8-78}$$

蜂窝通信中，簇边缘 UE 的总平均覆盖概率为

$$C_{\mathrm{Tot}}^{\mathrm{E}}=\Lambda_{\mathrm{F}}^{\mathrm{E}}C_{\mathrm{F}}^{\mathrm{E}}+\Lambda_{\mathrm{M}}^{\mathrm{E}}C_{\mathrm{M}}^{\mathrm{E}} \tag{8-79}$$

蜂窝通信中，簇 UE 的总平均覆盖概率为

$$C_{\mathrm{Tot}}=\Lambda_{z}^{\mathrm{C}}C_{\mathrm{Tot}}^{\mathrm{C}}+\Lambda_{z}^{\mathrm{E}}C_{\mathrm{Tot}}^{\mathrm{E}} \tag{8-80}$$

式中，不同 FBS 场景下的覆盖概率 C_z^Y 分别由定理 8-3、定理 8-4 和定理 8-5 给出。

图 8-9 为 PUE 和 MUE 的覆盖概率。图 8-9(a)分析了 PUE 的覆盖概率，发现随着发射功率 P_{P} 的增加，目标 PUE 的覆盖概率 $C_{\mathrm{P}}^{\mathrm{C}}$ 变化非常微弱。在有序和非有序 FBS 场景下，覆盖概率 $C_{\mathrm{P}}^{\mathrm{C}}$ 趋于相同。可以发现，覆盖半径 R_{P} 的不同使覆盖概率 $C_{\mathrm{P}}^{\mathrm{C}}$ 有很大的差异，R_{P} 越小，覆盖概率 $C_{\mathrm{P}}^{\mathrm{C}}$ 越大。这是因为随着覆盖半径 R_{P} 的减小，受到其他发射机的干扰也会变小，SINR 覆盖性能得到改善。考虑到 MUE 可能属于不同的簇区域，图 8-9(b)同时给出了簇中心和簇边缘 MUE 的覆盖概率。

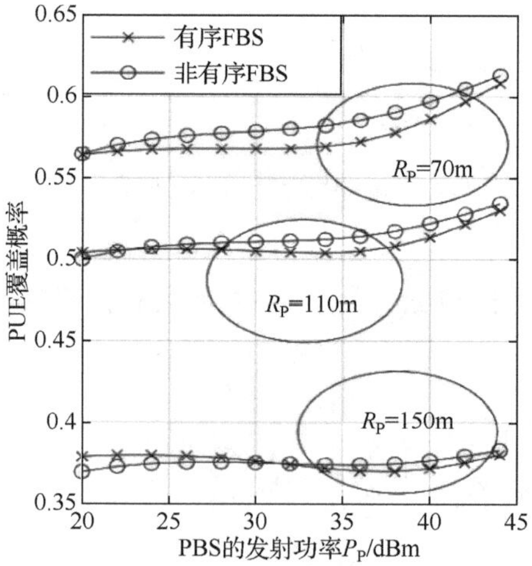

(a) PUE覆盖概率

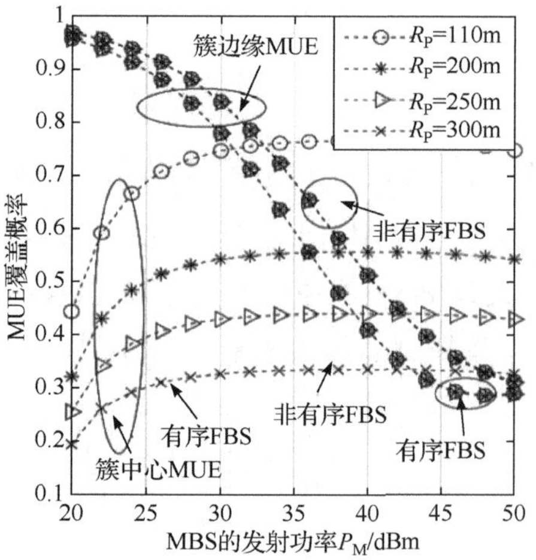

(b) MUE覆盖概率

图 8-9　覆盖概率与 R_{P} 和 P_{P} 的关系

可以看到，随 MBS 发射功率 P_M 的增大，簇边缘 MUE 的覆盖概率 C_M^E 减小，这是因为随着 P_M 的增加，来自 MBS 的层内干扰逐渐增加。非有序 FBS 下的覆盖概率 C_M^E 大于有序 FBS 下的覆盖概率。由于 MBS 的覆盖范围比较大，簇边缘 MUE 的覆盖概率 C_M^E 与覆盖半径 R_p 近似无关。覆盖概率 C_M^C 随着覆盖半径 R_p 的减小而增大，这是因为来自其他发射机的干扰减少，覆盖半径 R_p 对 C_M^C 的影响比较显著，改善了 SINR 覆盖性能。

第 9 章　中继协助的异构网络

第 8 章考虑的异构网络，主要聚焦于接入点与 UE 之间的直接通信。虽然密集部署的异构网络能保证这种直接通信，但是在实际的市区等建筑物密集应用场景中，障碍物的存在使得这种直接链路通信受限。在 5G/B5G 时代，毫米波广泛采用，较高的频率导致严重的路径损耗，直接通信受限。虽然可以采用超大规模 MIMO 技术，但是代价较大。联合大规模 MIMO 和中继协作技术，由于同时利用了大规模 MIMO 和中继系统性能增益，具有非常广阔的应用前景[306-308]。在系统中配置中继，一方面可以减小每跳的距离和路径损耗，另一方面中继可以补充能量，根据香农定理，改善了通信质量。相对于密集部署的小小区，中继数量相对较少，有较低的代价效益。目前有各种不同的高性能增益方案，如多用户大规模 MIMO 放大转发中继方案[309]，该方案同时考虑在大规模 MIMO 中继系统中采用 MRC/MRT 和 ZF，双向大规模 MIMO[310-311]。

本章将大规模 MIMO 中继协作技术应用到两层的异构网络场景中[33]，研究另一种异构网络配置方案，考虑中继协助的两层混合异构网络[312]。

9.1　中继协助两层混合异构网络

本章考虑如图 9-1 所示的两层大规模 MIMO 中继异构网络，第一层为宏小区，第二层为小小区(或微小区)。假设系统工作在时分双工(TDD)模式，且系统中有 B 个宏小区(MC)，其被密集的小小区(small cells，SC)覆盖。其中，系统中的每个宏基站(macro cell base stations，MBS)中都配置了 N 根大规模的天线阵列用来为宏小区用户(macro users，MU)服务，MU、小小区用户(small cell users，SU)和小小区基站(small cell base stations，SBS)由于空间、资源的限制都仅配置单根天线。假设 MBS 为系统提供基本的覆盖服务，被部署在 MBS 之上的 SBS 则用来加强系统的 SE 性能。本章同时假设 MBS 位于六边形小区的中心。为方便分析，通常将六边形区域作为圆形区域进行研究。假定 MU 的分布服从密度(每平方米中 MU 的个数)为 λ_{M} 的泊松点过程(Poisson point processes，PPP) Φ_{M} (除保护半径)，即在任何面积为 $A\mathrm{m}^2$ 的区域内，MU 的数量是一个服从泊松分布的值，其均值为 $A\lambda_{\mathrm{M}}$。假定稠密 SC 的分布服从密度为 λ_{SC} 的 PPP Φ_{SC}，且只有一个 SU 随机地分布在每个 SC 中，由于 SC 和 SU 的数量服从相同的分布，根据 PPP 的性质，即满足

$\lambda_S = \lambda_{SC}$。本章分别用 R_M、R_S 和 R_G 表示 MC 半径、SC 半径和 MC 的保护半径。

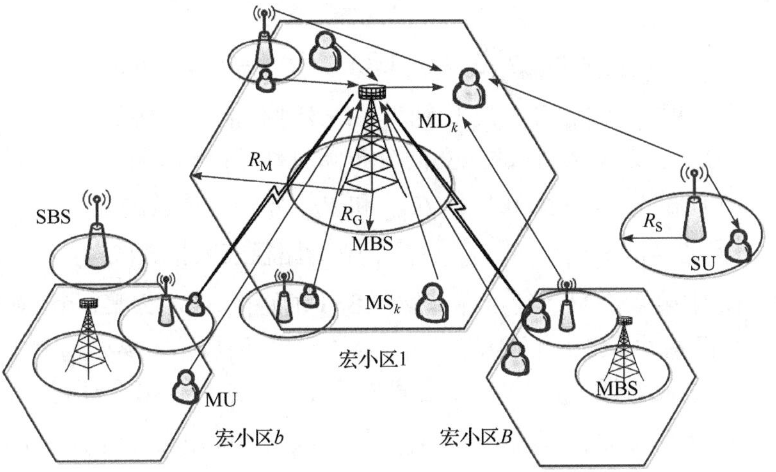

图 9-1　两层大规模 MIMO 中继异构网络

如图 9-1 所示[313]，假定宏小区 MC1 为研究的目标小区，其基站 MBS1 用来协助 K_{M1} 数量宏用户对 $(MS_k, MD_k), k=1,2,\cdots,K_{M1}$ 之间的链路通信。假定由于系统受到严重的路径损耗和几何衰减的影响，任何宏用户对 $(MS_k, MD_k), k=1,2,\cdots,K_{M1}$ 之间都不能直接进行链路的通信。由于系统采用 TDD 的网络通信模式，即当宏小区也进行相同方向的链路通信时，小小区进行上行链路通信。在目标宏小区 MC1 中，用户对 (MS_k, MD_k), $k=1,2,\cdots,K_{M1}$ 之间完整的链路分为两个连续的阶段。

在第一个阶段，系统的上行链路中 MBS1 接收到的信号为

$$\boldsymbol{y}_R = \sum_{b=1}^{B} \boldsymbol{G}_{Mb} \boldsymbol{\Lambda}_{Mb}^{1/2} \boldsymbol{x}_{Mb} + \sum_{b=1}^{B} \boldsymbol{\Omega}_{Sb} \boldsymbol{\Psi}_{Sb}^{1/2} \boldsymbol{z}_{Sb} + \boldsymbol{n}_R \tag{9-1}$$

式中，B 为系统中 MC 的数量；$\boldsymbol{x}_{Mb} \in \mathbb{C}^{K_{Mb}\times 1}$、$\boldsymbol{z}_{Sb} \in \mathbb{C}^{K_{Sb}\times 1}$ 分别表示第 b 个宏小区 MC 中 K_{Mb} 数量 MU 和 K_{Sb} 数量 SU 发射的信号。同时，假定 $\boldsymbol{x}_{Mb}$ 和 $\boldsymbol{z}_{Sb}$ 已经被归一化，即信号 $\boldsymbol{x}_{Mb}$ 和 $\boldsymbol{z}_{Sb}$ 分别满足 $\mathbb{E}\left\{\boldsymbol{x}_{Mb}\boldsymbol{x}_{Mb}^{H}\right\} = \boldsymbol{I}_{K_{Mb}}$ 和 $\mathbb{E}\left\{\boldsymbol{z}_{Sb}\boldsymbol{z}_{Sb}^{H}\right\} = \boldsymbol{I}_{K_{Sb}}$。此外，$\boldsymbol{G}_{Mb} = \left[\boldsymbol{g}_{Mb1}, \boldsymbol{g}_{Mb2}, \cdots, \boldsymbol{g}_{MbK_{Mb}}\right] \in \mathbb{C}^{N\times K_{Mb}}$ 和 $\boldsymbol{\Omega}_{Sb} = \left[\boldsymbol{\omega}_{Sb1}, \boldsymbol{\omega}_{Sb2}, \cdots, \boldsymbol{\omega}_{SbK_{Sb}}\right] \in \mathbb{C}^{N\times K_{Sb}}$ 分别为从第 b 个 MC 中 MU 和 SU 到目标中继 MBS1 的信道矩阵，考虑到小规模衰落和大规模衰落对系统的影响，本章用 g_{Mbkn} 表示第 b 个宏小区 MC 中第 k 个 MU 到 MBS1 中第 n 个天线的信道系数，可以表示为

$$g_{Mbkn} = h_{Mbkn} \beta_{Mbk}^{1/2}, \quad n=1,2,\cdots,N, \quad k=1,2,\cdots,K_{Mb} \tag{9-2}$$

用 $\omega_{\mathrm{S}bkn}$ 表示从第 b 个宏小区 MC 中第 k 个 SU 到 MBS1 中第 n 个天线的信道系数，有

$$\omega_{\mathrm{S}bkn}=h_{\mathrm{S}bkn}\beta_{\mathrm{S}bk}^{1/2},\quad n=1,2,\cdots,N,\quad k=1,2,\cdots,K_{\mathrm{S}b} \tag{9-3}$$

式(9-2)和式(9-3)中，$h_{\mathrm{M}bkn}$ 和 $h_{\mathrm{S}bkn}$ 分别为系统宏小区和小小区的小规模衰落系数，是服从均值为 0、方差为 1 的独立同分布圆对称复高斯随机变量，即分别满足 $h_{\mathrm{M}bkn}\sim\mathcal{CN}(0,1)$ 和 $h_{\mathrm{S}bkn}\sim\mathcal{CN}(0,1)$；$\beta_{\mathrm{M}bk}$ 和 $\beta_{\mathrm{S}bk}$ 分别为信道的几何衰减和阴影衰落，且分别满足 $\beta_{\mathrm{M}bk}=r_{\mathrm{M}bk}^{-\nu}$ 和 $\beta_{\mathrm{S}bk}=r_{\mathrm{S}bk}^{-\nu}$，$\nu$ 为路径衰减指数($2\leqslant\nu\leqslant6$)，$r_{\mathrm{M}bk}$ 为从第 b 个 MC 中第 k 个 MU 到目标基站 MBS1 的距离，$r_{\mathrm{S}bk}$ 为第 b 个 SC 中第 k 个 SU 到目标小区基站 MBS1 的距离。由于 MBS1 和用户的距离要远大于基站天线之间的距离，因此假设 $\beta_{\mathrm{M}bk}$ 和 $\beta_{\mathrm{S}bk}$ 之间相互独立，并且在相干时间内保持稳定。同时，用 $\boldsymbol{\Lambda}_{\mathrm{M}b}=\mathrm{diag}\left\{\zeta_{\mathrm{M}b1},\zeta_{\mathrm{M}b2},\cdots,\zeta_{\mathrm{M}bK_{\mathrm{M}b}}\right\}$ 和 $\boldsymbol{\Psi}_{\mathrm{S}b}=\mathrm{diag}\left\{\psi_{\mathrm{S}b1},\psi_{\mathrm{S}b2},\cdots,\psi_{\mathrm{S}bK_{\mathrm{S}b}}\right\}$ 分别表示第 b 个 MC 中 MU 和 SU 发射信号的功率。特别地，本章假定系统采用信道反功率控制方案。此外，$\boldsymbol{n}_{\mathrm{R}}$ 表示基站 MBS1 处的加性高斯白噪声向量，满足 $\boldsymbol{n}_{\mathrm{R}}\sim\mathcal{CN}(0,\boldsymbol{I})$。需要强调的是，上述中继信道模型依赖于良好的传播假设，其假设从中继到不同源和目的的信道是相互独立的，后面也采用类似的假设[314]。

在第二个阶段，即系统的下行链路传输阶段，由于系统采用 AF 协议，即基站首先将接收到的信源发射的信号放大，再转发到相应的信宿，MBS1 将接收到从信源 $\mathrm{MS}_k,k=1,2,\cdots,K_{M1}$ 发送的信号乘以大规模 MIMO 中继系统的预处理矩阵 $\boldsymbol{F}$ 和功率放大系数 ρ，然后将信号 $\boldsymbol{y}_{\mathrm{T}}=\rho\boldsymbol{F}\boldsymbol{y}_{\mathrm{R}}$ 转发到信宿 MD_k，$k=1,2,\cdots,K_{M1}$。由于 MU、SU 和 SC 均服从泊松随机分布，则功率放大因子 ρ 可以表示为[315]

$$\rho^2=\frac{1}{\mathbb{E}\left\{\left\|\boldsymbol{F}\boldsymbol{G}_{\mathrm{ME1}}\right\|_{\mathrm{F}}^2\right\}+\mathbb{E}_{\Phi_{\mathrm{M}}}\left\{\sum_{b=2}^{B}\mathbb{E}\left\{\left\|\boldsymbol{F}\boldsymbol{G}_{\mathrm{ME}b}\right\|_{\mathrm{F}}^2\right\}\right\}+\psi} \tag{9-4}$$

式中，定义 ψ 为

$$\psi=\mathbb{E}_{\Phi_{\mathrm{S}}}\left\{\sum_{b=1}^{B}\mathbb{E}\left\{\left\|\boldsymbol{F}\boldsymbol{\Omega}_{\mathrm{SE}b}\right\|_{\mathrm{F}}^2\right\}\right\}+\mathbb{E}\left\{\left\|\boldsymbol{F}\right\|_{\mathrm{F}}^2\right\} \tag{9-5}$$

根据式(9-1)，分别定义 $\boldsymbol{G}_{\mathrm{ME}b}=\left[\boldsymbol{g}_{\mathrm{ME}b1},\boldsymbol{g}_{\mathrm{ME}b2},\cdots,\boldsymbol{g}_{\mathrm{ME}bK_{\mathrm{M}b}}\right]=\boldsymbol{G}_{\mathrm{M}b}\boldsymbol{\Lambda}_{\mathrm{M}b}^{1/2}$ 和 $\boldsymbol{\Omega}_{\mathrm{SE}b}=\left[\boldsymbol{\omega}_{\mathrm{SE}b1},\boldsymbol{\omega}_{\mathrm{SE}b2},\cdots,\boldsymbol{\omega}_{\mathrm{SE}bK_{\mathrm{S}b}}\right]=\boldsymbol{\Omega}_{\mathrm{S}b}\boldsymbol{\Psi}_{\mathrm{S}b}^{1/2}$，即矩阵 $\boldsymbol{G}_{\mathrm{ME}b}$、$\boldsymbol{\Omega}_{\mathrm{SE}b}$ 的列向量 $\boldsymbol{g}_{\mathrm{ME}bk}$、$\boldsymbol{\omega}_{\mathrm{SE}bk}$ 分别满足 $\boldsymbol{g}_{\mathrm{ME}bk}=\boldsymbol{g}_{\mathrm{M}bk}\zeta_{\mathrm{M}bk}^{1/2}$、$\boldsymbol{\omega}_{\mathrm{SE}bk}=\boldsymbol{\omega}_{\mathrm{S}bk}\psi_{\mathrm{S}bk}^{1/2}$。因此，目标小区 MC1 中宏用户对 $\left(\mathrm{MS}_k,\mathrm{MD}_k\right)$，$k=1,2,\cdots,K_{\mathrm{M1}}$ 的信宿 MD_k 接收到的信号为

$$
\begin{aligned}
y_{\mathrm{D}k} = & \underbrace{\rho \cdot \xi_{\mathrm{M}1k}^{1/2} \zeta_{\mathrm{M}1k}^{1/2} \boldsymbol{q}_{\mathrm{M}1k}^{\mathrm{T}} \boldsymbol{F} \boldsymbol{g}_{\mathrm{M}1k} x_{\mathrm{M}1k}}_{D_k} + \underbrace{\rho \sum_{i=1, i \neq k}^{K_{\mathrm{M}1}} \xi_{\mathrm{M}1k}^{1/2} \zeta_{\mathrm{M}1i}^{1/2} \boldsymbol{q}_{\mathrm{M}1k}^{\mathrm{T}} \boldsymbol{F} \boldsymbol{g}_{\mathrm{M}1i} x_{\mathrm{M}1i}}_{I_1} \\
& + \underbrace{\rho \sum_{b=2}^{B} \sum_{i=1}^{K_{\mathrm{M}b}} \xi_{\mathrm{M}1k}^{1/2} \zeta_{\mathrm{M}bi}^{1/2} \boldsymbol{q}_{\mathrm{M}1k}^{\mathrm{T}} \boldsymbol{F} \boldsymbol{g}_{\mathrm{M}bi} x_{\mathrm{M}bi}}_{I_2} + \underbrace{\rho \sum_{b=1}^{B} \sum_{i=1}^{K_{\mathrm{S}b}} \xi_{\mathrm{M}1k}^{1/2} \psi_{\mathrm{S}bi}^{1/2} \boldsymbol{q}_{\mathrm{M}1k}^{\mathrm{T}} \boldsymbol{F} \boldsymbol{\omega}_{\mathrm{S}bi} z_{\mathrm{S}bi}}_{I_3} \\
& + \underbrace{\rho \xi^{1/2} \boldsymbol{q}_{\mathrm{M}1k}^{\mathrm{T}} \boldsymbol{F} \boldsymbol{n}_{\mathrm{R}}}_{I_4} + \underbrace{\sum_{b=1}^{B} \sum_{i=1}^{K_{\mathrm{S}b}} \theta_{\mathrm{S}bi} u_{\mathrm{S}bi}^{1/2} z_{\mathrm{S}bi}}_{I_5} + \underbrace{\sum_{b=2}^{B} \sum_{i=1}^{N} \theta_{\mathrm{M}bi} u_{\mathrm{M}bi}^{1/2} z_{\mathrm{M}bi}}_{I_6} + \underbrace{n_{\mathrm{D}k}}_{I_7}
\end{aligned} \tag{9-6}
$$

式中，$\xi_{\mathrm{M}1k}$ 为目标小区基站 MBS1 中第 k 个用户对的信源发射功率；$\theta_{\mathrm{S}bi}$ 为第 b 个小小区 SC 中第 i 个 SBS 到目标 SC1 中信宿 $\mathrm{MD}_k, k=1,2,\cdots,K_{M1}$ 的信道系数，且满足 $\theta_{\mathrm{S}bi} \sim \mathcal{CN}\left(0, \eta_{\mathrm{S}bi}^2\right)$；$z_{\mathrm{S}bi}$ 为第 b 个 SC 中第 i 个 SBS 功率为 $u_{\mathrm{S}bi}$ 的传输信号；$\theta_{\mathrm{M}bi}$ 为第 b 个 MBS 中到目标小区 SC1 中信宿 MD_k 的信道系数，且 $\theta_{\mathrm{M}bi} \sim \mathcal{CN}\left(0, \eta_{\mathrm{M}bi}^2\right)$；$z_{\mathrm{M}bi}$ 为第 b 个 SC 中 MBS 功率为 $u_{\mathrm{M}bi}$ 的第 i 个天线的发射信号。另外，定义 $\boldsymbol{Q}_{\mathrm{M}b} = \left[\boldsymbol{q}_{\mathrm{M}b1}, \boldsymbol{q}_{\mathrm{M}b2}, \cdots, \boldsymbol{q}_{\mathrm{M}bK_{\mathrm{M}b}}\right]$ 为信宿 $\mathrm{MD}_k, k=1,2,\cdots,K_{\mathrm{M}1}$ 到第 b 个 MBS 的信道矩阵，$\boldsymbol{q}_{\mathrm{M}bk} = \left[q_{\mathrm{M}bk1}, q_{\mathrm{M}bk2}, \cdots, q_{\mathrm{M}bkN}\right]$ 为信宿 MD_k 到第 b 个 MBS 的信道矢量。

类比式(9-2)、式(9-3)，则有以下关系成立：

$$
q_{\mathrm{M}bkn} = h_{\mathrm{M}bkn} \alpha_{\mathrm{M}bk}^{1/2} \tag{9-7}
$$

式中，$h_{\mathrm{M}bkn} \sim \mathcal{CN}(0,1)$ 为信道的小规模衰落系数；$\alpha_{\mathrm{M}bk}$ 为大规模衰落系数，且由 v 和 MBS1 到信宿 MD_k 之间的距离决定。

此外，式(9-6)中信宿 $\mathrm{MD}_k, k=1,2,\cdots,K_{\mathrm{M}1}$ 接收到的信号 $y_{\mathrm{D}k}$，其由八部分组成：期望信号 D_k、放大的小区间用户干扰信号 I_1、放大的小区内用户干扰信号 I_2、放大的小小区内用户信号 I_3、放大的基站噪声信号 I_4、接收到的小小区基站发射的干扰信号 I_5、相邻宏小区的干扰信号 I_6 和基站加性干扰噪声信号 I_7。因此，根据式(9-6)，信宿 MD_k 的 SINR 可表示为

$$
\gamma_{\mathrm{D}k} = \frac{\left|\boldsymbol{q}_{\mathrm{M}1k}^{\mathrm{T}} \boldsymbol{F} \boldsymbol{g}_{\mathrm{M}1k}\right|^2 \xi_{\mathrm{M}1k} \zeta_{\mathrm{M}1k}}{\sum_{i=1, i \neq k}^{K_{\mathrm{M}1}} \xi_{\mathrm{M}1k} \zeta_{\mathrm{M}1i} \left|\boldsymbol{q}_{\mathrm{M}1k}^{\mathrm{T}} \boldsymbol{F} \boldsymbol{g}_{\mathrm{M}1i}\right|^2 + \sum_{b=2}^{B} \sum_{i=1}^{K_{\mathrm{M}b}} \zeta_{\mathrm{M}1k} \xi_{\mathrm{M}bi} \left|\boldsymbol{q}_{\mathrm{M}1k}^{\mathrm{T}} \boldsymbol{F} \boldsymbol{g}_{\mathrm{M}bi}\right|^2 + N_{\mathrm{T}1}} \tag{9-8}
$$

式中，定义 $N_{\mathrm{T}1}$ 为

$$
N_{\mathrm{T}1} = \sum_{b=1}^{B} \sum_{i=1}^{K_{\mathrm{S}b}} \xi_{\mathrm{M}1k} \psi_{\mathrm{S}bi} \left|\boldsymbol{q}_{\mathrm{M}1k}^{\mathrm{T}} \boldsymbol{F} \boldsymbol{\omega}_{\mathrm{S}bi}\right|^2 + \xi_{\mathrm{M}1k} \left\|\boldsymbol{q}_{\mathrm{M}1k}^{\mathrm{T}} \boldsymbol{F}\right\|_{\mathrm{F}}^2
$$

$$+\left(\sum_{b=1}^{B}\sum_{i=1}^{K_{Sb}}\left|\theta_{Sbi}\right|^2 u_{Sbi}+\sum_{b=2}^{B}\sum_{i=1}^{N}\left|\theta_{Mbi}\right|^2 u_{Mbi}+1\right)\times\frac{1}{\rho^2} \tag{9-9}$$

由于 MU、SC 和 SU 均服从 PPP，因此目标小区 MC1 实现系统总的 SE 可表示为

$$R_{M1}=\sum_{K_{M1}=0}^{\infty}\mathbb{E}\left\{\sum_{k=1}^{K_{M1}}\frac{1}{2}\log_2\left(1+\gamma_{Dk}\right)\middle|\kappa=K_{M1}\right\}\times\Pr\left(\kappa=K_{M1}\right) \tag{9-10}$$

式中，随机变量κ为 MC1 中 MU 的平均个数；系数 1/2 表示系统通信需要两个时隙(上行和下行两个阶段)。由于 MU 的位置服从密度为λ_M的独立同分布 PPPs Φ_M，因此随机变量κ是密度为$\mu_M=\lambda_M A_{M1}$的泊松分布。其中，A_{M1}为目标小区 MC1 的面积，且其 PDF 满足$\Pr\left(\kappa=K_{M1}\right)=\mu_M^{K_{M1}}e^{-\mu_M}/\left(K_{M1}\right)!$。式(9-10)可表示为

$$R_{M1}=\sum_{K_{M1}=0}^{\infty}K_{M1}\mathbb{E}\left\{\frac{1}{2}\log_2\left(1+\gamma_{Dk}\right)\middle|\kappa=K_{M1}\right\}\times\frac{\mu_M^{K_{M1}}e^{-\mu_M}}{\left(K_{M1}\right)!} \tag{9-11}$$

由式(9-11)可知，为了得到R_{M1}的近似解，宏用户对$\left(MS_k,MD_k\right)$，$k=1,2,\cdots,K_{M1}$的条件概率必须首先给出，即

$$R_{M1k}=\frac{1}{2}\mathbb{E}\left\{\log_2\left(1+\gamma_{Dk}\right)\middle|\kappa=K_{M1}\right\} \tag{9-12}$$

式中，系统的 SINR γ_{Dk}由(式 9-8)定义。通常，直接将式(9-8)代入式(9-12)是很难得到R_{M1k}的。为了解决这个问题，利用凸函数$\log_2\left(1+1/x\right)$和詹森(Jenson)不等式，R_{M1k}的下界可以表示为

$$R_{M1k}\geqslant\widehat{R}_{M1k}=\frac{1}{2}\log_2\left(1+\frac{1}{E_{\gamma_{Dk}}}\right) \tag{9-13}$$

根据詹森不等式，$E_{\gamma_{Dk}}$定义为

$$E_{\gamma_{Dk}}=\mathbb{E}\left(1/\gamma_{Dk}\right) \tag{9-14}$$

由以上可知，为了得到系统目标小区 SE 的下界，必须首先计算$E_{\gamma_{Dk}}$和式(9-4)定义的ρ^2(或$1/\rho^2$)。9.2 节和 9.3 节将分别采用 MRC/MRT 和迫零接收/迫零传输(ZFR/ZFT)两种预处理方案来计算$E_{\gamma_{Dk}}$和ρ^2(或$1/\rho^2$)。

9.2 MRC/MRT 预处理方案

本节采用 MRC/MRT 预处理方案来进行信号的预处理。MRC/MRT 方案是在

功率约束限制下来消除信道间干扰，能进一步地最大化每个信宿的 SINR[310-311]。当目标小区的大规模基站采用 MRC/MRT 方案时，MBS1 首先采用 MRC 技术组合 MC1 宏用户 $\mathrm{MS}_k, k=1,2,\cdots,K_{\mathrm{M1}}$ 发送的信号，然后通过 MRT 技术将经过放大的信号转发到信宿 $\mathrm{MD}_k, k=1,2,\cdots,K_{\mathrm{M1}}$。假设宏基站 MBS1 具有完好的信道状态信息(CSI)，MRC/MRT 预处理矩阵 $\boldsymbol{F}$ 可表示为

$$\boldsymbol{F}=\boldsymbol{Q}_{\mathrm{M1}}^{*}\boldsymbol{G}_{\mathrm{M1}}^{\mathrm{H}} \tag{9-15}$$

根据式(9-15)，接下来对基于 MRC/MRT 预处理方案的功率放大因子 ρ 和系统总 SE 进行分析。

由于满足 $\mathrm{tr}(\boldsymbol{AB})=\mathrm{tr}(\boldsymbol{BA})$，因此式(9-4)中的 $\mathbb{E}\left\{\left\|\boldsymbol{F}\boldsymbol{G}_{\mathrm{ME}b}\right\|_{\mathrm{F}}^{2}\right\}$ 可以表示为

$$\mathbb{E}\left\{\left\|\boldsymbol{F}\boldsymbol{G}_{\mathrm{ME}b}\right\|_{\mathrm{F}}^{2}\right\}=\mathbb{E}\left\{\mathrm{tr}\left(\boldsymbol{F}^{\mathrm{H}}\boldsymbol{F}\boldsymbol{G}_{\mathrm{ME}b}\boldsymbol{G}_{\mathrm{ME}b}^{\mathrm{H}}\right)\right\}=\mathrm{tr}\left(\mathbb{E}\left\{\boldsymbol{F}\boldsymbol{F}^{\mathrm{H}}\right\}\times\mathbb{E}\left\{\boldsymbol{G}_{\mathrm{ME}b}\boldsymbol{G}_{\mathrm{ME}b}^{\mathrm{H}}\right\}\right) \tag{9-16}$$

式中，预处理矩阵 $\boldsymbol{F}$ 由式(9-15)定义。

将式(9-15)代入式(9-16)中，则式(9-16)可以进一步表示为

$$\mathbb{E}\left\{\left\|\boldsymbol{F}\boldsymbol{G}_{\mathrm{ME}b}\right\|_{\mathrm{F}}^{2}\right\}=\mathrm{tr}\left(\mathbb{E}\left\{\boldsymbol{G}_{\mathrm{M1}}^{\mathrm{H}}\boldsymbol{G}_{\mathrm{M1}}\right\}\times\mathbb{E}\left\{\boldsymbol{Q}_{\mathrm{M1}}^{\mathrm{T}}\boldsymbol{Q}_{\mathrm{M1}}^{*}\right\}\times\mathbb{E}\left\{\boldsymbol{G}_{\mathrm{ME}b}\boldsymbol{G}_{\mathrm{ME}b}^{\mathrm{H}}\right\}\right) \tag{9-17}$$

根据大数定理，当大规模 MIMO 系统中 MBS 的天线数 N 足够多时，随机信道表现出正交性，则系统中的小规模衰落可以得到有效的抑制。因此，式(9-17)可以近似表示为

$$\begin{aligned}\mathbb{E}\left\{\left\|\boldsymbol{F}\boldsymbol{G}_{\mathrm{ME}b}\right\|_{\mathrm{F}}^{2}\right\}&=N^{3}\times\mathbb{E}\left\{\sum_{j=1}^{K_{\mathrm{M1}}}\beta_{\mathrm{M1}j}\alpha_{\mathrm{M1}j}\beta_{\mathrm{M}bj}\zeta_{\mathrm{M}bj}\right\}\\&\overset{(a)}{=}N^{3}\times\sum_{j=1}^{K_{\mathrm{M1}}}\beta_{\mathrm{Mb}j}\cdot\mathbb{E}\left\{\zeta_{\mathrm{M1}j}^{-1}\right\}\cdot\mathbb{E}\left\{\xi_{\mathrm{M1}j}^{-1}\right\}\cdot\mathbb{E}\left\{\zeta_{\mathrm{Mb}j}\right\}\end{aligned} \tag{9-18}$$

式中，(a)表示系统假设信道反功率控制方案部署在大规模 MIMO 基站。

为便于分析，本章假设：

$$K_{\mathrm{M1}}=\cdots=K_{\mathrm{M}b}=\cdots=K_{MB} \tag{9-19}$$

此外，$\mathbb{E}\left\{\zeta_{\mathrm{M}bj}\right\}$ 表示第 b 个宏小区中第 j 个宏用户发射信号功率的期望，结合信道的反功率控制，且假设所有 MU 均匀地分布在每一个 MC 中，由于半径满足 $R_{\mathrm{G}}<r_{\mathrm{M}bj}<R_{\mathrm{M}}$，则从 MS_j 到 MBS1 距离 $r_{\mathrm{M}bj}$ 的 PDF 可以表示为

$$f_{r_{\mathrm{M}bj}}(x)=\frac{2x}{R_{\mathrm{M}}^{2}-R_{\mathrm{G}}^{2}},\quad x\in\left[R_{\mathrm{G}},R_{\mathrm{M}}\right] \tag{9-20}$$

因此，式(9-18)可进一步地表示为

$$\mathbb{E}\left\{\left\|\boldsymbol{F}\boldsymbol{G}_{\mathrm{ME}b}\right\|_{\mathrm{F}}^{2}\right\}=N^{3}\sum_{j=1}^{K_{\mathrm{M1}}}\beta_{\mathrm{M}bj}\left(\int_{R_{\mathrm{G}}}^{R_{\mathrm{M}}}x^{-\nu}\frac{2x}{R_{\mathrm{M}}^{2}-R_{\mathrm{G}}^{2}}\mathrm{d}x\right)^{2}\int_{R_{\mathrm{G}}}^{R_{\mathrm{M}}}x^{\nu}\frac{2x}{R_{\mathrm{M}}^{2}-R_{\mathrm{G}}^{2}}\mathrm{d}x \tag{9-21}$$

结合式(9-4)和式(9-21)，则 $\mathbb{E}_{\Phi_{\mathrm{M}}}\left\{\sum_{b=2}^{B}\mathbb{E}\left\{\left\|\boldsymbol{F}\boldsymbol{G}_{\mathrm{ME}b}\right\|_{\mathrm{F}}^{2}\right\}\right\}$ 可以进一步表示为

$$\mathbb{E}_{\Phi_{\mathrm{M}}}\left\{\sum_{b=2}^{B}\mathbb{E}\left\{\left\|\boldsymbol{F}\boldsymbol{G}_{\mathrm{ME}b}\right\|_{\mathrm{F}}^{2}\right\}\right\}=N^{3}\cdot\mathbb{E}_{\Phi_{\mathrm{M}}}\left\{\sum_{b=2}^{B}\beta_{\mathrm{M}bj}\left(\int_{R_{\mathrm{G}}}^{R_{\mathrm{M}}}\frac{2x\cdot x^{-\nu}}{R_{\mathrm{M}}^{2}-R_{\mathrm{G}}^{2}}\mathrm{d}x\right)^{2}\int_{R_{\mathrm{G}}}^{R_{\mathrm{M}}}\frac{2x\cdot x^{\nu}}{R_{\mathrm{M}}^{2}-R_{\mathrm{G}}^{2}}\mathrm{d}x\right\} \tag{9-22}$$

对于式(9-22)，由于宏小区中 MU 的位置在除保护半径的任意位置，即范围为 $r_{\mathrm{M}bj}\in\left[R_{\mathrm{G}},R_{\mathrm{M}}\right]$，来自其他宏小区 $b(b\neq1)$用户的干扰范围为$\left[R_{\mathrm{M}},\infty\right]$。根据 PPP 性质，式(9-22)可以表示为

$$\begin{aligned}
&\mathbb{E}_{\Phi_{\mathrm{M}}}\left\{\sum_{b=2}^{B}\mathbb{E}\left\{\left\|\boldsymbol{F}\boldsymbol{G}_{\mathrm{ME}b}\right\|_{\mathrm{F}}^{2}\right\}\right\}\\
&=N^{3}\left(\int_{R_{\mathrm{M}}}^{\infty}2\pi\lambda_{\mathrm{M}}r^{-\nu}r\mathrm{d}r\right)\times\left(\int_{R_{\mathrm{G}}}^{R_{\mathrm{M}}}\frac{x^{-\nu}\times2x}{R_{\mathrm{M}}^{2}-R_{\mathrm{G}}^{2}}\mathrm{d}x\right)^{-2}\times\left(\int_{R_{\mathrm{G}}}^{R_{\mathrm{M}}}\frac{x^{\nu}\times2x}{R_{\mathrm{M}}^{2}-R_{\mathrm{G}}^{2}}\mathrm{d}x\right)\\
&=N^{3}\left[\frac{2\left(R_{\mathrm{M}}^{2-\nu}-R_{\mathrm{G}}^{2-\nu}\right)}{\left(R_{\mathrm{M}}^{2}-R_{\mathrm{G}}^{2}\right)(2-\nu)}\right]^{2}\times\frac{R_{\mathrm{M}}^{2-\nu}\times2\pi\lambda_{\mathrm{M}}}{\nu-2}\times\frac{2\left(R_{\mathrm{M}}^{2+\nu}-R_{\mathrm{G}}^{2+\nu}\right)}{\left(R_{\mathrm{M}}^{2}-R_{\mathrm{G}}^{2}\right)(2+\nu)}
\end{aligned} \tag{9-23}$$

同理，式(9-4)中分母的第一项 $\mathbb{E}\left\{\left\|\boldsymbol{F}\boldsymbol{G}_{\mathrm{ME1}}\right\|_{\mathrm{F}}^{2}\right\}$ 可进一步表示为

$$\mathbb{E}\left\{\left\|\boldsymbol{F}\boldsymbol{G}_{\mathrm{ME1}}\right\|_{\mathrm{F}}^{2}\right\}=N^{3}\left[\frac{2\left(R_{\mathrm{M}}^{2-\nu}-R_{\mathrm{G}}^{2-\nu}\right)}{\left(R_{\mathrm{M}}^{2}-R_{\mathrm{G}}^{2}\right)(2-\nu)}\right]^{2}K_{\mathrm{M1}} \tag{9-24}$$

采用类似式(9-23)的方法，式(9-5)中的第一项 $\mathbb{E}_{\Phi_{\mathrm{S}}}\left\{\sum_{b=1}^{B}\mathbb{E}\left\{\left\|\boldsymbol{F}\boldsymbol{\varOmega}_{\mathrm{SE}b}\right\|_{\mathrm{F}}^{2}\right\}\right\}$ 可以表示为

$$\begin{aligned}
&\mathbb{E}_{\Phi_{\mathrm{S}}}\left\{\sum_{b=1}^{B}\mathbb{E}\left\{\left\|\boldsymbol{F}\boldsymbol{\varOmega}_{\mathrm{SE}b}\right\|_{\mathrm{F}}^{2}\right\}\right\}=M^{3}\mathbb{E}_{\Phi_{\mathrm{S}}}\left\{\sum_{b=1}^{B}\sum_{j=1}^{K_{\mathrm{M}b}}\omega_{\mathrm{S}bj}\mathbb{E}\left\{\zeta_{\mathrm{M1}j}^{-1}\right\}\mathbb{E}\left\{\xi_{\mathrm{M1}j}^{-1}\right\}\mathbb{E}\left\{\psi_{\mathrm{S}bj}\right\}\right\}\\
&=N^{3}\left(\int_{R_{\mathrm{G}}}^{R_{\mathrm{M}}}\frac{2x\cdot x^{-\nu}}{R_{\mathrm{M}}^{2}-R_{\mathrm{G}}^{2}}\mathrm{d}x\right)^{-2}\times\left(\int_{R_{\mathrm{G}}}^{\infty}2\pi\lambda_{\mathrm{S}}r^{-\nu}r\mathrm{d}r\right)\times\left(\int_{0}^{R_{\mathrm{S}}}\frac{2x\cdot x^{\nu}}{R_{\mathrm{S}}^{2}}\mathrm{d}x\right)\\
&=N^{3}\left[\frac{2\left(R_{\mathrm{M}}^{2-\nu}-R_{\mathrm{G}}^{2-\nu}\right)}{\left(R_{\mathrm{M}}^{2}-R_{\mathrm{G}}^{2}\right)(2-\nu)}\right]^{2}\times\frac{2\pi\lambda_{\mathrm{S}}R_{\mathrm{G}}^{2-\nu}}{\nu-2}\times\frac{2R_{\mathrm{S}}^{2+\nu}}{R_{\mathrm{S}}^{2}(2+\nu)}
\end{aligned} \tag{9-25}$$

同理，式(9-5)中的第二项 $\mathbb{E}\left\{\|\boldsymbol{F}\|_{\mathrm{F}}^{2}\right\}$ 可以表示为

$$\mathbb{E}\left\{\|\boldsymbol{F}\|_{\mathrm{F}}^{2}\right\}=N^{2}\times\left(\frac{2\left(R_{\mathrm{M}}^{2-\nu}-R_{\mathrm{G}}^{2-\nu}\right)}{\left(R_{\mathrm{M}}^{2}-R_{\mathrm{G}}^{2}\right)(2-\nu)}\right)^{2}K_{\mathrm{M1}} \tag{9-26}$$

综合以上讨论，有引理 9-1。

引理 9-1 对于两层的混合异构网络，当 MRC/MRT 预处理方案部署在大规模 MIMO 放大转发中继系统时，则功率放大因子 ρ 的平方 ρ^2 可以表示为

$$\frac{1}{\rho^{2}}=N^{3}\left[\frac{2\left(R_{\mathrm{M}}^{2-\nu}-R_{\mathrm{G}}^{2-\nu}\right)}{\left(R_{\mathrm{M}}^{2}-R_{\mathrm{G}}^{2}\right)(2-\nu)}\right]^{2}\left[K_{\mathrm{M1}}+\frac{4\mu_{\mathrm{M}}\left(1-C_{\mathrm{GM}}^{2+\nu}\right)}{\left(\nu^{2}-4\right)\left(1-C_{\mathrm{GM}}^{2}\right)}+\frac{4\pi\lambda_{\mathrm{S}}R_{\mathrm{G}}^{2}C_{\mathrm{SG}}^{\nu}}{\nu^{2}-4}+\frac{K_{\mathrm{M1}}}{N}\right] \tag{9-27}$$

式中，μ_{M}、C_{GM}、C_{SG} 可分别表示为

$$\mu_{\mathrm{M}}=\pi\lambda_{\mathrm{M}}R_{\mathrm{M}}^{2};\ C_{\mathrm{GM}}=R_{\mathrm{G}}/R_{\mathrm{M}};\ C_{\mathrm{SG}}=R_{\mathrm{S}}/R_{\mathrm{G}} \tag{9-28}$$

考虑到 MU、SU 和 SC 均服从 PPP，将式(9-8)代入式(9-14)，$E_{\gamma_{\mathrm{D}k}}$ 可以表示为

$$\begin{aligned}
E_{\gamma_{\mathrm{D}k}}=&\sum_{i=1,i\neq k}^{K_{\mathrm{M1}}}\mathbb{E}\left\{\frac{\left|\boldsymbol{q}_{\mathrm{M1}k}^{\mathrm{T}}\boldsymbol{F}\boldsymbol{g}_{\mathrm{M1}i}\right|^{2}}{\left|\boldsymbol{q}_{\mathrm{M1}k}^{\mathrm{T}}\boldsymbol{F}\boldsymbol{g}_{\mathrm{M1}k}\right|^{2}}\times\frac{\zeta_{\mathrm{M1}i}}{\zeta_{\mathrm{M1}k}}\right\}+\mathbb{E}_{\Phi_{\mathrm{M}}}\left\{\sum_{b=2}^{B}\sum_{i=1}^{K_{\mathrm{M}b}}\mathbb{E}\left\{\frac{\left|\boldsymbol{q}_{\mathrm{M1}k}^{\mathrm{T}}\boldsymbol{F}\boldsymbol{g}_{\mathrm{M}bi}\right|^{2}}{\left|\boldsymbol{q}_{\mathrm{M1}k}^{\mathrm{T}}\boldsymbol{F}\boldsymbol{g}_{\mathrm{M1}k}\right|^{2}}\times\frac{\zeta_{\mathrm{M}bi}}{\zeta_{\mathrm{M1}k}}\right\}\right\}\\
&+\mathbb{E}_{\Phi_{\mathrm{S}}}\left\{\sum_{b=1}^{B}\sum_{i=1}^{K_{\mathrm{S}b}}\mathbb{E}\left\{\frac{\left|\boldsymbol{q}_{\mathrm{M1}k}^{\mathrm{T}}\boldsymbol{F}\boldsymbol{\omega}_{\mathrm{S}bi}\right|^{2}}{\left|\boldsymbol{q}_{\mathrm{M1}k}^{\mathrm{T}}\boldsymbol{F}\boldsymbol{g}_{\mathrm{M1}k}\right|^{2}}\times\frac{\psi_{\mathrm{S}bi}}{\zeta_{\mathrm{M1}k}}\right\}\right\}+\mathbb{E}\left\{\frac{\left\|\boldsymbol{q}_{\mathrm{M1}k}^{\mathrm{T}}\boldsymbol{F}\right\|_{\mathrm{F}}^{2}}{\left|\boldsymbol{q}_{\mathrm{M1}k}^{\mathrm{T}}\boldsymbol{F}\boldsymbol{g}_{\mathrm{M1}k}\right|^{2}}\times\frac{1}{\zeta_{\mathrm{M1}k}}\right\}\\
&+\mathbb{E}\left\{\frac{1}{\left|\boldsymbol{q}_{\mathrm{M1}k}^{\mathrm{T}}\boldsymbol{F}\boldsymbol{g}_{\mathrm{M1}k}\right|^{2}\times\zeta_{\mathrm{M1}k}\xi_{\mathrm{M1}k}}\right\}\\
&\times\mathbb{E}_{\Phi_{\mathrm{S}}\Phi_{\mathrm{M}}}\left\{\mathbb{E}\left\{\sum_{b=1}^{B}\sum_{i=1}^{K_{\mathrm{S}b}}\left|\theta_{\mathrm{S}bi}\right|^{2}u_{\mathrm{S}bi}+\sum_{b=2}^{B}\sum_{i=1}^{N}\left|\theta_{\mathrm{M}bi}\right|^{2}u_{\mathrm{M}bi}+1\right\}\right\}\frac{1}{\rho^{2}}
\end{aligned} \tag{9-29}$$

通过大数定理和 $\boldsymbol{F}=\boldsymbol{Q}_{\mathrm{M1}}^{*}\boldsymbol{G}_{\mathrm{M1}}^{\mathrm{H}}=\sum_{j=1}^{K_{\mathrm{M1}}}\boldsymbol{q}_{\mathrm{M1}j}^{*}\boldsymbol{g}_{\mathrm{M1}j}^{\mathrm{H}}$，式(9-29)的近似解可以表示为

$$E_{\gamma_{\mathrm{D}k}}\approx\underbrace{\sum_{i=1,i\neq k}^{K_{\mathrm{M1}}}\left(\mathbb{E}\left\{\left|\frac{\boldsymbol{g}_{\mathrm{M1}k}^{\mathrm{H}}\boldsymbol{g}_{\mathrm{M1}i}}{\left\|\boldsymbol{g}_{\mathrm{M1}k}\right\|_{\mathrm{F}}^{2}}\right|^{2}\right\}\times\mathbb{E}\left\{\frac{\zeta_{\mathrm{M1}i}}{\zeta_{\mathrm{M1}k}}\right\}\right)}_{E_{1}}+\underbrace{\mathbb{E}_{\Phi_{\mathrm{M}}}\left\{\sum_{b=2}^{B}\sum_{i=1}^{K_{\mathrm{M}b}}\left(\mathbb{E}\left\{\left|\frac{\boldsymbol{g}_{\mathrm{M1}k}^{\mathrm{H}}\boldsymbol{g}_{\mathrm{M}bi}}{\left\|\boldsymbol{g}_{\mathrm{M1}k}\right\|_{\mathrm{F}}^{2}}\right|^{2}\right\}\times\mathbb{E}\left\{\frac{\zeta_{\mathrm{M}bi}}{\zeta_{\mathrm{M1}k}}\right\}\right)\right\}}_{E_{2}}$$

$$
\begin{aligned}
&+\underbrace{\mathbb{E}_{\Phi_{\mathrm{S}}}\left\{\sum_{b=1}^{B}\sum_{i=1}^{K_{\mathrm{S}b}}\left(\mathbb{E}\left\{\left|\frac{\boldsymbol{g}_{\mathrm{M}1k}^{\mathrm{H}}\boldsymbol{\omega}_{\mathrm{S}bi}}{\left\|\boldsymbol{g}_{\mathrm{M}1k}\right\|_{\mathrm{F}}^{2}}\right|^{2}\right\}\times\mathbb{E}\left\{\frac{\psi_{\mathrm{S}bi}}{\zeta_{\mathrm{M}1k}}\right\}\right)\right\}}_{E_3}+\underbrace{\mathbb{E}\left\{\frac{1}{\left\|\boldsymbol{g}_{\mathrm{M}1k}\right\|_{\mathrm{F}}^{2}}\right\}\times\mathbb{E}\left\{\frac{1}{\zeta_{\mathrm{M}1k}}\right\}}_{E_4}\\
&+\underbrace{\mathbb{E}\left\{\frac{1}{\left\|\boldsymbol{q}_{\mathrm{M}1k}^{*}\right\|_{\mathrm{F}}^{4}\left\|\boldsymbol{g}_{\mathrm{M}1k}\right\|_{\mathrm{F}}^{4}}\right\}\mathbb{E}\left\{\frac{1}{\zeta_{\mathrm{M}1k}\zeta_{\mathrm{M}1k}}\right\}\times\mathbb{E}_{\Phi_{\mathrm{S}}\Phi_{\mathrm{M}}}\left\{\mathbb{E}\left\{\sum_{b=1}^{B}\sum_{i=1}^{K_{\mathrm{S}b}}\left|\theta_{\mathrm{S}bi}\right|^{2}u_{\mathrm{S}bi}+\sum_{b=2}^{B}\sum_{i=1}^{N}\left|\theta_{\mathrm{M}bi}\right|^{2}u_{\mathrm{M}bi}+1\right\}\right\}\frac{1}{\rho^{2}}}_{E_5}
\end{aligned}
\tag{9-30}
$$

由于 SU 和 SC 服从相同的独立同分布，即满足 $\lambda_{\mathrm{M}}=\lambda_{\mathrm{S}}$，考虑 MU 和 SU 的位置范围并且结合式(9-26)～式(9-30)，有引理 9-2 成立。

引理 9-2　当 MRC/MRT 预处理方案部署在两层大规模 MIMO 中继混合异构网络时，$E_{\gamma_{\mathrm{D}k}}$ 的闭式表达式可以表示为

$$
\begin{aligned}
&E_{\gamma_{\mathrm{D}k}}\\
&\approx\frac{K_{\mathrm{M}1}}{N}+\frac{4\mu_{\mathrm{M}}\left(1-C_{\mathrm{GM}}^{2+\nu}\right)}{N\left(\nu^{2}-4\right)\left(1-C_{\mathrm{GM}}^{2}\right)}+\frac{4\pi\lambda_{\mathrm{S}}R_{\mathrm{G}}^{2}C_{\mathrm{SG}}^{\nu}}{N\left(\nu^{2}-4\right)}+\frac{1}{N}+\frac{N_{\mathrm{T}2}}{N^{4}\rho^{2}}\times\left[\frac{2\left(R_{\mathrm{M}}^{2-\nu}-R_{\mathrm{G}}^{2-\nu}\right)}{\left(R_{\mathrm{M}}^{2}-R_{\mathrm{G}}^{2}\right)\left(2-\nu\right)}\right]^{-2}
\end{aligned}
\tag{9-31}
$$

式中，定义 $N_{\mathrm{T}2}$ 为

$$
N_{\mathrm{T}2}=\frac{4\pi\lambda_{\mathrm{S}}R_{\mathrm{G}}^{2}C_{\mathrm{SG}}^{\nu}}{\nu^{2}-4}+\frac{4\mu_{\mathrm{M}}\left(1-C_{\mathrm{GM}}\right)^{2-\nu}\left(1-C_{\mathrm{GM}}^{2+\nu}\right)}{\left(\nu^{2}-4\right)\left(1-C_{\mathrm{GM}}^{2}\right)}
\tag{9-32}
$$

功率放大因子 ρ 由引理 9-1 给出。引理 9-2 的证明过程，可扫二维码查看。

结合式(9-4)、式(9-11)、式(9-13)、式(9-14)和式(9-31)，对于此两层大规模 MIMO 中继混合异构网络，目标小区中实现总 SE 的下界由定理 9-1 表示。

定理 9-1　对于此两层大规模 MIMO 中继混合异构网络，当 MRC/MRT 预处理方案部署在基站时，则特定小区中用户所实现总 SE 的下界可表示为

$$
\begin{aligned}
R_{\mathrm{M1\_L\_Bound}}=\sum_{K_{\mathrm{M}1}=0}^{\infty}K_{\mathrm{M}1}\frac{\mu_{\mathrm{M}}^{K_{\mathrm{M}1}}\mathrm{e}^{-\mu_{\mathrm{M}}}}{\left(K_{\mathrm{M}1}\right)!}\times\frac{1}{2}\log_{2}&\left(1+\left\{\frac{K_{\mathrm{M}1}+1}{N}+\frac{4\mu_{\mathrm{M}}\left(1-C_{\mathrm{GM}}^{2+\nu}\right)}{N\left(\nu^{2}-4\right)\left(1-C_{\mathrm{GM}}^{2}\right)}\right.\right.\\
&\left.\left.+\frac{4\pi\lambda_{\mathrm{S}}R_{\mathrm{G}}^{2}C_{\mathrm{SG}}^{\nu}}{N\left(\nu^{2}-4\right)}+\frac{N_{\mathrm{T}2}}{N^{4}\rho^{2}}\left[\frac{2\left(R_{\mathrm{M}}^{2-\nu}-R_{\mathrm{G}}^{2-\nu}\right)}{\left(R_{\mathrm{M}}^{2}-R_{\mathrm{G}}^{2}\right)\left(2-\nu\right)}\right]^{-2}\right\}^{-1}\right)
\end{aligned}
\tag{9-33}
$$

通常，在大规模 MIMO 中继系统中有 $N \gg K_{\mathrm{M1}}$ 成立。因此，当基站天线数量足够大时，对于特定的小区，其系统所实现 SE 的下界可以由推论 9-1 表示。

推论 9-1　当基站天线数量足够大时，则目标小区所实现的 SE 的下界为可近似地表示为

$$R_{\mathrm{M1\_L\_Bound}} \approx \frac{\mu_{\mathrm{M}}}{2} \times \log_2\left(1+\left\{\frac{4\mu_{\mathrm{M}}\left(1-C_{\mathrm{GM}}^{2+\nu}\right)}{N\left(\nu^2-4\right)\left(1-C_{\mathrm{GM}}^2\right)} + \frac{4\pi\lambda_{\mathrm{S}} R_{\mathrm{G}}^2 C_{\mathrm{SG}}^{\nu}}{N\left(\nu^2-4\right)} + \left[\frac{2\left(R_{\mathrm{M}}^{2-\nu}-R_{\mathrm{G}}^{2-\nu}\right)}{\left(R_{\mathrm{M}}^2-R_{\mathrm{G}}^2\right)(2-\nu)}\right]^{-2} \times \frac{N_{\mathrm{T2}} N_{\mathrm{T3}}}{N}\right\}^{-1}\right) \tag{9-34}$$

式中，N_{T2} 由式(9-32)定义；N_{T3} 可以表示为

$$N_{\mathrm{T3}} = \left[\frac{2\left(R_{\mathrm{M}}^{2-\nu}-R_{\mathrm{G}}^{2-\nu}\right)}{\left(R_{\mathrm{M}}^2-R_{\mathrm{G}}^2\right)(2-\nu)}\right]^2 \left[\frac{4\mu_{\mathrm{M}}\left(1-C_{\mathrm{GM}}^{2+\nu}\right)}{\left(\nu^2-4\right)\left(1-C_{\mathrm{GM}}^2\right)} + \frac{4\pi\lambda_{\mathrm{S}} R_{\mathrm{G}}^2 C_{\mathrm{SG}}^{\nu}}{\nu^2-4}\right] \tag{9-35}$$

9.3　ZFR/ZFT 预处理方案

当 ZFR/ZFT 预处理方案部署在大规模 MIMO 中继系统时，预处理矩阵 $\boldsymbol{F}$ 可以表示成 $\boldsymbol{F} = \boldsymbol{B}^* \boldsymbol{A}^{\mathrm{H}}$，且矩阵 $\boldsymbol{A}$ 和 $\boldsymbol{B}$ 可以分别表示为

$$\boldsymbol{A} = \boldsymbol{G}_{\mathrm{M1}}\left(\boldsymbol{G}_{\mathrm{M1}}^{\mathrm{H}} \boldsymbol{G}_{\mathrm{M1}}\right)^{-1};\ \boldsymbol{B} = \boldsymbol{Q}_{\mathrm{M1}}\left(\boldsymbol{Q}_{\mathrm{M1}}^{\mathrm{H}} \boldsymbol{Q}_{\mathrm{M1}}\right)^{-1} \tag{9-36}$$

假设基站有完好的 CSI，则目标小区中 MBS 1 的 ZF 预处理矩阵 $\boldsymbol{F}$ 可以表示为

$$\boldsymbol{F} = \boldsymbol{B}^* \boldsymbol{A}^{\mathrm{H}} = \boldsymbol{Q}_{\mathrm{M1}}^*\left(\boldsymbol{Q}_{\mathrm{M1}}^{\mathrm{T}} \boldsymbol{Q}_{\mathrm{M1}}^*\right)^{-1}\left(\boldsymbol{G}_{\mathrm{M1}}^{\mathrm{H}} \boldsymbol{G}_{\mathrm{M1}}\right)^{-1} \boldsymbol{G}_{\mathrm{M1}}^{\mathrm{H}} \tag{9-37}$$

ZFR/ZFT 预处理矩阵 $\boldsymbol{F}$ 满足 $\boldsymbol{Q}_{\mathrm{M1}}^{\mathrm{T}} \boldsymbol{F} \boldsymbol{G}_{\mathrm{M1}} = \boldsymbol{I}_{K_{\mathrm{M1}}}$，即

$$\boldsymbol{q}_{\mathrm{M1}k}^{\mathrm{T}} \boldsymbol{F} \boldsymbol{g}_{\mathrm{M1}i} = \begin{cases} 1, & k = i \\ 0, & k \neq i \end{cases} \tag{9-38}$$

对于目标小区中用户对 $\left(\mathrm{MS}_k, \mathrm{MD}_k\right)$, $k = 1, 2, \cdots, K_{\mathrm{M1}}$，则 MD_k 接收到的信号，即式(9-6)可以进一步表示为

$$y_{\mathrm{D}k} = \rho \xi_{\mathrm{M1}k}^{1/2} \zeta_{\mathrm{M1}k}^{1/2} x_{\mathrm{M1}k} + \rho \sum_{b=2}^{B} \sum_{i=1}^{K_{\mathrm{M}b}} \xi_{\mathrm{M1}k}^{1/2} \zeta_{\mathrm{M}bi}^{1/2} \boldsymbol{a}_{\mathrm{M1}k}^{\mathrm{H}} \boldsymbol{g}_{\mathrm{M}bi} x_{\mathrm{M}bi}$$

$$+\sum_{b=1}^{B}\sum_{i=1}^{K_{Sb}}\theta_{Sbi}u_{Mbi}^{1/2}z_{Sbi}+\rho\xi^{1/2}\boldsymbol{a}_{M1k}^{T}\boldsymbol{n}_{R}+\rho\sum_{b=1}^{B}\sum_{i=1}^{K_{Sb}}\xi_{M1k}^{1/2}\psi_{Sbi}^{1/2}\boldsymbol{a}_{M1k}^{1/2}\boldsymbol{\omega}_{Sbi}z_{Sbi}$$
$$+\sum_{b=2}^{B}\sum_{i=1}^{N}\theta_{Mbi}u_{Mbi}^{1/2}z_{Mbi}+n_{Dk} \tag{9-39}$$

式中，定义 $\boldsymbol{a}_{M1k}=\left[\boldsymbol{G}_{M1}\left(\boldsymbol{G}_{M1}^{H}\boldsymbol{G}_{M1}\right)^{-1}\right]_{k}$。

当基站部署 ZFR/ZFT 预处理方案时，则式(9-8)表示的 SINR 可以进一步地表示为

$$\gamma_{Dk}=\frac{\xi_{M1k}\zeta_{M1k}}{\sum_{b=2}^{B}\sum_{i=1}^{K_{Mb}}\zeta_{M1k}\xi_{Mbi}\left|\boldsymbol{a}_{M1k}^{H}\boldsymbol{g}_{Mbi}\right|^{2}+\sum_{b=1}^{B}\sum_{i=1}^{K_{Sb}}\xi_{M1k}\psi_{Sbi}\left|\boldsymbol{a}_{M1k}^{T}\boldsymbol{\omega}_{Sbi}\right|^{2}+\xi_{M1k}\left\|\boldsymbol{a}_{M1k}^{H}\right\|_{F}^{2}+\frac{N_{T1}}{\rho^{2}}} \tag{9-40}$$

式中，N_{T1} 由式(9-9)定义。

根据式(9-36)、式(9-38)和式(9-40)可以得到系统总的 SE。

接下来采用相同的方法分析功率放大因子 ρ 和 $E_{\gamma_{Dk}}$。为了分析方便，用 $1/\rho^2$ 代替 ρ，结合式(9-4)，则 $1/\rho^2$ 可表示为

$$\frac{1}{\rho^{2}}=\mathbb{E}\left\{\left\|\boldsymbol{F}\boldsymbol{G}_{ME1}\right\|_{F}^{2}\right\}+\mathbb{E}_{\Phi_{M}}\left\{\sum_{b=2}^{B}\mathbb{E}\left\{\left\|\boldsymbol{F}\boldsymbol{G}_{MEb}\right\|_{F}^{2}\right\}\right\}$$
$$+\mathbb{E}_{\Phi_{S}}\left\{\sum_{b=1}^{B}\mathbb{E}\left\{\left\|\boldsymbol{F}\boldsymbol{\Omega}_{SEb}\right\|_{F}^{2}\right\}\right\}+\mathbb{E}\left\{\left\|\boldsymbol{F}\right\|_{F}^{2}\right\} \tag{9-41}$$

考虑到式(9-41)中等号右侧的四部分具有相似的形式，结合式(9-36)，第二项 $\mathbb{E}_{\Phi_{M}}\left\{\sum_{b=2}^{B}\mathbb{E}\left\{\left\|\boldsymbol{F}\boldsymbol{G}_{MEb}\right\|_{F}^{2}\right\}\right\}$ 中的 $\mathbb{E}\left\{\left\|\boldsymbol{F}\boldsymbol{G}_{MEb}\right\|_{F}^{2}\right\}$ 可表示为

$$\mathbb{E}\left\{\left\|\boldsymbol{F}\boldsymbol{G}_{MEb}\right\|_{F}^{2}\right\}=\mathrm{tr}\left(\mathbb{E}\left\{\left(\boldsymbol{Q}_{M1}^{T}\boldsymbol{Q}_{M1}^{*}\right)^{-1}\right\}\times\mathbb{E}\left\{\left(\boldsymbol{G}_{M1}^{H}\boldsymbol{G}_{M1}\right)^{-1}\right\}\times\mathbb{E}\left\{\left(\boldsymbol{G}_{MEb}^{H}\boldsymbol{G}_{MEb}\right)\right\}\right) \tag{9-42}$$

式(9-42)可进一步表示为

$$\mathbb{E}\left\{\left\|\boldsymbol{F}\boldsymbol{G}_{MEb}\right\|_{F}^{2}\right\}=\frac{N}{\left(N-K_{M1}\right)^{2}}\times\sum_{k=1}^{K_{M1}}\mathbb{E}\left\{\frac{1}{\beta_{M1k}\alpha_{M1k}}\beta_{Mbk}\zeta_{Mbk}\right\} \tag{9-43}$$

式中，假定 $K_{M1}=\cdots=K_{Mb}=\cdots=K_{MB}$ 成立。因此，$\mathbb{E}_{\Phi_{M}}\left\{\sum_{b=1}^{B}\mathbb{E}\left\{\left\|\boldsymbol{F}\boldsymbol{G}_{MEb}\right\|_{F}^{2}\right\}\right\}$ 可进一步地表示为

$$\begin{aligned}
&\mathbb{E}_{\Phi_{\mathrm{M}}}\left\{\sum_{b=1}^{B}\mathbb{E}\left\{\left\|\boldsymbol{F}\boldsymbol{G}_{\mathrm{ME}b}\right\|_{\mathrm{F}}^{2}\right\}\right\}\\
&=\frac{N}{\left(N-K_{\mathrm{M1}}\right)^{2}}\times\left(\int_{R_{\mathrm{G}}}^{R_{\mathrm{M}}}\frac{2r^{\nu}r\mathrm{d}r}{R_{\mathrm{M}}^{2}-R_{\mathrm{G}}^{2}}\right)^{2}\times\left(\int_{R_{\mathrm{M}}}^{\infty}2\pi\lambda_{\mathrm{M}}r^{-\nu}r\mathrm{d}r\right)\times\left(\int_{R_{\mathrm{G}}}^{R_{\mathrm{M}}}\frac{2r^{\nu}r\mathrm{d}r}{R_{\mathrm{M}}^{2}-R_{\mathrm{G}}^{2}}\right)\\
&=\frac{N}{\left(N-K_{\mathrm{M1}}\right)^{2}}\times\left[\frac{2\left(R_{\mathrm{M}}^{2+\nu}-R_{\mathrm{G}}^{2+\nu}\right)}{(2+\nu)\left(R_{\mathrm{M}}^{2}-R_{\mathrm{G}}^{2}\right)}\right]^{2}\times\frac{2\mu_{\mathrm{M}}R_{\mathrm{M}}^{-\nu}}{\nu-2}\times\frac{2R_{\mathrm{M}}^{\nu}\left(1-C_{\mathrm{GM}}^{\nu+2}\right)}{(\nu+2)\left(1-C_{\mathrm{GM}}^{2}\right)}
\end{aligned}\tag{9-44}$$

基于上述考虑，有引理 9-3 成立，其表示当大规模 MIMO 基站采用 ZFR/ZFT 预处理方案时，基站采用放大转发协议时的功率放大因子。

引理 9-3　对于本章研究的两层大规模 MIMO 中继混合异构网络，当预处理方案部署在大规模 MIMO 基站时，则功率放大因子 ρ 可以表示为

$$\frac{1}{\rho^{2}}=\frac{N}{\left(N-K_{\mathrm{M1}}\right)^{2}}\times\left[\frac{2\left(R_{\mathrm{M}}^{2+\nu}-R_{\mathrm{G}}^{2+\nu}\right)}{(\nu+2)\left(R_{\mathrm{M}}^{2}-R_{\mathrm{G}}^{2}\right)}\right]^{2}\left(\frac{4\mu_{\mathrm{M}}\left(1-C_{\mathrm{GM}}^{\nu+2}\right)}{\left(\nu^{2}-4\right)\left(1-C_{\mathrm{GM}}^{2}\right)}+\frac{4\pi\lambda_{\mathrm{S}}R_{\mathrm{S}}^{\nu}R_{\mathrm{G}}^{2-\nu}}{\nu^{2}-4}+\frac{1}{N}\right)\tag{9-45}$$

为了得到式(9-14)即 $E_{\gamma_{\mathrm{D}k}}$ 的近似值，将式(9-40)所示的 SINR 代入式(9-14)，$E_{\gamma_{\mathrm{D}k}}$ 可以进一步地表示为

$$E_{\gamma_{\mathrm{D}k}}=\left(N_{\mathrm{T3}}+N_{\mathrm{T4}}+1\right)\times\mathbb{E}\left\{\frac{\left\|\boldsymbol{a}_{\mathrm{M1}k}^{\mathrm{H}}\right\|_{\mathrm{F}}^{2}}{\zeta_{\mathrm{M1}k}}\right\}+\frac{N_{\mathrm{T5}}}{\rho^{2}}\tag{9-46}$$

式中，N_{T3}、N_{T4}、N_{T5} 分别定义为

$$N_{\mathrm{T3}}=\mathbb{E}_{\Phi_{\mathrm{M}}}\left\{\sum_{b=2}^{B}\sum_{i=1}^{K_{\mathrm{M}b}}\mathbb{E}\left\{\frac{\left|\boldsymbol{a}_{\mathrm{M1}k}^{\mathrm{H}}\boldsymbol{g}_{\mathrm{M}bi}\right|^{2}}{\left\|\boldsymbol{a}_{\mathrm{M1}k}\right\|_{\mathrm{F}}^{2}}\right\}\times\mathbb{E}\left\{\zeta_{\mathrm{M}bi}\right\}\right\}\tag{9-47}$$

$$N_{\mathrm{T4}}=\mathbb{E}_{\Phi_{\mathrm{S}}}\left\{\sum_{b=1}^{B}\sum_{i=1}^{K_{\mathrm{S}b}}\mathbb{E}\left\{\frac{\left|\boldsymbol{a}_{\mathrm{M1}k}^{\mathrm{H}}\boldsymbol{\omega}_{\mathrm{S}bi}\right|^{2}}{\left\|\boldsymbol{a}_{\mathrm{M1}k}\right\|_{\mathrm{F}}^{2}}\right\}\times\mathbb{E}\left\{\psi_{\mathrm{S}bi}\right\}\right\}\tag{9-48}$$

$$N_{\mathrm{T5}}=\mathbb{E}_{\Phi_{\mathrm{S}}\Phi_{\mathrm{M}}}\left\{\mathbb{E}\left\{\sum_{b=1}^{B}\sum_{i=1}^{K_{\mathrm{S}b}}\left|\theta_{\mathrm{S}bi}\right|^{2}u_{\mathrm{S}bi}+\sum_{b=2}^{B}\sum_{i=1}^{N}\left|\theta_{\mathrm{M}bi}\right|^{2}u_{\mathrm{M}bi}+1\right\}\right\}\times\mathbb{E}\left\{\frac{1}{\xi_{\mathrm{M1}k}\zeta_{\mathrm{M1}k}}\right\}\tag{9-49}$$

考虑 $\dfrac{\boldsymbol{a}_{\mathrm{M1}k}^{\mathrm{H}}\boldsymbol{g}_{\mathrm{M1}i}}{\left\|\boldsymbol{a}_{\mathrm{M1}k}\right\|}\sim\mathcal{CN}\left(0,\beta_{\mathrm{M1}i}\right)$ 成立，N_{T3} 可表示为

$$N_{\mathrm{T3}}=\mathbb{E}_{\Phi_{\mathrm{M}}}\left\{\sum_{b=2}^{B}\sum_{i=1}^{K_{\mathrm{M}b}}\beta_{\mathrm{M}bi}\mathbb{E}\left\{\zeta_{\mathrm{M}1i}\right\}\right\}$$
$$=\int_{R_{\mathrm{M}}}^{\infty}2\pi\lambda_{\mathrm{M}}\left(\int_{R_{\mathrm{G}}}^{R_{\mathrm{M}}}\frac{l^{\nu}2l}{R_{\mathrm{M}}^{2}-R_{\mathrm{G}}^{2}}\mathrm{d}l\right)r^{-\nu}r\mathrm{d}r=\frac{4\mu_{\mathrm{M}}\left(1-C_{\mathrm{GM}}^{\nu+2}\right)}{\left(\nu^{2}-4\right)\left(1-C_{\mathrm{GM}}^{2}\right)} \tag{9-50}$$

同理，N_{T4}可进一步地表示为

$$N_{\mathrm{T4}}=\int_{R_{\mathrm{G}}}^{\infty}2\pi\lambda_{\mathrm{S}}r^{-\nu}\left(\int_{0}^{R_{\mathrm{S}}}\frac{2l}{R_{\mathrm{S}}^{2}}l^{\nu}\mathrm{d}l\right)r\mathrm{d}r=\frac{2\pi\lambda_{\mathrm{S}}R_{\mathrm{G}}^{2-\nu}}{\nu-2}\times\frac{2R_{\mathrm{S}}^{\nu+2}}{R_{\mathrm{S}}^{2}\left(\nu+2\right)}=\frac{4\pi\lambda_{\mathrm{S}}R_{\mathrm{G}}^{2}C_{\mathrm{SG}}^{\nu}}{\nu^{2}-4} \tag{9-51}$$

由于$\zeta_{\mathrm{M}1k}\beta_{\mathrm{M}1k}=1$，$\mathbb{E}\left\{\frac{\left\|\boldsymbol{a}_{\mathrm{M}1k}^{\mathrm{H}}\right\|_{\mathrm{F}}^{2}}{\zeta_{\mathrm{M}1k}}\right\}$可以表示为

$$\mathbb{E}\left\{\frac{\left\|\boldsymbol{a}_{\mathrm{M}1k}^{\mathrm{H}}\right\|_{\mathrm{F}}^{2}}{\zeta_{\mathrm{M}1k}}\right\}=\frac{1}{\zeta_{\mathrm{M}1k}\beta_{\mathrm{M}1k}\left(N-K_{\mathrm{M}1}\right)}=\frac{1}{N-K_{\mathrm{M}1}} \tag{9-52}$$

$\mathbb{E}\left\{\frac{1}{\xi_{\mathrm{M}1k}\zeta_{\mathrm{M}1k}}\right\}$可以进一步表示为

$$\mathbb{E}\left\{\frac{1}{\xi_{\mathrm{M}1k}\zeta_{\mathrm{M}1k}}\right\}=\left[\frac{2\left(R_{\mathrm{M}}^{2+\nu}-R_{\mathrm{G}}^{2+\nu}\right)}{\left(\nu+2\right)\left(R_{\mathrm{M}}^{2}-R_{\mathrm{G}}^{2}\right)}\right]^{-2} \tag{9-53}$$

当 ZFR/ZFT 预处理方案部署在两层大规模 MIMO 中继混合异构网络时，$E_{\gamma_{\mathrm{D}k}}$可以由引理 9-4 给出。

引理 9-4　对于文章研究的两层大规模 MIMO 中继混合异构网，当 ZFR/ZFT 预处理方案部署在大规模基站时，$E_{\gamma_{\mathrm{D}k}}$可以进一步表示为

$$E_{\gamma_{\mathrm{D}k}}=\left[\frac{4\mu_{\mathrm{M}}\left(1-C_{\mathrm{GM}}^{\nu+2}\right)}{\left(\nu^{2}-4\right)\left(1-C_{\mathrm{GM}}^{2}\right)}+\frac{4\pi\lambda_{\mathrm{S}}R_{\mathrm{G}}^{2}C_{\mathrm{SG}}^{\nu}}{\nu^{2}-4}+1\right]\times\frac{1}{N-K_{\mathrm{M}1}}+\left[\frac{2\left(R_{\mathrm{M}}^{2+\nu}-R_{\mathrm{G}}^{2+\nu}\right)}{\left(\nu+2\right)\left(R_{\mathrm{M}}^{2}-R_{\mathrm{G}}^{2}\right)}\right]^{-2}\times\frac{N_{\mathrm{T2}}}{\rho^{2}} \tag{9-54}$$

式中，$1/\rho^{2}$由式(9-45)给出；N_{T2}由式(9-32)定义。

结合式(9-11)、式(9-13)、式(9-14)、式(9-45)和式(9-52)，当 ZFR/ZFT 预处理方案部署在两层大规模 MIMO 中继混合异构网络时，在目标小区中实现系统总的 SE 下界可由定理 9-2 给出。

定理 9-2　当 ZFR/ZFT 预处理方案部署在两层大规模 MIMO 中继混合异构网

络时，对于特定小区，系统实现 SE 的下界为

$$R_{\mathrm{M1\_L\_Bound}} = \sum_{K_{\mathrm{M1}}=0}^{\infty} K_{\mathrm{M1}} \frac{\mu_{\mathrm{M}}^{K_{\mathrm{M1}}} \mathrm{e}^{-\mu_{\mathrm{M}}}}{(K_{\mathrm{M1}})!} \times \frac{1}{2} \log_2 \left(1 + \left\{ \left[\frac{4\mu_{\mathrm{M}}\left(1-C_{\mathrm{GM}}^{\nu+2}\right)}{\left(\nu^2-4\right)\left(1-C_{\mathrm{GM}}^2\right)} + \frac{4\pi\lambda_{\mathrm{S}} R_{\mathrm{G}}^2 C_{\mathrm{SG}}^{\nu}}{\nu^2-4} + 1 \right] \right. \right.$$
$$\left. \left. \times \frac{1}{N-K_{\mathrm{M1}}} + \frac{N_{\mathrm{T2}}}{\rho^2} \left[\frac{2\left(R_{\mathrm{M}}^{2+\nu} - R_{\mathrm{G}}^{2+\nu}\right)}{(\nu+2)\left(R_{\mathrm{M}}^2 - R_{\mathrm{G}}^2\right)} \right]^{-2} \right\}^{-1} \right) \tag{9-55}$$

式中，$1/\rho^2$ 由式(9-45)定义；N_{T2} 由式(9-32)给出。

当大规模 MIMO 基站部署大量天线阵列时，即 $N \to \infty$，则 $\frac{1}{N-K_{\mathrm{M1}}} \to 0$ 和 $\frac{N}{N-K_{\mathrm{M1}}} \to 1$，有推论 9-2。

推论 9-2　当基站天线数 $N \to \infty$ 时，目标小区中系统实现 SE 的下界可进一步表示为

$$R_{\mathrm{M1\_L\_Bound}} = \frac{\mu_{\mathrm{M}}}{2} \log_2 \left(1 + \left\{ \frac{1}{N} \left[\frac{4\mu_{\mathrm{M}}\left(1-C_{\mathrm{GM}}^{\nu+2}\right)}{\left(\nu^2-4\right)\left(1-C_{\mathrm{GM}}^2\right)} + \frac{4\pi\lambda_{\mathrm{S}} R_{\mathrm{G}}^2 C_{\mathrm{SG}}^{\nu}}{\nu^2-4} + 1 \right] \right. \right.$$
$$\left. \left. + \frac{N_{\mathrm{T2}} N_{\mathrm{T6}}}{\rho^2} \left[\frac{2\left(R_{\mathrm{M}}^{2+\nu} - R_{\mathrm{G}}^{2+\nu}\right)}{(\nu+2)\left(R_{\mathrm{M}}^2 - R_{\mathrm{G}}^2\right)} \right]^{-2} \right\}^{-1} \right) \tag{9-56}$$

式中，N_{T2} 由式(9-32)定义；N_{T6} 定义为

$$N_{\mathrm{T6}} = \frac{1}{N} \left[\frac{2\left(R_{\mathrm{M}}^{2+\nu} - R_{\mathrm{G}}^{2+\nu}\right)}{(\nu+2)\left(R_{\mathrm{M}}^2 - R_{\mathrm{G}}^2\right)} \right]^2 \left[\frac{2\mu_{\mathrm{M}} R_{\mathrm{M}}^{-\nu}}{\nu-2} \times \frac{2R_{\mathrm{M}}^{\nu}\left(1-C_{\mathrm{GM}}^{\nu+2}\right)}{(\nu+2)\left(1-C_{\mathrm{GM}}^2\right)} + \frac{4\pi\lambda_{\mathrm{S}} R_{\mathrm{S}}^{\nu} R_{\mathrm{G}}^{2-\nu}}{\nu^2-4} \right] \tag{9-57}$$

图 9-2(a)和(b)分别为两种不同预处理方案下系统总 SE 与 μ_{M} 的关系。为了考虑 MBS 天线数量对 SE 的影响，分别考虑了不同天线数量的配置情况，即 N=100、200、500 和 1000。由图 9-2(a)可知，对于给定的 R_{M}，系统实现的总 SE 随着 MBS 天线数量的增加而增大，这是因为增大系统的基站天线数量时，大规模的基站天线阵列能够给系统带来更多的天线增益。同时发现，给定 R_{M} 和 N，当 μ_{M} 较小时，特定小区中 MU 的 SE 随着 μ_{M} 的增加而增大。这是因为小区中所有 MU 共享相同的时频资源，能够为系统带来更高的频谱复用增益，能够显著提升系统的 SE。此外，图 9-2(b)对 MRC/MRT 和 ZFR/ZFT 两种预处理方案得到的 SE 进行比较，

发现在相同条件下，ZFR/ZFT 预处理方案实现的 SE 高于 MRC/MRT 预处理方案。

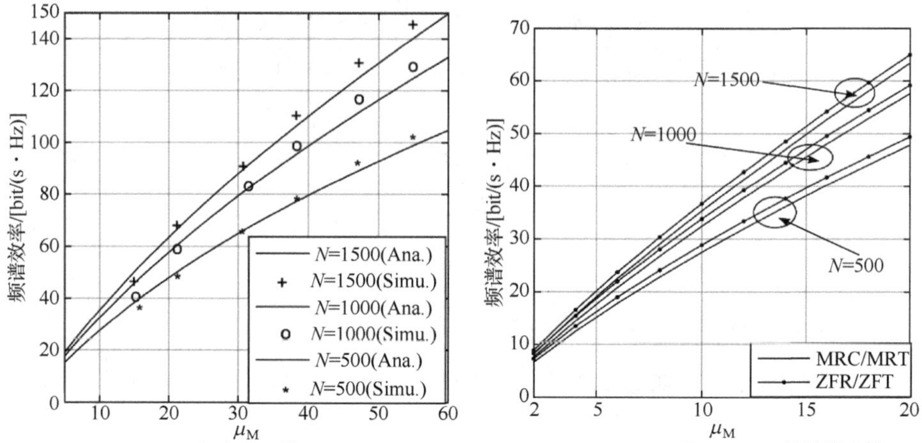

(a) SE下界与仿真的比较(MRC/MRT)　　(b) MRC/MRT和ZFR/ZFT的性能比较

图 9-2　目标小区实现的总频谱效率

Ana.表示分析结果；Simu.表示仿真结果

假定 $R_M = 1000\text{m}$ ，$\mu_M = 10$ ，$N = 1000$ ，研究 R_S 和 R_G 对系统获得 SE 的影响，结果见图 9-3。当 $R_S < R_G$ 时，实现总 SE 与 SC 半径 R_S 无关，即这种情况下实现的 SE 可以近似认为是定值。当 $R_S > R_G$ 时，系统实现的 SE 迅速减小，这是因为 $R_S < R_G$ 时 MBS 不能接收到 SU 发送的信号，只有加性噪声和 MU 的信号被 MBS 接收并经过线性预处理后转发到信宿。当 $R_S > R_G$ 时，SU 发射的信号可以被 MBS 接收，但这对于 MBS 而言是干扰信号。SU 的干扰信号将被进一步被放大并进一步转发到信宿，这将大大降低系统实现的 SE。SU 带来的干扰会随着 R_S 的增大而增大。从图 9-3(a)发现，R_G 增大将有效减小 R_S 增大带来的总 SE 性能损失。此外，图 9-3(a)说明当 R_S 相对较小时，ZFR/ZFT 优于 MRT/MRC 预处理方案。随着 SC 半径 R_S 逐渐增大，MRC/MRT 和 ZFR/ZFT 两种预处理方案下系统实现 SE 的差距将逐渐减小，当 R_S 较大时，两种预处理方案实现 SE 的差距因 SU 的严重干扰而逐渐消失。因此，在实际应用中，SC 半径 R_S 的设计是混合异构网络中的一个关键因素。

图 9-3(b)表明，当宏小区保护半径 R_G 较小时，系统实现总 SE 将随着 R_G 的增大而逐渐增大；当 R_G 足够大时，得到的 SE 随着 R_G 的增大而减小。因此，对于给定的小小区半径 R_S ，存在宏小区半径 R_G 的最优值 R_G^* ，使得 MC 能够得到最大的 SE。当 $R_G > R_G^*$ 时，增大保护半径 R_G 将降低系统实现的 SE。当 $R_G < R_G^*$ 时，增加半径 R_G 将极大地降低宏小区中 MU 的干扰，这对于系统实现的总 SE 具有一

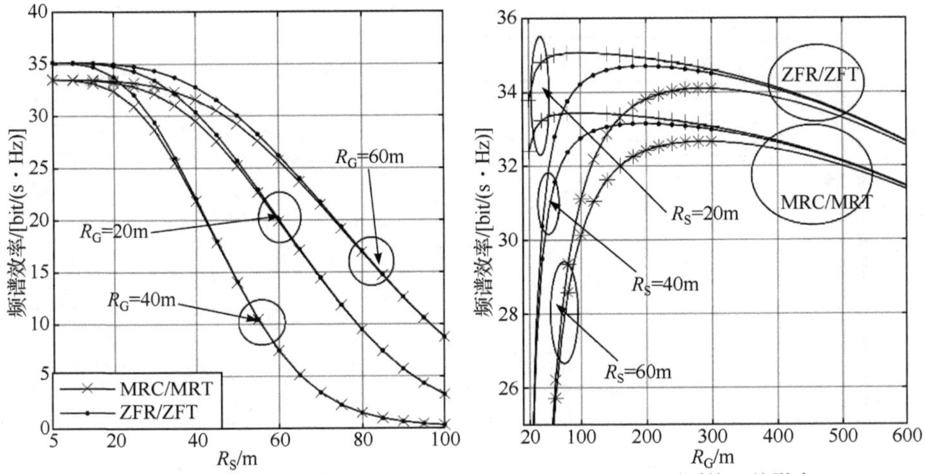

(a) R_S对系统SE的影响　　(b) R_G对系统SE的影响

图 9-3　R_G和R_S对系统 SE 的影响

定的改善作用；当$R_G > R_S$时，增大R_G将减少宏基站中 MU 的数量，因此即使 SU 的干扰相对较小，系统实现的 SE 也大大减小。在实际的异构网络中，保护半径R_G的选择是非常关键的。此外，仿真结果同时表明，为了实现系统更大的 SE，应该使宏小区保护半径R_G满足$R_G \approx R_S$。从图 9-3(b)可知，当宏小区保护半径R_G相对较小时，不同的R_S将对系统的 SE 产生不同的影响。随着宏小区保护半径R_G逐渐增大，其对系统总 SE 的影响将逐渐消失。在相同条件下，ZFR/ZFT 预处理方案能够比 MRC/MRT 实现更高的 SE 增益。

图 9-4 为R_M、R_G、R_S对系统实现总 SE 的影响。图 9-4(a)中，设定R_G为 20m，R_S为 10m、20m、25m 和 30m；图 9-4(b)中，R_G为 10m、20m、40m、80m、100m。由图 9-4(a)可知，当$R_S > R_G$时，系统所实现总的 SE 随着 SC 半径R_S的增大而减小，这是因为随着R_S的增大，SC 内严重的 SU 干扰将极大地降低系统实现的 SE。不同于图 9-3，图 9-4 表明，当宏小区 MC 半径R_M相对较小时，增大宏小区半径R_M将有助于改善系统总的 SE。然而，当宏小区半径R_M较大时，系统实现的总 SE 将达到一个稳定值，随着R_S的变化而改变。此外，图 9-4(a)表明，ZFR/ZFT 优于 MRC/MRT 预处理方案，然而R_M对两种方案的影响很小。

图 9-4(b)体现了保护半径R_G对系统实现总 SE 的影响。研究发现，当$R_G \leqslant R_S$时，较小的宏小区保护半径R_G，将导致较低的系统 SE。这是由于 SU 对系统造成的严重干扰；当$R_G > R_S$时，且R_M相对较小时，保护半径R_G将对系统的 SE 产生严重的影响；当R_M较大时，系统实现的 SE 将是一个与保护半径R_G无关的定

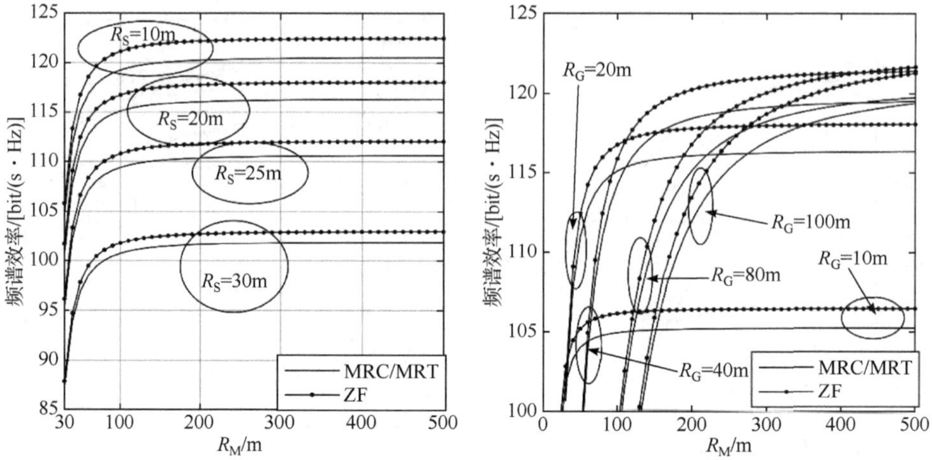

(a) R_G=20m　　(b) R_S=20m

图 9-4　R_M、R_G 和 R_S 对系统 SE 的影响

值，且 MRC/MRT 和 ZFR/ZFT 两种预处理方案下的渐近定值是不相同的。特别地，对于不同的 R_M，保护半径 R_G 对总的 SE 有严重的影响。从图 9-4(a)、(b) 可知，R_M、R_S 和 R_G 存在一定的函数关系，这对于 5G 的部署具有很好的指导意义。

图 9-5 为路径损耗指数 α 和宏小区中 MU 平均数量 μ_M 对系统 SE 的影响。通过对图 9-5(a)、(b)发现，路径损耗指数对 SE 的影响依赖于 R_G 和 R_S。特别地，当 $R_S < R_G$ 或 $R_S - R_G\left(R_S > R_G\right)$ 相对较小时，系统实现的 SE 随着 α 的减小而降低。研

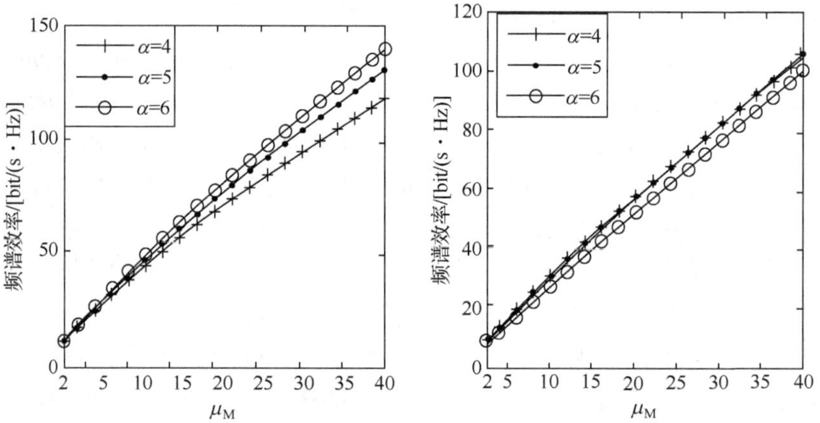

(a) R_G=20m,R_S=20m　　(b) R_G=20m,R_S=60m

图 9-5　路径损耗指数对系统 SE 的影响(MRC/MRT)

究同时表明，SC 半径 R_S 越大，系统性能损失越大。其主要原因是当 $R_S - R_G$ 较小时，来自 MU 的干扰将大于 SU，这将成为导致系统性能损失的主要因素。然而，当 $R_S - R_G\left(R_S > R_G\right)$ 逐渐增大时，SU 引起的干扰大于 MU 的干扰，从而 SU 的干扰是主要因素。更重要的是，从式(9-27)可知，功率放大系数 ρ 随着路径损耗 ν 的增大而降低。

第 10 章　无人机协助的低空异构网络

未来 B5G 网络需要面向多元化的应用场景，新出现的应用场景对网络提出了更高的要求，诸多问题亟待解决。以最常见的热点和紧急场景为例，短时间内无线网络的移动数据流量迅速激增，暴露了当前基础架构正在面临的容量需求和覆盖等问题。为此，以 B5G 网络致力于打造空天地海一体化网络的规划为出发点，本章在毫米波频段上，构建一种基于 PCP 的大规模 UAV 协助的多层异构网络模型，并提出基于随机几何 PCP 的建模与分析方法。同时，为了量化簇间级联对该多层网络性能的影响，利用簇间资源具备的潜在增益，将该异构网络模型扩充为新颖的四层网络模型，提出给定地面用户(ground UE，GUE)分别和簇内(间)BS 级联的方案。进一步地，针对传统的双层网络模型和提出的四层网络模型，研究各层级联概率、路径损耗分布及干扰分布，获得两种方案下行链路的覆盖概率[316-317]。

10.1　低空异构网络及其异构扩展

如图 10-1 所示[99]，考虑 UAV 协助的毫米波异构蜂窝网络，其中宏小区和小小区(small cell，SC)分别由地面基站(ground-BS，G-BS)和无人机基站(UAV-BS，U-BS)组成；G-BS 的位置被建模成密度为 $\lambda_{\text{G-BS}}$ 齐次 PPP $\Phi_{\text{G-BS}}$，U-BS 部署成簇且 U-BS 的投影散布在 G-BS 周围。因此，在欧几里得平面上，将 U-BS 的位置建模为 PCP $\Phi_{\text{U-BS}}\left(\lambda_{\text{G-BS}},\bar{m}\right)$，其簇成员服从均值为零且方差为 σ^2 的高斯对称独立分布。

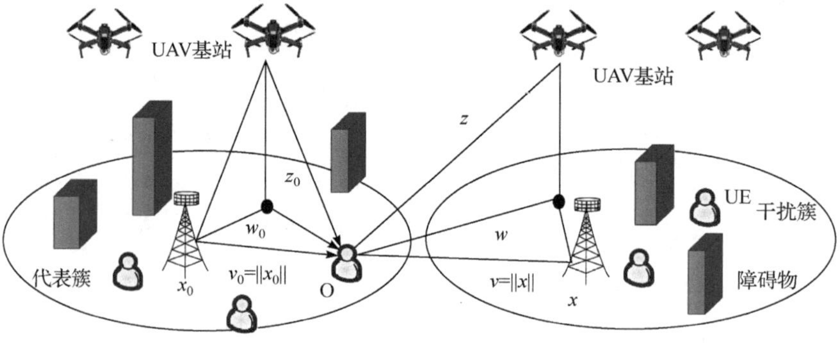

图 10-1　UAV 协助的多层异构蜂窝网络模型

将 PCP $\varPhi_{\text{U-BS}}(\lambda_{\text{G-BS}},\bar{m})$ 建模为 $\varPhi_{\text{U-BS}}(\lambda_{\text{G-BS}},\bar{m})=\bigcup_{x\in\varPhi_{\text{G-BS}}}\{x+\mathbb{N}^x\}$，其中 $\mathbb{N}^x\equiv\{y\}$ 表示簇成员相对于簇中心 $x\in\varPhi_{\text{G-BS}}$ 的位置集合，且 x 和 y 均为二维坐标。根据引理 2-9，则簇内位置 $y\in\mathbb{N}^x$ 的 PDF 近似表示为

$$f_Y(y)=\frac{1}{2\pi\sigma^2}\exp\left(-\frac{\|y\|^2}{2\sigma^2}\right) \tag{10-1}$$

式中，$\|y\|$ 为位置 $y\in\mathbb{N}^x$ 的欧几里得范数。此外，簇中任意点到其父点距离 $r=\|y\|$ 遵循瑞利分布，该距离的 PDF 表示为

$$f_R(r)=\frac{r}{\sigma^2}\exp\left(-\frac{r^2}{2\sigma^2}\right) \tag{10-2}$$

在目标簇 $\varPhi_{\text{G-BS}}$ 中随机选择一个 GUE 作为目标 GUE；由于 PPP $\varPhi_{\text{G-BS}}$ 具备稳定性，根据 Slivnyak 定理可知，可假定目标 GUE 位于原点处，则目标簇中心可表示为 $x_0\in\varPhi_{\text{G-BS}}$。与此同时，目标簇的位置为 $x_0\in\varPhi_{\text{G-BS}}$，可以从 $\varPhi_{\text{G-BS}}$ 中移除 x_0，且根据 Slivnyak 定理，剩下的 PPP $\varPhi_{\text{G-BS}\setminus\{x_0\}}$ 与原 $\varPhi_{\text{G-BS}}$ 完全分布相同。基于次观察，为了更清晰地区分簇内和簇间干扰，在原有双层模型基础上增加了两个层 BS，即簇内 U-BS 层和簇内 G-BS 层，其中簇内 U-BS 层定义为第 0 层 $\varPhi_{\text{U-BS}}(\lambda_{\text{G-BS}},\bar{m})$，由唯一的目标 G-BS 构成簇内 G-BS 层定义为 $\varPhi^2_{\text{G-BS}}(x_0)$，即层 2。因此，该两层异构网络可拓展为四层异构网络，该四层异构网络模型的构造具体为：第 0 层簇内 U-BS，第 1 层簇间干扰 U-BS，第 2 层簇内 G-BS，第 3 层簇间干扰 G-BS。由此可有两种级联方案，即双层级联方案和四层级联方案。在双层级联方案中，目标 GUE 仅与代表簇内 BS 级联。在四层级联方案中，目标 GUE 可与目标簇内、簇间 BS 级联。

10.1.1　信号传输衰落模型

在该网络模型中，所有的 BS 和给定 GUE 均已配备定向天线阵列，这是毫米波系统的普遍配置方式，以便收发器基于位置信息调节天线方向，实现波束成形增益最大化，克服路径损耗，扩大网络覆盖范围。考虑简化的天线阵列模型，采用 1.2 节给出的扇形天线模型，其中第 i 层的天线增益分别由主瓣增益 $M_{i,s}$ (dBm)、副瓣增益 $m_{i,s}$ (dBm)以及主瓣波束宽度 $\theta_{i,s}\in[0,2\pi]$ 参数化，其中，$s\in\{T_t,\mathrm{r}\}$，$T_t\in\{\mathrm{G},\mathrm{U}\}$ 分别表示 G-BS 的发射天线和 U-BS 的发射天线，$s=\mathrm{r}$ 表示给定 GUE 的接收天线。特别地，为了区分 BS 和给定 GUE 的表述，当 $s=\mathrm{r}$ 时，$M_{i,s}$、$m_{i,s}$ 和 $\theta_{i,s}\in[0,2\pi]$ 分别表示为 $M_{u,r}$、$m_{u,r}$ 和 $\theta_{u,r}\in[0,2\pi]$。因此，天线增益 $G_{i,j}$ 及其对

应的概率 $b_{i,j}$ 存在四种可能性，详见表 1-5。由表 1-5 可知，天线增益的最大值表示为 $G_{\mathrm{M}_i}=M_{i,T_t}M_{u,r}$。

对于构建的四层网络模型，所有毫米波无线信号同时经历了大尺度衰落和小尺度衰落。对于小尺度衰落模型，假设所有信号均经历独立的 Nakagami-m 衰落，则给定 GUE 和 T-BS 之间信号的小尺度衰落增益为 $h_{i,t'}$，$T\in\{\mathrm{U},\mathrm{G}\}$。根据式(1-11)，对于信号的 LoS 传播和 NLoS 传播而言，$h_{i,t'}$ 分别表示为 $h_{i,\mathrm{L}}\sim\Gamma\left(N_{i,\mathrm{L}},1/N_{i,\mathrm{L}}\right)$ 和 $h_{i,\mathrm{N}}\sim\Gamma\left(N_{i,\mathrm{N}},1/N_{i,\mathrm{N}}\right)$。

对于大尺度衰落，由于毫米波信号受障碍物影响会遭遇严重的衰减，这里采用视距球模型。对于第 0 层簇内 U-BS 和第 2 层的代表簇内 G-BS，目标收发器之间距离较短，且代表簇内 U-BS 可通过调整自身位置与给定的 GUE 形成 LoS 链路，因此同时考虑信号的 LoS 传播和 NLoS 传播。对于第 1 层和第 3 层的干扰簇间 U-BS 和 G-BS，收发器之间距离较长且信号遭受更多的地面障碍物影响，仅考虑信号的 NLoS 传播。假设视距球半径为 R_i，目标 GUE 和 BS 之间的距离为 r。当 $r\leqslant R_i$ 时，目标 GUE 和 BS 之间的信号为 LoS 传播，其概率表示为 $P_i^{\mathrm{L}}(r)$；当 $r>R_i$ 时，典型 GUE 和 BS 之间的信号为 NLoS 传播，其概率表示为 $P_i^{\mathrm{N}}(r)=1-P_i^{\mathrm{L}}(r)$。因此，无线信号 LoS/NLoS 传播的概率函数为

$$P_i(r)=\begin{cases}P_{i,\mathrm{L}}=P_i^{\mathrm{L}}(r)I(r\leqslant R_i)\\ P_{i,\mathrm{N}}=\left(1-P_i^{\mathrm{L}}(r)\right)I(r\leqslant R_i)+I(r>R_i)\end{cases} \tag{10-3}$$

式中，$I(\cdot)$ 表示指标函数[293]。

对于第 0 层，当 $i=0$ 时，给定 GUE 和代表簇内 U-BS 之间的信号为 LoS 传播的概率为(空−地)

$$P_0^{\mathrm{L}}(r)=\frac{1}{1+b\exp\left[-c\left(\dfrac{180}{\pi}\tan^{-1}\dfrac{H}{r}-b\right)\right]} \tag{10-4}$$

式中，b 和 c 均为环境所决定的常数；H 为 U-BS 的高度。

当 $i=2$ 时，给定 GUE 和代表簇内 G-BS 之间的信号为 LoS 传播的概率为(地−地)

$$P_2^{\mathrm{L}}(r)=\exp(-\varepsilon r) \tag{10-5}$$

式中，ε 如式(1-9)定义。

根据使用的 LoS 模型，可得给定 GUE 和代表簇内 BS 之间的路径损耗为

$$L_i(r)=\begin{cases}L_{i,\mathrm{L}}(r)=r^{\alpha_{i,\mathrm{L}}}\\ L_{i,\mathrm{N}}(r)=r^{\alpha_{i,\mathrm{N}}}\end{cases} \tag{10-6}$$

式中，$\alpha_{i,\mathrm{L}}$ 为第 i 层的 LoS 路径损耗指数；$\alpha_{i,\mathrm{N}}$ 为第 i 层的 NLoS 路径损耗指数。

给定 GUE 和干扰簇内 BS(包括 G-BS 和 U-BS)之间的路径损耗表示为

$$L_i(r) = r^{\alpha_i} \tag{10-7}$$

式中，α_i 为第 i 层的路径损耗指数，该值会随着网络环境的不同而发生变化。

10.1.2　簇内和簇间距离分布

该空间异构网络模型类似于 8.2 节给出的陆地异构网络模型，这两个模型中，没有地面宏基站，在 8.2 节中，地面微微和毫微微基站散布在宏基站周围，其位置点建模为 PCP；类似地本小节 U-BS 也散布在地面基站周围，其地面投影也建模为 PCP。PPP 和 PCP 的联合建模，需要考虑簇内和簇间距离，2.4 节给出了详细分析。这里，利用 2.4 节中的结论，对无人机协助的低空异构网络中簇间和簇内距离的分布进行分析。

考虑给定 GUE 随机地接入一个空中 U-BS，假设给定 GUE 与簇内任一 U-BS 的级联距离为 z，其地面投影距离为 w。簇内 U-BS 散布在目标簇 $x_0 \in \Phi_{\text{G-BS}}$ 周围，给定 GUE 位于坐标原点。由于所有簇内 U-BS 的位置集合均建模为 PCP $\Phi_{\text{U-BS}}(\lambda_{\text{G-BS}}, \bar{m})$，且以方差为 σ^2 的高斯分布对称独立且均匀分布在簇中心 $x_0 \in \Phi_{\text{G-BS}}$ 周围，由于共同距离 $v_0 = \|x_0\|$ 的存在，根据图 2-1 可知，目标 GUE 与不同簇内 U-BS 的级联距离 $z(w)$ 具有相关性。因此，根据 2.4 节结论，在目标 GUE 到目标簇中心距离为 $v_0 = \|x_0\|$ 条件下，目标 GUE 与任一簇内 U-BS 间的级联距离 $z(w)$ 服从莱斯分布。但是，该簇内 U-BS 之间的级联距离相关性非常弱，在理论推导中几乎可以忽略不计[153]。根据引理 2-9，为简化后续分析，不再以 $v_0 = \|x_0\|$ 为条件，而是用方差为 $2\sigma^2$ 的瑞利分布来近似估计级联距离 $z(w)$ 的分布，其对应的 PDF 表示为

$$f_z(z) = \frac{z}{2\sigma^2} \exp\left(-\frac{z^2 - H^2}{4\sigma^2}\right), \quad z \geqslant H \tag{10-8}$$

该近似模型不仅简单，而且符合实际策略，极大地方便了网络的建模性能分析。

接下来考虑簇间距离的分布，即第 1 层 U-BS 和第 3 层 G-BS。考虑任一簇 $x \in \Phi_{\text{G-BS}} \setminus x_0$ 中的一个 U-BS，其到目标 GUE 的距离为 r，投影距离为 u，基于条件 $u = \|x\|$，利用 2.4 节中的结论，簇间距离服从莱斯分布，该簇间距离 r 的 PDF 表示为[318]

$$f_R\left(r|v\right)=\frac{r}{\sigma^2}\exp\left[-\frac{\left(r^2-H^2\right)+v^2}{2\sigma^2}\right]I_0\left(\frac{v\sqrt{r^2-H^2}}{\sigma^2}\right),\quad r>H \tag{10-9}$$

该簇间距离 r 的 CCDF 表示为

$$\tilde{F}_R\left(r|v\right)=Q\left(\frac{v}{\sigma},\frac{v\sqrt{r^2-H^2}}{\sigma}\right),\quad r>H \tag{10-10}$$

利用 2.4 节中的结论，该无人机协助的低空异构网络簇内距离建模为瑞利分布，簇间距离建模为莱斯分布。

10.2 基于最小距离级联的各层 BS 的接入路径损耗分布

在获得簇内和簇间距离的统计描述后，可以进一步对级联距离的分布进行研究。本节考虑第 4 章给出的最小距离级联准则。基于该最小距离级联，利用排序统计理论可以获得最近接入基站。考虑到低空通信的 LoS 和 NLoS 特色，这里考虑路径损耗分布。

10.2.1 第 0 层簇内 U-BS 接入路径损耗分布

第 0 层由簇内 U-BS 构成。假设给定典型 GUE 与簇内最近 U-BS 间的空间距离为 z_0，地面投影距离为 w_0。由式(10-3)和式(10-6)，投影距离 w_0 的 LoS 传播路径损耗 $L_{1,\mathrm{L}}\left(w_0\right)$ 的密度测量表示为[319-322]

$$\Lambda_{0,L}\left(\left(0,t\right]\right)=\int_{R^2}\Pr\left(L_{0,\mathrm{L}}\left(w_0\right)<t\right)\mathrm{d}w_0=\frac{1}{4\sigma^2}\left[\left(t^{1/\alpha_{0,\mathrm{L}}}\right)^2P_0^L I\left(t<R_1^{\alpha_{0,\mathrm{L}}}\right)\right] \tag{10-11}$$

由式(10-11)推导出路径损耗 $L_{1,\mathrm{L}}\left(w_0\right)$ 的 CCDF 为

$$\tilde{F}_{L_{0,\mathrm{L}}(w)}\left(t\right)=\exp\left(-\Lambda_{0,\mathrm{L}}\left(\left(0,t\right]\right)\right) \tag{10-12}$$

级联距离 z_0 的路径损耗 $L_{1,\mathrm{L}}\left(z_0\right)$ 的 CCDF 为

$$\tilde{F}_{L_{0,\mathrm{L}}(z)}\left(t\right)=\exp\left[-\Lambda_{0,\mathrm{L}}\left(\left(0,\left(t^{2/\alpha_{0,\mathrm{L}}}-H^2\right)^{\alpha_{0,\mathrm{L}}/2}\right]\right)\right] \tag{10-13}$$

路径损耗 $L_{0,\mathrm{L}}\left(w_0\right)$ 的 PDF 为

$$f_{L_{0,\mathrm{L}}(z)}\left(t\right)=\exp\left[-\Lambda_{0,\mathrm{L}}\left(\left(0,\left(t^{2/\alpha_{0,\mathrm{L}}}-H^2\right)^{\alpha_{0,\mathrm{L}}/2}\right]\right)\right]\times\frac{\mathrm{d}\Lambda_{0,\mathrm{L}}\left(\left(0,\left(t^{2/\alpha_{0,\mathrm{L}}}-H^2\right)^{\alpha_{0,\mathrm{L}}/2}\right]\right)}{\mathrm{d}t} \tag{10-14}$$

考虑次序统计理论[179]与第 0 层簇内 U-BS 的独立性，级联距离 z_0 的路径损耗

$L_{1,\mathrm{L}}(z_0)$ 的 CCDF 表示为

$$\tilde{F}_{L_{0,\mathrm{L}}(z_0)}(t)=\exp\left[-\bar{m}\Lambda_{0,\mathrm{L}}\left(\left(0,\left(t^{2/\alpha_{0,\mathrm{L}}}-H^2\right)^{\alpha_{0,\mathrm{L}}/2}\right]\right)\right] \tag{10-15}$$

径损耗 $L_{0,\mathrm{L}}(z_0)$ 的 PDF 表示为

$$f_{L_{0,\mathrm{L}}(z_0)}(t)=\bar{m}\exp\left[-\bar{m}\Lambda_{0,\mathrm{L}}\left(\left(0,\left(t^{2/\alpha_{0,\mathrm{L}}}-H^2\right)^{\alpha_{0,\mathrm{L}}/2}\right]\right)\right]\frac{\mathrm{d}\Lambda_{0,\mathrm{L}}\left(\left(0,\left(t^{2/\alpha_{0,\mathrm{L}}}-H^2\right)^{\alpha_{0,\mathrm{L}}/2}\right]\right)}{\mathrm{d}t} \tag{10-16}$$

由式(10-3)和式(10-6)，投影距离 w_0 的 NLoS 传播路径损耗 $L_{0,\mathrm{N}}(w_0)$ 的密度测量表示为

$$\begin{aligned}\Lambda_{0,\mathrm{N}}((0,t])&=\int_{R^2}\Pr\left(L_{0,\mathrm{N}}(w_0)<t\right)\mathrm{d}w_0=\frac{1}{4\sigma^2}\left[\left(1-P_0^{\mathrm{L}}\right)\left(t^{1/\alpha_{0,\mathrm{L}}}\right)^2 I\left(t<R_0^{\alpha_{0,\mathrm{L}}}\right)\right.\\&\left.+\left(1-P_0^{\mathrm{L}}\right)R_0^2 I\left(t>R_0^{\alpha_{0,\mathrm{L}}}\right)+\left(t^{2/\alpha_{0,\mathrm{N}}}-R_0^2\right)I\left(t>R_0^{\alpha_{0,\mathrm{N}}}\right)\right]\end{aligned} \tag{10-17}$$

由式(10-17)推导出路径损耗 $L_{0,\mathrm{N}}(w_0)$ 的 CCDF 为

$$\tilde{F}_{L_{0,\mathrm{N}}(w_0)}(t)=\exp\left[-\Lambda_{0,\mathrm{N}}((0,t])\right] \tag{10-18}$$

级联距离 z 的路径损耗 CCDF 为

$$\tilde{F}_{L_{0,\mathrm{N}}(z)}(t)=\exp\left[-\Lambda_{0,\mathrm{N}}\left(\left(0,\left(t^{2/\alpha_{0,\mathrm{N}}}-H^2\right)^{\alpha_{0,\mathrm{N}}/2}\right]\right)\right] \tag{10-19}$$

其 PDF 为

$$\begin{aligned}&f_{L_{0,\mathrm{N}}(z)}(t)\\&=-\exp\left[-\Lambda_{0,\mathrm{N}}\left(\left(0,\left(t^{2/\alpha_{0,\mathrm{N}}}-H^2\right)^{\alpha_{0,\mathrm{N}}/2}\right]\right)\right]\times\frac{\mathrm{d}\Lambda_{0,\mathrm{N}}\left(\left(0,\left(t^{2/\alpha_{0,\mathrm{N}}}-H^2\right)^{\alpha_{0,\mathrm{N}}/2}\right]\right)}{\mathrm{d}t}\end{aligned} \tag{10-20}$$

类似地，继续考虑次序统计理论与簇内 U-BS 的独立性，可以得到级联距离 z_0 的路径损耗 $L_{0,\mathrm{N}}(z_0)$ 的 CCDF 为

$$\tilde{F}_{L_{0,\mathrm{N}}(z_0)}(t)=\exp\left[-\bar{m}\Lambda_{0,\mathrm{N}}\left(\left(0,\left(t^{2/\alpha_{0,\mathrm{N}}}-H^2\right)^{\alpha_{0,\mathrm{N}}/2}\right]\right)\right] \tag{10-21}$$

路径损耗 $L_{1,\mathrm{N}}(z_0)$ 的 PDF 表示为

$$f_{L_{0,\mathrm{N}(z_0)}}(t)$$

$$=\bar{m}\exp\left[-\bar{m}\Lambda_{0,\mathrm{N}}\left(\left(0,\left(t^{2/\alpha_{0,\mathrm{N}}}-H^2\right)^{\alpha_{0,\mathrm{N}}/2}\right]\right)\right]\frac{\mathrm{d}\Lambda_{0,\mathrm{N}}\left(\left(0,\left(t^{2/\alpha_{0,\mathrm{N}}}-H^2\right)^{\alpha_{0,\mathrm{N}}/2}\right]\right)}{\mathrm{d}t} \tag{10-22}$$

通过以上分析，得到引理 10-1。

引理 10-1 第 0 层簇内 U-BS 接入距离的路径损耗 L_0 的 CCDF 表示为

$$\tilde{F}_{L_0}(t)=\tilde{F}_{L_{0,\mathrm{L}}}(t)+\tilde{F}_{L_{0,\mathrm{N}}}(t) \tag{10-23}$$

式中，$\tilde{F}_{L_{0,\mathrm{L}}}(t)$和$\tilde{F}_{L_{0,\mathrm{N}}}(t)$分别由式(10-15)和式(10-21)给出。

10.2.2 簇内 G-BS 接入路径损耗分布

网络第 2 层由唯一的目标 G-BS 构成，位于目标簇中心，给定 GUE 与簇内 G-BS 的级联距离为v_0。根据衰落模型，对于第 2 层的簇内 G-BS，同时考虑信号的 LoS 和 NLoS 传播。首先，对于 LoS，由式(10-3)可得路径损耗$L_{2,\mathrm{L}}(v_0)$的 CCDF 为

$$\tilde{F}_{L_{2,\mathrm{L}}(v_0)}(t)=\Pr\left(L_{2,\mathrm{L}}(v_0)>t\right)$$

$$=P_{2,\mathrm{L}}\left[\exp\left(-\frac{1}{2\sigma_u^2}t^{2/\alpha_{2,\mathrm{L}}}\right)I\left(t^{1/\alpha_{2,\mathrm{L}}}<R_2\right)+\exp\left(-\frac{1}{2\sigma_u^2}R_2^2\right)I\left(t^{1/\alpha_{2,\mathrm{L}}}>R_2\right)\right] \tag{10-24}$$

当该唯一的簇内链路为 NLoS，v_0小于 LoS 半径R_2时，由式(10-3)可推导出路径损耗$L_{2,\mathrm{N}_1}(v_0)$的 CCDF：

$$\tilde{F}_{L_{2,\mathrm{N}_1}(v_0)}(t)=\Pr\left(L_{2,\mathrm{N}_1}(v_0)>t\right)$$

$$=\left(1-P_2^{\mathrm{L}}\right)\left[\exp\left(-\frac{1}{2\sigma_u^2}t^{2/\alpha_{2,\mathrm{N}}}\right)I\left(t<R_2^{\alpha_{2,\mathrm{N}}}\right)+\exp\left(-\frac{1}{2\sigma_u^2}R_2^2\right)I\left(t>R_2^{\alpha_{2,\mathrm{N}}}\right)\right] \tag{10-25}$$

当v_0大于 LoS 半径R_2时，由式(10-17)可以推导出路径损耗$L_{2,\mathrm{N}_2}(v_0)$的 CCDF：

$$\tilde{F}_{L_{2,\mathrm{N}_2}(v_0)}(t)=\exp\left[-\frac{1}{2\sigma_u^2}\left(t^{2/\alpha_{2,\mathrm{N}}}-R_2^2\right)\right]I\left(t>R_2^{\alpha_{2,\mathrm{N}}}\right) \tag{10-26}$$

由式(10-25)和式(10-26)，路径损耗$L_{2,\mathrm{N}}(v_0)$的总 CCDF 表示为

$$\tilde{F}_{L_{2,\mathrm{N}}(v_0)}(t)=\tilde{F}_{L_{2,\mathrm{N}_1}(v_0)}(t)+\tilde{F}_{L_{2,\mathrm{N}_2}(v_0)}(t) \tag{10-27}$$

通过以上分析，得到引理 10-2。

引理 10-2 簇内 G-BS 接入距离的路径损耗$L_2(v_0)$的 CCDF 表示为

$$\tilde{F}_{L_2(v_0)}(t)=\tilde{F}_{L_{2,\mathrm{L}}(v_0)}(t)+\tilde{F}_{L_{2,\mathrm{N}_1}(v_0)}(t)+\tilde{F}_{L_{2,\mathrm{N}_2}(v_0)}(t) \tag{10-28}$$

接入距离的路径损耗 $L_2(v_0)$ 的 PDF 为

$$f_{L_2(v_0)}(t)=-\frac{\mathrm{d}\tilde{F}_{L_2(v_0)}(t)}{\mathrm{d}t} \tag{10-29}$$

式中，$\tilde{F}_{L_{2,\mathrm{L}}(v_0)}(t)$、$\tilde{F}_{L_{2,\mathrm{N}_1}(v_0)}(t)$和$\tilde{F}_{L_{2,\mathrm{N}_2}(v_0)}(t)$分别由式(10-24)、式(10-25)和式(10-26)给出。

10.2.3 簇间 BS 接入路径损耗分布

考虑簇间接入距离，网络中第 1 层由除了第 0 层以外所有剩余的 G-BS 构成。在这种情形下，给定 GUE 与簇间干扰 G-BS 间的距离较远。基于这一考虑，不同于簇内 G-BS 级联距离，将与簇间 G-BS 级联距离建模为 NLoS 模型。考虑任一非目标簇 $x\in\Phi_{\text{G-BS}}\setminus x_0$，所有可能 U-BS 位置的几何表示为 $\mathbb{N}^x$，目标 GUE 到任一簇间 U-BS 的距离为 r，其 CCDF 为由式(10-10)给出，由于簇间链路建模为 NLoS，其路径损耗可以写为 $L_i=r^{\alpha_i}$。由式(10-10)，基于条件 $v=\|x\|$，路径损耗 L_i 的 CCDF 为

$$\tilde{F}_{L_i}\left(t\middle|v=\|x\|\right)=Q\left(\frac{v}{\sigma},\frac{v}{\sigma}\sqrt{t^{2/\alpha_i}-H^2}\right) \tag{10-30}$$

式中，$t>H^{\alpha_i}$。

接入距离路径损耗 L_1 的 PDF 为

$$\begin{aligned}&\tilde{f}_{L_1}\left(t\middle|v=\|x\|\right)\\&=\frac{t^{2/\alpha_1-1}}{\alpha_1\sigma^2}Q\left(\frac{v}{\sigma},\frac{v}{\sigma}\sqrt{t^{2/\alpha_1}-H^2}\right)\times\exp\left[-\frac{\left(t^{2/\alpha_1}-H^2\right)+v^2}{\sigma^2}\right]I_0\left(\frac{v}{\sigma^2}\sqrt{t^{2/\alpha_1}-H^2}\right)\end{aligned} \tag{10-31}$$

一方面，簇间距离相互独立；另一方面，本章模型考虑最小距离接入准则，目标 GUE 接入最近的 G-BS $x\in\Phi_{\text{G-BS}}\setminus x_0$。根据排序统计理论，最近接入距离路径损耗 L_1 的 CDF 为

$$\begin{aligned}F_{L_1}(t\mid v=\|x\|)&=\Pr\left(\min_{y_i\in\mathbb{N}^x}\{L_i\}<t\mid v=\|x\|\right)=1-\Pr\left(\min_{y_i\in\mathbb{N}^x}\{L_i\}>t\mid v=\|x\|\right)\\&=1-\prod_{y_i\in\mathbb{N}^x}\Pr(L_i>t\mid v=\|x\|)=1-\prod_{y_i\in\mathbb{N}^x}\tilde{F}_{L_i}(t\mid v=\|x\|)=1-\left(\tilde{F}_{L_i}(t\mid v=\|x\|)\right)^{\bar{m}}\end{aligned} \tag{10-32}$$

最近接入距离路径损耗 L_1 的 CCDF 为

$$\tilde{F}_{L_1}\left(t\,|\,v=\|x\|\right)=1-F_{L_1}\left(t\,|\,v=\|x\|\right)\ =\left(\tilde{F}_{L_i}\left(t\,|\,v=\|x\|\right)\right)^{\bar{m}}=Q^{\bar{m}}\left(\frac{v}{\sigma},\frac{v}{\sigma}\sqrt{t^{2/\alpha_1}H^2}\right) \tag{10-33}$$

最近接入距离路径损耗 L_1 的 PDF 为

$$\tilde{f}_{L_1}\left(t\,|\,v=\|x\|\right)=\bar{m}\left(\tilde{F}_{L_i}\left(t\,|\,v=\|x\|\right)\right)^{\bar{m}-1}\tilde{f}_{L_i}\left(t\,|\,v=\|x\|\right)$$
$$=\bar{m}Q^{\bar{m}-1}\left(\frac{v}{\sigma},\frac{v}{\sigma}\sqrt{t^{2/\alpha_1}-H^2}\right)\frac{1}{\sigma^2}\frac{t^{2/\alpha_1-1}}{\alpha_1}Q\left(\frac{v}{\sigma},\frac{v}{\sigma}\sqrt{t^{2/\alpha_1}-H^2}\right)I_0\left(\frac{v}{\sigma}\sqrt{t^{2/\alpha_1}-H^2}\right),\quad t>H \tag{10-34}$$

引理 10-3 网络的第 1 层簇间 U-BS 接入距离的路径损耗 L_1 的条件 CCDF 表示为

$$\tilde{F}_{L_1}\left(t\middle|v=\|x\|\right)=Q^{\bar{m}}\left(\frac{v}{\sigma},\frac{v}{\sigma}\sqrt{t^{2/\alpha_1}-H^2}\right) \tag{10-35}$$

路径损耗 L_1 的 PDF 表示为

$$\begin{aligned}f_{L_1}\left(t\middle|v=\|x\|\right)&=\bar{m}Q^{\bar{m}-1}\left(\frac{v}{\sigma},\frac{v}{\sigma}\sqrt{t^{2/\alpha_1}-H^2}\right)\\&\quad\times\frac{t^{2/\alpha_1-1}}{\alpha_1\sigma^2}\exp\left(-\frac{\left(t^{2/\alpha_1}-H^2\right)+v^2}{\sigma^2}\right)I_0\left(\frac{v}{\sigma^2}\sqrt{t^{2/\alpha_1}-H^2}\right)\end{aligned} \tag{10-36}$$

网络第 3 层由簇间 G-BS 构成，基于 PPP，距离服从瑞利衰落，由于只考虑 NLoS，则第 3 层的接入距离路径损耗分布由引理 10-4 给出。

引理 10-4 给定典型用户网络第 3 层簇间 G-BS 接入距离的路径损耗 L_3 的 CCDF 表示为

$$\tilde{F}_{L_3}(t)=\exp\left[-\Lambda_3\left([0,t)\right)\right]=\exp\left(-\pi\lambda_{\text{G-BS}}t^{2/\alpha_3}\right) \tag{10-37}$$

对应的路径损耗 L_3 的 PDF 表示为

$$f_{L_3}(t)=\exp\left[-\Lambda_3\left([0,t)\right)\right]\frac{\mathrm{d}\Lambda_3\left([0,t)\right)}{\mathrm{d}t} \tag{10-38}$$

10.3 不同级联方案和级联距离分布

针对两种不同的级联方案，即双层级联方案和四层级联方案，这里给出相应的级联概率。其中，为了扩展 SC 的覆盖范围并减轻 MBS 的负载，两种级联方案均采用最大 ABRP 级联准则。假设在同一层中，BS 的偏置因子、发射功率和信道衰落统计特性相同，则与给定 GUE 相距最近的 BS 将提供最大 ABRP。

10.3.1　四层级联方案和级联距离分布

假定第 i 层中与给定 GUE 相距最近的 BS 位于 x 处，$i\in\{0,1,2,3\}$，则根据最大 ABRP 级联准则，有

$$i=\arg\max_{k\in\{0,1,2,3\}}\left\{P_k B_k G_{\mathrm{M}_k} L_k^{-1}(x)\right\} \tag{10-39}$$

式中，L_k 表示给定 GUE 与第 k 层 BS 之间的最小级联路径损耗；B_k 表示第 k 层的偏置因子。

对于第 0 层的簇内 U-BS 和第 2 层的簇内 G-BS，根据衰落模型，同时考虑信号的 LoS 和 NLoS 传播。则在链路 t 上，$t'\in\{\mathrm{L},\mathrm{N}\}\setminus t$，给定 GUE 与第 $i\in\{0,2\}$ 层 BS 级联的概率为

$$\begin{aligned}
A_{i,t}&=\Pr\left(P_iB_iG_{\mathrm{M}_i}L_{i,t}^{-1}>P_iB_iG_{\mathrm{M}_i}L_{i,t'}^{-1};P_iB_iG_{\mathrm{M}_i}L_{i,t}^{-1}>P_kB_kG_{\mathrm{M}_k}L_k^{-1}\right)\\
&\overset{(a)}{=}\Pr\left(P_iB_iG_{\mathrm{M}_i}L_{i,t}^{-1}>P_iB_iG_{\mathrm{M}_i}L_{i,t'}^{-1}\right)\times\Pr\left(P_iB_iG_{\mathrm{M}_i}L_{i,t}^{-1}>P_kB_kG_{\mathrm{M}_k}L_k^{-1}\right)\\
&=\Pr\left(L_{i,t'}^{-1}>L_{i,t}^{-1}\right)\times\prod\nolimits_{k\in\{1,2,3,4\}\setminus i}\Pr\left(L_k>C_{k,i}L_{i,t}\right)
\end{aligned} \tag{10-40}$$

式中，(a)遵循独立假设；$C_{k,i}=\dfrac{P_kB_kG_{M_k}}{P_iB_iG_{M_i}}$，$k\in\{0,1,2,3\}\setminus i$。

1. 级联层 0 和层 2

利用级联概率的一般形式[式(10-40)]，继续分析详细的级联概率。层 0 表示簇内 U-BS，且只由唯一的目标 U-BS 构成；层 2 表示簇内 G-BS。当 $t=\mathrm{L}$ 或 $t=\mathrm{N}$ 时，概率 $\Pr\left(L_{i,t'}^{-1}>L_{i,t}^{-1}\right)$ 可表示为 P_i^{L} 或 P_i^{N}。因此，级联概率一般式(10-40)可进一步写为

$$A_{i,t}=P_i^t\Pr\left(L_{k\setminus i}>C_{k,i}L_{i,t}\right)\prod_{k\in\{1,3\}}\Pr\left(L_k>C_{k,i}L_{i,t}\right) \tag{10-41}$$

式中，$L_{k\setminus i}$ 表示给定 GUE 与第 i 层以外的第 k 层 BS 级联距离的路径损耗。

考虑点过程的独立性和 10.2 节给出的路径损耗 CCDF，对于 $i\in\{0,2\}$ 和 $t'\in\{\mathrm{L},\mathrm{N}\}$，级联概率 $A_{i,t'}$ 可以写为

$$A_{i,t'}=\left(P_i^{t'}\left(L_{i,t'}\right)\tilde{F}_{L_{j\setminus i}}\left(C_{j,i}L_{i,t'}\left(z_0(v_0)\right)\right)\right)\prod_{k\in\{1,3\}}\left(\tilde{F}_{L_k}\left(C_{k,i}L_{i,t'}\left(z_0(v_0)\right)\right)\right),\quad j\in\{0,2\} \tag{10-42}$$

式中，当接入 $i=0$ 层时，层 2 路径损耗 L_2 的 CCDF $\tilde{F}_{L_2}(t)$ 由式(10-28)给出；当接

入 $i=2$ 层时，层 0 路径损耗 L_0 的 CCDF $\tilde{F}_{L_0}(t)$ 由式(10-23)给出。$\tilde{F}_{L_3}(t)$ 由式(10-37)给出。

层 1 由多个中心为 $x\in\Phi_{\text{G-BS}}$ 的 U-BS 构成，根据式(10-35)，层 1 的路径损耗 $L_1(C_{1,0}L_{0,t'}(z_0))$ 的条件 CCDF 为

$$\begin{aligned}&\tilde{F}_{L_1}\left(C_{1,0}L_{0,t'}(z_0)\middle|v=\|x\|\right)\\&=Q^{\bar{m}}\left(\frac{1}{\sigma^2}L_1^{\frac{1}{\alpha_1}}(v),\frac{1}{\sigma}L_L^{\frac{1}{\alpha_1}}\sqrt{\left(L_1^{\frac{1}{\alpha_1}}\left(C_{1,0}L_{0,t'}(z_0)\right)\right)^2-L_1^{\frac{1}{\alpha_1}}(H)^2}\right)\end{aligned}\tag{10-43}$$

进一步，在式(10-43)中对簇中心距离 $x\in\Phi_{\text{G-BS}}$ 积分，路径损耗 $L_1\left(C_{1,0}L_{0,t'}(z_0)\right)$ 的 CCDF 为

$$\begin{aligned}&\tilde{F}_{L_1}\left(C_{1,0}L_{0,t'}(z_0)\right)\\&=\int_0^\infty 2\pi\lambda_{\text{G-BS}}v\mathrm{e}^{-\pi\lambda_{\text{G-BS}}v^2}\times Q^{\bar{m}}\left(\frac{1}{\sigma}L_1^{\frac{1}{\alpha_1}}(v),\frac{1}{\sigma}L_1^{\frac{1}{\alpha_1}}\sqrt{\left(C_{1,0}L_{0,t'}(z_0)\right)^{\frac{2}{\alpha_1}}-L_1^{\frac{1}{\alpha_1}}(H)^2}\right)\mathrm{d}v\end{aligned}\tag{10-44}$$

最后，需要考虑给定 GUE 的级联距离 $X_{i,t'}(z_0(v_0))$ 的 PDF。为了获得级联距离的 PDF，这里定义事件 T: 给定 GUE 与第 i 层的 BS 在 $t'\in\{\text{L},\text{N}\}$ 链路上级联，级联概率为 $A_{i,t'}, i\in\{0,2\}$。对于给定的事件 T，基于 Bayes 准则，接入距离的 CCDF 为

$$\begin{aligned}\tilde{F}_{X_{i,t'}(z_0(v_0))}(t)&=\Pr\left(L_{i,t'}(z_0(v_0))>t\mid T\right)=\frac{\Pr\left(L_{i,t'}(z_0(v_0))>t,T\right)}{\Pr(T)}\\&=\frac{1}{A_{i,t'}}\int_t^\infty P_i^{t'}\Pr\left(L_{j\backslash i}>C_{j,i}r(z_0(v_0))\right)\\&\quad\times\left[\prod_{k\in\{1,3\}}\Pr\left(L_k>C_{k,i}r(z_0(v_0))\right)\right]f_{L_{i,t'}(z_0(v_0))}(r)\mathrm{d}r\end{aligned}\tag{10-45}$$

由于接入距离 $X_{i,t'}(z_0(v_0))$ 的 CDF 为 $F_{X_{i,t'}(z_0(v_0))}(t)=1-\tilde{F}_{X_{i,t'}(z_0(v_0))}(t)$，因此其 PDF 为

$$\begin{aligned}f_{X_{i,t'}(z_0(v_0))}(t)=&\frac{1}{A_{i,t'}}P_i^{t'}\times\Pr\left(L_{j\backslash i}>C_{j,i}t(z_0(v_0))\right)\times\left(\prod_{k\in\{1,3\}}\Pr\left(L_k>C_{k,i}t(z_0(v_0))\right)\right)\\&\times f_{L_{i,t'}(z_0(v_0))}(t),\quad j\in\{0,2\}\end{aligned}\tag{10-46}$$

根据路径损耗 L_k 和接入距离 $X_{i,t'}(z_0(v_0))$ 的统计描述，可得到定理 10-1。

定理 10-1　当采用四层级联方案时，一个给定 GUE 既可以与簇内基站 U-BS 和 G-BS 级联，也可以与簇间基站 U-BS 和 G-BS 级联。在链路 $t' \in \{\mathrm{L},\mathrm{N}\}$ 上，给定 GUE 与第 0 层簇内 U-BS 或第 2 层的簇内唯一 G-BS 的级联距离为 $X_{i,t'}(z_0(v_0))$ 时，其级联概率表示为

$$A_{i,t'} = \mathbb{E}_{L_{i,t'}}\left(P_i^{t'}\left(L_{i,t'}\right)\tilde{F}_{L_{j\setminus i}}\left(C_{j,i}L_{i,t'}\left(z_0(v_0)\right)\right)\right)\prod_{k\in\{2,4\}}\mathbb{E}_{L_{i,t'}}\left(\tilde{F}_{L_k}\left(C_{k,i}L_{i,t'}\left(z_0(v_0)\right)\right)\right) \quad (10\text{-}47)$$

接入距离 $X_{i,t'}(z_0(v_0))$ 路径损耗的 PDF 为

$$f_{X_{i,t'}(z_0(v_0))}(t) = \frac{1}{A_{i,t'}}P_i^{t'}\left(\tilde{F}_{L_{j\setminus i}}\left(C_{j,i}t\right)\right)\left(\prod_{k\in\{1,3\}}\tilde{F}_{L_k}\left(C_{k,i}t\right)\right)f_{L_{i,t'}(z_0(v_0))}(t),\quad j\in\{0,2\} \quad (10\text{-}48)$$

路径损耗 L_1 的 CCDF 由式(10-44)给出；路径损耗 L_3 的 CCDF 由式(10-37)给出。此外，当 $i=0$ 时，路径损耗 L_2 的 CCDF 由式(10-50)给出，路径损耗 $L_{0,\mathrm{L}}(z_0)$ 和 $L_{0,\mathrm{N}}(z_0)$ 的 PDF 分别由式(10-16)和式(10-20)给出；当 $i=2$ 时，路径损耗 L_0 的 CCDF $\tilde{F}_{L_0}(t)$ 由(10-49)给出，路径损耗 $L_{2,\mathrm{L}}(z_0)$ 和 $L_{2,\mathrm{N}}(z_0)$ PDF 可以由式(10-29)给出。

$$\begin{aligned}
\tilde{F}_{L_0}\left(C_{0,2}L_{2,t'}(v_0)\right) = P_{0,\mathrm{L}}&\left(\exp\left\{-\bar{m}\frac{1}{4\sigma^2}L_{0,\mathrm{L}}^{\frac{1}{\alpha_{0,\mathrm{L}}}}\left[\left(C_{0,2}L_{2,t'}(v_0)\right)^{\frac{2}{\alpha_{0,\mathrm{L}}}} - H^2\right]\right\}\right.\\
&\left.-\exp\left[-\bar{m}\frac{1}{4\sigma^2}L_{0,\mathrm{L}}^{\frac{1}{\alpha_{0,\mathrm{L}}}}\left(R_0^2 - H^2\right)\right]\right)\times I\left(\left(C_{0,2}L_{2,t'}(v_0)\right)^{\frac{1}{\alpha_{0,\mathrm{L}}}} \leqslant R_0\right)\\
&+\left[P_{0,\mathrm{N}}\left(\exp\left\{-\bar{m}\frac{1}{4\sigma^2}L_{0,\mathrm{N}}^{\frac{1}{\alpha_{0,\mathrm{N}}}}\left[\left(C_{0,2}L_{2,t'}(v_0)\right)^{\frac{2}{\alpha_{0,\mathrm{N}}}} - H^2\right]\right\}\right.\right.\\
&\left.\left.-\exp\left[-\bar{m}\frac{1}{4\sigma^2}L_{0,\mathrm{N}}^{\frac{1}{\alpha_{0,\mathrm{N}}}}\left(R_0^2 - H^2\right)\right]\right)\right]\times I\left(\left(C_{0,2}L_{2,t'}(v_0)\right)^{\frac{1}{\alpha_{0,\mathrm{N}}}} \leqslant R_0\right)\\
&+\exp\left[-\bar{m}\frac{1}{4\sigma^2}L_{0,\mathrm{N}}^{\frac{1}{\alpha_{0,\mathrm{N}}}}\left(R_0^2 - H^2\right)\right]I\left(\left(C_{0,2}L_{2,t'}(v_0)\right)^{\frac{1}{\alpha_{2\mathrm{N}}}} \leqslant R_0\right)\\
&+\exp\left\{-\bar{m}\frac{1}{4\sigma^2}L_{0,\mathrm{N}}^{\frac{1}{\alpha_{0,\mathrm{N}}}}\left[\left(C_{0,2}L_{2,t'}(v_0)\right)^{\frac{2}{\alpha_{0,\mathrm{N}}}} - H^2\right]\right\}I\left(\left(C_{0,2}L_{2,t'}(v_0)\right)^{\frac{1}{\alpha_{2\mathrm{N}}}} > R_0\right)
\end{aligned} \quad (10\text{-}49)$$

当 $i=0$ 时，路径损耗 L_2 的 CCDF 表示为

$$
\begin{aligned}
\tilde{F}_{L_2}\left(C_{2,0}L_{0,t'}(z_0)\right) &= P_{2,\mathrm{L}}\left\{\exp\left[-\frac{1}{2\sigma_u^2}\left(C_{2,0}L_{0,t'}(z_0)\right)^{\frac{2}{\alpha_{2\mathrm{L}}}}\right]-\exp\left(-\frac{R_2^2}{2\sigma_u^2}\right)\right\}I\left(\left(C_{2,0}L_{0,t'}(z_0)\right)^{\frac{1}{\alpha_{2\mathrm{L}}}}\leqslant R_2\right)\\
&+\left(P_{2,\mathrm{N}}\left\{\exp\left[-\frac{1}{2\sigma_u^2}\left(C_{2,0}L_{0,t'}(z_0)\right)^{\frac{2}{\alpha_{2\mathrm{N}}}}\right]-\exp\left(-\frac{R_2^2}{2\sigma_u^2}\right)\right\}\right.\\
&\left.+\exp\left(-\frac{R_2^2}{2\sigma_u^2}\right)\right)I\left(\left(C_{2,0}L_{0,t'}(z_0)\right)^{\frac{1}{\alpha_{2\mathrm{N}}}}\leqslant R_2\right)\\
&+\exp\left[-\frac{1}{2\sigma_u^2}\left(C_{2,0}L_{0,t'}(z_0)\right)^{\frac{2}{\alpha_{2\mathrm{N}}}}\right]I\left(\left(C_{2,0}L_{0,t'}(z_0)\right)^{\frac{1}{\alpha_{2\mathrm{N}}}}>R_2\right)
\end{aligned}
\tag{10-50}
$$

2. 级联层 1 和层 3

层 1 由簇间 U-BS 构成，层 3 由簇间 G-BS 构成。对于第 1 层和第 3 层的簇间 U-BS 和 G-BS，根据衰落模型，仅考虑了信号的 NLoS 传播，路径损耗指数分别为 α_1 和 α_3 。在这种情形下，给定 GUE 与第 $i\in\{1,3\}$ 层 BS 级联的概率为

$$
A_i=\prod\nolimits_{k\in\{0,1,2,3\}\backslash i}\Pr\left(P_iB_iG_{\mathrm{M}_i}L_i^{-1}>P_kB_kG_{\mathrm{M}_k}L_k^{-1}\right)=\prod\nolimits_{k\in\{0,1,2,3\}\backslash i}\Pr\left(L_k>C_{k,i}L_i\right) \tag{10-51}
$$

根据路径损耗 L_k 的统计描述，可得出定理 10-2。

定理 10-2　目标 GUE 与簇间 BS 的级联距离为 $X_i\left(z(v)\right)$ 时， $i\in\{1,3\}$ ，级联概率表示为

$$
A_i=\mathbb{E}_{L_i}\left(\prod_{k\in\{0,2\}}\tilde{F}_{L_k}\left(C_{k,i}L_i\left(z(v)\right)\right)\ \times\tilde{F}_{L_{k\backslash i}}\left(C_{k,i}L_i\left(z(v)\right)\right)\right) \tag{10-52}
$$

级联距离 $X_i\left(z(v)\right)$ 的 PDF 表示为

$$
f_{X_i(z(v))}(t)=\frac{1}{A_i}\prod_{k\in\{0,2\}}\tilde{F}_{L_k}\left(C_{k,i}t\right)f_{L_i}(t) \tag{10-53}
$$

式中，路径损耗 L_0 的 CCDF $\tilde{F}_{L_0}(t)$ 由式(10-49)给出；路径损耗 L_2 的 CCDF $\tilde{F}_{L_2}(t)$ 由式(10-50)给出。当 $i=1$ 时，路径损耗 L_3 的 CCDF $\tilde{F}_{L_3}(t)$ 由式(10-37)给出；当 $i=3$ 时，路径损耗 L_1 的 CCDF $\tilde{F}_{L_1}(t)$ 由式(10-44)给出。

10.3.2　两层级联方案和级联距离分布

两层级联方案是指目标 GUE 只能级联到簇内 U-BS 和 G-BS，不会级联到簇间 BS。在这种情形下，假定第 i 层中与给定 GUE 最近的 BS 位于 x 处， $i\in\{0,2\}$ ，则最大 ABRP 级联准则可以写为

$$i=\arg\max_{k\in\{0,2\}}\left\{P_kB_kG_{\mathrm{M}k}L_k^{-1}(x)\right\} \tag{10-54}$$

类似式(10-40)，在链路t上，$t\in\{\mathrm{L,N}\}$，目标 GUE 与第$i\in\{0,2\}$层 BS 级联的概率为

$$A_{i,t}=P_i^t\Pr\left(L_{k\setminus i}>C_{k,i}L_{i,t}\right),\quad k\in\{0,2\} \tag{10-55}$$

因此，可以得到定理 10-3。

定理 10-3　对于两层级联方案，在链路$t'\in\{\mathrm{L,N}\}$上，给定 GUE 与第i层簇内 U-BS 或 G-BS 的级联距离为$X_{i,t'}(z_0(v_0))$时，$i\in\{0,2\}$，其级联概率表示为

$$A_{i,t'}=\mathbb{E}_{L_{i,t'}}\left(P_{i,t'}\left(L_{i,t'}\right)\tilde{F}_{L_{j\setminus i}}\left(C_{j,i}L_{i,t'}\left(z_0(v_0)\right)\right)\right),\quad j\in\{0,2\}\setminus i \tag{10-56}$$

级联距离$X_{i,t'}\left(z_0(v_0)\right)$的 PDF 表示为

$$f_{X_{i,t'}(z_0(v_0))}(t)=\frac{1}{A_{i,t'}}P_i^{t'}\left(\tilde{F}_{L_{j\setminus i}}\left(C_{j,i}t\right)\right)f_{L_{i,t'}(z_0(v_0))}(t),\quad j\in\{0,2\} \tag{10-57}$$

式中，当$i=0$时，路径损耗L_2的 CCDF 由式(10-50)给出；路径损耗$L_{0,\mathrm{L}}(z_0)$和$L_{0,\mathrm{N}}(z_0)$的PDF分别由式(10-16)和式(10-20)给出。当$i=2$时，路径损耗L_0的CCDF $\tilde{F}_{L_0}(t)$由式(10-49)给出；路径损耗$L_{2,\mathrm{L}}(z_0)$和$L_{2,\mathrm{N}}(z_0)$的 PDF 可以由式(10-29)给出。

基于上述分析，比较两个系统的级联概率，见图 10-2，其中 U-BS 的发射功率相同，G-BS 的发射功率不同。第一个系统中，$P_1=P_2=46\mathrm{dBm}$，$P_3=P_4=36\mathrm{dBm}$；第二个系统中，$P_1=P_2=46\mathrm{dBm}$，$P_3=P_4=46\mathrm{dBm}$。由于第二个系统 G-BS 的发射功率大于第一个系统 G-BS 的发射功率，因此第二个系统 G-BS 的级联概率大于第一个系统 G-BS 的级联概率。两个系统中 U-BS 的级联概率则截然相反。图 10-2 体现了 U-BS 的高度H和簇成员均值$\bar{m}$对级联概率的影响。相较于簇成员均值$\bar{m}$，U-BS 的高度H对级联概率的影响更大。以第 1 层和第 3 层的簇内 BS 为例，随着 U-BS 的高度H增加，路径损耗增加，因此第 1 层簇内 U-BS 的级联概率减小，第 3 层簇内 G-BS 的级联概率增大。此外，当 U-BS 的高度H大于 LoS 球半径时，第 1 层簇内 U-BS 的级联概率急剧减小并近似趋于零，第 3 层簇内 G-BS 的级联概率急剧增大。通过部署的网络模型，很容易解释以上结论。

图 10-3(a)为级联概率与地面 U-BS 位置投影分布方差σ^2的关系。从图中可以清楚地看出，随着 U-BS 地面投影分布方差σ^2增大，与 U-BS 的级联概率$A_{0,\mathrm{L(N)}}$和A_1增大，与 G-BS 的级联概率$A_{2,\mathrm{L(N)}}$和A_3减小。这是因为随着σ^2变大，U-BS 开始在自己的簇中心周围水平面上更广泛地分布，有更大的范围，典型 UE 到 U-BS 的平均距离减小，从典型 UE 到 U-BS 的路径损耗通常会降低。一个 UE 与提供最

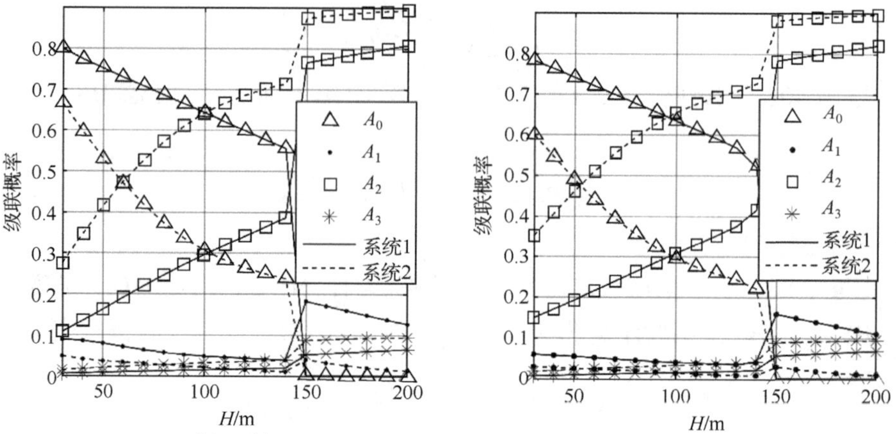

(a) $\bar{m}$=30　　(b) $\bar{m}$=5

图 10-2　级联概率对比分析

强长期平均偏差接收功率的基站级联，随着 U-BS 投影分布方差σ^2的增大，与 U-BS 的级联概率$A_{0,L(N)}$和A_1增加，而与 G-BS 的级联概率$A_{2,L(N)}$和A_3减少。典型 UE 与 LoS BS(U-BS、G-BS)级联的概率通常大于典型 UE 与 NLoS BS 级联的概率。另外，典型 UE 与簇中 BS 级联的概率$A_{0(2),L}$和$A_{0(2),N}$大于典型 UE 与簇间 BS 级联的概率A_1和A_3，特别是当σ^2较小时。

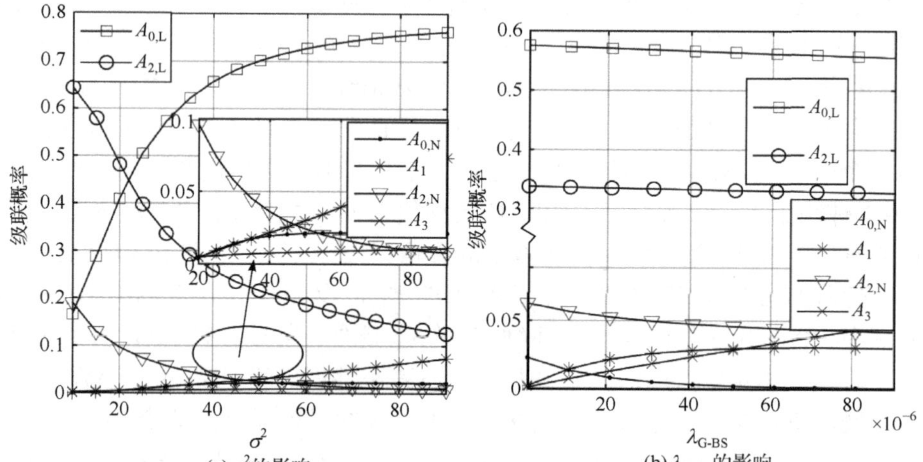

(a) σ^2的影响　　(b) $\lambda_{G\text{-}BS}$的影响

图 10-3　级联概率与地面 U-BS 位置投影分布方差σ^2和$\lambda_{G\text{-}BS}$的关系

图 10-3(b)为 G-BS 的级联概率与密度$\lambda_{G\text{-}BS}$之间的关系。可以发现，随着密度$\lambda_{G\text{-}BS}$的增大，与簇内 BS(G-BS、U-BS)的级联概率$A_{0(2),L(N)}$减小，与簇间 BS(G-BS、

U-BS)的级联概率 $A_{1(3)}$ 增大。原因是随着密度 $\lambda_{\text{G-BS}}$ 的增大，典型 UE 到 G-BS(或 U-BS)的平均距离减小，从典型 UE 到 BS(G-BS、U-BS)的路径损耗变小。图 10-3(b)也表明，密度 $\lambda_{\text{G-BS}}$ 对级联概率的影响很小，特别是对簇间 BS 的级联概率。

10.4　干 扰 分 布

目标簇中 $x_0 \in \Phi_{\text{G-BS}}$，考虑下行传输。当位于坐标原点的给定 GUE 与第 i 层的 BS 级联时，基于毫米波的同信道共享部署，接收信号可能会受到来自同层和层间 BS 的干扰。假设在 $t' \in \{L, N\}$ 链路上，基于 ABRP 准则，目标 GUE 与第 i 层 BS 级联，级联距离为 $X_{i,t'}$。下面给出给定 GUE 处各层干扰的分布。

首先考虑簇内 U-BS 干扰。该情形对应于层 0 中 U-BS 在给定 GUE 处的干扰。在 $t \in \{L, N\}$ 链路上，级联到第 $i \neq 0$ 层的给定 GUE 接收到来自第 0 层簇内 U-BS 的干扰表示为

$$I_{i,t'}^{0,t} = \sum_{z_k \in \Phi_{\text{U-BS}}^{0}(\lambda_{\text{G-BS}}, \bar{m})} P_0 G_0 h_{0,t} L_{0k,t}^{-1}(\| z_k \|) \tag{10-58}$$

式中，$L_{0k,t}(\| z_k \|)$ 表示目标 GUE 与位于 $z_k \in \Phi_{\text{U-BS}}^{0}(\lambda_{\text{G-BS}}, \bar{m})$ 处的第 0 层 U-BS 之间的路径损耗。

对于第 0 层的簇内 U-BS，根据衰落模型，同时考虑信号的 LoS 和 NLoS 传播，有引理 10-5。

引理 10-5　当给定 GUE 与第 0 层簇内 U-BS 之间为 LoS 时，干扰 $I_{i,t'}^{0,\text{L}}$ 的 LT 表示为

$$\mathcal{L}_{I_{i,t'}^{0,\text{L}}}(s) = \exp - \left\{ \bar{m} \int_{\min\left(L_{0,\text{L}}(R_0), C_{0,i} L_{i,t'}(X_{i,t'})\right)}^{L_{0,\text{L}}(R_0)} \left[1 - \sum_{i=1}^{4} \frac{b_{0,i} N_{0,t}^{N_{0,\text{L}}}}{\left(N_{0,\text{L}} + s P_0 G_{0,i} t^{-1} N_{0,\text{L}} \right)^{N_{0,\text{L}}}} \right] f_{L_{0,\text{L}}(z)}(t) \mathrm{d}t \right\} \tag{10-59}$$

当给定 GUE 与第 0 层簇内 U-BS 为 NLoS 时，干扰 $I_{i,t'}^{0,\text{N}}$ 的 LT 表示为

$$\mathcal{L}_{I_{i,t'}^{0,\text{N}}}(s) = \exp\left[-\bar{m} \left(P_0^{\text{N}} L_{\text{In}} + L_{\text{Out}} \right) \right] \tag{10-60}$$

式中，L_{In} 和 L_{Out} 分别表示为

$$L_{\text{In}} = \int_{\min\left(L_{0,\text{N}}(R_0), C_{0,i} L_{i,0}(X_{i,t'})\right)}^{L_{0,\text{N}}(R_0)} \left[1 - \sum_{j=0}^{3} \frac{b_{0,j} N_{0,\text{N}}^{N_{0,\text{N}}}}{\left(N_{0,\text{N}} + s P_0 G_{0,j} t^{-1} \right)^{1/N_{0,\text{N}}}} \right] f_{L_{0,\text{N}}}(t) \mathrm{d}t \tag{10-61}$$

$$L_{\text{Out}}=\int_{\max\left(L_{0,\mathrm{N}}(R_0),C_{0,i}L_{i,0}\left(X_{i,t'}\right)\right)}^{\infty}\left[1-\sum_{j=0}^{3}\frac{b_{0,j}N_{0,t}^{\mathrm{N}_{0,t}}}{\left(N_{0,t}+sP_0G_{0,j}l_{0,\mathrm{N}}^{-1}(z)N_{0,t}\right)^{1/N_{0,t}}}\right]f_{L_{0,\mathrm{N}}}(t)\mathrm{d}t \tag{10-62}$$

$f_{L_{0,\mathrm{L}}(z)}(t)$ 和 $f_{L_{0,\mathrm{N}}(z)}(t)$ 由式(10-14)和式(10-20)给出。

证明　对于来自簇内 U-BS 的干扰 $I_{i,t'}^{0,t}=\sum_{z_k\in\Phi_{\text{U-BS}}^{0}(\lambda_{\text{G-BS}},\bar{m})}P_0G_0h_{0,t}L_{0k,t}^{-1}(\|z_k\|)$，一方面 U-BS 建模为以 G-BS 为中心的 PCP；另一方面，根据毫米波波束增益模型，收发器之间有 4 种波束增益，则该第 0 层簇内 PCP 干扰可以进一步分解、建模为 4 度独立的 PCP $\Phi_{\text{U-BS}}^{0,j}$，$I_{i,t'}^{0,t}=\sum_{j=0}^{3}I_{i,t',j}^{0,t}$。其中，$I_{i,t',j}^{0,t}=\sum_{z_k\in\Phi_{\text{U-BS}}^{0}(\lambda_{\text{G-BS}},\bar{m})}P_0G_0h_{0,t}L_{0k,t}^{-1}(\|z_k\|)$ 表示来自波束增益 $G_{0,j}$ 总的干扰，根据波束增益 $G_{0,j}$ 的概率 $b_{0,j}$，$\Phi_{\text{U-BS}}^{0,j}$ 有平均数 $b_{0,j}\bar{m}$。因此，干扰 $I_{i,t'}^{0,t}$ 的 LT 为

$$\mathcal{L}_{I_{i,t'}^{0,t}}(s)=\mathbb{E}\left\{\exp\left(-sI_{i,t'}^{0,t}\right)\right\}=\prod_{j=0}^{3}\mathbb{E}\left\{\exp\left(-sI_{i,t',j}^{0,t}\right)\right\}=\prod_{j=0}^{3}\mathcal{L}_{I_{0,t}^{G_{0,j}}}(s) \tag{10-63}$$

取 $z=\|z_k\|$，并考虑级联约束，分量 $I_{i,t',j}^{0,t}$ 的 $\mathcal{L}_{I_{0,t}^{G_{0,j}}}(s)$ 为

$$\begin{aligned}\mathcal{L}_{I_{0,t}^{G_{0,j}}}(s)&=\mathbb{E}\left\{\exp\left(-s\sum_{z_k\in\Phi_{\text{U-BS}}^{0,j}(\lambda_{\text{G-BS}},b_{0,j}\bar{m})}P_0G_{0,j}\times h_{0,t}L_{0k,t}^{-1}(z)\right)\right\}\\&=\mathbb{E}_{\Phi_{\text{U-BS}}^{0,j}}\left\{\prod_{z_k\in\Phi_{\text{U-BS}}^{0,j}(\lambda_{\text{G-BS}},b_{0,j}\bar{m})}\mathbb{E}\left\{\exp\left(-sP_0G_{0,j}\times h_{0,t}L_{0k,t}^{-1}(z)\right)\right.\right.\\&\qquad\left.\left.\cdot\middle|P_iB_iG_{\mathrm{M}i}L_{i,t'}^{-1}\left(X_{i,t'}\right)>P_0G_{\mathrm{M}0}B_0L_{0,t}^{-1}(z)\right\}\right\}\end{aligned} \tag{10-64}$$

式中，因为小规模衰落信道增益服从参数为 N_0 的归一化伽马分布，$h_{0,t}\sim\Gamma\left(N_{0,t},1/N_{0,t}\right)$，内层期望可写为[157]

$$\begin{aligned}&\mathbb{E}_{h_{2,t}}\left\{\exp\left(-sP_0G_{0,j}h_{0,t}L_{0k,t}^{-1}(z)\right)\right\}\left(-sP_0G_{0,j}\times h_{0,t}L_{0k,t}^{-1}(z)\right)\}\\&=\int_0^{\infty}\exp\left[-\left(N_{0,t}+sP_0G_{0,j}L_{0k,t}^{-1}(z)\right)x\right]\times\frac{x^{N_{0,t}-1}}{\left(1/N_{0,t}\right)^{N_{0,t}}\Gamma\left(N_{0,t}\right)}\mathrm{d}x\\&=\left(N_{0,t}\right)^{N_{0,t}}\left(N_{0,t}+sP_0G_{0,j}L_{0k,t}^{-1}(z)\right)^{-\left(N_{0,t}-1\right)-1}=\frac{N_{0,t}{}^{N_{0,t}}}{\left(N_{0,t}+sP_0G_{0,j}L_{0k,t}^{-1}(z)\right)^{N_{0,t}}}\end{aligned} \tag{10-65}$$

$$\mathcal{L}_{0,t}^{G_{0,j}}(s)=\exp\left\{-b_{0,j}\bar{m}\int_{C_{0,i}L_{i,t'}(X_{i,t'})}^{\infty}\left[1-\frac{N_{0,t}^{N_{0,t}}}{\left(N_{0,t}+sP_0G_{0,j}t^{-1}\right)^{N_{0,t}}}\right]f_{L_{0,t}(z)}(t)\mathrm{d}t\right\} \tag{10-66}$$

将式(10-66)代入式(10-63)，可得

$$\mathcal{L}_{I_{0,t}}(s)=\exp\left\{-(\bar{m})\int_{C_{0,i}L_{i,t'}(X_{i,t'})}^{\infty}\left[1-\sum_{i=1}^{4}\frac{b_{0,j}}{\left(1+sP_0G_{0,i}t^{-1}N_{0,t}^{-1}\right)^{N_{0,t}}}\right]f_{L_{0,t}(z)}(t)\mathrm{d}t\right\} \tag{10-67}$$

需要说明的是，在式(10-67)中，当$i=1$，$m^*=b_{0,j}\bar{m}$，表示目标 GUE 与第一层中的簇内 U-BS 级联；$i=0$，有$m^*=b_{0,j}\bar{m}-1$，表示目标 GUE 与第 0 层中的簇间 U-BS 级联。

对于簇间 U-BS 干扰，采用与前文类似的方法。考虑在链路$t'\in\{\mathrm{L},\mathrm{N}\}$上，在给定 GUE 处来自第 1 层簇间 U-BS 的干扰表示为

$$I_{i,t'}^{1}=\sum\nolimits_{x\in\Phi_{\text{G-BS}}\backslash x_0}\sum_{g_k\in\mathbb{N}^x}P_1G_1h_1L_{1k}^{-1}\left(\left\|g_k+x\right\|\right) \tag{10-68}$$

对于第 1 层的簇间 U-BS，仅考虑了 NLoS 传输，干扰$I_{i,t'}^{1}$的 LT 为

$$\begin{aligned}\mathcal{L}_{I_{i,t'}^{1}}(s)&=\mathbb{E}\left\{\exp\left(-sI_{i,t'}^{1}\right)\right\}=\mathbb{E}\left\{\exp\left[-s\sum\nolimits_{x\in\Phi_{\text{G-BS}}\backslash x_0}\sum_{g_k\in\mathbb{N}^x}P_1\times G_1h_1L_{1k}^{-1}\left(\left\|g_k+x\right\|\right)\right]\right\}\\&=\mathbb{E}_{\Phi_{\text{G-BS}}}\left\{\prod\nolimits_{x\in\Phi_{\text{G-BS}}\backslash x_0}\prod_{j=0}^{3}\mathbb{E}\left\{\exp\left[-s\sum_{g_k\in\mathbb{N}^x}P_1\times G_{1,j}h_1L_{1k}^{-1}\left(\left\|g_k+x\right\|\right)\right]\right\}\right\}\\&=\mathbb{E}_{\Phi_{\text{G-BS}}}\left\{\prod\nolimits_{x\in\Phi_{\text{G-BS}}\backslash x_0}\prod_{j=0}^{3}\mathcal{L}_{I_1^{G_{1,j}}}(s)\right\}\end{aligned} \tag{10-69}$$

式中，$\mathcal{L}_{I_1^{G_{1,j}}}(s)$为

$$\begin{aligned}\mathcal{L}_{I_1^{G_{1,j}}}(s)&=\mathbb{E}\left\{\exp\left[-s\sum_{g_k\in\mathbb{N}^x}P_1G_{1,j}h_1L_{1k}^{-1}\left(\left\|g_k+x\right\|\right)\right]\right\}\\&\overset{(a)}{=}\exp\left\{-\bar{m}\int\left[1-\sum_{i=0}^{3}\frac{b_{1,i}}{\left(1+sP_1G_{1,j}t^{-1}N_0^{-1}\right)^{N_1}}\right]f_{L_1(r|v)}(t)\mathrm{d}t\right\}\end{aligned} \tag{10-70}$$

其中，(a)基于变量变化$\left\|g_k+x\right\|->r$，考虑了另外笛卡儿坐标到极坐标变化，并

利用概率生成函数 $\Phi_{\text{G-BS}}$ 和距离分布的条件 PDF。

最后，组合式(10-69)和式(10-70)，可以得到引理 10-6。

引理 10-6 当给定的 GUE 与第 i 层中 BS 级联时，来自第 1 层簇间 U-BS 的干扰 $I_{i,t'}^{1}=\sum_{x\in\Phi_{\text{G-BS}}\setminus x_0}\sum\limits_{g_k\in\mathbb{N}^x}P_1G_1h_1L_{1k}^{-1}\left(\|g_k+x\|\right)$ 的 LT 表示为

$$\mathcal{L}_{I_{i,t'}^{1}}(s)=\exp\left\{-2\pi\lambda_{\text{G-BS}}\bar{m}\int_0^{\infty}\left[1-\sum_{i=1}^{4}\frac{b_{1,j}N_1^{N_1}}{\left(N_1+sP_1G_{1,j}t^{-1}\right)^{N_1}}\right]t^{\frac{2}{\alpha_1}-1}\frac{1}{\alpha_1}\mathrm{d}t\right\} \tag{10-71}$$

同时，还要考虑簇内 G-BS 的干扰。该情形对应给定 GUE 处收到来自层 2 中唯一的簇内 G-BS 的下行干扰。在链路 $t'\in\{\text{L},\text{N}\}$ 上，来自层 2 中簇内 G-BS 干扰表示为

$$I_{i,t'}^{2,t}=P_2G_2h_{2,t}L_{2,t}^{-1}(v_0) \tag{10-72}$$

式中，$L_{2,t}(v_0)$ 表示给定 GUE 与位于 $v_0=\|x_0\|$ 处的第 2 层 G-BS 之间的路径损耗，$h_{2,t}$ 是小规模衰落信道增益。小规模衰落信道增益 $h_{2,t}$ 建模为参数为 $N_{2,t}$，$t\in\{\text{L},\text{N}\}$，归一化伽马随机变量，$h_{2,t}\sim\Gamma\left(N_{2,t},1/N_{2,t}\right)$。考虑到基于最大 ABRP 准则，目标 GUE 在 $t'\in\{\text{L},\text{N}\}$ 链路上与第 i 层中 BS 级联，对于路径损耗 $L_{2,t}(v_0)$ 有约束 $P_iB_iG_{\text{M}i}L_{i,t'}^{-1}\left(X_{i,t'}\right)>P_2G_{\text{M2}}B_2L_{2,t}^{-1}(v_0)$，即 $L_{2,t}(v_0)>C_{2,i}L_{i,t'}$。由此，可以得到干扰 $I_{i,t'}^{2,t}$ 的 LT $\mathcal{L}_{I_{i,t'}^{2,\text{L}}}(s)$，有引理 10-7。

引理 10-7 当第 2 层的唯一簇内 G-BS 与给定 GUE 之间的干扰为 LoS 时，目标 GUE 处干扰 $I_{i,t'}^{2,t}$ 的 LT 表示为

$$\mathcal{L}_{I_{i,t'}^{2,\text{L}}}(s)=\sum_{j=0}^{3}b_{2,j}\mathcal{L}_{I_{2,\text{L}}^{G_{2,j}}}(s) \tag{10-73}$$

式中，$\mathcal{L}_{I_{2,\text{L}}^{G_{2,j}}}(s)$ 为

$$\begin{aligned}\mathcal{L}_{I_{2,\text{L}}^{G_{2,j}}}(s)=&\int_{\min\left(L_{2,\text{L}}(R_2),C_{2,i}L_{i,t'}\left(X_{i,t'}\right)\right)}^{L_{2,\text{L}}(R_2)}\frac{N_{2,\text{L}}}{\left(N_{2,\text{L}}+sP_2G_{2,j}t^{-1}\right)^{N_{2,\text{L}}}}\\&\times\frac{f_{L_{2,\text{L}}(v_0)}(t)}{\exp\left[-\frac{1}{2\sigma_u^2}\left(C_{2,i}L_{i,t'}\left(X_{i,t'}\right)\right)^{2/\alpha_{2,\text{L}}}\right]-\exp\left[-\frac{1}{2\sigma_u^2}\left(L_{2,\text{L}}(R_2)\right)^{2/\alpha_{2,\text{L}}}\right]}\mathrm{d}t\end{aligned} \tag{10-74}$$

$$f_{L_2(v_0)}(t)=-\frac{\mathrm{d}\tilde{F}_{L_2(v_0)}(t)}{\mathrm{d}t} \tag{10-75}$$

CCDF $\tilde{F}_{L_2(v_0)}(t)$ 由式(10-28)给出。当目标 GUE 与簇内唯一 G-BS 之间为 NLoS 时，

干扰 $I_{i,t'}^{2,\mathrm{N}}$ 的 LT 表示为

$$\mathcal{L}_{I_{i,t'}^{2,\mathrm{N}}}(s)=\sum_{j=1}^{4}b_{2,j}\left(P_{2,\mathrm{N}}\mathcal{L}_{I_{2,\mathrm{N}-1}^{G_{2,j}}}(s)+\mathcal{L}_{I_{2,\mathrm{N}-2}^{G_{2,j}}}(s)\right)\tag{10-76}$$

式中，$\mathcal{L}_{I_{2,\mathrm{N}-2}^{G_{2,j}}}(s)$ 和 $\mathcal{L}_{I_{2,\mathrm{N}-1}^{G_{2,j}}}(s)$ 分别表示为

$$\mathcal{L}_{I_{2,\mathrm{N}-2}^{G_{2,j}}}(s)=\int_{\max\left(C_{2,i}L_{i,t'}\left(X_{i,t'}\right),R_2\right)}^{\infty}\frac{N_{2,\mathrm{N}}}{\left(N_{2,\mathrm{N}}+sP_2G_{2,j}t^{-1}\right)^{N_{2,\mathrm{N}}}}\times\frac{1}{\exp\left[-\frac{1}{2\sigma_u^2}\left(L_{2,\mathrm{L}}\left(R_2\right)\right)^{2/\alpha_{2,\mathrm{N}}}\right]}\times\frac{1}{\sigma_u^2\alpha_{2,\mathrm{N}}}t^{2/\alpha_{2,\mathrm{N}}-1}\exp\left(-\frac{1}{2\sigma_u^2}t^{2/\alpha_{2,\mathrm{N}}}\right)\mathrm{d}t\tag{10-77}$$

$$\mathcal{L}_{I_{2,\mathrm{N}-1}^{G_{2,j}}}(s)=\int_{\min\left(L_{2,L}(R_2),C_{2,i}L_{i,t'}\left(X_{i,t'}\right)\right)}^{L_{2,\mathrm{N}}(R_2)}\frac{N_{2,\mathrm{N}}}{\left(N_{2,\mathrm{N}}+sP_2G_{2,j}t^{-1}\right)^{N_{2,\mathrm{N}}}}\exp\left(-\frac{1}{2\sigma_u^2}t^{2/\alpha_{2,\mathrm{N}}}\right)\times\frac{1}{\exp\left[-\frac{1}{2\sigma_u^2}\left(C_{2,i}L_{i,t'}\left(X_{i,t'}\right)\right)^{2/\alpha_{2,\mathrm{N}}}\right]-\exp\left[-\frac{1}{2\sigma_u^2}\left(L_{2,\mathrm{L}}\left(R_2\right)\right)^{2/\alpha_{2,\mathrm{N}}}\right]}\frac{t^{2/\alpha_{2,\mathrm{N}}-1}}{\sigma_u^2\alpha_{2,\mathrm{N}}}\mathrm{d}t\tag{10-78}$$

证明　在链路 $t'\in\{\mathrm{L},\mathrm{N}\}$ 上，给定 GUE 处来自层 2 唯一簇内 G-BS 的干扰为 $I_{i,t'}^{2,t}=P_2G_2h_{2,t}L_{2,t}^{-1}(v_0)$，根据最大 ABRP 级联准则，可得级联约束条件 $P_iB_iG_{\mathrm{M}i}L_{i,t'}^{-1}\left(X_{i,t'}\right)>P_2G_{\mathrm{M}2}B_2L_{2,t}^{-1}(v_0)$，干扰 $I_{i,t'}^{2,t}$ 的 LT 可以写为

$$\begin{aligned}\mathcal{L}_{I_{i,t'}^{2,t}}(s)&=\mathbb{E}\left\{\exp\left(-sI_{i,t'}^{2,t}\right)\right\}=\mathbb{E}\left\{\exp\left(-sP_2G_2h_{2,t}L_{2,t}^{-1}(v_0)\right)\right\}\\&=\sum_{j=1}^{4}b_{2,j}\mathbb{E}\left\{\exp\left(-sP_2G_{2,j}h_{2,t}L_{2,t}^{-1}(v_0)\right)\right\}=\sum_{j=1}^{4}b_{2,j}\mathcal{L}_{I_{2,t}^{G_{2,j}}}(s)\end{aligned}\tag{10-79}$$

式中，LT $\mathcal{L}_{I_{2,t}^{G_{2,j}}}(s)$ 可以进一步写为

$$\begin{aligned}&\mathcal{L}_{I_{2,t}^{G_{2,j}}}(s)\\&\overset{(a)}{=}\mathbb{E}_{L_{2,t}(v_0)}\left\{\mathbb{E}_{h_{2,t}}\left\{\exp\left(-sP_2G_{2,j}h_{2,t}L_{2,t}^{-1}(v_0)\right)\right\}\middle|P_iB_iG_{\mathrm{M}i}L_{i,t'}^{-1}\left(X_{i,t'}\right)>P_2G_{\mathrm{M}2}B_2L_{2,t}^{-1}(v_0)\right\}\\&=\mathbb{E}_{L_{2,t}(v_0)}\left\{\mathbb{E}_{h_{2,t}}\left\{\left\{\exp\left(-sP_2G_{2,j}h_{2,t}L_{2,t}^{-1}(v_0)\right)\right\}\middle|L_{2,t}(v_0)>C_{2,i}L_{i,t'}\left(X_{i,t'}\right)\right\}\right.\end{aligned}\tag{10-80}$$

其中，(a)基于最大 ABRP 级联准则和目标 GUE 在链路$t'\in\{\mathrm{L},\mathrm{N}\}$上与第 i 层的 BS 级联。

由于干扰链路小规模衰落满足$h_{2,t}\sim\Gamma\left(N_{2,t},1/N_{2,t}\right)$，有

$$\begin{aligned}&\mathbb{E}_{h_{2,t}}\left\{\exp\left(-sP_2G_{2,j}h_{2,t}L_{2,t}^{-1}(v_0)\right)\right\}\\&=\int_0^\infty\exp\left\{-\left[N_{2,t}+sP_2G_{2,j}L_{2,t}^{-1}(v_0)\right]x\right\}\times\frac{x^{N_{2,t}-1}}{\left(1/N_{2,t}\right)^{N_{2,t}}\Gamma\left(N_{2,t}\right)}\mathrm{d}x\\&\overset{(b)}{=}\left(N_{2,t}\right)^{N_{2,t}}\left[N_{2,t}+sP_2G_{2,j}L_{2,t}^{-1}(v_0)\right]^{-(N_{2,t}-1)-1}=\frac{N_{2,t}{}^{N_{2,t}}}{\left[N_{2,t}+sP_2G_{2,j}L_{2,t}^{-1}(v_0)\right]^{N_{2,t}}}\end{aligned}\tag{10-81}$$

式中，(b)基于文献[157]中的式(3.351.2)。由此，可以得到

$$\begin{aligned}\mathcal{L}_{I_{2,t}^{G_{2,j}}}(s)&=\mathbb{E}_{L_{2,t}(v_0)}\left\{\frac{N_{2,t}{}^{N_{2,t}}}{\left[N_{2,t}+sP_2G_{2,j}L_{2,t}^{-1}(v_0)\right]^{N_{2,t}}}\,\middle|\,L_{2,t}(v_0)>C_{2,i}L_{i,t'}\right\}\\&=\int_{C_{2,i}L_{i,t'}\left(X_{i,t'}\right)}^\infty\frac{N_{2,t}{}^{N_{2,t}}}{\left(N_{2,t}+sP_2G_{2,j}t^{-1}\right)^{N_{2,t}}}\times f_{L_{2,t}(v_0)}\left(t\middle|t>C_{2,i}L_{i,t'}\left(X_{i,t'}\right)\right)\mathrm{d}t\end{aligned}\tag{10-82}$$

然后，分别考虑 LoS 和 NLoS，即可证明。最后考虑簇间 G-BS 干扰。在链路$t'\in\{\mathrm{L},\mathrm{N}\}$上，目标 GUE 处来自第 3 层簇间 G-BS 的干扰表示为

$$I_{i,t'}^3=\sum\nolimits_{x_k\in\Phi_{\text{G-BS}}\backslash x_0}P_3G_3h_3L_{3k}^{-1}\left(\|x_k\|\right)\tag{10-83}$$

对于第 3 层的簇间 G-BS，仅考虑了 NLoS 传播。由此，推导出引理 10-8。

引理 10-8 目标 GUE 与簇间 G-BS 之间仅为 NLoS，来自第 3 层簇间干扰$I_{i,t'}^3$的 LT 表示为

$$\begin{aligned}\mathcal{L}_{I_{i,t'}^3}(s)&=\mathbb{E}\left\{\exp\left(-sI_{i,t'}^3\right)\right\}=\mathbb{E}\left\{\exp\left(-s\sum\nolimits_{x_k\in\Phi_{\text{G-BS}}\backslash x_0}P_3G_3h_3L_{3k}^{-1}(v)\right)\right\}\\&=\exp\left\{-\int_{G_{3,i}L_{i,0}\left(X_{i,t'}\right)}^\infty\left[1-\sum_{i=1}^4\frac{b_{1,i}N_3^{N_3}}{\left(N_3+sP_3G_{3,i}t^{-1}\right)^{N_3}}\right]\times\Lambda_3\left([0,\mathrm{d}t)\right)\right\}\end{aligned}\tag{10-84}$$

式中，密度测量$\Lambda_3\left([0,\mathrm{d}t)\right)$由式(10-37)和式(10-38)给出。

10.5 下行链路覆盖概率和平均面积吞吐量

根据 ABRP 级联准则和扩展的四层网络建模，假设在链路$t'\in\{\mathrm{L},\mathrm{N}\}$上，给

定 GUE 与第 i 层 BS 级联，且级联距离为 $X_{i,t'}$，相应的路径损耗为 $L_{i,t'}\left(X_{i,t'}\right)$。根据最大 ABRP 级联准则，给定 GUE 的接收 SINR 表示为

$$\mathrm{SINR}_{i,t'}=\frac{P_i G_{\mathrm{M}_i} h_{i,t'} L_{i,t'}^{-1}\left(X_{i,t'}\right)}{I_{i,t'}+\sigma_0^2} \tag{10-85}$$

式中，σ_0^2 表示加性噪声功率；$h_{i,t'}$ 表示给定典型 GUE 和第 i 层 BS 之间的小尺度衰落增益，是参数为 $N_{I,t'}$ 的伽马随机变量，即 $h_{i,t'}\sim\Gamma\left(N_{i,t'},1/N_{i,t'}\right)$；$G_{\mathrm{M}_i}$ 表示天线增益的最大值；$I_{i,t'}$ 表示给定典型 GUE 接收到的总干扰，依赖于不同的接入链路。

根据实际应用场景，由于对于第 1 层的簇间 U-BS 和第 3 层的簇间 G-BS，仅考虑信号的 NLoS 传播，总干扰 $I_{i,t'}$ 为

$$I_{i,t'}=\sum_{t\in\{\mathrm{L,N}\}}\sum_{k\in\{0,2\}} I_{i,t'}^{k,t}+\sum_{k\in\{1,3\}} I_{i,t'}^{k} \tag{10-86}$$

由 SINR 覆盖概率的定义，即目标 GUE 接收的 SINR 大于阈值 $\tau>0$ 的概率，得到下行链路的 SINR 覆盖概率：

$$P_{i,t'}(\tau)=\Pr\left(\mathrm{SINR}_{i,t'}>\tau\right) \tag{10-87}$$

分别考虑级联 $i\in\{0,2\}$ 和 $i\in\{1,3\}$，来计算下行链路覆盖概率。

(1) $P_{i,t'}(\tau)$，$i\in\{0,2\}$ 情形。

根据式(10-85)定义 $\mathrm{SINR}_{i,t'}$，在链路 $t'\in\{\mathrm{L,N}\}$ 上，级联到第 i 层的 GUE 的覆盖概率 $P_{i,t'}(\tau)$ 可写为

$$\begin{aligned} P_{i,t'}(\tau)&=\Pr\left(\mathrm{SINR}_{i,t'}>\tau\right)\\ &=\Pr\left(\frac{P_i G_{\mathrm{M}i} h_{i,t'} L_{i,t'}^{-1}\left(X_{i,t'}\right)}{I_{i,t'}+\sigma_0^2}>\tau\right)=\Pr\left(h_{i,t'}>\frac{\tau L_{i,t'}\left(X_{i,t'}\right)}{P_i G_{\mathrm{M}i}}\left(I_{i,t'}+\sigma_0^2\right)\right) \end{aligned} \tag{10-88}$$

由于小规模衰落信道增益满足 $h_{i,t'}\sim\Gamma\left(N_{i,t'},1/N_{i,t'}\right)$，对于 $\eta>0$，概率 $\Pr\left(h_{i,t'}>\eta\right)$ 写为 $\Pr\left(h_{i,t'}>\eta\right)=1-\left(1-\mathrm{e}^{-\zeta_{i,t'}\eta}\right)^{N_{i,t'}}$，其中 $\eta_{i,t'}=N_{i,t'}\left(N_{i,t'}!\right)^{-1/N_{i,t'}}$，则式(10-88) $P_{i,t'}(\tau)$ 为

$$P_{i,t'}(\tau)=\mathbb{E}\left\{1-\left\{1-\exp\left[-\zeta_{i,t'}\frac{\tau L_{i,t'}\left(X_{i,t'}\right)}{P_i G_{\mathrm{M}i}}\times\left(I_{i,t'}+\sigma_0^2\right)\right]\right\}^{N_{i,t'}}\right\}$$

$$\overset{(a)}{=}\mathbb{E}\left\{\sum_{n=1}^{N_{i,t'}}(-1)^{n+1}\binom{N_{i,t'}}{n}\times\exp\left[-n\zeta_{i,t'}\frac{\tau L_{i,t'}\left(X_{i,t'}\right)}{P_iG_{\mathrm{M}i}}\left(I_{i,t'}+\sigma_0^2\right)\right]\right\}$$
$$=\mathbb{E}\left\{\sum_{n=1}^{N_{i,t'}}(-1)^{n+1}\binom{N_{i,t'}}{n}\exp\left(-n\sigma_{i,t'}^2L_{i,t'}\left(X_{i,t'}\right)\times\sigma_0^2\right)\mathcal{L}_{I_{i,t'}}(s)\Big|s=n\sigma_{i,t'}^2L_{i,t'}\left(X_{i,t'}\right)\right\}$$

(10-89)

式中，(a)基于二项式定理，二项式系数$\binom{a}{b}=\frac{a!}{b!(a-b)}$； $\sigma_{i,t'}^2=\frac{\zeta_{i,t'}\tau}{P_iG_{\mathrm{M}i}}$。由于层 2 只有唯一的簇内 G-BS，条件覆盖概率$P_{i,t'}(\tau)$可分别计算。

当$i=0$时，$P_{0,t'}(\tau)$为

$$P_{0,t'}(\tau)=\mathbb{E}\left\{\sum_{n=1}^{N_{0,t'}}(-1)^{n+1}\binom{N_{0,t'}}{n}\times\exp\left(-n\sigma_{0,t'}^2L_{0,t'}\left(X_{0,t'}\right)\sigma_0^2\right)\right.$$
$$\left.\left(\prod_{t\in\{\mathrm{L,N}\}}\mathcal{L}_{I_{0,t'}^{0,t}}(s)\times\sum_{t\in\{\mathrm{L,N}\}}P_2^t\mathcal{L}_{I_{I_{0,t'}^{2,t}}}(s)\prod_{k=\{1,3\}}\mathcal{L}_{I_{I_{0,t'}^{k}}}(s)\right)\Big|s=n\sigma_{0,t'}^2L_{0,t'}\left(X_{0,t'}\right)\right\}\tag{10-90}$$

当$i=2$，$P_{2,t'}(\tau)$为

$$P_{2,t'}(\tau)=\mathbb{E}\left\{\sum_{n=1}^{N_{2,t'}}(-1)^{n+1}\binom{N_{2,t'}}{n}\times\exp\left(-n\sigma_{2,t'}^2L_{2,t'}\left(X_{2,t'}\right)\sigma_0^2\right)\right.$$
$$\left.\times\left(\prod_{t\in\{\mathrm{L,N}\}}\mathcal{L}_{I_{2,t'}^{0,t}}(s)\prod_{k=\{1,3\}}\mathcal{L}_{I_{I_{2,t'}^{k}}}(s)\right)\Big|s=n\sigma_{2,t'}^2L_{2,t'}\left(X_{2,t'}\right)\right\}\tag{10-91}$$

(2) $P_i(\tau)$，$i\in\{1,3\}$情形。

在考虑簇间干扰时，只考虑了 NLoS 传输模型。给定 GUE 级联到第i层的簇间基站的 SINR 覆盖概率$P_{i,t'}(\tau)$可写为

$$\begin{aligned}P_i(\tau)&=\Pr\left(\mathrm{SINR}_i>\tau\right)\\&=\mathbb{E}\left\{\sum_{n=1}^{N_i}(-1)^{n+1}\binom{N_i}{n}\exp\left(-n\sigma_i^2L_i\left(X_i\right)\sigma_0^2\right)\times\exp\left(-n\sigma_i^2L_i\left(X_i\right)I_i\right)\right\}\end{aligned}\tag{10-92}$$

式中，$\sigma_i^2=\frac{\zeta_i\tau}{P_iG_{\mathrm{M}i}}$， $\zeta_i=N_i\left(N_i!\right)^{-1/N_i}$。考虑干扰，有

$$P_i(\tau)=\mathbb{E}\left\{\sum_{n=1}^{N_i}(-1)^{n+1}\binom{N_i}{n}\exp\left(-n\sigma_i^2L_j\left(r_3\right)\sigma_0^2\right)\right.$$

$$\times\left[\left(\sum_{t\in\{\mathrm{L,N}\}}P_2^t\mathcal{L}_{I_i^{2,t}}(s)\right)\left(\prod_{t\in\{\mathrm{L,N}\}}\mathcal{L}_{I_i^{0,t}}(s)\right)\times\left(\mathcal{L}_{I_i^j}(s)_{i\neq j}\right)\right]\Bigg|s=n\sigma_i^2L_i(X_i)\Bigg\} \tag{10-93}$$

因此，根据以上讨论，有定理 10-4。

定理 10-4　对于无人机协助的低空毫米波异构网络，基于四层网络模型，给定 GUE 下行链路总 SINR 覆盖概率表示为

$$P_{\mathrm{Cov}}^{\mathrm{Tot}}=P_{\mathrm{Cov}}^{\mathrm{U\text{-}BS}}+P_{\mathrm{Cov}}^{\mathrm{G\text{-}BS}} \tag{10-94}$$

根据级联概率，$P_{\mathrm{Cov}}^{\mathrm{U\text{-}BS}}$ 和 $P_{\mathrm{Cov}}^{\mathrm{G\text{-}BS}}$ 分别为

$$P_{\mathrm{Cov}}^{\mathrm{U\text{-}BS}}=\sum_{t'\in\{\mathrm{L,N}\}}A_{0,t'}P_{0,t'}(\tau)+A_1P_1(\tau) \tag{10-95}$$

$$P_{\mathrm{Cov}}^{\mathrm{G\text{-}BS}}=\sum_{t'\in\{\mathrm{L,N}\}}A_{2,t'}P_{2,t'}(\tau)+A_3P_3(\tau) \tag{10-96}$$

给定 GUE 在链路 $t'\in\{\mathrm{L,N}\}$ 上级联到簇内第 i 层的基站(U-BS 或 G-BS)的 SINR 覆盖概率 $P_{i,t'}(\tau)$ 为

$$P_{1,t'}(\tau)=\mathbb{E}\left\{\sum_{n=1}^{N_{1,t'}}(-1)^{n+1}\binom{N_{1,t'}}{n}\exp\left(-n\sigma_{1,t'}^2L_{1,t'}(X_{1,t'})\sigma_0^2\right)\right.$$
$$\left.\times\left(\prod_{t\in\{\mathrm{L,N}\}}\mathcal{L}_{I_{1,t'}^{1,t}}(s)\sum_{t\in\{\mathrm{L,N}\}}\mathcal{L}_{I_{1,t'}^{3,t}}(s)\prod_{k=\{2,4\}}\mathcal{L}_{I_{1,t'}^{k}}(s)\right)\Bigg|s=n\sigma_{1,t'}^2L_{1,t'}(X_{1,t'})\right\} \tag{10-97}$$

$$P_{3,t'}(\tau)=\mathbb{E}\left\{\sum_{n=1}^{N_{3,t'}}(-1)^{n+1}\binom{N_{3,t'}}{n}\exp\left(-n\sigma_{3,t'}^2L_{3,t'}(X_{3,t'})\sigma_0^2\right)\right.$$
$$\left.\times\left(\prod_{t\in\{\mathrm{L,N}\}}\mathcal{L}_{I_{3,t'}^{1,t}}(s)\prod_{k=\{2,4\}}\mathcal{L}_{I_{3,t'}^{k}}(s)\right)\Bigg|s=n\sigma_{3,t'}^2L_{3,t'}(X_{3,t'})\right\} \tag{10-98}$$

给定 GUE 通过唯一的 NLoS 级联到第 i 层簇间基站的 SINR 覆盖概率 $P_{i,t'}(\tau)$ 可写为 $i\in\{1,3\}$ 条件覆盖概率 $P_i(\tau)$：

$$P_i(\tau)=\mathbb{E}\left\{\sum_{n=1}^{N_i}(-1)^{n+1}\binom{N_i}{n}\exp\left(-n\sigma_i^2L_i(X_i)\sigma_0^2\right)\right.$$
$$\left.\times\left[\left(\sum_{t\in\{\mathrm{L,N}\}}\mathcal{L}_{I_{i,t'}^{3,t}}(s)\right)\left(\prod_{t\in\{\mathrm{L,N}\}}\mathcal{L}_{I_{i,t'}^{1,t}}(s)\right)\left(\mathcal{L}_{I_{i,t'}^{j}}(s)_{i\neq j}\right)\right]\Bigg|s=n\sigma_i^2L_i(X_i)\right\} \tag{10-99}$$

$\sigma_{i,t'}^2=\dfrac{\zeta_{i,t'}\tau}{P_iG_{\mathrm{M}_i}}$；$\zeta_{i,t'}=N_{i,t'}(N_{i,t'}!)^{-1/N_{i,t'}}$；二项式系数 $\dbinom{a}{b}=\dfrac{a!}{b!(a-b)}$。$\mathcal{L}_{I_{i,t'}^{0,t}}(s)$ 由式(10-59)

和式(10-60)给出，$\mathcal{L}_{I_{i,t'}^{2,t}}(s)$ 由式(10-73)和式(10-76)给出，$\mathcal{L}_{I_{i,t'}^{1}}(s)$ 由式(10-71)给出，$\mathcal{L}_{I_{i,t'}^{3}}(s)$ 由式(10-84)给出。

在下行链路的性能评估中，平均传输速率也至关重要，通常由平均面积吞吐量(average area throughput，AAT)或平均区域频谱效率表示。通常，AAT 定义为：在给定带宽的情况下，单位时间且单位面积区域内所传输的平均数据量。该定义与系统的吞吐量定义类似。给定带宽 W 和阈值 τ ，AAT 表示为

$$R_{\text{Total}} = R_{\text{U-BS}} + R_{\text{G-BS}} \tag{10-100}$$

其中，无人机网络的 AAT 为 $R_{\text{U-BS}}$ ，表示为

$$R_{\text{U-BS}} = R_{D_1} + R_{D_2} \tag{10-101}$$

地面网络的 AAT $R_{\text{G-BS}}$ 表示为

$$R_{\text{G-BS}} = R_{D_3} + R_{D_4} \tag{10-102}$$

相应地，簇内 BS 可获得的 AAT 分别表示为

$$R_{D_1} = \bar{m} W \log_2(1+\tau)\left(A_{1,\text{L}} P_{1,\text{L}}(\tau) + A_{1,\text{N}} P_{1,\text{N}}(\tau)\right) \tag{10-103}$$

$$R_{D_3} = W \log_2(1+\tau)\left(A_{3,\text{L}} P_{3,\text{L}}(\tau) + A_{3,\text{N}} P_{3,\text{N}}(\tau)\right) \tag{10-104}$$

簇间 BS 可获得的 AAT 分别表示为

$$R_{D_2} = \bar{m} \lambda_{\text{G-BS}} W \log_2(1+\tau) A_2 P_2(\tau) \tag{10-105}$$

$$R_{D_4} = \lambda_{\text{G-BS}} \log_2(1+\tau) A_4 P_4(\tau) \tag{10-106}$$

基于上述分析，图 10-4 为 U-BS 的投影距离分布方差 σ^2 和 UAV 簇成员均值 $\bar{m}$ 这两个系统参数与覆盖概率 $P_{\text{Cov}}^{\text{U-BS}}$ 、$P_{\text{Cov}}^{\text{G-BS}}$ 和 $P_{\text{Cov}}^{\text{Tot}}$ 的关系。在图 10-4(a)中，可以发现当簇成员均值 $\bar{m}$ 较小时，存在最佳的无人机位置分布方差 σ_{o}^2 使得给定 GUE 与 U-BS 级联时 SINR 覆盖概率 $P_{\text{Cov}}^{\text{U-BS}}$ 达到最大值。当分布方差 σ^2 小于 σ_{o}^2 时，对应的 SINR 覆盖概率 $P_{\text{Cov}}^{\text{U-BS}}$ 会随着无人机位置分布方差 σ^2 的增大而提高；反之，$P_{\text{Cov}}^{\text{U-BS}}$ 则随其降低。产生这种结果的原因在于，一方面，当无人机位置分布方差 σ^2 较小且不断增大时，给定 GUE 与 U-BS 之间的平均距离随之缩短，这就使路径损耗减小，接收的信号功率变大，覆盖概率 $P_{\text{Cov}}^{\text{U-BS}}$ 增大。另一方面，无人机位置分布方差 σ^2 持续增大将引发给定 GUE 接收的非级联 UAV 干扰急剧增加，间接导致 SINR 覆盖概率 $P_{\text{Cov}}^{\text{U-BS}}$ 降低。此外，仅当簇成员均值 $\bar{m}$ 较小时，SINR 覆盖概率 $P_{\text{Cov}}^{\text{U-BS}}$ 随着簇成员均值 $\bar{m}$ 的增大而提高，而当簇成员均值 $\bar{m}$ 较大时，由于非级联

U-BS 的干扰，SINR 覆盖概率 $P_{\text{Cov}}^{\text{U-BS}}$ 随着簇成员均值 $\bar{m}$ 的增大而降低。在图 10-4(b)中，当分布方差 σ^2 持续增加时，给定 GUE 接收的来自簇内(外)U-BS 的干扰随之增加，因此 SINR 覆盖概率 $P_{\text{Cov}}^{\text{G-BS}}$ 单调递减。基于此，图 10-4(c)分析了总 SINR 覆盖概率。当分布方差 σ^2 较大时，给定一个分布方差 σ^2，存在最佳的簇成员均值 $\bar{m}_o$ 使得总 SINR 覆盖概率达到最大值。

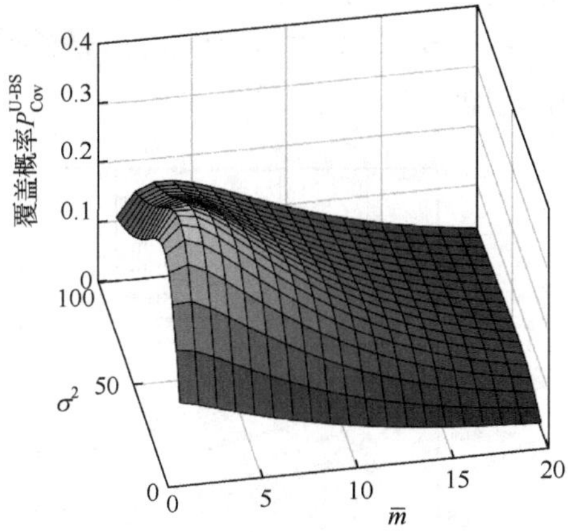

(a) $P_{\text{Cov}}^{\text{U-BS}}$

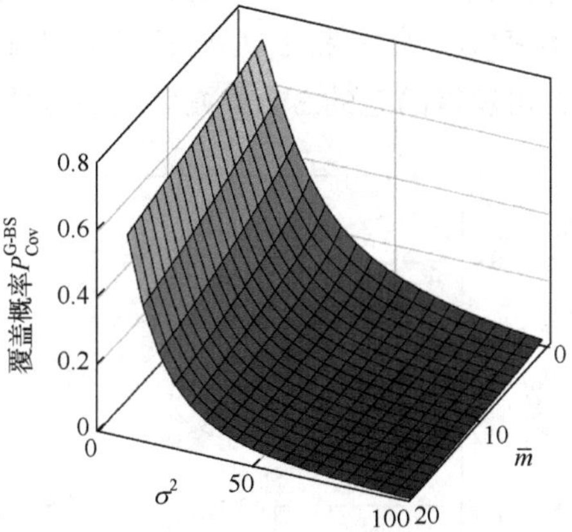

(b) $P_{\text{Cov}}^{\text{G-BS}}$

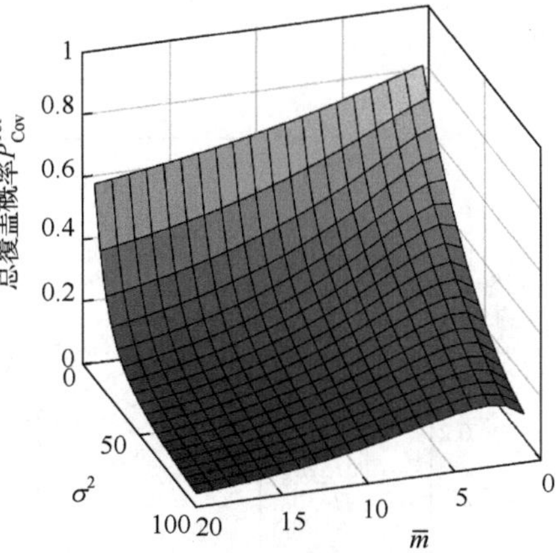

(c) $P_{\text{Cov}}^{\text{Tot}}$

图 10-4　网络参数 σ^2 和 $\bar{m}$ 与 SINR 覆盖概率

图 10-5 进一步比较了两层级联与四层级联方案实现的 SINR 覆盖概率，同时考虑了 U-BS 的高度 H 和 UAV 簇成员均值 $\bar{m}$ 对 SINR 覆盖概率的影响。其中，图 10-5(b)和(c)均直观地体现了利用簇间 BS 级联对于提高 SINR 覆盖概率的重要

作用，即四层级联方案的 SINR 覆盖概率大于两层级联方案的 SINR 覆盖概率，网络覆盖性能得到改善。在图 10-5(a)中，对于与UAV级联的SINR覆盖性能 $P_{\mathrm{Cov}}^{\text{U-BS}}$，可以发现在 UAV 簇成员均值 $\bar{m}$ 较小的情况下，双层级联方案的 SINR 覆盖概率 $P_{\mathrm{Cov}}^{\text{U-BS}}$ 大于四层级联方案 SINR 覆盖概率 $P_{\mathrm{Cov}}^{\text{U-BS}}$。随着 UAV 簇成员均值 $\bar{m}$ 的逐渐增大，慢慢地显示出四层级联方案的优势，且当 U-BS 的高度 H 越小时，路径损耗降低，这种优势越加明显，四层级联方案的覆盖概率大于两层级联方案。此外，图 10-5(c)表明，给定 UAV 簇成员均值 $\bar{m}$，当 U-BS 的高度 H 降低时，路径损耗小，可获得的总的 SINR 覆盖概率 $P_{\mathrm{Cov}}^{\mathrm{Tot}}$ 会随之增大。

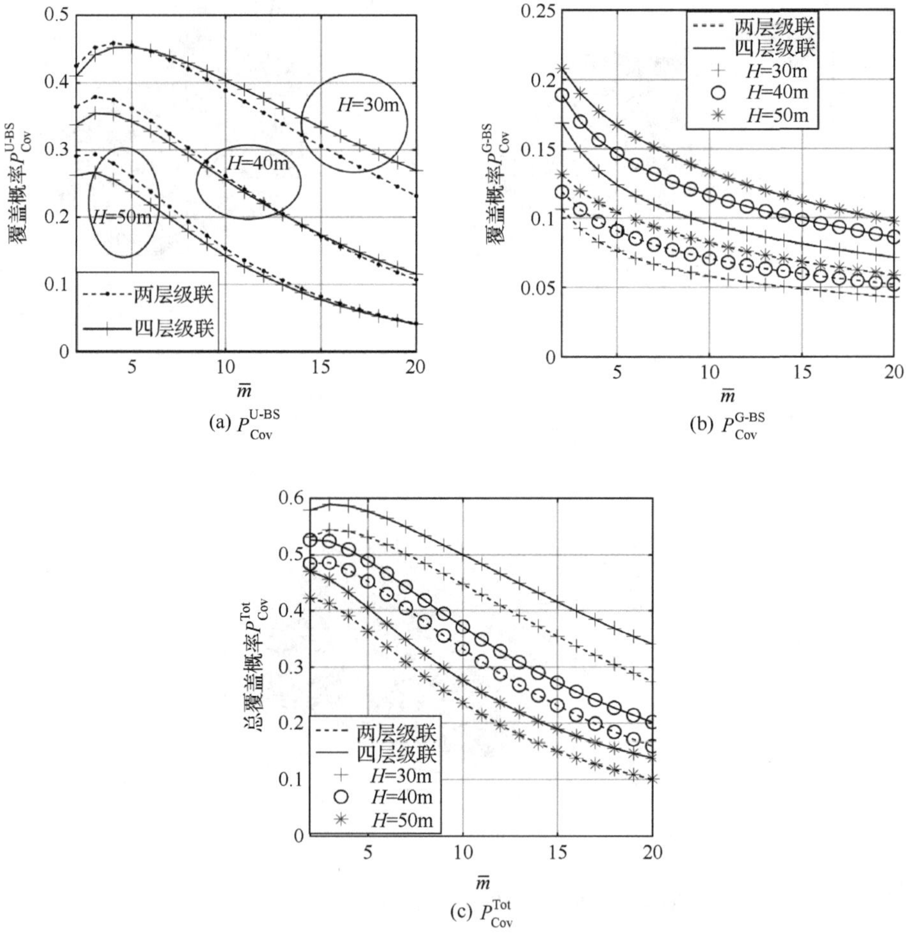

(a) $P_{\mathrm{Cov}}^{\text{U-BS}}$　　(b) $P_{\mathrm{Cov}}^{\text{G-BS}}$

(c) $P_{\mathrm{Cov}}^{\mathrm{Tot}}$

图 10-5　两层级联与四层级联方案的覆盖概率比较

图 10-6 为方差 σ^2 对四层级联方案和两层级联方案可实现的覆盖概率的影

响，只显示 $P_{\mathrm{Cov}}^{\text{U-BS}}$ 的比较。首先，图 10-6 表明存在一个最优的 σ_{o}^2 使得覆盖概率 $P_{\mathrm{Cov}}^{\text{U-BS}}$ 达到最大值；当方差 σ^2 大于最优值 σ_{o}^2 时，由于干扰增加，覆盖概率 $P_{\mathrm{Cov}}^{\text{U-BS}}$ 随 σ^2 增大快速下降。其次，图 10-6 还显示了四层级联方案可获得的覆盖概率增益主要受参数 H 和 $\bar{m}$ 的影响，同时也受方差 σ^2 的影响。图 10-6(a)表明，对于给定的较小的 $\bar{m}$，当 H 较大时简单的两层级联方案优于四层级联方案。只有当 H 很小时，在 σ^2 较大的情况下，提出的四层级联方案才有可能优于两层级联方案。对于较大的 $\bar{m}$，可以发现四层级联方案在整个方差范围 σ^2 和 H 上优于两层级联方案。由图 10-7 中总覆盖概率 $P_{\mathrm{Cov}}^{\mathrm{Tot}}$ 的比较可以发现，四层级联方案完全优于两层级联方案。

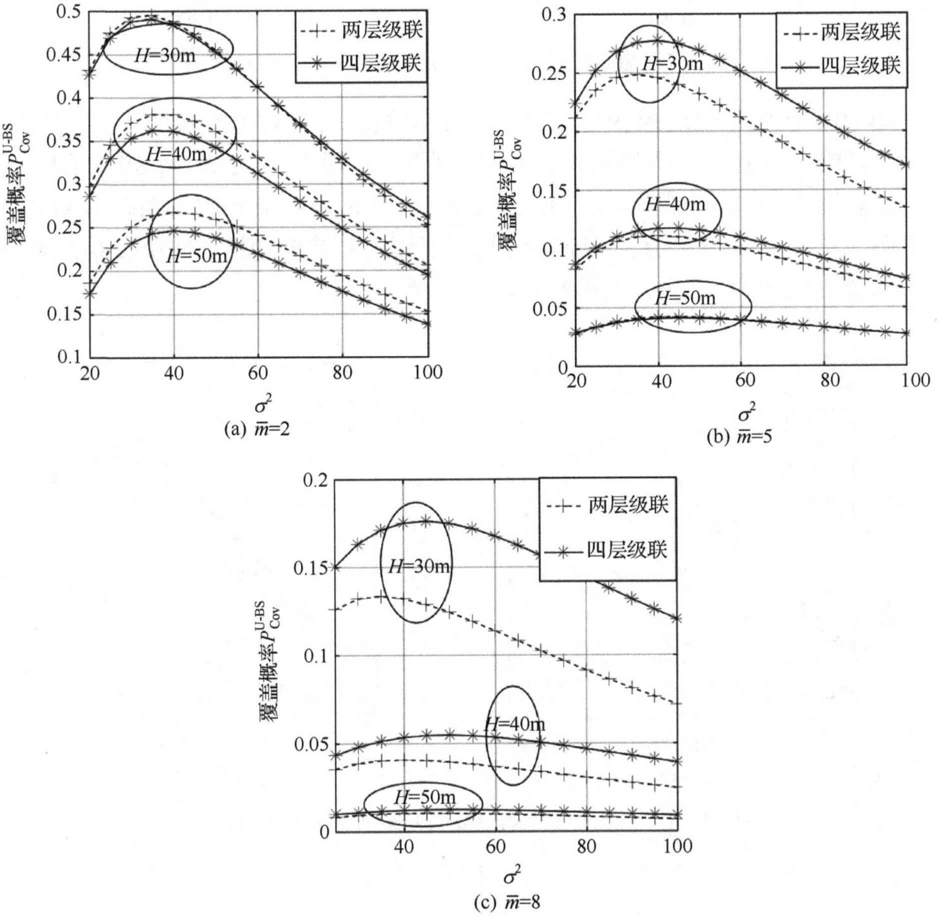

图 10-6　两层级联与四层级联方案的 U-BS 覆盖概率比较

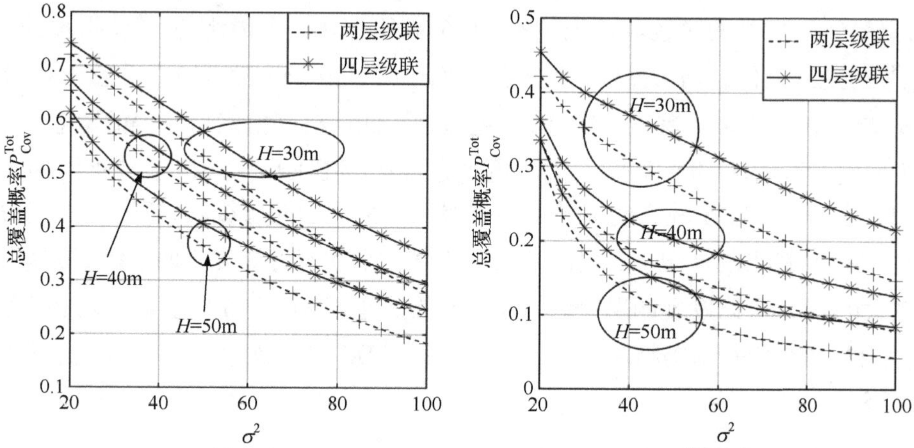

(a) $\bar{m}$=2　　　　(b) $\bar{m}$=5

图 10-7　两层级联与四层级联方案的总覆盖概率比较

图 10-8 比较了两层级联与四层级联方案可获得的 AAT，同时研究了 SINR 阈值τ和簇成员均值$\bar{m}$对平均面积吞吐量的影响。由图 10-8 可知，当 SINR 阈值τ较小时，系统 AAT 单调递增。当 SINR 阈值τ大于最佳阈值τ_o时，系统 AAT 递减。无论簇成员均值$\bar{m}$取何值，由于同时利用了簇内和簇外基站，四层级联方案可获得的系统 AAT 皆大于两层级联方案。

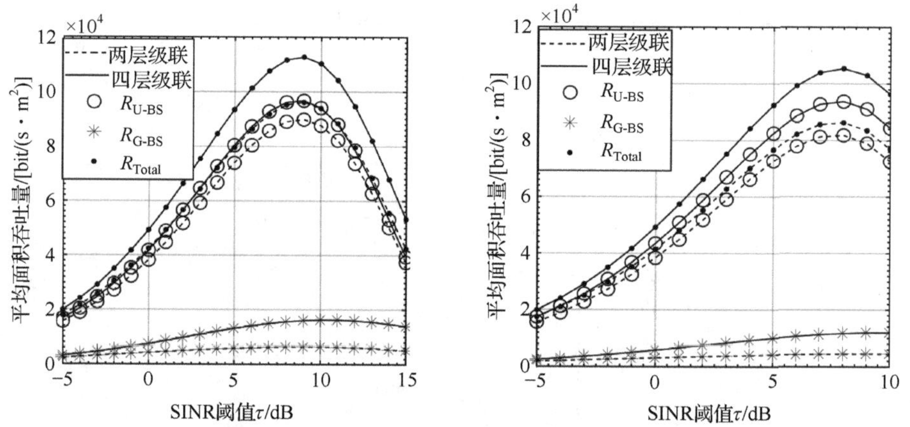

(a) $\bar{m}$=2　　　　(b) $\bar{m}$=5

图 10-8　两层级联与四层级联方案的平均面积吞吐量

第 11 章 三维无人机群协助的异构网络

第 10 章没有考虑无人机的三维(3-D)特性，为了更加真实地反映实际场景中的动态无人机群的分布，建立网络模型，研究网络性能，本章在三维立体空间模型中研究无人机群网络。空中通信节点的移动不仅使无人机网络建模分析具有挑战性，而且对无线网络和计算机网络的研究具有重大意义，这是因为真实的移动模型很难预测和假设。本章在给定立体区域内，空中多个无人机构成无人机群，为多个地面用户提供无线接入服务，空中无人机群建模为独立的三维 PPP。基于随机几何理论和无线自组织(Ad Hoc)网络移动特征，本章首先构建一个单层的三维动态无人机网络模型，考虑固定接入和动态切换两种情形，基于无人机通信的 LoS 特征和小规模瑞利衰落假设，对该三维无人机网络与地面用户间的通信进行研究和分析。为了分析方便起见，将无人机的三维空间移动模型分解为水平面轨迹点运动和竖直高度轨迹点运动。其次，面向异构网络，研究了三维无人机协同的两层异构网络，对 UE 级联和覆盖等展开讨论[323-325]。

11.1 三维无人机群单层网络

三维无人机群网络如图 11-1 所示，考虑在固定局域的立体空间内，有 N 个具有随机移动特性的无人机充当通信基站连接多个地面节点，每个无人机上装备通信收发设备，可以为地面 UE 提供无线服务。考虑更为一般的情形，无人机群的空间分布服从密度为 λ 的三维泊松点过程序列 $\Phi_{\mathrm{A}} \subset \mathbb{R}^3$，由 PPP 的稳定性可知，如果 PPP Φ_{A} 中所有点都相互独立且位移分布相同，则 PPP Φ_{A} 中所有点位移后的结果具有相同密度的分布，空间分布特性不变。不失一般性，在多个地面用户中随机选择一个给定 GUE，最初选择某个无人机 U_0 作为该典型给定 GUE 的级联服务基站(serving-base station，S-BS)，称为目标无人机，则所有非目标无人机 U_x，$x \in \{1,2,\cdots,N-1\}$，都是会对 S-BS 通信造成干扰的干扰基站(interfering-base station，I-BS)，这与地面基站场景类似。

关于 GUE 选择服务基站的方式，这里假设如下两种方式。

(1) 基站切换模型(base station handover model，BHM)：在每个时隙内，GUE 选择接收 SNR 最高的 UAV 进行通信。

(2) 基站恒定模型(base station constant model，BCM)：在一个通信任务最初时刻，GUE 选择接收 SNR 最高 UAV 进行通信，之后一直与该基站通信，不发生切换。

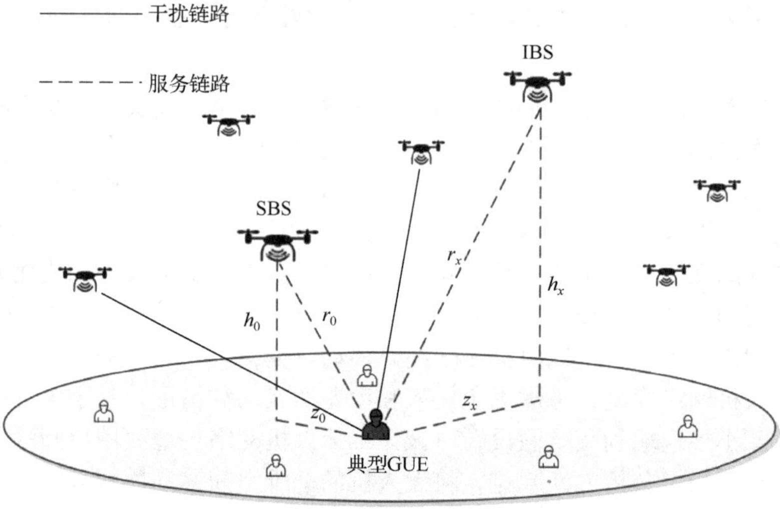

图 11-1　三维无人机群网络

在任意 t 时刻，服务基站和干扰基站与典型地面用户之间的水平距离分别表示为 $z_0(t)$ 和 $z_x(t)$，$h_0(t)$ 和 $h_x(t)$ 分别表示 t 时刻服务基站和干扰基站的瞬时高度，服务基站和干扰基站与典型地面用户之间的空间距离分别为 $r_0 = \sqrt{z_0(t)^2 + h_0(t)^2}$ 和 $r_x = \sqrt{z_x(t)^2 + h_x(t)^2}$。

无人机空中基站与地面用户相距较远，空对地通信障碍相对较少，并且无人机通常可以通过移动更大概率地形成 LoS 视距链路，则无人机与地面通信链路以 LoS 来建模，确定了路径损耗；同时，假设小规模衰落服从瑞利分布。因此，给定典型 GUE 的接收 SINR 定义为

$$\mathrm{SINR}(t) = \frac{Ph_0 r_0^{-\alpha}}{I + \sigma^2} \tag{11-1}$$

式中，所有 UAV 的发射功率均为 P；σ^2 表示归一化加性高斯白噪声功率；h_0 表示小尺度瑞利衰落信道增益，假设均值为 1，即 $h \sim \exp(1)$；I 表示除了通信基站，其余所有基站的干扰之和，$I = \sum_{x \in \Phi'_{\mathrm{A}}} Ph_x r_x^{-\alpha}$，$\Phi'_{\mathrm{A}} = \Phi_{\mathrm{A}} / U_0$ 表示干扰 UAV 基站几何 PPP，α 表示路径损耗指数。

11.2　动态无人机网络覆盖和容量

考虑到无人机在立体区域内的运动和分布呈现随机的特性，这里采用一种水平和竖直方向的组合位移方式，即无人机在水平面中的移动始终服从随机路径点(random waypoint，RWP)运动。在竖直平面上，无人机则利用 RWP 运动模型中的悬停时间来调整飞行的高度，这在无人机网络建模中广泛采用。

11.2.1　BHM 模式下覆盖分析

在 BHM 方案中，由于假设所有 UAV 的发射功率一致，遵循 SINR 级联准则不难得知，要保证服务基站与典型 GUE 能够正确级联进行通信，则所有干扰基站的干扰距离一定大于服务距离 r_0，再结合 3-D PPP 的空概率性质可知，服务距离 r_0 的 CDF 为

$$F_{R_0}^{\mathrm{cl}}(r_0)=\Pr\{r_0\leqslant R_{\mathrm{E}}\}=1-\exp\left(-\frac{4}{3}\pi\lambda r_0^3\right) \tag{11-2}$$

式中，$r_0\geqslant 0$；R_{E} 表示三维欧氏空间 $\mathbb{R}^3$ 的半径。

对式(11-2)的 CDF 求导便得到服务距离 r_0 的 PDF：

$$f_{R_0}^{\mathrm{han}}(r_0)=\frac{\mathrm{d}F_{R_0}^{\mathrm{han}}(r_0)}{\mathrm{d}r_0}=4\pi\lambda r_0^2\times\exp\left(-\frac{4}{3}\pi\lambda r_0^3\right) \tag{11-3}$$

根据以上模型和统计特性，定义 BHM 下的 UAV 蜂窝网络下行链路覆盖概率为

$$p_{\mathrm{cov}}^{\mathrm{han}}(\gamma)\triangleq\mathbb{E}\left\{\Pr\left[\mathrm{SINR}\geqslant\gamma\right]\middle| r_0\right\} \tag{11-4}$$

式中，$\Pr\{\mathrm{SINR}\geqslant\gamma\}$ 表示信干噪比 SINR 的互补累积分布函数；γ 是预先定义的 SINR 阈值，依赖目标速率等。又因为 SINR 与服务距离 r_0 有一定的函数关系，式(11-4)中的覆盖概率可以继续写为

$$\begin{aligned}p_{\mathrm{cov}}^{\mathrm{han}}(\gamma)&=\int_0^{\infty}\Pr\{\mathrm{SINR}\geqslant\gamma|r_0\}f_{R_0}^{\mathrm{han}}(r_0)\mathrm{d}r_0\\&=\int_0^{\infty}4\pi\lambda r_0^{2}\Pr\{\mathrm{SINR}\geqslant\gamma|r_0\}\exp\left\{-\frac{4}{3}\pi\lambda r_0^{3}\right\}\mathrm{d}r_0\end{aligned} \tag{11-5}$$

利用信干噪比的定义式(11-1)，可以得到

$$\Pr\{\mathrm{SINR}\geqslant\gamma|r_0\}=\Pr\left\{h_0\geqslant\gamma\left(I+\sigma^2\right)r_0^{\alpha}P^{-1}\middle|r_0\right\} \tag{11-6}$$

根据条件期望，有

$$\Pr\left\{h_0 \geqslant \gamma\left(I+\sigma^2\right) r_0{}^{\alpha} P^{-1} \middle| r_0\right\} = \mathbb{E}\left\{\Pr\left\{h_0 \geqslant \gamma\left(I+\sigma^2\right) r^{\alpha} P^{-1}\right\} \middle| r_0, I\right\} \tag{11-7}$$

根据单位小规模瑞利衰落假设，即 $h_0 \sim \exp(1)$，式(11-7)可以写为

$$\begin{aligned}&\Pr\left\{h_0 \geqslant \gamma\left(I+\sigma^2\right) r_0{}^{\alpha} P^{-1}\right\}\\&=\mathbb{E}\left\{\exp\left[-\gamma\left(I+\sigma^2\right) r_0{}^{\alpha} P^{-1}\right]\right\}=\exp\left(-\gamma r_0{}^{\alpha} \sigma^2 P^{-1}\right) \mathcal{L}_I(s)\end{aligned} \tag{11-8}$$

式中，$\mathcal{L}_I(s)=\mathbb{E}\{\mathrm{e}^{-sI}\}$ 表示干扰功率 I 的 LT，并且 $s=\frac{\gamma r_0{}^{\alpha}}{P}$。

根据所有点都相互独立且位移分布相同，式(11-8)中干扰 I 的 LT $L_I(s)$ 进行处理，可以得到

$$\mathcal{L}_I(s)= \mathbb{E}\left\{\exp\left(-s \sum_{x \in \Phi'_{\mathrm{A}}} P h_x r_x{}^{-\alpha}\right)\right\} \tag{11-9}$$

为了获得 LT 的解析解，借助指数分布的矩量母函数，可以进一步将式(11-8)写为

$$\mathcal{L}_I(s)=\mathbb{E}\left\{\prod_{x \in \Phi'_{\mathrm{A}}} \frac{1}{1+s P r_x{}^{-\alpha}}\right\} \tag{11-10}$$

然后，考虑 3-D PPP 的 PGFL，式(11-10)可以写为

$$\mathcal{L}_I(s)=\exp\left(-4\pi\lambda \int_0^{\infty} \frac{r_x{}^2 \mathrm{d} r_x}{1+\frac{1}{sP} r_x{}^{\alpha}}\right) \tag{11-11}$$

结合式(11-5)和式(11-8)就可得到当 GUE 通过 BHM 模式选择 S-BS 时，该给定典型 GUE 在 3-D 动态 UAV 蜂窝网络的瞬时下行覆盖概率：

$$p_{\mathrm{cov}}^{\mathrm{han}}(\gamma)=\int_0^{\infty} 4\pi\lambda r_0{}^2 \exp\left(\frac{-\gamma r_0{}^{\alpha} \sigma^2}{P}-4\pi\lambda \int_0^{\infty} \frac{r_x{}^2 \mathrm{d} r_x}{1+\frac{1}{sP} r_x{}^{\alpha}}-\frac{4}{3}\pi\lambda r_0{}^3\right) \mathrm{d} r_0 \tag{11-12}$$

为了简化式(11-12)，将 $r_0{}^3$ 表示为 v，将 r_x 表示 w，得到 $p_{\mathrm{cov}}^{\mathrm{han}}$，有定理 11-1。

定理 11-1 当给定典型 GUE 通过 BHM 模式选择 S-BS 无人机进行通信时，在 3-D 动态 UAV 蜂窝网络下该给定典型链路瞬时下行覆盖概率 $p_{\mathrm{cov}}^{\mathrm{han}}$ 为

$$p_{\mathrm{cov}}^{\mathrm{han}}(\gamma)=\frac{4}{3}\pi\lambda \int_0^{\infty} \exp\left(-\frac{4}{3}\pi\lambda v-\frac{\gamma v^{\alpha/3} \sigma^2}{P}-4\pi\lambda \mathcal{I}\right) \mathrm{d} v \tag{11-13}$$

式中，$\mathcal{I}=\int_{x^{1/3}}^{\infty}\left(1+\frac{y^{\alpha}}{\gamma x^{\alpha/3}}\right)^{-1}y^{2}\mathrm{d}y$。

11.2.2 BCM 模式覆盖分析

类似地，在 BCM 模式下，UAV 蜂窝网络中给定典型下行链路 SINR 覆盖概率可以定义为

$$p_{\mathrm{cov}}^{\mathrm{con}}(\gamma)=\mathbb{E}\left\{\Pr\{\mathrm{SINR}\geqslant\gamma\}\middle|r_0\right\}=\int_0^{\sqrt{R^2+H^2}}\Pr\{\mathrm{SINR}\geqslant\gamma|r_0\}f_{R_0}^{\mathrm{con}}(r_0)\mathrm{d}r \tag{11-14}$$

式中，H 表示无人机允许的最高飞行高度。与 BHM 模式不一样的是，在 BCM 模式中，由于典型给定 GUE 选择目标 S-BS 后便不发生切换，所以与级联目标 UAV 间服务距离 r_0 会随着服务基站的移动发生变化，这里需要首先对 r_0 的 PDF $f_{R_0}^{\mathrm{con}}(r_0)$ 进行更加详尽的分析。

根据几何定理求出该服务模型中服务基站与 GUE 间距离 r_0 的 CDF $F_{R_0}^{\mathrm{con}}(r_0)$，然后再进一步对其求导得出服务距离的 PDF $f_{R_0}^{\mathrm{con}}(r_0)$。详细地，通过图 11-2 求出服务距离 r_0 的累积分布函数 $F_{R_0}^{\mathrm{con}}(r_0)$。即当服务距离 $r_0=\sqrt{h_0^2+z_0^2}$ 时，其 CDF 可以表示为

$$F_{R_0}^{\mathrm{con}}(r_0)=\Pr(R_0<r_0) \tag{11-15}$$

根据式(11-15)求 $F_{R_0}^{\mathrm{con}}(r_0)$，服务距离的分布可能出现如图 11-2 所示的三种场景，即服务距离的范围可能分别为 $0\leqslant r_0<H$、$H\leqslant r_0<R$、$R\leqslant r_0<\sqrt{R^2+H^2}$。

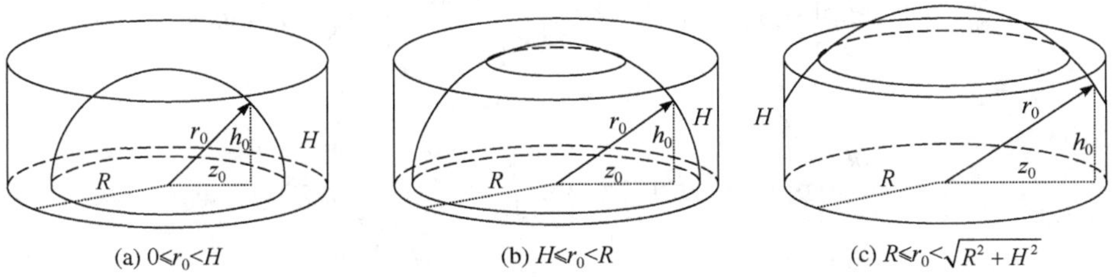

图 11-2　BCM 模式下给定 GUE 与目标 UAV 间的距离分布

在图 11-2 中，$F_{R_0}^{\mathrm{con}}(r_0)$ 表示半球与圆柱体重叠部分的体积占圆柱体积的比值。利用几何定理可知，球缺的体积公式为 $V=\pi l^2\left(r_0-\frac{l}{3}\right)$，其中，$l$ 表示球缺的高。至此，可以得到服务距离 r_0 的 CDF 为

$$F_{R_0}^{\text{con}}(r_0)=\begin{cases}\dfrac{2r_0^3}{3R^2H},\quad 0\leqslant r_0<H\\ \dfrac{r_0^2}{R^2}-\dfrac{H^2}{3R^2},H\leqslant r_0<R\dfrac{r_0^2}{R^2}-\dfrac{H^2}{3R^2}-\dfrac{2\left(r_0^2-R^2\right)^{3/2}}{3R^2H},\quad R\leqslant r_0\leqslant\sqrt{R^2+H^2}\end{cases} \tag{11-16}$$

已知式(11-16)，可得到这三种情况下服务距离 r_0 的 PDF 分别为

$$f_{R_0}^{\text{con}}(r_0)=\begin{cases}\dfrac{2r_0^2}{R^2H},\quad 0\leqslant r_0<H\\ \dfrac{2r_0}{R^2},\quad H\leqslant r_0<R\\ \dfrac{2r_0}{R^2}-\dfrac{2r_0\left(r_0^2-R^2\right)^{1/2}}{R^2H},\quad R\leqslant r_0\leqslant\sqrt{R^2+H^2}\end{cases} \tag{11-17}$$

与 BHM 模式下式(11-8)的分析同理，可以获得 BCM 模式下的条件覆盖概率：

$$\Pr\left\{\text{SINR}\geqslant\gamma\middle|r_0\right\}=\exp\left(-\gamma {r_0}^{\alpha}\sigma^2P^{-1}\right)\mathcal{L}_I(s) \tag{11-18}$$

再利用与式(11-5)类似的模型去条件和式(11-17)，可获得关于服务距离 r_0 的积分，能得到当无人机采用 BCM 模式进行服务时，在三维动态网络下给定典型下行覆盖概率 $p_{\text{cov}}^{\text{con}}$，有定理 11-2。

定理 11-2　当给定典型 GUE 通过 BCM 模式选择 S-BS 时，在 3-D 动态 UAV 蜂窝网络下该给定典型链路的瞬时下行覆盖概率 $p_{\text{cov}}^{\text{con}}$ 为

$$\begin{aligned}p_{\text{cov}}^{\text{con}}=&\int_0^H\exp\left(-\gamma {r_0}^{\alpha}\sigma^2P^{-1}-4\pi\lambda\int_0^\infty\frac{{r_x}^2\mathrm{d}r_x}{1+\frac{1}{sP}{r_x}^{\alpha}}\right)f_{R_0}^{\text{con}}(r_0)\mathrm{d}r_0\\&+\int_H^R\exp\left(-\gamma {r_0}^{\alpha}\sigma^2P^{-1}-4\pi\lambda\int_0^\infty\frac{{r_x}^2\mathrm{d}r_x}{1+\frac{1}{sP}{r_x}^{\alpha}}\right)f_{R_0}^{\text{con}}(r_0)\mathrm{d}r_0\\&+\int_R^{\sqrt{R^2+H^2}}\exp\left(-\gamma {r_0}^{\alpha}\sigma^2P^{-1}-4\pi\lambda\int_0^\infty\frac{{r_x}^2\mathrm{d}r_x}{1+\frac{1}{sP}{r_x}^{\alpha}}\right)f_{R_0}^{\text{con}}(r_0)\mathrm{d}r_0\end{aligned} \tag{11-19}$$

式中，$f_{R_0}^{\text{con}}(r_0)$ 是 r_0 的 PDF，由式(11-17)给出。

观察定理 11-1 与定理 11-2 可以发现，无论 GUE 选择服务基站时是否发生切换，下行链路的覆盖概率 p_{cov} 都依赖于 SINR 阈值 γ 和路径损耗指数 α，一般传

输速率越大，SINR 阈值越大；同时，路径损耗指数依赖于无线环境。

11.2.3　下行信道容量

根据香农定理和 SINR 模型[式(11-1)]，三维无人机协助的蜂窝网络下的信道容量可以被定义为

$$C \triangleq \mathbb{E}\left\{W\log_2\left(1+\mathrm{SINR}\right)\right\} = W\int_0^{\infty}\log_2\left(1+\gamma\right)f_{\mathrm{SINR}}\left(\gamma\right)\mathrm{d}\gamma \tag{11-20}$$

式中，W 为系统带宽；$f_{\mathrm{SINR}}\left(\gamma\right) = -\frac{\mathrm{d}p_{\mathrm{cov}}\left(\gamma\right)}{\mathrm{d}\gamma}$，为信干噪比 SINR 的 PDF。

将式(11-20)中的对数函数写入积分符号内，进一步细化公式，得到信道容量：

$$C = W\int_0^{\infty}\frac{1}{1+\tau}\int_{\tau}^{\gamma}f_{\mathrm{SINR}}\left(\gamma\right)\mathrm{d}\gamma d\tau \quad = W\int_0^{\infty}\frac{p_{\mathrm{cov}}\left(\gamma\right)}{1+\gamma}\mathrm{d}\gamma \tag{11-21}$$

从式(11-21)不难看出，信道容量 C 与覆盖概率 p_{cov} 成正比。

根据前文的分析和讨论，图 11-3(a)给出了根据实际分布得到的仿真值，并在基站切换模型的基础上，比较了二维无人机网络模型和提出的三维动态无人机网络模型的覆盖概率。需要注意的是，分析和讨论二维无人机网络模型时，将无人机群假设在固定高度的二维平面之中。图 11-3(a)的仿真结论表明，虽然提出的 BHM 下的三维无人机网络覆盖概率小于二维无人机网络，但更适合正常情形下无人机通信时的覆盖。原因在于，在真实的无人机组网过程中，无人机往往在三维空间内随机分布，基于路径损耗 LoS 模型，高度的随机起伏会严重影响网络的覆盖性能。传统的二维网络建模方式忽略了无人机高度随机分布对结果的影响，因此可以得到经典的二维网络覆盖概率会略优于提出的三维网络系统模型，但二维模型难以在实际场景中反映无人机网络的真实覆盖性能。

图 11-3(b)为三维动态无人机蜂窝网络中两种服务模式下的覆盖概率 p_{cov}，这里选择路径损耗指数 $\alpha = 3$，横坐标为信干噪比 SINR 的阈值 γ，纵坐标为两种模型下的覆盖概率 p_{cov}。图 11-3(b)表明，SINR 阈值 γ 越大，无论 UAV 基站切换与否，网络整体的覆盖性能均降低，这与实际网络模型一致，表明结论是可信的。又可以发现，BHM 的网络覆盖概率一直保持最大，是因为在 BHM 中，给定典型 GUE 在每一时隙内都通过自适应地选择最近的基站来保证 SINR 的最大化，从而覆盖概率达到一个较高的水平，性能得到改善。当用户处于 BCM 模式时，给定典型用户只是在最开始时刻选择了通信 UAV 基站，随着时间的变化，通信距离和信道质量无法保证，LoS 及其损耗具有随机性，从而导致覆盖概率较小。可以得到，BCM 虽然复杂度较低，不需要频繁地切换，但代价是覆盖性能的损耗。

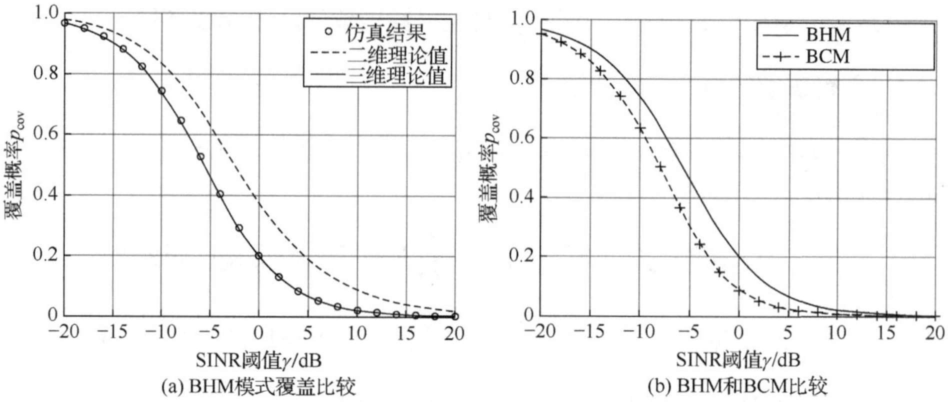

图 11-3　不同服务模式下的覆盖概率

图 11-4(a)为两种不同服务模式下不同路径损耗指数α对网络覆盖概率p_{cov}的影响。从图 11-4(a)可以发现，路径损耗指数α越大，两种服务模型下的网络下行链路 SINR 覆盖概率p_{cov}都越大。这是因为在其他仿真参数不变的前提下，路径损耗指数α的增加意味路径损耗的增加，从而使来自其目标服务基站的接收功率下降，同时使来自干扰基站的干扰功率下降。在给出的无人机协助的网络系统中，假设只有一个服务基站，有$N-1$个干扰基站，干扰功率是累加的，所以干扰功率减少得更加明显，信干比最大。无论是哪一种模型，α越大，路径损耗使得干扰降低，覆盖概率也越大。此外，图 11-4(a)在包括 SINR 阈值γ在内的基本仿真参数一定的情况下对比了两种服务模型下的网络覆盖概率p_{cov}。图中显示，在γ一定的条件下，路径损耗指数α无论取值多少，BHM 下的网络覆盖性能始终优于 BCM，这也是由于 BHM 具有良好的信道质量，自适应切换改善了网络性能，其代价是复杂度高。对给定典型 GUE 选择不同基站服务模型下的 SINR 阈值γ，分别取−5dB 和−10dB，结果表明，在路径损耗指数α一定的情况下，随着 SINR 阈值γ的减小，覆盖概率p_{cov}逐渐增加，与前面的结论一致。

由于在自适应切换的 BHM 中，典型地面用户通过选择距离最近的服务基站来进行通信，因此其覆盖概率并不会受到最大飞行高度的影响，或者说从统计的角度讲，影响较小。在图 11-4(b)中，分析了在 BCM 下不同 SINR 阈值γ和不同最高飞行高度对其覆盖概率p_{cov}的影响。结果显示，在基本参数不变的前提下，UAV 飞行高度越高，该模型下的覆盖概率p_{cov}越小。这是因为，当最高飞行高度增加后，服务基站可活动的范围增大，路径损耗增大，接收信号功率降低，从而导致通信距离难以得到保证，QoS 也很难得到保障。此外，从图 11-4(b)中还可以得出，γ变大会导致p_{cov}减小，而且高度的变化对覆盖概率p_{cov}的影响没有 SINR 阈值γ大。

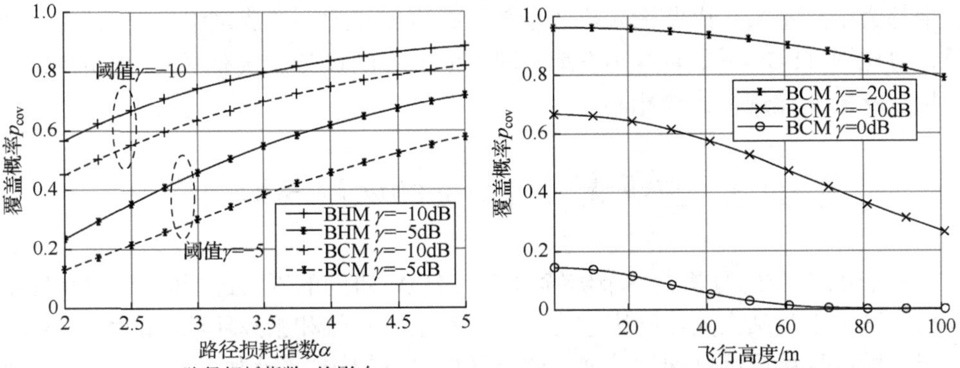

(a) 路径损耗指数α的影响　　(b) UAV飞行高度的影响

图 11-4　网络参数与覆盖概率的关系

图 11-5 为 BHM 和 BCM 两种服务模型下的网络信道容量C随着路径损耗指数α变化的规律。从图 11-5 中不难看出，BHM 下的信道容量一直保持着最优。GUE 无论选择 BHM 还是 BCM，通信的信道容量均与路径损耗指数α成正相关，唯一不同的是，BCM 下的信道容量随着路径损耗指数α的变化程度小于 BHM。其原因是 BCM 方案下给定典型 GUE 最初选择 S-BS 后不再发生切换，通信距离无法一直保持最优。在 BHM 方案下，由于 GUE 在每个时隙内均能通过最 SINR 级联准则来选择服务基站进行通信，所以服务距离大体统计不变，始终可以保持最优。同时，路径损耗指数的增加意味着总干扰的减少，有利于网络性能的改善。

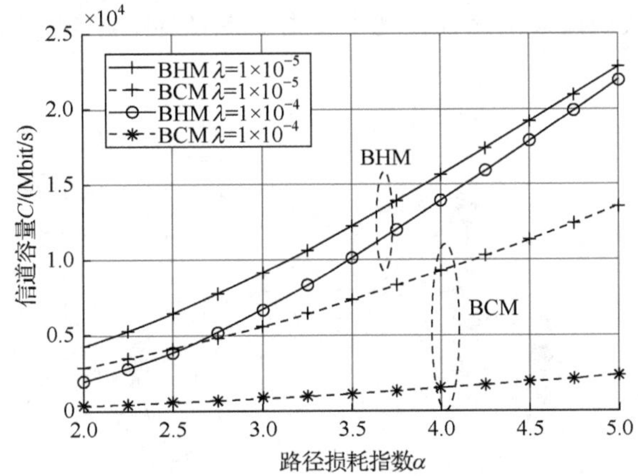

图 11-5　网络信道容量与路径损耗指数的关系

对满足 PPP 的无人机群密度λ取值为10^{-4}和10^{-5}，图 11-5 结果表明，UAV 密度与信道容量呈负相关。产生这一现象的原因在于，在固定范围内，无人机的密度和数量成正比，无论无人机的数量多少，都只考虑一架无人机作为服务基站，其余都为干扰基站，因此无人机数量与干扰也成正比，造成网络性能的损耗。此外，对比图 11-5 与图 11-4(a)不难发现，信道容量 C 与覆盖概率 p_{cov} 随着路径损耗指数 α 的变化规律大体相同。

11.3　三维无人机协助的两层异构网络

基于 11.2 节的分析，本节继续对三维 UAV 协助的网络进行研究，针对传统异构网络中小基站在灾后网络重构和应对复杂的营救和服务环境中的诸多不便，将网络模型从单层网络架构扩展到两层异构网络架构，分别由三维 UAV 基站和地面基站构成，并且运用泊松点过程理论对无人机协助的异构网络进行设计与分析。其中，无人机小基站建模为空中 3-D PPP，将地面的宏基站建模为水平面上的 2-D PPP，两层网络相互独立。由于无人机在空中可能任意分布，一定区域内的地面宏基站分布相对较少，高度落差不明显。对于用户级联，这里假设地面用户通过最大接收功率级联准则来选择服务基站。

11.3.1　三维无人机协助的两层异构网络用户级联

考虑如图 11-6 所示的两层异构网络，由空中三维 UAV 基站和地面宏基站构成，UAV 基站(U-BS)集群建模为参数为 λ_{u} 的 3-D PPP $\Phi_{\mathrm{u}}\subset\mathbb{R}^3$，地面基站(G-BS)建模为参数为 λ_{g} 的 2-D PPP $\Phi_{\mathrm{g}}\subset\mathbb{R}^2$。类似于前文，无线信道由大规模和小规模衰落共同构成，大规模衰落路径损耗主要由 LoS 决定，小规模衰落信道增益建模为瑞利衰落。

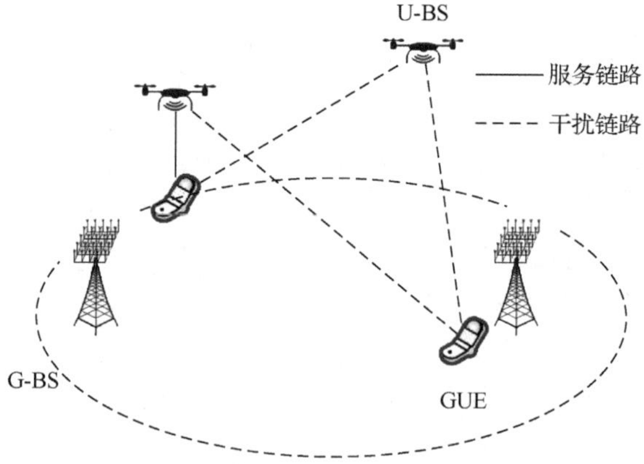

图 11-6　三维无人机协助的两层异构网络

给定 GUE 从级联基站的接收 SINR 为

$$\mathrm{SINR}(t)=\frac{P_n g_n x^{-\alpha_n}}{I+\sigma^2} \tag{11-22}$$

式中，$n=\{\mathrm{u},\mathrm{g}\}$，u 表示无人机基站，g 表示地面基站；$I$ 是所有干扰基站的干扰之和；x 是服务基站到 GUE 之间的距离；P_n 是 G-BS 或 U-BS 的发射功率；信道增益为 g_n；G-BS 和 U-BS 的路径损耗指数表示为 α_n；σ^2 表示归一化的加性高斯白噪声。

基于最大接收功率级联准则，当典型 GUE 与 U-BS 进行通信时，两者间的级联概率为

$$\begin{aligned}A_U&=\mathbb{E}\left\{\Pr\left\{P^{\mathrm{u}}>P^{\mathrm{g}}\right\}\right\}=\mathbb{E}\left\{\Pr\left\{P_{\mathrm{u}}R_{\mathrm{u}}^{-\alpha_{\mathrm{u}}}>P_{\mathrm{g}}R_{\mathrm{g}}^{-\alpha_{\mathrm{g}}}\right\}\right\}\\&=\int_0^{\infty}\Pr\left\{R_{\mathrm{g}}>\left(\frac{P_{\mathrm{g}}}{P_{\mathrm{u}}R_{\mathrm{u}}^{-\alpha_{\mathrm{u}}}}\right)^{-\alpha_{\mathrm{g}}}\right\}f_{R_{\mathrm{u}}}(r)\mathrm{d}r\end{aligned} \tag{11-23}$$

式中，P^{u} 和 P^{g} 是给定典型 GUE 与空中基站或者地面基站通信时的接收功率；P_{u} 和 P_{g} 是给定典型 GUE 与空中基站或者地面基站通信时的发射功率；R_{u} 和 R_{g} 表示典型 GUE 与 U-BS 通信时的距离。根据二维泊松点过程的空概率性质，可以得到

$$\Pr\left\{R_{\mathrm{g}}>\left(\frac{P_{\mathrm{g}}}{P_{\mathrm{u}}R_{\mathrm{u}}^{-\alpha_{\mathrm{u}}}}\right)^{\frac{1}{\alpha_{\mathrm{g}}}}\right\}=\exp\left(-\pi\lambda_{\mathrm{g}}\left(\frac{P_{\mathrm{g}}}{P_{\mathrm{u}}R_{\mathrm{u}}^{-\alpha_{\mathrm{u}}}}\right)^{\frac{2}{\alpha_{\mathrm{g}}}}\right) \tag{11-24}$$

由三维泊松点过程的定理可知，U-BS 与级联的用户通信时级联距离的概率密度函数为

$$f_{R_{\mathrm{u}}}(r)=\frac{\mathrm{d}}{\mathrm{d}r}\left[1-\exp\left(-\frac{4}{3}\pi\lambda_{\mathrm{u}}r^3\right)\right]=4\pi\lambda_{\mathrm{u}}r^2\exp\left(-\frac{4}{3}\pi r^3\right) \tag{11-25}$$

将式(11-25)代入式(11-23)，典型 GUE 与 U-BS 之间级联的概率可以表示为

$$A_{\mathrm{U}}=4\pi\lambda_{\mathrm{u}}\int_0^{\infty}r^2\exp\left[-\frac{4}{3}\pi\lambda_{\mathrm{u}}r^3-\pi\lambda_{\mathrm{g}}\left(\frac{P_{\mathrm{g}}}{P_{\mathrm{u}}r^{-\alpha_{\mathrm{u}}}}\right)^{\frac{2}{\alpha_{\mathrm{u}}}}\right]\mathrm{d}r \tag{11-26}$$

同理，可以得到网络中给定典型 GUE 与 G-BS 时的级联概率为

$$A_{\mathrm{G}}=2\pi\lambda_{\mathrm{g}}\int_0^{\infty}r\exp\left[-\pi\lambda_{\mathrm{g}}r^2-\frac{4}{3}\pi\lambda_{\mathrm{u}}\left(\frac{P_{\mathrm{u}}}{P_{\mathrm{g}}r^{-\alpha_{\mathrm{g}}}}\right)^{\frac{3}{\alpha_{\mathrm{u}}}}\right]\mathrm{d}r \tag{11-27}$$

接下来考虑级联距离的分布。当给定典型 GUE 选择 U-BS 进行通信时，它们

间的通信距离定义为 X_{U}，需要注意的是，通信距离并不等于用户与基站的最近距离。X_{U} 的互补累积分布函数为

$$\Pr\left(X_{\mathrm{U}}>x\right)=\frac{\Pr\left(R_{\mathrm{U}}>x|n=U\right)}{A_{\mathrm{U}}} \tag{11-28}$$

式中，级联概率 A_{U} 由式(11-26)给出。由最大接收功率级联准则可知，GUE 选择的通信基站的接收功率一定是最大的，因此式(11-28)中的分子部分可以表示为

$$\Pr\left\{R_{\mathrm{U}}>x|n=\mathrm{U}\right\}=\Pr\left\{R_{\mathrm{U}}>x\left|P_{\mathrm{r}}^{\mathrm{u}}>P_{\mathrm{r}}^{\mathrm{g}}\right.\right\}=\int_x^{\infty}\Pr\left\{R_{\mathrm{g}}>\left(\frac{P_{\mathrm{g}}}{P_{\mathrm{u}}R_{\mathrm{u}}^{-\alpha_{\mathrm{u}}}}\right)^{\alpha_{\mathrm{g}}^{-1}}\right\}f_{R_{\mathrm{u}}}(r)\mathrm{d}r \tag{11-29}$$

式(11-25)已经给出了 $f_{R_{\mathrm{u}}}$，因此式(11-29)可以表示为

$$\Pr\left\{R_{\mathrm{U}}>x|n=\mathrm{U}\right\}=4\pi\lambda_{\mathrm{u}}\int_x^{\infty}r^2\exp\left[-\frac{4}{3}\pi\lambda_{\mathrm{u}}r^3-\pi\lambda_{\mathrm{g}}\left(\frac{P_{\mathrm{g}}}{P_{\mathrm{u}}R_{\mathrm{u}}^{-\alpha_{\mathrm{u}}}}\right)^{2\alpha_{\mathrm{g}}^{-1}}\right]\mathrm{d}r \tag{11-30}$$

从而得到了通信距离 X_{U} 的 CCDF，可以表示为

$$\Pr\left\{X_{\mathrm{U}}>x\right\}=4\pi\lambda_{\mathrm{u}}A_{\mathrm{U}}^{-1}\int_x^{\infty}r^2\exp\left[-\frac{4}{3}\pi\lambda_{\mathrm{u}}r^3-\pi\lambda_{\mathrm{g}}\left(\frac{P_{\mathrm{g}}}{P_{\mathrm{u}}R_{\mathrm{u}}^{-\alpha_{\mathrm{u}}}}\right)^{2\alpha_{\mathrm{g}}^{-1}}\right]\mathrm{d}r \tag{11-31}$$

进一步可以得到通信距离 X_{U} 的 PDF：

$$f_{X_{\mathrm{U}}}(x)=\frac{\mathrm{d}\left(1-\Pr\left(X_{\mathrm{U}}>x\right)\right)}{\mathrm{d}x}=4\pi\lambda_{\mathrm{u}}A_{\mathrm{U}}^{-1}x^2\exp\left[-\frac{4}{3}\pi\lambda_{\mathrm{u}}x^3-\pi\lambda_{\mathrm{g}}\left(\frac{P_{\mathrm{g}}}{P_{\mathrm{u}}x^{-\alpha_{\mathrm{u}}}}\right)^{2\alpha_{\mathrm{g}}^{-1}}\right] \tag{11-32}$$

与 X_{U} 的 PDF 推导过程同理，当给定典型 GUE 与 G-BS 通信时，级联距离 X_{G} 的 PDF 为

$$f_{X_{\mathrm{G}}}(x)=2\pi\lambda_{\mathrm{g}}A_{\mathrm{G}}^{-1}x\exp\left(-\pi\lambda_{\mathrm{g}}x^2-\frac{4}{3}\pi\lambda_{\mathrm{u}}\left(\frac{P_{\mathrm{u}}}{P_{\mathrm{g}}x^{-\alpha_{\mathrm{g}}}}\right)^{3\alpha_{\mathrm{u}}^{-1}}\right) \tag{11-33}$$

11.3.2 下行链路覆盖和频谱效率

同样，首先以给定典型 GUE 与 U-BS 通信为例，对于给定的 SINR 阈值，两者通信时的下行链路的覆盖概率可以表示为

$$P_{\mathrm{C}}^{\mathrm{u}}=\mathbb{E}\left\{\Pr\left\{\mathrm{SINR}_{\mathrm{U}}>\gamma\right\}\right\}=\int_0^{\infty}\Pr\left\{\mathrm{SINR}_{\mathrm{U}}>\gamma|x\right\}f_{X_{\mathrm{U}}}(x)\mathrm{d}r \tag{11-34}$$

式中，条件覆盖概率可以根据 SINR 的定义进一步表示为

$$\Pr\left\{\mathrm{SINR}_{\mathrm{U}}>\gamma\middle|x\right\}=\Pr\left\{h_{\mathrm{u}}\geqslant\gamma\left(I+\sigma^{2}\right)x^{\alpha_{\mathrm{u}}}P_{\mathrm{u}}{}^{-1}\middle|x\right\} \tag{11-35}$$

式中，$I=\sum P_{\mathrm{u}}h_{\mathrm{u}}Y_{\mathrm{u}}^{-\alpha_{\mathrm{u}}}+\sum P_{\mathrm{g}}h_{\mathrm{g}}Y_{\mathrm{g}}^{-\alpha_{\mathrm{g}}}$ 代表除了通信中的 U-BS，其余所有类型基站的累计干扰，Y_{u} 和 Y_{g} 表示这些 U-BA 和 G-BS 干扰基站与给定典型 GUE 之间的干扰距离，h_{u} 和 h_{g} 表示 U-BS 和 G-BS 干扰基站与给定典型 GUE 之间的小规模衰落信道增益。由于通信距离 x 和 I 具有独立且同分布的特性，式(11-34)可以进一步写为

$$\Pr\left\{h_{\mathrm{u}}\geqslant\gamma\left(I+\sigma^{2}\right)x^{\alpha_{\mathrm{u}}}P_{\mathrm{u}}{}^{-1}\middle|x\right\}=\mathbb{E}\left\{\Pr\left\{h_{\mathrm{u}}\geqslant\gamma\left(I+\sigma^{2}\right)x^{\alpha_{\mathrm{u}}}P_{\mathrm{u}}{}^{-1}\right\}\middle|x,I\right\} \tag{11-36}$$

利用干扰功率 I 的拉普拉斯变换，结合小规模瑞利衰落信道的特性，进一步地简化式(11-36)，可以得到

$$\begin{aligned}&\mathbb{E}\left\{\Pr\left(h\geqslant\gamma\left(I+\sigma^{2}\right)x^{\alpha_{\mathrm{u}}}P_{\mathrm{u}}{}^{-1}\right)\middle|x,I\right\}\\&=\mathbb{E}\left\{\exp\left(-\gamma\left(I+\sigma^{2}\right)x^{\alpha_{\mathrm{u}}}P_{\mathrm{u}}{}^{-1}\right)\middle|x,I\right\}=\exp\left(-\gamma x^{\alpha_{\mathrm{u}}}\sigma^{2}P_{\mathrm{u}}{}^{-1}\right)\mathcal{L}_{I}\left(s\right)\end{aligned} \tag{11-37}$$

式中，$\mathcal{L}_{I}\left(s\right)=\mathbb{E}\left(\mathrm{e}^{-sI}\right)$；$s=\gamma x^{\alpha_{\mathrm{u}}}P_{\mathrm{u}}^{-1}$。

根据 2-D PPP 和 3-D PPP 的 PGFL 展开上述拉普拉斯表达式，可以得到

$$\begin{aligned}\mathcal{L}_{I}\left(s\right)&=\mathbb{E}\left\{\exp\left[-s\left(\sum_{i\in\Phi'_{\mathrm{U}}}P_{\mathrm{u}}hR_{\mathrm{u},i}^{-\alpha_{\mathrm{u}}}+\sum_{i\in\Phi'_{\mathrm{G}}}P_{\mathrm{g}}hR_{\mathrm{g},i}^{-\alpha_{\mathrm{g}}}\right)\right]\right\}\\&=\exp\left(\int_{x}^{\infty}\frac{-4\pi\lambda_{\mathrm{d}}y^{2}\mathrm{d}y}{1+\frac{1}{sP_{\mathrm{d}}}y^{\alpha_{\mathrm{d}}}}\right)\cdot\exp\left(\int_{0}^{\infty}\frac{-2\pi\lambda_{\mathrm{g}}y\mathrm{d}y}{1+\frac{1}{sP_{\mathrm{g}}}y^{\alpha_{\mathrm{g}}}}\right)\end{aligned} \tag{11-38}$$

式中，PPP Φ'_{U} 和 Φ'_{G} 分别表示干扰 U-BS 集合和所有 G-BS 集合。

将式(11-38)代入式(11-37)中，可以得到给定典型 GUE 与 U-BS 通信时的下行链路覆盖概率：

$$\begin{aligned}P_{\mathrm{C}}^{\mathrm{u}}=4\pi\lambda_{\mathrm{u}}A_{\mathrm{U}}^{-1}\int_{0}^{\infty}x^{2}\exp&\left[\int_{x}^{\infty}\left(-4\pi\lambda_{\mathrm{u}}y^{2}\right)\left(1+\frac{1}{sP_{\mathrm{u}}}y^{\alpha_{\mathrm{u}}}\right)^{-1}\mathrm{d}y\right.\\&\left.-\frac{\gamma x^{\alpha_{\mathrm{u}}}\sigma^{2}}{P_{\mathrm{u}}}-\int_{0}^{\infty}\left(1+\frac{1}{sP_{\mathrm{g}}}y^{\alpha_{\mathrm{g}}}\right)^{-1}2\pi\lambda_{\mathrm{g}}y\mathrm{d}y-\frac{4}{3}\pi\lambda_{\mathrm{u}}x^{3}-\pi\lambda_{\mathrm{g}}\left(\frac{P_{\mathrm{g}}}{P_{\mathrm{u}}x^{-\alpha_{\mathrm{u}}}}\right)^{2\alpha_{\mathrm{g}}^{-1}}\right]\end{aligned} \tag{11-39}$$

与上述推导相同，不难求出典型 GUE 与 G-BS 通信时的下行链路覆盖概率：

$$P_{\mathrm{C}}^{\mathrm{g}} = 2\pi\lambda_{\mathrm{g}} A_{\mathrm{G}}^{-1} \int_0^{\infty} x \exp\left[\int_0^{\infty}\left(1+\frac{1}{sP_{\mathrm{u}}} y^{\alpha_{\mathrm{u}}}\right)^{-1}(-)4\pi\lambda_{\mathrm{u}} y^2 \mathrm{d}y\right.$$
$$\left. -\frac{\gamma x^{\alpha_{\mathrm{u}}}\sigma^2}{P_{\mathrm{u}}} - \int_x^{\infty}\left(1+\frac{1}{sP_{\mathrm{g}}} y^{\alpha_{\mathrm{g}}}\right) 2\pi\lambda_{\mathrm{g}} y \mathrm{d}y - \pi\lambda_{\mathrm{g}} x^2 - \frac{4}{3}\pi\lambda_{\mathrm{u}}\left(\frac{P_{\mathrm{u}}}{P_{\mathrm{g}} x^{-\alpha_{\mathrm{g}}}}\right)^{3\alpha_{\mathrm{u}}^{-1}}\right]\mathrm{d}x \tag{11-40}$$

结合式(11-39)和式(11-40)，该网络整体的覆盖概率可以表示为

$$P_{\mathrm{C}} = P_{\mathrm{C}}^{\mathrm{u}} A_{\mathrm{U}} + P_{\mathrm{C}}^{\mathrm{g}} A_{\mathrm{G}}$$

以 U-BS 为例，当给定典型 GUE 与 U-BS 成功级联并进行通信时，其下行平均频谱效率可以表示为

$$\begin{aligned}\mathrm{SE}_{\mathrm{u}} &= \mathbb{E}\left\{\log_2\left(1+\mathrm{SINR}_{\mathrm{u}}\right) \middle| x_{\mathrm{u}}\right\} \\ &= \int_0^{\infty} \mathbb{E}\left\{\log_2\left(1+\mathrm{SINR}_{\mathrm{u}}\right)\right\} f_{X_{\mathrm{U}}}(x)\mathrm{d}x\end{aligned} \tag{11-41}$$

式(11-41)积分符号内的公式可以继续展开为

$$\begin{aligned}\mathbb{E}\left\{\log_2\left(1+\mathrm{SINR}_{\mathrm{u}}\right)\right\} &= \int_0^{\infty} \Pr\left(\log_2\left(1+SINR_{\mathrm{u}}\right) > t\right)\mathrm{d}t \\ &= \int_0^{\infty} g > \frac{\left(2^t-1\right)\sigma^2}{P_{\mathrm{u}} x^{-\alpha_{\mathrm{u}}}}\mathrm{d}t \\ &= \int_0^{\infty} \exp\left[\frac{\left(2^t-1\right)\sigma^2}{-P_{\mathrm{u}} x^{-\alpha_{\mathrm{u}}}}\right]\mathcal{L}_I\left(\frac{2^t-1}{P_{\mathrm{u}} x^{-\alpha_{\mathrm{u}}}}\right)\mathrm{d}t\end{aligned} \tag{11-42}$$

进一步推导式(11-42)中干扰功率 I 的拉普拉斯表达式：

$$\begin{aligned}&\mathcal{L}_I\left(P_{\mathrm{u}}^{-1} x^{\alpha_{\mathrm{u}}}\left(2^t-1\right)\right) \\ &= \exp\left\{-4\pi\lambda_{\mathrm{u}} \int_x^{\infty}\left[\frac{x^{\alpha_{\mathrm{u}}}\left(2^t-1\right) y^{-\alpha_{\mathrm{u}}+2}}{1+x^{\alpha_{\mathrm{u}}}\left(2^t-1\right) y^{-\alpha_{\mathrm{u}}}}\right]\mathrm{d}y\right. \\ &\quad \left. -2\pi\lambda_{\mathrm{g}} \int_0^{\infty}\left[\frac{x^{\alpha_{\mathrm{g}}} P_{\mathrm{u}}^{-1} P_{\mathrm{g}}\left(2^t-1\right) y^{-\alpha_{\mathrm{g}}+1}}{1+x^{\alpha_{\mathrm{g}}} P_{\mathrm{u}}^{-1} P_{\mathrm{g}}\left(2^t-1\right) y^{-\alpha_{\mathrm{g}}}}\right]\mathrm{d}y\right\}\end{aligned} \tag{11-43}$$

结合式(11-41)和式(11-43)，可以得到典型 GUE 与 U-BS 进行通信时的平均频谱效率为

$$
\begin{aligned}
\mathrm{SE}_{\mathrm{u}} = \int_0^{\infty} f_{X_{\mathrm{U}}}(x) \int_0^{\infty} \exp\Bigg\{ & \frac{\left(2^t-1\right)\sigma^2}{-P_{\mathrm{u}} x^{-\alpha_{\mathrm{u}}}} - 4\pi\lambda_{\mathrm{u}} \int_x^{\infty} \left[\frac{x^{\alpha_{\mathrm{u}}}\left(2^t-1\right) y^{-\alpha_{\mathrm{u}}+2}}{1+x^{\alpha_{\mathrm{u}}}\left(2^t-1\right) y^{-\alpha_{\mathrm{u}}}} \right] \mathrm{d}y \\
& -2\pi\lambda_{\mathrm{g}} \int_0^{\infty} \left[\frac{x^{\alpha_{\mathrm{g}}} P_{\mathrm{u}}^{-1} P_{\mathrm{g}}\left(2^t-1\right) y^{-\alpha_{\mathrm{g}}+1}}{1+x^{\alpha_{\mathrm{g}}} P_{\mathrm{u}}^{-1} P_{\mathrm{g}}\left(2^t-1\right) y^{-\alpha_{\mathrm{g}}}} \right] \mathrm{d}y \Bigg\} \mathrm{d}t\mathrm{d}x
\end{aligned} \tag{11-44}
$$

式中，$f_{X_{\mathrm{U}}}$ 已经由式(11-32)推导得到。

下一步，与 SE_{u} 的推导相同，当典型 GUE 选择 G-BS 级联并进行通信时，其网络的频谱效率可以表示为

$$
\begin{aligned}
\mathrm{SE}_{\mathrm{g}} = \int_0^{\infty} f_{X_{\mathrm{G}}}(x) \int_0^{\infty} \exp\Bigg\{ & \frac{\left(2^t-1\right)\sigma^2}{-P_{\mathrm{g}} x^{-\alpha_{\mathrm{g}}}} - 2\pi\lambda_{\mathrm{g}} \int_x^{\infty} \left[\frac{x^{\alpha_{\mathrm{g}}}\left(2^t-1\right) y^{-\alpha_{\mathrm{g}}+1}}{1+x^{\alpha_{\mathrm{g}}}\left(2^t-1\right) y^{-\alpha_{\mathrm{g}}}} \right] \mathrm{d}y \\
& -4\pi\lambda_{\mathrm{u}} \int_0^{\infty} \left[\frac{x^{\alpha_{\mathrm{u}}} P_{\mathrm{g}}^{-1} P_{\mathrm{u}}\left(2^t-1\right) y^{-\alpha_{\mathrm{u}}+2}}{1+x^{\alpha_{\mathrm{u}}} P_{\mathrm{g}}^{-1} P_{\mathrm{u}}\left(2^t-1\right) y^{-\alpha_{\mathrm{u}}}} \right] \mathrm{d}y \Bigg\} \mathrm{d}t\mathrm{d}x
\end{aligned} \tag{11-45}
$$

至此，结合前文求出的典型 GUE 与各制式基站的级联概率，可以将该网络的平均频谱效率表示为

$$
\mathrm{SE} = \mathrm{SE}_{\mathrm{u}} A_{\mathrm{U}} + \mathrm{SE}_{\mathrm{g}} A_{\mathrm{G}} \tag{11-46}
$$

图 11-7 为不同 U-BS 密度和路径损耗指数条件下的级联概率，从图 11-7 中可以清晰看出，无人机基站的密度越大，用户和 U-BS 级联的概率 A_{U} 也会越高，越容易级联，同时 GUE 与地面基站 G-BS 的级联概率 A_{G} 也就越低。其原因是无人机密度越大，用户可接入 U-BS 的选择也就越多，机会越大；相反，根据全概定理，与地面基站的级联概率越低。此外，还可以从图 11-7 中得出，当 α_{u} 降低时，A_{U} 增加，A_{G} 随之降低，这是因为假设 GUE 是通过最大接收功率准则来选择基站进行通信的，降低 α_{u} 可以增加 U-BS 的接收功率。对比路径损耗指数 α_{u} 和 U-BS 密度对级联概率的影响，可以直观看出，α_{u} 的改变会使得级联概率的变化更加剧烈。根据这一现象可以得出结论，相较于 U-BS 密度，路径损耗的影响相比于 U-BS 密度是更加敏感的，因此，在实际部署超密集无人机组建异构网络时，应该更多地考虑路径损耗。

对所有类型的基站遵循 2-D PPP 分布、所有类型的基站遵循 3-D PPP 分布与本章提出的无人机小基站遵循 3-D PPP 和地面宏基站遵循 2-D PPP 的混合模型下的下行链路覆盖概率进行了比较，见图 11-8。图 11-8(a)为 SINR 阈值与覆盖概率的关系，从图中可以得出，所有模型下的覆盖概率均随着 SINR 阈值 γ 的增加而

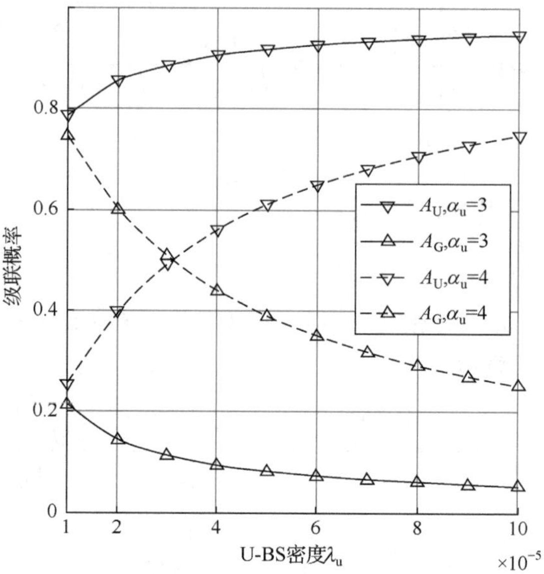

图 11-7　U-BS 密度与路径损耗指数对级联概率的影响

减小，当所有基站均服从 2-D 分布时，其覆盖概率最高，当所有基站服从 3-D 分布时覆盖概率最低，本章构建的 2-D、3-D 混合模型介于二者之间，略高于实际基站分布下的覆盖概率。图 11-8(b)为 U-BS 路径损耗指数与覆盖概率之间的关系，其中 SINR 阈值固定取值为–10dB，从图 11-8(b)可以得出，随着路径损耗指数的

(a) SINR阈值与覆盖概率的关系

(b) 路径损耗指数与覆盖概率的关系

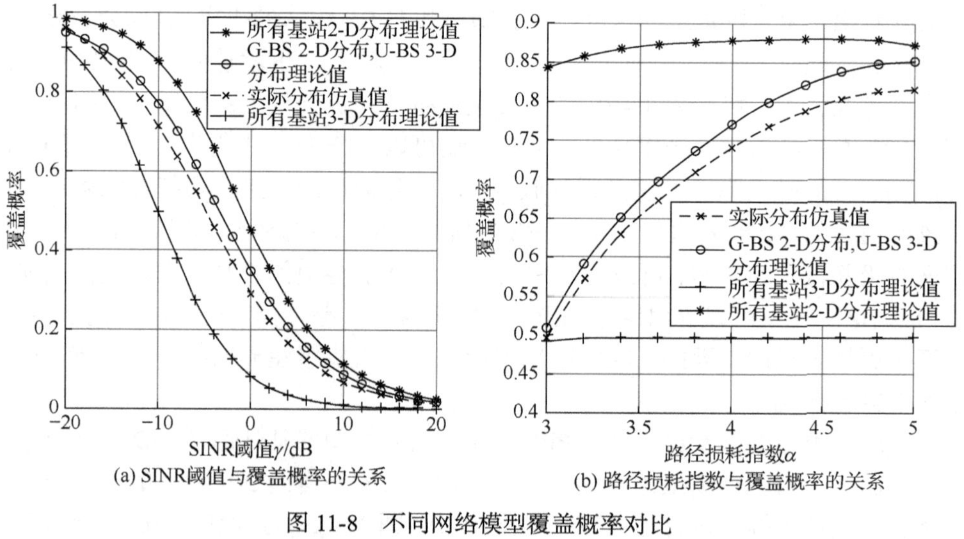

图 11-8　不同网络模型覆盖概率对比

增加，所有模型下的覆盖概率呈现不同程度的增加趋势，与图 11-8(a)一致的是，2-D 模型下的覆盖概率始终最高，3-D 模型覆盖概率最低，本章构建的混合模型介于两者直接且与实际场景更拟合。

对于前文给出的结论，可有如下解释。传统的 2-D 模型忽略了 G-BS 和 U-BS 在垂直高度的分布对通信距离的影响，因而其覆盖概率要远高于实际分布下的覆盖概率。在 3-D 模型中，G-BS 和 U-BS 均假设具有明显的高度落差，而在真实场景中，单位区域内 G-BS 数量相对较少，高度的落差也并不明显，所以该模型下的覆盖概率远低于实际分布下的覆盖概率。相比于这两种建模方式，本章提出的混合模型将 U-BS 建模在三维空间，但简化了 G-BS 的分布模型，简单地将 G-BS 建模在同一平面，这使覆盖概率略高于真实值，但与传统的建模方式相比较，仍然具有明显的优势，可以更好地描述真实的超密集无人机协助下的异构网络中各网络节点的部署。

图 11-9 为不同的 U-BS 发射功率 P_u 条件下，各基站覆盖概率的变化规律。从图 11-9 中可以明显看出，当 SINR 阈值恒定时，无人机基站 U-BS 的覆盖概率会随着 P_u 的增加而增加，性能得到改善，地面基站 G-BS 的覆盖概率会随之降低。同时，从图 11-9 中还可以看出，改变 U-BS 的发射功率，对 G-BS 覆盖性能的影响明显要大于 U-BS。这一结论也证实了在三维空间内采用多个无人机组成充当小基站的方式来应急组网，能够有效提高网络的覆盖性能，改善网络质量。

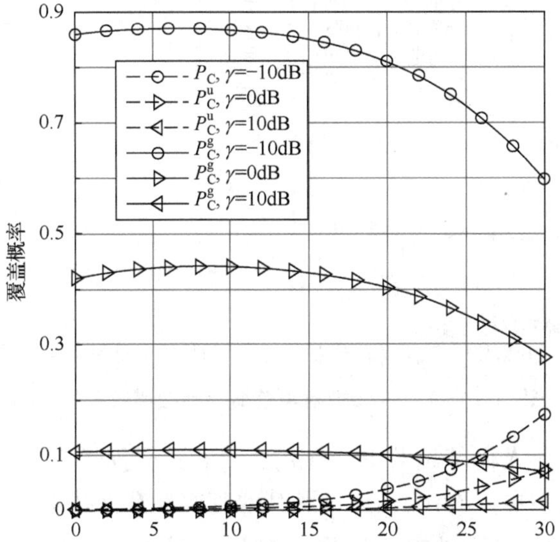

图 11-9　U-BS 发射功率对覆盖概率的影响

图 11-10(a)为该网络覆盖概率随着 U-BS 路径损耗指数 α_u 的变化。从图 11-10(a)中可以得出，整个网络的下行链路覆盖概率随着空对地路径损耗指数 α_u 的增加而增加，但增加的幅度越来越小。其原因是在其他仿真参数不变的前提下，当 GUE 与 U-BS 通信时，α_u 的增加使来自服务基站的接收功率和来自干扰基站的干扰功率下降，但是在无人机协助的超密集网络系统中，用户只能与一个服务基站进行级联通信，其余基站均产生干扰，因此干扰功率是累加的，干扰功率减少得更加明显。当 GUE 与 G-BS 进行级联通信时，α_u 的增加会使来自 U-BS 的干扰功率降低，但对接收功率不产生影响。综上可得，随着 α_u 的增加，本章提出的网络覆盖概率增加，但是路径损耗指数 α_u 过高，会使得地面用户接收信号减弱，因此路径损耗指数增加对覆盖概率的影响逐渐减小，实际部署应用中需要对路径损耗进行权衡折中。除此之外，为了研究覆盖概率对 U-BS 路径损耗指数和信干噪比阈值的敏感程度，还对信干噪比阈值 γ 取了多个不同值，来比较它们的覆盖概率。从图 11-10(a)中可以看出，相较于 U-BS 路径损耗指数 α_u 的变化，覆盖概率对 γ 的变化更加敏感。

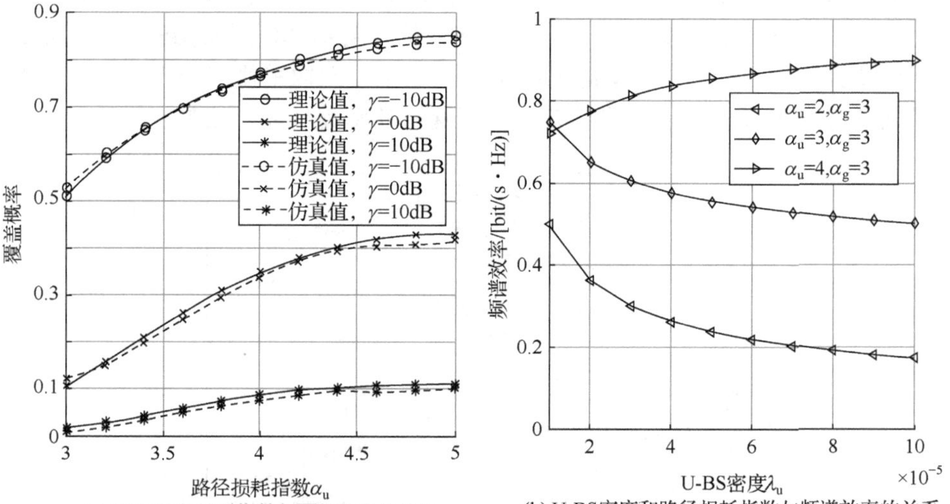

(a) U-BS路径损耗指数与覆盖概率的关系　　(b) U-BS密度和路径损耗指数与频谱效率的关系

图 11-10　U-BS 参数对覆盖概率和频谱效率的影响

图 11-10(b)为无人机基站 U-BS 的密度 λ_u 和路径损耗指数 α_u 对频谱效率的影响。从图 11-10(b)中可以看出，在 α_g 及其他基本参数保持恒定的情况下，本章构建的混合网络整体的频谱效率会随着 α_u 的增加而增加。此外，当 $\alpha_u > \alpha_g$ 时，频谱效率随着无人机基站的密度的增加而增加；当 $\alpha_u \leqslant \alpha_g$ 时，频谱效率随着 λ_u 的增加而减小。这说明 U-BS 较高的路径损耗可以降低层内和层间的干扰。

结合图 11-10(a)和图 11-10(b)可以得出，当采用无人机协助应急组网时，将其部署在高路径损耗区域虽然可以提高网络覆盖概率和频谱效率，但是当路径损耗指数过大时，会使得终端用户接收信号功率过小。因此，在实际场景中，采用无人机进行网络部署需要对路径损耗进行权衡。

参 考 文 献

[1] 王政. 我国 5G 基站总数超 337 万个(新数据看新点)[N]. 人民日报, 2024-02-18(01).

[2] SHAFI MANSOOR F, MOLISCH ANDREAS J, SMITH P, et al. 5G: A tutorial overview of standards, trials, challenges, deployment, and practice[J]. IEEE Journal on Selected Areas in Communications, 2017, 35(6): 1201-1221.

[3] RINALDI F, MAATTANEN H L, TORSNER J, et al. Non-terrestrial networks in 5G & beyond: A survey [J]. IEEE Access, 2020, 8: 165178-165200.

[4] 赵亚军, 郁光辉, 徐汉青. 6G 移动通信网络: 愿景、挑战与关键技术[J]. 中国科学: 信息科学, 2019, 49(8): 963-987.

[5] YANG P, XIAO Y, XIAO M, et al. 6G wireless communications: Vision and potential techniques[J]. IEEE Network, 2019, 33(4): 70-75.

[6] 周炯槃, 庞沁华, 续大我, 等. 通信原理[M]. 4 版. 北京: 北京邮电大学出版社, 2015.

[7] 张炜, 王世练, 高凯, 等. 无线通信基础[M]. 北京: 科学出版社, 2022.

[8] STUTZMAN W L, THIELE G A. Antenna Theory and Design[M]. New York: John Wiley & Sons, 2012.

[9] 曹志刚, 钱亚生. 现代通信原理[M]. 北京: 清华大学出版社, 1992.

[10] 吴伟陵, 牛凯. 移动通信原理[M]. 北京: 电子工业出版社, 2005.

[11] 尹佳佳. 分布式天线 D2D 通信系统资源分配技术研究[D]. 深圳: 深圳大学, 2018.

[12] 刘柳. 指尖上的革命: 我国移动应用变迁史[J]. 互联网经济, 2018(3): 88-95.

[13] 佚名. 那些"G"说的不是互联网[J]. 中国教育网络, 2019(4): 17-18.

[14] PEREIRA V, SOUSA T, MENDES P, et al. Evaluation of mobile communications: From voice calls to ubiquitous multimedia group communications[C]. Ilkley: The 2nd International Working Conference on Performance Modeling and Evaluation of Heterogeneous Networks, 2004.

[15] AKPAKWU G, SILVA B, HANCKE G P, et al. A survey on 5G networks for the internet of things: Communication technologies and challenges[J]. IEEE Access, 2017, 5(12): 3619-3647.

[16] PATEL G, DENNETT S. The 3GPP and 3GPP2 movements toward an all-IP mobile network[J]. IEEE Personal Communications, 2000, 7(4): 62-64.

[17] 张勉. 移动通信技术的发展历史及趋势[J]. 电脑与电信, 2007(9): 19-20, 36.

[18] 赵丽丽, 苏丽娜, 王莉, 等. 浅谈移动通信的发展[J]. 数字技术与应用, 2011(4): 12.

[19] 闫敏, 高伟, 邓海涛. 现代移动通信技术研究[J]. 数字化用户, 2013(9): 8.

[20] 徐景青. 移动通信技术与互联网技术的结合发展[J]. 信息与电脑(理论版), 2018(3): 152-154.

[21] MEYER D, BILLION A. 3G/UMTS Mobile Connections[EB/OL]. (2014-01-24) [2024-11-20]. https://www.zdnet.com/home-and-office/networking/umts-3g-passes-one-billion-connections/.

[22] TACHIKAWA K. A perspective on the evolution of mobile communications[J]. IEEE Communications Magazine, 2003, 41(10): 66-73.

[23] 郭晶宇. 4G 移动通信系统的网络接入技术研究[J]. 信息通信, 2015(10): 235.

[24] 刘学斌. 5G 建设进程加速推进 大产业前景重塑板块估值[N]. 通信信息报, 2017-12-27(01).

[25] CHEN S Z, KANG S L. A tutorial on 5G and the progress in China[J]. Frontiers of Information Technology & Electronic Engineering, 2018, 19(3): 309-321.

[26] ANDREWS J, BUZZI S, CHOI W, et al. What will 5G be?[J]. IEEE Journal on Selected Areas in Communications, 2014, 32(6): 1065-1082.

[27] 牛春雨. 基于 FD-NOMA 和 3D 波束成形的无人机辅助 B5G/6G 网络设计与分析[D]. 兰州: 西北师范大学, 2022.

[28] HAIDER F. Cellular architecture and key technologies for 5G wireless communication networks[J]. IEEE Communications Magazine, 2014, 52(2): 122-130.

[29] KAMEL M, HAMOUDA W, YOUSSEF A. Ultra-dense networks: A survey[J]. IEEE Communications Surveys & Tutorials[J]. 2016, 18(4): 2522-2545.

[30] 周驰, 丁喜卿, 姜传辉, 等. 卫星通信网络中 SCTP 协议应用研究[C]. 北京: 第十七届卫星通信学术年会, 2021.

[31] 孙文文. 高可靠低时延通信高效资源调配技术研究[D]. 南京: 东南大学, 2023.

[32] ZHANG J, BJÖRNSON E, MATTHAIOU M, et al. Prospective multiple antenna technologies for beyond 5G[J]. IEEE Journal on Selected Areas in Communications, 2020, 38(8): 1637-1660.

[33] MARZETTA T. Noncooperative cellular wireless with unlimited numbers of base station antennas[J]. IEEE Transactions on Wireless Communications, 2010(11): 3590-3600.

[34] 王康. 多用户大规模 MIMO 系统的能效研究[D]. 南京: 南京邮电大学, 2019.

[35] HIEN QUOC N, LARSSON E G, MARZETTA T L. Energy and spectral efficiency of very large multiuser MIMO systems[J]. IEEE Transactions on Communications, 2013, 61(4): 1436-1449.

[36] ZHAO L, LI K, ZHENG K, et al. An analysis of the tradeoff between the energy and spectrum efficiencies in an uplink massive MIMO-OFDM system[J]. IEEE Transactions on Circuits and Systems Ⅱ: Express Briefs, 2015, 62(3): 291-295.

[37] LANEMAN J N, TSE D N C, WORNELL G W. Cooperative diversity in wireless networks: Efficient protocols and outage behavior[J]. IEEE Transactions on Information theory, 2014, 50(12): 3062-3080.

[38] 董宝江. 5G NR 同频多 beam 检测方法[J]. 移动通信, 2020, 44(12): 23-28.

[39] LARSSON E G, TUFVESSON F, EDFORS O, et al. Massive MIMO for next generation wireless systems[J]. IEEE Communications Magazine, 2014, 52(2): 186-195.

[40] 任宇鑫, 郭宇航, 陈祎祎. 适用于 5G 的射频 OTA 测试技术研究[J]. 信息通信技术与政策, 2018(11): 26-30.

[41] LU L, LI G Y, SWINDLEHURST A L, et al. An overview of massive MIMO: Benefits and challenges[J]. IEEE Journal of Selected Topics in Signal Processing, 2014, 8(5): 742-758.

[42] 周猛. 大规模 MIMO 中继协作方案设计及性能研究[D]. 兰州: 西北师范大学, 2018.

[43] HIEN QUOC N, SURAWEERA H A, MATTHAIOU M, et al. Multipair full-duplex relaying with massive arrays and linear processing[J]. IEEE Journal on Selected Areas in Communications, 2014, 32(9): 1721-1737.

[44] CHANDRASEKHAR V, ANDREWS J, GATHERER A. Femtocell networks: A survey[J]. IEEE Communications Magazine, 2008, 331(9): 59-67.

[45] LANEMAN J N, WORNELL G W, TSE D N C. Cooperative diversity in wireless networks, efficient protocols and outage behavior[J]. IEEE Transactions on Information Theory, 2004, 50(12): 3062-3080.

[46] ZHENG L, TSE D N C. Diversity and multiplexing: A fundamental tradeoff in multiple antenna channels[J]. IEEE

Transactions on Information Theory, 2003, 49(5): 1073-1096.
[47] NOSRATINIA A, HUNTER T E, HEDAYAT A. Cooperative communication in wireless networks[J]. IEEE Communications Magazine, 2004, 42(10): 74-80.
[48] HØST-MADSEN A, ZHANG J. Capacity bounds and power allocation for the wireless relay channel[J]. IEEE Transactions on Information Theory, 2005, 51(6): 2020-2040.
[49] SENDONARIS A, ERKIP E, AAZHANG B. User cooperation diversity— Part 1: System description[J]. IEEE Transactions on Communications, 2003, 51(11): 1927-1938.
[50] 贾向东. 基于叠加编码和网络编码的无线协作通信系统研究[D]. 南京: 南京邮电大学, 2012.
[51] ROST P, FETTWEIS G. Analysis of a mixed strategy for multiple relay networks[J]. IEEE Transactions on Information Theory, 2009, 55(1): 174-189.
[52] DABORA R, SERVETTO S D. On the role of estimate-and-forward with time sharing in cooperative communication[J]. IEEE Transactions on Information Theory, 2008, 54(10): 4409-4431.
[53] BAN T W, CHOI W, JUNG B C, et al. A cooperative phase steering scheme in multi-relay node environments[J]. IEEE Transactions on Wireless Communications, 2009, 8(1): 72-77.
[54] FAN Y, ADINOYI A, THOMPSON J S, et al. Antenna combining for multi-antenna multi-relay channels[J]. European Transactions on Telecommunications, 2007, 18(6): 617-626.
[55] STANOJEV I, SIMEONE O, BAR-NESS Y, et al. Performance of multi-relay collaborative hybrid-ARQ protocols over fading channels[J]. IEEE Communications Letters, 2006, 10(7): 522-524.
[56] BLETSAS A, KHISTI A, REED D P, et al. A simple cooperative diversity method based on network path selection[J]. IEEE Journal on Selected Areas in Communications, 2006, 24(3): 659-672.
[57] KRIKIDIS I, THOMPSON J, MCLAUGHLIN S, et al. Max-min relay selection for legacy amplify-and-forward systems with interference[J]. IEEE Transactions on Wireless Communications, 2009, 8(6): 3016-3027.
[58] XU C, TING-WAI S, ZHOU Q F, et al. High-SNR analysis of opportunistic relaying based on the maximum harmonic mean selection criterion[J]. IEEE Signal Processing Letters, 2010, 17 (8): 719-722.
[59] LI S Y R, YEUNG R W, NING C. Linear network coding[J]. IEEE Transactions on Information Theory, 2003, 49(2): 371-381.
[60] LARSSON P, JOHANSSON N, SUNELL K E. Coded Bi-directional Relaying[C]. Melbourne: 2006 IEEE 63rd Vehicular Technology Conference, Melbourne, Australia, 2006.
[61] ZHANG S L, LIEW S C. Channel coding and decoding in a relay system operated with physical-layer network coding[J]. IEEE Journal on Selected Areas in Communications, 2009, 27(5): 788-796.
[62] KATTI S, RAHUL H, HU W J, et al. XORs in the air: Practical wireless network coding[J]. IEEE/ACM Transactions on Networking, 2008, 16(3): 497-510.
[63] DING Z, RATNARAJAH T, LEUNG K K. On the study of network coded AF transmission protocol for wireless multiple access channels[J]. IEEE Transactions on Wireless Communications, 2009, 8(1): 118-123.
[64] ANXIN L, YUAN Y, KAYAMA H. An enhanced denoise-and-forward relaying scheme for fading channel with low computational complexity[J]. IEEE Signal Processing Letters, 2008, 15: 857-860.
[65] KOIKE-AKINO T, POPOVSKI P, TAROKH V. Optimized constellations for two-way wireless relaying with physical network coding[J]. IEEE Journal on Selected Areas in Communications, 2009, 27(5): 773-787.
[66] WANG P, XIAO J, PING L. Comparison of orthogonal and non-orthogonal approaches to future wireless cellular systems[J]. IEEE Vehicular Technology Magazine, 2006, 1(3): 4-11.

[67] 郑国梁. 上行免调度 NOMA 系统中基于梯度追踪的多用户检测算法研究[D]. 合肥: 安徽大学, 2021.
[68] 隋秋怡. 基于 Cell-Free Massive MIMO 的非正交多址技术研究[D]. 哈尔滨: 哈尔滨工业大学, 2021.
[69] DAI L, WANG B, YUAN Y, et al. Non-orthogonal multiple access for 5G: Solutions, challenges, opportunities, and future research trends[J]. IEEE Communications Magazine, 2015, 53(9): 74-81.
[70] JIMÉNEZ RODRÍGUEZ L, TRAN N H, LE-NGOC T. Performance of full-duplex AF relaying in the presence of residual self-interference[J]. IEEE Journal on Selected Areas in Communications, 2014, 32(9): 1752-1764.
[71] RIIHONE T, WERNER S, WICHMAN R. Mitigation of loopback self-interference in full-duplex MIMO relays[J]. IEEE Transactions on Signal Processing, 2011, 59(12): 5983-5993.
[72] ANSARI R I, CHRYSOSTOMOU C, HASSAN S A, et al. 5G D2D networks: Techniques, challenges, and future prospects[J]. IEEE Systems Journal, 2018, 12(4): 3970-3984.
[73] CAO Y, LV T, NI W, et al. Sum-rate maximization for multi-reconfigurable intelligent surface-assisted device-to-device communications[J]. IEEE Transactions on Communications, 2021, 69(11): 7283-7296.
[74] WAQAS M, NIU Y, LI Y, et al. A comprehensive survey on mobility-aware D2D communications: Principles, practice and challenges[J]. IEEE Communications Surveys Tutorials, 2020, 22(3): 1863-1886.
[75] KADER M F, ISLAM S R, DOBRE O A. Device-to-device aided cooperative NOMA transmission exploiting overheard signal[J]. IEEE Transactions on Wireless Communications, 2021, 21(2): 1304-1318.
[76] BADRI S, RASTI M. Interference management and duplex mode selection in in-band full duplex D2D communications: A stochastic geometry approach[J]. IEEE Transactions on Mobile Computing, 2020, 20(6): 2212-2223.
[77] CAO Y, JIANG T, WANG C. Cooperative device-to-device communications in cellular networks[J]. IEEE Wireless Communications, 2015, 22(3): 124-129.
[78] WANG Y, CHEN M, HUANG N, et al. Joint power and channel allocation for D2D underlaying cellular networks with Rician fading[J]. IEEE Communications Letters, 2018, 22(12): 2615-2618.
[79] RAMEZANI-KEBRYA A, DONG M, LIANG B, et al. Joint power optimization for device-to-device communication in cellular networks with interference control[J]. IEEE Transactions on Wireless Communications, 2017, 16(8): 5131-5146.
[80] 爱迪. 5G 系统与毫米波技术[J]. 现代班组, 2021(2): 16.
[81] ANDREWS J G, BAI T, KULKARNI M N, et al. Modeling and analyzing millimeter wave cellular systems[J]. IEEE Transactions on Communications, 2017, 65(1): 403-430.
[82] FELLERS R G. Millimeter waves and their applications[J]. Electrical Engineering, 1956, 75(10): 914-917.
[83] 林雅雄. 毫米波异构蜂窝网络建模与性能分析[D]. 长沙: 中南民族大学, 2019.
[84] 徐文娟. 毫米波异构网络中缓存方案及性能估计[D]. 兰州: 西北师范大学, 2020.
[85] 徐文娟, 贾向东, 陈玉宛. 全毫米波异构网络混合回程及缓存协助内容传递方案[J]. 重庆邮电大学学报(自然科学版), 2020, 32(3): 400-410.
[86] MACCARTNEY G, RAPPAPORT T, SAMIMI M, et al. Wideband millimeter-wave propagation measurements and channel models for future wireless communication system design[J]. IEEE Transactions on Communications, 2015, 63(9): 3029-3056.
[87] DENG S, SAMIMI M K, RAPPAPORT T S. 28GHz and 73GHz millimeter-wave indoor propagation measurements and path loss models[C]. London: 2015 IEEE International Conference on Communication Workshop (ICCW), 2015.

[88] RAPPAPORT T S, BEN-DOR E, MURDOCK J N, et al. 38GHz and 60GHz angle-dependent propagation for cellular & peer-to-peer wireless communications[C]. Ottawa: 2012 IEEE International Conference on Communications (ICC), 2012.

[89] YI W, LIU Y, NALLANATHAN A. Cache-enabled HetNets with millimeter wave small cells[J]. IEEE Transactions on Communications, 2018, 66(11): 5497-5511.

[90] YI W, LIU Y, NALLANATHAN A. Modeling and analysis of mmWave communications in cache-enabled HetNets[C]. Kansas City: 2018 IEEE International Conference on Communications (ICC), 2018.

[91] YU X, ZHANG J, HAENGGI M, et al. Coverage analysis for millimeter wave networks: The impact of directional antenna arrays[J]. IEEE Journal on Selected Areas in Communications, 2017, 35(7): 1498-1512.

[92] GIONES F, BREM A. From toys to tools: The co-evolution of technological and entrepreneurial developments in the drone industry[J]. Business Horizons, 2017, 60(6): 875-884.

[93] 万妮妮. 面向 B5G/6G 空-地场景的无人机毫米波通信网络设计与分析[D]. 兰州：西北师范大学, 2022.

[94] 李艳丽. 无人机通信中的自适应波束成形技术研究[D]. 南京：南京邮电大学, 2022.

[95] Aviation Ind. Corp. China, LTD. White Paper on UAV System Development (2018)[R/OL]. (2018-11-06) [2024-12-20]. http://www.caacnews.com.cn/1/6/201811/t20181106_1259928.html.

[96] 曹胜男. 面向 6G 的无人机协助认知网络通信安全与信息年龄研究[D]. 兰州：西北师范大学, 2022.

[97] ZHANG L, ZHAO H, HOU S, et al. A Survey on 5G millimeter wave communications for UAV-assisted wireless networks[J]. IEEE Access, 2019, 7: 117460-117504.

[98] SEKANDER S, TABASSUM H, HOSSAIN E. Multi-tier drone architecture for 5G/B5G cellular networks: Challenges, trends, and prospects[J]. IEEE Communications Magazine, 2018, 56(3): 96-103.

[99] 路艺. 面向 6G 的无人机协助多层异构蜂窝网络及物理层安全设计[D]. 兰州：西北师范大学, 2021.

[100] KONG L, YE L, WU F, et al. Autonomous relay for millimeter-wave wireless communications[J]. IEEE Journal on Selected Areas in Communications, 2017, 35(9): 2127-2136.

[101] JI B, LI Y, ZHOU B, et al. Performance analysis of UAV relay assisted IoT communication network enhanced with energy harvesting[J]. IEEE Access, 2019, 7: 38738-38747.

[102] SUN X, YANG W, CAI Y, et al. Physical layer security in millimeter wave SWIPT UAV-based relay networks[J]. IEEE Access, 2019, 7: 35851-35862.

[103] SUN X, YANG W, CAI Y, et al. Secure transmissions in millimeter wave SWIPT UAV-based relay networks[J]. IEEE Wireless Communications Letters, 2019, 8(3): 785-788.

[104] 陈宇宁. 基于 UAV 辅助无线通信性能优化的研究[D]. 北京：北京邮电大学, 2019.

[105] MOZAFFARI M, SAAD W, BENNIS M, et al. Wireless communication using unmanned aerial vehicles (UAVs): Optimal transport theory for hover time optimization[J]. IEEE Transactions on Wireless Communications, 2017, 16(12): 8052-8066.

[106] ZENG Y, ZHANG R, LIM T J. Throughput maximization for UAV-enabled mobile relaying systems[J]. IEEE Transactions on Communications, 2016, 64(12): 4983-4996.

[107] MOZAFFARI M, SAAD W, BENNIS M, et al. Mobile unmanned aerial vehicles (UAVs) for energy-efficient Internet of Things communications[J]. IEEE Transactions on Wireless Communications, 2017, 16(11): 7574-7589.

[108] LI B, FEI Z, DAI Y, et al. Secrecy-optimized resource allocation for UAV-assisted relaying networks[C]. Abu Dhabi: 2018 IEEE Global Communications Conference (GLOBECOM), 2018.

[109] QI X, LI B, CHU Z, et al. Secrecy energy efficiency performance in communication networks with mobile sinks[J].

Physical Communication, 2019, 32: 41-49.

[110] XIAO M, MUMTAZ S, HUANG Y M, et al. Millimeter wave communications for future mobile networks[J]. IEEE Journal on Selected Areas in Communications, 2017, 35(9): 1909-1935.

[111] FENG Z, JI L, ZHANG Q, et al. Spectrum management for mmWave enabled UAV swarm networks: Challenges and opportunities[J]. IEEE Communications Magazine, 2019, 57(1): 146-153.

[112] TANG Q, TIWARI A, DEL PORTILLO I, et al. Demonstration of a 40Gbps bi-directional air-to-ground millimeter wave communication link[C]. Boston: 2019 IEEE MTT-S International Microwave Symposium (IMS), 2019.

[113] RAPPAPORT T S, MACCARTNEY G R, SAMIMI M K, et al. Wideband millimeter-wave propagation measurements and channel models for future wireless communication system design[J]. IEEE Transactions on Communications, 2015, 63(9): 3029-3056.

[114] XIAO Z, XIA P, XIA X G. Enabling UAV cellular with millimeter-wave communication: Potentials and approaches[J]. IEEE Communications Magazine, 2016, 54(5): 66-73.

[115] ZHANG C, ZHANG W, WANG W, et al. Research challenges and opportunities of UAV millimeter-wave communications[J]. IEEE Wireless Communications, 2019, 26(1): 58-62.

[116] SINGH S, SUNKARA S L, GÜVENÇ I, et al. Spectrum reuse among aerial and ground users in mmWave cellular networks in urban settings[C]. Las Vegas: 2020 IEEE 17th Annual Consumer Communications & Networking Conference, 2020.

[117] ZENG Y, WU Q, ZHANG R. Accessing from the sky: A tutorial on UAV communications for 5G and beyond[J]. Proceedings of the IEEE, 2019, 107(12): 2327-2375.

[118] ZHU L, ZHANG J, XIAO Z, et al. Millimeter-wave full-duplex UAV relay: Joint positioning, beamforming, and power control[J]. IEEE Journal on Selected Areas in Communications, 2020, 38(9): 2057-2073.

[119] ZHU L, ZHANG J, XIAO Z, et al. 3-D beamforming for flexible coverage in millimeter-wave UAV communications[J]. IEEE Wireless Communications Letters, 2019, 8(3): 837-840.

[120] ZENG Y, LYU J, ZHANG R. Cellular-connected UAV: Potential, challenges, and promising technologies[J]. IEEE Wireless Communications, 2019, 26(1): 120-127.

[121] GAO Z, DAI L, MI D, et al. mmWave massive-MIMO-based wireless backhaul for the 5G ultra-dense network[J]. IEEE Wireless Communications, 2015, 22(5): 13-21.

[122] LEE C, HAENGGI M. Interference and outage in Poisson cognitive networks[J]. IEEE Transactions on Wireless Communications, 2012, 11(4): 1392-1401.

[123] STOYAN D, KENDALL W S, MECKE J. Stochastic Geometry and Its Applications[M]. 2nd ed. New York: John Wiley & Sons, 2013.

[124] ANDREWS J G, BACCELLI F, GANTI R K. A tractable approach to coverage and rate in cellular networks[J]. IEEE Transactions on Communications, 2011, 59(11): 3122-3134.

[125] HASAN A, ANDREWS J G. The guard zone in wireless ad hoc networks[J]. IEEE Transactions on Wireless Communications, 2007, 6(3): 897-906.

[126] GANTI R K, HAENGGI M. Interference and outage in clustered wireless ad hoc networks[J]. IEEE Transactions on Information Theory, 2009, 55(9): 4067-4086.

[127] OKATI N, RIIHONEN T, KORPI D, et al. Downlink coverage and rate analysis of low earth orbit satellite constellations using stochastic geometry[J]. IEEE Transactions on Communications, 2020, 68(8): 5120-5134.

[128] HOU T, LIU Y, SONG Z, et al. UAV-to-everything (U2X) networks relying on NOMA: A stochastic geometry

model[J]. IEEE Transactions on Vehicular Technology, 2020, 69(7): 7558-7568.

[129] CHEN C, ELLIOTT R C, KRZYMIEŃ W A. Downlink coverage analysis of N-tier heterogeneous cellular networks based on clustered stochastic geometry[C]. Pacific Grove: 2013 Asilomar Conference on Signals, Systems and Computers, 2013.

[130] 郭旗. 基于随机几何的无线网络链路调度问题研究[D]. 曲阜: 曲阜师范大学, 2017.

[131] 符志航. 传统微波和毫米波混合异构蜂窝网络建模与性能分析[D]. 西安: 西安电子科技大学, 2021.

[132] BACCELLI F, BLLASZCZYSZYN B. Stochastic geometry and wireless networks: Volume Ⅱ applications[J]. Foundations and Trends in Networking, 2012, 4(1-2): 1-312.

[133] ZHU Y, ZHENG G, FITCH M. Secrecy rate analysis of UAV-enabled mmWave networks using Matérn hardcore point processes[J]. IEEE Journal on Selected Areas in Communications, 2018, 36(7): 1397-1409.

[134] WANG X, GURSOY M C. Simultaneous information and energy transfer in mmWave UAV-assisted cellular networks[C]. Cannes: 2019 IEEE 20th International Workshop on Signal Processing Advances in Wireless Communications (SPAWC), 2019.

[135] WANG X, GURSOY M C. Coverage analysis for energy-harvesting UAV-assisted mmWave cellular networks[J]. IEEE Journal on Selected Areas in Communications, 2019, 37(12): 2832-2850.

[136] YI W, LIU Y, NALLANATHAN A, et al. A unified spatial framework for clustered UAV networks based on stochastic geometry[C]. Abu Dhabi: 2018 IEEE Global Communications Conference (GLOBECOM), 2018.

[137] YI W, LIU Y, BODANESE E, et al. A unified spatial framework for UAV-aided mmWave networks[J]. IEEE Transactions on Communications, 2019, 67(12): 8801-8817.

[138] TURGUT E, GURSOY M C. Downlink analysis in unmanned aerial vehicle (UAV) assisted cellular networks with clustered users[J]. IEEE Access, 2018, 6: 36313-36324.

[139] HAYAJNEH A M, ZAIDI S A R, MCLERNON D C, M. et al. Performance analysis of UAV enabled disaster recovery networks: A stochastic geometric framework based on cluster processes[J]. IEEE Access, 2018, 6: 26215-26230.

[140] ARSHAD R, LAMPE L, ELSAWY H, et al. Integrating UAVs into existing wireless networks: A stochastic geometry approach[C]. Abu Dhabi: IEEE Globecom Workshops (GC Wkshps), 2018.

[141] KIM D, LEE J, QUEK T Q S. Multi-layer unmanned aerial vehicle networks: Modeling and performance analysis[J]. IEEE Transactions Wireless Communications, 2022, 19(1): 325-339.

[142] 彭欣. 热点部署场景下多天线蜂窝网络统计性能研究[D]. 合肥: 中国科学技术大学, 2019.

[143] CHEN C, ELLIOTT R C, KRZYMIEŃ W A. Downlink coverage analysis of N-tier heterogeneous cellular networks based on clustered stochastic geometry[C]. Pacific Grove: 2013 Asilomar Conference on Signals, Systems and Computers, 2013.

[144] ELSAWY H, SULTAN-SALEM A, ALOUINI M S, et al. Modeling and analysis of cellular networks using stochastic geometry: A tutorial[J]. IEEE Communications Surveys & Tutorials, 2016, 19(1): 167-203.

[145] DEB P, MUKHERJEE A. Fractional frequency reuse based frequency allocation for 5G HetNet using master-slave algorithm[J]. Physical Communication, 2020, 42: 101-158.

[146] KHAN S A, KAVAK A, ALDIRMAZ COLAK S. A novel fractional frequency reuse scheme for interference management in LTE-A HetNets[J]. IEEE Access, 2019, 7: 109662-109672.

[147] 钱蔓藜，李永会，黄伊，等. LTE 系统自适应软频率复用技术研究[J]. 计算机研究与发展，2013，50(5): 912-920.

[148] SAHA C, AFSHANG M, DHILLON H S. Poisson cluster process: Bridging the gap between PPP and 3GPP HetNet models[C]. San Diego: 2017 Information Theory and Applications Workshop (ITA), 2017.

[149] MA Z, NUERMAIMAITI N, WANG L. Performance analysis of D2D-aided underlaying cellular networks based on Poisson hole cluster process[J]. Wireless Personal Communications, 2020, 111(4): 2369-2389.

[150] SATTARI M, ABBASFAR A. Modeling and analyzing of millimeter wave heterogeneous cellular networks by Poisson hole process[J]. Wireless Personal Communications, 2021, 116(4): 2777-2804.

[151] TABASSUM H, HOSSAIN E, HOSSAIN J. Modeling and analysis of uplink non-orthogonal multiple access in large-scale cellular networks using Poisson cluster processes[J]. IEEE Transactions on Communications, 2017, 65(8): 3555-3570.

[152] 万修胜. 基于随机几何的蜂窝网络的拟合方法及功率分配的研究[D]. 北京：北京邮电大学, 2019.

[153] HAENGGI M. Stochastic Geometry for Wireless Networks[M]. Cambridge: Cambridge University Press, 2012.

[154] 陈玉宛. 基于泊松簇过程的异构蜂窝网络设计与分析[D]. 兰州：西北师范大学, 2020.

[155] 吕亚平，贾向东，陈玉宛，等. 面向密集热点区域的多层异构网络建模方案[J]. 计算机工程，2021，47(7): 146-154.

[156] 胡海霞，贾向东，吕亚平，等. 用户簇分布的异构网络建模与覆盖分析[J]. 信号处理, 2020, 36(8): 1315-1325.

[157] GRADSHTEYN I S, RYZHIK I M. Table of Integrals, Series, and Products[M]. San Diego: Academic Press, 2007.

[158] IBRAHIM A M, ELBATT T, EL-KEYI A. Coverage probability analysis for wireless networks using repulsive point processes[C]. London: 2013 IEEE 24th Annual International Symposium on Personal, Indoor, and Mobile Radio Communications (PIMRC), 2013.

[159] ANDREWS J G, GUPTA A K, DHILLON H S. A primer on cellular network analysis using stochastic geometry[EB/OL]. (2016-04-12) [2024-11-20]. https://arxiv.org/abs/1604.03183.

[160] 赵冬琴. 基于随机几何的网络辅助全双工系统的性能分析[D]. 南京：东南大学, 2020.

[161] 从善亚. 基于随机几何建模的异构网络用户接入方法研究[D]. 哈尔滨：哈尔滨工程大学, 2021.

[162] 周杰，ESONO E M B，王学英，等. 基于 SLM-PTS 算法融合的 NC-OFDM 峰均比优化[J]. 电信科学，2022，38(7): 63-74.

[163] AFSHANG M, SAHA C, DHILLON H S. Nearest-neighbor and contact distance distributions for thomas cluster process[J]. IEEE Wireless Communications Letters, 2017, 6(1): 130-133.

[164] AFSHANG M, DHILLON H S. Poisson cluster process based analysis of HetNets with correlated user and base station locations[J]. IEEE Transactions on Wireless Communications, 2018, 17(4): 2417-2431.

[165] YAZDANSHENASAN Z, DHILLON H S, AFSHANG M, et al. Tight bounds on the Laplace transform of interference in a Poisson hole process[C]. Kuala Lumpur: 2016 IEEE International Conference on Communications (ICC), 2016.

[166] KALLENBERG O. Random Measures[M]. 4th ed. Berlin: Akademie-Verlag, 1986.

[167] DALEY D J, VERE-JONES D. An Introduction to the Theory of Point Processes: Volume Ⅱ: General Theory and Structure[M]. 2nd ed. New York: Springer, 2008.

[168] 颉满刚. 5G 异构网络实现方案及物理层安全研究[D]. 兰州：西北师范大学, 2018.

[169] ZHAO J, ZHAO S, QU H, et al. Analysis and optimization of probabilistic caching in micro/millimeter wave hybrid networks with dual connectivity[J]. IEEE Access, 2018, 6: 72372-72380.

[170] 邵华. 无线网络中面向高能效的用户体验质量增强研究[D]. 北京：北京邮电大学, 2017.

[171] WANG Y, ZHU Q. Modeling and analysis of small cells based on clustered stochastic geometry[J]. IEEE

Communications Letters, 2017, 21(3): 576-579.

[172] HYADI A, LABEAU F. Towards a win-win spectrum sharing channel: A secrecy perspective[C]. Shanghai: 2019 IEEE International Conference on Communications (ICC), 2019.

[173] WU D, ZHOU L, LU P. Win-win-driven D2D content sharing[J]. IEEE Internet of Things Journal, 2021, 8(9): 7346-7359.

[174] 胡海霞, 贾向东, 叶佩文, 等. 混合频谱分配的三层异构网络覆盖概率分析[J]. 计算机工程与科学, 2021, 43(7): 1226-1235.

[175] NOVLAN T D, ANDREWS J G. Analytical evaluation of uplink fractional frequency reuse[J]. IEEE Transactions on Communications, 2013, 61(5): 2098-2108.

[176] JEON W S, KIM J, JEONG D G. Downlink radio resource partitioning with fractional frequency reuse in femtocell networks[J]. IEEE Transactions on Vehicular Technology, 2014, 63(1): 308-321.

[177] GARCÍA-MORALES J, FEMENIAS G, RIERA-PALOU F. Analysis and optimization of FFR aided OFDMA-based heterogeneous cellular networks[J]. IEEE Access, 2016, 4: 5111-5127.

[178] ZHAO J, BAO B, YANG H, et al. Holding-time- and impairment aware shared spectrum allocation in mixed-line-rate elastic optical networks[J]. IEEE/OSA Journal of Optical Communications and Networking, 2019, 11(6): 322–332.

[179] DAVID H A, NAGARAJA H N. Order Statistics[M]. New York: John Wiley, 2003.

[180] 纪珊珊. 基于小区分割的 5G 异构网络资源配置和干扰协调方案[D]. 兰州: 西北师范大学, 2019.

[181] MOLTCHANOV D. Distance distributions in random networks[J]. Ad Hoc Networks, 2012, 10(6): 1146-1166.

[182] ELSAWY H, HOSSAIN E. Two-tier HetNets with cognitive femtocells: Downlink performance modeling and analysis in a multichannel environment[J]. IEEE Transactions on Mobile Computing, 2014, 13(3): 649-663.

[183] ANDREWS J G, SINGH S, YE Q, et al. An overview of load balancing in HetNets: Old myths and open problems[J]. IEEE Wireless Communications, 2014, 21(2):18-25.

[184] ZHOU T, LIU Z, QIN D, et al. User association with maximizing weighted sum energy efficiency for massive MIMO-enabled heterogeneous cellular networks[J]. IEEE Communications Letters, 2017, 21(10): 2250-2253.

[185] MUGUME E, SO D K C. User association in energy-aware dense heterogeneous cellular networks[J]. IEEE Transactions on Wireless Communications, 2017, 16(3): 1713-1726.

[186] LIU D T, WANG L F, CHEN Y, et al. User association in 5G networks: A survey and an outlook[J]. IEEE Communications Surveys & Tutorials, 2016, 18(2): 1018-1044.

[187] KYOCERA. Potential performance of range expansion in macro-pico deployment (R1-104355) [R/OL]. (2010-08-17)[2025-04-20]. http://www.3gpp.org/ftp/tsg_ran/WG1_RL1/TSGR1_62/Docs/R1-104355.zip.

[188] DHILLON H S, GANTI R K, BACCELLI F, et al. Modeling and analysis of K-tier downlink heterogeneous cellular networks[J]. IEEE Journal on Selected Areas in Communications, 2012, 30(3): 550-560.

[189] AAMOD K, NAGA B, JI T, et al. LTE-advanced: Heterogeneous networks[C]. Lucca: 2010 Wireless Conference, 2010.

[190] PARKVALL S, FURUSKAR A, DAHLMAN E. Evolution of LTE toward IMT-advanced[J]. IEEE Communications Magazine, 2011, 49(2): 84-91.

[191] SHIRAKABE M, MORIMOTO A, MIKI N. Performance evaluation of inter-cell interference coordination and cell range expansion in heterogeneous networks for LTE-advanced downlink[C]. Aachen: 2011 8th International Symposium on Wireless Communication Systems (ISWCS), 2011.

[192] OKINO K, NAKAYAMA T, YAMAZAKI C, et al. Picocell range expansion with interference mitigation toward LTE-advanced heterogeneous networks[C]. Kyoto: 2011 IEEE International Conference on Communications Workshops, 2011.

[193] JO H S, SANG Y J, XIA P, et al. Heterogeneous cellular networks with flexible cell association: A comprehensive downlink SINR analysis[J]. IEEE Transactions on Wireless Communications, 2012, 11(10): 3484-3495.

[194] LOPEZ-PEREZ D, CHU X, GUVENC Đ. On the expanded region of picocells in heterogeneous networks[J]. IEEE Journal of Selected Topics in Signal Processing [J]. 2012, 6(3): 281-294.

[195] GUVENC I. Capacity and fairness analysis of heterogeneous networks with range expansion and interference coordination[J]. IEEE Communications Letters, 2011, 15(10): 1084-1087.

[196] JO H S, SANG Y J, XIA P, et al. Outage probability for heterogeneous cellular networks with biased cell Association[C]. Houston: 2011 IEEE Global Telecommunications Conference-GLOBECOM 2011, 2011.

[197] HOSSAIN E, RASTI M, TABASSUM H, et al. Evolution toward 5G multi-tier cellular wireless networks: An interference management perspective[J]. IEEE Wireless Communications, 2014, 21(3): 118-127.

[198] CMCC(Rapporteur). Summary of the description of candidate eICIC solutions[R/OL]. (2010-08-17)[2025-04-20]. https://www.3gpp.org/dynareport?code=TDocExMtg-R1-62-28032.htm

[199] XU Y, MAO S, User association in massive MIMO HetNets[J]. IEEE Systems Journal, 2017, 11(1): 7-19.

[200] BETHANABHOTLA D, BURSALIOGLU O Y, PAPADOPOULOS H C, et al. Optimal user-cell association for massive MIMO wireless networks[J]. IEEE Transactions on Wireless Communications, 2016, 15(3): 1835-1850.

[201] ZHANG L, NIE W, FENG G, et al. Uplink performance improvement by decoupling uplink/downlink access in HetNets[J]. IEEE Transactions on Vehicular Technology, 2017, 66(8): 6862-6876.

[202] 范巧玲, 贾向东, 陈玉宛, 等. 联合解耦上/下行链路级联和跨层双连接入技术的三层异构网设计和覆盖概率分析[J]. 重庆邮电大学学报(自然科学版), 2020, 32(1): 64-73.

[203] 范巧玲. 5G 异构网络上下行链路解耦级联方案研究[D]. 兰州: 西北师范大学, 2020.

[204] 范巧玲, 贾向东, 陈玉宛, 等. 解耦级联多层异构网络 OMA 与 NOMA 方案及性能比较[J]. 计算机工程, 2019, 45(11): 97-101, 106.

[205] 纪澎善, 贾向东, 路艺, 等. NOMA 双连接异构网络条件解耦设计架构及性能分析[J]. 计算机工程与科学, 2020, 42(7): 1174-1183.

[206] SEKANDER S, TABASSUM H, HOSSAIN E. Decoupled uplink-downlink user association in multi-tier full-duplex cellular networks: A two-sided matching game[J]. IEEE Transactions on Mobile Computing, 2016, 16(10): 2778-2791.

[207] SMILJKOVIKJ K, POPOVSKI P, GAVRILOVSKA L. Analysis of the decoupled access for downlink and uplink in wireless heterogeneous networks[J]. IEEE Wireless Communications Letters, 2015, 4(2): 173-176.

[208] SMILJKOVIKJ K, ELSHAER H, POPOVSKI P, et al. Capacity analysis of decoupled downlink and uplink access in 5G heterogeneous systems[R/OL]. (2014-10-27)[2025-4-25]. http://arxiv.org/abs/1410.7270.

[209] LEMA M A, PARDO E, GALININA O, et al. Flexible dual-connectivity spectrum aggregation for decoupled uplink and downlink access in 5G heterogeneous systems[J]. IEEE Journal on Selected Areas in Communications, 2016, 34(11): 2851-2865.

[210] NAGHSHIN V, REED M C, LIU Y. Decoupled uplink-downlink association for finite multi-tier networks[C]. London: 2015 IEEE International Conference Communication Workshop (ICCW), 2015.

[211] CHEN X, HU R Q. Joint uplink and downlink optimal mobile association in a wireless heterogeneous network[C].

Anaheim: IEEE Global Communication Conference (GLOBECOM), 2012.

[212] BOOSTANIMEHR H, BHARGAVA V K. Joint downlink and uplink aware cell association in HetNets with QoS provisioning[J]. IEEE Transactions on Wireless Communications, 2015; 14(10): 5388-5401.

[213] LIU D, CHEN Y, CHAI K K, et al. Joint uplink and downlink user association for energy-efficient HetNets using nash bargaining solution[C]. Seoul: 2014 IEEE 79th Vehicle Technology Conference (VTC), 2014.

[214] ZHOU T, HUANG Y, YANG L. User association with jointly maximising downlink sum rate and minimising uplink sum power for heterogeneous cellular networks[J]. IET Communications, 2015, 9(2): 300-308.

[215] SAHA C, AFSHANG M, DHILLON H S. Enriched K-tier HetNet model to enable the analysis of user-centric small cell deployments[J]. IEEE Transactions on Wireless Communications, 2017, 16(3): 1593-1608.

[216] SINGH S, ZHANG X, ANDREWS J G. Joint rate and SINR coverage analysis for decoupled uplink-downlink biased cell associations in HetNets[J]. IEEE Transactions on Wireless Communications, 2015, 14(10): 5360-5373.

[217] 焦金良. 5G 异构网络非最佳用户级联方案研究[D]. 兰州: 西北师范大学, 2018.

[218] 徐文娟, 贾向东, 杨小蓉, 等. 多层异构网络第 *m* 阶用户级联方案[J]. 信号处理, 2019, 35(2): 275-284.

[219] AHMAD S A, DATLA D. Distributed power allocations in heterogeneous networks with dual connectivity using backhaul state information[J]. IEEE Transactions on Wireless Communications, 2015, 14(8): 4574-4581.

[220] ZHANG J, ZENG Q, MAHMOODI T, et al. LTE small cell enhancement by dual connectivity[R/OL]. (2014-11-17)[2025-04-20]. http://https://zenodo.org/records/13898221.

[221] GE X, CHENG H, GUIZANI M, et al. 5G wireless backhaul networks: challenges and research advances[J]. IEEE Network, 2014, 28(6): 6-11.

[222] LIU D, CHEN Y, CHAI K, et al. Backhaul aware joint uplink and downlink user association for delay-power trade-offs in HetNets with hybrid energy sources[J]. Transactions on Emerging Telecommunications Technologies, 2017, 28(3): e2968.

[223] ANNAMALAI P, BAPAT J, DAS D. A novel frequency allocation scheme for in band full duplex systems in 5G networks[J]. IEEE Wireless Communications Letters, 2019, 8(2): 364-367.

[224] ZHANG Q, LUO K, WANG W, et al. Joint C-OMA and C-NOMA wireless backhaul scheduling in heterogeneous ultra dense networks[J]. IEEE Transactions on Wireless Communications, 2020, 19(2): 874-887.

[225] GE X, CHENG H, GUIZANI M, et al. 5G wireless backhaul networks: Challenges and research advances[J]. IEEE Network, 2014, 28(6): 6-11.

[226] SIDDIQUE U, TABASSUM H, HOSSAI E, et al. Wireless backhauling of 5G small cells: Challenges and solution approaches[J]. IEEE Wireless Communications, 2015, 22(5): 22-31.

[227] XIA X, XU K,WANG Y, et al. A 5G-enabling technology: Benefits, feasibility, and limitations of in-band full-duplex mMIMO[J]. IEEE Vehicular Technology Magazine, 2018, 13(3): 81-90.

[228] NGUYEN T M, YADAV A, AJIB W, et al. Resource allocation in two-tier wireless backhaul heterogeneous networks[J]. IEEE Transactions on Wireless Communications, 2016, 15(10): 6690-6704.

[229] NI S, ZHAO J, YANG H H, et al. Enhancing downlink transmission in MIMO HetNet with wireless backhaul[J]. IEEE Transactions on Vehicular Technology, 2019, 68(7): 6817-6832.

[230] GAO Z, DAI L, MI D, et al. MmWave massive-MIMO-based wireless backhaul for the 5G ultra-dense network[J]. IEEE Wireless Communications, 2015, 22(5): 13-21.

[231] HAMDI R, DRIOUCH E, AJIB W. New efficient transmission technique for HetNets with massive MIMO wireless backhaul[J]. IEEE Transactions on Vehicular Technology, 2020, 69(1): 663-675.

[232] PI Z, CHOI J, HEATH R W. Millimeter-wave gigabit broadband evolution toward 5G: Fixed access and backhaul[J]. IEEE Communications Magazine, 2016, 54(4): 138-144.

[233] TABASSUM H, SAK A H, HOSSAIN E. Analysis of massive MIMO-enabled downlink wireless backhauling for full-duplex small cells[J]. IEEE Transactions on Communications, 2016, 64(6): 2354-2369.

[234] CHEN D, QUEK T Q S, KOUNTOURIS M. Backhauling in heterogeneous cellular networks: Modeling and tradeoffs[J]. IEEE Transactions on Wireless Communications, 2015, 14(6): 3194-3206.

[235] ZHAO J, QUEK T Q S, LEI Z. Heterogeneous cellular networks using wireless backhaul: Fast admission control and large system analysis[J]. IEEE Journal on Selected Areas in Communications, 2015, 33(10): 2128-2143.

[236] SINGH S, KULKARNI M N, GHOSH A, et al. Tractable model for rate in self-backhauled millimeter wave cellular networks[J]. IEEE Journal on Selected Areas in Communications, 2015, 33(10): 2196-2211.

[237] SHARMA A R, GANTI K, MILLETH J K. Joint backhaul-access analysis of full duplex self-backhauling heterogeneous networks[J]. IEEE Transactions on Wireless Communications, 2017, 16(3): 1727-1740.

[238] DHILLON H S, CAIRE G. Wireless backhaul networks: Capacity bound, scalability analysis and design guidelines[J]. IEEE Transactions on Wireless Communications, 2015,14(11): 6043-6056.

[239] GAO Z, DAI L, MI D, et al. MmWave massive-MIMO-based wireless backhaul for the 5G ultra-dense network[J]. IEEE Wireless communications, 2015, 22(5): 13-21.

[240] XIE M, JIA X, ZHOU M, et al. Secure massive MIMO-enabled full-duplex 2-tier heterogeneous networks by exploiting in-band wireless backhauls[J]. Transactions on Emerging Telecommunications Technologies, 2017, 28(8): e3158.

[241] LI B, ZHU D, LIANG P. Small cell in-band wireless backhaul in massive MIMO systems: A cooperation of next-generation techniques[J]. IEEE Transactions on Wireless Communications, 2015, 14(12): 7057-7069.

[242] YANG H, GERACI G, QUEK T. Energy-efficient design of MIMO heterogeneous networks with wireless backhaul[J]. IEEE Transactions on Wireless Communications, 2016,15(7): 4914-4927.

[243] XU K, SHEN Z, WANG Y, et al. Hybrid time-switching and power splitting SWIPT for full-duplex massive MIMO systems: A beam-domain approach[J]. IEEE Transactions on Vehicular Technology, 2018, 67(8): 7257-7274.

[244] XIA X, XU K, ZHANG D, et al. Beam-domain full-duplex massive MIMO: Realizing co-time co-frequency uplink and downlink transmission in the cellular system[J]. IEEE Transactions on Vehicular Technology, 2017, 66(10): 8845-8862.

[245] WANG N, HOSSAIN E, BHARGAVA V. Joint downlink cell association and bandwidth allocation for wireless backhauling in two-tier HetNets with large-scale antenna arrays[J]. IEEE Transactions on Wireless Communications, 2016, 15(5): 3251-3268.

[246] CHEN L, YU F, JI H, et al. Energy harvesting small cell networks with full-duplex self-backhaul and massive MIMO[C]. Kuala Lumpur: 2016 IEEE International Conference on Communications (ICC), 2016.

[247] CHEN L, YU F R, JI H, et al. Green full-duplex self-backhaul and energy harvesting small cell networks with massive MIMO[J]. IEEE Journal on Selected Areas in Communications, 2016, 34(12): 3709-3724.

[248] 杨小蓉. 基于非正交多接入的全双工大规模 MIMO 异构网络回程方案[D]. 兰州: 西北师范大学, 2020.

[249] 贾向东, 纪珊珊, 范巧玲, 等. 基于非正交多接入的多层全双工异构网回程方案及性能研究[J]. 电子与信息学报, 2019, 41(4): 945-951.

[250] 杨小蓉, 贾向东, 范巧玲, 等. 基于 NOMA 的全双工多层异构网下行链路覆盖分析[J]. 电子学报, 2020, 48(6): 1169-1176.

[251] DHILLON H S, GANTI R K, BACCELLI F, et al. Modeling and analysis of K-tier downlink heterogeneous cellular networks[J]. IEEE Journal on Selected Areas in Communications, 2012, 30(3): 550-560.

[252] JO H S, SANG Y J, XIA P, et al. Outage probability for heterogeneous cellular networks with biased cell association[C]. Houston: 2011 IEEE Global Telecommunications Conference-GLOBECOM 2011, 2011.

[253] LI X, WANG X, LI K, et al. Collaborative multi-tier caching in heterogeneous networks: Modeling, analysis, and design[J]. IEEE Transactions on Wireless Communications, 2017, 16(10): 6926-6939.

[254] GOLREZAEI N, SHANMUGAM K, DIMAKIS A G, et al. FemtoCaching: Wireless content delivery through distributed caching helpers[J]. IEEE Transactions on Information Theory, 2013, 59(12): 8402 - 8413.

[255] WANG L, WONG K K, JIN S, et al. A new look at physical layer security, caching, and wireless energy harvesting for heterogeneous ultra-dense networks[J]. IEEE Communications Magazine, 2018, 56(6): 49-55.

[256] BLASZCZYSZYN B, GIOVANIDIS A. Optimal geographic caching in cellular networks[C]. London: 2015 IEEE International Conference on Communications (ICC), 2015.

[257] ZHOU B, CUI Y, TAO M. Stochastic content-centric multicast scheduling for cache-enabled heterogeneous cellular networks[J]. IEEE Transactions on Wireless Communications, 2016, 15(9): 6284-6297.

[258] CHEN Z, LEE J, QUEK T Q S, et al. Cooperative caching and transmission design in cluster-centric small cell networks[J]. IEEE Transactions on Wireless Communications, 2017, 16(5): 3401-3415.

[259] ZHENG G, SURAWEERA H, KRIKIDIS I. Optimization of hybrid cache placement for collaborative relaying[J]. IEEE Communications Letters, 2017, 21(2): 442-445.

[260] AO W C, PSOUNIS K. Fast content delivery via distributed caching and small cell cooperation[J]. IEEE Transactions on Mobile Computing, 2018, 17(5): 1048-1061.

[261] SERBETCI B, GOSELING J. On optimal geographical caching in heterogeneous cellular networks[C]. San Francisco: 2017 IEEE Wireless Communications and Networking Conference (WCNC), 2017.

[262] YANG C, YAO Y, CHEN Z, et al. Analysis on cache-enabled wireless heterogeneous networks[J]. IEEE Transactions on Wireless Communications, 2016, 15(1): 131-145.

[263] ZHANG S, ZHANG N, YANG P, et al. Cost-effective cache deployment in mobile heterogeneous networks[J]. IEEE Transactions on Vehicular Technology, 2017, 66(12): 11264-11276.

[264] LIAO J, WONG K K, KHANDAKER M R A, et al. Optimizing cache placement for heterogeneous small cell networks[J]. IEEE Communications Letters, 2017, 21(1): 120-123.

[265] WEN W, CUI Y, ZHENG F, et al. Enhancing performance of random caching in large-scale heterogeneous wireless networks with random discontinuous transmission[J]. IEEE Transactions Communications, 2018, 66(12): 6287-6303.

[266] ZHANG J, ZHANG X, IMRAN M A, et al. Energy efficiency analysis of heterogeneous cache-enabled 5G hyper cellular networks[C]. Washington D.C.: 2016 IEEE Global Communications Conference (GLOBECOM), 2016.

[267] YAN Z, CHEN S, OU Y, et al. Energy efficiency analysis of cache-enabled two-tier HetNets under different spectrum deployment strategies[J]. IEEE Access, 2017, 5: 6791-6800.

[268] JIANG D, CUI Y. Analysis and optimization of random caching in large-scale wireless networks with multiple receive antennas[C]. Washington D.C.: 2018 IEEE international conference on communications (ICC), 2018.

[269] WANG L, WONG K K, LAMBOTHARAN S, et al. Edge caching in dense HetNets with massive MIMO-aided self-backhaul[J]. IEEE Transactions on Wireless Communications, 2018, 17(9): 6360-6372.

[270] ZHU Y, ZHENG G, WONG K K, et al. Performance analysis of cache-enabled millimeter wave small cell

networks[J]. IEEE Transactions on Vehicular Technology, 2018, 67(7): 6695-6699.

[271] VUPPALA S, VU T X, GAUTAM S, et al. Cache-aided millimeter wave Ad Hoc networks with contention-based content delivery[J]. IEEE Transactions on Communications, 2018, 66(8): 3540-3554.

[272] QIAO J, HE Y, SHEN X S. Proactive caching for mobile video stream-ing in millimeter wave 5G networks[J]. IEEE Transactions on Wireless Communications, 2016, 15(10): 7187-7198.

[273] KIM M, KO S W, KIM H, et al. Exploiting caching for millimeter-wave TCP networks: Gain analysis and practical design[J]. IEEE Access, 2018, 6: 69769-69781.

[274] YI W, LIU Y, NALLANATHAN A. Cache-enabled HetNets with millimeter wave small cells[J]. IEEE Transactions on Wireless Communications, 2018, 66(11): 5497-5511.

[275] ZHU Y, ZHENG G, WANG L, et al. Content placement in cache-enabled sub-6 GHz and millimeter-wave multi-antenna dense small cell networks[J]. IEEE Transactions on Wireless Communications, 2018, 17(5): 2843-2856.

[276] SEMIARI O, SAAD W, BENNIS M, et al. Caching meets millimeter wave communications for enhanced mobility management in 5G networks[J]. IEEE Transactions on Wireless Communications, 2018, 17(2): 779-793.

[277] BLASZCZYSZYN B, GIOVANIDIS A. Optimal geographic caching in cellular networks[C]. London: IEEE International Conference on Communications (ICC), 2015.

[278] LIU D, YANG C. Caching policy toward maximal success probability and area spectral efficiency of cache-enabled HetNets[J]. IEEE Transactions on Communications, 2017, 65(6): 2699-2714.

[279] 徐文娟, 贾向东, 陈玉宛. 缓存与 MIMO 回程联合的内容传递方法[J]. 计算机工程, 2020, 46(6): 164-171.

[280] 徐文娟, 贾向东, 陈玉宛. 全毫米波异构网络混合回程及缓存协助内容传递方案[J]. 重庆邮电大学学报(自然科学版), 2020, 32(3): 400-410.

[281] 范琮珊. 基于随机几何的蜂窝网络缓存性能研究[D]. 北京: 北京邮电大学, 2019.

[282] BAI T, HEATH R W. Coverage and rate analysis for millimeter-wave cellular networks[J]. IEEE Transactions on Communications, 2015, 14(2): 1100-1114.

[283] ANDREWS J G, BAI T, KULKARNI M, et al. Modeling and analyzing millimeter wave cellular systems[J]. IEEE Transactions on Communications, 2016, 65(1): 403-430.

[284] AKDENIZ M R, LIU Y, SAMIMI M K, et al. Millimeter wave channel modeling and cellular capacity evaluation[J]. IEEE Journal on Selected Areas in Communications, 2014, 32(6): 1164-1179.

[285] LIU D, YANG C. Caching policy toward maximal success probability and area spectral efficiency of cache-enabled HetNets[J]. IEEE Transactions on Communications, 2017, 65(6): 2699-2714.

[286] GE X, TU S, MAO G, et al. Cost efficiency optimization of 5G wireless backhaul networks[J]. IEEE Transactions on Mobile Computing, 2018, 18(12): 2796-2810.

[287] BRESLAU L, CAO P, FAN L, et al. Web caching and Zipf-Like distributions: Evidence and implications[C]. New York: International Conference on Computer Communications, 1999.

[288] DHILLON H S, KOUNTOURIS M, ANDREW J G. Downlink MIMO HetNets: Modeling, ordering results and performance analysis[J]. IEEE Transactions on Wireless Communications, 2013, 12(10): 5208-5222.

[289] KIM M, KO S W, KIM H, et al. Exploiting caching for millimeter-wave TCP networks: Gain analysis and practical design[J]. IEEE Access, 2018, 6: 69769-69781.

[290] ZHAO J, ZHAO S, QU H, et al. Analysis and optimization of probabilistic caching in micro/millimeter wave hybrid networks with dual connectivity[J]. IEEE Access, 2018, 6: 72372-72380.

[291] WALDEN R H. Analog-to-digital converter survey and analysis[J]. IEEE Journal on Selected Areas in Communications, 1999, 17(4): 539-550.

[292] HONG J P, PARK J, BEAK S. Millimeter-wave-based cooperative backhaul for a mobile station in an X-haul network[J]. IEEE Systems Journal, 2019, 13(3): 2500-2506.

[293] WANG X, TURGUT E, GURSOY M C, et al. Coverage in downlink heterogeneous mmWave cellular networks with user-centric small cell deployment[J]. IEEE Transactions on Vehicular Technology, 2019, 68(4): 3513-3533.

[294] DHILLON H S, GANTI R K, ANDREWS J G. Modeling non-uniform UE distributions in downlink cellular networks[J]. IEEE Wireless Communications Letters, 2013, 2(3): 339-342.

[295] YING Q, ZHAO Z, ZHOU Y, et al. Characterizing spatial patterns of base stations in cellular networks[C]. Shanghai: 2014 IEEE/CIC International Conference on Communications in China, 2014.

[296] MANKAR P D, DAS G, PATHAK S S. Modeling and coverage analysis of BS-centric clustered users in a random wireless network[J]. IEEE Wireless Communications Letters, 2016, 5(2): 208-211.

[297] SAHA C, DHILLON H S. Downlink coverage probability of K-tier HetNets with general non-uniform user distributions[C]. Kuala Lumpur: 2016 IEEE International Conference on Communications (ICC), 2016.

[298] ANDREWS J G, GANTI R K, HAENGGI M, et al. A primer on spatial modeling and analysis in wireless networks[J]. IEEE Communications Magazine, 2010, 48(11): 156-163.

[299] LEE C H, SHIH C Y, CHEN Y S. Stochastic geometry based models for modeling cellular networks in urban areas[J]. Wireless networks, 2013, 19(6): 1063-1072.

[300] AFSHANG M, DHILLON H S, CHONG P H J. Fundamentals of cluster-centric content placement in cache-enabled device-to-device networks[J]. IEEE Transactions on Communications, 2016, 64(6): 2511-2526.

[301] 胡海霞. 6G 超密集异构网络中热点区域通信建模及物理层安全设计[D]. 兰州：西北师范大学, 2021.

[302] 陈玉宛, 贾向东, 纪澎善, 等. 基于泊松簇过程的毫米波异构网络频谱分析[J]. 计算机工程, 2020, 46(11): 194-200.

[303] AFSHANG M, DHILLON H S, CHONG P H J. Modeling and performance analysis of clustered device-to-device networks[J]. IEEE Transactions on Wireless Communications, 2016, 15(7): 4957-4972.

[304] YI W, LIU Y, NALLANATHAN A. Modeling and analysis of D2D millimeter-wave networks with Poisson cluster processes[J]. IEEE Transactions on Communications, 2017, 65(12): 5574-5588.

[305] HE A, WANG L, ELKASHLAN M, et al. Spectrum and energy efficiency in massive MIMO enabled HetNets: A stochastic geometry approach[J]. IEEE Communications Letters, 2015, 19(12): 2294-2297.

[306] YUWEI R, GUIXIAN X, YINGMIN W, et al. Low-complexity ZF precoding method for downlink of massive MIMO system[J]. Electronics Letters, 2015, 51(5): 421-423.

[307] LI Q, NIU H, PAPATHANASSIOU A, et al. 5G Network Capacity: Key elements and technologies[J]. IEEE Vehicular Technology Magazine, 2014, 9(1): 71-78.

[308] BOCCARDI F, HEATH R W, LOZANO A, et al. Five disruptive technology directions for 5G[J]. IEEE Communications Magazine, 2014, 52(2): 74-80.

[309] SURAWEERA H A, QUOC N H, DUONG T Q, et al. Multi-pair amplify-and-forward relaying with very large antenna arrays[C]. Budapest: 2013 IEEE International Conference on Communications (ICC), 2013.

[310] JIN S, LIANG X, WONG K, et al. Ergodic rate analysis for multipair massive MIMO two-way relay networks[J]. IEEE Transactions on Wireless Communications, 2015, 14(3): 1480-1491.

[311] CUI H, SONG L, JIAO B. Multi-pair two-way amplify-and-forward relaying with very large number of relay

antennas[J]. IEEE Transactions on Wireless Communications, 2014, 13(5): 2636-2645.

[312] 周猛, 贾向东, 颉满刚. 基于随机几何的大规模 MIMO 中继异构网络性能分析[J]. 计算机工程与科学, 2018, 40(6): 1037-1045.

[313] AKHLAQ A, SULYMAN A I, HASSANEIN H, et al. Performance analysis of relay-multiplexing scheme in cellular systems employing massive multiple-input multiple-output antennas[J]. IET Communications, 2014, 8(10): 1788-1799.

[314] NGO H Q, LARSSON E, MARZETTA T. Aspects of favorable propagation in massive MIMO[C]. Lisbon: 2014 22nd European Signal Processing Conference (EUSIPCO), 2014.

[315] CUI H, MA M, SONG L, et al. Relay selection for two-way full duplex relay networks with amplify-and-forward protocol[J]. IEEE Transactions on Wireless Communications, 2014, 13(7): 3768-3777.

[316] 路艺, 贾向东, 纪澎善, 等. 多层无人机毫米波异构网络的吞吐量研究[J]. 计算机工程, 2021, 47(7): 176-182.

[317] 贾向东, 路艺, 纪澎善, 等. 大规模无人机协助的多层异构网络设计及性能研究[J].电子与信息学报, 2021, 43(9): 2632-2639.

[318] AL-HOURANI A, KANDEEPAN S, LARDNER S. Optimal LAP Altitude for Maximum Coverage[J]. IEEE Wireless Communications Letters, 2014, 3(6): 569-572.

[319] BACCELLI F, BŁASZCZYSZYN B. Stochastic Geometry and Wireless Networks: Volume Ⅰ & Ⅱ [M]. Pairs: Now Publishers, 2009.

[320] TURGUT E, GURSOY M C. Coverage in heterogeneous downlink millimeter wave cellular networks[J]. IEEE Transactions on Communications, 2017, 65(10): 4463-4477.

[321] ZHAO J, ZHAO S, QU H, et al. Modeling and analyzing multi-tier millimeter/micro wave hybrid caching networks[J]. IEEE Access, 2018, 6: 52703-52712.

[322] BŁASZCZYSZYN B, KARRAY M K, KEELER H P. Using Poisson processes to model lattice cellular networks[C]. Turin: 2013 Proceedings IEEE INFOCOM, 2013.

[323] 郭艺轩. 面向 B5G/6G 的超密集三维无人机异构网络设计与性能研究[D]. 兰州: 西北师范大学, 2022.

[324] 郭艺轩, 贾向东, 曹胜男, 等. 三维动态无人机网络覆盖性能与信道容量分析[J]. 重庆邮电大学学报(自然科学版), 2022, 34(4): 662-668.

[325] 郭艺轩, 贾向东, 曹胜男, 等. 基于空间 Poisson 点过程的无人机异构网络中断性能评估[J]. 信号处理, 2022, 38(3): 536-542.